伊拉克哈法亚油田井筒安全钻井工程关键技术

聂 臻 邹 科 等编著

石油工业出版社

内 容 提 要

本书详细总结了伊拉克哈法亚油田10年来在钻探工程实践中的技术研究与应用成果。主要内容包括油田开发历程、地质油藏特征、钻井工程特点及现状、巨厚碳酸盐岩地层漏失机理、漏失预测与诊断、钻完井过程中的防漏堵漏技术、不同复杂岩性的井壁失稳机理及对策、高矿化度酸性气体腐蚀条件下的油层套管腐蚀机理与寿命预测等相关井筒安全的钻井工程关键技术。本书的主要内容也是国家油气重大专项，丝绸之路经济带大型碳酸盐岩油气藏开发关键技术（课题号2017ZX05030）的研究成果之一。

本书可为中国石油伊拉克哈法亚油田及中东地区其他项目油气钻探工程技术及管理人员的参考用书，也可供从事油气井钻探工作的工程技术和科技人员参考。

图书在版编目（CIP）数据

伊拉克哈法亚油田井筒安全钻井工程关键技术 / 聂臻等编著 .—北京：石油工业出版社，2021.3
ISBN 978-7-5183-4269-3

Ⅰ. ①伊… Ⅱ. ①聂… Ⅲ. ①油气钻井-安全生产-伊拉克 Ⅳ. ①TE28

中国版本图书馆CIP数据核字（2020）第193895号

出版发行：石油工业出版社
（北京安定门外安华里2区1号　100011）
网　　址：www.petropub.com
编辑部：（010）64210387　图书营销中心：（010）64523633
经　　销：全国新华书店
印　　刷：北京中石油彩色印刷有限责任公司

2021年3月第1版　2021年3月第1次印刷
787×1092毫米　开本：1/16　印张：23
字数：530千字

定价：170.00元
（如发现印装质量问题，我社图书营销中心负责调换）
版权所有，翻印必究

《伊拉克哈法亚油田井筒安全钻井工程关键技术》

编委会

主　任：刘　合
副主任：成忠良　郭　睿　刘尊斗　罗慧洪
委　员（按姓氏笔画排序）：
　　　　丁云宏　任志基　段德祥　齐文旭
　　　　李万军　闫　军　杨思玉　凌宗发
　　　　崔明月　朱光亚

编写小组

主　编：聂　臻　邹　科
副主编：唐鋆磊　蔚宝华　梁奇敏　王汉青
成　员（按姓氏笔画排序）：
　　　　王士平　王　虎　王莹莹　王　倩
　　　　卢运虎　衣丽萍　吉　飞　任红材
　　　　邹建龙　张振友　张洪伟　张明坤
　　　　陈玉峰　杨泽星　杨　波　林　冰
　　　　潘起峰　魏　俊

序

在国家"一带一路"倡议的指引下,中国石油天然气集团有限公司(简称"中国石油")提出了"做大中东"的部署。从2008年中国石油规模进入中东市场开始,中东油气合作区原油产量已占中国石油海外业务的"半壁江山",成为我国海外首个原油亿吨级产能合作区。哈法亚项目是中国石油在中东地区单体作业量最大的旗舰项目,经过10年开发,已建成$2000×10^4$t/a高峰产能的大型油田,并快速回收投资,实现滚动开发,是伊拉克第一轮和第二轮国际投标+多个油田中第一个开钻、第一个实现合同高峰产量的项目,在伊拉克地区见证了"中国速度"的奇迹,是中国石油在中东地区作为独立作业者成功运作的典范。油田快速规模建成"中东标志性项目"做出了贡献。哈法亚项目的成功运作,对树立中国石油在中东地区油田开发的地位、进一步扩大油气业务具有深远意义。

哈法亚项目是在伊拉克极端严峻的安全形势、复杂的政治及恶劣的自然环境下,中国石油参战团队经受了人身安全随时受到恐怖分子及局部战乱的威胁、现场贫瘠的荒漠和超高温的身心极限的考验。在攻坚克难、锐意创新、科学部署、精心组织与施工下开展的一场艰苦卓越的国际合作实践,凝聚了前后方现场作业及技术支持团队的辛勤汗水,很好地展示了中国石油油田开发技术及工程作业的能力。《伊拉克哈法亚油田井筒安全钻井工程关键技术》一书是哈法亚项目全体钻探工作人员对哈法亚油田钻探作业成果的总结,是针对油田巨厚碳酸盐岩钻井过程中不断遇到的漏、卡、腐蚀等威胁井筒安全钻井的工程技术瓶颈问题开展深入专题研究与应用的技术成果。全书共包括6章,详细介绍了哈法亚油田地质油藏特征、钻井工程特点、巨厚碳酸盐岩复杂岩性井壁失稳机理及对策、巨厚碳酸盐岩地层的复杂漏失机理、钻前漏失预测、随钻漏失诊断、防漏堵漏技术、油层套管的腐蚀及寿命预测等方面的理论研究及实践成果,现场应用取得了预期效果。此外,该项目带动了国内几十家各类钻井公司、钻井服务公司、测井公司到现场进行技术服务,实现了投资拉动作用;同时为伊拉克当地直接提供数千个就业岗位,推动了本土化行动,在"一带一路"的重要节点国家,依托油气合作发挥了重要作用。在未来哈法亚油田的开发过程中,希望项目前后方技术团队继续紧密结合,进一步发挥攻坚克难、锐意创新、精耕细作的精神,积极推动科研及成果的转化,让哈法亚油田这颗中东地区油气合作的"明珠"更加璀璨。

2020年10月

前言

中东地区油气资源丰富,在世界能源格局中具有不可替代的地位,其可采储量占全球47.6%,石油产量占34.5%。中国石油天然气股份有限公司(简称中国石油)自2008年规模进入中东地区,目前持有的项目已实现作业产量亿吨级的跨越,成为中国石油海外产量的半壁江山和新的增长点。哈法亚油田是2009年在伊拉克第二轮油田井发生产服务项目国际招标中,由中国石油牵头,与法国道达尔公司和马来西亚国家石油公司组成的投标联合体成功中标的项目。该项目位于伊拉克东南部米桑省阿马拉市东南35km,与首都巴格达相距400km,合同区288m^2,总地质储量173.68×10^{8}bbl,经过10年开发,顺利实现了2000×10^{4}t/a的高峰产能。该项目是中国石油在海外单体作业量最大的油田。

哈法亚油田新近系—古近系、白垩系共发育16套油藏分7套层系开发,碳酸盐岩储层主要发育于Jeribe、Kirkuk、Hartha、Sadi/Tanuma、Khasib、Mishrif和Yamama等7个油藏,砂岩储层主要发育于Upper Kirkuk和Nahr Umr B两个油藏,储层深度范围1950~4500m,温度压力范围70~149℃/20~81MPa。不同储层采用直井、定向井、水平井和分支井等不同井型立体井网开发,丛式井钻井。哈法亚油田巨厚碳酸盐岩地层存在多套盐膏层、疏松砂岩层、脆性页岩层、泥灰岩等复杂岩性夹层,存在溶蚀孔洞、溶洞、裂缝等易发生严重漏失的地层,局部分布沥青,且横向及纵向非均质性强,储层多,井型多,地层压力系统复杂,不同储层地层水矿化度高、存在H$_2$S与CO$_2$等酸性腐蚀性气体,钻井普遍存在严重漏失、井壁失稳及高矿化度多种酸性气体腐蚀环境下的套管腐蚀等威胁井筒安全的钻井问题,为哈法亚油田不同储层的高效开发、井筒安全钻井带来严峻挑战。

中国石油作为该项目的独立作业者,项目启动后,迅速组织钻探队伍,快速编制初始开发方案于2010年12月11日18:00点,开钻第一口井HF001-N001H井,揭开了该油田钻井工程施工的序幕。自2010年开钻以来,根据哈法亚项目及资源国的要求,哈法亚前后方研究团队,持续针对现场钻井过程中出现的钻井复杂问题开展了30多项专题研究及技术可行性论证,特别是紧密围绕现场突出的严重漏失、不同地层的漏失机理、复杂岩性(页岩、盐膏层、沥青等)井壁变形破坏规律、卡钻机理、油层套管的腐蚀机理及服役寿命预测、防塌防漏防腐蚀综合技术措施等方面,开展专项攻关研究并现场应用,逐渐形成了针对哈法亚油田相关漏、卡及腐蚀与防护的井筒安全钻井工程关键技术。

本书较为详细地总结了哈法亚项目在产能建设过程中的钻探关键技术及应用实践,是针对哈法亚油田漏、卡、腐蚀等方面的理论研究与应用成果。全书共分为6章,第一章绪论主要介绍项目概况、资源国概况、油田开发历程,由聂臻、罗慧洪编写;第二章主要介绍地质油藏概况、中方接管前钻井工程概况、钻井工程特点、中方接管后钻井工程概况，主要由聂臻、衣丽萍、邹科、王士平编写，第三章主要介绍高压盐膏层力学特征、地层压力、井壁变形破坏特征、矿物化学组成及水化特征、地应力大小及方向、安全钻井密度窗口、井壁失稳机理、技术对策及应用效果等，主要由蔚本华、聂臻、张振友、张洪伟、吉飞、魏俊等编写，第四章主要介绍了Sadi-Tanuma /Nahr UmrB//Zubair-Shuaiba从上到下三套脆性页岩层的力学特征、地层压力、地应力分布规律、安全钻井密度窗口、矿物化学组成特点、井壁失稳机理及对策、防塌钻井液技术等，主要由蔚本华、聂臻、陈玉峰、梁奇敏、王倩、张明坤、杨泽星、张洪伟、杨波等编写；第五章主要介绍了哈法亚油田不同漏层的漏失状况、漏失机理、漏失压力预测、基于机器学习的钻前漏失风险预测技术、基于机器学习的随钻漏失诊断技术、钻完井过程中的防漏堵漏关键技术，主要由卢运虎、王汉青、聂臻、邹建龙、张洪伟、陈玉峰、任红材等编写；第六章主要介绍了哈法亚油田腐蚀环境及现状、L80油层套管的腐蚀行为及寿命预测、防腐措施等，主要由唐鋆磊、王虎、王莹莹、聂臻、林冰、潘起峰等编写。

  本书编写得到了中国石油中东公司哈法亚项目部、中国石油勘探开发研究院有限公司、中国石油大学（北京）、西南石油大学等单位领导和专家的大力支持与关注，在此一并表示感谢！

  本书编著过程中，紧密结合现场工作实际，汇集多个学科，在长期跟踪研究的基础上，结合现场实际情况进行多次修改完善，构思与编写耗时6年，组织三次审稿修改，意在从理论研究、技术对策到现场实践等方面对中东巨厚碳酸盐岩地层钻井进行深入探讨，让广大读者了解哈法亚油田开钻以来取得的成绩与突破，铭记全体工作人员为项目建设所付出的辛勤汗水，向项目运行十周年致敬、献礼。

  由于中东巨厚碳酸岩盐地层岩性复杂，横向及纵向地层分布非均质性强，钻井复杂的发生存在一定的突发性和偶然性，钻完井技术领域广、内容多，而本书涉及的研究内容及编者水平有限，必然会有诸多不足之处，敬请广大读者批评指正。

编　者
2019年10月

目录

第一章 绪论 (1)
第一节 概况 (1)
第二节 资源国概况 (3)
第三节 油田开发历程 (5)

第二章 地质油藏概况及钻井工程特点 (9)
第一节 地质油藏概况 (9)
第二节 中国石油接收前钻井情况 (19)
第三节 钻井工程特点 (20)
第四节 中国石油接收后钻井情况 (65)
参考文献 (73)

第三章 异常高压盐膏层井筒安全钻井关键技术 (75)
第一节 国内外现状 (75)
第二节 Lower Fars 盐膏层岩性特征及钻井复杂情况 (77)
第三节 Lower Fars 盐膏层地层压力纵向分布特征 (81)
第四节 Lower Fars 盐膏层变形破坏特征 (86)
第五节 Lower Fars 盐膏层的矿物组成及水化特征 (97)
第六节 Lower Fars 盐膏层地应力方向及大小 (100)
第七节 Lower Fars 盐膏层安全钻井密度窗口 (108)
第八节 Lower Fars 盐膏层井壁失稳机理 (118)
第九节 Lower Fars 盐膏层定向钻井技术 (119)
参考文献 (126)

第四章 盐下易塌脆性页岩层井筒安全钻井关键技术 (128)
第一节 国内外研究现状 (128)
第二节 盐下地层的孔隙压力分布规律 (129)
第三节 盐下地层的力学特性 (134)
第四节 盐下地层的地应力分布规律 (149)
第五节 盐下地层安全钻井密度窗口 (159)
第六节 盐下地层井壁失稳机理及对策 (166)
第七节 盐下地层防塌钻井液技术 (192)

参考文献……(197)

第五章 巨厚碳酸盐岩地层漏失机理及漏失预测与诊断……(201)
 第一节 国内外现状……(201)
 第二节 已钻井井漏复杂情况……(203)
 第三节 哈法亚油田巨厚碳酸盐岩地层漏失机理……(207)
 第四节 哈法亚油田漏失压力预测……(222)
 第五节 基于机器学习的钻前漏失风险预测技术……(234)
 第六节 基于机器学习的随钻漏失诊断技术……(259)
 第七节 钻井过程中的防漏堵漏关键技术……(271)
 第八节 固井过程中防漏堵漏关键技术……(278)
 参考文献……(285)

第六章 油层套管腐蚀井筒安全构建关键技术……(287)
 第一节 国内外现状……(287)
 第二节 油田腐蚀环境及现状……(290)
 第三节 油层套管材料的腐蚀行为……(295)
 第四节 油层套管材料寿命评估……(328)
 第五节 油层套管防腐技术措施……(343)
 参考文献……(354)

第一章
绪　论

中国经济飞速发展，对石油需求量高速增加，中国石油迫切需要实施"走出去"战略，开拓国外石油业务。伊拉克战后境内油田急需开发，2009年12月，中国石油联合法国道达尔公司与马来西亚国家石油公司组成联合投标体中标哈法亚油田开发与生产项目，中国石油为独立作业者。合同于2010年1月27日正式签署。该油田为未开发油田，中国石油接手前共钻井8口，9年来，通过三期建设，于2019年4月成功建成2000×10^4t/a的大油田。

第一节　概　况

随着中国经济的飞速发展，对石油需求量急速增加。1990—2002年全国石油消费量从1.15×10^8t增长至2.39×10^8t，年均增长率为6.3%；2003年增长至2.67×10^8t，较2002年增长率为11%，成为仅次于美国的全球第二大石油消费国。2008年5月，原油进口首次超过日本，成为世界第二大原油进口国。2014年，我国石油进口已占国内总需求量的59.5%。根据国际能源机构IEA在2009年的分析，预计到2020年，中国的石油进口规模将达到4.2×10^8t左右，到2030年将进口石油6×10^8t左右，石油短缺问题将越来越成为制约中国经济和社会发展的瓶颈，中国石油急需开拓国外石油业务，实施"走出去"战略，以保持国内稳定的石油供应和国际社会的石油控制权。

伊拉克境内石油资源丰富，地质储量落实，勘探风险相对较小，一直由西方石油巨头占领与控制。战后伊拉克境内油田急需开发，2009年，伊拉克石油部进行了两轮油田开发生产服务项目国际招标，在当年12月11日进行的第二轮国际招标中，由中国石油天然气股份有限公司（简称中国石油）牵头，与法国道达尔公司和马来西亚国家石油公司组成的投标联合体，成功中标伊拉克大型油田——哈法亚油田的开发生产服务项目，其中中国石油为哈法亚油田开发生产服务项目的独立作业者。2010年1月27日，以中国石油为首的联合体与伊拉克米桑石油公司（MOC）正式签署了高峰产量为53.5×10⁴bbl/d、为期20年的哈法亚油田开发与生产服务合同（DPSC，以下简称合同），合同于2010年3月1日正式开始生效，中国石油作为作业者组建了作业公司——PetroChina（Hafalya），并按合同要求，开始了项目的启动及营运。

哈法亚油田开发与生产服务合同成功签署后仅三个月，于2010年6月，比合同要求的时间提前3个月完成了以实现初始商业产能（FCP）为重点的"哈法亚油田初始开发方案"（PDP），并于2010年9月20日获得MOC的正式批复。2010年12月12日，中国石油在哈法亚油田的第一口井HF001-N001H井顺利开钻，正式揭开油田开发及钻井工程的序幕，但项目初期对钻遇地层认识不深，第一口井HF001-N001H井的钻井就遭受了严峻的考验，3次严重卡钻、2次侧钻，钻井研究团队立即针对钻井过程中漏垮严重问题开展研究，攻坚克难，结合地质油藏进一步的研究认识，迅速克服了Nahr Umr B脆性页岩严重垮塌带来的钻井难题，仅21个月、3台钻机，比合同要求提前15个月顺利完钻22口井，于2012年6月16日实现哈法亚项目一期产能建设并正式投产，实现了合同规定的7×10⁴bbl/d的初始商业产能（FCP），并于同年9月建成10×10⁴bbl/d的产能，标志着该项目进入快速回收、滚动开发阶段，大大避免了项目的投资风险，提高了项目的累计现金流与最终的内部回收率；在FDP（Field Development Plan）获得政府批准之后，项目一边继续按照方案加紧实施二期20×10⁴bbl/d产能建设，一边按照"两步走"的部署开始三期产能建设的准备工作，2014年9月10日，根据获批的补充方案（SPDP），全油田累计投产74口井，实现了二期日产油20×10⁴bbl/d的目标，1000×10⁴t/a产能正式建成并投产；2015年，国际市场原油价格暴跌，项目放缓了三期产能建设的脚步，按资源国要求论证降低高峰产能的方案，启动了与伊拉克石油部就油田高峰产量从53.5×10⁴bbl/d下降至40×10⁴bbl/d的技术商务谈判。经过三个多月的谈判，于2014年9月4日，伊拉克政府与我方正式签署了《哈法亚油田开发生产服务合同的第一号修正协议》，高峰日产油调整为40×10⁴bbl/d，稳产期延长16年，合同延长至30年；2016年下半年，伊拉克政府强力敦促本项目尽快重启三期产能建设，为此，项目加快了油田建设的步伐，在地质油藏、钻井、采油以及地面工程的紧密配合与奋战下，于2019年4月，实现了高峰产能40×10⁴bbl/d的建设，2000×10⁴t/a的产能顺利投产，标志哈法亚油田开发进入新的阶段。

哈法亚项目是中国石油在中东地区作为作业者主导的旗舰项目，也是中国石油在海外单体作业量最大的油田，在中国石油的独立操作下，成功取得了快速实现商业产量、二期上产、高峰产能并快速回收投资、实现滚动开发的业绩。在2009年伊拉克第一轮和第二轮公开国际招标的11个油田项目中，创造了多个第一：第一个获得MOC批复PDP的项目，第一个开钻的项目，第一个实现初始商业产量的项目，第一个实现高峰产能的项目，成功展示了中国速度与中国水平，被伊拉克总理马利基誉为中伊合作的典范。该项目的成功实施，不但使中国石油在伊拉克这个拥有世界第二大石油储备的国家站稳了脚跟，也为后期进一步合作打下了基础，该项目也为中国石油集团下属的油田服务公司提供了良好的商业机会，带动了几十支钻井队伍、钻井服务公司数千人及配套的材料和装备出口，获得了良好的综合经济效益。

第二节 资源国概况

一、资源国概况

伊拉克位于亚洲西南部，阿拉伯半岛东北部，北接土耳其，东邻伊朗，西毗叙利亚和约旦，南连沙特阿拉伯和科威特，东南濒波斯湾，面积 $44.18×10^4 km^2$。海岸线 60km，领海宽 12n mile。西南为阿拉伯高原部分，向东部平原倾斜；东北部有库尔德山地，西部是沙漠地带，占国土大部分的美索不达米亚平原，绝大部分海拔不足百米。幼发拉底河和底格里斯河自西北向东南贯穿全境，两河在库尔纳汇合为夏台阿拉伯河，注入波斯湾。伊拉克时间比北京时间晚 5 个小时。气候方面，除东北部山区属地中海式气候外，其他地区均为热带沙漠气候。夏季最高气温高达 50℃以上，冬季在 0℃左右。雨量较小，年平均降雨量由南至北 100~500mm，北部山区达 700mm。

伊拉克首都为巴格达（Baghdad），古称报达，已有 1000 多年历史，为伊拉克最大城市及经济文化中心，早在公元 8 世纪至 13 世纪，该城市就成为西亚和阿拉伯世界的政治经济中心和文人学士荟萃之地。人口近 800 万（2012 年），在阿拉伯世界位列开罗之后第二位。在历史上，巴格达曾是伊斯兰文明的政治、宗教、经济、商业、学术和交通中心。悠久的历史造就了伊拉克灿烂的文化，伊拉克境内古迹遍布，底格里斯河沿岸的塞琉西亚、尼尼微、亚述等均是伊拉克著名的古城；位于巴格达西南 90km 的幼发拉底河右岸的巴比伦是与古代中国、印度、埃及齐名的人类文明发祥地，盛传的"空中花园"被列为世界七大奇迹之一。

伊拉克官方语言为阿拉伯语，北部库尔德地区的官方语言是库尔德语，东部地区有些居民讲波斯语。有巴格达大学、巴士拉大学、摩苏尔大学等高等学府。海湾战争后，伊拉克教育经费不足，师资严重匮乏，同时，由于人民生活困难，伊拉克适龄儿童和青年(6~23 岁）入学率大幅下降，教育严重滑坡。15 岁以上拥有读写能力的人口占总人口的 78.5%。

居民中 95%以上信奉伊斯兰教，其中什叶派穆斯林占 54%、逊尼派穆斯林占 41%，逊尼派穆斯林统治什叶派穆斯林。其邻国伊朗则是什叶派穆斯林统治逊尼派穆斯林。支持北部的库尔德人也信仰伊斯兰教，他们多属逊尼派，只有少数人信奉基督教或犹太教。

2015 年伊拉克总人口数为 3640 万，阿拉伯人约占人口的 78%，其中什叶派穆斯林占 60%，逊尼派穆斯林占 18%，库尔德人约占 18%，其余为土耳其人、亚美尼亚人、亚述人和伊朗人等（图 1-1）。

伊拉克战争对其国家政治发展所产生的影响是颠覆性的，它所带来的社会变化是天翻地覆的，伊拉克新政府的产生彻底改变了国家的政治基础。在美国的主导下，什叶派登上了国家最高统治舞台，使伊拉克社会统治基础和结构发生了重大变化。萨达姆的倒台破坏了国家统一的政治格局，释放了分裂空间，从而造成国家新的政治统一格局难以建立。伊拉克战争催生了社会重大变革，出现了新的统治阶级和阶层，即什叶派和库尔德人成为新兴的领导阶层，这个新阶层与旧阶层的矛盾极为深刻。

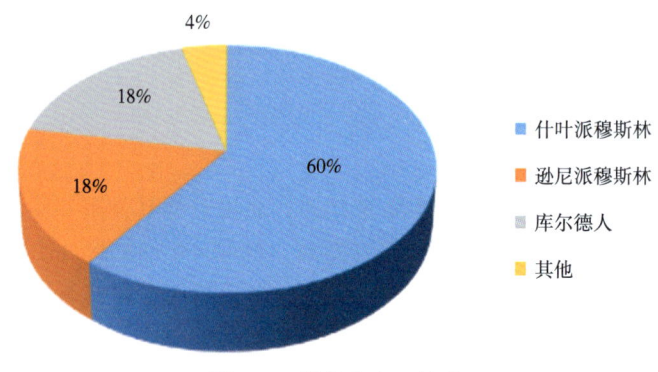

图 1-1 伊拉克人口构成

目前，伊拉克执政权力结构复杂，联合政府流于形式，形同虚设，逊尼派由于人口少，基本没有发言权，权力被边缘化。另外，伊拉克战后历届临时政府和续任政府不断曝出腐败丑闻，暴露了国家政治制度上的一些弊端。伊拉克复杂的政治局势，对在伊拉克的海外投资项目产生了较大的风险。

二、石油工业概况

伊拉克经济高度依赖于石油收入，政府超过90%的财政预算来自石油利润。1927年在伊拉克北部基尔库克地区首次发现油气，成为中东地区最早发现石油的国家。早期的伊拉克石油工业大部分被外国石油公司控制，到1975年伊拉克石油工业才完全实现了国有化。在国有化时期伊拉克石油产量大幅增长，1975年日产量为227×10^4bbl。进入20世纪80年代后的两伊战争和两次海湾战争，每一次战争都使伊拉克的石油工业遭受严重损失。2003年美国入侵伊拉克，当年石油日产量仅131.8×10^4bbl，原油出口下降到38.86×10^4bbl/d。美伊战争后，伊原油产量逐年上升，2004年升至202.04×10^4bbl/d，2008年升至238.5×10^4bbl/d，主要产自北鲁迈拉、南鲁迈拉和基尔库克3大油田，其中约1/3流向美国，其次是亚太和西欧地区。

据EIA最新数据，伊拉克2015年石油储量达1442×10^8bbl，位于沙特阿拉伯、委内瑞拉、加拿大和伊朗之后，世界排名第5位。伊拉克油气资源开发潜力巨大，但油气行业发展滞后；基础设施老化，技术工人缺乏，加之多次受战争影响，炼化能力严重不足，甚至不能满足国内需求。成品油供需缺口大，需从土耳其、伊朗和叙利亚等周边国家进口。

随着伊拉克中央政府持续推进油气项目对外合作和吸引外资，由伊拉克国有石油公司一统该国石油行业的局面已被打破。2008年以前，伊拉克境内的油气项目主要由本国的北方石油公司和南方石油公司运营。2008年以来，伊拉克中央政府积极吸引外资，举行了战后四轮油气田招标活动，国际大型石油公司大举投资伊拉克的油气项目。目前，伊拉克南部的大油田基本由国际大型石油公司运营，包括BP公司、埃克森美孚公司、壳牌公司、埃尼公司、道达尔公司和卢克公司等国际大型石油公司，也包括中国石油、中国海油和韩国国家石油公司等国有大型石油公司。

目前，伊拉克具有可操作性的石油行业法规严重缺失，该国石油部通过政府行政命令或以文件的方式控制和监督石油作业。这使得国际油公司在油田的开发作业中缺乏明确的规范指导，只能通过遵循石油合同中模糊的国际石油行业最佳规范（Best International Petroleum Industry Practice）以及通过与该国石油部和地方石油公司的合作等方式，解决生产作业中相关事务和问题。

伊拉克2009年27号法案《环境保护与改善法》对环境保护问题做了专门规定，成立由所有政府部委高层组成的环境保护理事会，负责伊拉克整体环境保护。外国石油公司启动项目前需进行环境评估；勘探开发过程中应采取一切必要措施防止破坏环境；原油分离处理过程中采取必要措施处理盐水，防止漏油并向政府提供必要的环境破坏信息及补救措施。伊拉克石油服务合同中有专章对环境保护做了规定。除在原则上要求外国石油公司在环境保护方面遵守当地法律法规和国际运作惯例外，还对环境影响报告要求的内容和提交审核批准程序、政府（当地石油公司）对于环境保护的干涉、钻井作业的应急反应预案、环境保护费用及因环境保护导致油田作业延长等事宜做出了明确规定。

尽管伊拉克依然是国际上最具发展潜力的石油天然气市场，但战后的伊拉克从来就没有平静过，针对伊拉克地缘政治及安全形势存在的风险，如何把握机遇、规避风险成为所有在伊国际石油公司关注的焦点。

第三节　油田开发历程

哈法亚油田属于伊拉克米桑石油公司（MOC），2010年时，拥有员工2800人左右，管辖包括哈法亚油田在内的3个油田，原油产量约$10×10^4$bbl/d。该油田区位于两伊边界，武器走私严重，宗教各派势力纷争，油田作业和生产面临较大风险。项目在开发初期，为保证项目运行安全，Petro China（Hafalya）与米桑省政府进行谈判，伊方承诺为中国石油在哈法亚油田的作业提供全力保护和支持（图1-2）。

图1-2　与伊拉克MOC进行商务谈判

哈法亚油田开发项目合同区面积为288km²，归属伊拉克米桑石油公司管辖。该油田于1974—1978年采集2D地震资料，1976年完钻第一口探井HF-1，获得重大商业发现，至2010年中国石油接管前，米桑石油公司在该油田共钻井8口，最深的HF-2井钻至下侏罗统的Sulaiy层，发现7套含油目的层系，油藏埋深1900~4400m，油层主要分布在侏罗系、古近系和新近系。伊方估算的原始石油地质储量为160.79×10⁸bbl，可采储量约40×10⁸bbl。

于2005年4月开始试采。至2010年6月前，MOC相继投产油井6口，其中HF-1井、HF-3井、HF-6井、HF-7井和HF-8井开采Nahr Umr B油藏；HF-2井通过油套分采，分别试采Mishrif和Sadi油藏。油田最高原油日产量约为10000bbl。由于Nahr Umr油井见水、沥青结垢等问题，全油田产油量一度降到5000bbl左右。中国石油接手前，除Nahr Umr油藏部分动用外，油田各油藏基本处于未开发状态。

中国石油接管后，按照合同要求的义务工作量，迅速启动了该项目的营运，2010年5月，隆重举行了开工奠基典礼（图1-3）。

图1-3 哈法亚项目奠基典礼

项目启动后，于2010年11月14日开始三维地震采集，2011年7月完成野外作业，采集面积496km²，并完成了处理和解释。对新井在Nahr Umr，Mishrif，Sadi B，Tanuma，Jeribe，Upper Kirkuk，Khasib，Hartha和Yamama等层进行测试。发现了Hartha和MC3为新的含油层系，为此，对哈法亚油田已发现的9套含油层系16个油藏，重新评估合同区范围内总地质储量为173.68×10⁸bbl，溶解气储量估算总计约98700×10⁸ft³，其中，碳酸盐岩油藏储量占89.4%以上，Mishrif油藏储量约占总储量的55%，是该油田最重要的主力油藏，但有约30%地质储量属于超低渗透油藏（Sadi B，Tanuma，Khasib A1及A2等），为难动用储量。

2012年6月16日，随着一期产能（500×10⁴t/a）建设工程配套设施基本完成，22口新井投产，实现了合同规定的日产油不低于7×10⁴bbl/d初始商业产能（FCP）（图1-4）。同年9月底，油田产油达到10×10⁴bbl/d。

图 1-4　哈法亚油田建成 500×10^4 t/a 初始商业产能

2014 年 8 月初,新建的 42in 原油外输管道竣工;8 月 18 日,二期产能建设主体工程项目 CPF-2 顺利投产。9 月 10 日,38 口新井联入 CPF-2,油田踏上日产原油 20×10^4 bbl 的新阶段。该项目受到伊拉克政府的高度重视,伊拉克总理马利基出席了哈法亚二期奠基仪式(图 1-5)。

图 1-5　伊拉克总理马利基出席哈法亚油田二期奠基仪式

截至 2018 年底,除 Yamama 和 MC2 外,其余油藏均已经投入生产,MC2 预计将在 2022 年前后投产,Yamama 作为后备储层弥补产量不足。到 2019 年 4 月,全油田完钻 330 口(不含合同区外 1 口探井 HF-12),投产井 306 口,转注 3 口,油田原油日产水平跨上 40×10^4 bbl/d 的高峰产量,2000×10^4 t/a 产能的油田正式投产。

哈法亚油田营地及油田经过近 10 年的建设,沙漠变绿洲,已建成功能完善的办公楼群、会议中心、运动中心、绿色公园、职工宿舍及蔬菜基地,形成了集工作、生活、娱乐为一体的功能完善的花园型营地,是伊拉克油田营地建设的典范,也成为目前伊拉克大型石油会议和运动会的场地之一(图1-6)。

图1-6 建成的伊拉克哈法亚油田营地

第二章
地质油藏概况及钻井工程特点

哈法亚油田位于伊拉克东南部，美索不达米亚盆地的南部，地处阿拉伯板块的陆地部分，背斜构造形态完整，自下而上背斜高点基本一致，揭示了第四系、新近系、古近系和白垩系等地层，钻遇地层主要为巨厚碳酸盐岩地层并夹杂盐膏层、多套脆性页岩层、泥岩和疏松砂岩地层；目前已发现 16 个油藏，目标储层井深范围为 1950~4500m，分 7 套储层开发；合同期内共部署新井近 800 口，主要井型包括直井/定向井、水平井/大斜度水平井、Mishrif 分支井、Sadi 鱼骨井等；采用丛式井钻井；自中方接手后，通过针对现场钻井过程中出现的技术难题持续开展攻关研究并推广应用，逐渐形成了适合于该油田的井筒安全钻井关键技术，现场钻井水平及效率逐年提高，钻井复杂逐年降低，取得了良好的经济及社会效益。

第一节　地质油藏概况

一、地理位置

哈法亚油田油气资源丰富，是中国石油作为操作者在海外规模最大的项目，位于伊拉克东南部米桑省阿马拉市东南 35km，与首都巴格达相距 400km。该油田于 1976 年发现，中国石油自 2010 年开始接管，合同区面积为 288km^2，归属伊拉克米桑石油公司管辖。哈法亚油田整体为一宽缓长轴背斜，北西—南东至北西西—南东东走向，长轴约 38km（合同区内约 30km），短轴约 12km。所处区域地表地势较为平坦，大部分为沙漠和戈壁滩，部分地区有河流、庄稼和农舍，气候炎热干燥，7 月最高气温 55℃，1 月最低气温 -5℃，年平均降水 165mm。

二、构造地层特征

1. 构造特征

哈法亚背斜发育在早侏罗世,定型于古近纪,背斜构造形态比较完整,高点位于 HF-1 井附近。白垩系—古近系均无明显断层,在侏罗系和三叠系发育走滑断层。

区域构造上,哈法亚油田位于波斯湾盆地北部的不稳定大陆架区域,主要发育地台型沉积。伊拉克境内的地台区自西向东可以划分为两个大的构造区域,即西部的稳定陆架区和东部的不稳定陆架区,后者发育厚度较大的沉积盖层。哈法亚油田处于东部不稳定陆架区、美索不达米亚盆地南部,该区域也是美索不达米亚盆地埋藏最深、沉积最厚、构造相对稳定的构造单元[1]。

早白垩世末期和晚白垩世早期,美索不达米亚地区存在两个构造旋回:下部旋回发生在阿普特阶—阿尔布阶,包括 Nahr Umr 组和 Mauddud 组,沉积期古地貌为一个平缓的单斜缓坡;上部旋回发生于森诺曼阶—早土仑阶,构造隆升作用使古地貌发生变化,阿马拉古突起的出现导致了台地内次盆地的形成[2-4],沉积了 Ahmadi 组、Rumaila 组、Mishrif 组、Khasib 组及 Tanuma 组。晚白垩世末期发生拉拉米构造运动,形成一个广泛的区域性不整合面。现今发育北西—南东走向的低幅度背斜构造,在晚白垩世土仑期开始发育,进入早第三世背斜暂停活动,在中新世—上新世受阿尔卑斯造山运动影响,背斜构造得以进一步发育并最终定型(图 2-1)。

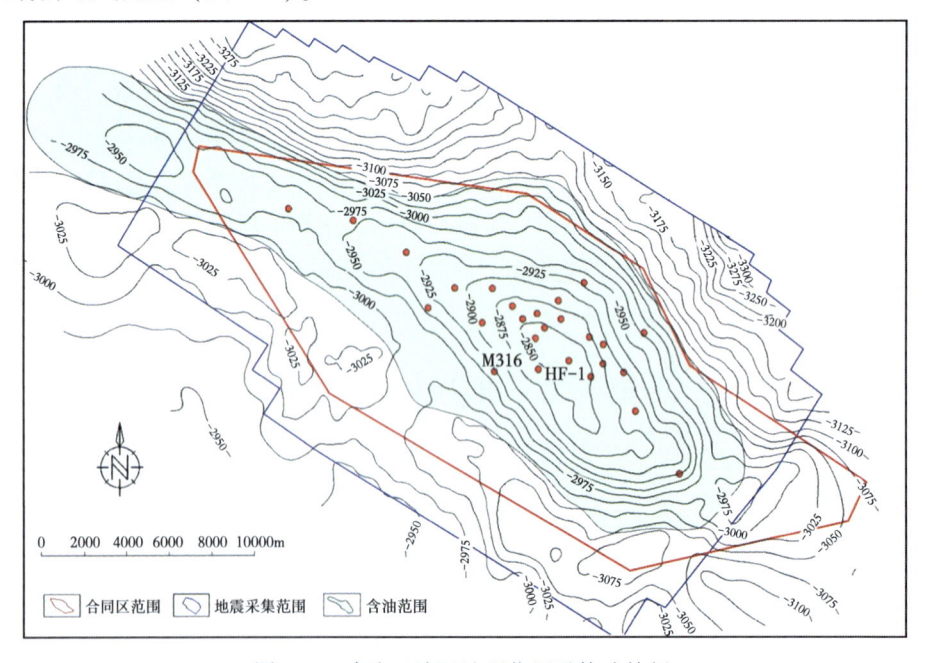

图 2-1 哈法亚油田地理位置及构造特征

2. 地层特征

伊拉克地层发育齐全,从始寒武系到第四系均有分布。前人将伊拉克地层划分为 11 个巨层序(AP1-AP11)[5],哈法亚油田的储层主要处于 AP8 和 AP9 巨层序,烃源岩主要是侏罗系和下白垩统页岩，另有古新统到下始新统部分页岩层系具有一定生烃潜力；白垩系盖层为致密灰岩和页岩，古近系盖层是硬石膏、页岩和致密灰岩（图2-2）。

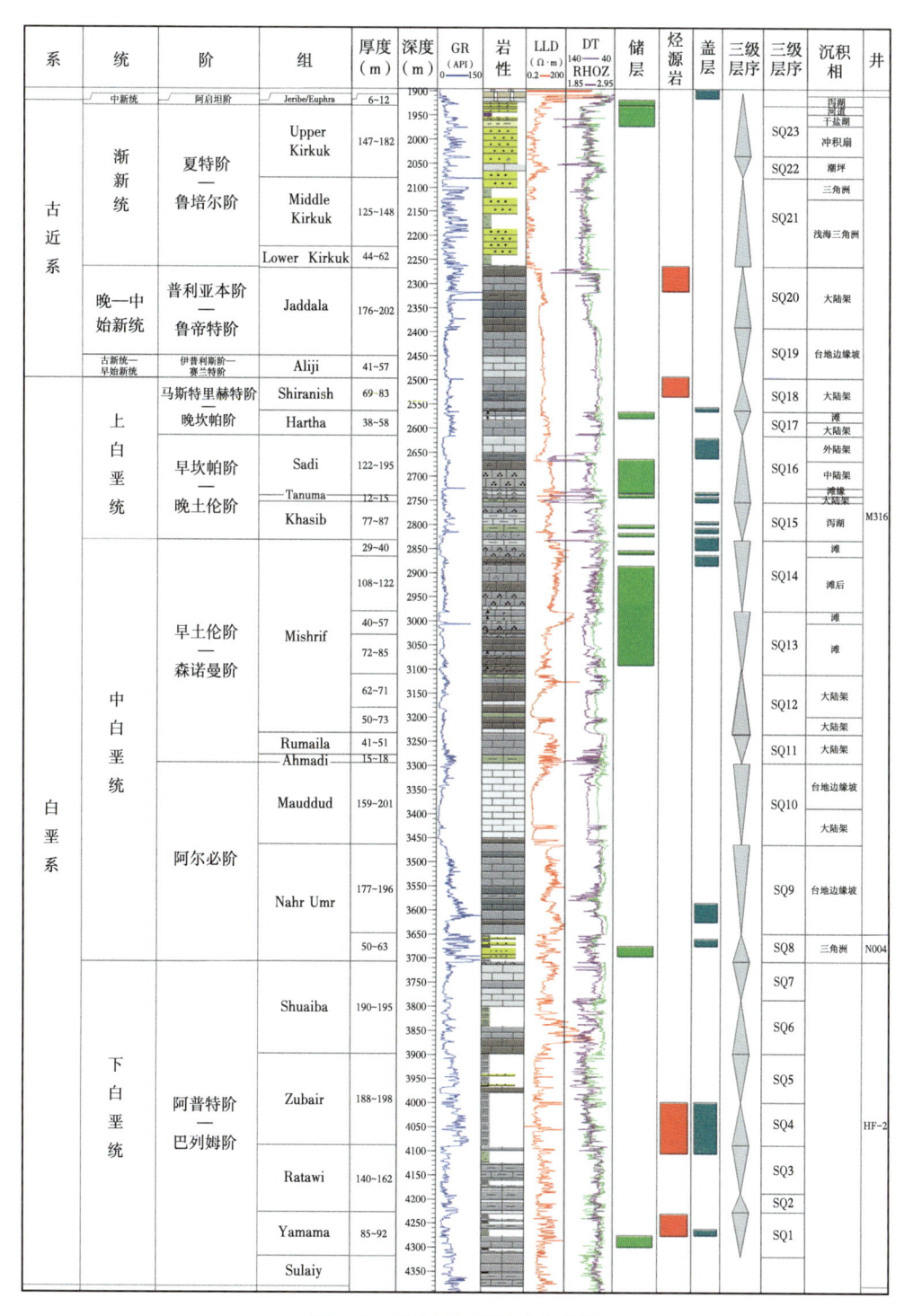

图2-2 哈法亚油田综合柱状图

白垩系地层厚 1830~1920m，古近系地层厚 2450~2490m。白垩系地层厚度一般 1830~1920m，包括上白垩统、中白垩统、下白垩统。上白垩统由 Shiranish 泥灰岩、石灰岩和生物灰岩，Hartha 白垩灰岩夹钙质页岩，Sadi 泥灰岩、石灰岩和薄层页岩，Tanuma 灰岩夹钙质页岩，Khasib 生物碎屑灰岩和薄层页岩组成。中白垩统由 Mishrif 礁灰岩，富含生物碎屑，Rumaila 泥质灰岩夹白垩化灰岩，Ahmadi 灰岩夹白垩灰岩，Mauddud 灰岩夹泥岩、白云岩，Nahr Umr 灰岩与砂泥岩组成。下白垩统包括：Shuaiba 白垩灰岩、页、泥灰岩，Zubair 砂泥岩互层，Ratawi 灰岩、泥岩，Yamama 有孔虫灰岩夹薄层泥岩。

古近系地层厚 2450~2490m，主要包括 Upper Fars 砂泥岩，Lower Fars 泥岩、硬石膏和盐岩互层，Jeribe 白云岩和灰质白云岩，Kirkuk 砂岩、泥岩、砂质灰岩和白云岩条带，Jaddala 白垩灰岩夹薄层泥灰岩和泥页岩，Aaliji 生物碎屑灰岩、泥质砂岩和白垩灰岩。

截至目前，已在白垩系和古近系的碳酸盐岩和砂岩储层中发现 9 套含油层系：

（1）古近系 Jeribe 组白云岩，顶部埋深约 1890m；
（2）古近系 Upper Kirkuk 组砂岩，顶部埋深约 1900m；
（3）上白垩统 Hartha 组石灰岩，顶部埋深约 2600m；
（4）上白垩统 Sadi 组石灰岩，顶部埋深约 2600m；
（5）上白垩统 Tanuma 组石灰岩，顶部埋深约 2720m；
（6）中白垩统 Khasib 组石灰岩，顶部埋深约 2730m；
（7）中白垩统 Mishrif 组石灰岩，顶部埋深约 2800m；
（8）中白垩统 NahrUmr 组 B 段砂岩，顶部埋深约 3650m；
（9）下白垩统 Yamama 组石灰岩，顶部埋深约 4210m。

三、沉积储层特征

中东大部分地区在显生代期间都有沉积物的堆积，其中最早的是始寒武纪 Hormuz 混杂岩，其沉积于前寒武纪基底之上，之后由于盆地的不断演化，沉积环境也随之变化。

早白垩世末期，沉积古地貌为一个平缓的单斜缓坡，先后发育了 Nahr Umr 组和 Mauddud 组；向上至森诺曼阶—早土仑阶，首先以海进的浅海陆棚相的 Ahmadi 组开始，此时海平面达到高点，上覆含白垩浅海陆棚相的 Rumaila 组，然后随着海平面整体下降，转变为以含厚壳蛤碎屑为特征的碳酸盐岩台地相 Mishrif 组，最后发育开阔台地相的 Khasib 组和 Tanuma 组[2-4]。

不同沉积背景控制发育了碳酸盐岩和砂岩两大类储层，其孔隙类型、孔渗物性、储层润湿性及敏感性特征各异（表 2-1）。

碳酸盐岩储层主要发育于 Jeribe、Hartha、Sadi、Tanuma、Khasib、Mishrif 和 Yamama 等油藏。Jeribe 层岩石矿物主要为白云石（72.3%）、其次是硬石膏（15.4%）、石英（9.9%）以及极少黏土矿物；Hartha—Mishrif 层岩石矿物组成主要为方解石（93.7%）、其次是白云石（3.4%）、石英（1.3%），黏土矿物含量 1.7%。碳酸盐岩储层分布连续性较好，部分储层具有中低孔隙度、特低渗透—低渗透的特征，主要沉积于碳酸盐岩台地边缘的浅滩、陆棚和潟湖环境，以铸模/溶蚀孔隙、微孔为主，微裂缝不发育。

砂岩储层主要发育于 Upper Kirkuk 和 Nahr Umr B 两个油藏。Upper Kirkuk 岩石矿物主

表 2-1 哈法亚油田储层主要特征

层名	小层	岩性	沉积环境	孔隙类型	地层厚度 (m)	储层厚度 (m)	主喉道半径 (μm)	孔隙度 (%)	渗透率 (mD)	润湿性	敏感性
Jeribe	Jeribe	白云岩	潟湖	铸模孔	8	2~6	0.3	13~19	2~10		
Kirkuk	Upper Kirkuk	砂岩	潮坪	粒间孔隙	156	80~100		20~23	300~1600	亲水	
	Middle Kirkuk	砂岩	潮控三角洲	粒间孔隙	136	51~98		21~24	15~2500		
Harhta	Hartha A	粒泥灰岩/泥粒灰岩	潟湖	铸模孔	15	5~15	0.5	9~27	0.1~185	亲油	
Sadi B	Sadi B1	泥粒灰岩	中陆架	生屑孔	27	13~20	0.05	16~19	0.05~0.09	亲水	中—强酸敏
	Sadi B2	泥粒灰岩	中陆架	生屑孔	32	20~30	0.07	16~20	1.0~1.3		
	Sadi B3	泥粒灰岩	滩缘	铸模孔/溶蚀孔	18	8~15	1	15~19	1.1~5.0		
Tanuma	Tanuma	泥粒灰岩	内陆架	铸模孔/溶蚀孔	14	5~8	0.3	14~18	0.3~1.7		
Khasib	KA1-2	骨架泥粒灰岩	中陆架	铸模孔/微孔	13	5.3~13.2	0.3	11.3~20.6	0.1~55.4	亲水	中—强酸敏
	KA2	粒泥灰岩	中陆架	微孔	37	1~17.4	0.3	9.4~22.1	0.1~61		
	KB	泥粒灰岩	滩	晶间孔隙	19	4.5~17.5	0.8	10~22.6	0.1~76.7	亲油	
Mishrif	MA2	粒泥灰岩/泥粒灰岩	潟湖	生物铸模孔/溶蚀孔	12	6~11	0.8~1	13~16	0.8~2.7	亲油	中—强酸敏中等偏弱水敏
	MB1-2	泥粒灰岩	滩后	铸模孔、微孔，等	75.8	76~88	0.8~1.5	10.7~24.6	12.2~62.6		
	MB2	颗粒灰岩/泥粒灰岩	滩	铸模孔/溶蚀孔	50	40~50	4~8	19~25	4.4~34		中—强速敏和弱酸敏
	MC1-1/1-2	泥粒灰岩	滩	铸模孔/溶蚀孔	47	40~45	2~6	16~27	3~13		
	MC2-3	泥粒灰岩	滩	铸模孔/溶蚀孔	61	30~75		12~24	1~41		
	MC3-2	泥粒灰岩	滩	铸模孔/溶蚀孔	22	16~28		14~26	2.3~19		
Nahr Umr	Nahr Umr B	砂岩	潮控三角洲	粒间孔隙	58	9~20	6~10	18~21	400~700	B2/B3/B5：亲油 B4：亲水	中—强速敏，极强盐敏
Yamama	Yamama	粒泥灰岩	局限台地		90	20~37		10~13	0.1~0.5		

要为石英（52.6%），其次为白云石（27%）、黏土矿物（12.6%）、硬石膏（3.8%）；Nahr Umr B 层岩石矿物组成主要为石英（80%~90%），其次是白云石、菱铁矿，黏土矿物含量 3%~13%。储层为细—中粒砂岩与泥岩互层，在纵向上有多个单砂层叠置而成，平面上具有多个砂体不连续或局部不连续的特点。具有中高孔隙度、中高渗透特征，主要沉积于潮坪和潮控三角洲沉积环境，以粒间孔隙为主。

四、油藏类型及流体特征

哈法亚油田主要发育构造油藏、构造—岩性油藏、构造—地层—岩性油藏（图 2-3 和

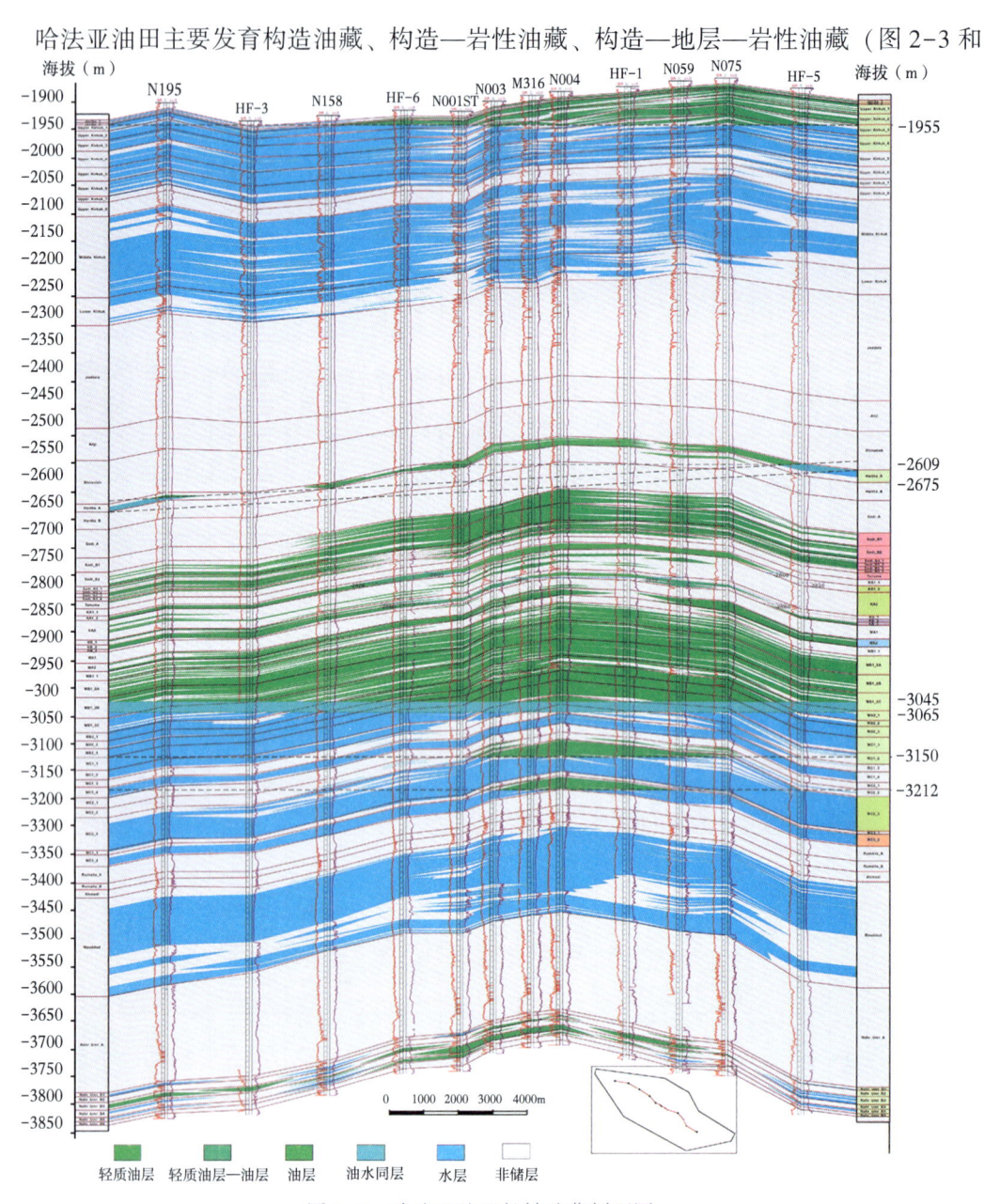

图 2-3 哈法亚油田长轴油藏剖面图

表 2-2）。油田地质储量共 184.6×10^{8}bbl，其中 Mishrif 组储量 99×10^{8}bbl，占比 53.6%，Sadi/Tatuma 储量 46×10^{8}bbl，占比近 25%。随着地质认识和生产实践的不断深入，确定 Mishrif 组 MB1 层段与 MB2—MC1 层段之间发育一套厚度约 3m 叠置连片分布的隔夹层[6]，因此将物性差、单井产量低、合采井贡献小的 MB1 层段和物性好、单井产量高、合采井贡献大的 MB2—MC1 层段进行分层系开发。

表 2-2　哈法亚油田油藏类型

序号	地层	含油层系	油气藏类型	储量占比（%）
1	Jeribe	Jeribe-1，Jeribe-2	构造油藏（底水）	8.1
2	Upper Kirkuk	UK1—UK4		
3	Hartha	Hartha A	构造—岩性油藏（边水）	1.6
4	Sadi B	Sadi B1，B2，B3	Sadi B1：构造—岩性油藏；Sadi B2 B3 Tanuma：构造油藏（边水）	24.8
5	Tanuma	Tanuma		
6	Khasib	KA1-2	构造—岩性油藏（边水）	8.6
		KA2	构造—岩性油藏（边水）	
		KB-1，KB-2，KB-3	构造—岩性油藏（边水）	
7	Mishrif	MA2	构造—地层—岩性油藏（边水）	4.6
		MB1-2—MC1	构造—岩性油藏（边—底水）	47
		MB2—MC1	构造—岩性油藏（底水）	
		MC3-2	构造油藏（底水）	1
8	Nahr Umr B	Nahr Umr B2~5	构造—岩性油藏（边水）	2.2
9	Yamama	Yamama 1~6	构造—岩性油藏	1.0

1. 原油特征

哈法亚油田各油藏原油性质差异较大，有重油、中质油，也有轻质油。

储层原油 API 重度 19.1~40°API。其中 Jeribe/Upper Kirkuk、Sadi-Tanuma、Mishrif 原油 API 重度为 19~25°API，而 Hartha、NahrUmr 和 Yamama 原油 API 重度为 29~32°API，而 Khasib 原油分布较为复杂，API 重度为 18.6~54.1°API。

原油饱和压力 765~4291psi，其中 Hartha、Khasib A1 和 Khasib B 油藏顶部原油饱和压力接近原始地层压力，其余均为未饱和油藏。

地下原油黏度为 0.39~5.7mPa·s。Jeribe/Upper Kirkuk 油藏油黏度较高，为 4.9~5.7mPa·s，其次为 MB2-1（3.29mPa·s）、MA1 和 MB1-2（分别为 1.15mPa·s 和 1.6mPa·s）、Hartha 和 Khasib 油藏轻质油，Sadi、NahrUmr 和 Yamama 油藏原油黏度低，小于 1mPa·s。Khasib 常规油的原油黏度为 0.8~3.7mPa·s。

原始溶解气油比为 229~1491ft^3/bbl。埋深浅的 Jeribe/Upper Kirkuk 和 Tanuma 油藏油的原始气油比 R_{si} 为 229~337ft^3/bbl，埋藏较深的 Mishrif、NahrUmr 和 Yamama 油藏油的原始气油比 R_{si} 为 547~733ft^3/bbl，Hartha 油藏原始气油比 R_{si} 为 1491ft^3/bbl，Khasib 油藏常规油原始气油比 R_{si} 为 532~1027ft^3/bbl，预测轻质油的原始溶解气油比为 5000ft^3/bbl 左右。

原油压缩系数为 $4.18\times10^{-6}\sim11.21\times10^{-6}\mathrm{psi}^{-1}$。埋深浅的 Jeribe/Upper Kirkuk、Tanuma、MB2-1 层和 Nahr Umr 油藏油的压缩系数在 $4.18\times10^{-6}\sim7.571\times10^{-6}\mathrm{psi}^{-1}$，其他油藏油的压缩系数在 $8.86\times10^{-6}\sim11.21\times10^{-6}\mathrm{psi}^{-1}$。

原油含硫量 1.49%~4.5%（质量分数）。

2. 溶解气特征

哈法亚油田溶解气属于湿气，其甲烷含量约 70%。溶解气分析结果显示只有 MA2 和 MB-MC1 油藏的天然气中含 H_2S，含量 0.5%（摩尔分数）（相当于 5000mg/L）、CO_2 含量大约 2.2%（摩尔分数）；其他油藏不含 H_2S，CO_2 含量为 0.03%~1.8%（摩尔分数）。

3. 地层水特征

哈法亚油田地层水样取自 Jeribe/Upper Kirkuk、Mishrif、Sadi、Mauddud 和 Nahr Umr 油藏。地层水水型均为 $CaCl_2$ 型，总矿化度范围为 152568~220104mg/L，地层水密度为 1.12~1.17g/cm³。

哈法亚油田地层流体特征见表 2-3。

表 2-3 哈法亚油田地层流体特性

流体特性	单位	Jeribe/Euphrates	Upper Kirkuk	Sadi B	MB1	MB2	MC1	Mauddud	Nahr Umr
PVT 样品		旧	新	旧	旧	旧	旧	新	旧+新
水质		$CaCl_2$	$CaCl_2$		$CaCl_2$	$CaCl_2$		$CaCl_2$	$CaCl_2$
pH 值		6.45	7.1	6.3	5.95	6.9	2.2	7.12	6.3
密度(15.56℃)	g/cm³	1.1583		1.1679	1.14115	1.1382	1.1468	1.1189	1.121
电阻率(25℃)	Ω·m	0.053		0.0523	0.0519			0.06	0.068
矿化度	mg/L	206630.5		220104	202795	166840	202328	152568	166661
硬度	mg/L							14638	16562
Na^+	mg/L			67257	60369			51828	60015
Ca^{2+}	mg/L			9200	8000			5125	8681
Mg^{2+}	mg/L			2430	1944			447	993
Fe^{2+}	mg/L			Nil	Nil			0	74
Ba^{2+}	mg/L							0	1
K^+	mg/L			2081	1707			1584	716
Sr^{2+}	mg/L			1141	498			380	356
Cl^-	mg/L		74565	129575	114488			89733	107098
SO_4^{2-}	mg/L			320	360			1837	874
HCO_3^-	mg/L			427	451			1634	7263
CO_3^{2-}	mg/L			Nil	Nil			0	0
OH^-	mg/L			—	—			0	0

五、油藏温压系统

1. 油藏温度

根据 PVT 测试结果，原始地层温度随深度变化如图 2-4 所示；-3500m 以上地层温度略偏低，温度梯度为 2.0~2.7℃/100m，-3500m 以下地层温度正常，温度梯度为 3℃/100m。Jierbe—Kirkuk：67~78℃；Hartha：74~80℃；Sadi-Tanuma：76~82℃；Khasib：80~88℃；MishrifA：83℃；Mishrif MB：84~90℃；NahrB Umr：100~108℃；Yamama：137~148℃。

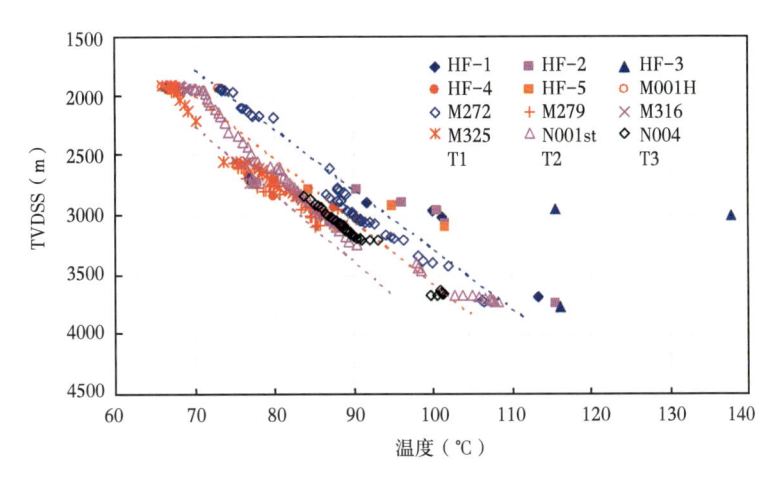

图 2-4　哈法亚油田原始地层温度随深度变化

2. 油藏压力

根据 PVT 测试结果，哈法亚油田原始地层压力随深度变化如图 2-5 所示；Jeribe/Upper Kirkuk-Hartha，Khasib B 和 Mishrif-Shuaiba 层为正常压力系统（压力系数 1.11~1.16）；

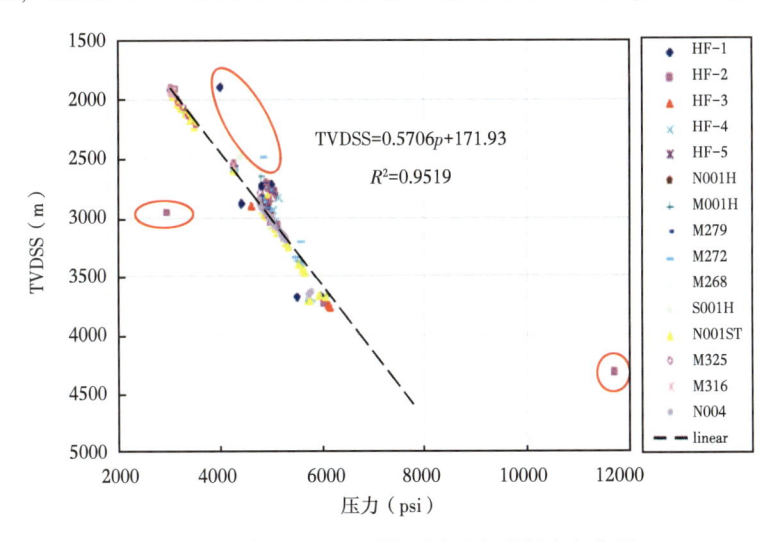

图 2-5　哈法亚油田原始地层压力随深度变化图

Sadi，Tanuma 和 KhasibA1 和 A2 层具有异常压力特征（压力系数分别为 1.27、1.25 和 1.2）；Yamama 层为异常高压，压力系数高达 1.9，主要储层原始地层压力见表 2-4。

表 2-4 哈法亚油田油藏原始压力系数

地层	地层垂直深度（TVDSS）(m)	温度（℃）	压力[psi（绝）]	孔隙压力系数
Jeribe/Upper Kirkuk	1950	67~74	3076	1.11
Middle Kirkuk	2140	73~78	3375	1.11
Hartha	2630	74~80	4335	1.16
Sadi	2750	76~82	4846	1.24
Tanuma	2800	75~80	4934	1.24
KA1-2	2850	80~88	5025	1.192
KA2	2850	80~88	5042	1.200
KB	2850	80~88	4755	1.121
MA	2950	83~88	4905	1.17
MB1—MC1	3050	84~89	5027	1.16
MC2	3160	89~95	5209	1.16
MC3	3200	89~96	5275	1.16
Nahr Umr	3750	100~108	6050	1.11
Yamama	4300	137~148	11610	1.9

六、勘探开发现状

哈法亚油田于 1976 年完钻第一口探井 HF-1，在 Jeribe，Mishrif 和 Nahr Umr 层位进行产量测试，产量为 900~12650bbl/d，宣告了油田的发现。在此基础上，1977 年至 2010 年相继完钻 7 口井，据此估算的原始石油地质储量为 160×10^8 bbl，其中 Mishrif 组和 Sadi 组是最主要的含油层系，占总探明地质储量的 80% 以上。中国石油于 2010 年开始接管哈法亚油田的开发，随即进行三维地震采集，采集面积 $496km^2$。随着地震和钻井资料的不断丰富，油藏含油面积、有效厚度和孔隙度的准确度逐步提升，根据最新一轮的储量评价，哈法亚油田地质储量共 184.6×10^8 bbl，其中 Mishrif 组储量 99×10^8 bbl，占比 53.6%。

哈法亚油田于 2005 年 4 月开始试采，日产油 7000bbl，中国石油接管后，按照整体部署、分区动用、逐步上产的思路，产量迅速提升。截至 2019 年 1 月底，全油田投产井 223 口，日产油量 34.4×10^4 bbl，综合含水率 7.1%。Mishrif 组油藏投产 142 口井，日产油量 17.5×10^4 bbl，约占总产量的 59.2%，综合含水率 7.5%（图 2-6）。

图 2-6 哈法亚油田生产历史曲线

第二节 中国石油接收前钻井情况

中国石油接收前，哈法亚油田已钻井 7 口，其中，HF-1 井、HF-2 井、HF-3 井、HF-4 井和 HF-5 井在 1980 年前完钻，HF-6 井、HF-7 井 2008—2009 年完钻，各井井深均超过 4000m，最深达到 4784m，钻井周期为 150~206 天，由于钻井时间久远又加上战争的影响，收集到的钻井完井报告只有零星的图片，从这些零星的资料中可以看出，钻井复杂主要表现在三开 9⅝in 套管固井过程中的漏失及四开 8½in 井眼钻井过程中的漏失。HF-7 井在三开 9⅝in 套管固井中发生严重漏失，HF-5 井则发生了多起水侵及漏失；HF-1 井在 2433~2445m 井段发生漏速为 9m³/h 的漏失，共计漏失 80m³，采用打水泥塞堵漏；HF-7 井在 2934~3792m 井段钻井过程中漏失约 480m³；HF-5 井在 3964~3999m 井段钻井过程中漏失约 326m³；HF-3 井在 3572~3792m 井段漏失约 80m³，此外，HF-6 井在 Khasib 地层发生气侵；HF-5 井在 6in 井眼 Yamama 井段 4½in 尾管固井过程中发生漏失，HF-2 井在 6in 井眼 Yamama 井段钻井过程中在 4340m 井段缩径发生卡钻，总体上，中国石油接手前，钻井复杂并非非常严重，但总体钻井效率低，井身质量较差，钻井周期长，各井钻井周期见表 2-5。

表 2-5 中国石油接收前哈法亚油田已钻井钻井周期

井号	HF-1	HF-2	HF-3	HF-4	HF-5	HF-6	HF-7
开钻时间	1975.1.24	1976.8.9	1978.3.15	1978.10.5	1980.1.4	2008.1.18	2009.4.12
完钻时间	1975.8.21	1977.3.9	1978.9.7	1979.4.5	1980.8.17	2008.5.24	2009.9.1
类型	探井	探井	探井	探井	探井	开发井	开发井
目的层	Ratawi	Sulaiy	Sulaiy	Sulaiy	Sulaiy	Nahr Umr	Nahr Umr
井深（m）	4172	4792	4400	4527	4448.2	3772	3755
钻井周期（d）	148	181	171	122	223	135.5	135.8

中国石油接收前，老井的井身结构数据见表2-6。HF-1—HF-5井采用五开的井身结构，HF-1井钻至4171m Shuaiba地层；HF-2和HF-4井分别钻至4784m和4562m，HF-2井钻至Yamama地层之下的Sulaly地层，HF-3钻至4481m的Yamama地层；其中，特别值得关注的是HF-5井，该井钻至4448m的Yamama地层，尽管采用了五开的井身结构，但上部井身结构进行了调整，一开钻至397m，二开钻至998m，三开钻至1892m，四开钻至4232m Ratawi的顶部，五开钻至4448m，它的特点是一开较其他井深钻至397m，可能设计者希望将上部Lower Far以上的地层由三开简化为二开，但钻至998m发生严重卡钻，故提前下套管二开完井；三开从998m钻至1892m，钻遇了Upper Far为正常压力（压力系数1.15）地层与Lower Fars高压盐膏层（压力系数2.15~2.25）两套地层，但发生了多起水侵及漏失等复杂，该井钻井周期为223天，较钻得最深的HF-2井（4792m）还长42天，可见井身结构不合理，会带来更多的钻井风险及复杂，后续2008年所钻井仍然采用Lower Fars高压盐膏层专打的策略；HF-6井和HF-7井较浅，分别钻至3771m和3763m的Shuaiba地层，采用了四开井身结构。

表2-6 中国石油接收前哈法亚油田已钻井井身结构数据

井号	一开（26~20）		二开（φ444.5mm~φ339.7mm）		三开（φ311.2mm~φ244.5mm）		四开（φ212.7mm~φ177.8mm）		五开（φ149.2mm~φ114.3mm）		
	下深（m）	地层	下深（m）	地层	下深（m）	地层	下深（m）	地层	钻深（m）	下深（m）	地层
HF-1	151.0	Upper Fars	1347.38	Lower Fars 顶界1343m	1900.0	Lower fars M1	3611.0	Nahr Urm	4171.0	3775.5	Shuaiba
HF-2	166.0	Upper Fars	1497.00	Lower Fars 顶界1495m	1965.0	Lower fars M1	4168.5	Ratawi	4792.0	4784.0	Sulay
HF-3	160.0	Upper Fars	1444.00	Lower Fars 顶界1440m	1950.0		4217.0		4481.0		Yamama
HF-4	149.2	Upper Fars	1439.50	Lower Fars 顶界1437m	1970.0	Lower Fars M1	4276.5	Ratawi 顶界4272	4527.0	4526.0	Sulay
HF-5	397.0	Upper Fars	998.00	Upper Fars 底界1401m	1892.2	Lower Fars	4232.0	Ratawi 顶深4228	4448.2		Yamama
HF-6	150.0	Upper Fars	1385.50	Upper Fars	1936.5	Lower Fars	3771.0	Shuaiba	—	—	
HF-7	150.5	Upper Fars	1383.50	Upper Fars	1936.0	Lower Fars	3763.5	Shuaiba	—	—	

第三节 钻井工程特点

一、钻井工程要求

1. 钻井及完井要求

哈法亚油田目前已发现16个油藏，分7套储层开发。主要油藏包括Yamama，Nahr Umr B（NB2、NB3、NB4和NB5），Mishrif（MA2，MB1~MC1，MC2和MC3），Khasib

（KA1，KA2和KB），Sadi B，Tanuma，Hartha及Jeribe/Upper Kirkuk，目标储层井深范围为1950~4500m，储层温度范围71~149℃，地层压力范围21~81MPa；根据产量规模及稳产要求，FDP-R1（Field Development Plan-Revision）在30年合同期内共部署新井约800口，其中包括生产井、注水井、水源井和一口侏罗系深探井，主要井型包括直井/定向井、水平井/大斜度水平井、分支井等，其中Hartha、Khsiba水平井水平段长800m左右，Mishrif水平井水平段长800~1000m，Sadi/Tanuma水平井800~1200m。不同目标油藏油井钻完井要求见表2-7。

表2-7 哈法亚油田不同开发层系的钻井及完井要求

地层	井型	井深（m）	水平段长（m）	完井方式
Jeribe-Kirkuk	直井/定向井	±2200		管内砾石充填/优质筛管完井
Hartha	水平井	±2700	800	打孔管或打孔管分段完井
Sadi/Tanuma	水平井或大斜度水平井	±2750	800~1500	裸眼+一体化改造油管柱或套管固井完井
Khasib	水平井	±2800	800	KA套管固井、KB打孔管
Mishrif	直井/定向井	±3300		射孔完井
Mishrif	水平井/大斜度水平井/分支井	3000	800~1200	裸眼完井；打孔管分段完井或套管固井或裸眼+一体化改造油管柱完井
Mishrif	MC3&2水平井	3000	800~1200	打孔管或打孔管分段完井
Middle Kirkuk Well	直井/定向井	1960		射孔完井
Nahr Umr	直井/定向井	3800		射孔完井
Yamama	直井	4500		射孔完井
侏罗系深探井	直井	5800		射孔完井

2. 钻井方式

哈法亚油田合同区内分布河流、庄稼、农舍，地面环保要求高，同时面临严峻的地缘政治安全，为降低油田开发风险，主要采用丛式井开发。根据油井部署、井身结构及地面条件，将部署平台163座左右，平台部署原则主要根据Mishirf水平井的井位，尽量保证Mishrif水平井为二维水平井，其他层系井选择在相近的平台上钻井。每座平台布井4~10口，丛式井口以单排排列，综合考虑采用常规钻具及常规测斜满足上部直井段的防碰要求、现场常用钻机安装采油树以及油田环境主要为沙漠等因素，丛式井间距设计20m，以便现场钻井及作业施工。在井场建设时，所有井口按照当地环保要求，为避免表层污染、表层地层的垮塌及漏失，均预先在井口预埋30in导管25m左右。

哈法亚油田井场部署如图2-7所示，典型的丛式平台部署如图2-8所示。

图2-7 哈法亚油田丛式平台部署

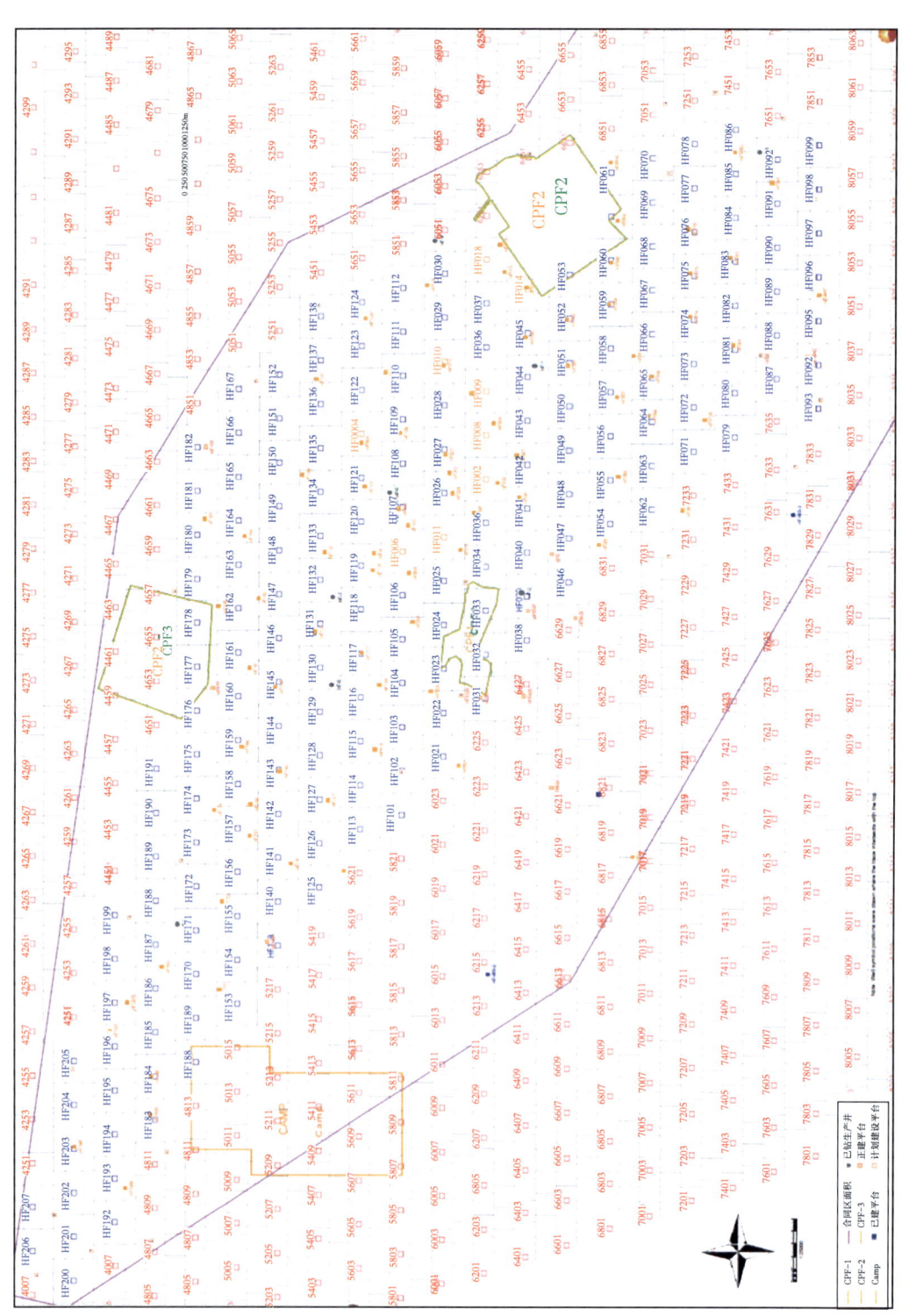

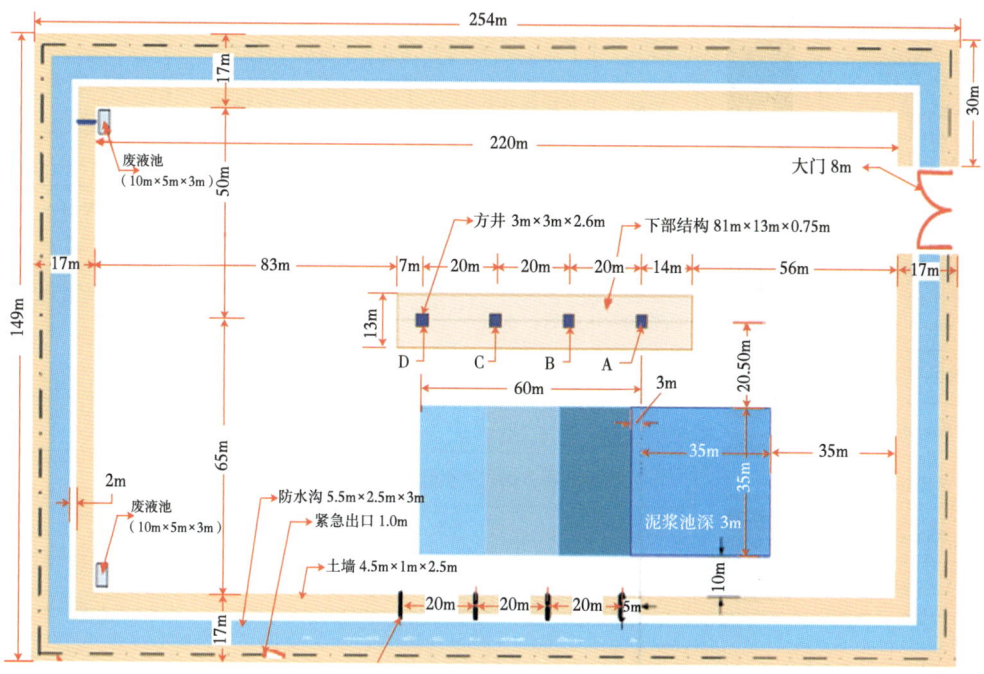

图 2-8　哈法亚油田典型丛式平台部署示意图

二、钻遇地层特点及地层压力系统

1. 主要钻遇地层特点

哈法亚油田背斜构造形态完整，主体部位两翼地层倾角 2°~3°。哈法亚背斜形成于古近纪末期，自下而上背斜高点基本一致，揭示了第四系、古近系和白垩系等地层。上部

Lower Fars 及以上地层岩性主要以泥岩、砂岩与石膏/盐为主；下部 4500m 地层，岩性主要以巨厚碳酸盐岩地层为主，混夹多套易垮塌的砂岩、泥灰岩及页岩地层。钻遇地层主要岩性特点及钻井风险提示见表 2-8。

表 2-8　哈法亚油田钻遇地层主要特点及钻井风险提示

地层	岩性	TVD（m）	岩性描述	钻井复杂提示
Upper Fars		0~	以泥岩为主，夹砂岩，底部为含膏泥岩	缩井、钻头泥包、卡钻
Lower Fars		1320	砂岩、泥岩、灰岩、石膏、盐岩互层等	高压盐膏层，钻井液相对密度 2.25，溢漏并存，卡钻，钻速低
Jeribe/Euphrate		1910	白云岩，膏岩	
Kirkuk		1940	疏松砂岩、砂质白云岩、泥灰岩等互层	疏松砂岩，易垮塌
Jaddala/Aaliji		2376	隧石灰岩，含泥灰岩与页岩	严重漏失
Shiranis/Hartha		2510	灰岩，底部为泥灰岩	漏失
Sadi/Tanuma		2626	上部泥灰岩，夹泥质灰岩与页岩	垮塌
Khasib		2760	泥灰岩为主	气侵
MishrifA		2830	灰岩为主，夹页岩、泥灰岩	垮塌
MishrifB			灰岩为主，夹隧石灰岩	严重漏失，气侵，含 H_2S
Rumaila/Ahmadi		3240	灰岩	漏失
Mauddad		3290	灰岩，水层	漏失与溢流
Nahr Umr		3460	灰岩，页岩，疏松砂岩夹泥岩	垮塌，漏失
Shuaiba		3710	灰岩夹页岩	漏失，垮塌
Zubair			砂岩，泥岩夹页岩	垮塌
Ratawi		3910	灰岩	垮塌与气侵
Yamama		4270	白垩黏土质灰岩	溢漏并存

2. 钻遇地层压力系统

地层压力形成机制不同，其预测方法不同。上部 Upper Fars，以砂泥岩为主，厚约 1300m；Lower Fars 组地层以石膏、盐岩、页岩沉积为主，厚约 400m，根据地层岩性特征和孔隙压力的承压机制，Lower Fars 以上的上部地层采用伊顿法；对于 Lower Fars 下部的巨厚碳酸盐岩地层，目前，国内外对于碳酸盐岩地层压力的预测模型还不太成熟，主要采用测试及工程统计的方法，建立了地层压力的纵向分布规律剖面如图 2-9 所示，具有以下特征：

（1）Upper Fars 层孔隙压力正常，压力系数为 1.01~1.03；Lower Fars 地层存在异常

高压，孔隙压力系数最高2.22~2.25，夹持在硬石膏或盐层之间的泥岩欠压实是造成Lower Fars地层异常高压的主因，起压点在第一次盐层之下，回压点在最后一层盐层；盐下地层中，Sadi、Tanuma和Khasib三套地层的压力较高，压力系数为1.23~1.24，Shuaiba/Zubair地层压力系数为1.22~1.28，深部储层Yamama孔隙压力为1.8~1.9；其他地层的压力系数为1.10~1.17，属于正常压力系统。

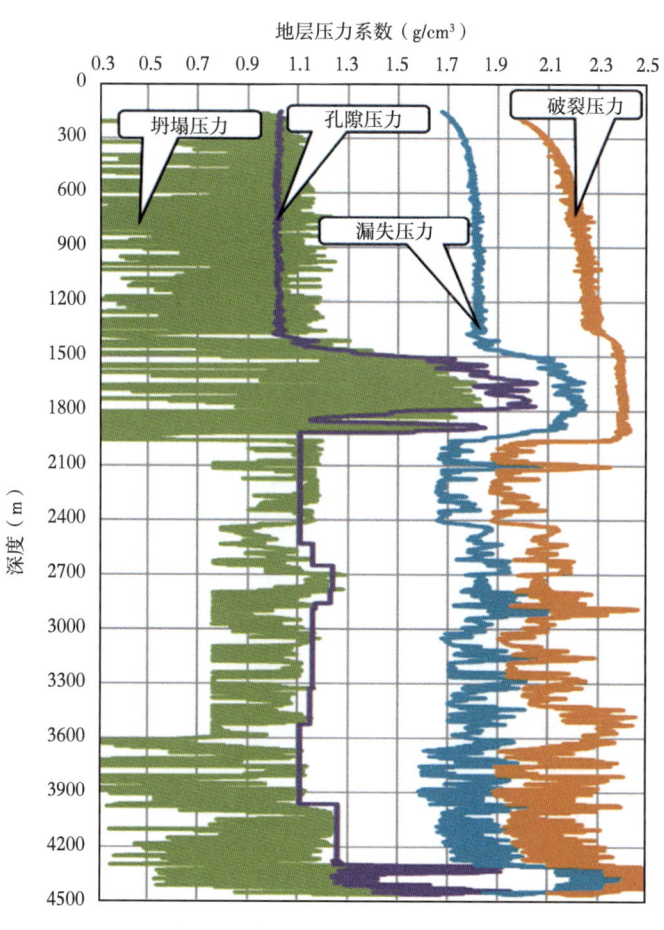

图2-9 哈法亚油田地层压力剖面

（2）Upper Fars地层井壁坍塌压力当量钻井液密度为1.08~1.18，Lower Fars地层井壁坍塌压力当量钻井液密度为1.03~1.86g/cm³，古近系Kirkuk地层坍塌压力当量钻井液密度为1.23g/cm³左右，Sadi-Tanuma层坍塌压力当量钻井液密度最高为1.23g/cm³左右，Nahr Umr层坍塌压力当量钻井液密度最高为1.29g/cm³左右，Shuaiba坍塌压力当量钻井液密度为1.18~1.38g/cm³，Zubai坍塌压力当量钻井液密度为1.20~1.39g/cm³，Yamama层坍塌压力当量钻井液密度最高在1.9g/cm³左右。

（3）Upper Fars地层 Upper Fars地层破裂压力当量钻井液密度为1.92~2.26g/cm³，Lower Fars地层破裂压力当量钻井液密度为2.26~2.39g/cm³，古近系Kirkuk地层破裂压力当量钻井液密度在1.87g/cm³以上，Nahr Umr层破裂压力当量钻井液密度最低在1.72g/cm³

左右；Shuaiba 破裂压力为 1.89~1.94g/cm³；Zubai 破裂压力当量钻井液密度为 1.91~1.96g/cm³；Yamama 层破裂压力当量钻井液密度最低为 2.45g/cm³ 左右。

（4）根据最小地应力研究结果，Upper Fars 地层漏失压力当量钻井液密度为 1.68~1.84g/cm³，Lower Fars 地层漏失压力当量钻井液密度为 1.68~2.25g/cm³，Kirkuk 地层漏失压力当量钻井液密度基本为 1.68g/cm³ 以上，Sadi-Tanuma 层漏失压力当量钻井液密度最低为 1.60g/cm³ 左右，Sadi-Tanuma 层破裂压力当量钻井液密度最低为 1.80g/cm³ 左右，与坍塌压力间密度窗口较宽，Nahr Umr 层漏失压力当量钻井液密度最低为 1.68g/cm³ 左右，Yamama 层漏失压力当量钻井液密度为 2.0g/cm³ 左右。但对存在裂缝、孔洞及高渗高孔地层，地层漏失压力当量钻井液密度可低至 1.22~1.36g/cm³。

3. 钻井工程难点与风险

由于沉积环境复杂，哈法亚油田钻遇地层岩性复杂，横向及纵向非均质性强，从上到下存 8 套易漏地层、8 套易坍塌地层（脆性页岩、异常疏松砂岩及盐膏层）及 5 套易水侵及气侵的地层，局部分布沥青、溶洞与裂缝，上部和下部分别存在两套异常高压层（压力系数 1.9~2.22），地层坍塌压力（压力系数 1.18~1.39）与漏失压力（压力系数 1.22~1.68）变化大，储层酸性气体及地层水矿化度高（20×10⁴mg/L，CaCl₂ 型），为钻井工程带来一定的风险与挑战。

从钻遇地层特征方面，哈法亚油田钻井存在以下的风险：

（1）易漏失。从上到下分布着 Jaddala、Aliji、Mishrif、Maduddu、Nahr Umr、Shiranish、Rumaila 和 Shuaiba 共 8 套易发生严重漏失的地层，局部分布裂缝（1.5cm×1.5cm）、溶洞（1.5cm×4.5cm）、溶蚀孔洞、低强度易发生诱导漏失的碳酸盐地层，潜在破碎带等，易发生漏失且分布无规律。

（2）易坍塌。从上到下分布着 Lower Fars 盐膏层、易坍塌的 Kirkuk 疏松砂岩层、Sadi-Tauma/Nahr UmrB/Zubair/Shuaiba 等易坍塌的页岩及泥灰岩地层，特别是对丛式定向井、水平井钻井带来井壁失稳及阻、卡等风险。

（3）易气、水侵。Khasib 存在气顶、Mishrif 存在 CO_2 和 H_2S，Lower Fars，Mauddad 和 Kirkuk 存在水层，易发生气、水侵复杂。

（4）沥青层。全油田局部无规律分布地层沥青，目前主要发生在 Khasib 和 Mishrif 地层。

（5）地层压力系统复杂。上部 Lower Fars 地层 1350~1910m 和下部 4150~4450m 存在两套压力系数高至 1.9~2.25 的高压地层，从 2700~3900m 的 8½in 巨厚碳酸盐井眼存在 Sadi-Tauma/Nahr UmrB/Zubair/Shuaiba 等易坍塌的页岩地层，最高坍塌压力当量钻井液密度达到 1.39g/cm³；从地层力学角度，地层漏失压力当量钻井液密度为 1.69g/cm³ 左右，但一些存在局部溶孔与裂缝的区域，漏失压力当量钻井液密度低至 1.22~1.37g/cm³；随着开发的深入，Mishrif 储层压力压力系数已降至 0.86，8½in 井眼漏垮矛盾更加突出。

（6）地层水矿化度达到 20×10⁴mg/L，各储层存在不同含量的 H_2S 及 CO_2 酸性气体，油层套管的腐蚀存在较大隐患，为井身质量安全带来较大风险；哈法亚油田钻遇地层钻井风险提示如图 2-10 所示。

从哈法亚油田不同类型的井来看，不同的井型面临不同的钻井难点及风险，哈法亚油田不同类型的井概括起来主要分为 4 类，各类井钻井特点及难点见表 2-9。

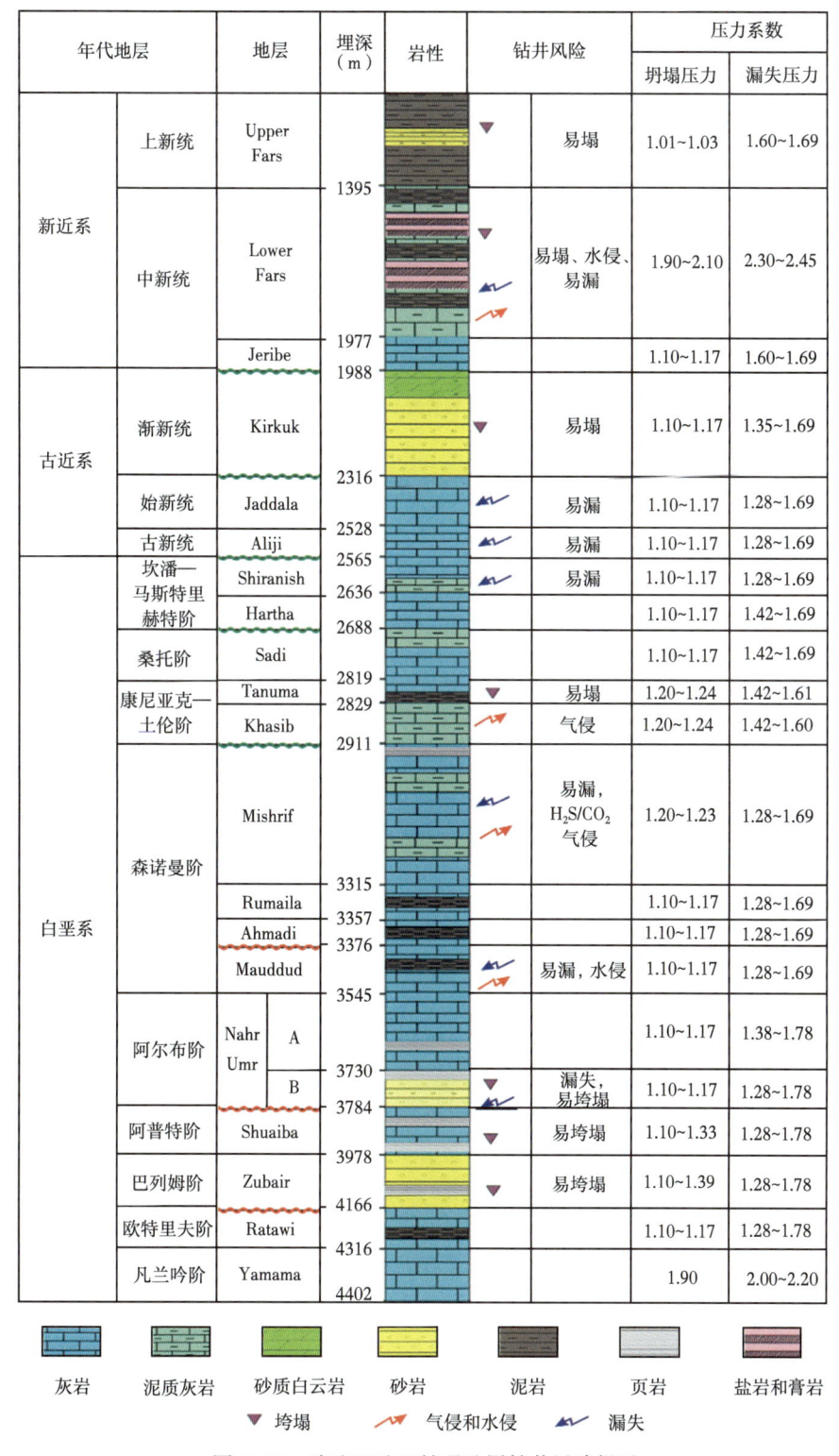

年代地层		地层		埋深(m)	岩性	钻井风险	压力系数	
							坍塌压力	漏失压力
新近系	上新统	Upper Fars		1395		易塌	1.01~1.03	1.60~1.69
	中新统	Lower Fars		1977		易塌、水侵、易漏	1.90~2.10	2.30~2.45
		Jeribe		1988			1.10~1.17	1.60~1.69
古近系	渐新统	Kirkuk		2316		易塌	1.10~1.17	1.35~1.69
	始新统	Jaddala		2528		易漏	1.10~1.17	1.28~1.69
	古新统	Aliji		2565		易漏	1.10~1.17	1.28~1.69
白垩系	坎潘—马斯特里赫特阶	Shiranish		2636		易漏	1.10~1.17	1.28~1.69
		Hartha		2688			1.10~1.17	1.42~1.69
	桑托阶	Sadi		2819			1.10~1.17	1.42~1.69
	康尼亚克—土伦阶	Tanuma		2829		易塌	1.20~1.24	1.42~1.61
		Khasib		2911		气侵	1.20~1.24	1.42~1.60
	森诺曼阶	Mishrif		3315		易漏,H_2S/CO_2气侵	1.20~1.23	1.28~1.69
		Rumaila		3357			1.10~1.17	1.28~1.69
		Ahmadi		3376			1.10~1.17	1.28~1.69
		Mauddud		3545		易漏,水侵	1.10~1.17	1.28~1.69
	阿尔布阶	Nahr Umr	A	3730			1.10~1.17	1.38~1.78
			B	3784		漏失,易垮塌	1.10~1.17	1.28~1.78
	阿普特阶	Shuaiba		3978		易垮塌	1.10~1.33	1.28~1.78
	巴列姆阶	Zubair		4166		易垮塌	1.10~1.39	1.28~1.78
	欧特里夫阶	Ratawi		4316			1.10~1.17	1.28~1.78
	凡兰吟阶	Yamama		4402			1.90	2.00~2.20

图例：灰岩　泥质灰岩　砂质白云岩　砂岩　泥岩　页岩　盐岩和膏岩
▼ 垮塌　气侵和水侵　漏失

图 2-10 哈法亚油田钻遇地层钻井风险提示

表 2-9 哈法亚油田不同类型油井钻井特点及难点

序号	井型	每种井型主要难点及特点
1	Jeribe-Kirkuk 直井、定向井	该类井型主要的钻井难点为： Lower Fars 高压盐膏层定向钻井过程中极易发生井塌、卡钻、卡套管等事故，对盐膏层的定向井钻井、定向钻井的钻井液体系及固井水泥浆体系及固井技术提出了极高的要求
2	Hartha 水平井 Sadi B 水平井 Khasib 水平井 Mishrif 水平井 & 定向井	该类井的共同难点突出表现在 8½in 井眼的钻完井过程中： (1) 由于巨厚碳酸盐岩地层裸眼段较长，存在多套严重漏失地层，且局部分布溶洞与裂缝，横向及纵向非均质性强，导致 8½in 井眼钻井及 7in 套管固井过程中出现失返型严重漏失，常规的堵漏材料不能有效满足堵漏要求，可能造成"二次漏失"或反复漏失。 (2) 地层沥青：地层沥青分布无规律，对抗沥青污染钻井液体系及工艺技术提出了要求。 (3) 主力储层 Mishrif 的持续开发，地层压力下降并实施注水开发，可能出现更为严重的漏失及固井窜流问题。 (4) 存在 H_2S 和 CO_2 及高矿化度腐蚀环境下油层套管的腐蚀问题
3	Nahr Umr 直井/定向井	Nahr Umr 定向井 8½in 井眼更长，除了面临以上井型所面临的困难外，Mishrif 下部的 Mauddud 地层为潜在的严重漏失地层，Nahr Umr B 为易垮塌页岩地层，为 Nahr Umr B 定向钻井带来更大的风险
4	Yamama 直井	(1) 相比以上类型的井，Yamama 井更深，8½in 井眼更长，除了面临以上井型 8½in 井眼所面临的困难外，Nahr Umr B 以下的 Zubair/Shuaiba 为易垮塌页岩层，局部区域坍塌压力当量钻井液密度高达 1.39g/cm³，同时 Shuaiba，Ratawi 为潜在的严重漏层，增加了 8½in 井眼的漏、垮矛盾。 (2) Yamama 地层 6in 井眼需要高温高压钻井液技术，4½in 尾管固井需要高温高压固井技术

三、井身结构

哈法亚油田分 7 套储层开发，Jeribe-Kirkuk 储层主要采用直井/定向井钻井；Hatha，Khasib 和 Sadi-Tanuma 储层主要采用水平井钻井；Mishrif 储层主要采用直井/定向井/水平井开发（已钻 13 口分支井，根据油藏工程的研究，未来不再钻分支井）；Nahr Umr 主要采用直井/定向井开发，Yamama 主要采用直井开发。根据哈法亚油田钻遇地层及地层压力系统的特点，其井身结构主要特点为：Jeribe-Kirkuk，Mishrif 和 Nahr Umr 的直井/定向井采用四开井身结构；Yamama 直井/定向井采用五开井身结构；Hatha，Sadi-Tanuma 和 Mishrif 水平井采用五开井身结构，水平段长 800~1500m。

1. Jeribe-Kirkuk 储层直井/定向井

主要采用四开的井身结构，设计原则如下：

（1）表层套管。26in 的钻头钻至 150m，20in 表层套管下至 150m，主要保护地表水，同时封固顶部黏土、疏松砂岩等不稳定地层，支撑井口及防碰器，保证表层套管具有足够的强度能够支撑技术套管。固井水泥浆返至地面。

（2）技术套管。17½in 钻头钻至 Lower Fars 盐膏层顶部 3~5m，3⅜in 套管下至 Lower Fars 内 5m，封隔 Upper Fars 地层，为下部钻开 Lower Fars 高压盐膏层做好准备。固井水泥浆返至地面。

（3）技术套管。12¼in 钻头钻至 Lower Fars 高压盐膏层 MB1 地层，9⅝in 套管坐入 Lower Fars- MB1 层 1m 内，封固 Lower Fars 高压盐膏地层，以保证下部正常地层压力系统的易漏碳酸盐岩地层的安全钻进。固井水泥浆返至地面。

（4）生产套管。8½in 钻头钻至目标层，7in 套管下至目标深度，固井水泥浆返至井口。

Jeribe-Kirkuk 直井及定向井井身结构分别如图 2-11 和图 2-12 所示。

地层	垂深 TVD（m）	套管层序	井眼尺寸（in）	套管尺寸（in）	套管下深（m）	钻井液密度（g/cm³）	井身结构剖面图
	9	导管	36	30	23	1.03~1.05	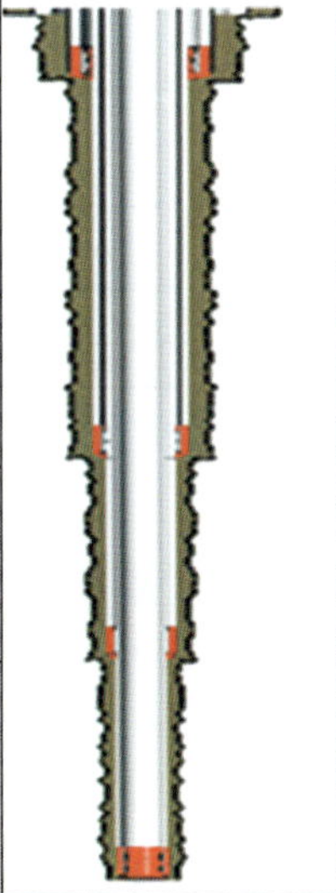
		表层套管	26	20	150	1.03~1.20	
Upper Fars	800	技术套管	17½	13⅜	1485	1.20~1.23	
	1200					1.25~1.28	
Lower Fars	1478	技术套管	12¼	9⅝	2055	2.20~2.23	
Jeribe	2071	生产套管	8½	7	TD	1.23~1.30	
Upper Kirkuk	2080						
Middle Kirkuk	2210						

图 2-11　Jeribe-Kirkuk 直井井身结构示意图

2. Mishrif/Nahr Umr 直井/定向井

主要采用四开的井身结构，主要设计原则如下：

（1）表层套管。26in 的钻头钻至 150m，20in 表层套管下至 150m，主要保护地表水，同时封固顶部黏土、疏松砂岩等不稳定地层，支撑井口及防碰器，保证表层套管具有足够的强度能够支撑技术套管。固井水泥浆返至地面。

（2）技术套管。17½in 钻头钻至 Lower Fars 盐膏层顶部 3~5m，13⅜in 套管下至 Lower Fars 内 5m，封隔 Upper Fars 地层，为下部钻开 Lower Fars 高压盐膏层做好准备。固井水泥浆返至地面。

（3）技术套管。12¼in 钻头钻至 Lower Fars 高压盐膏层 MB1 地层，9⅝in 套管坐入 Lower Fars- MB1 层 1m 内，封固 Lower Fars 高压盐膏地层，以保证下部正常地层压力系统的易漏碳酸盐岩地层的安全钻进。固井水泥浆返至地面。

地层	垂深 TVD（m）	套管层序	井眼尺寸（in）	套管尺寸（in）	套管下深（m）	钻井液密度（g/cm³）	井身结构剖面图
Upper Fars	9	导管	36	30	23	1.03~1.05	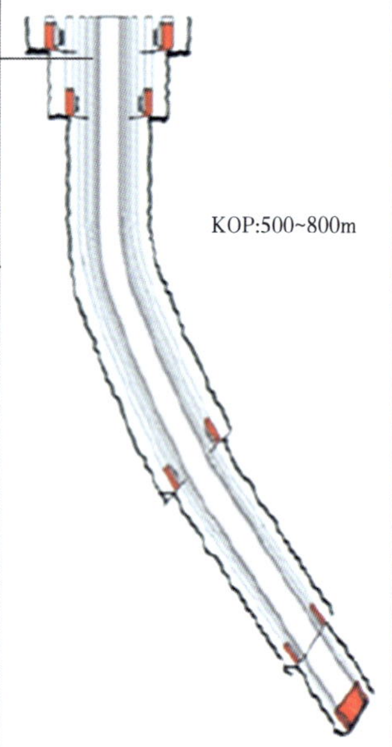
Upper Fars	800	表层套管	26	20	150	1.03~1.20	
Upper Fars						1.20~1.30	KOP:500~800m
Upper Fars	1200	技术套管	17½	13⅜	1615	1.30~1.35	
Lower Fars	1478	技术套管	12¼	9⅝	2255	2.23~2.35	
Jeribe	2071	生产套管	8½	7	TD	1.30~1.35	
Upper Kirkuk	2080						
Middle Kirkuk	2060						

图 2-12　Jeribe-Kirkuk 定向井井身结构示意图

（4）生产套管。8½in 钻头钻至目标层，7in 套管下至目标深度，固井水泥浆返至井口。

Mishrif 直井及定向井井身结构分别如图 2-13 和图 2-14 所示；Nahr Umr 直井及定向井井身结构如图 2-15 和图 2-16 所示。

3. Hartha/Khasib/Sadi/Mishrif 水平井

主要采用五开的井身结构，主要设计原则如下：

（1）表层套管。26in 的钻头钻至 150m，20in 表层套管下至 150m，主要保护地表水，同时封固顶部黏土、疏松砂岩等不稳定地层，支撑井口及防碰器，保证表层套管具有足够的强度能够支撑技术套管。固井水泥浆返至地面。

（2）技术套管。17½in 钻头钻至 Lower Fars 盐膏层顶部 3~5m，13⅜in 套管下至 Lower Fars 内 5m，封隔 Upper Fars 地层，为下部钻开 Lower Fars 高压盐膏层做好准备。固井水泥浆返至地面。

（3）技术套管。12¼in 钻头钻至 Lower Fars 高压盐膏层 MB1 地层，9⅝in 套管坐入 Lower Fars-MB1 层 1m 内，封固 Lower Fars 高压盐膏地层，以保证下部正常地层压力系统的易漏碳酸盐岩地层的安全钻进。固井水泥浆返至地面。

（4）生产套管。8½in 钻头钻至目标层顶部 1~2m，7in 套管封固储层以上易漏易垮地层，以便目标储层专打，防止储层的污染。固井水泥浆返至井口。

（5）水平段。6in 井眼在储层段水平钻至目标深度，其中 Hartha/Khasib 水平井水平段

地层	垂深 TVD（m）	套管层序	井眼尺寸（in）	套管尺寸（in）	套管下深（m）	钻井液密度（g/cm³）	井身结构剖面图
Upper Fars	9	导管	36	30	23	1.03~1.05	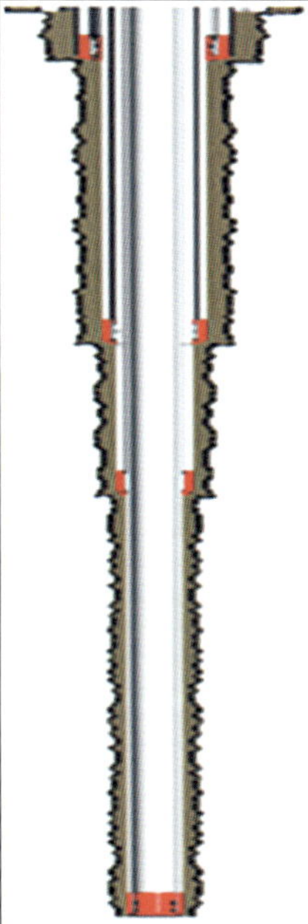
	800	表层套管	26	20	150	1.03~1.20	
		技术套管	17 1/2	13 3/8	1390	1.20~1.25	
	1100					1.25~1.28	
Lower Fars	1385	技术套管	12 1/4	9 5/8	1937	2.20~2.23	
Jeribe	1949	生产套管	8 1/2	7	TD	1.23~1.30	
Upper Kirkuk	1956						
Middle Kirkuk	2116						
Lower Kirkuk	2257						
Jaddala	2302						
Aaliji	2506						
Shiranis	2564						
Hartha	2654						
Sadi	2709						
Tanuma	2866						
Khasib	2884						
MishrifA	2980						
MishrifB1	3024						
MishrifB2	3143						
MishrifC1	3208						
TD	3295						

图 2-13 Mishrif 直井井身结构示意图

地层	垂深 TVD（m）	套管层序	井眼尺寸（in）	套管尺寸（in）	套管下深（m）	钻井液密度（g/cm³）	井身结构剖面图
Upper Fars	9	导管	36	30	23	1.03~1.05	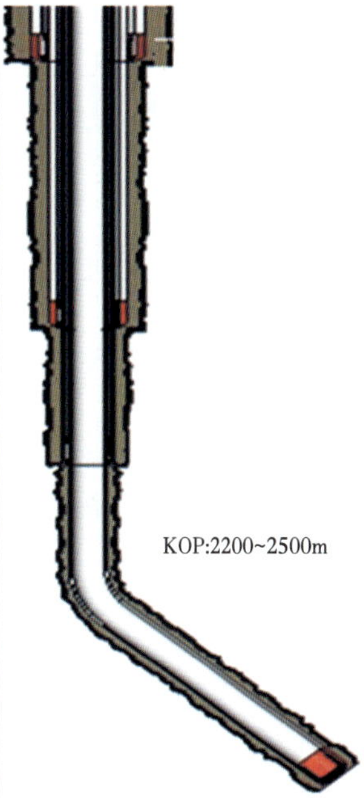
	800	表层套管	26	20	150	1.03~1.20	
		技术套管	17 1/2	13 3/8	1390	1.20~1.25	
	1100					1.25~1.28	
Lower Fars	1385	技术套管	12 1/4	9 5/8	1937	2.20~2.23	
Jeribe	1949	生产套管	8 1/2	7	TD	1.23~1.30	KOP:2200~2500m
Upper Kirkuk	1956						
Middle Kirkuk	2116						
Lower Kirkuk	2257						
Jaddala	2302						
Aaliji	2506						
Shiranis	2564						
Hartha	2654						
Sadi	2709						
Tanuma	2866						
Khasib	2884						
MishrifA	2980						
MishrifB1	3024						
MishrifB2	3143						
MishrifC1	3208						
TD	3295						

图 2-14 Mishrif 定向井井身结构示意图

地层	垂深 TVD（m）	套管层序	井眼尺寸（in）	套管尺寸（in）	套管下深（m）	钻井液密度（g/cm³）
Upper Fars	9	导管	36	30	23	1.03~1.05
	800	表层套管	26	20	150	1.03~1.20
		技术套管	$17^{1}/_{2}$	$13^{3}/_{8}$	1373	1.20~1.25
	1200					1.25~1.28
Lower Fars	1368	技术套管	$12^{1}/_{4}$	$9^{5}/_{8}$	1922	2.20~2.23
Jeribe	1936	生产套管	$8^{1}/_{2}$	7	TD	1.23~1.30
Kirkuk	1944					
Jaddala	2280					
Aaliji	2464					
Shiranis	2510					
Hartha	2580					
Sadi	2683					
Tanuma	2757					
Khasib	2831					
Mishrif	2849					
Rumaila	3234					
Ahmadi	3273					
Mauddud	3294					
Nahr UmrA	3485					
Nahr UmrB	3694					

井身结构剖面图

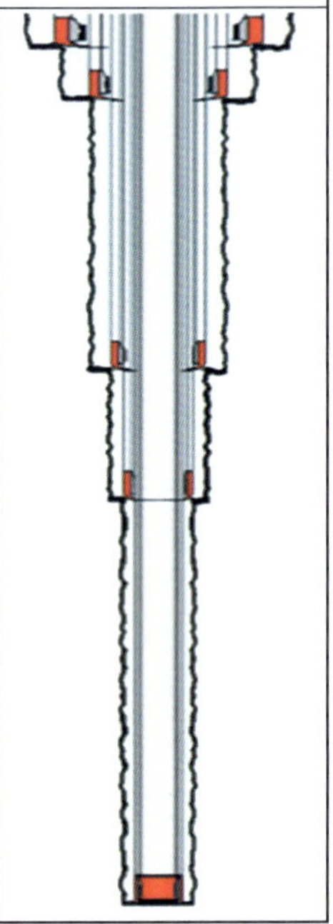

图 2-15　Nahr Umr 直井井身结构示意图

地层	垂深 TVD（m）	套管层序	井眼尺寸（in）	套管尺寸（in）	套管下深（m）	钻井液密度（g/cm³）
Upper Fars	9	导管	36	30	23	1.03~1.05
	800	表层套管	26		150	1.03~1.20
		技术套管	$17^{1}/_{2}$	$13^{3}/_{8}$	1373	1.20~1.25
	1200					1.25~1.28
Lower Fars	1368	技术套管	$12^{1}/_{4}$	$9^{5}/_{8}$	1922	2.20~2.23
Jeribe	1936	生产套管	$8^{1}/_{2}$	7	TD	1.23~1.30
Kirkuk	1944					
Jaddala	2280					
Aaliji	2464					
Shiranis	2510					
Hartha	2580					
Sadi	2683					
Tanuma	2757					
Khasib	2831					
Mishrif	2849					
Rumaila	3234					
Ahmadi	3273					
Mauddud	3294					
Nahr UmrA	3485					
Nahr UmrB	3694					

井身结构剖面图

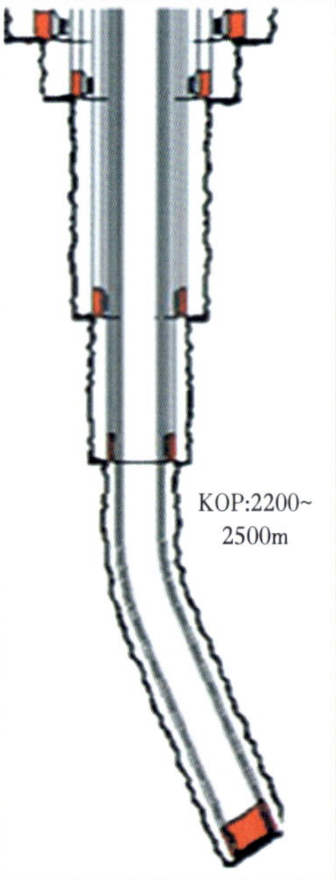

图 2-16　Nahr Umr 定向井井身结构示意图

长 800m，4½in 打孔管完井；Sadi 水平井水平段长 800~1500m，采用裸眼完井或 4½in 尾管固井完井；Mishrif 水平井水平段长 800~1000m，采用裸眼完井或 4½in 打孔管完井。

Hartha/Khasib/Sadi/Mishrif 水平井裸眼完井及 4½in 打孔管完井井身结构如图 2-17 和图 2-18 所示。

地层	垂深 TVD（m）	套管层序	井眼尺寸 （in）	套管尺寸 （in）	套管下深 （m）	钻井液密度 （g/cm³）	井身结构剖面图
	9	导管	36	30	23	1.03~1.05	
		表层套管	26	20	150	1.03~1.20	
Upper Fars	800	技术套管	17½	13⅜	1390	1.20~1.25	
	1100					1.25~1.28	
Lower Fars	1385	技术套管	12¼	9⅝	1937	2.20~2.23	
Jeribe	1949	生产套管	8½	7	TD	1.23~1.30	
Upper Kirkuk	1956						
Middle Kirkuk	2116						
Lower Kirkuk	2257						
Jaddala	2302						
Aaliji	2506						
Shiranis	2564						
Hartha	2654						
Sadi	2709						
Tanuma	2866						
Khasib	2884						
MishrifA	2980						
MishrifB1	3024	裸眼	6	水平段		1.06~1.23	
MishrifB2	3143						
MishrifC1	3208						

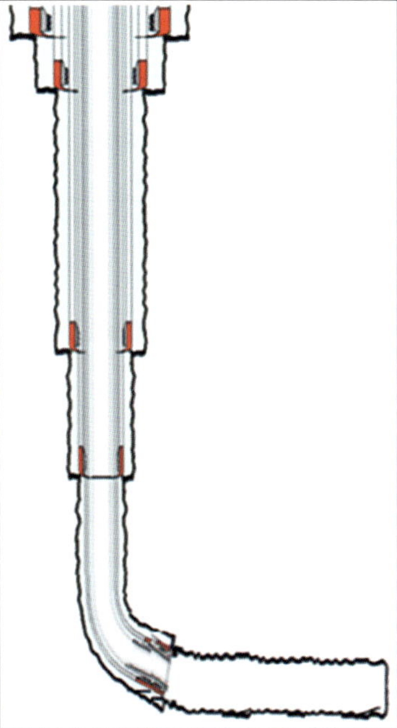

图 2-17　Hartha/Khasib/Sadi/Mishrif 水平井裸眼完井井身结构示意图

4. Mishrif 分支井

哈法亚油田主力油藏 Mishrif，总厚度平均约 400m，净储层厚度范围 68~173m，主要储层为 MA，MB1，MB2 以及 MC 等小层，其中 MB1 含油储层均厚 115m，MB2 含油储层均厚 48m，由于 Mishrif 的含油储层厚，分布较为均匀且储层灰岩稳定，小层之间的薄夹层也相对稳定，满足分支井钻井的要求，故在 Mishrif 油藏进行了分支井钻井。根据采油工程的研究，Mirshif 分支井油藏主、分支井眼的开采不需要进行射孔、分层压裂等作业，只需要进行酸洗作业，酸洗作业可通过 LWD+连续油管或选用 SLB 开发的 MSRT（Multi Selective Reentry Tool）技术实现重入，确定了经济适用的裸眼下入打孔管或裸眼完井的分支井完井方式。

Mishrif 分支井井身结构的设计原则与 Mishrif 水平井一致，主要采用五开的井身结构，7in 油层套管下至 Mishrif B1 的顶部，侧钻点上部 20m 左右，分支井眼水平段穿过 MB1—MB2，段长 600~800m；主井眼水平段穿过 MB1—MB2，段长 800~1000m 双分支井眼为 6in 井眼。分支井的井身结构如图 2-19 所示。

地层	垂深 TVD（m）	套管层序	井眼尺寸（in）	套管尺寸（in）	套管下深（m）	钻井液密度（g/cm³）	井身结构剖面图
Upper Fars	9	导管	36	30	23	1.03~1.05	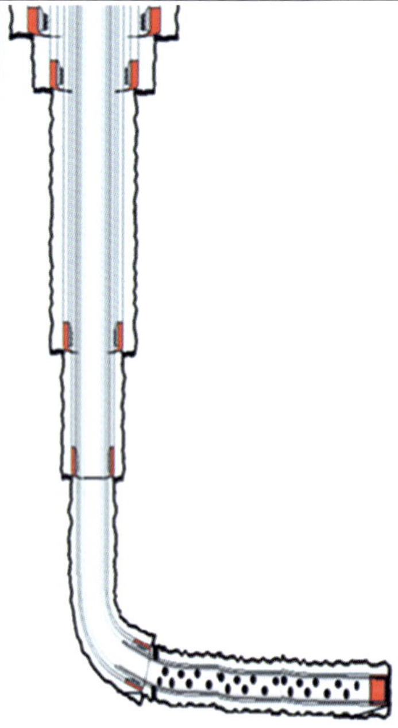
		表层套管	26	20	150	1.03~1.20	
	800	技术套管	17 1/2	13 3/8	1390	1.20~1.25	
	1100					1.25~1.28	
Lower Fars	1385	技术套管	12 1/4	9 5/8	1937	2.20~2.23	
Jeribe	1949	生产套管	8 1/2	7	TD	1.23~1.30	
Upper Kirkuk	1956						
Middle Kirkuk	2116						
Lower Kirkuk	2257						
Jaddala	2302						
Aaliji	2506						
Shiranis	2564						
Hartha	2654						
Sadi	2709						
Tanuma	2866						
Khasib	2884						
MishrifA	2980						
MishrifB1	3024	裸眼	6	4.5打孔管	水平段	1.06~1.23	
MishrifB2	3143						
MishrifC1	3208						

图 2-18 Hartha/Khasib/Sadi/Mishrif 水平井打孔管完井井身结构示意图

地层	垂深 TVD（m）	套管层序	井眼尺寸（in）	套管尺寸（in）	套管下深（m）	钻井液密度（g/cm³）	井身结构剖面图
Upper Fars	9	导管	36	30	23	1.03~1.05	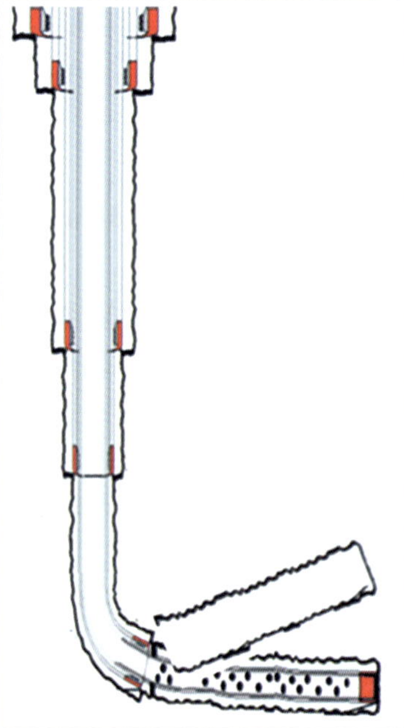
		表层套管	26	20	150	1.03~1.20	
	800	技术套管	17 1/2	13 3/8	1390	1.20~1.25	
	1100					1.25~1.28	
Lower Fars	1385	技术套管	12 1/4	9 5/8	1937	2.20~2.23	
Jeribe	1949	生产套管	8 1/2	7	TD	1.23~1.30	
Upper Kirkuk	1956						
Middle Kirkuk	2116						
Lower Kirkuk	2257						
Jaddala	2302						
Aaliji	2506						
Shiranis	2564						
Hartha	2654						
Sadi	2709						
Tanuma	2866						
Khasib	2884						
MishrifA	2980						
MishrifB1	3024	尾管（双分支）	6	4.5打孔或/裸眼	水平段	1.06~1.23	
MishrifB2	3143						
MishrifC1	3208						

图 2-19 典型的 Mishrif 分支井井身结构示意图

5. Yamama 油藏直井

主要采用五开的井身结构，主要设计原则如下：

（1）表层套管。26in 的钻头钻至 150m，20in 表层套管下至 150m，主要保护地表水，同时封固顶部黏土、疏松砂岩等不稳定地层，支撑井口及防碰器，保证表层套管具有足够的强度能够支撑技术套管。固井水泥浆返至地面。

（2）技术套管。17½in 钻头钻至 Lower Fars 盐膏层顶部 3~5m，13⅜in 套管下至 Lower Fars 内 5m，封隔 Upper Fars 地层，为下部钻开 Lower Fars 高压盐膏层做好准备。固井水泥浆返至地面。

（3）技术套管。12¼in 钻头钻至 Lower Fars 高压盐膏层 MB1 地层，9⅝in 套管坐入 Lower Fars-MB1 层 1m 内，封固 Lower Fars 高压盐膏地层，以保证下部正常地层压力系统的易漏碳酸盐岩地层的安全钻进。固井水泥浆返至地面。

（4）生产套管。8½in 钻头钻至 Ratawi 顶部 1~2m，7in 套管封固 Ratawi 以上易漏易垮地层，以便目标储层专打，防止储层污染，固井水泥浆返至井口。

（5）尾管。6in 井眼钻至 Yamama 层目标深度，4½in 尾管下至地质开发要求的深度。尾管悬挂器上挂至上层套管 150m 左右，固井水泥浆返至尾管悬挂器以上位置。

Yamama 直井井身结构剖面如图 2-20 所示。

地层	垂深 TVD（m）	套管层序	井眼尺寸（in）	套管尺寸（in）	套管下深（m）	钻井液密度（g/cm³）	井身结构剖面图
	9	导管	36	30	23	1.03~1.05	
Upper Fars	800	表层套管	26	20	150	1.03~1.20	
		技术套管	17½	13⅜	1380	1.20~1.25	
	1200					1.25~1.28	
Lower Fars	1375	技术套管	12¼	9⅝	1954	2.20~2.23	
Jeribe	1972	生产套管	8½	7	4170	1.23~1.30	
Kirkuk	1981						
Jaddala	2342						
Aaliji	2524						
Shiranis	2510						
Hartha	2570						
Sadi	2679						
Tanuma	2824						
Khasib	2838						
Mishrif	2916						
Rumaila	3307						
Ahmadi	3362						
Mauddud	3380						
Nahr Umr	3533						
Shuaba	3791						
Zubair	3985						
Rataw I	4155						
Yamama	4305	尾管	6	4½	TD	1.9~2.0	
TD	4468						

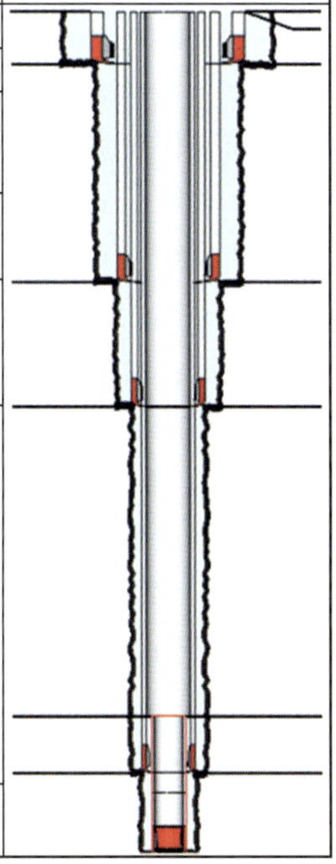

图 2-20　Yamama 直井的井身结构剖面示意图

6. 侏罗系深探井

根据哈法亚油田义务工作量的要求，未来还将钻一口侏罗系的深探井 HF-9 井，根据开发的研究，该井深达 5700m，是伊拉克目前最深的一口井，且 Yamama 储层以下 1000 多米的地层为哈法亚油田从未钻遇地层，井位如图 2-21 所示。

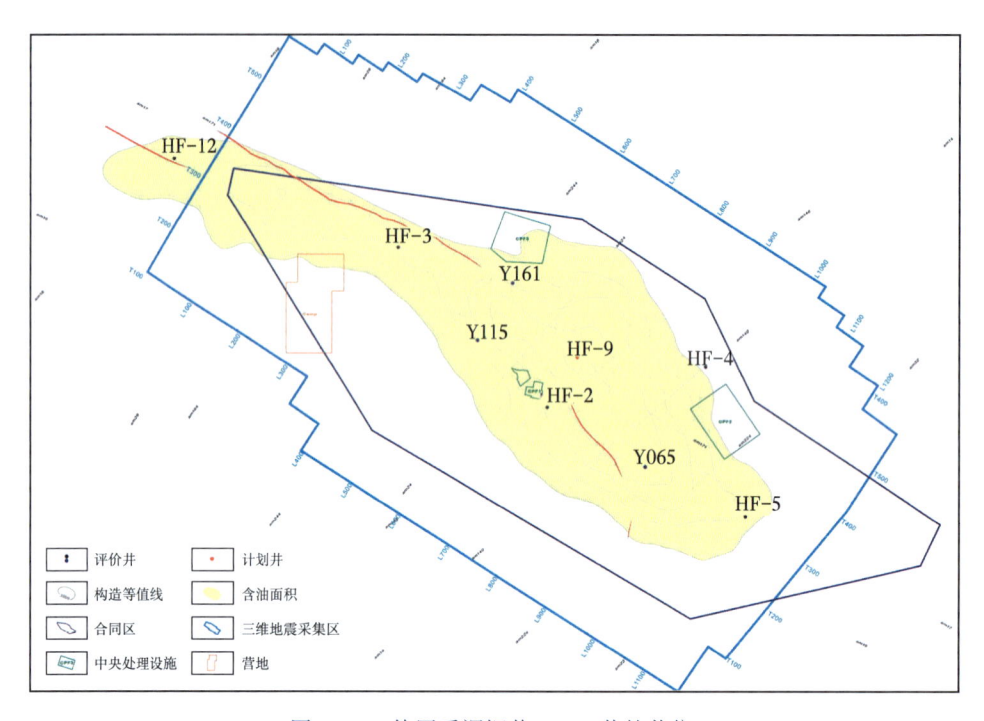

图 2-21 侏罗系深探井 HF-9 井的井位

目前，伊拉克钻得最深的井为相邻鲁迈拉油田 RN-172 探井，该井开钻于 1979 年。该井钻井表明，Yamama 以下钻遇地层及压力系统复杂，钻井过程中发生了严重的漏、溢、卡等钻井复杂，Yamama—Najmah 钻井密度高至 2.21g/cm³，之下的地层 Sargelu 和 Alan 地层钻井液密度低至 1.5g/cm³，继续钻至 Mus 地层发生井涌，钻井液密度增加至 2.18g/cm³，以控制溢流；继续钻进至 Adaiyah 地层，钻头掉在井里，打捞成功后，开始漏失，在堵漏时，漏失和溢流交替出现，钻井液密度在 2.14~2.23g/cm³ 变化，共进行 3 次注水泥作业，耗时 44 天；继续钻进至 Butmah 地层出现气侵，增加钻井液密度至 2.23g/cm³，出现漏失，注水泥堵漏；继续钻进至 Kurra Chine 地层，发生完全漏失，钻井液密度从 2.23g/cm³ 降至 2.21g/cm³，堵漏过程中发生 2 次溢流，共进行 6 次注水泥作业，最后一次注水泥候凝时，钻头和钻杆掐住，打捞失败，注水泥封井，完钻井深 5381m，未钻至侏罗系。RN-172 探井的钻井表明，哈法亚这口义务工作量的深探井钻井存在极大的风险和不确定性；结合中东地区 Yamama 以下深部地层探井的调研，对中东地区 Yamama 以下地层的温度及压力进行预测，结果见表 2-10。调研结果同时表明，Yamama 以下地层 H_2S 气体含量可能高达 18% 左右，进一步增加了哈法亚深探井 HF-9 井的钻井安全及钻井成本。

在对中东地区深探井钻井调研的基础上，充分考虑该井钻井存在的风险，初步完成了对这口井配套钻井工艺的研究，HF-9 深探井初步设计为 7 开的井身结构，井身结构示意图如图 2-22 所示，需要 3000HP 的钻机。

表 2-10 Yamama 以下地层地层压力及温度

地层	地层顶部（m）	地层压力系数	破裂压力系数	温度（℃）
Yamama/Sulaiy	4195	1.9~2.1	2.50	132
Gotnia	4820	2.1	2.48	154
Najmah/Naokelican	5100	2.1	2.50	154
Sargelu/Alan	5240	2.1	2.50	157
Mus	5300	1.5	2.45	161
Adaiyah	5420	1.5	2.45	162
Butmah	5510	2.1	2.50	164
Baluti/Kurra Chine/TD	5800	2.1	2.50	172

地层	垂深 TVD（m）	套管层序	井眼尺寸（in）	套管尺寸（in）	套管下深（m）	钻井液密度（g/cm³）	井身结构剖面图
Upper Fars	9	表层套管	36	30	102	1.03~1.20	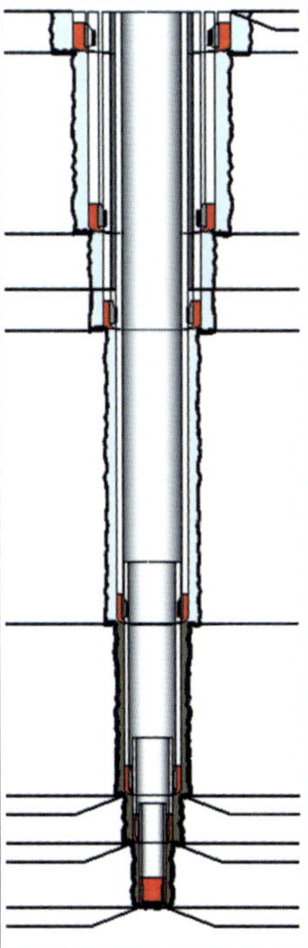
Upper Fars	800	技术套管	28	24	1345	1.20~1.25	
	1200					1.25~1.28	
Lower Fars	1340	技术套管	22	18	1892	2.20~2.23	
Jeribe/Euphrate	1910						
Kirkuk/Jaddala/Aaliji	2248						
Shiranis/Hartha	2477						
Sadi/Tanuma/Khasib	2596	技术套管	16	13½	4060	1.20~1.39	
Mishrif	2809						
Rumaila/Ahmadi	3215						
Mauddad/Nahr Umr	3276						
Shuaiba/Zubair	3690						
Ratawi	4055						
Yamama	4195	尾管	12¼	10¾	5242	2.00~2.20	
Gotnia	4820						
Najmah/Naokelican	5100						
Sargelu-Alan	5240	尾管	9½	7⅝	5302	1.60~1.65	
Mus/Adaiyah	5300						
Butmah	5510	尾管	6¼	5	TD	2.20~2.25	
Baluti/Kurra Chine	5800						

注：（1）9½in 井眼需要回接至井口，即 7⅝in（3000~5150m）+9⅝in（0~3000m）；
（2）后续根据地质油藏进一步的研究和新的可参考资料，开钻前，应进行进一步论证并对井身结构进行优化。

图 2-22 侏罗系深探井 HF-9 井的井身结构剖面

四、定向井钻井

1. 造斜点的选择

造斜点 KOP 的选择对丛式井井眼轨迹以及防碰设计是一个重要的决定因素。通常造斜点选在比较稳定的、可钻性均匀的地层，避免在岩石破碎带、漏失地层、流砂层或硬夹层、容易坍塌等复杂地层定向造斜；造斜点深度根据设计井的井深、水平位移和选用的剖面类型确定，并考虑剖面防碰和绕障要求；每两口相邻丛式井的造斜点，深度相互错开，错开的距离应不小于30m并考虑井眼轨迹的方位；钻井顺序先钻水平位移大、造斜点浅的井，后钻水平位移小、造斜深的井，最后钻直井，也就是说先钻位移大的边缘井、依次向平台中心钻井。

哈法亚油田 Jeribe-Kirkuk 定向井，由于储层之上 10m 就是 Lower Fars 高压盐膏层，该类型井在钻井初期，在 12¼in 井眼 Lower Fars 高压盐膏层造斜，出现了比较严重的井壁失稳及阻、卡等复杂，通过井眼轨迹优化，将造斜点从 Lower Fars 盐膏层上移至 Upper Fars，在 17½in 井眼造斜（500~800m），在 Lower Fars 稳斜，大大降低了 Lower Fars 地层定向钻井的风险。如图 2-23 所示。

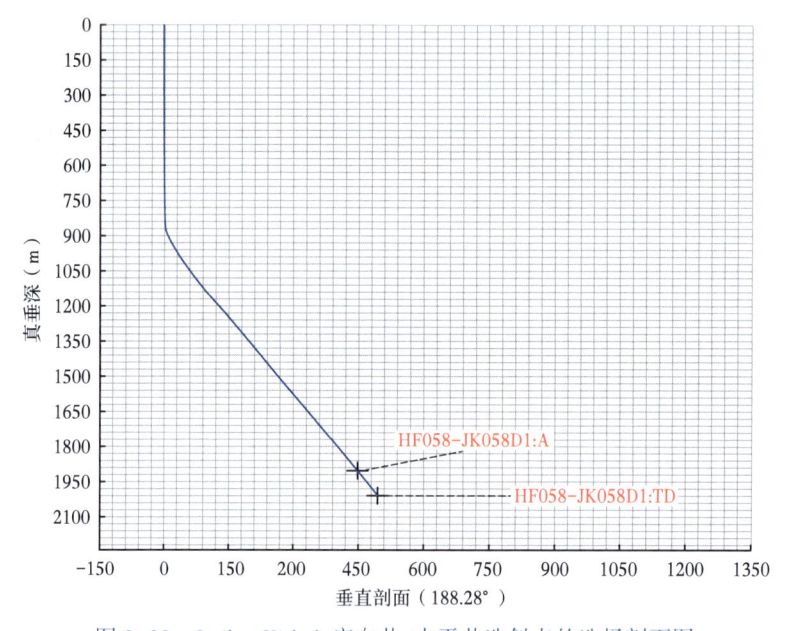

图 2-23　Jeribe-Kirkuk 定向井/水平井造斜点的选择剖面图

Mishrif/Nahr Umr 定向井以及 Sadi/Khasib/Hartha/Mishrif 水平井，为避开在 Lower Fars 盐膏层造斜和定向钻井，均选择在 8½in 井眼造斜，并根据靶前位移、邻井的造斜点以及目标层深度调整造斜点的位置，造斜点大致在 2200~2650m。如图 2-24 所示。

2. 定向井钻井

定向井井眼轨迹的设计主要参数包括造斜点、造斜率、靶前位移、最大井斜角、垂深、进尺，对水平井还有水平段长等，在哈法亚定向井设计时，通常遵循以下的原则：

（1）在保证钻井目的前提下，尽可能选择比较简单的轨迹类型，以利于安全快速地定向钻井。

（2）在满足采油工程的前提下，尽量减小井眼曲率，以改善采油装备的工作条件。

（3）为降低钻井难度，在考虑井间防碰的前提下，尽量降低摩阻扭矩、控制裸眼井段长度、减小最大井斜角等原则设计井眼轨迹。

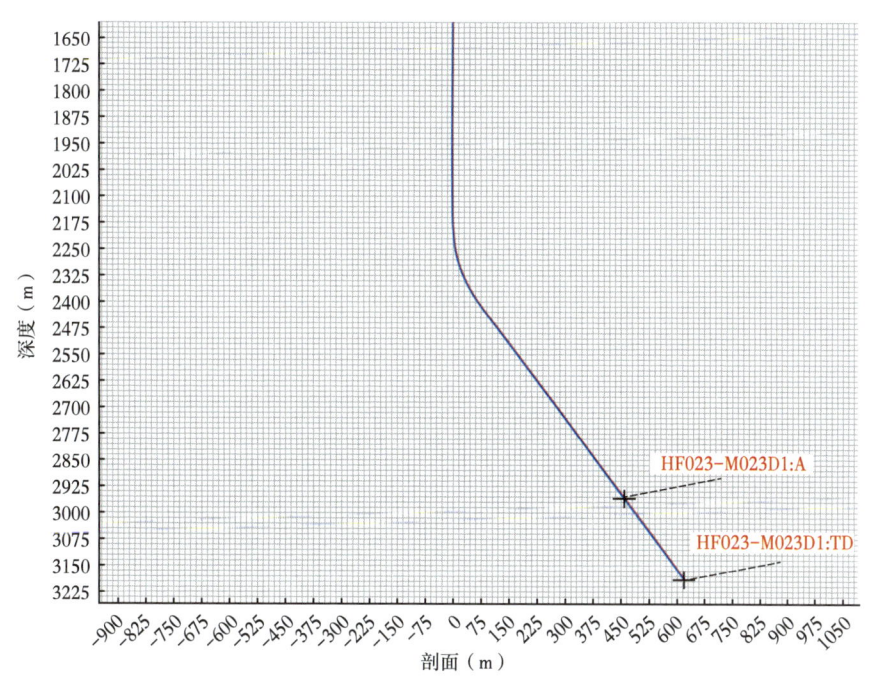

图 2-24　Mishrif/Nahr Umr/Sadi/Khasib/Hartha 定向井/水平井造斜点的选择剖面图

（4）最大井斜角不应小于 15°，否则造斜工具的井斜方位不易控制；考虑到通常井斜在 45°~60° 的井段，岩屑不易携带，容易由于堆积形成岩屑床，在井眼轨迹设计时应尽量缩短该井斜下的井段距离；哈法亚油田定向井主要有 Jeribe-Kirkuk/Mishrif/Nahr Umr 定向井，靶前位移 250~600m，通过调整造斜点等尽量控制井斜在 15°~45° 范围内。

对于 Jeribe-Kirkuk 定向井，垂深 2100m 左右，根据靶点位置，调整造斜点 KOP 在 500~800m，在 Upper Fars 井段完成造斜，在 Lower Fars 井段稳斜，造斜率控制在 2.5°~4.5°/30m 的范围内，最大井斜控制在 45° 范围内，采用"直—增—稳"三段轨道类型。典型的 Jeribe-Kirkuk 定向井井眼轨迹如图 2-25 所示。

对于 Mishrif/Nahr Umr 定向井，垂深 2900~3500m，靶前位移 250~600m，根据靶点位置，调整造斜点 KOP 在 2400~2800m，造斜率为 3°~7°/30m，主要采用"直—增—稳"三段轨道类型，但也有部分井由于井口、靶前位移以及靶点的限制，选择"直—增—稳—降—直"的 S 形五段制剖面，Mishrif 垂深 2800~3200m，Nahr Umr 垂深 3500~3600m，井斜 15°~60°。典型的 Mishrif 定向井井眼轨迹如图 2-26 所示，Nahr Umr 定向井井眼轨迹，如图 2-27 所示。

3. 水平井钻井

Mishrif/Sadi/Hartha/Khasib 水平井井眼轨迹设计尽量遵循二维剖面设计，垂深 2500~3200m，靶前位移 250~600m，根据靶点位置，调整造斜点 KOP 在 2200~2600m，造斜率为 3°~7°/30m，轨迹中设计稳斜段长度 50~100m，稳斜段的井斜小于 60°，Mishrif/Hartha/Khasib 水平井水平段长 800~1000m，Sadi 水平段长为 1000~1500m，通常采用双增剖

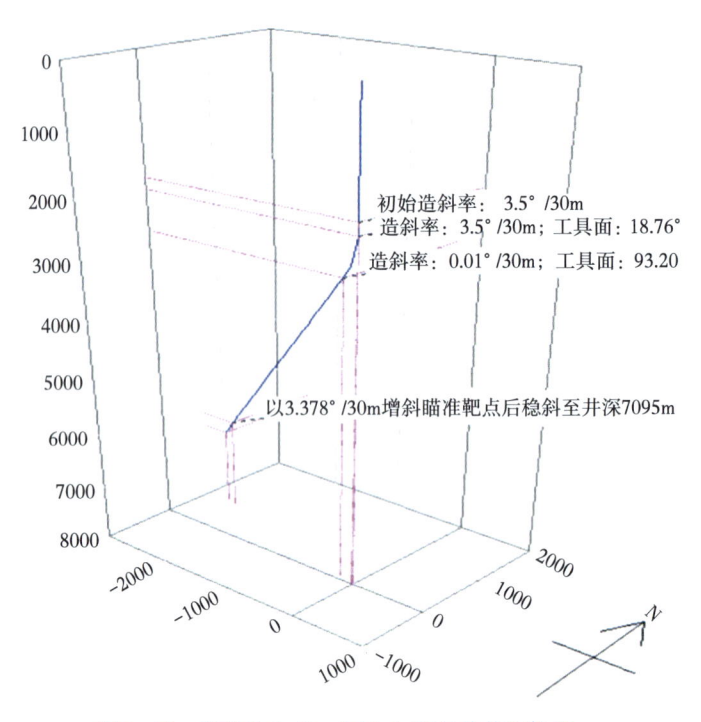

图 2-25 典型的 Jeribe-Kirkuk 定向井井眼轨迹

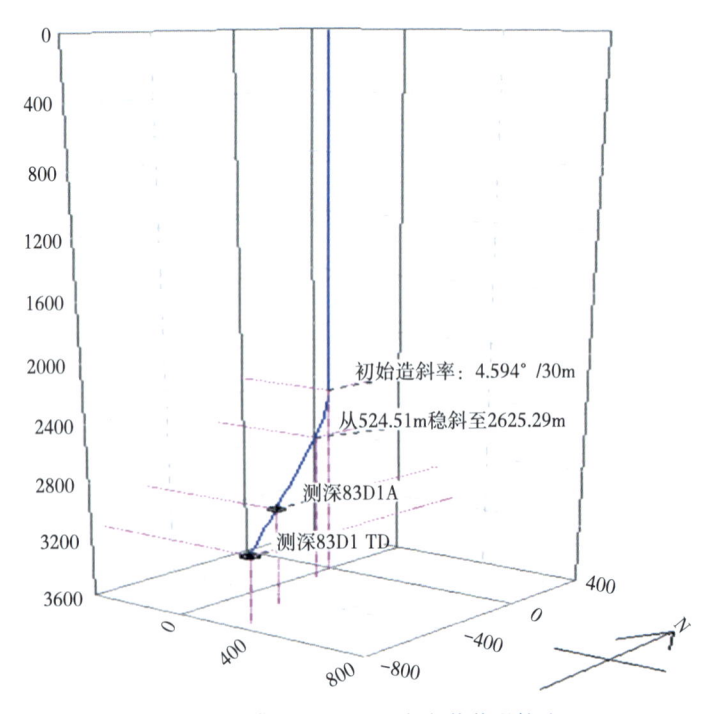

图 2-26 典型的 Mishrif 定向井井眼轨迹

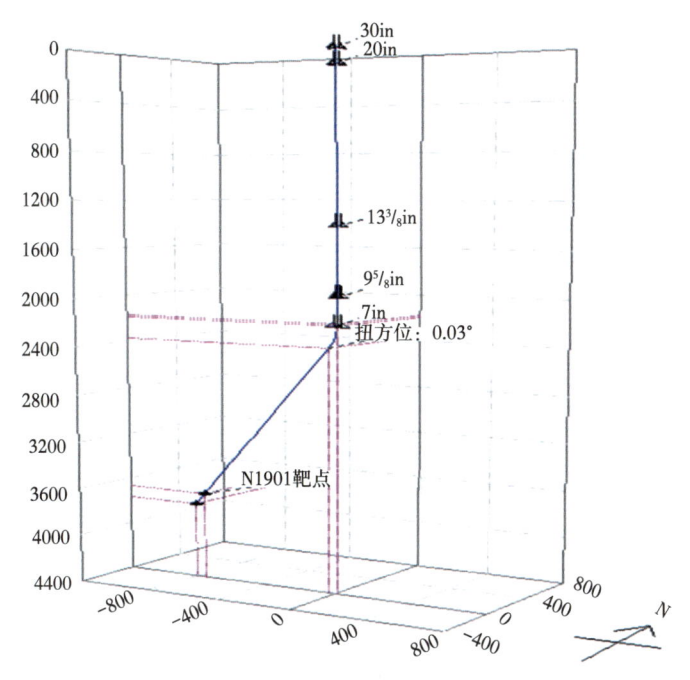

图 2-27 典型的 Nahr umr 定向井井眼轨迹

面（直—增—稳—增—水平），典型的 Mishrif 水平井眼轨迹如图 2-28 所示，典型的 Sadi/Hartha/Khasib 水平井眼轨迹如图 2-29 所示。

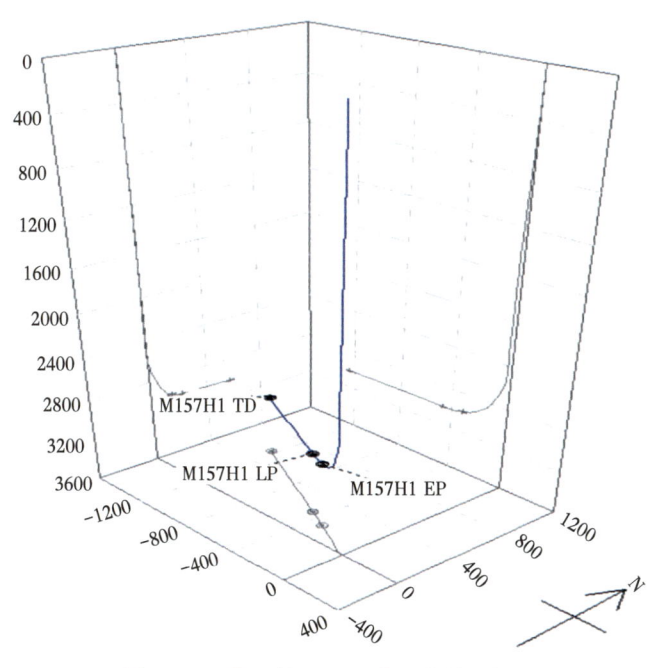

图 2-28 典型的 Mishrif 水平井井眼轨迹

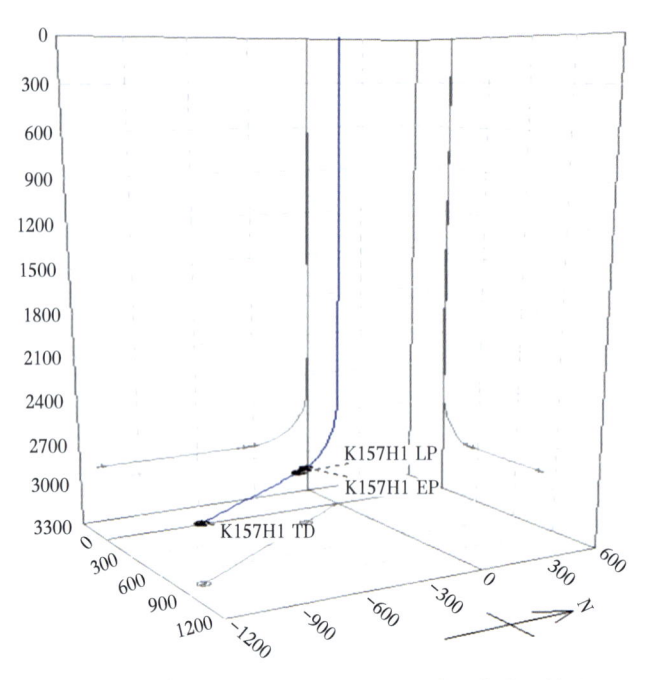

图 2-29　典型的 Sadi/Hartha/Khasib 水平井井眼轨迹

4. Mishrif 分支井

哈法亚油田主力油藏 Mishrif，总厚度平均约 400m，净储层厚度范围 68~173m，主要储层为 MA，MB1，MB2 以及 MC 等小层，其中 MB1 含油储层均厚 115m，MB2 含油储层均厚 48m，由于 Mishrif 的含油储层厚，分布较为均匀且储层灰岩稳定，小层之间的薄夹层也相对稳定，满足分支井钻井的要求，故在 Mishrif 油藏进行了分支井钻井。

Mishrif 分支井钻井存在的主要难点为：(1) MishrifB 油藏存在原始天然裂缝且主力储层段中孔高渗，主井眼和分支井眼钻井过程中可能存在严重漏失；(2) 主分支裸眼悬空侧钻初始井段的井壁稳定问题；(3) 主、分支裸眼悬空侧钻存在侧钻点井眼易沉砂和井壁剥落，侧钻点易遇阻，井眼重入风险较高等困难；(4) 6in 小井眼水平井段长，需要克服钻具与井壁之间高摩阻所造成的黏卡和托压以及水平段井眼轨迹的控制等困难；(5) 后期选择性井眼重入等问题。

为保证伊拉克第一口分支井的钻井，对 Mishrif 分支井钻井的关键技术进行了以下的分析研究。

1）分支初始段的力学稳定性分析

对分支井初始井段井壁稳定进行有限元力学分析，结果表明：在主井眼和分支井眼没有分开时，井眼附近的最大等效应力总保持在井眼周围最小水平主应力的方向，当侧钻分支时，最大等效应力和变形发生在分支井眼周围向上，并随方位夹角的增大而逐渐减小，90°时的等效应力和变形最小。因此在分支的钻井过程中，主井眼与分支井眼之间夹壁墙应迅速形成，才能保证分支初始井段井壁的稳定，减小分支井段钻进过程中的风险。主井眼和分支井眼分开距离在临界破坏宽度范围之内时，随着方位角的增大等效应力和变形逐渐减小，井眼附近的最大等效应力位置从主井眼和分支井眼之间逐渐转移分开到各自井眼，因此分支初始井段如何在最短井眼长度内增大分支井眼与主井眼的方位差（即分支井眼尽快偏离主井眼）是保证分支井眼与主井眼连接处是否稳定的关键，由于通常分支初始段后还将进行扭方位钻进，如分支初始井段长度越长，则后续分支井段方位差、井斜差的增大幅度将更大，因此为保证分支井井眼初始井段及分支连接井段的井壁稳定以及更好地控制分支井眼的井眼轨迹，主井眼和分支井眼之间夹壁墙应迅速形成，分支初始段的长度应尽量缩短，控制在1~3单根的范围内。

2) 主井眼和分支井眼轨迹的设计原则

对于主井眼和分支井眼轨迹的设计，考虑管柱重入以及岩屑堆积问题，应在最短井眼长度内使分支初始阶段与主井眼的井斜角差值最大，故第一分支井眼轨迹的设计应在侧钻井眼处迅速增斜并扭方位，尽量在最短井眼长度内使分支初始井段与主井眼的井斜角差值最大，主井眼轨迹则应保持原方位不变，降斜、稳斜后增斜，形成分支井眼扭方位上翘、主井眼下垂的轨迹形态，以利用自然下垂力解决施工过程中钻杆重入以及岩屑堆积的问题；设计时前1~3单根应选择较高造斜率，后面井段应选择较低造斜率。

3) 主分支连接段的井壁稳定

在原有井眼的基础上侧钻分支井会对原始地应力造成扰动，会改变主井眼和分支井眼之间连接段的应力分布，造成连接段某些部位的应力集中，从而导致井壁失稳，特别是对裸眼侧钻，分支连接段井壁稳定性就更加重要。根据相关多分支井眼轨道优化设计研究的结果表明，为减少分支连接段的应力集中情况，改善其力学稳定性，当方位为水平最小主应力方向，主井眼和分支井眼的夹角为40°~60°时，井壁周围应力最低，此时井壁最稳定。

4) 先进的定向井工具

为提高分支井段的钻井效率，应选择使用高性能的定向工具提高井眼质量与钻井速度，如使用Aigtator等液力推进器，以形成近钻头压力冲击和振动，减少钻具摩擦和缓解钻具托压；使用LWD/RSS等随钻测量或钻井工具，提高储层资料收集、钻遇率并降低摩阻，延长井眼延伸极限并提高井下安全，保证钻井的顺利实施。

5) 高性能的防漏钻井液体系

根据钻遇地层的特点及钻井要求，Mishrif分支井8½in井眼及主井眼和分支井眼主要为定向井段和水平井段，钻遇的碳酸盐岩地层存在多套潜在的漏失地层，可能发生严重的漏失，故要求钻井液应具有良好的流变性能，保证钻井液具有良好的携岩能力、润滑能力以及低摩阻能力以有利于定向井钻进的同时，需要采取随钻堵漏、屏蔽暂堵以及封堵严重漏失的各种技术措施，保证钻井的顺利进行。

根据Mishrif储层的地质设计以及完井要求，双分支井两分支均设计在Mishrif B1储层，主分支间隔30m左右，首先钻分支井眼，在完钻并下入打孔管后，再在分支井段裸眼上悬空侧钻主井眼。在主井眼和分支井眼轨迹的设计过程中，主井眼和分支井眼水平井井眼轨迹应尽量沿水平最小主应力方向，尽量控制分支初始井段的长度在1~3单根的范围内，形成分支井眼上翘、主井眼下垂的轨迹形态，为保证主井眼和分支井眼连接处井壁的稳定，主井眼和分支井眼夹角在30°~50°的范围内。7in套管下入8½in井眼，侧钻点之上20m左右，井斜角55°左右，侧钻点选择在裸眼段中稳定性较高的碳酸盐井段进行侧钻，首先沿井眼高边迅速增斜并扭方位，设计三个单根，增斜设计控制在2°~3°，使分支井井眼的井斜角大于主井眼的井斜角，以便分支井眼尽快离开主井眼，快速形成稳定的夹壁墙，更多地留出空间利于主井眼的侧钻，并继续向左扭方位，使分支井眼在横向上尽量偏离主井眼，最终钻至目标深度，井斜角：88°~90°。典型的分支井关键轨迹设计参数见表2-11，井眼轨迹在水平面上的投影及关键点如图2-30所示。

表 2-11 分支井眼段轨迹设计参数

MD（m）	Inc（°）	Azi（°）	TVD（m）	狗腿度［（°）/30m］
2897.90	45.59	307.91	2872.08	5.72
2921.30	50.11	307.29	2887.78	5.82
2948.50	54.58	307.14	2904.39	4.93
2965.72	54.40	306.26	2914.39	1.29
2994.60	57.53	302.47	2930.00	4.61
3022.92	59.00	300.65	2959.96	5.84
3230.93	88.00	273.53	3002.85	3.93
3370.76	87.29	262.25	3007.85	1.08
3457.82	87.07	263.82	3013.96	0.70

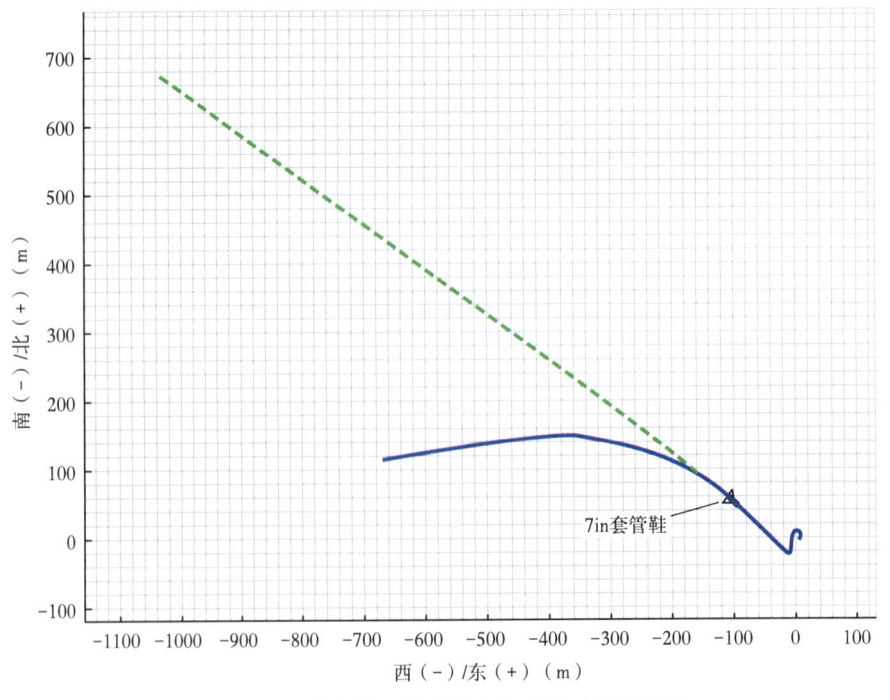

图 2-30 分支井眼井眼轨迹在水平面上的投影

从 6in 分支井眼中选择稳定的井壁进行另一分支的钻井，造斜点选择从低边悬空侧钻，沿主井眼方位迅速降斜，以利用自然垂力便于钻杆及其他工具的下入，设计 2~3 个单根，降斜 3°~4°，为迅速降斜，初期选用 1.83° 马达弯角，降斜 4°~5°，相应增加方位角，侧钻成功后选择 1.5° 的马达弯角，沿最小主应力方向采用旋转和滑动复合钻进方式继续定向钻进至目标深度，井斜角控制在 88°~90°，主井眼关键轨迹设计参数见表 2-12，井眼轨迹在水平面上的投影及关键点如图 2-31 所示。

表 2-12 主井眼段轨迹设计参数

MD（m）	Inc（°）	Azi（°）	TVD（m）	狗腿度[（°）/30m]
2897.90	45.59	307.91	2872.16	5.72
2921.30	50.11	307.29	2887.78	5.82
2948.51	53.70	306.44	2904.56	4.03
2965.60	50.57	308.72	2915.05	6.34
2995.46	51.77	308.02	2933.77	1.32
3024.69	58.25	308.50	2950.53	6.66
3053.18	63.81	308.72	2964.00	4.86
3226.18	86.66	303.27	3003.53	0.33
3428.45	90.24	301.86	3007.82	1.30
4077.00	87.90	304.11	3027.88	0.26

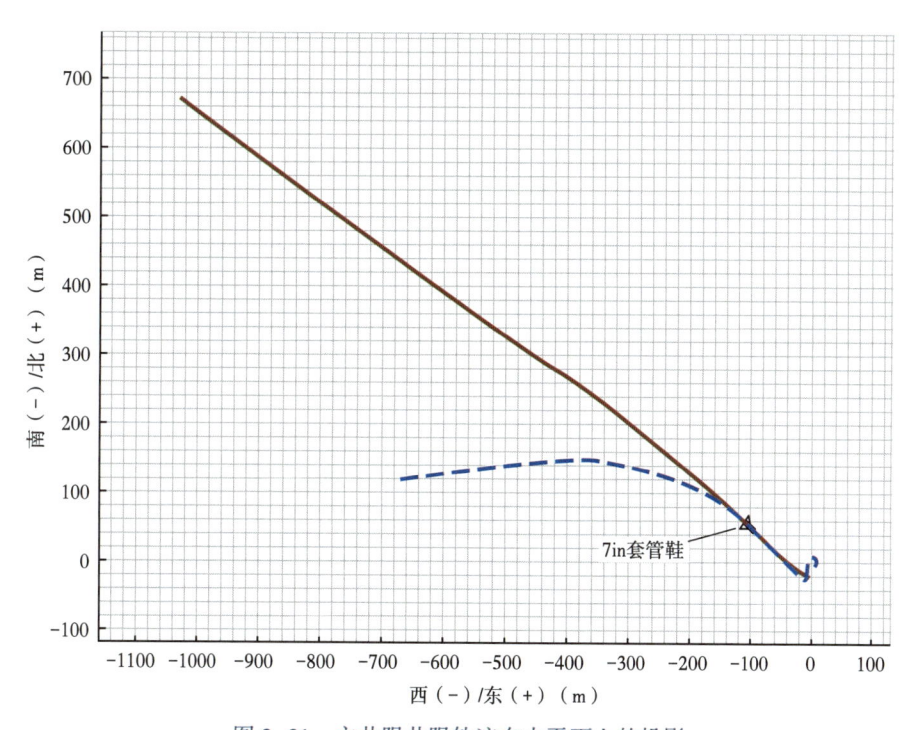

图 2-31 主井眼井眼轨迹在水平面上的投影

目前哈法亚油田已钻 13 口井分支井，但为了 Mishrif 油藏后期的注水开发，2014 年之后，没有再进行 Mishrif 分支井的钻井，典型的分支井井眼轨迹如图 2-32 所示。

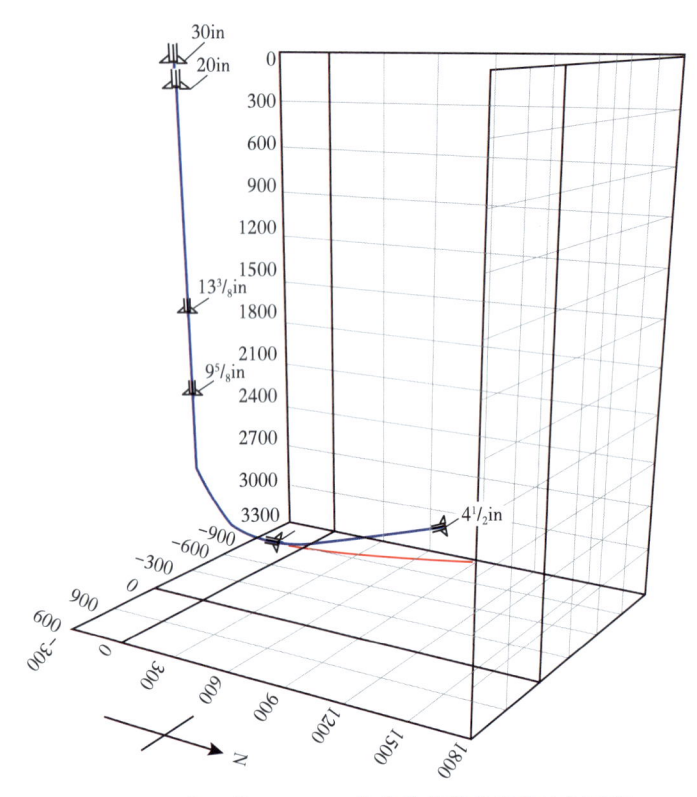

图 2-32　典型的 Mishrif 双分支井井眼井眼轨迹剖面图

哈法亚定向井井眼轨迹通常满足以下的要求。造斜点 KOP 以上的直井段，井斜应≤1.5°；直井段全角变化率应≤1.25°/30m 且连续三个测点的全角变化率也应≤1.25°/30m；非产层段的井眼扩径率应≤30%，产层段的井眼扩径率应≤15%；造斜和扭方位井段造斜率≤6°/30m，对于井底靶区水平位移的要求为，当垂深≤2000m 时，水平位移≤30m；当垂深≤3000m 时，水平位移≤45m；当垂深≤4000m 时，水平位移≤55m。

5. 丛式井钻井

哈法亚油田采用丛式井钻井，尽管丛式平台上的井为 4~10 口，每座平台上可能钻不同储层的井，呈立体井网，如图 2-33 所示。由于海外油田钻井遵循边评价边打井，对储层的开发采取"先肥后瘦，逐步挖潜"的策略，所以哈法亚的平台钻井不能统一设计一次钻成，而是边开发、边设计、边钻井，故平台后期所钻井均存在防碰绕障问题。

通常解决丛式井防碰问题，主要从两方面着手：一是丛式井设计时尽量减小防碰问题出现的机会；二是施工时采取必要措施防止井眼相碰。首先在整个丛式井设计时，把防碰考虑体现在设计原则中。具体做法是：（1）相邻井的造斜点上下错开至少 30m；（2）按整个井组的各井方位，尽量均布井口，使井口与井底连线在水平面上的投影图尽量不相交，且呈放射状分布，以方便轨迹跟踪；（3）如果按照上述二点考虑，还有不能错开的

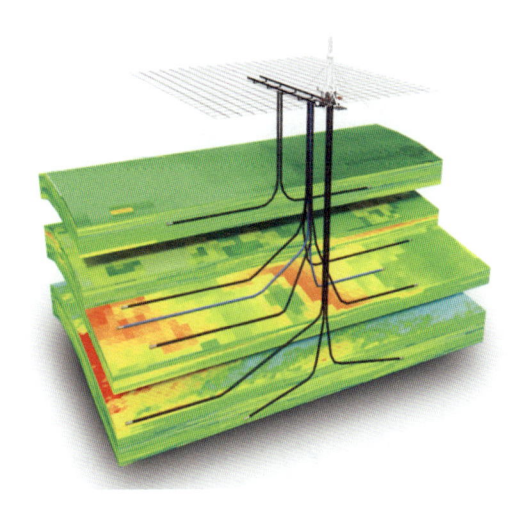

图 2-33　哈法亚油田丛式立体井网

井,可以通过调整造斜点和造斜率的方法解决;(4) 如果钻井期间,根据地质要求或钻井工程需要,欲修改设计,那么修改后的设计必须考虑到防碰问题,尽量做到每一口井的轨迹都有最安全的通道。为后期钻井有效防碰,必须严格控制每一口井的轨迹,为后续待钻的相邻井提供安全保障;在防碰问题可能出现的井段使用计算机防碰程序协助轨迹控制,算出有关数据,绘出较大比例尺的防碰图;在钻井过程中,应密切注意机械钻速、扭矩和钻压等的变化和 MWD 所测磁场有关数据的情况,密切观察井口返出物,辅助判断井眼轨迹的位置。目前,哈法亚油田已建平台 80 座左右,轨迹控制良好,没有发生井眼碰撞的事故,典型的丛式井井眼轨迹如图 2-34 和图 2-35 所示。

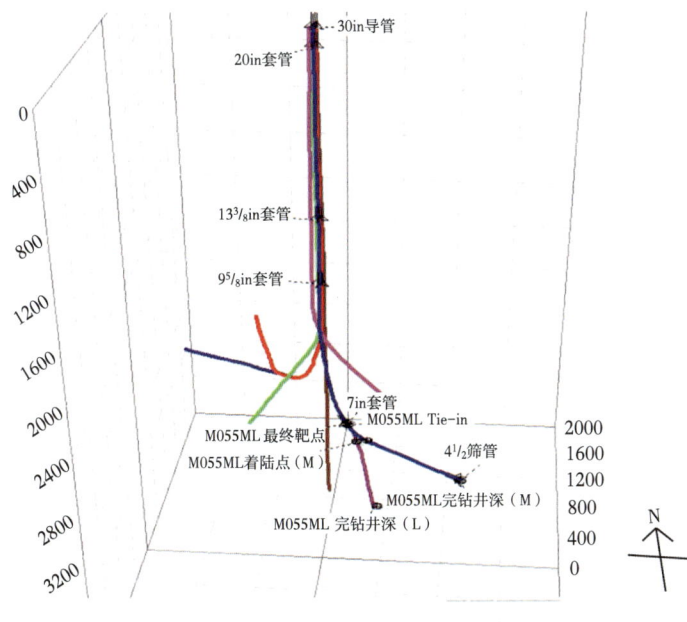

图 2-34　HF055 平台丛式井井眼轨迹

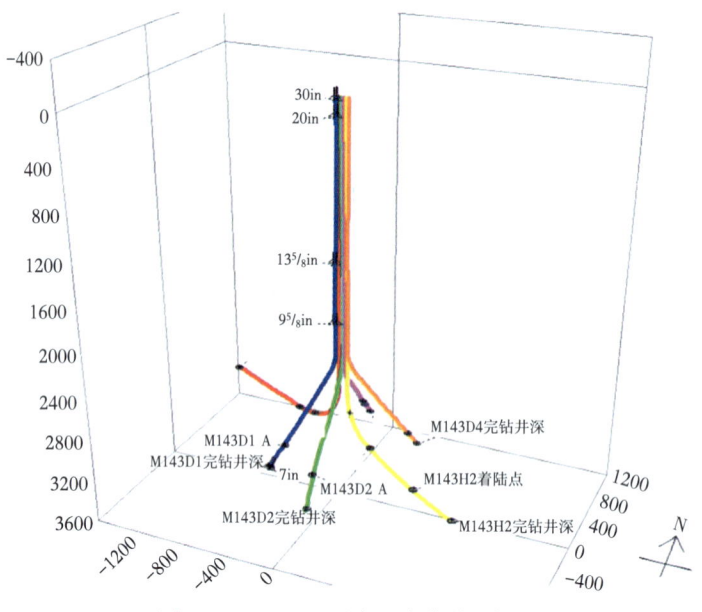

图 2-35　HF055 平台丛式井井眼轨迹

6. 井眼轨迹的控制

为保证顺利定向井钻井，提高井眼质量，哈法亚油田各井段井眼轨迹的控制采用以下的方式：直井段采用常规钟摆钻具组合控制井眼轨迹，采用自浮式单点测斜跟踪井眼轨迹，测斜间隔 100~300m；每开最后几柱采用多点测斜控制井身质量。造斜段采用螺杆钻具加 MWD 无线随钻测量工具跟踪井眼轨迹，造斜和扭方位井段测斜间隔≤30m。

每一开次完钻和起钻以及完钻后通井到底后起钻过程中，都采用多点测斜仪进行井眼轨迹复测，并将测量轨迹与钻井时所测轨迹进行对比。除表层外，每一开次完钻后，都对裸眼段进行电缆测井，所测量的项目中包括不同深度下的井斜角和方位角等井眼轨迹数据。

6in 水平段钻井通常采用螺杆钻具+LWD 无线随钻测井工具（带有自然伽马和电阻率测井短节）。为减小摩阻与拖压，提高机械钻速（ROP），根据井况，一些井也选择使用旋转导向工具提高井身质量。

对一些靶前位移较大的井，为提高四开定向造斜段与五开长水平段施工效率，进一步降低裸眼井段摩阻扭矩，根据井况，可在钻具组合上加入水力振荡器、岩屑床清除器、双向通井工具和井壁修复器等相关新型钻井工具，保证安全快速钻进。其中，水力振荡器用于长段水平井/大位移井改善钻压传递、降低摩阻扭矩，提高定向钻进和复合钻进施工效率，通过形成的周期性轴向高频振动，减少钻具与井壁间摩擦力，消除黏滑、卡滑现象；岩屑床破除器用于清除长段水平井、大位移井岩屑床，可对周围岩屑产生强烈的冲洗作用，同时还具有机械清除岩屑床的效果，提高长段水平井和大位移井携岩净化能力；双向通井工具：用于提高复杂井钻具的双向通井能力及安全性，当钻具上提下放遇阻卡时，钻具转动可实现双向划眼的效果；随钻井壁修复器用于提高钻具破碎坍塌掉块、修复蠕变地层井壁的能力，提高钻具在阻卡复杂时的处理能力，预防和降低卡钻事故风险。

在整个定向井钻井过程中，为确保均匀送钻，保证工具面的稳定，通常实时进行钻柱应力分布及应力极限的分析，通过适配加重钻杆、调整钻井液性能、优化水力参数等措施提高钻速，确保定向井的安全钻进。

五、钻头及钻具组合

1. 地层可钻性分析

哈法亚油田钻遇地层强度如图 2-36 所示。从地层强度看，0~1320m，砂泥岩互层，单轴抗压强度 UCS 为 5~5000psi，内摩擦角 IAF 为 20°~33°；1320~1390m，泥岩与硬石膏互层，单轴抗压强度 UCS 为 500~9000psi，内摩擦角为 IAF：25°~35°；1390~1950m，泥岩与硬石膏互层，单轴抗压强度 UCS 为 2000~15000psi，内摩擦角 IAF 为 35°~43°；1950~2300m，砂泥岩，单轴抗压强度 UCS 为 500~15000psi；2300~2700m，灰岩夹燧石，单轴抗压强度 UCS 为 10000~15000psi；2700~3750m，灰岩夹泥岩，单轴抗压强度 UCS 为 10000~20000psi；1950~3750m，内摩擦角为 IAF：35°~43°。以上数据表明：哈法亚地层从上到下，岩性变化大，软硬互层，可钻性交替变化较大。

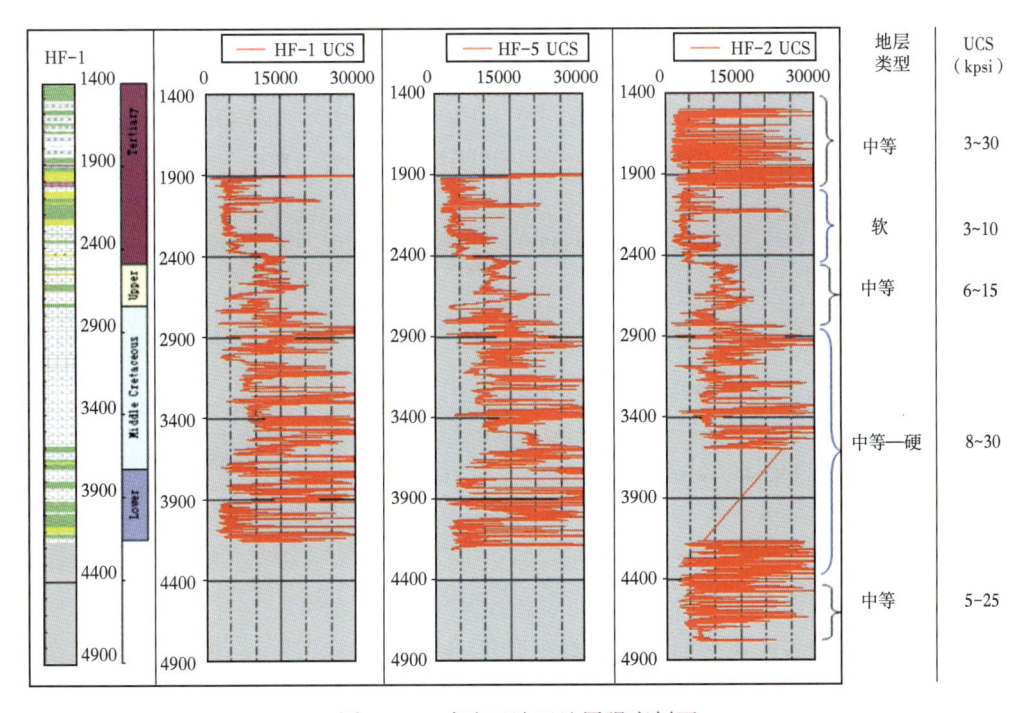

图 2-36 哈法亚油田地层强度剖面

2. 钻头选择

根据地层强度结果，哈法亚油田地层硬度级别为 2~6，研磨性级别为 3~6，适合 PDC 钻头钻进，各开地层可钻性及钻头选择见表 2-13，钻井参数要求见表 2-14。

表 2-13 哈法亚油田地层可钻性及钻头选型

井眼尺寸（in）	地层	井段（m）	UCS（psi）	IFA（°）	地层硬度	地层硬度级别	地层研磨性级别	钻头类型	IADC 号
26	Upper Fars	0~150	500~1000	20~25	软	1~2	2~3	牙轮	425/437
17½	Upper Fars	150~1390	500~9000	20~35	软—中硬	2~3	3~4	PDC	M/S223-M/S323
12¼	Lower Fars	1390~1950	2000~15000	35~43	软—中硬	2~4	4~6	PDC	M/S222-M/S323
8½	Jerib-Nahr Umr	1950~4100	10000~20000	35~43	中硬—硬	5~6	4~6	PDC	M/S323-M/S444
6	Sadi，Mishrif，Nahr Umr	800	10000~20000	35~43	中硬—硬	5~6	4~6	PDC	M/S323-M/S444

表 2-14 哈法亚油田各开推荐钻井参数

井眼尺寸（in）	地层	钻头型号	井段（m）	钻压（tf）	转速（r/min）	备注
17½	Upper Fars	CKS605F	150~1000	41802	120~150	
		TFR519S	1000~1320	41865	100~150	当扭矩偏高，振动严重的时候降低钻压，提高钻速
			1320~1390	41863	80~100	钻遇硬石膏钻速低，低钻压、低转速
12¼	Lower Fars	CKS605F，DSR519S	1390~1600	41932	150~160	
		SDi519	1600~1950	41929	100~160	钻遇硬石膏钻速低，低钻压低转速。不能同时采用最大钻压和钻速钻进
8½	Jerib-Nahr Umr	MDi616，CK506QD	1950~2450	41737	120~150	如遇到振动严重或钻压高，应降低钻压，提高钻速。钻遇燧石储层，要采用低钻压钻进
		VTD616DGX	2450~3750	41741	120/150/60+M①	
6	Sadi，Mishrif	FM3543；MDi613	800	41736	60+M	如遇到振动严重或钻压高，应降低钻压，提高钻速

①M—动力钻具。

3. 钻具组合

哈法亚油田目前各开典型的钻井钻具组合见表 2-15。在实际钻井过程中，应在准确预测造斜钻具造斜能力的前提下，根据钻具力学分析结果，合理组配下部钻具组合，如下部钻具组合可合理配置欠尺寸球形稳定器以更好满足水平段井眼轨迹控制稳定工具面的需要；此外，水平段钻井采用的造斜钻具的刚性应大于筛管，以保证完井管柱的顺利入井；在保证能有效控制井眼轨迹的前提下，尽可能选择小角度造斜螺杆钻具；也可根据井况选择旋转导向系统和其他提速降摩工具。

表 2-15 哈法亚油田各开钻井的钻具组合

井眼（in）	井深（m）	钻 具 组 合
26	0~150	26in 钻头+9in 钻铤+5$\frac{1}{2}$in 钻杆
17$\frac{1}{2}$	150~1310	17$\frac{1}{2}$in 钻头+9in 钻铤+17$\frac{1}{2}$in 扶正器+8in 钻铤+6$\frac{1}{2}$in 钻铤+5$\frac{1}{2}$in 钻杆
12$\frac{1}{4}$	1310~1901	12$\frac{1}{4}$in 钻头+ 8in 钻铤+12$\frac{1}{4}$in 扶正器+8in 钻铤+6$\frac{1}{2}$in 钻铤+5$\frac{1}{2}$in 加重钻杆+ 5$\frac{1}{2}$in 钻杆
8$\frac{1}{2}$	1901~造斜点 KOP	8$\frac{1}{2}$in 钻头+6$\frac{1}{2}$in 钻铤+8$\frac{1}{2}$in 扶正器+6$\frac{1}{2}$in 钻铤+5in 加重钻杆+5in 钻杆
	1901~3176	8$\frac{1}{2}$in 钻头+6$\frac{3}{4}$in 螺杆钻具（或旋转导向）+MWD/LWD+6$\frac{1}{2}$in 钻铤+5in 加重钻杆+5in 钻杆
6（水平段）	3176~3969	5$\frac{7}{8}$in 钻头+4$\frac{3}{4}$in 螺杆钻具（或旋转导向）+MWD/LWD+4$\frac{3}{4}$in 钻铤+3$\frac{1}{2}$in 加重钻杆+3$\frac{1}{2}$in 钻杆

六、钻井液技术

钻井液设计通常是在分析地层岩性、地层岩石理化性能、地层流体、地层压力（孔隙压力、坍塌压力与破裂压力）、地温梯度等信息，储层保护要求、区块或相邻区块已钻井井下复杂情况和钻井液应用情况、开发地质目的和钻井工程对钻井液作业的要求，适用的钻井液新技术、新工艺以及资源国相关的环保规定和要求等影响钻探作业安全、质量和效益等因素的基础上进行的。

1. 钻井液体系的选择

钻井液体系的选择应满足地质目的和钻井工程需要，具有较好的储层保护效果、较好的经济性、低毒低腐蚀性等特点。考虑哈法亚油田不同的钻遇地层岩性特点，各地层适用的钻井液体系如下：

（1）在表层（Upper-fars formation）钻进时，宜选用较高黏度和切力的膨润土钻井液。

（2）在砂泥岩地层（Upper-fars formation）钻进时，宜选用聚合物钻井液，同时保证钻井液能够有效地抑制泥页岩分散，保证井壁稳定。

（3）在大段泥岩、盐膏层、盐岩层（Lower fars formation）钻进时，宜选用 KCl 饱和盐水钻井液，保证钻井液具有较高的抑制性。

（4）在疏松砂岩、砂泥层（Upper Kirkuk, Middle Kirkuk, Lower Kirkuk）钻进时，宜选用盐水钻井液，维持体系具有良好的封堵造壁性能。

（5）在易漏碳酸盐岩地层钻进时，宜选用盐水钻井液，保证钻井液适当的密度和流型和防漏性能。

（6）在高温高压深井段钻进时，宜选用以抗高温处理剂为主处理剂的抗高温、固相容量大的盐水钻井液。

（7）在储层钻进时，宜选用强抑制性、低固相盐水钻井液，并严格控制钻井液高温高压滤失量。

2. 钻井液主要性能参数设计要求

（1）密度：钻井液密度设计应以裸眼井段地层最高孔隙压力为基准，再增加一个安全附加值 0.05~0.1g/cm³ 或 1.5~3.5MPa；在保持井眼稳定、安全钻进的前提下，钻井液密度的安全附加值宜采用低限；对高压水层、盐膏层、盐层等特殊复杂地层，宜采用密度附加值高限。

（2）抑制性：根据地层理化特性确定钻井液中钻井液抑制剂种类和加量，目前哈法亚油田常用的抑制剂主要包括 NaCl、KCl、聚胺抑制剂、磺化沥青类处理剂、聚合醇类处理剂等。

（3）流变性：根据钻井液体系、环空返速、地层岩性以及钻速等因素，确定钻井液黏度和动切力；在确保井眼清洁的前提下，宜选用较低的黏切值；钻速快导致环空当量密度增加时，宜适当提高钻井液黏度和动切力；在造斜段和水平段钻进时，宜保持钻井液较高的动切力和较高的低转速（3r/min 和 6r/min）读值。

（4）滤失量：从地层岩性、地层稳定性、钻井液抑制性以及是否为储层等因素综合考虑，合理控制钻井液的滤失量。在高渗透性砂泥岩地层、易水化坍塌泥岩，钻井液 API 滤失量宜控制在 5mL 以内，必要时控制在 4mL 以内。在水化膨胀率小、渗透性低、井壁稳定性好的非油气储层段，可根据井下情况适当放宽 API 滤失量。高温高压深井段施工中，在较稳定的非油气储层段钻进时，高温高压滤失量宜小于 25mL；在井壁不稳定井段和油气储层段钻进时，高温高压滤失量宜控制在 15mL 以内。

（5）固相含量：应最大限度地降低钻井液劣质固相含量。低固相钻井液的劣质固相含量宜控制在 2%（体积分数）以内；钻井液含砂量宜控制在 0.5%（体积分数）以内；在储层井段钻进时，含砂量宜控制在 0.2%（体积分数）以内。

（6）碱度：根据哈法亚油田钻遇地层特点，钻井液的 pH 值宜控制在 8~10 的范围内；其中，用于 Lower Fars 层段钻井的饱和盐水钻井液的 pH 值宜控制在 8~9.5；在含二氧化碳气体地层钻进时，pH 值宜控制在 9.5 以上，含硫化氢气体地层钻进时，钻井液的 pH 值宜控制在 10~11。

（7）油气层保护：根据油气储层的不同特点和完井方式，采取合理的储层保护技术措施。储层保护材料和加重材料应尽可能选用可酸溶、油溶或采用其他方式可解堵的材料；储层钻进时，应尽量降低钻井液固相含量，严格控制钻井液滤失量，改善滤饼质量。API 滤失量宜小于 5mL，高温高压滤失量宜小于 15mL。钻井液碱度、滤液矿化度和溶解离子类型应与地层具有较好的配伍性，避免造成储层碱敏、盐敏和产生盐垢伤害。

3. 各开钻井液体系及要求

根据哈法亚钻遇地层、地层压力及地层流体的特点，各开应选用相应的钻井液体系并满足相应的性能要求。

1）36in 和 26in 井眼

该井段主要为表层疏松的砂泥岩以及砂岩地层，主要选用预水化膨润土钻井液体系，以有效抑制疏松地层的水化膨胀。钻进到该井段时需要保持低的黏度和动切力；该井眼尺寸大且钻速快，所以要保持足够的排量；下套管前，用高黏度的泥浆清洗井眼，防止岩屑沉降。钻井液密度应控制在 1.02~1.12g/cm³。

2) 17½in 井眼

该井段为 Upper Fars 地层，主要为砂泥岩地层，钻井过程中潜在的风险主要为泥包与泥岩地层的吸水膨胀，主要采用预水化膨润土聚合物钻井液体系，该井段钻井过程中，当钻遇大段软泥岩时，为了井壁稳定和井眼清洁，应最大限度提高钻井液的抑制性和包被能力。钻至目的井深后，用稠浆清洁井眼，通井，再一次充分的循环直到井眼清洁，起钻下套管。钻井液保证高排量、低黏、低初终切，钻井液密度为 1.08~1.28g/cm³。

3) 12¼in 井眼

12¼in 井眼钻遇地层为异常高压 Lower Fars 盐膏层，存在漏失、溢流和井壁失稳等问题，主要选用高密度饱和盐水聚合物钻井液体系。该井段关键是在超高密度条件下，控制好钻井液的黏度，应添加强抑制的聚胺抑制剂与聚合物稀释剂，提高钻井液的抑制性与流变性，膨润土含量不超过20g/L，保持 Cl^- 浓度 $19×10^4$mg/L，KCl 含量应在5%~8%的范围内，加重剂选用重晶石和赤铁矿，首先用重晶石将钻井液密度加重至 1.8g/cm³，再用赤铁矿加重至目标密度，以降低加重剂的总掺量，提高高密度钻井液的综合性能；随井斜增加应提高钻井液的密度以稳定井壁，钻井液的密度可逐渐从 2.25g/cm³ 提高到 2.30~2.35g/cm³。

4) 8½in 井眼

8½in 井眼钻遇地层主要为灰岩地层，并交互夹杂砂岩、泥岩及页岩地层，部分地层砂泥岩含量高达40%~70%，同时还存在大段水层，灰岩地层局部存在裂缝与孔洞。该层段的钻井，防漏防塌是关键，要求钻井液具有良好的抑制性能及封堵性能，以减小漏失，利于井壁稳定。通常选用强抑制性及封堵性的 KCl 聚合物钻井液体系，钻井液密度在 1.23~1.33g/cm³ 范围内。在定向段钻进时，通常添加3%~5%的润滑剂，钻井液应具有良好的流变性、携岩能力、润滑能力以及低摩阻能力，具有较高的动塑比；钻遇储层时，钻井液应具有良好的储层保护作用，添加的加重及封堵材料，均酸洗后易解堵。

8½in 井眼巨厚碳酸盐岩地层存在多套潜在的漏层，具有不同的漏失机理，按照漏失程度可划分为渗透性漏失、部分漏失以及严重漏失 钻井过程中应采取随钻堵漏措施，提前预测与诊断，根据不同的漏失程度采取不同的防漏堵漏措施，提高防漏堵漏的效果。

8½in 井眼巨厚碳酸盐岩地层同样存在疏松砂岩、易垮塌页岩及泥灰岩地层，容易发生井壁失稳导致的缩径、阻卡等复杂。正常钻进时，应及时对钻井液进行维护处理，保持钻井液性能在设计范围内。在高渗透性、易水化膨胀、易缩径地层钻进时，保持钻井液合理的密度，低黏度、低切力、低滤失量和低含砂量，以及较好的造壁性和剪切稀释性；钻至脆性页岩层、泥灰岩地层，应增强钻井液抑制性，加入足量的防塌剂，例如 KCl、聚胺抑制剂、磺化沥青类处理剂以及其他具有封堵效果的处理剂，适当提高钻井液的 Cl^- 浓度，降低与地层水的离子浓度差，适当提高钻井液黏度和切力，降低滤失量，提高动塑比，加大循环排量等方式，提高钻井液防塌和携砂能力。

目前已经有18口井在该层段钻井过程中钻遇沥青，主要在 Mishrif 和 Khasib 储层，可通过提高钻井液密度和添加润滑剂、乳化剂、特定的固化剂及封堵剂等措施降低地层沥青对钻井液的污染。

5）6in 水平段井眼

6in 水平段主要在碳酸盐岩储层中钻进，钻井液性能方面主要需要加强储层保护和防漏堵漏措施，以减小储层伤害与漏失，目前现场主要选用抗盐、低固相以及屏蔽暂堵的 KCl 聚合物钻井液体系。在水平段段钻进时，通常添加 3%~5% 的润滑剂，钻井液应具有良好的流变性能、携岩能力、润滑能力、低摩阻以及储层保护性能。钻井液中使用的加重及封堵材料，可以酸洗后易解堵。进入含二氧化碳气体的井段时，应及时加入生石灰、烧碱等材料处理，控制钻井液 pH 值至 9.5 以上，并提高钻井液密度。进入含硫化氢地层前，保持钻井液 pH 值在 10~11，并加入除硫剂进行预处理，并适当提高钻井液密度并提高除硫剂的用量。目前，在油田高部位区域 Mishrif 储层压力已下降 20%~30%，在该区域 Mishrif 水平井水平段钻井过程中，应根据地层压力，降低钻井液的密度在 1.05~1.27g/cm³ 的范围内。进行水平段钻井过程中，要求现场应准备足够的重晶石与堵漏材料，以应对意外事故的处理。

6）Yamama 直井 6in 井眼

Yamama 层系的直井 6in 井眼段主要为高温高压的灰岩地层，温度：150℃，压力系数：1.85；选用抗盐的高温高压聚合物钻井液体系，钻井液密度 1.9~2.1g/cm³，加重剂选用重晶石与赤铁矿的复合加重剂，钻井过程中，及时补充抗高温钻井液外加剂以维持钻井液的性能。Yamama 储层为高温高压地层，在钻井过程中，现场应准备足够的重晶石或赤铁矿与堵漏材料，以应对意外事故的发生。

4. 各开钻井液性能要求

哈法亚油田各开钻井液性能满足表 2-16 要求。

表 2-16 哈法亚油田各开钻井液性能要求

项目	各开钻井液性能要求					
井眼尺寸（in）	26	17½	12¼	8½	6	Yamama 井 6in
钻井液密度（g/cm³）	1.04~1.12	1.08~1.22	2.20~2.35	1.23~1.26	1.23~1.26	1.9~2.1
漏斗黏度 FV（s）	30~60	40~50	60~90	40~60	40~60	60~90
塑性黏度 PV（mPa·s）	10~15	10~20	60~100	12~25	20~35	30~50
屈服强度 YP（lbf/100ft²）	15~20	15~25	20~40	16~30	16~30	15~35
胶凝强度（10s）（lbf/100ft²）	6~10	6~16	2~10	4~15	4~16	2~10
胶凝强度（10min）（lbf/100ft²）	10~20	10~20	6~30	8~20	8~20	6~30
滤失量（mL/30min）	≤20	≤10	≤5	≤4	≤4	≤4
HTHP 滤失量（mL/30min）			<12	<12	<12	<12
pH 值	8~10	8~10	8~9	9~10	9~10	9~10
MBT（g/L）	40~60	40~60	<20	<20	<20	
固相含量（%）		<10	<47	<5	<5	<42
砂含量（%）		<0.5	<0.5	<0.3	<0.3	<0.3
Ca^{2+}（mg/L）			<300	<200	<200	<200

5. 储层保护

哈法亚油田具有 7 套主要储层，不同储层由于储层特点不同，应制订相应的储层保护措施。通过研究，对主要储层 Sadi，Mishrif 以及 Nahr umr 的储层特征得到了以下的认识。

从矿物特征看，Sadi 储层、Mishrif 储层岩样矿物组成中方解石含量最高，平均含量达到 90% 以上，其次为白云石和石英石，储层黏土矿物含量较低（<2%），并存在少量的黄铁矿和菱铁矿。Nahr Umr 储层岩样矿物组成中石英石含量最高，平均含量达到 80% 以上，部分层位黏土矿物含量较高，存在较多敏感性矿物，如高岭石、伊利石、绿泥石及伊/蒙混层。

从结构特征看：Sadi B 储层岩样存在较多溶蚀孔，溶蚀孔不规则，多孤立分布，少量由微细缝隙连通，孔隙度为 12.27%~31.74%，气测渗透率为 0.059~5.456mD，平均孔喉半径为 0.1501~0.21μm，对渗透率有贡献的孔喉半径范围为 0.026~1.099μm，储层排驱压力较大（0.4327~3.16MPa），孔隙结构为孔隙大（或较大）、喉道细的类型，属于中高孔、低渗特低渗储层。Mishrif 储层岩样溶蚀孔发育，孔隙度为 7.55%~31.94%，气测渗透率为 0.042~498.67mD，平均孔喉半径为 1.38~3.58μm，对渗透率有贡献的孔喉半径范围为 0.208~3μm，排驱压力相对较小（0.14~0.45MPa），岩样孔隙结构为孔隙大（或较大）、喉道较粗的类型。Nahr Umr 储层岩样孔隙主要为粒间溶孔，大部分未充填，孔隙度为 15.77%~22.44%，气测渗透率为 147.90~934.67mD，对渗透率有贡献的孔喉半径范围为 6.682~17.5μm，平均孔喉半径为 13.5μm，储层排驱压力小（0.050MPa），岩样孔隙结构为孔隙大（或较大）、喉道较粗的类型，属于中高孔、中高渗储层。

从储层敏感性评价结果可知，Sadi、Mishrif 和 Nahr Umr 储层存在不同敏感性伤害。Sadi 和 Mishrif 储层均存在弱的速敏、水敏、盐敏和碱敏和中等偏弱应力敏感性伤害（临界应力值分别为 7MPa 和 3.5MPa），无酸敏伤害。Nahr Umr 储层存在中等偏弱的速敏（临界流速为 0.1mL/min）和碱敏伤害（临界 pH 值为 9），中等偏强的水敏、盐敏（临界矿化度为 80000mg/L）和应力敏感性伤害（临界应力值为 2.5MPa），无酸敏伤害。

根据以上的研究表明，三个储层伤害机理不尽相同：

（1）Sadi 储层伤害机理主要为水锁和固相微颗粒堵塞，以及中等偏弱的应力敏感伤害；

（2）Mishrif 储层伤害机理主要为钻井完井液固相颗粒堵塞、中等偏弱的应力敏感伤害；

（3）Nahr Umr 储层伤害机理主要为钻井完井液固相颗粒堵塞，黏土矿物水化膨胀和分散造成的中等偏强的水敏和盐敏、中等偏弱的速敏和碱敏伤害，以及中等偏强的应力敏感伤害。此外，由于地层水均为氯化钙型，钻井完井液滤液与地层水应该具有较好的配伍性，避免诱发储层伤害。

针对以上三个主力油藏储层保护的研究，为有效进行储层保护，在进入油气层 50m 以前采取以下的措施：

（1）钻开油气层后，起下钻速度不大于 0.1m/s，操作要平稳，减少激动压力和抽吸压力，特别是在裂缝性地层，以避免由于压力激动引起的漏失，尽可能采用近平衡压力钻井。

(2)为避免不同程度的应力敏感性,在钻井过程中应当降低当量循环密度,严格控制起下钻速度,避免产生压力激动。

(3)使用低固相、强抑制的有利于储层保护的钻井液体系;降低钻井液滤失量(<3.0mL),改善滤饼质量;适当提高钻井液滤液矿化度与地层水的配伍性;降低钻井液中膨润土和无用固相含量;使用酸溶性暂堵材料提高储层的酸洗效果。针对Mishrif和Sadi等碳酸盐岩储层,非均质性强、储层敏感性较弱,黏土矿物含量较少等特点,应基于理想充填暂堵理论优化不同粒度的酸溶性碳酸钙和油溶性树脂作为架桥及弹性封堵材料。针对Nahr Umr等砂岩储层渗透性较好、部分层位黏土矿物含量较高,存在水敏、盐敏和碱敏等特性,基于理想充填暂堵理论优化不同粒度的酸溶性碳酸钙和油溶性树脂作为架桥及弹性封堵材料,同时,选用聚胺型强抑制剂等

(4)钻开油气层前维护好设备,排除一切隐患,快速钻穿目的层,快速完井,避免在钻开油气层后组织停工,减少对油气层的浸泡时间。

目前现场使用的钻井液体系渗透率恢复值均可以达到85%以上,酸洗后渗透率恢复值均达到95%以上,其流变性、抑制性、抗温耐温性、抗盐、抗钙和抗劣土污染能力突出,说明油田使用的钻井液体系均满足储层保护要求。特别是完钻后油井生产前对储层进行酸洗后,储层伤害得到进一步解放,储层伤害情况总体较低。

6. 废水和废钻井液的处理要求

哈法亚油田位于河流流域,附近有农场、农舍、河流等环境敏感区域,对环保要求较高。井场所有废水、钻井废液应通过排水沟排入废液池,严禁向废液池外排放废水、废钻井液。哈法亚钻井废弃物包括钻井、完井、改造、试油等产生的废弃物。根据对现场钻井废弃物的采样测试分析表明,哈法亚油田使用的钻井液为环保型低污染钻井液体系,钻井废物中基本不存在剧毒物质污染,但存在有机污染物、高浓度Cl^-、石油类等污染物。

废弃钻井液的处理目前有十多种方法,包括直接排放法、循环使用法、分散处理法、回收再利用法、破乳法、机械脱水法、微生物处理法、回注法、回填法、坑内密封法、焚烧回收法、运至指定地点集中处理法、固化法、填埋冷冻法、盐穴法以及泥浆转化为水泥浆法等。目前现场钻屑钻井液处理方式仍然为天然蒸发和回填技术,即提前在钻井液池中敷设2mm厚度的HDPE土工膜,钻井液在平台钻井过程中循环回收利用,最终的钻井废液排放到废液池,平台井施工结束后,钻井液自然蒸发之后再回填,但污染物仍存留于干固体中,对环境存在潜在的破坏。根据资源国的要求,中方目前已经根据哈法亚油田钻井废液的特点,提出了固液分离"零排放"的钻井废液处理工艺并得到了资源国认可,但具体实施需要进一步的论证与批准。

总之,根据哈法亚油田使用的钻井液体系的毒性分析结果,并结合油田所在的地理、气候、环境等特点,今后该油田废弃钻井液的处理应从以下三方面着手:

(1)对废弃钻井液产生的源头进行治理。推行清洁生产,加强固控,减少排放,通过固控改善钻井液性能并重视重复利用技术,以降低综合处理成本。采用环保型、低毒性化学处理剂及添加剂代替毒性较大的化学处理剂及添加剂,从源头控制,清洁生产。

(2)根据钻井液性能及所处资源国的HSE要求选择合理的钻井液处理方式对废弃钻井液进行回收再利用等无害化处理;或根据资源国要求进行相应的钻井液回收处理。

（3）井场不得有垃圾，有利用价值的废料应回收，没有利用价值的废料应用垃圾车运到当地政府许可的地方进行处理。

（4）在条件许可的情况下，可选择建立钻井液不落地集中处理装置，以利于钻井液的重复利用，也利于环境保护。

七、固井技术

哈法亚油田固井过程中遇到的主要挑战是如何进一步提高 9⅝in 套管高压盐膏层的固井质量与 7in 套管小间隙长封固段固井过程中的漏失，通常钻井过程中发生漏失的井，固井过程中也易发生漏失。

1. 固井工艺及固井液性能要求

根据哈法亚油田的井身结构、各开钻遇地层的特点，各层套管固井主要采用以下的方式。

1）20in 表层套管固井

20in 表层套管固井主要为井口提供良好的支撑并封固表层疏松地层。可采用 G 级水泥、1.90g/cm³ 的快凝水泥浆体系，插入法固井，水泥浆返至井口。

2）13⅜in 技术套管固井

13⅜in 技术套管主要用于封固 Upper Fars 地层，采用单级双密度水泥浆体系固井，领浆及尾浆的密度分别为 1.5~1.6g/cm³ 和 1.9g/cm³，水泥浆返至井口。

3）9⅝in 技术套管固井

封固 Lower Fars 高压盐膏层，选用抗盐盐水高密度双凝水泥浆体系单级固井。该层套管安全固井密度窗口窄，可能存在高压水层，因此领浆和尾浆密度的设计应确保水泥浆平衡固井，避免引起漏失与溢流。为提高水泥浆顶替效率，扩大钻井液与水泥浆的密度窗口，浆体结构设计为 2.20g/cm³ 隔离液+2.30~2.32g/cm³ 领浆+2.28g/cm³ 尾浆，尾浆封固裸眼段，并应进入上层套管鞋内 100~200m，保证尾浆封隔的裸眼段的固井质量，领浆水泥浆返至井口。

扶正器设计要求直井裸眼段 2~3 根套管安装 1 只弹性扶正器，重合段 3~5 根套管安装 1 只弹性扶正器，造斜段 1 根套管安装 1 只刚性扶正器，根据现场具体情况，若井况复杂时，可适当减少扶正器的下入量。

下套管结束后，固井前应调整钻井液性能，对于定向井或水平井：要求钻井液：屈服值<10Pa、塑性黏度 25~60mPa·s；对于直井：要求钻井液屈服值<15Pa、塑性黏度 30~70mPa·s。

注浆排量 1.8~2.0m³/min；前期替浆排量按环空返速 1.0~1.2m/s 设计，确保隔离液、领浆经过关键井段的环空返速不低于 1.0m/s，后期逐步降低至环空返速不大于 0.4m/s；具体排量设计按照固井设计软件的模拟结果相应调整。

浆体性能满足以下要求：

（1）隔离液应具有良好的悬浮顶替效果，与钻井液和水泥浆相容性良好，能控制滤失量，不腐蚀套管，对水泥浆失水量和稠化时间影响小，有利于提高界面胶结强度，高温条件下上下密度差应不大于 0.03g/cm³。

（2）高密度盐水水泥浆应具有良好的抗盐及抗高价金属离子的能力。其水泥浆性能满足以下要求：失水量≤100mL，初始稠度 20Bc~30Bc；水泥浆尾浆 24h 抗压强度≥14MPa，领浆 24h 抗压强度≥3.5MPa。水泥浆的游离液为零，沉降稳定性≤0.05g/cm³。水泥浆流变性能满足 $n>0.6$，$K<1.0$；水泥浆稠化时间为：注水泥时间+压胶塞时间+替钻井液时间+60min。

4）7in 套管固井

对 Jeribe-Kirkuk 直井/定向井，7in 套管固井采用双凝双密度单级固井。领浆密度 1.60g/cm³，尾浆密度为 1.90g/cm³，尾浆的封固段应至少封固至储层段以上 50m，领浆应返至井口。

对 Hartha，Sadi-Tauma，Khasib，Mishrif，Nahr umr 以及 Yamama 层系水平井或定向井 7in 套管固井，一方面考虑到 8½in 井眼坍塌压力、漏失压力系统比较复杂；另外，为了进一步提高储层段的固井质量，目前固井全部优化为双密度双凝水泥浆体系双级固井，分级箍置于上层套管鞋或漏失层以上 100m。根据完钻后的地层漏失压力或承压能力确定水泥浆密度，一级固井环空液柱结构为密度 1.0g/cm³ 的冲洗液（占环空高度 500~600m）+密度 1.5~1.6g/cm³ 的领浆+密度 1.9g/cm³ 的尾浆，领浆返至分级箍，尾浆返至储层顶界以上 50m；二级固井环空液柱结构为密度 1.0g/cm³ 的冲洗液（占环空高度 500~600m）+密度 1.9g/cm³ 的水泥浆。水泥浆返至井口。

扶正器设计要求：裸眼段一根套管安装一只弹性扶正器，重合段三根套管安装一只弹性扶正器。根据现场具体情况，若井况复杂时，可适当减少扶正器的下入量。

下套管结束后，固井前调整钻井液性能，使钻井液屈服值<5Pa、塑性黏度 20~40mPa·s、初/终切<1.5Pa/6Pa。

注替参数设计一级固井注浆排量 0.8~1.0m³/min；前期替浆排量可按环空返速 1.0~1.2m/s 设计，后期逐步降低至环空返速不大于 0.4m/s；具体排量设计按照固井设计软件的模拟结果相应调整。一级注水泥完成后，打开循环孔至少循环两周，候凝 24h 后开始二级注水泥作业。二级固井：排量按照环空返速 1.0~1.2m/s 设计。

浆体性能具有以下要求：

（1）冲洗液应对钻井液有良好的稀释、润湿反转作用，并具有一定黏度。领浆和尾浆的失水均不大于 50mL。

（2）由于地层水矿化度较高，水泥浆应具有较强的抗盐能力、低失水、良好的流变性能及防漏能力，其性能应满足以下要求：领浆 24h 抗压强度≥3.5MPa，尾浆 24h 抗压强度≥14MPa；尾浆的游离液为零，沉降稳定性≤0.05g/cm³；一级固井领浆的稠化时间为：注水泥时间+压胶塞时间+替钻井液时间+分级箍操作时间+循环出返至分级箍以上的水泥浆时间+60min；尾浆稠化时间为：注水泥时间+压胶塞时间+替钻井液时间+30min；二级固井水泥浆稠化时间为：注水泥时间+压胶塞时间+替钻井液时间+关闭分级箍时间+60min。一般要求领浆初始稠度 15Bc 左右，流变参数 $k<1$、$n>0.6$，层间封隔要求高时应消除领浆触变性。钻井过程中存在漏失或固井过程中漏失风险较大的井，水泥浆中应添加效果好、易混配的纤维及橡胶类的堵漏材料，并严格控制水泥浆失水。

5）4$\frac{1}{2}$in 尾管固井（Yamama 井）

Yamama 井储层温度150℃，压力80MPa，4$\frac{1}{2}$in 尾管固井采用尾管固井，固井液柱通常设计为密度2.1g/cm³ 隔离液+2.2g/cm³ 领浆+2.2g/cm³ 领浆，水泥浆返至悬挂器以上，留上塞200m。

扶正器设计要求悬挂器以下3根套管每1根套管安装1只扶正器，重合段2根套管安装1只扶正器。裸眼段1根套管安装1只扶正器。

下套管结束后，固井前调整钻井液性能，直井：屈服值<15Pa，漏斗黏度55s 左右，初切<3Pa，终切<10Pa。

注替参数设计：注替浆排量按0.7~0.9m³/min 考虑，保证隔离液、领浆在重点井段环空返速>1m/s。

浆体性能要求：

（1）隔离液应具有良好的悬浮顶替效果，与钻井液、水泥浆相容性良好，能控制滤失量，不腐蚀套管，对水泥浆失水量和稠化时间影响小，有利于提高界面胶结强度，高温条件下流变性能应达到 $n \geq 0.7 \sim 0.8$，$K \leq 0.2 \sim 0.3$，上下密度差应不大于0.03g/cm³。

（2）水泥浆失水≤50ml，领浆24h 抗压强度≥14MPa，尾浆24h 抗压强度≥20MPa，直井尾浆水泥石高温长期强度不衰退；水泥浆的游离液为零，领浆沉降稳定性（上下密度差）≤0.03g/cm³，尾浆沉降稳定性（上下密度差）≤0.02g/cm³；水泥浆流变：领浆，$n \geq 0.6$，$K \leq 0.6$；尾浆，$n \geq 0.8$，$K = 0.6 \sim 1.0$；领浆稠化时间为注水泥时间+替钻井液时间+提柱时间+循环钻井液时间+60min；尾浆为注水泥时间+替钻井液时间+30~60min；水泥浆初始稠度，领浆约10Bc，尾浆约20Bc。

2. 哈法亚油田高压盐膏层固井技术

由于盐岩的高度水溶性、可塑性以及高矿化度，在注水泥过程中盐膏层和盐水层中的盐及高价离子如 Ca^{2+}，Mg^{2+} 等会溶入水泥浆，导致水泥浆产生闪凝、促凝、密度升高、缓凝或稠而不凝等性能变化，为固井施工带来风险，影响固井胶结质量，故高压盐膏层固井一直是困扰固井的一个世界性的难题。哈法亚油田开钻初期，1400~1950m 的 Lower Fars 高压盐膏层固井一直是困扰油田钻井的难题。Lower Fars 盐膏1500~1650m 存在高压盐水层，孔隙压力高达2.20g/cm³，钻井液密度2.25g/cm³。由于破裂压力当量钻井液密度在2.38~2.45g/cm³ 的范围内，固井水泥浆密度仅能设计为2.28~2.30g/cm³，复杂的井眼条件导致 Lower Fars 高压盐膏层 ϕ244.5mm 套管固井存在漏失、窜流、井口带压及固井质量差等问题。中方接手该油田后，根据该区块资源国的习惯做法，考虑到窄密度窗口盐膏层固井的风险，沿用了伊方双级固井方案，但从实施结果看，即使采用双级固井，一级和二级固井质量仍然没有得到有效改善。分析固井存在的问题，认为固井工艺措施相对合理，导致固井质量差的主因是抗盐高密度水泥浆不满足固井要求，存在稠化时间长、稳定性及流变性能差、抗压强度发展缓慢等问题，故开展了高性能高密度盐水水泥浆及固井工艺技术的研究，形成的高压盐膏层固井技术，不仅将油田 ϕ244.5 mm 套管固井双级固井简化为单级固井，还显著提高了固井质量。

1）抗盐高密度水泥浆的优化

（1）盐掺量优化。

盐膏层固井采用抗盐水泥浆的主要目的是为了抑制盐岩冲蚀、盐层溶解，以防止水泥浆性能受盐及高价金属离子的污染导致性能恶化。实验室进行了不同含盐量高密度水泥浆对盐岩溶解速率的影响实验，结果如图 2-37 所示。根据哈法亚油田 ϕ244.5 mm 套管固井顶替排量 1~1.15m/s（1.18~2.0m^3/min）可以看出，不含盐的水泥浆冲蚀盐层的溶解速率为 0.04kg/(s·m^2)，但含盐 15%~20% 的水泥浆冲蚀盐层的溶解速率仅为 0.009~0.018kg/(s·m^2)，说明注水泥浆过程中盐膏层溶解对盐水水泥浆的污染较小，故盐膏层固井需要采用高密度抗盐水泥浆体系。

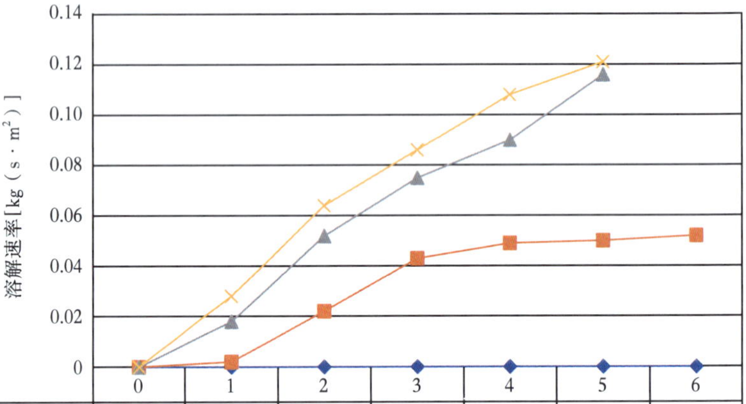

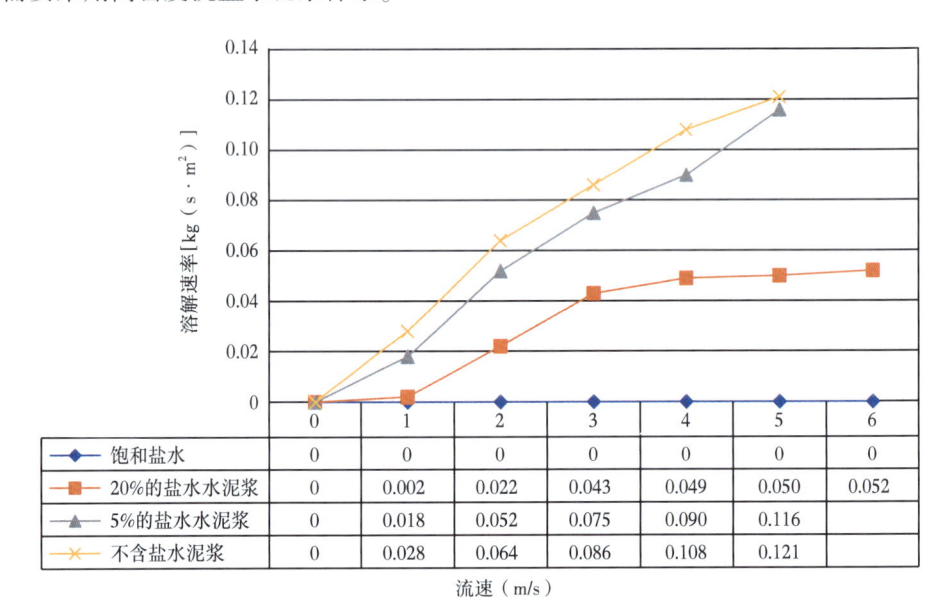

	0	1	2	3	4	5	6
饱和盐水	0	0	0	0	0	0	0
20%的盐水水泥浆	0	0.002	0.022	0.043	0.049	0.050	0.052
5%的盐水水泥浆	0	0.018	0.052	0.075	0.090	0.116	
不含盐水泥浆	0	0.028	0.064	0.086	0.108	0.121	

流速（m/s）

图 2-37　不同盐掺量下水泥浆对盐岩溶解速率随流速的变化

盐掺量对水泥浆性能有着复杂的影响。对普通水泥浆而言，随着水泥浆中盐掺量的增大，水泥浆的流变性和失水控制性能将发生明显恶化；对高密度水泥浆而言，盐掺量对水泥浆性能的影响却少见报道，因此通过评价不同盐掺量对高密度水泥浆主要性能的影响，以确定特定高密度水泥浆的最佳盐掺量。在模拟井下条件下（60℃、30MPa），针对密度 2.28g/cm^3 的水泥浆进行盐掺量分别为 0，5%，10%，15%，20%，25%和 30%（BWOW）的水泥浆综合性能评价，实验结果如图 2-38 至图 2-41 所示。由图 2-38 可看出，当盐掺量超过 15%时，水泥浆流变性能变差，故从水泥浆流变性能控制的角度，水泥浆盐掺量不宜超过 15%；从图 2-39 可看出，当盐掺量超过 15%时，水泥浆滤失量增大的趋势明显，故从 API 滤失量的角度，盐浓度不宜超过 15%；从图 2-40 可看出，当盐掺量低于 5%时稠化时间随盐掺量的增加趋于缩短，当盐掺量高于 20%时稠化时间延长，稠化曲线有明显波动，且实验现象表明有严重的包芯现象，因此从稠化时间控制的角度，盐掺量不宜超过 15%；从图 2-41 可看出，当盐掺量低于 15%时，水泥石在 70℃及 30℃下抗压强度逐渐增加，但当盐掺量超过 20%时，水泥石抗压强度大幅下降，特别是低温 30℃下，盐掺量超过 20%时抗压强度下降近 42%。综合分析实验结果，并考虑到注水泥过程中盐溶入水泥浆的能力，推荐密度 2.28g/cm^3 的抗盐水泥浆盐掺量为 10%~15%（BWOW）。

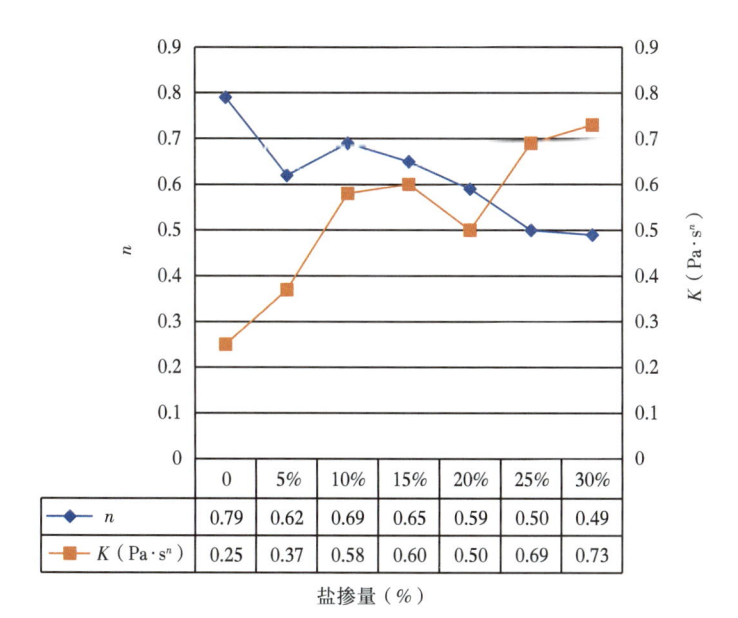

盐掺量	0	5%	10%	15%	20%	25%	30%
n	0.79	0.62	0.69	0.65	0.59	0.50	0.49
K（Pa·s^n）	0.25	0.37	0.58	0.60	0.50	0.69	0.73

图 2-38　水泥浆流变性能随盐掺量的变化

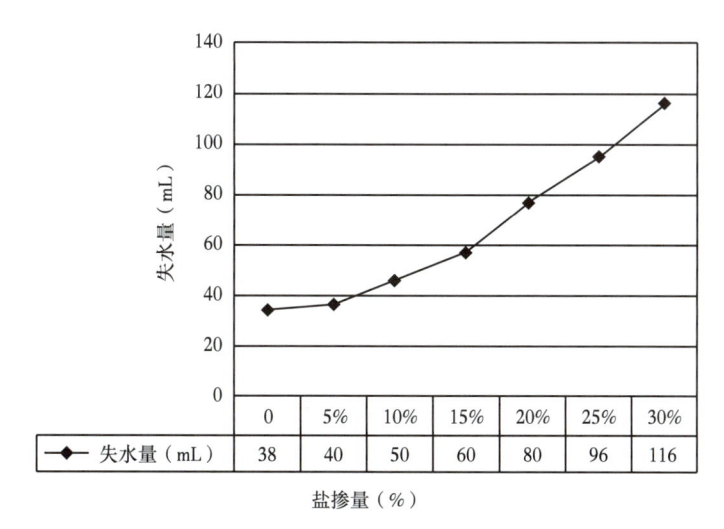

盐掺量	0	5%	10%	15%	20%	25%	30%
失水量（mL）	38	40	50	60	80	96	116

图 2-39　水泥浆滤失量随盐掺量的变化

（2）加重剂优选。

加重剂对高密度水泥浆的沉降稳定性、流变性能和抗压强度等性能有较大影响。针对现场目前使用的密度 2.28g/cm³ 的抗盐高密度水泥浆存在切力低、稳定性及流变性较差、早期强度发展慢等特点，以现场主要采用的加重剂赤铁矿粉（比表面积 382.8cm²/g、密度 4.8~5.0g/cm³）为基础，考虑到加重剂 BCW500S 具有密度高（4.8~5.0g/cm³）、颗粒细（粒径范围 0.1~10μm）、球形度好、自身悬浮性好、在水泥浆中流动阻力小等特点，既可提高水泥浆密度，又能有效提高水泥浆的稳定性及流变性能，改善高密度水泥浆固相的紧密堆积程度，故在加重材料中引入加重剂 BCW500S。

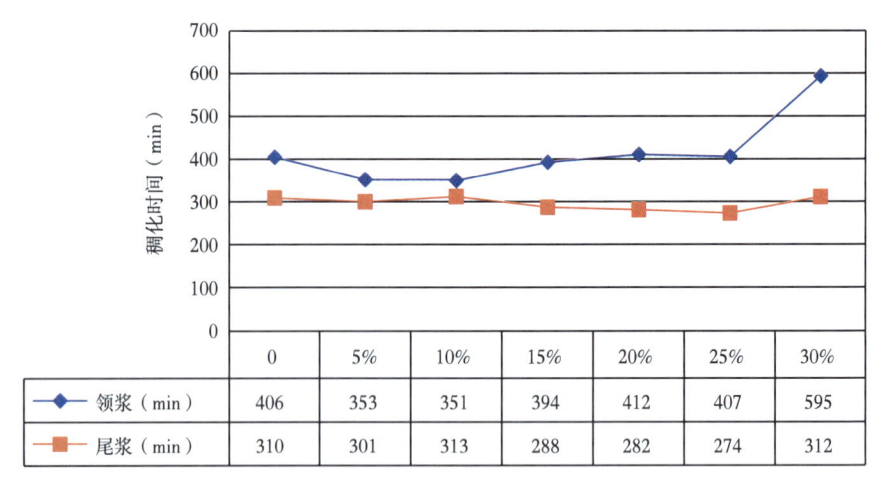

伊拉克哈法亚油田井筒安全钻井工程关键技术

盐掺量(%)	0	5%	10%	15%	20%	25%	30%
领浆(min)	406	353	351	394	412	407	595
尾浆(min)	310	301	313	288	282	274	312

图 2-40　水泥浆稠化时间随盐掺量的变化

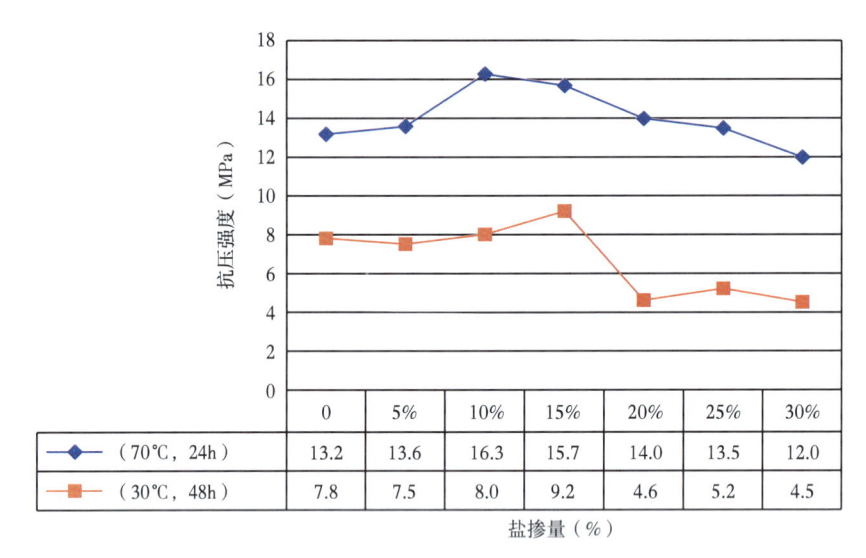

盐掺量(%)	0	5%	10%	15%	20%	25%	30%
(70℃, 24h)	13.2	13.6	16.3	15.7	14.0	13.5	12.0
(30℃, 48h)	7.8	7.5	8.0	9.2	4.6	5.2	4.5

图 2-41　抗压强度随盐掺量的变化

根据水泥、赤铁矿粉和 BCW500S 的粒径分布（图 2-42），利用法国混凝土专家 De Larrand 提出紧密堆积可压缩堆积模型（Compressive Packing Model，CPM），对水泥浆+赤铁矿+BCW500S 进行紧密堆积设计（该模型与其他紧密堆积模型的创新之处在于区分了虚拟堆积密实度和真实堆积密实度，建立了虚拟堆积密实度与堆积过程的关系，引入了压实系数）。设计了 5 个密度 2.28g/cm³ 的水泥浆固相配方，用以上模型计算出其固相组成的堆积密度并进行水泥浆性能评价，结果见表 2-17。配方 1~配方 3 堆积密度较高；从水泥浆流变性能、稳定性及强度评价结果可看出，配方 3 水泥浆具有更好的综合性能及性价比，故确定配方 3 为紧密堆积的最佳方案，推荐加重剂组成及配比为 4:1 的赤铁矿粉和 BCW500S，掺量为 83%。

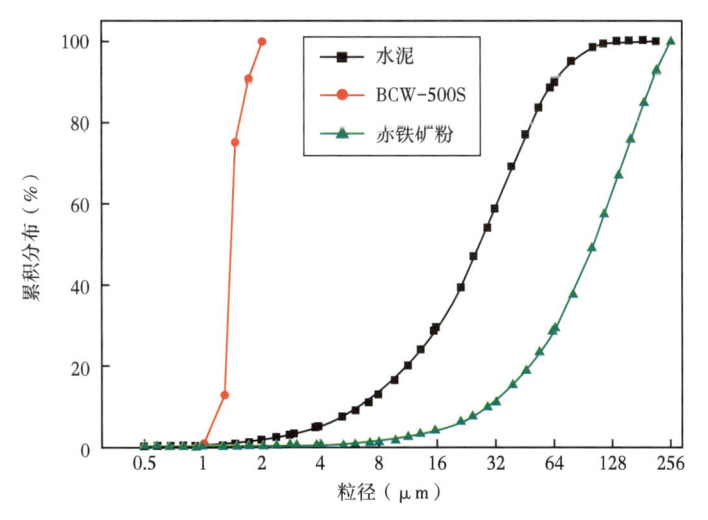

图 2-42　水泥+赤铁矿+BCW-500S 粒径分布图

表 2-17　不同固相组成的水泥浆堆积密度及水泥浆性能

配方	水泥（g）	锰矿粉（g）	赤铁矿（g）	密度（g/cm³）	堆积密度（g/cm³）	流动度（cm）	Gel（Pa/Pa）	$\Phi_3/\Phi_6/\Phi_{100}/\Phi_{200}/\Phi_{300}$	上下密度差（g/cm³）	3d抗压强度（MPa）
1	500	210	210	2.28	0.7309	22.0	13/25	15/25/84/110/135	0.02	24.1
2	500	124	289	2.28	0.7093	22.0	13/23	14/25/80/113/142	0.03	25.1
3	500	83	332	2.28	0.697	22.5	9/18	10/18/78/107/138	0.03	25.0
4	500	41	369	2.28	0.6834	21.0	13/23	15/25/96/135/165	0.04	22.8
5	500	0	410	2.28	0.6698	20.5	14/26	14/24/87/142/185	0.06	23.2

（3）分散剂优选。

现场水泥浆前期选用的分散剂为常用的聚萘磺酸盐或酮醛缩合物，该分散剂在不含盐或低浓度盐水水泥浆中具有较好的分散效果，但在高浓度盐水水泥浆中分散效果不佳，特别是用在高固相含量的高密度水泥浆中分散效果差，水泥浆触变性强，静置后胶凝强度明显升高，给固井施工带来极大的安全隐患。为此开发了一种接枝型聚羧酸类高效抗盐分散剂，该分散剂与其他主要类型的分散剂对抗盐高密度水泥浆流变性能的影响结果见表 2-18。新型分散剂具有显著降低高含盐体系由"桥接"作用形成的物理网络结构的能力，从而保证水泥浆在静置一段时间后仍具有较低的胶凝强度。

（4）降滤失剂的掺量。

现场水泥浆选用的抗盐降滤失剂为 AMPS 水溶性多元共聚物，是目前国内外应用最为广泛的抗盐降滤失剂，这种聚合物在合成过程中引入了不同性能的活性基团，因此有降失水、分散减阻、自调凝、抗盐及高价离子污染等功能，当盐浓度达到饱和条件时，仍能将水泥浆的失水控制在 150 mL 以内。但这种共聚物大分子链上的酰胺基团（—CONH$_2$）在温度升高时会有部分水化分解为羧基（—COOH），导致水泥浆稠化时间延长，抗压强度发展减缓,特别是对长封固段固井中低温井段水泥浆抗压强度的发展具有较大的影响。通过降低盐掺量、加重剂配比及分散剂的优化,将降滤失剂的掺量从10%降至6%~8%,API滤失量仍满足小于100mL的要求,但可提高水泥浆综合性能。

表2-18 不同分散剂对抗盐高密度水泥浆流变性能的影响

分散剂类型	15%盐水水泥浆 Φ_3 读数		30%盐水水泥浆 Φ_3 读数	
	静止10s	静止10min	静止10s	静止10min
不加分散剂	14	21	18	40
醛酮缩合物类	8	19	9	31
萘系类	9	20	10	33
氨基类	9	19	10	32
聚羧酸高效抗盐分散剂	8	11	9	14

注:抗盐高密度水泥浆基浆配方为G级油井水泥+67%赤铁矿粉+16%BCW-500S+6.0%降滤失剂+3.0%分散剂+0.2%消泡剂+15~30%盐(BWOW)+水。

通过以上实验研究,得到哈法亚油田密度2.28g/cm³的单级固井高密度抗盐水泥浆的配方。

领浆配方:G级油井水泥+67%赤铁矿粉+16%BCW-500S+6.0%降滤失剂+3.0%分散剂+0.5%缓凝剂+0.2%消泡剂+10%盐(BWOW)+水;

尾浆配方:G级油井水泥+67%赤铁矿粉+16%BCW-500S+6.0%降滤失剂+3.0%分散剂+0.3%缓凝剂+0.2%消泡剂+15%盐(BWOW)+水。

领浆及尾浆的综合性能见表2-19。总体上,领浆与尾浆综合性能好,满足抗盐、合适的滤失量、零游离液、短过渡、防窜性好、低温下早期强度发展快等要求,特别是30℃条件下48h抗压强度可达到7.8MPa,有利于提高封固段上部井段的封固质量。

表2-19 哈法亚抗盐高密度水泥浆的综合性能

实验项目	实验条件	性能指标	
		领浆	尾浆
密度(g/cm³)		2.28	2.28
FL_{API}(mL)	60℃、6.9MPa、30min	80.00	65.00
稠化时间(min)	60℃、22MPa	270~300	180~200
游离液(mL)	2h	0	0
n		0.65	0.65
K(Pa·s^n)		0.69	0.76
密度差(g/cm³)	60℃、20min 养护	0.02	0.02
初始稠度(Bc)	60℃、30min	22.00	25.00
24h抗压强度(MPa)	70℃、24h	15.90	18.80
	30℃、48h	7.80	

2) φ244.5mm 套管盐膏层固井工艺优化

抗盐高密度水泥浆综合性能的提高使 φ244.5mm 套管固井由二级固井简化为一级固井成为可能。根据 φ244.5mm 套管井身结构及地层压力特点，制订了单级固井方案，主要措施为：（1）固井前 2 次通井，通井后用稠浆清扫井底，按钻井最大排量循环钻井液至少 2 周，同时活动钻杆，直至进出口钻井液密度一致且井口压力稳定；（2）直井裸眼段 3 根套管加 1 只扶正器，套管重合段每 4 根套管加 1 只扶正器，保证居中度大于 67%；（3）套管下放速度控制在 45s/根，允许掏空深度不超过 300m；套管下至井底，以钻进最大排量循环钻井液至少 2 周，直至进出口钻井液密度一致且井口压力稳定；（4）固井前调整钻井液动切力小于 15Pa，塑性黏度小于 75mPa·s；（5）注水泥浆体结构为 5m³ 密度 1.20g/cm³ 的冲洗液+8m³ 密度 2.20g/cm³ 隔离液+密度 2.28g/cm³ 的领浆+密度 2.28g/cm³ 的尾浆（尾浆设计返至上层套管内 100m）；（6）顶替参数设计见表 2-20，根据该参数，固井过程中最大排量下的井底最大动态压力当量密度为 2.37g/cm³，满足防止漏失的要求。

表 2-20 φ244.5mm 套管固井参数优化设计

注入流体	密度 （g/cm³）	塑性黏度 （mPa·s）	动切力 （Pa）	n	K （Pa·s^n）	排量 （m³/min）	体积 （m³）
调整钻井液	2.20	50	18				
冲洗液	1.00					1.8	5
隔离液	2.20			0.7	0.8	1.8	8
领浆	2.25			0.8	0.9	1.8	50
尾浆	2.25			0.8	0.9	1.8	23
顶替钻井液	2.20	50	18			2.1	60
顶替钻井液	2.20	50	18			1.2	18

3) 应用效果

利用该项目技术在现场固井应用表明，成功将 φ244.5mm 套管固井由双级固井转化为单级固井，整个固井过程水泥浆混配容易，密度控制均匀，顶替顺畅，无井漏及溢流的发生，CBL/VDL 显示全井段封固质量优良，固井后井口不带压，无窜流。解决了前期高压盐膏层固井中存在的各种问题，是大井眼窄密度窗口异常高压盐膏层固井的一次成功尝试。

第四节 中国石油接收后钻井情况

一、2011—2018 年中国石油接收后已钻井概况

中国石油接收前，仅钻井 7 口，且均为直井；中国石油接收后，中方作为独立作业者，立即启动组织中方钻探队伍的招投标，中国石油渤海钻探工程公司、大庆钻探工程公司作为钻井承包商中标进入，同时快速编制了初始开发方案 PDP，进行钻井工程材料、服

务队伍的招投标工作,快速启动相关的商务工作,于2010年12月11日18:00点,哈法亚油田第一口井HF001-N001H井开钻,揭开油田钻井工程施工的序幕。

该油田钻遇地层具有与中东地区巨厚碳酸盐岩地层相似的特点,储层多,井型多,储层埋深范围广(1950~4600m)。不同储层不同类型的井具有不同的钻井难点及风险。由于油品好,次主力储层Nahr Umr(储层深3724m,砂岩油藏)为中方接收后开发的第一个油藏,主要采用水平井、定向井开发。针对该储层最初开钻的三口水平井HF001-N001H井、HF006-N006H井和HF002-N002H井就遭遇Nahr Umr B页岩层的井壁稳定问题。HF001-N001H井和HF002-N002H井遭遇多次卡钻,4次侧钻;HF006-N006H井在8½in井眼下7in套管时遭遇Nahr Umr B井壁的垮塌,提前下套管完井,水平井按设计为950m,最终缩短至170m,钻井工程遭遇的钻井难题为Nahr Umr油藏的高效开发带来了困难。针对主力储层Mishrif(储层深3300m,碳酸盐岩油藏),采用直井、定向井、水平井及分支井开发。由于8½in井眼钻遇多套不同漏失机理的潜在漏失地层,在钻井及固井过程中就遭遇了不同程度的严重漏失,常造成"二次漏失"或反复漏失,HF026-M026井漏失3166m³,HF060-N060井漏失1725m³,HF075-N075井漏失3247.3m³。此外,第一口伊拉克Mishrif分支井的钻井也为Mishrif钻井带来挑战。针对次主力储层Jeribe-Kirkuk(储层深1950m,碳酸盐岩/砂岩油藏),采用直井、定向井及水平井开发。该储层位于Lower Fars高压盐膏层以下仅10m,针对该储层最初开钻的2口定向井HF007-JK007和HF014-JK014D1,由于需要在Lower Fars高压盐膏层定向钻井,遭遇了多次卡钻,3次侧钻;第一口水平井HF060-JK060H1,尽管在12¼in井眼顺利完钻,但在9⅝in套管下套管过程中遭遇卡钻,导致提前下套管,最终在Lower Fars地层下了两层套管,四开水平井变为五开水平井。针对深层储层Yamama的开发(储层深4310m,碳酸盐岩油藏),采用直井进行开发。该储层的井在8½in井眼裸眼段长(1950~4310m),有多套严重漏失地层和易垮塌的页岩层,同层漏、塌矛盾突出,特别是深部的Shuaiba和Zubair脆性页岩地层,坍塌压力高,导致漏、垮矛盾大,开钻的3口Yamama井HF161-Y161井、HF065-Y065井和HF115-Y115井,在8½in井段钻完井过程中均遭遇不同程度的漏、卡等复杂。此外,在哈法亚油田的钻井过程中,已有13口井钻遇地层沥青,导致8口井多次卡钻,其中2口井侧钻、6口井提前完钻。哈法亚油田各储层矿化度高,含不同浓度的H_2S和CO_2,随着注水开发的进行,油层套管的腐蚀速率将逐渐加快,腐蚀程度将更加严重。

由于巨厚碳酸盐岩地层横向及纵向非均质性强,现场漏、阻、卡复杂通常呈现一定的突发性和随机性,为钻井工程带来较大的不确定性。为保证油田开发目标的实现及钻井工程的顺利实施,针对现场钻井过程中面临的问题与挑战,自2011年以来,在资源国及项目公司的要求下,哈法亚前后方技术支持团队密切配合,结合现场钻井现状,紧密围绕各种突出的钻井问题,开展了30余项针对复杂岩性(页岩、盐膏层、沥青等)的井壁变形破坏规律、卡钻机理、不同复杂岩性防塌钻井液技术、不同碳酸盐岩地层漏失机理、钻前漏失预测、随钻漏失诊断、钻井过程中防漏堵漏技术、Mishrif分支井/Sadi鱼骨井等特殊工艺钻井、高压盐膏层固井、小井眼易漏地层长封固段固井、地层沥青侵入机理及抗沥青污染钻井液技术及解卡技术、水平井水平段固井技术、调整井防窜固井技术、丛式定向井水平井钻井工艺优化技术、控压钻井、储层保护、钻井废液处理、油层套管腐蚀机理及套管寿命预测技术等方面的研究，进行了多版开发方案的编制，覆盖了油田钻井过程中涉及的方方面面的技术问题，并及时推广应用，优化现场钻井工艺，引入新的防漏堵漏、钻井液外加剂、固井外加剂等新型材料，逐渐形成了针对哈法亚油田集漏、垮、油层套管腐蚀为主体的井筒安全钻井工程关键技术，适合于该阶段哈法亚油田的优快钻井。

截至 2019 年 11 月底，通过 9 年的钻井实践，目前油田已完钻井 369 口，运行钻机 13 台，主要为 50D 和 70D 钻机，其中中国石油渤海钻探有限公司 5 台，中国石油大庆钻探有限公司 4 台，安东石油 2 台。主要井型包括直井/定向井、水平井及分支井，各储层钻井情况见表 2-24；各年度已钻井及钻机数如图 2-43 所示。

表 2-21　哈法亚油田各储层各年度已钻井情况

年份	Jeribe-Kirkuk			Sadi	Khasib	Mishrif				Nahr Umr			Yamama	水源井	合计	钻机（台）
	直井	定向井	水平井	水平井	水平井	直井	定向井	水平井	分支井	直井	定向井	水平井	直井			
2011				1			5	1		2		3			12	3
2012				1			4	5	1	9	3		1		24	6
2013	1	1	1		1		7	7	3	5	2		2		30	10
2014	5	3	1			1	17	4	8	1	1				41	10
2015	4	6			3		15	3	1		2		1	1	36	6
2016	3	7				1	12	7		1	1			2	34	6
2017	1				1	5	31	14			3				55	13
2018	2	18			2	4	48								74	13
2019		12		1	3	4	40	2			1				63	13
合计	16	47	2	3	10	15	179	43	13	18	13	3	4	3	369	
	65			3	10	250				34			4	3		

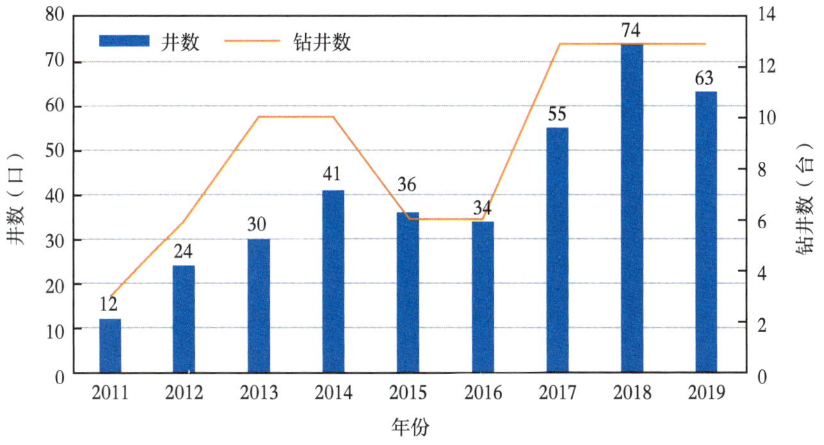

图 2-43　2011—2019 年哈法亚油田各年度钻井及钻机动员情况

各储层已钻井情况如图 2-44 所示。各种已钻井井型分布如图 2-45 所示。其中 Mishrif 油藏的井占 68.3%，Jeribe-Kirkuk 占 17.3%，Nahr Umr 占 9.5%；定向井占 64.35%，水平井占 20% 左右。

图 2-44 哈法亚油田各储层已钻井情况

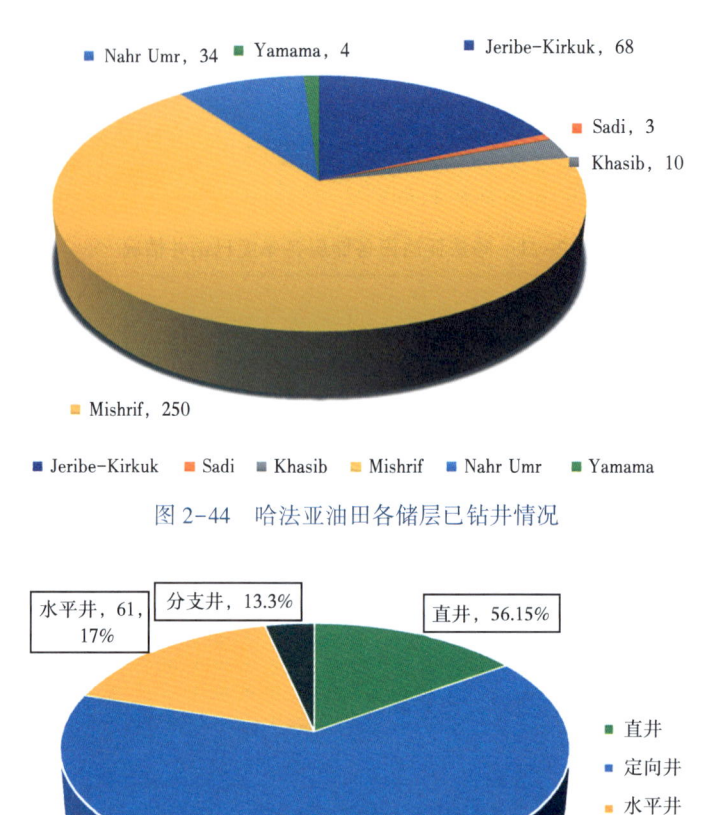

图 2-45 哈法亚油田已钻井主要井型分布

目前，油田已钻井非生产时间占总钻井时间的 7.8%。发生的主要复杂为卡钻/落鱼，占非生产时间的 29.81%，钻机维修占 16.62%，测井占 13.38%，定向井钻井占 9.77%，漏失、堵漏等复杂造成的非生产时间占 8.84%，总非生产时间分布情况如图 2-46 所示。

9 年来的跟踪研究，哈法亚钻井在以下几方面取得显著成效：

首先在针对严重漏失的井筒安全钻井方面，确定了哈法亚油田的漏失主要为典型溶蚀孔洞与裂缝共存的漏失机理，建立了考虑溶蚀孔洞和裂缝特征的漏失压力预测模型，并用实钻数据进行验证；基于地震数据，首次应用机器学习集成算法建立了井下漏失与地震属性之间的随机联系，获得了区域漏失概率的分布规律，实现了不同层位不同区域井漏风险分布特征预测；基于漏失地层（漏失通道的大小、连通情况、形状及分布）、漏失压差、

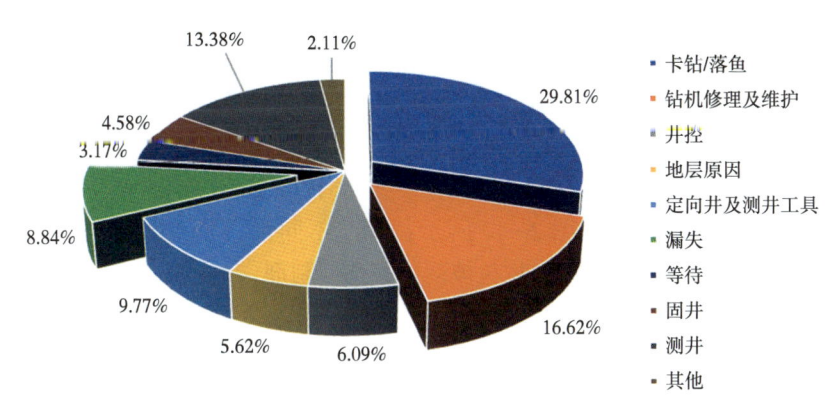

图 2-46　哈法亚油田已钻井 NPT（非生产时间）分布

钻井液性能（密度、黏度、钻井液流入/流出密度、入口/出口流量）、工程参数（钻速、转速、大钩载荷、钻压、泵压、扭矩、泵冲）以及气测参数（含气量）等因素，首次运用机器学习随机森林算法初步建立了基于井漏与工程参数（录井参数）间的"多值映射"井下随钻漏失诊断模型，对已钻严重漏失井的诊断准确率达到80%以上。

在复杂岩性地层井筒安全钻井方面，针对Sadi-Tanuma/Nahr Umr B层页岩的变形破坏特征，在易坍塌页岩的坍塌压力计算过程中综合考虑了钻井液浸泡的影响，创新性建立了以扩容强度为准则的新模型，提出了"抑制微观—封堵细观—支护宏观"的多尺度控制岩石强度弱化的方法；针对深层Shuaiba/Zubire页岩地层严重垮塌的问题，突破了传统的强度理论方法判断井壁坍塌的建模技术，创新提出了基于钻井成功率的井壁稳定性分析方法；针对盐膏层卡钻，填补了复合盐膏层中软泥岩水化特性引起的一系列井壁失稳和井眼变形问题，建立了一套综合考虑岩石力学与钻井液化学作用的定向井井周复杂岩体变形破坏规律的计算分析模型和井壁失稳机理分析方法，对复杂盐膏层地层特性研究是一种创新；针对沥青卡钻，揭示了地层沥青侵入机理及卡钻机理，研选了抗沥青污染乳化降黏剂、固化剂、封堵剂及沥青黏附卡钻解卡液等关键处理剂，填补了国内该领域的研究空白。

在井筒腐蚀安全方面，明确了油层套管的腐蚀是随着井下腐蚀环境的变化而变化，当油井含水率大于30%时，油层套管的腐蚀速率会显著提高。通过研究，获得了"腐蚀速率—时间演化"与"含水率—腐蚀速率"连续方程，确定了长、短期腐蚀速率和不同含水率对腐蚀速率的影响，突破了油田腐蚀领域使用阶段性固定腐蚀速率进行腐蚀等级评价的传统方式；通过"腐蚀速率—时间演化方程"与结构有限元仿真耦合计算，建立了套管剩余寿命评估预测模型，估算了哈法亚油田Mishrif油井油层套管在目前井下腐蚀环境下L80套管的服役寿命，突破了国内外大多对油层套管服役寿命的预测是采取极值统计、结构可靠性分析等方法，对套管寿命预测理论与方法有重要发展。确定了现场油层套管的选材策略，制订了在沿用目前所选管材的基础上，油田不同开发阶段采取咪唑啉类复配缓蚀剂+环空保护液（油基保护液+杀菌剂）的防腐措施。

为支撑油田二期1000×10⁴t/a的产能的快速上产，前后方团队通过针对钻遇地层特点、现场定向钻井的情况的研究。于2012年12月26日12:00，顺利钻成了伊拉克第一口分支井HF121-121，最初日产原油产量达到10300bbl，为单支水平井初产产量的2倍以上，取得了良好开发效果。得到了伊拉克石油部、伊拉克米桑石油公司（MOC）及国际社会的高度认可，石油行业知名互联网站 www.worldoil.com，www.gulfoilandgas.com，伊拉克石油部网站以及当地报纸均对哈法亚采用分支井新技术进行报导并给予高度评价。

9年来，针对严重漏失，现场采用提前预测、随钻诊断、优化参数、随钻防漏堵漏等措施，引入新型防漏材料，年漏失井占全年井数率从2011年91%下降到2018年的18.9%，漏失总量逐年降低，如图2-47所示；针对不同页岩层/盐膏层/沥青层，从优化轨迹、钻井参数和推广应用新型聚合物包被剂、胺基抑制剂、聚合物稀释剂、封堵剂等，同时做好钻遇处理预案、材料准备、卡钻预测、提前预防等措施，卡钻井占全年井数的占比率从2012年37.5%下降到2018年的5.7%（图2-48），严重漏失与卡钻复杂得到了有效控制。

图2-47 2011—2018年哈法亚油田钻井及固井漏失情况

图2-48 2011—2018年哈法亚不同工况下卡钻情况

针对 Jeribe-Kirkuk 定向井，怎样提高 9⅝in 套管 Lower Fars 高压盐膏层定向段固井质量是一直困扰该类井固井的关键。为此，通过开展专题高压盐膏层固井技术研究，Jeribe&Kirkuk 储层 9⅝in 套管全井段及管鞋 200m 固井质量固井质量快速提高，至 2018 年，全井段固井质量合格率可达 78%，管鞋以上 200m 固井质量合格率可达 62%，实现了盐水层的有效封固，固井质量满足下部钻井及开发要求。针对 Mishrif 定向井/水平井、Nahr Umr 定向井、Yamama 直井 7in 套管小井眼长封固段固井面临的严重漏失问题，严重影响该层段的固井质量，通过开展小井眼长封固段易漏地层固井质量的研究，优化固井方式及强化固井水泥浆的防漏、低密度水泥浆强度发展、流变性等性能指标，7in 套管全井段固井质量大幅提高，2018 年，7in 套管全井段固井合格率 82%、裸眼段合格率 92%，固井质量满足开发井生产要求。中方固井公司 9⅝in 及 7in 套管的固井质量显著提高，逐渐取代了贝克休斯公司和哈里伯顿公司等初期在哈法亚项目进行固井作业的西方固井公司，目前中国石油渤海钻探第二固井公司、大庆钻探固井一公司以及安东固井公司均在哈法亚油田进行固井作业，现场推广应用固井外加剂材料 10000t 以上。

截至 2018 年底，平均年钻井周期从 2011 年的 82 天下降至 2018 年的 42.54 天，下降 48.1%；非生产时间（NPT）下降 60.7%；钻井每米成本下降 36.2%，取得显著的应用效果和经济效益，如图 2-49 所示。

图 2-49 2011—2018 年哈法亚年平均钻井周期及 NPT 变化情况

二、未来钻井存在的不确定性与风险

哈法亚油田目前针对各种井型的钻井技术基本成熟，但是随着油田的开发，未来钻井过程中将会面临一些新的问题和要求，可能存在一些新的不确定性及风险，需要在钻井过程不断完善并采取相应的应对措施。

（1）目前大部分已钻井主要在油田高部位，因此，在油田其他部位钻井可能存在一定不确定性，需要在今后钻井实践中根据具体情况更新钻井方案并采取相应措施。

（2）目前，约30%的已钻井在油田不同层位出现过严重漏失，虽然已经形成相应的防漏堵漏技术，但由于碳酸盐岩地层局部存在大量的裂缝与孔洞，随机分布，漏失的发生仍然存在突发性及随机性；此外，主要储层 Mishrif、Nahr Umr、Jeribe-Kirkuk 等储层地层压力大幅下降，导致相应漏失压力下降，钻井及固井过程中的漏失将会是未来哈法亚油田长期面临的风险。

（3）随着油田的持续开发，主要储层地层压力的下降，伴随油田进入规模注水开发阶段，将会导致 8½in 井眼地层压力剖面更加复杂，7in 套管固井将面临严重的窜流的问题，需要加强防窜的固井技术的研究，提高固井质量，防止固井及生产过程中的环空窜流问题。

（4）目前，哈法亚油田有 13 口井钻遇沥青层，主要钻遇的地层为 Mishrif 和 Khasib 地层，由于地层沥青分布存在一定的随机性，相关的实验研究成果与现场应用还存在一定的差距。

（5）根据项目义务工作量的要求，还将完成一口侏罗系井深约 5700m 深探井，是目前伊拉克地区最深的一口井，Yamama 以下仅约 1000m 为哈法亚油田重未钻遇的地层，深探井设计及钻井存在较大挑战与不确定因素，需要在未来钻井中根据新的钻井资料充分进行论证，更新完善相应的钻井工程设计。

三、结语

哈法亚项目的钻井实践是在伊拉克极端严峻的安全形势、复杂的政治及恶劣的自然环境下，开展的一场艰苦卓绝的国际合作实践，凝聚了前后方现场作业及技术支持团队的辛勤汗水。面临伊拉克战后动荡的治安和恶劣的自然环境，现场工作人员的人身安全随时受到恐怖分子及局部战乱的威胁；大型作业设备、钻井材料及工具的通关和运输受到各种原因的阻碍，现场贫瘠的荒漠和超高温考验着每一位工作人员的身心极限，中国石油参战队伍战高温、冒酷暑、斗沙尘、攻坚克难、锐意创新，按照"提前启动，准点达到"的工作策略，坚持目标导向，科学部署，完善紧急预案，精心组织施工，全力推进了油田的钻井进程，提前 15 个月完成一期 500×10^4t 产能建设的钻井任务，提前完成支撑二期 1000×10^4t 产能建设、高峰 2000×10^4t/a 产能建设的钻井任务，是伊拉克第一轮和第二轮国际投标 10 多个油田中第一个开钻、第一个实现合同高峰产量的项目，有力支撑了哈法亚油田高效开发、快速规模建产，为油田快速规模建成"中东标志性项目"做出了贡献。

哈法亚项目动迁了国内 13 台钻机、带动了钻探、钻井液、固井、定向井、测井、井下作业公司等几十家钻井技术服务公司走向伊拉克市场，同样也将相应的钻井防漏堵漏材料、固井外加材料、套管等装备应用到钻井作业中，同时带动中方技术研究团队到现场开展技术服务，提供了当地近千人的就业队伍，有力推动了当地的经济和社会发展，是中东地区油气领域一带一路的具体实践。该项目在未来近 20 年的开发过程中，将面临新的钻井复杂问题与挑战，钻井工程应紧密结合现场实际，不断攻关与完善，满足未来开发及钻井的要求。

参 考 文 献

[1] Bernaus J M, Masse P. Carinoconus iraqiensis (Foraminifera), a new orbitolinid from the Cenomanian Mishrif Formation of the oil fields of southeastern Iraq [J]. Micropaleontology, 2006, 101 (26): 471-476.

[2] 高计县, 田昌炳, 张为民, 等. 伊拉克鲁迈拉油田Mishrif组碳酸盐岩储层特征及成因 [J]. 石油学报, 2013, 34 (5): 843-852.

[3] Ruban D A, Al-Husseini M L, Iwasaki Y. Review of middle east paleozoic plate tectonics [J]. Geoarabia-Manama, 2007, 12 (3): 35-56.

[4] Sharland P R, Archer R, Casey D M, et al. Arabian plate Sequence Stratigraphy [M]. Manama: Gulf PetroLink, 2001.

[5] Verma M K, Ahlbrandt T S, Al-Gailani M. Petroleum reserves and undiscovered resources in the total petroleum systems of Iraq: Reserve growth and production implications [J]. Geo Arabia, 2004, 9 (3): 51-74.

[6] 宋新民, 李勇. 中东碳酸盐岩油藏注水开发思路与对策 [J]. 石油勘探与开发, 2018, 45 (4): 679-689.

[7]《钻井手册》编写组. 钻井手册 [M]. 北京: 石油工业出版社, 2013.

[8] Singh H, Yadav P Imtiaz S. Pesolving Resolving shale drilling instabilities in the middle east: a holistic and pragmatic geomechanical method. SPE Abu Dhabi International Petroleum conference proceedings [R]. SPE-188681, 2017.

[9] Suyan K M, Banerjee S, Dasgupta D. A practical approach for preventing lost circulation while drilling [C] //SPE Middle East Oil and Gas Show and Conference, 2007.

[10] 聂臻, 夏柏如, 耿东士. 井壁稳定性研究及其在Kolzhan油田的应用 [J]. 钻井液与完井液, 2011, 28 (3): 31-34.

[11] 许岱文, 梅景斌, 聂臻, 等. 分支水平井技术在伊拉克HFY油田的创新应用 [J]. 石油钻探工艺, 2014, 36 (2): 38-41.

[12] 聂臻, 许岱文, 邹建龙, 等. HFY油田高压盐膏层固井技术 [J]. 石油钻采工艺, 2015, 37 (6): 31-43.

[13] Nie Zhen Xia Boru, Dong Benjing. New Cementing Technologies successfully solved the problems in Shallow Gas, Low Temperature and Easy Leakage formations [R]. SPE131810, 2010.

[14] Nie Zhen, LiuHe, Liu Aiping. The large temperature difference, long column and narrow clearance cementing best practices in Halfaya oilfield [R]. SPE 158294, 2012.

[15] Nie Zhen, Zou Jianglong, Xu Daiwen, et al. New solutions for high-pressure and salt/anhydrate rocks casing cementing, a case studys [R]. SPE 176203-MS, 2015.

[16] Nie Zhen, Luo Huihong, Zhang Zhenyou, et al. Challenges and countermeasures of Directional Drilling through Abnormal High Pressure Salt/Anhydrite/Claystone Layer in HFY oilfield of IRAQ, A case Study [R]. SPE-182975-MS, 2016.

[17] Yu Baohua, Yan Chuanliang, Nie Zhen. Chemical effect on wellbore instability of Nahr Umr Shale [J]. The Scientific World Journal, 2013, 931034: 7.

[18] Zhang Rui, Shi Xiangya, Nie Zhen. Critical pressure of closure fracture reopening and propagation: Modeling and application [J]. Journal of petroleum science and Engineering, 2017 (158): 647-659.

[19] 刘爱萍, 孙勤亮, 聂臻, 等. HFY油田177.8mm套管固井技术 [J]. 石油钻采工艺, 2014, 36

（2）：45-48.

[20] 张希文，耿东士，聂臻，等. Halfaya 油田钻井液技术研究与应用 [J]. 科学技术及工程，2015（1）：38-41.

[21] 聂臻，夏柏如，邹灵战. 气体钻井井壁稳定模型的建立 [J]. 天然气工业，2011，36（6）：71-76.

[22] 聂臻，张振友，罗慧洪，等. 高压盐膏层定向井钻井关键技术 [J]. 天然气工业，2018，38（4）：103-109.

[23] 聂臻，于凡，黄根炉，等. 伊拉克 H 油田 Sadi 油藏鱼骨井井眼布置方案研究 [J]. 石油钻采技术，2020（1）：46-53.

[24] 聂臻，梁奇敏，游子卫. 不灌浆条件下的最大安全起钻高度计算 [J]. 中国矿业，2019，28（5）：49-52.

[25] 梁奇敏，李剑，聂臻，等. 基于扭矩的安全钻进控制 [J]. 中国矿业，2019，28（5）：53-56，76.

[26] 黄启良，聂臻，张海龙，等. L-80 油井套管钢在模拟井下环境中的腐蚀行为 [J]. 材料，2019，52（4）：58-65.

第三章
异常高压盐膏层井筒安全钻井关键技术

异常高压盐膏层定向钻井堪称世界级钻井难题之一。哈法亚油田 Jeribe-Kirkuk 储层上部 10~15m 的盖层为约 500m 厚、地层压力系数为 2.20~2.22 的 Lower Fars 膏盐层。高压盐膏层定向钻井导致第 1 口 Jeribe-Kirkuk 定向井 JK007 多次卡钻 2 次侧钻，第 1 口水平井 JK060H1 提前下套管三开完井，Lower Fars 高压膏盐层定向钻井为哈法亚油田 Jeribe-Kirkuk 定向钻井带来极大挑战。本章从 Lower Fars 膏盐层主要岩性即盐层、膏层以及泥岩层的岩石力学特征着手，建立了一套综合考虑不同岩性岩石力学与钻井液化学作用的定向井井周复杂岩体变形破坏规律计算分析模型和井壁失稳机理分析方法，揭示了复合盐膏层中软泥岩水化特性引起的一系列井壁失稳和井眼变形问题，确定不同条件下的安全钻井密度窗口，优化高密度饱和盐水钻井液体系的抑制性及流变性；优化 Jeribe-Kirkuk 定向井井眼轨迹，从而大大降低了卡钻的风险。目前，Lower Fars 盐膏层 ϕ311.2mm 井眼复杂得到有效控制，平均钻井周期较前期同比缩短 52.8%，机械钻速提高 122%，取得了良好的应用效果。

第一节 国内外现状

作为油气藏的良好盖层，国内外各大油田钻井过程中都不同程度地钻遇盐膏层，据统计，在全球近 200 个含油气盆地中，一半以上发现了商业性油气田，而其中 58% 的油气田又与盐岩地层有关。这些含盐油气盆地已探明石油储量占世界的 89%，已探明天然气储量占世界的 80%。

在盐膏层进行钻井施工异常复杂，国内外有许多钻遇盐膏层的井，因为没有控制好盐膏层的复杂问题，而被迫提前完钻或导致油井报废，浪费了大量人力、财力和物力，阻碍了盐膏层下油气藏的勘探工作。如在我国塔里木盆地的石油勘探过程中，多次出现因钻遇盐膏层带来的重大井下事故，很多井无法钻达目的层，严重地影响了该区的石油勘探活动。作为世界性钻井难题，盐膏层钻井复杂的主要原因可以归结为异常高压、盐岩蠕变、泥岩夹层的坍塌缩径等方面。

就异常高压而言，其形成机制即可能是单一因素造成的，也可能是由多种因素相互叠加引起的，其中包括地质的、物理的、化学的和动力学的因素。但对于一个特定的压力体而言，其形成原因可能是以某种因素为主，其他因素为辅。异常高压产生的原因有很多种，目前公开发表过的异常高压形成机制有十几种之多。1951年，Dickinson首次讨论了墨西哥湾地区异常高压的形成机制，认为沉积物的不完全排水是异常高压产生的主要原因。随后，欠压实（Bredehoeft，1968；Summa，1993）；水热增压（Barke，1972）、黏土矿物成岩作用（Powers，1967；Burst，1969；Bruce，1984）、渗透作用（Marine & Fritz，1981）、生烃作用（Meissner，1978；Spencer，1987）、烃类裂解（Hunt，1994）等机制又相继被提出。Fertl（1976）、Martinsen（1994）、Swarbrick和Osborne（1998）以及Bowers（2002）等对异常高压的形成机制进行了系统深入地总结和归纳。至于盐膏层的异常高压，必须结合实际地质特征进行研究。

盐膏岩蠕变是盐膏岩的一个固有特性。蠕变是指在恒定载荷作用下，材料的变形随着时间的增长而逐渐增大的现象[3]。蠕变是岩石的一种力学性质，普通的岩石在特定应力条件下蠕变量较小；但盐膏岩，尤其是岩盐含量较高的纯岩盐地层却具有显著的蠕变特征。对于盐膏层的研究涉及蠕变机制、蠕变模型和工程应用等方面，自19世纪起相关领域学者就开始进行大量的研究。

近年来，随着工程研究的日渐需要，包括现场及室内试验研究的盐岩蠕变实验大量开展。Lux和Heusennann针对Asse盐岩岩心岩样，进行大量的单轴蠕变实验及三轴蠕变实验研究。通过总结近200个单轴蠕变及三轴蠕变实验结果，Hunsche（1993）提出了复合幂指数模型。Wawarsik和Hannum（1993），Stormont和Daeman（1990），Chunhe Yang和Danman（1999）等在总结前人的实验资料和理论研究成果的基础上，考虑温度和损伤两方面的因素，进行了松弛交叉及应力路径以及分步加压蠕变实验研究，建立了一种更具有普遍性的盐膏岩稳态蠕变本构关系，能在较宽的应力状态范围内很好地反映盐膏岩稳态蠕变特性[2]。针对巨厚盐膏岩地层，蠕变规律研究范围和考虑因素更为广泛。对于矿物组成对盐膏岩蠕变规律的影响，国外也做过一些研究。Hansen在1987年对美国得克萨斯州Palo Duro Basin的San Andres盐层12个岩样进行了蠕变试验，测定了不同含量的硬石膏对岩盐蠕变速率的影响。1995年，国际岩石力学学会（ISRM）任命RE/SPEC编译了有关美国墨西哥湾穿顶盐岩的强度及变形特征与化学、矿物以及物理特征关系的数据库。发现蠕变参数n与硬石膏负相关，相关系数为-0.92。

盐膏层的垮塌、掉块有两个方面的原因：一是盐岩溶失后，由盐岩胶结的粉砂岩、泥岩、硬石膏团块散落，夹在盐岩层中的薄层粉砂岩，泥膏岩上下失去承托后垮塌、裂缝、微裂缝张开后失稳；二是断层、构造运动影响，围岩裂缝、微裂缝发育，围岩坍塌压力高，钻遇有裂缝，特别是竖直张性裂缝或大角度斜交缝，若液柱压力过低或过高，均会产生剪切错位，围岩岩体相对滑移到一定程度，就垮塌或掉块[4]。

另外，含盐泥岩在矿化度低的钻井液浸泡下和高温高压条件下吸水膨胀，使靠近井壁的岩石变软，渗透性较好的粉砂岩和微裂缝发育的泥页岩，形成厚滤饼，特别是使用高密度钻井液，固相含量高，钻井液黏切高，更易形成厚滤饼和"假滤饼"，造成井径缩小。

第二节 Lower Fars 盐膏层岩性特征及钻井复杂情况

一、盐膏层岩性特征

哈法亚油田 Lower Fars 地层以石膏、盐岩和页岩沉积为主，厚500多米，是区域盖层，从上到下依次为 MB5 层、MB4 层、MB3 层、MB2 层和 MB1 层；Lower Fars 盐膏层详细的岩性描述见表3-1。从中可以发现，MB5—MB3 层主要为泥岩和硬石膏互层，夹少量石灰岩和盐岩，MB2 层主要为盐岩，MB1 层主要为硬石膏。

表 3-1 Lower Fars 地层岩性描述

井号	岩性描述				
	MB5	MB4	MB3	MB2	MB1
HF008-JK008D1	绿灰及褐色块状泥岩和米白色块状硬石膏互层，下部夹部分浅灰到中灰色灰岩	绿灰色—褐色块状泥岩和米白色块状硬石膏互层，中下部夹部分透明—半透明盐岩	绿灰色泥岩和硬石膏互层，中部夹少量灰岩，下部夹少量盐岩	透明—半透明盐层	米白色硬石膏
HF060-JK060H1	绿灰—褐色块状，少—中等钙质胶结泥岩和米白色硬石膏互层，下部夹少量绿灰色泥质灰岩	绿灰块状，少—中等钙质胶结泥岩和米白色块状硬石膏互层，中部含部分绿灰泥岩和透明盐岩互层，下部夹少量浅灰色灰岩	绿灰色中等钙质胶结泥岩和米白色块状硬石膏互层，上部夹少量灰岩夹层，下部夹少量半透明—透明盐岩和浅色石灰岩	透明—半透明盐层	米白色硬石膏层夹少量泥岩和黄褐色石灰岩
HF003—S001H	绿灰色无钙到少量钙质胶结泥岩，与硬石膏互层，通过氯化物含量，中上部和下部测得夹少量盐层	绿灰色无钙到少量钙质胶结泥岩，与硬石膏互层。通过氯化物含量，中上部含少量盐夹层；下部夹光洁较硬的盐层	绿灰色无钙质胶结岩，与硬石膏互层，上部夹极少量无钙质胶结页岩，下部夹少量石灰岩，该层段分布着光洁较硬盐岩夹层	光洁块状盐岩	米白色硬石膏

图 3-1 给出了 HF003-S001H 井 Lower Fars 地层测井数据随井深的变化规律，从数据看，测井数据波动较大，说明 Lower Fars 地层硬石膏、泥岩、盐岩频繁互层，岩性纵向变化剧烈，井径数据显示，MB4 底部和 MB3 顶部地层存在一定程度的井径扩大，表明存在井壁坍塌现象；表 3-2 中给出了不同岩性地层测井数据数值特征，数据显示：高伽马的泥页岩层皆显示为高声波时差—低密度，低伽马的硬石膏和岩盐皆显示为低声波时差—致密，由此可以推断，Lower Fars 地层的异常高压很可能是由于夹在硬石膏层或盐层之间的泥页岩在压实过程中不能排水造成的，这在声波测井数据上必然显示出欠压实的特点。

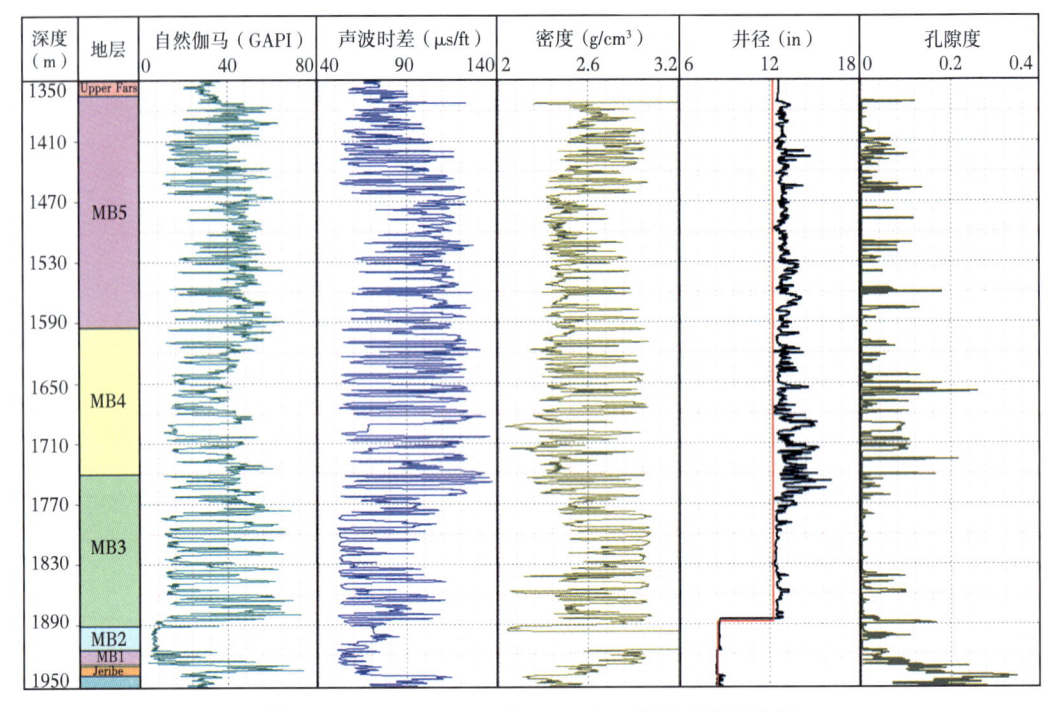

图 3-1　HF003-S001H 井 Lower Fars 层测井数据分析

表 3-2　各种岩性的测井数据分布

测井数据	碳酸盐岩				沉积岩			
	硬石膏	石膏	盐岩	石灰岩/白云岩	砂岩	泥岩	页岩	煤岩
密度（g/cm³）	>2.9	2.3	<2.1	2.4~2.7	2.1~2.5	2.2~2.65	2.2~2.65	<1.5
伽马（GAPI）	<15	<15	<15	低于砂岩	低	高	较高	低
声波时差（μs/ft）	50 左右	50 左右	65~70	50~76	76~115	>90	介于砂岩和泥岩	106~137
深电阻率（Ω·m）	高	高	超高	高	中等偏低	低	稍高于泥岩	高
孔隙度	接近 0	>40	接近 0	较低	中等	较高	较高	>40
井径	正常	正常	正常或缩径	正常或扩大	正常	扩大	扩大	扩大
自然电位	基准值	基准值	基准值	负异常	负异常	基准值	基准值	变量

二、已钻井复杂情况

Jeribe-Kirkuk 储层为哈法亚油田第三大储量的储层，根据开发方案的要求，该储层采用直井/定向井及水平井开发，合同期内将钻井 100 多口，但该储层上部垂直距离仅 10~15m 为 Lower Fars 高压盐膏层，该类井必须在 Lower Fars 高压盐膏层进行定向钻井，给钻井工程带来了较大的挑战。

第 1 口 Jeribe-Kirkuk 储层定向井 HF007-JK007 钻至 Lower Fars 盐膏层发生了两次侧钻，出现了严重的井壁失稳问题。在钻至 1936m（垂深 1924m）时，划眼下钻过程中发生卡钻，最大扭矩25kN·m，过提250tf，卸载60tf，加入解卡剂，无法解卡，后钻具断落，提起上部钻具后，发现溢流（6m³/h），此时钻井液相对密度为2.23。采用司钻法压井，钻井液相对密度为2.24，压井成功。打水泥塞后进行第一次侧钻。第一次侧钻，钻至1927m时钻井液相对密度降到2.30，倒划眼至1926m发生卡钻，过提振动均未解卡，钻井液相对密度降至2.28，解卡未成功，打水泥塞后进行第二次侧钻。浪费进尺657m，损失时间近25天。两次卡钻侧钻均在MB3层，共损失时间46天。

HF0075-JK075H定向井钻至Lower Fars盐膏层发生了比较严重的阻卡。钻至1601m，通井划眼时过提，最大13tf；钻至1619m，通井划眼时过提，最大13tf；钻至1780m，发生卡钻，过提70tf；钻至1786m，发生卡钻，过提35tf；钻至1795m，发生卡钻，过提最大15tf；提前在MB3下入ϕ244.5mm套管，井身结构由四开变为五开，即在Lower Fars下了两层套管。

HF014-JK014D1井ϕ311.2mm井眼钻至中完井深，划眼时在2120m卡钻，打水泥侧钻，共损失时间41.75天。

事故复杂主要集中在ϕ311.2mm井眼Lower Fars MB3层，表现为缩径、超拉、卡钻、卡套管等，钻井复杂情况见表3-3。

表3-3 Jeribe-Kirkuk定向井及水平井钻井复杂情况

井号	复杂事故类型	卡钻井深（m）斜深	卡钻井深（m）垂深	层位	井眼直径（mm）	井斜角（°）	备注
JK007	卡钻/溢流	1924	1839	Mb3	311.2	60.9	多次卡钻事故，侧钻两次，同时伴随发生漏失与溢流。钻井周期为105d，事故处理用时46d
JK007	二次卡钻	1926	1840	Mb3	311.2	55.0	
JK008D1	遇卡	1941	1760	Mb3	311.2	43.0~42.0	—
JK008D1	遇卡	1964	1775	Mb3	311.2	43.0~42.0	—
JK008D1	井漏	2085	1876	Mb1	311.2	32.0	—
JK059D1	井漏	1461	—	Mb4	311.2	36.0	—
JK014D1	卡钻	2120	1778	Mb3	311.2	44.0	发生卡钻井深2120m，侧钻1次，钻井周期为131d，事故处理用时42d
JK014D1	二次卡钻	2396	2091	Upper Kirkuk	215.9	29.0	
JK059D2	卡钻	2071	1829	Mb3	311.2	35.0	—
JK060H1	卡套管ϕ244.5mm	1850~2000	—	MB2	311.2	65.0	在2167m发生溢流，提前下套管完井，在2066m卡套管
JK075H	卡套管ϕ244.5mm	1850~2000	—	MB2	311.2	55.0	在1879m处超拉80tf，下ϕ244.5mm套管遇卡

发生事故的Jeribe-Kirkuk储层定向井，采用的是垂直通过Lower Fars的饱和盐水聚合物钻井液体系，由于定向通过Lower Fars与垂直通过Lower Fars相比：一方面，钻井液密度需要从2.25g/cm³提高至2.35g/cm³以稳定地层；另一方面，由于定向通过Lower Fars所用时间长，钻井液与盐膏层及高矿化度地层水接触时间长，体系更容易受到污染，导致钻井液固相含量不断增多，流变性迅速恶化，先期采用的钻井液体系在钻遇Lower Fars

时，漏斗黏度由75s快速升高至183s，钻井液性能见表3-4，表明采用Lower Fars直井段钻井所用的饱和盐水高密度钻井液配方及性能不能满足Lower Fars定向钻井的要求，需要进一步提高钻井液抗高价离子污染的能力，提高其抑制性和流变性。

表3-4 已钻Jeribe-Kirkuk储层定向井及水平井钻井液性能情况表

井号	HF002-M001H	HF007-JK007H				HF075-JK075H	
井眼尺寸（mm）	311.2	311.2				311.2	212.7
钻井液类型	饱和盐水聚合物钻井液						
通过Lower Fars层方式	垂直钻遇	定向钻遇				定向钻遇	
钻井液密度（g/cm³）	2.21	2.21	2.27	2.30	2.35	2.24~2.30	2.35
漏斗黏度（s）	72	75	100	171	183	150	172
塑性黏度（mPa·s）	75~78	75	95	109	110	85~100	85~100
井斜（°）	0	0	50	60.9	61	60	74

此外，在Lower Fars层钻井过程中，有三口井出现了不同程度的溢流。HF060-JK060H1井钻进12¼in井眼过程中，钻至2167.3m（1889.47mTVD）时，将相对密度2.33的钻井液密度替换为1.90g/cm³，发现溢流0.89m³，重新替换为相对密度2.33的钻井液，压井成功。HF007-JK007井第一次钻井时，在1924m（1836mTVD）处发生严重阻卡，过提250tf，并采用解卡剂无法解卡。后过提过程中断钻具，提出上部钻具后，发生溢流6m³，此时钻井液密度为2.23g/cm³。加大钻井液密度至2.24g/cm³，采用司钻法压井成功。该井溢流发生在解卡失败、钻具掉落、起钻之后，极有可能是由于起钻过程中抽吸压力过大，由于此时处于高压井段，导致井底钻井液密度低于地层压力，从而引发溢流。HF083-JK083井钻进至1748m，通井起钻至上层13⅜in套管鞋处。采用2.20~2.25g/cm³的钻井液钻进至1763m，发现溢流，返出钻井液密度为2.18~2.19g/cm³。钻进至1764m，泵入钻井液密度为2.18g/cm³，返出钻井液密度为2.19g/cm³。采用2.28g/cm³钻井液密度压井成功。

综合分析Jeribe-Kirkuk储层已钻井表明：Jeribe-Kirkuk储层直井在Lower Fars盐膏层未发生严重的井下复杂情况，但Jeribe-Kirkuk储层定向井在定向钻遇Lower Fars盐膏层的过程中出现了不同程度的井下复杂，主要表现为卡钻、卡套管和溢流，主要集中在 ϕ311.2 mm井眼Lower Fars MB3层，主要原因是井壁失稳造成的井塌卡钻以及高密度情况下的黏卡，并随着井斜的增大、钻井液密度的升高，钻井液性能的恶化（甚至失去流变性），进一步加剧钻井复杂的发生，且一旦卡钻，事故处理难度大，周期长。

三、盐膏层钻井难点及对策分析

根据Lower Fars高压盐膏层的特点及定向钻井要求，Jeribe-Kirkuk储层定向井水平井钻井面临以下的难点与挑战：

（1）Lower Fars层为泥岩、硬石膏及纯盐交替互夹层，地层岩性复杂，井壁稳定性差，易发生坍塌、缩径等井壁失稳问题，定向造斜井段极易发生井塌、卡钻、卡套管等事故。

（2）工程实践表明，定向钻遇Lower Fars时，钻井液密度至少应提高至2.35g/cm³以保证井壁稳定；对超高密度钻井液流变性、抑制防塌性、抗盐钙污染、润滑性以及钻井液性能的维护提出了较高要求。

（3）井斜大，定向钻井过程中扭矩大、塌掉严重、阻卡频繁，岩屑床清洁困难。

根据以上难点，制订了如下对策：

（1）针对 Lower Fars 的地层特性及 Jeribe-Kirkuk 定向井钻井要求，开展 Lower Fars 盐岩、膏岩、泥岩不同岩性的井壁稳定研究，找出井壁失稳的主控因素。

（2）根据井壁失稳机理，对目前 Jeribe-Kirkuk 定向井、水平井井眼轨道及钻井工艺参数进行优化设计，降低井斜及盐膏层定向段长度，减少摩阻和定向钻井的难度，降低卡钻和卡套管的风险。

（3）针对盐膏层特性及定向钻井要求，开展超高密度饱和盐水强抑制分散钻井液体系的研究，提高并维护钻井液在盐膏层定向钻井过程中的抑制性及流变性。

第三节　Lower Fars 盐膏层地层压力纵向分布特征

地层孔隙压力是指岩石孔隙流体所具有的压力。作为一个地质参数，孔隙压力在油气勘探、钻井工程及油气开发中占有十分重要的地位。就钻井工程而言，孔隙压力是实现快速、安全、经济钻进的一个必不可少的重要参数，因此准确的预测孔隙压力非常重要。

一、孔隙压力成压机制分析

地层压力的形成机制不同，其预测方法不同，Swarbrick（2012）提出了利用密度—声波测井数据交会图法确定成压机制的方法，如图 3-2 所示。对于正常孔隙压力和欠平衡地层，实测密度、速度数据将位于正常压实曲线上，如果存在欠压实，密度—声波数据将沿正常趋势线下滑，即深度较大地层的数据点会叠加在深度较浅地层数据之上。欠压实形成的异常高压一般在深度较浅的地层出现。对于较为复杂的成压机制，一般出现在深度较大的地层中，如流体膨胀、化学成岩作用等，或者多种机制形成的综合作用等。分析地层成

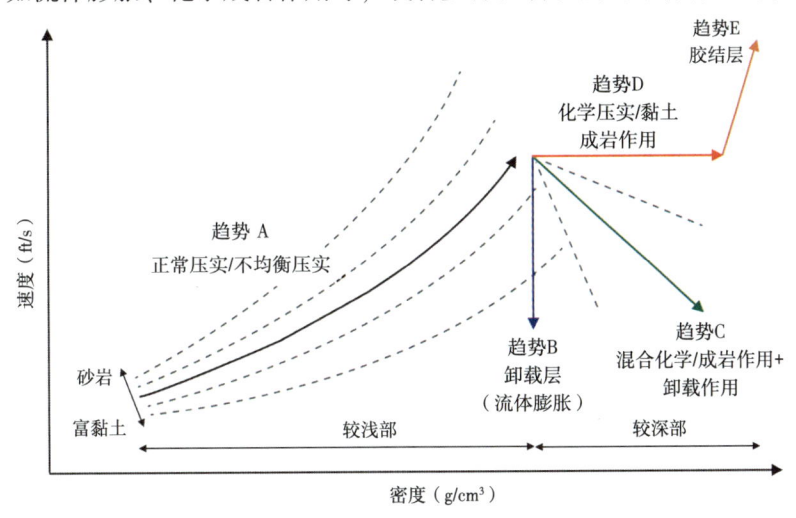

图 3-2　声波—密度交会图法确定地层压力承压机制（Swarbrick，2012）

压机制需首先建立声波速度和密度随井深变化的正常趋势线，然后根据实测数据与正常趋势线的相对位置关系分析地层压力的成压机制。为准确地计算分析孔隙压力一般需要根据成压机制选择合理的计算分析模型，如欠压实成压机制一般选择 Eaton 模型进行分析，卸载作用成压机制选择 Bowers 模型进行分析。

1. 声波时差正常势线的建立

为判断 Lower Fars 地层中的泥页岩地层是否具有欠压实特点，需要建立泥页岩地层声波时差数据的正常压实曲线，并将实测声波时差与之对比。

声波测井测量的是弹性波在地层中的传播时间。声波时差主要反映岩性、压实程度和孔隙度。除了含气层的声波时差显示高值或出现周波跳跃外，它受井径、温度及地层水矿化度变化的影响比其他测井方法小得多。所以用它评价和计算地层孔隙压力比较有效。

对岩性已知、地层水性质变化不大的地质剖面，声波时差与孔隙度之间成正比关系。在正常压实的地层中可导出相似公式：

$$\Delta t = \Delta t_0 e^{CH} \tag{3-1}$$

将式（3-11）变换可得：

$$\lg \Delta t = AH + B \tag{3-2}$$

式中　Δt——深度为 H 处的地层声波时差，$\mu s/ft$；

Δt_0——深度为 0 处的地层声波时差，$\mu s/ft$；

A，B，C——系数，其中 $A<0$，$C<0$。

式（3-2）即为压实地层声波时差正常趋势线公式，从式中可以直观地看出，$\lg\Delta t$ 与 H 呈线性关系，斜率是 A（$A<0$），在半对数曲线上，正常压实地层的 Δt 对数值随深度呈线性减少。如出现异常高压，Δt 散点会明显偏离正常趋势线。

钻井实践表明，Upper Fars 地层为正常孔隙压力，以该层泥页岩声波时差数据为正常数据确定趋势线，图 3-3 给出了依据 Upper Fars 地层泥页岩声波时差数据建立的趋势线与 Lower Fars 地层泥页岩实测声波时差数据的对比，从图中可以清楚地看出，Lower Fars 地层泥页岩声波时差数据明显偏离正常趋势线，应存在显著的异常高压。

2. 密度正常趋势线的建立方法

密度趋势线的建立方法主要有如下几种：

Power Law 模型

$$\rho = \rho_0 + Az^B \tag{3-3}$$

式中　ρ——地层密度；

ρ_0——泥面地层密度；

z——泥面以下地层深度。

其他参数含义同上文。

指数拟合模型：

$$\rho = \rho_0 + A\exp(-B \cdot z) \tag{3-4}$$

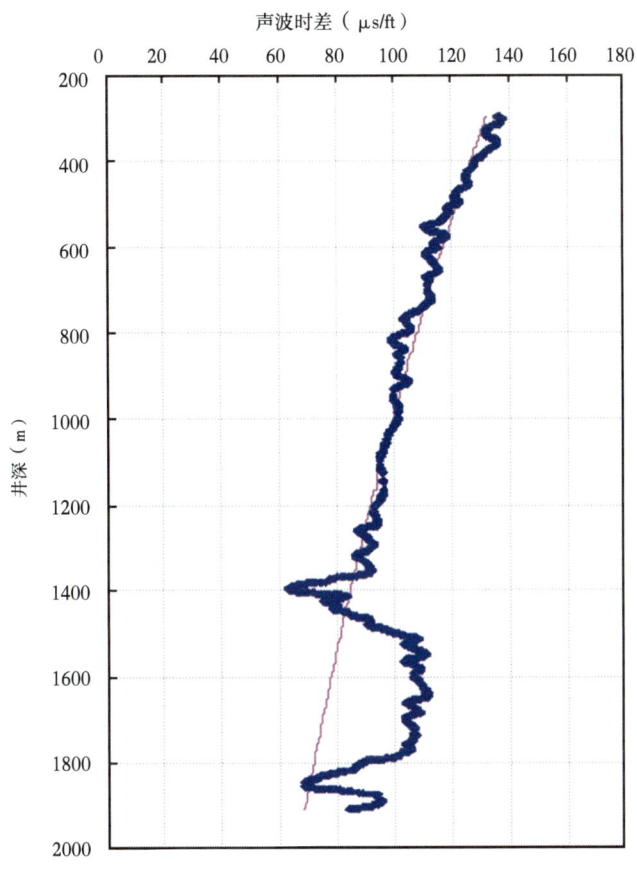

图 3-3 N001ST 井声波时差与正常趋势线的对比

Miller 模型：

$$\rho = \rho_\infty + (\rho_0 - \rho_\infty)\exp(-kz^{1/n}) \tag{3-5}$$

式中 ρ_∞——无限深处地层密度（极限密度）；

k，n——经验参数。

选用 Power Low 模型建立泥页岩地层密度正常趋势线，图 3-4 给出了密度测井数据与正常趋势线的对比，结果表明，与正常趋势线相比，Lower Fars 泥页岩密度明显偏低，可能存在异常高压。

3. Lower Fars 层异常高压的成压机制

Lower Fars 地层声波时差数据显著高于正常趋势线，密度数据显著低于正常趋势线，与图 3-2 给出的成压机制分析方法对比，该地层泥页岩，明显地具有欠压实成压机制。Lower Fars 地层泥页岩异常高压很可能是由于夹在硬石膏层或盐层之间的泥页岩在压实过程中不能排水造成的，如图 3-5 所示，这也是含泥页岩夹层的膏岩层最常见的成压机制。

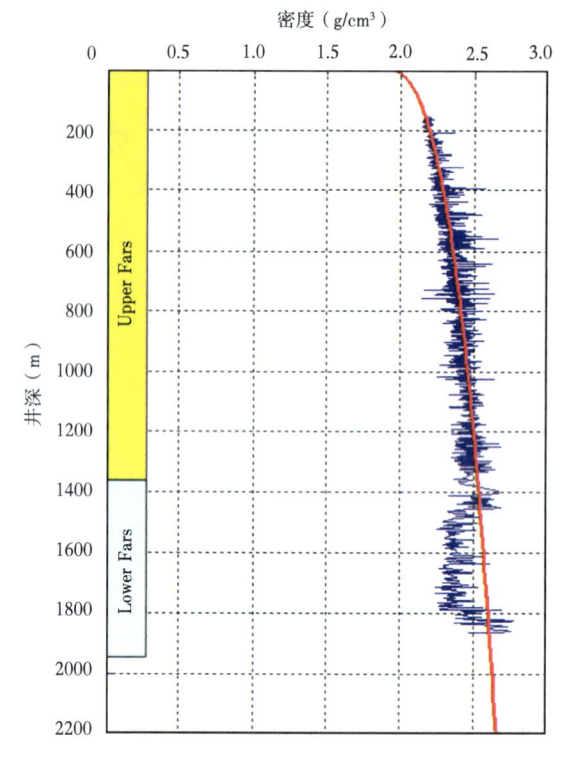

图 3-4　N001ST 井密度与正常趋势线的对比

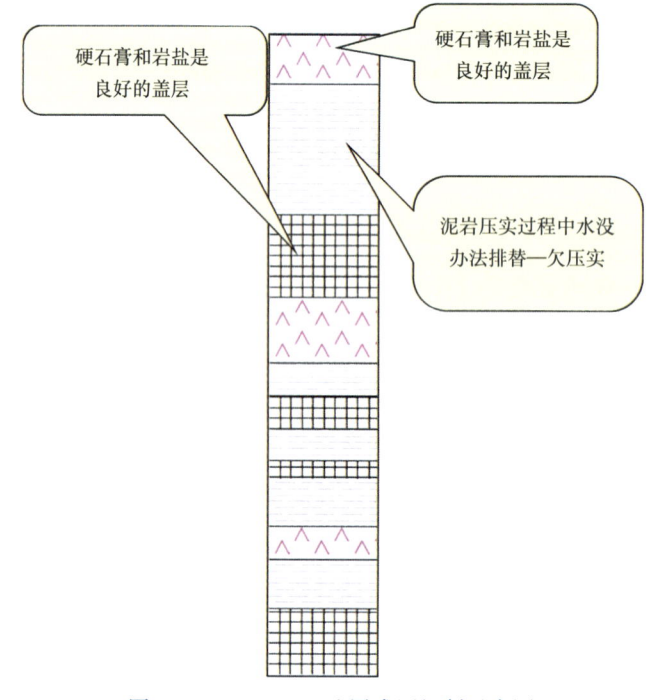

图 3-5　Lower Fars 地层成压机制示意图

二、Lower Fars 地层孔隙压力预测

对于泥页岩欠压实引起的异常高压，目前国内外油田公司普遍采用 Eaton 模型来进行预测，它具有计算精度高，使用范围广等特点。其计算地层孔隙压力梯度的模式如下：

$$G_{\mathrm{p}} = G_{\mathrm{op}} - (G_{\mathrm{op}} - \rho_{\mathrm{w}})\left(\frac{\Delta t}{\Delta t_n}\right)^n \tag{3-6}$$

式中 G_{p}——井深 H 处的地层孔隙压力梯度当量密度，g/cm^3；

G_{op}——井深 H 处的上覆岩层压力梯度当量密度，g/cm^3；

ρ_{w}—— 井深 H 处的地层水密度，g/cm^3，一般的取 $\rho_{\mathrm{w}} = 1.03 g/cm^3$；

Δt—— 井深 H 处的实测声波时差值，$\mu s/ft$；

Δt_n——井深 H 处的正常趋势值，$\mu s/ft$；

n——Eaton 指数，一般的取 $n = 3.0$。

利用上述方法和研究结果对 HF001-N001H 井 Upper Fars 和 Lower Fars 地层的孔隙压力进行了预测，图 3-6 给出了该井地层压力剖面。计算结果表明，Upper Fars 地层孔隙压力正常，当量钻井液相对密度为 1.02~1.04；Lower Fars 地层孔隙压力从 Lower Fars_MB5 小层开始逐渐起压，压力系数最高达到 2.08 左右，达到高压后在 MB3 层逐渐降低至 1.48~1.66，之后

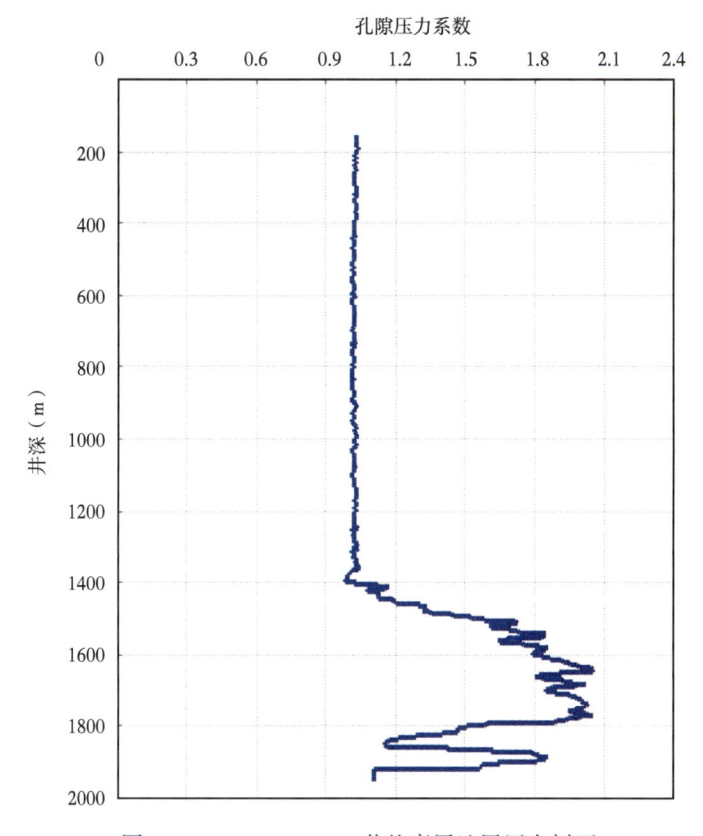

图 3-6　HF001-N001H 井盐膏层地层压力剖面

压力重新升高，进入 MB2 层后压力恢复正常；Lower Fars 层异常压力的起压点在第一层盐层之下，由于各井压力系数略有差异，建议进入 Lower Fars 地层之后，提高钻井液相对密度至 2.25 以上，钻穿 MB2 层盐岩，保证高压区全部采用高钻井液密度钻进，防止溢流发生。另外，注意控制起下钻速率，防止抽吸压力过大导致溢流发生；回压点为最后一层盐层，建议下套管过程中需注意卡准层位，避免因钻井液密度过高造成井漏。

第四节 Lower Fars 盐膏层变形破坏特征

一、单三轴条件下 Lower Fars 盐膏层的变形破坏特征

为研究 Lower Fars 地层不同岩性岩石的变形破坏规律，选取了 HF127-M127D1 井、HF009-M009D1 井、HF045-JK045 井和 HF149-M149ML1 井的壁芯，开展了岩石力学性质测试。岩心包含硬石膏：灰白色，相对密度 2.9 以上，致密、坚硬；泥页岩：灰色，相对密度 2.50 左右，中等硬度；盐岩：白色，半透明，细粒，相对密度 2.1 左右。岩心图片分别如图 3-7 至图 3-9 所示。岩心实验结果见表 3-5。

图 3-7 典型硬石膏岩心照片　　　　图 3-8 典型泥页岩岩心照片

图 3-9 典型盐岩岩心照片

表 3-5 Lower Fars 地层岩心强度实验结果

岩心编号	井号	井深 (m)	长度 (mm)	直径 (mm)	质量 (g)	密度 (g/cm³)	围压 (MPa)	抗压强度 (MPa)	弹性模量 (MPa)	黏聚力 (MPa)	内摩擦角 (°)	泊松比	岩性
1-1	HF009-M009D1	1853.0	50.10	24.73	69.728	2.90	0	120.928	36.9391			0.185	硬石膏
1-2		1837.0	51.95	24.79	73.270	2.92	30	239.760	50.6502			0.325	
1-4	HF127-M127D1	1808.5	55.93	24.72	79.136	2.95	15	197.841	48.6928			0.323	
1-5		1853.0	50.06	24.68	70.908	2.96	45	296.483	51.9765	30.380	36.618	0.332	
1-6		1846.5	55.64	24.68	78.537	2.95	0	125.162	37.2452			0.188	
1-7		1829.0	41.82	24.89	59.327	2.92	0	136.292	38.0244			0.171	
1-8	HF149-M149ML1	1824.0	32.28	24.62	45.464	2.96	0	124.347	36.9987			0.182	
1-9		1864.0	31.32	25.01	44.598	2.90	0	120.906	36.7496			0.178	
1-10		1909.5	31.24	24.62	43.189	2.91	0	129.184	36.8871			0.241	
1-11		1840.0	31.67	24.76	44.656	2.93	0	122.524	37.4829			0.192	
2-1	HF009-M009D1	1885.0	57.54	24.48	70.119	2.59	0	31.891	7.5704			0.162	泥岩
2-2		1850.5	64.24	24.83	77.591	2.50	30	109.752	9.5820	9.898	26.310	0.266	
2-5	HF149-M149ML1	1776.0	21.08	24.79	25.525	2.51	0	32.541	7.6941			0.173	
3-3	HF174-K174H1	1746.5	31.53	25.11	29.486	1.89	45	91.536	9.4280			0.361	盐岩
3-4		1908.50	34.23	25.12	35.892	2.12	0	8.549	1.1020			0.2528	
3-5	HF009-M009D1	1878.0	36.18	24.98	37.040	2.09	20	44.732	4.6560	3.137	17.422	0.231	
3-6		1880.0	41.76	25.07	42.443	2.06	30	64.265	6.5450			0.323	
3-7	HF174-K174H1	1749.0	33.41	25.03	34.012	2.07	0	8.192	1.0840			0.2416	

图 3-10 至图 3-15 分别给出了硬石膏、泥页岩、盐岩的单三轴应力应变曲线。从实验结果上看，硬石膏属高强度脆性岩石，抗压强度在 120MPa 以上；泥页岩虽然抗压强度在 30MPa 以上，但扩容强度只有 14MPa 左右，内部微裂隙发育；盐岩的抗压强度最低，只有 8MPa 左右，围压下塑性变形显著。

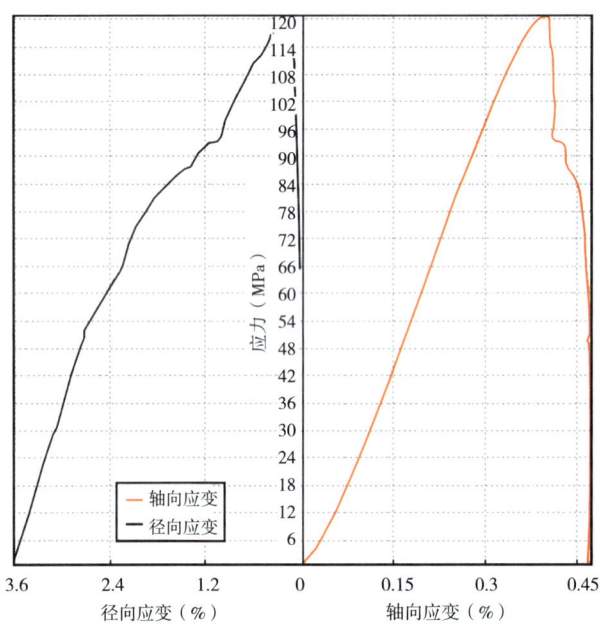

图 3-10 硬石膏岩心应力—应变曲线（单轴）

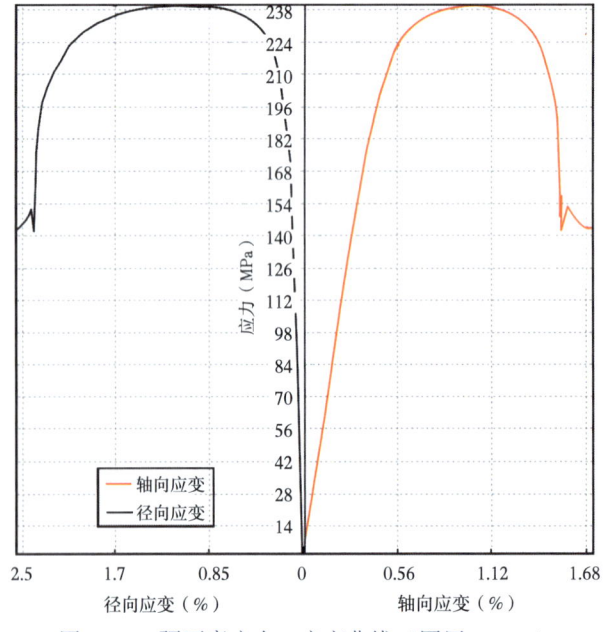

图 3-11 硬石膏应力—应变曲线（围压 30MPa）

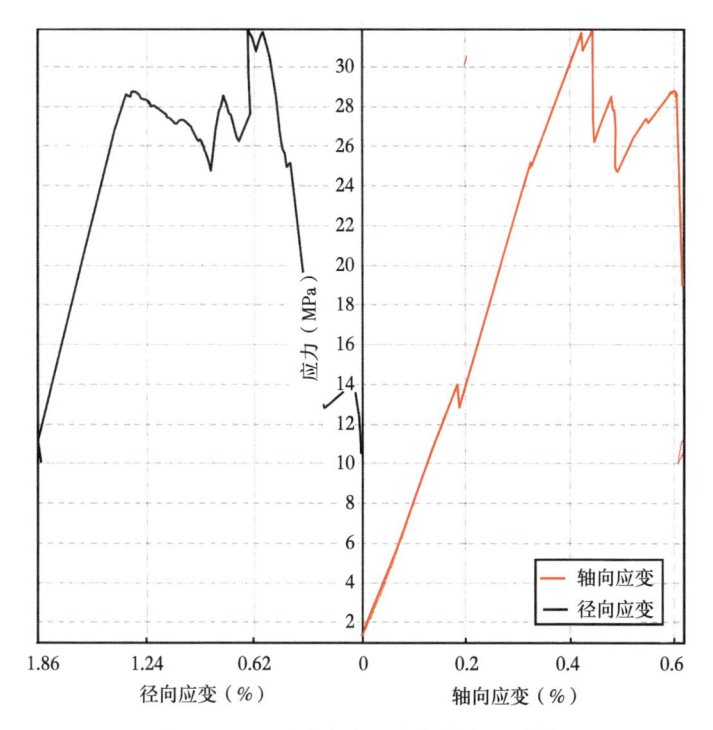

图 3-12 泥页岩应力—应变曲线（单轴）

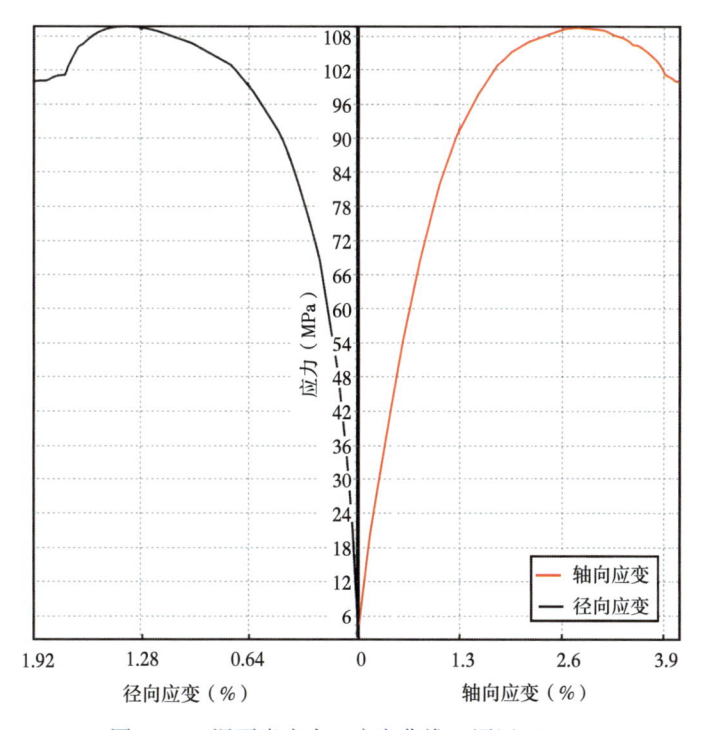

图 3-13 泥页岩应力—应变曲线（围压 30MPa）

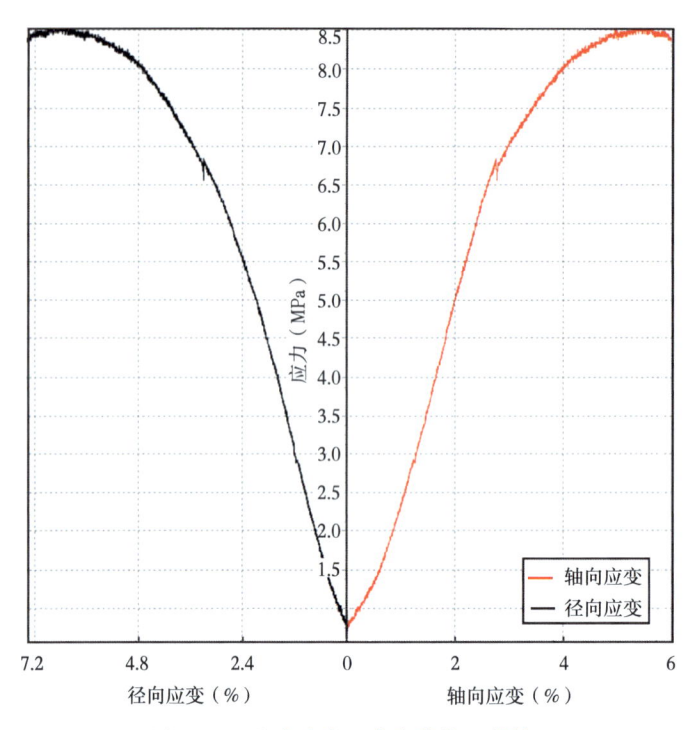

图 3-14　盐岩应力—应变曲线（单轴）

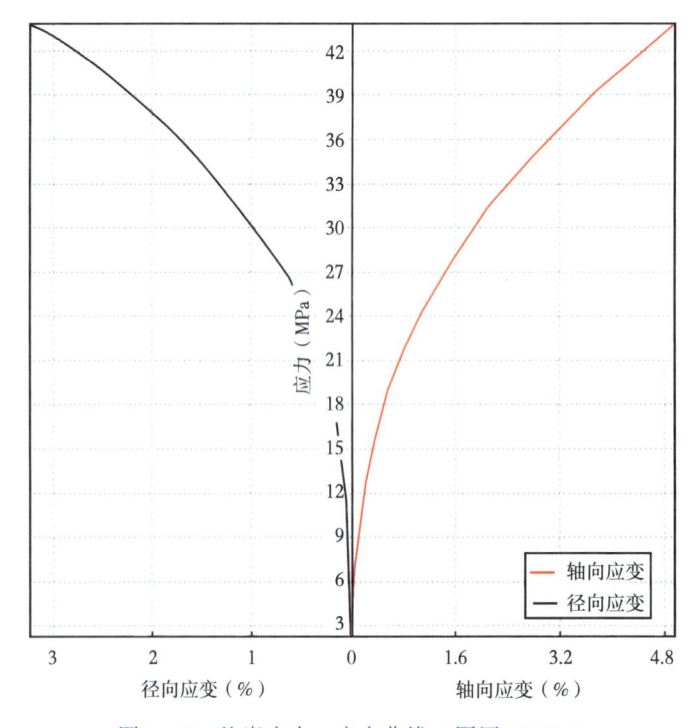

图 3-15　盐岩应力—应变曲线（围压 20MPa）

二、Lower Fars 盐膏层的蠕变特征

Lower Fars 地层主要为泥页岩、硬石膏和岩盐三种岩石。由于盐膏层通常会具有显著的蠕变特征,因此,在盐膏层钻井过程中,经常会发生由于井眼缩径引起的起下钻阻卡,甚至卡钻事故。为此,对取自现场的三种岩性的岩心分别进行了蠕变实验,研究其蠕变特性对井眼变形的影响。

1. 实验方案及蠕变实验结果

对 5 块岩心的蠕变特征进行了测试,蠕变实验的测试方案见表 3-6。实验岩心前后照片如图 3-16 至图 3-18,典型实验结果后的曲线如图 3-19 至图 3-21 所示。

表 3-6 岩心蠕变实验方案

编号	井号	井深（m）	温度（℃）	偏应力（MPa）	围压（MPa）	岩性
1-3	HF009-M009D1	1796	25	40	0	硬石膏
1-3				60	0	
1-3				80	0	
2-3	HF149-M149ML1	1671	80	21	30	泥岩
2-3				27	30	
2-3				33	30	
2-4		1859.5	100	40	60	
2-4				45	60	
2-4				50	60	
3-1	HF149-M149ML1	1735	120	20	10	盐岩
3-1				30	10	
3-1				40	10	
3-2		1935	90	30	20	
3-2				40	20	

（a）实验前　　　　　　　　　　　　（b）实验后

图 3-16　2-3 号泥岩岩心蠕变实验前后照片

（a）实验前　　　　　　　　　（b）实验后

图 3-17　2-4 号泥岩岩心蠕变实验前后照片

（a）实验前　　　　　　　　　（b）实验后

图 3-18　3-2 号盐岩岩心蠕变实验前后照片

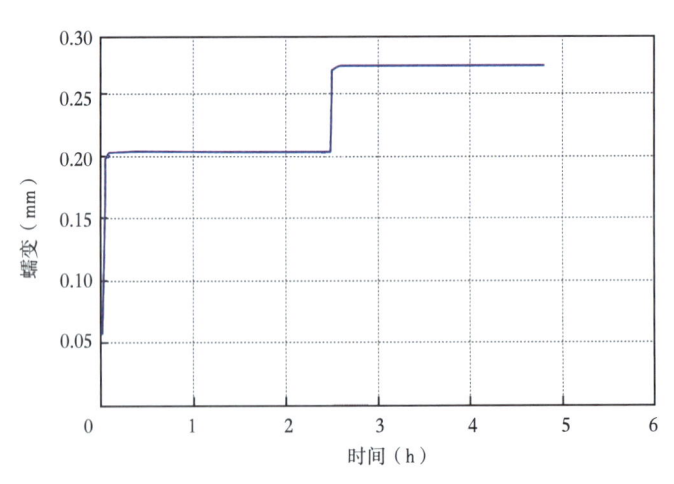

图 3-19　1-3 号硬石膏岩心蠕变实验曲线

2. 实验曲线的拟合及蠕变模型选取

上述实验结果表明，泥岩和盐岩的流变特性基本符合时间指数函数的形式，可以通过利用理论的蠕变方程来拟合试验曲线，从而确定泥岩与盐岩的稳态蠕变速率。

利用式（3-7）给出的时间指数模型的蠕变方程对实验曲线进行了拟合：

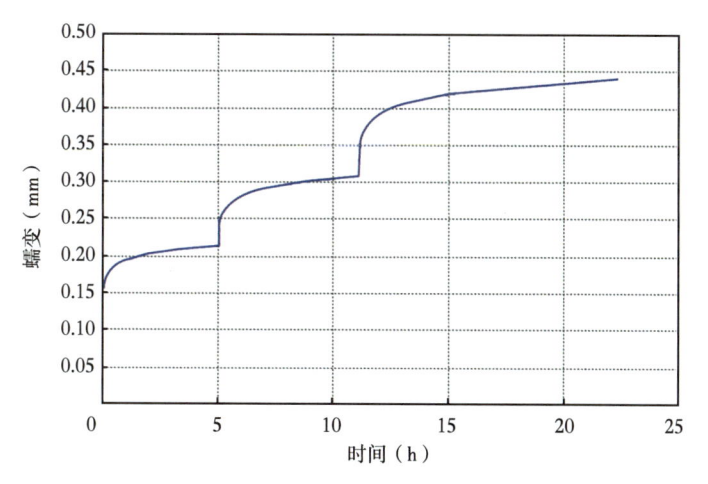

图 3-20　2-3 号泥岩岩心蠕变实验曲线

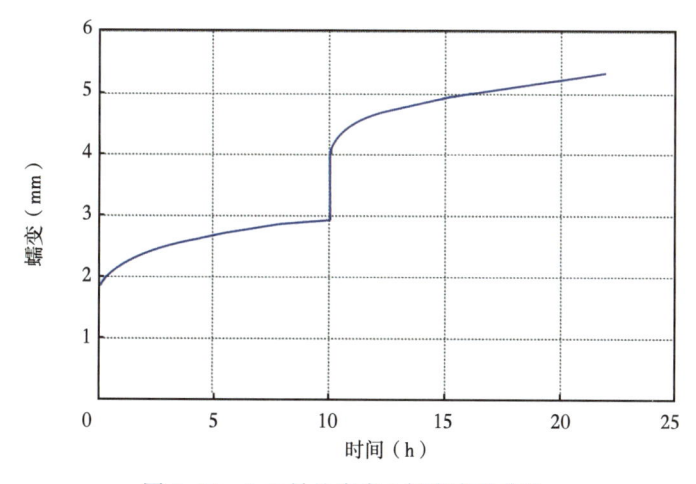

图 3-21　3-2 号盐岩岩心蠕变实验曲线

$$y = \varepsilon = c_1 + c_2 t + c_3 e^{c_4 t} \tag{3-7}$$

其中 c_1，c_2，c_3 和 c_4 为待定系数。

利用上式对试验曲线进行非线性拟合处理，步骤如下：线性化。将上式用泰勒公式展开，并只取线性项，假定一组初始值代入，然后进行迭代回归直到误差允许的范围。

利用上述方法对蠕变实验结果进行拟合的典型结果如图 3-22 所示，拟合参数见表 3-7。表中的 c_2 值即为不同温度和差应力条件下的稳态蠕变速率。

由于硬石膏位移图上显示基本无蠕变，因此只对泥岩和盐岩的蠕变实验结果进行了拟合。由拟合结果确定的稳态蠕变速率结果表明，相对正常泥岩而言，Lower Fars 泥岩稳态蠕变速率较高，相对盐岩而言，Lower Fars 盐岩稳态蠕变速率处于中等偏低的水平，盐岩的稳定性相对较好。

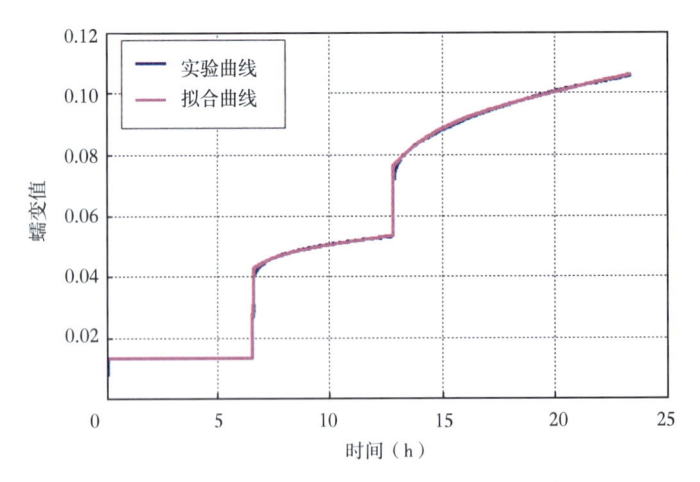

图 3-22 3-1 号盐岩岩心蠕变实验曲线拟合

表 3-7 拟合试验曲线中各参数取值情况

岩心编号	温度（℃）	偏应力（MPa）	c_1	c_2	c_3	c_4
2-3	80	21	0.003918	4.19×10^{-5}	-0.00255	-20.26
2-3	80	27	0.0015	1.41×10^{-4}	-0.00061	-0.8626
2-3		33	0.002196	2.27×10^{-4}	-0.00081	-0.4419
2-4	100	40	0.01862	4.60×10^{-4}	-0.01246	-5.11
2-4	100	45	0.00515	6.96×10^{-4}	-0.00126	-1.497
2-4		50	0.004518	1.15×10^{-3}	-0.00102	-0.3412
3-1	120	20	0.006063	2.38×10^{-4}	-0.0075	-4.50×10^{-10}
3-1	120	30	0.009101	1.37×10^{-3}	-0.0044	-1.005
3-1		40	0.01714	2.77×10^{-3}	-0.01224	-0.5436
3-2	90	30	0.03921	7.65×10^{-4}	-0.07685	-1.32
3-2		40	0.01215	1.61×10^{-3}	-0.00762	-0.4464

注：上面各参数中，c_2 为稳态蠕变速率（h^{-1}）。

目前根据工程实际的需要，已对岩石的蠕变性质进行过大量研究，提出了许多模型，盐膏层常用的有以下两种：

Heard 模式

$$\dot{\varepsilon} = A\exp(-Q/RT)\arcsin(B\sigma) \quad (3-8)$$

幂率模式

$$\dot{\varepsilon} = A\exp(-Q/RT)\sigma^n \quad (3-9)$$

$$R = 1.98$$

式中 $\dot{\varepsilon}$——稳态蠕变速率；

A，E，B——待求的蠕变参数；

Q——激活能；

R——气体常数；

T——绝对温度；

σ——应力差；

n——指数。

分析稳态蠕变速率 $\dot{\varepsilon}$ 和偏应力（$\sigma_1-\sigma_3$）的关系，发现幂律模式能较好地拟合泥岩试验数据点，而 Heard 模式能较好地拟合盐岩的试验数据点。

根据所计算的结果，利用所对应的蠕变模型对泥岩和盐岩不同温度下的稳态蠕变速率实验点进行了拟合，得到的稳态蠕变速率图谱如图 3-23 和图 3-24 所示。从结果看，泥岩和盐岩蠕变速率均较低，泥岩蠕变速率低于盐岩的蠕变速率，在地应力环境下，二者蠕变速率进一步减小，不会对钻井产生严重影响。

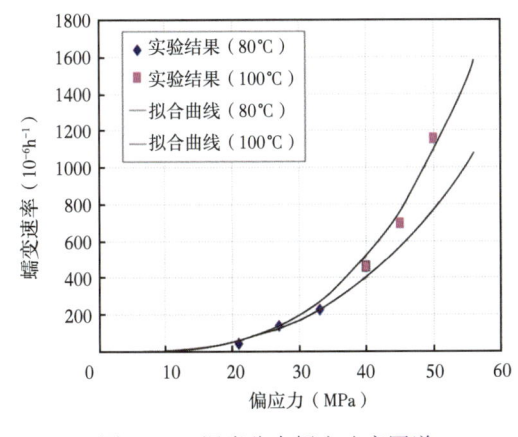

图 3-23　泥岩稳态蠕变速率图谱

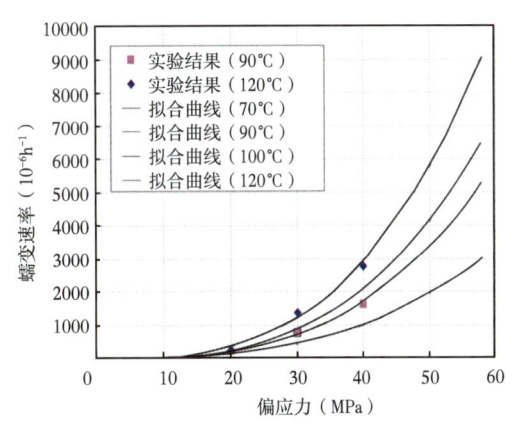

图 3-24　盐岩稳态蠕变速率图谱

三、抗压强度剖面的建立

结合地层强度参数的实验结果，利用测井数据对 Lower Fars 层的地层强度剖面进行了预测。图 3-25 和图 3-26 分别给出了 HF127-M127D1 井、HF009-M009D1 井、HF045-JK045 井和 HF149-M149ML1 井的地层抗压强度剖面。

从地层强度剖面的计算结果上看，哈法亚油田 Lower Fars 地层岩性变化复杂，导致强度变化剧烈。泥岩和硬石膏互层现象明显，在泥岩欠压实的情况下，两者强度差异明显。总体表现为硬石膏强度较高，为 100~130MPa；泥岩强度较低，为 20~40MPa；夹杂部分盐层，强度为 8~10MPa。

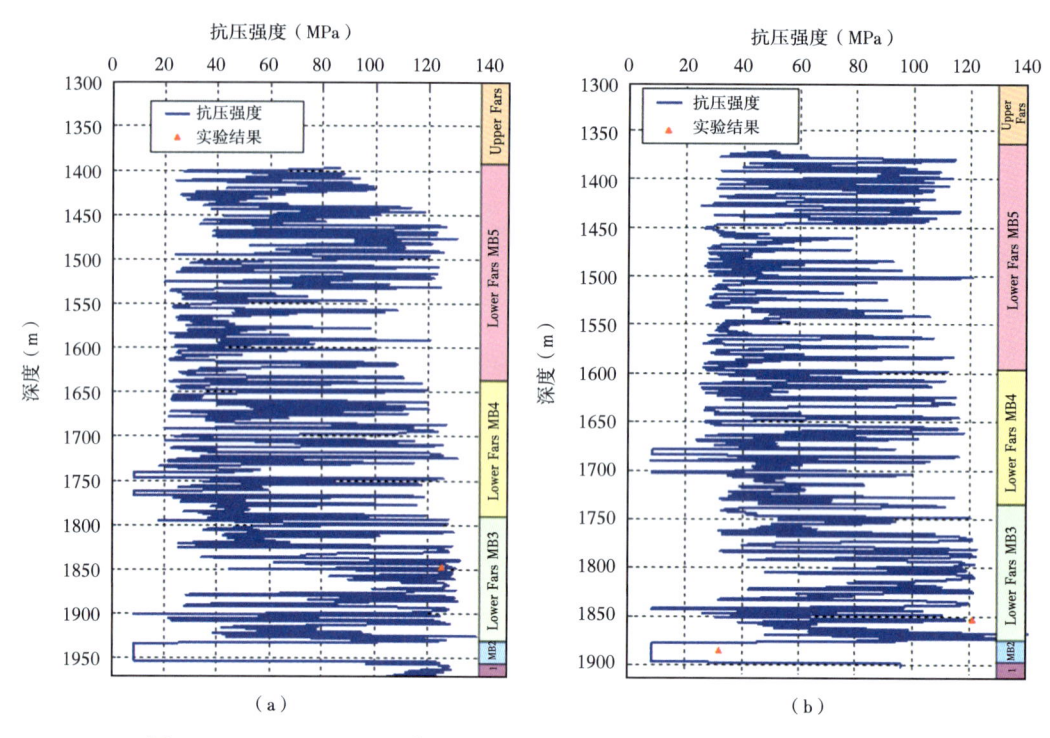

图 3-25　HF127-M127D1 井（a）和 HF009-M009D1 井（b）地层强度剖面

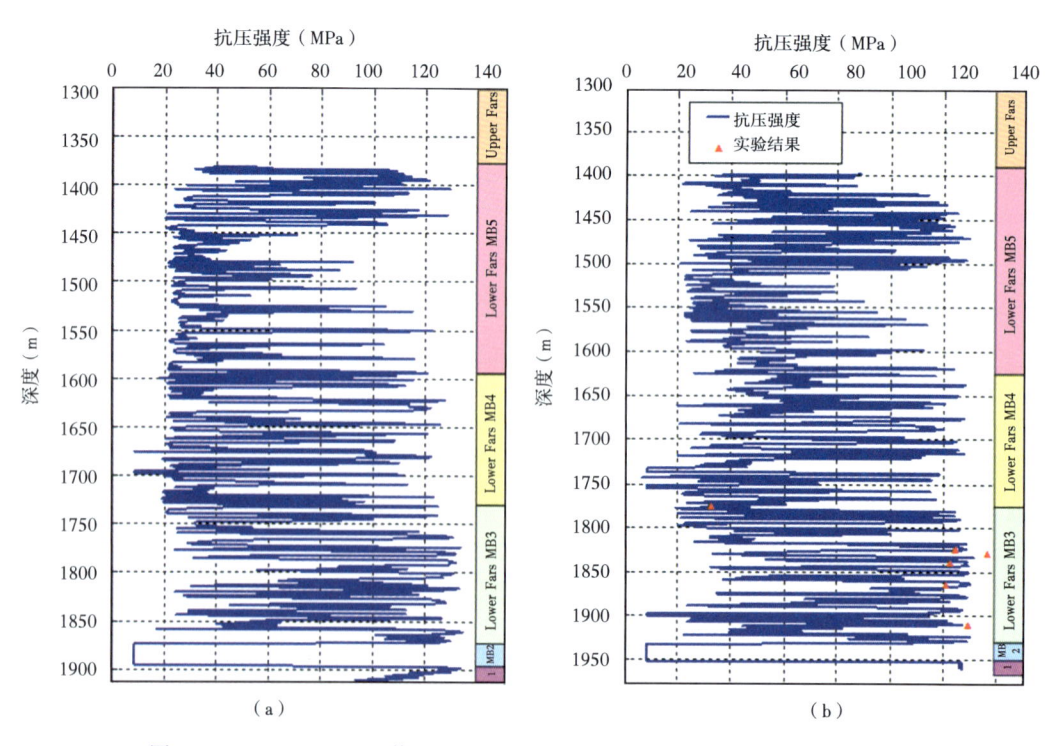

图 3-26　HF045-JK045 井（a）和 HF149-M149ML1 井（b）地层强度剖面

第五节 Lower Fars 盐膏层的矿物组成及水化特征

为了确定 Lower Fars 盐膏层的矿物组成及水化特征，采用多晶 X 射线衍射仪进行了全岩分析和黏土矿物分析，34 组实验结果见表 3-8 和表 3-9。从表中可以看出，硬石膏纯度较高，盐岩部分含硬石膏，二者均含少量黏土矿物，由于含量非常少，导致其中几组黏土矿物无法分析；泥岩含少量盐岩和硬石膏，盐岩和泥岩中伊/蒙混层含量较高，最高达到 85%，蒙脱石混层比在 20% 左右，因此泥岩易水化膨胀。

表 3-8 全岩分析结果表（SY/T 6210—1996）

样品号	石英	钾长石	斜长石	方解石	白云石	菱铁矿	石盐	石膏	硬石膏	TCCM	岩心岩性
HF009-M009D1（1796m）						3.0			95.9	1.1	硬石膏
HF009-M009D1（1853m）						3.2			90.7	5.1	硬石膏
HF127-M127D1（1846.5m）						4.0			92.5	3.5	硬石膏
HF127-M127D1（1853m）						2.6			93.0	4.4	硬石膏
HF149-M149ML1（1840m）						2.7			95.6	1.7	硬石膏
HF149-M149ML1（1909.5m）						2.7			93.6	3.7	硬石膏
HF009-M009D1（1878m）		4.1					94.8			1.1	盐岩
HF009-M009D1（1882m）		6.8					92.8			0.4	盐岩
HF149-M149ML1（1753m）		5.7					93.7			0.6	盐岩
HF149-M149ML1（1935m）		6.6					87.9		5.2	0.3	盐岩
HF174-K174H1（1749m）		8.8					90.2			1.0	盐岩
HF174-K174H1（1908.5m）		5.7					85.1		5.0		盐岩
HF009-M009D1（1821.5m）	10.0	1.0	3.2	11.5	33.5	7.9	2.0		6.5	24.4	泥岩
HF009-M009D1（1856m）		1.4	3.1	23.8	11.1	18.8	4.2	0.2	1.2	31.3	泥岩
HF149-M149ML1（1671m）		5.4	6.8	35.7	14.2		1.3		0.3	23.4	泥岩
HF149-M149ML1（1922m）	8.2	1.2	4.4	26.8	12.2		5.8		1.5	39.8	泥岩
HF174-K174H1（1731m）	12.5	1.0	6.6	5.6	35.4	6.8			4.1	28.0	泥岩

注：TCCM 是黏土矿物总量。

钻井过程中，井壁不可避免地会接触钻井液，为考察钻井液与井壁岩石作用后岩石力学性质是否会发生较大变化，对所获得的硬石膏与泥岩岩心进行了钻井液浸泡实验，浸泡一段时间后进行抗压强度测试，以研究岩心浸泡钻井液后的力学性质。

表 3-9　黏土矿物分析结果表（SY/T 5163—2010）

沉积岩黏土矿物 X 射线衍射定量分析报告									岩心岩性
样品号	黏土矿物相对含量（%）					混层比（%S）		岩心岩性
样品号	S	I/S	It	Kao	C	C/S	I/S	C/S	岩心岩性
HF009-M009D1（1821.5m）	1	83	2	7	7		31		泥岩
HF149-M149ML1（1922m）	1	83	3	6	7		14		泥岩
HF149-M149ML1（1671m）	10	40	25	13	12		8		泥岩
HF009-M009D1（1856m）		66	25	4	5		22		泥岩
HF174-K174H1（1731m）	1	66	14	9	10		21		泥岩
HF009-M009D1（1878m）	2	55	34	5	4		24		盐岩
HF009-M009D1（1882m）	1	85	4	5	5		26		盐岩
HF149-M149ML1（1753m）	1	71	18	5	5		14		盐岩
HF174-K174H1（1908.5m）	1	80	5	7	7		16		盐岩

实验发现，硬石膏浸泡钻井液 48h 后，抗压强度降低仅 4% 左右，降低幅度很小，说明硬石膏水化能力弱，如图 3-27 所示。此外，利用清水浸泡硬石膏岩块 26h，基本不发生变化，充分说明硬石膏水化性能差，如图 3-28 所示。

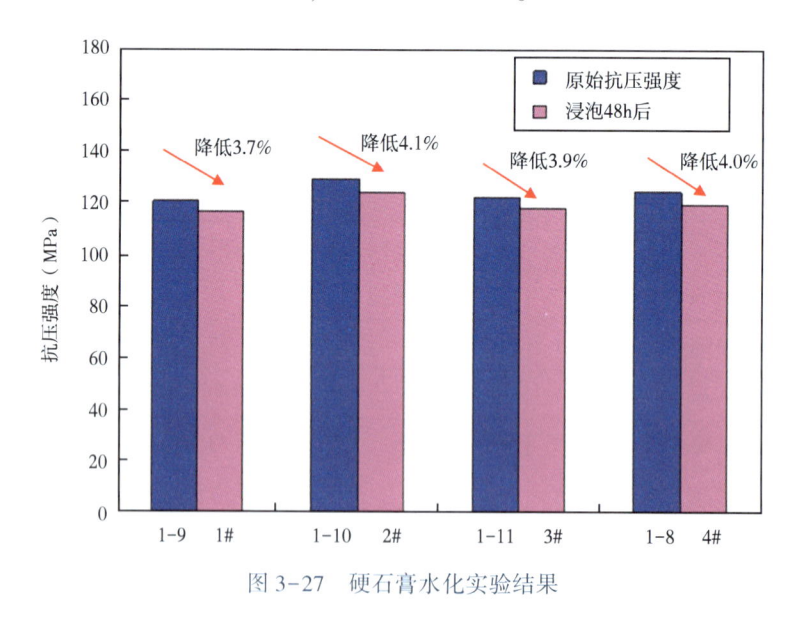

图 3-27　硬石膏水化实验结果

泥岩岩心浸泡钻井液 48h 后，强度大幅降低，这是由于泥岩黏土矿物含量中伊/蒙混层比极高，且蒙皂石含量较高，泥岩水化能力强，如图 3-29 所示。图 3-30 给出了泥岩岩屑在清水中浸泡的照片。图 3-31 给出了泥岩岩心浸泡在两种饱和盐水钻井液中（浸泡后）强度随时间的变化结果。从结果看，饱和盐水钻井液能够有效地抑制泥岩的水化作用，降低泥岩强度的减小，提高井壁稳定性。

浸泡刚开始　　浸泡2h　　浸泡26h

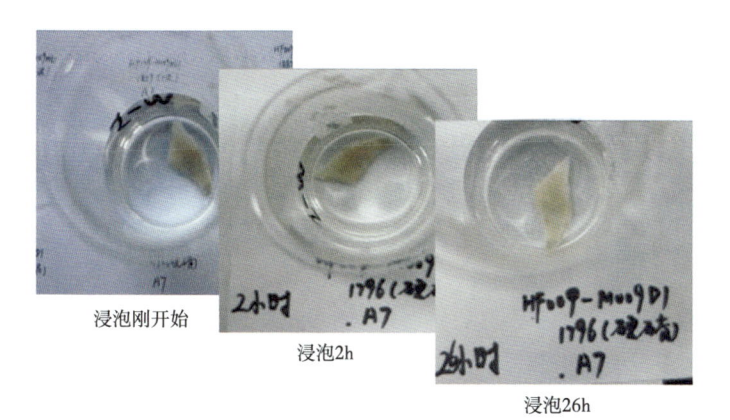

图 3-28　硬石膏岩块清水浸泡实验照片

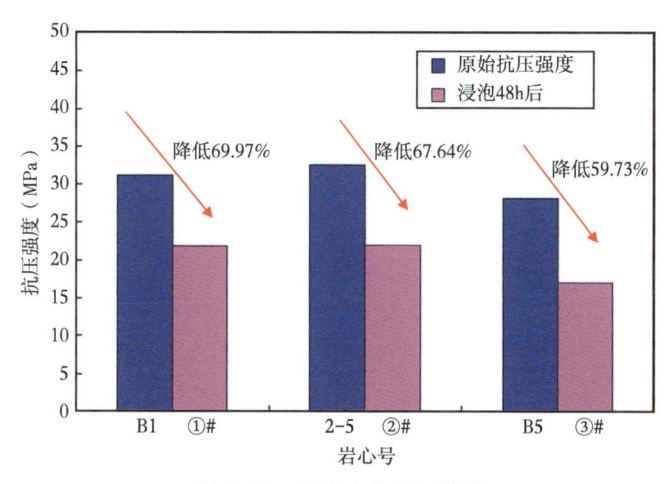

图 3-29　泥岩水化实验结果

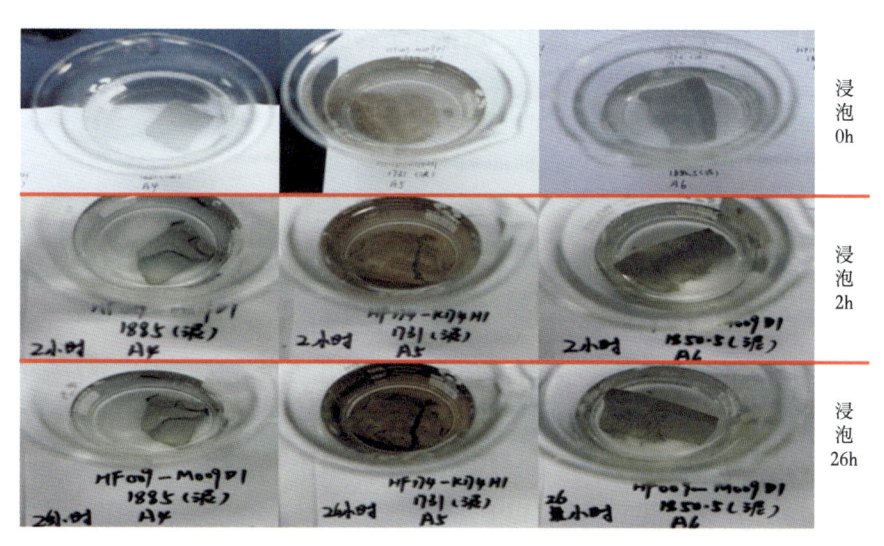

浸泡 0h　　浸泡 2h　　浸泡 26h

图 3-30　泥岩岩块清水浸泡实验照片

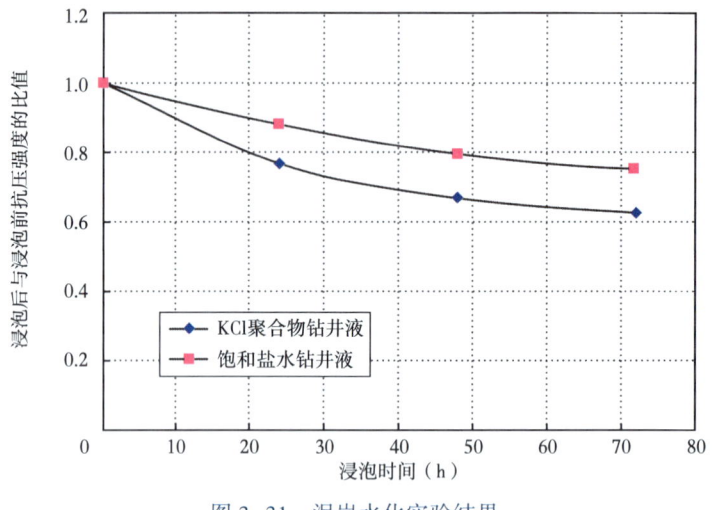

图 3-31　泥岩水化实验结果

第六节　Lower Fars 盐膏层地应力方向及大小

油气生、储、盖地层是地壳上部的组成部分。在漫长的地质年代里，经历了无数次沉积轮回和升沉运动的各个历史阶段，地壳物质内产生了一系列的内应力效应。这些内应力来源于板块周围的挤压、地幔对流、岩浆活动、地球的转动、新老地质构造运动以及地层重力、地层温度的不均匀、地层中的水压梯度等等，使地下岩层处于十分复杂的自然受力状态。这种应力统称为地壳应力或地应力，它是随时间和空间变化的。它主要以两种形式存在于地层中：一部分是以弹性能形式，其余则由于种种原因在地层中处于自我平衡而以冻结形式保存着。

地应力在石油工程中有广泛的应用，就钻井工程而言，地应力是井壁稳定性分析的重要参数之一，油田地应力研究主要有两个方面，即确定地应力的大小和方向。目前，研究地应力的方法很多，比较常用的确定地应力大小的方法：

（1）利用 Kaiser 效应法确定单点地应力大小；

（2）利用微压裂法或油田地漏试验数据确定单点水平地应力的大小。

确定地应力方向的方法：

（3）利用井壁崩落椭圆法确定最小水平地应力方位；

（4）应用压裂井井下电视法确定最小水平地应力方位。

油田地应力研究的实践表明，油田地应力研究应采用多种方法（Multi_Aproach Method）进行相互校正，通常需要应用地质力学方法对油田局部构造地应力相对大小及大致方位进行相互校正。

一、地应力特点的地质力学分析

地层三个主应力的相对大小和构造运动密切相关，在地层的形成过程中经历了各种各样的地质构造运动，在这些地质构造运动中，地层发生变形或破裂，进而留下了各种各样的构造迹象。在各种构造迹象中，断层形态常用于地应力分析。依据Anderson的断层形态与地应力相对大小的关系，对于正断层控制的构造，三个主地应力的相对大小为：$\sigma_v > \sigma_H > \sigma_h$，对于逆断层控制的构造，三个主地应力的相对大小为：$\sigma_H > \sigma_h > \sigma_v$，对于走滑断层控制的构造，三个主地应力的相对大小为：$\sigma_H > \sigma_v > \sigma_h$，依据断层的形式、倾向和走向，可以分析地应力的大致方位和相对大小（图3-32）。

哈法亚油田位于伊拉克东南部米桑省境内，从构造位置上看，该油田位于阿拉伯壳之上，但紧邻扎格罗斯构造带。扎格罗斯构造运动的影响表现为欧洲板块对阿拉伯壳的挤压（NNE—SSW），应力波的传播作用在阿拉伯壳形成系列背斜，挤压作用在中新世中期基本停止。哈法亚油田长轴近似垂直扎格罗斯挤压应力方向的缓背斜，构造完全处于阿拉伯壳上，离扎格罗斯逆断层控制带有一定距离，但构造形成受扎格罗斯构造运动的影响，地应力异常复杂，目前只有较少量的研究文献涉及此区域。从哈法亚油田地震剖面上看，油田范围内没有地震数据可以识别的大断层存在，且背斜构造非常平缓，这说明来自扎格罗斯构造运动的挤压应力不是十分强烈，挤压力并未造成地层的强烈变形和破坏。

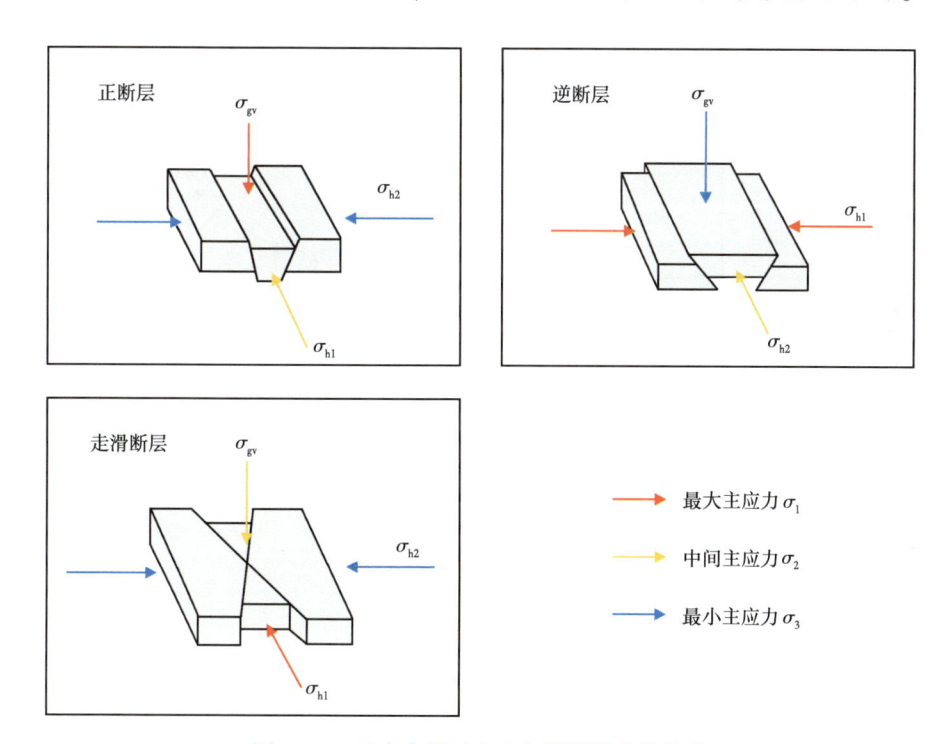

图3-32　地应力相对大小与断层形式的关系

由于获得的有关哈法亚油田的地质信息相对较少，目前国外对这一地区地质构造运动的研究资料相对较少，从有限的资料上可得出下面简单认识：
（1）水平方向上存在近似垂直与背斜长轴的挤压应力，NNE—SSW方向；
（2）三个主地应力应相对较均匀，不存在巨大差值。

二、Lower Fars 高压盐膏层地应力大小及纵向分布规律

1. 波速各向异性法测定水平地应力比值

由于 Lower Fars 只有井壁取心,不能应用 Kaiser 效应法确定地应力相对大小。为此采用波速各向异性法确定地应力相对大小。其基本原理为在钻孔取心过程中,岩心发生应力卸载,岩心上出现了与卸载程度成比例的微裂隙,在最大水平应力方向,卸载程度最大,这使沿原最大水平应力方向有最小的波速,沿最小水平主应力方向有最大的波速,利用最大最小波速的比值可得到水平最大与最小地应力的相对大小。其测量方位如图 3-33 所示。测试结果如图 3-34 所示,数据见表 3-10。从结果可以看出,Lower Fars 地层水平最大最小地应力比值在 1.1 左右,差异不大,地应力比较均匀。

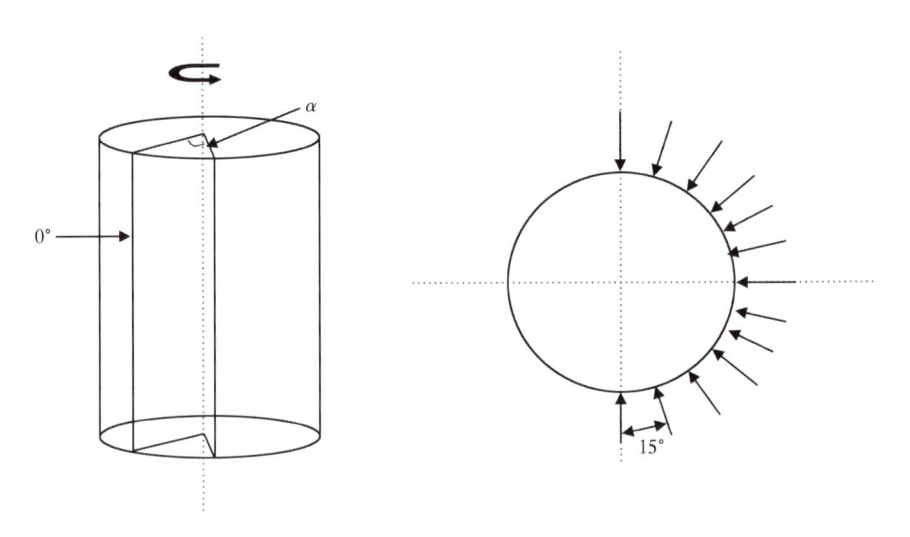

图 3-33 岩心测量方位图

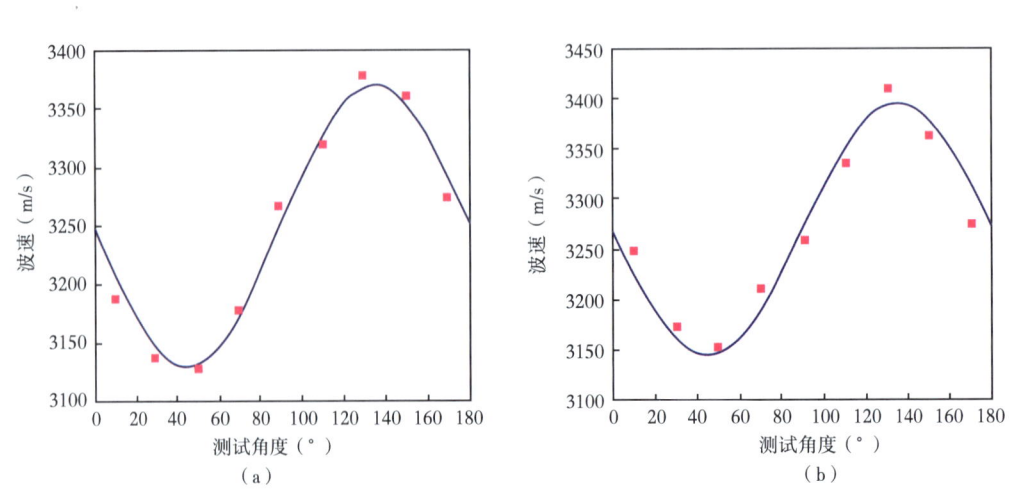

图 3-34 1 号岩心 (a) 和 2 号岩心 (b) 波速测试结果

表 3-10 波速各向异性法实验结果

岩心编号	岩性	深度（m）	最大波速（m/s）	最小波速（m/s）	σ_H/σ_h
1	硬石膏	1840	3396	3104	1.094072
2	硬石膏	1896	3408	3139	1.085696
3	泥岩	1776	3314	3061	1.082653
4	泥岩	1832	3356	3079	1.089964

2. 哈法亚油田地应力纵向分布规律研究

由于地层间或层内的不同岩性岩石的物理特性、力学特性和地层孔隙压力异常等方面的差别造成了层间或层内地应力分布的非均匀性，地应力大小通常随地层性质变化。由于地应力主要来源于上覆地层压力及地质构造运动产生的构造力，不同性质的地层由于其抵抗外力的变形性质不同，其承受的构造力也不相同。若依靠实测找寻层内或层间地应力的分布规律，是不切实际的。结合测井资料和分层地应力解释模型，可分析层内或层间地应力大小。

目前，国内应用于分层地应力预测的主要是由中国石油大学（北京）岩石力学室黄荣樽等建立的"六五"模型和"七五"模型。针对中东地区地应力的调研结果显示，该区域碳酸岩发育，与"七五"模型类似的松弛模型应用得比较好，该模型考虑了地层流变特性对地应力的影响，其计算方法为：

$$\sigma_H = \frac{E}{1-\nu^2}\varepsilon_1 + \frac{\nu E}{1-\nu^2}\varepsilon_2 + \frac{\nu}{1-\nu}(\sigma_v - p_p) + p_p \qquad (3\text{-}10\text{a})$$

$$\sigma_h = \frac{\nu E}{1-\nu^2}\varepsilon_1 + \frac{E}{1-\nu^2}\varepsilon_2 + \frac{\nu}{1-\nu}(\sigma_v - p_p) + p_p \qquad (3\text{-}10\text{b})$$

式中 σ_H，σ_h——最大水平地应力和最小水平地应力，MPa；

σ_v，p_p——上覆岩层压力和地层压力，MPa；

E——地层弹性模量，GPa；

ν——地层泊松比；

ε_1，ε_2——最大水平地应力方向和最小水平地应力方向的构造应力系数，由实测地应力数据反演获得。

对于哈法亚油田，考虑到其地质构造运动的特殊性，采用上述松弛模型来计算建立该油田的地应力纵向剖面。通过 Lower Fars 盐膏层下部地层的地应力实验结果推算地应力构造应力系数：

$$\varepsilon_1 = 0.0013811426, \quad \varepsilon_2 = 0.0006353762 \qquad (3\text{-}11)$$

对哈法亚油田 HF127-M127D1 和 HF009-M009D1 两口井 Lower Fars 层的地应力纵向剖面进行计算。计算结果如图 3-35 所示。受高压影响，Lower Fars 层的地应力水平较高，最小地应力当量钻井液密度为 1.70~2.37g/cm³，最大地应力当量钻井液密度为 1.96~2.44g/cm³，上覆岩层压力当量钻井液密度为 2.41~2.47g/cm³。

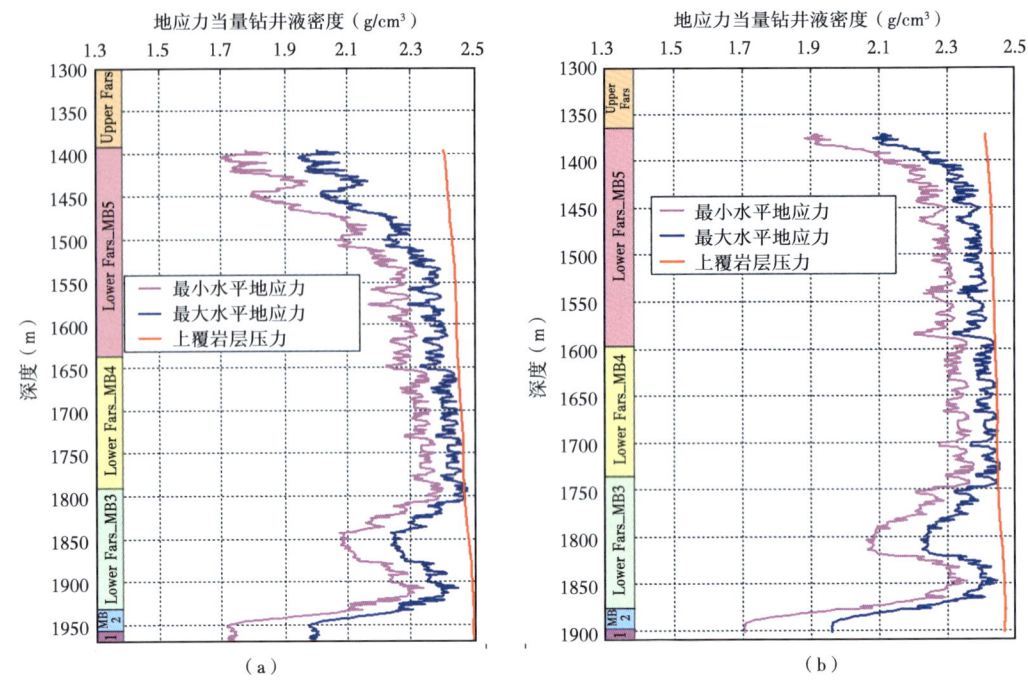

图 3-35 HF127-M127D1 井（a）和 HF009-M009D1 井（b）地层强度剖面

三、Lower Fars 盐膏层地应力方位的确定

确定油田水平地应力方向的方法很多，如古地磁法、波速各向异性法等，但目前应用最广泛、最精确的方法仍然是井壁崩落椭圆法。根据岩石力学原理，地层总是处于三轴应力作用的，可用三个方向的主应力来表示，即最大水平主应力 σ_H、最小水平地应力 σ_h 和垂向正应力 σ_z。无限大地层平面内井眼周围的应力分布为：

$$\sigma_r = p_i \quad (3-12)$$

$$\sigma_\theta (\sigma_H + \sigma_h) - 2(\sigma_H - \sigma_h)\cos2\theta - p_i \quad (3-13)$$

$$\sigma_z = \int G_z \mathrm{d}H \quad (3-14)$$

式中　p_i——井内压力；

　　　G_z——上覆压力梯度。

井壁上的差应力 $(\sigma_\theta - \sigma_r)$ 值决定了井壁是否发生剪切破坏，当 $\theta = \dfrac{\pi}{2}$ 或 $\dfrac{3\pi}{2}$ 时，$(\sigma_\theta - \sigma_r)$ 值达到最大值，即在 B 和 D 两点处达到最大的 $(\sigma_\theta - \sigma_r)$。在不同地质时期形成的各种岩石，都具有其固有的抗拉强度和拉剪强度。由于井眼的形成打破了地层的原始应力分布状态，在井眼周围地层重新形成新的应力分布状态。在地应力的作用下，井壁附近岩石发生变形，并在井壁附近引起应力集中，当作用在 B 和 D 两点的应力差（$\sigma_\theta-\sigma_r$）达到或超过该处岩石的剪切强度时，就发生井壁崩落现象，形成井壁崩落椭圆，其长轴方向与最小水平主地应力方向一致，如图 3-36 所示。

由于井壁崩落椭圆因崩落的长轴方向总是与最小水平主地应力方向一致，即与最大水平地应力方向垂直，因此可借用井壁崩落椭圆来确定地应力的方向。

目前常用的井壁椭圆测量仪器有：超声波井下电视测定仪和四臂地层倾角测井仪。国内外普遍采用四臂地层倾角测井来测定地应力的方向。我国的许多油田大多使用斯伦贝谢公司提供的测量装置。

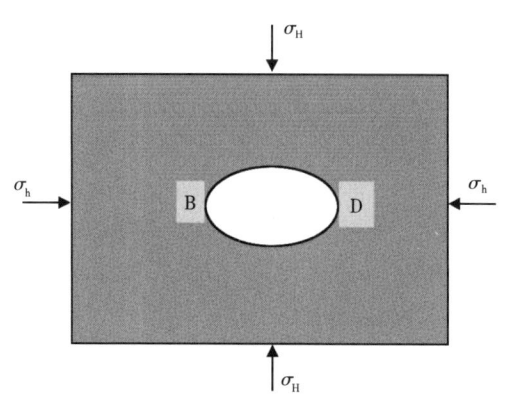

图 3-36 井壁崩落椭圆

斯伦贝谢公司提供了 HDT 地层倾角测井仪和 SHDT 地层倾角测井仪。HDT 地层倾角仪适用于井斜小于 36°，而 SHDT 用于井斜小于 72°。

SHDT 地层倾角仪测量记录的曲线包括以下几种：

（1）4 组（每组 2 条）微聚焦电阻率曲线。

通过曲线的对比可确定岩层层面上的 4 个点 M_1，M_2，M_3 和 M_4 沿井轴方向的高度 Z_1，Z_2，Z_3 和 Z_4。

（2）两条井径曲线。分别由Ⅰ号极板和Ⅲ号极板和Ⅱ号极板和Ⅳ号极板组成两套井径测量装置，记录正交的 1 臂和 3 臂与 2 臂和 4 臂方向的井径 d_{13} 和 d_{24}。

（3）井斜角 δ 曲线，Ⅰ号极板相对于井斜方位的方位角 RB 和井斜方位角 $AZIM$。

对于 HDT 地层倾角仪，其余都相同，除了测井斜方位角 $AZIM$，改测Ⅰ号极板方位角 μ。

对于Ⅰ号极板方位角的确定：

① 对于 HDT 地层倾角仪，Ⅰ号极板的方位角 $PIAZ$：$PIAZ=\mu$。

② 对于 SHDT 地层倾角仪。设 I 为单位矢，在仪器坐标系 $\{0, D, F, A\}$ 中它的坐标为 $I=(0, 1, 0)$，而 I 在坐标系 $\{0, F, B, V\}$ 中的坐标为 $I'=(I_F, I_B, I_V)$，则可知：

$$\tan\alpha = \frac{I_F}{I_\theta} = \frac{\sin(RB)}{\cos(RB)\cos(DEVI)} = \frac{\tan(RB)}{\cos(DEVI)} \tag{3-15}$$

则Ⅰ号极板的方位角 $PIAZ$：

$$PIAZ = AZIM + \arctan\left[\frac{\tan(RB)}{\cos(DEVI)}\right] \tag{3-16}$$

若对于 $DEVI$（井斜角）<5°时。

$$PIAZ \approx AZIM + RB \tag{3-17}$$

上面确定了 d_{13} 方位角 $PIAZ$，下面讨论如何确定崩落椭圆的长轴方位角 β。

（1）若 d_{13} 井径曲线表现为长轴井径时，其长轴方位角 β：

$$\beta = PIAZ \tag{3-18}$$

(2) 若 c_{24} 井径曲线表现为长轴井径时，其长轴方位角 β 为：

$$\beta = PIAZ \pm 90° \tag{3-19}$$

现代构造应力场导致井壁崩落椭圆具有明显的长轴方位。在地层倾角测井记录上，一条井径曲线比较平直或等于钻头直径，而另一条井径曲线则比钻头直径大得多，而非应力孔眼井径在曲线上的表现，钻头孔截面没有明显的长轴方向。根据上述井壁崩落椭圆的特征，井壁崩落段的识别由以下几种标志所示：

(1) 井壁崩落椭圆段必须具有明显的扩径现象，在四臂地层倾角仪井径记录图上表现为具有明显的井径差。

(2) 井壁崩落椭圆段具有一定的长度，这段长度上长轴取向基本一致。椭圆孔段的顶、底面，曲线方位有所变化，变化范围为 0°~360°，表现为顶、底面做旋转运动。

选取 HF009-N009D1 井和 HF127-M127D1 井的双井径测井资料，依据井壁崩落椭圆法对水平地应力的方位进行分析，图 3-37 给出了这两口井的双井径曲线。井径曲线显示，Lower Fars 盐膏层虽然局部井段有井径扩大，但并非井壁崩落椭圆，不能用于水平地应力方位的确定，也侧面显示该地层水平地应力较为均匀。该油田盐下地层多口井有地层倾角及成像测井数据，为此，参考盐下地层地应力方位（详见第四章），取最大水平地应力方位在北偏东 20°~30°。

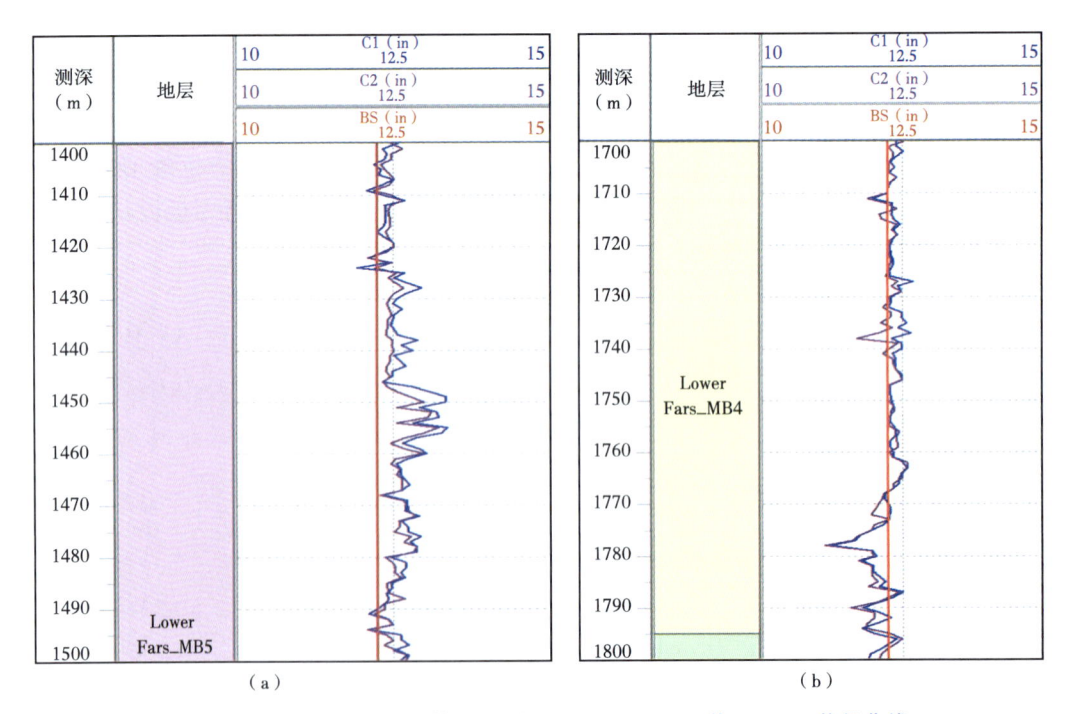

图 3-37 HF009-M009D1 井 (a) 和 HF127-M127D1 井 (b) 双井径曲线

四、Lower Fars 地应力横向分布规律研究

研究地应力横向分布规律的方法主要有有限元反演法和板壳模型法等方法，由于哈法亚油田地应力主要受扎格罗斯构造运动的挤压影响，且 Lower Fars 地层内部几乎不发育断层，地层的连续性好，为此采用板壳模型与有限差分方法计算地层主应力的横向分布规律。

哈法亚油田的深度构造图如图 3-38 所示，以该井为标注，计算出的横向地应力分布规律如图 3-39 和图 3-40 所示。

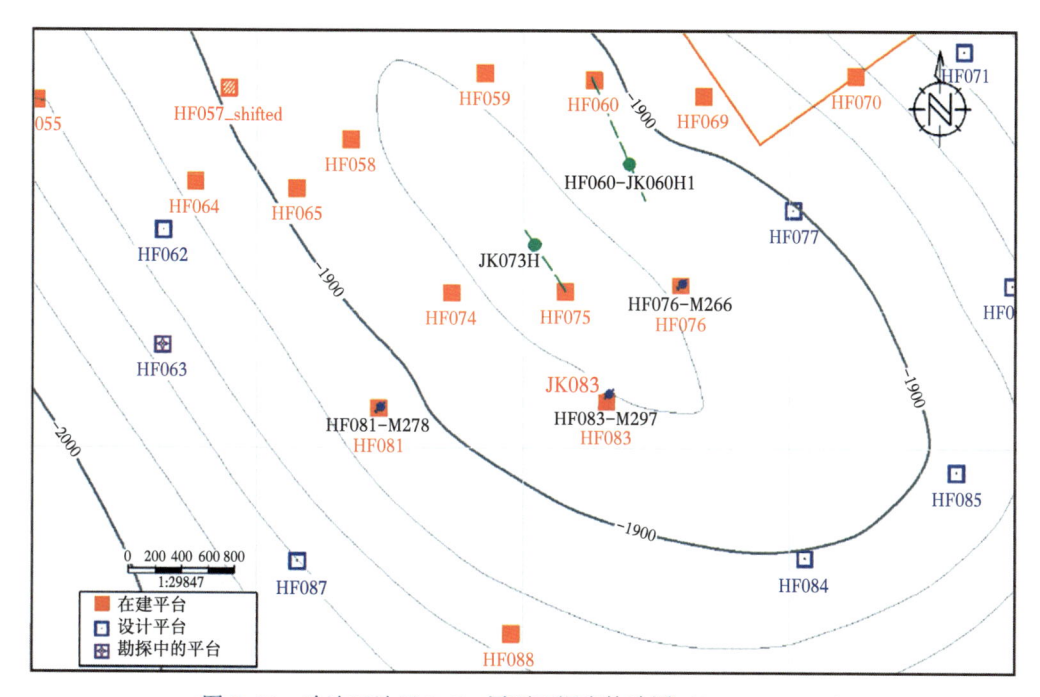

图 3-38 哈法亚油田 Jeribe 层顶面深度构造图（HF083-JK083）

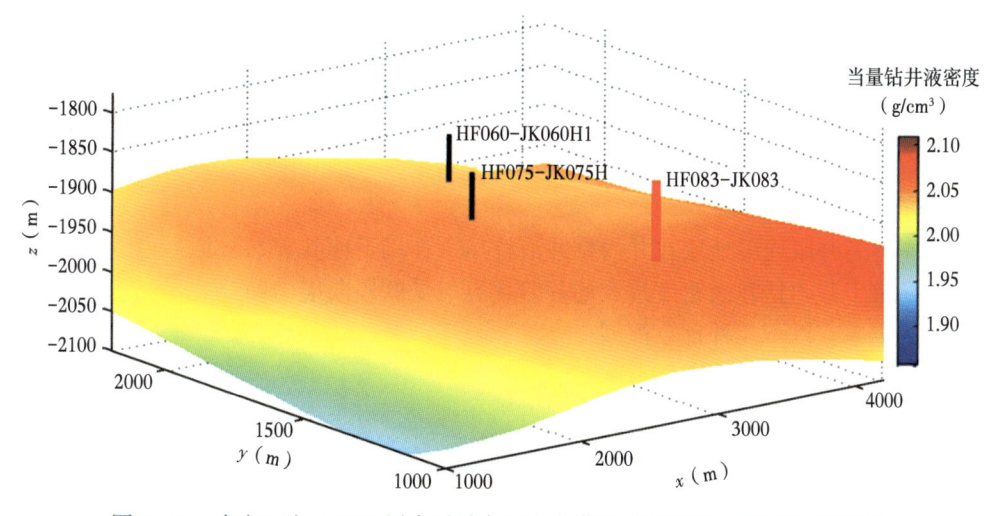

图 3-39 哈法亚油田 MB1 层水平最大地应力横向分布规律（HF083-JK083）

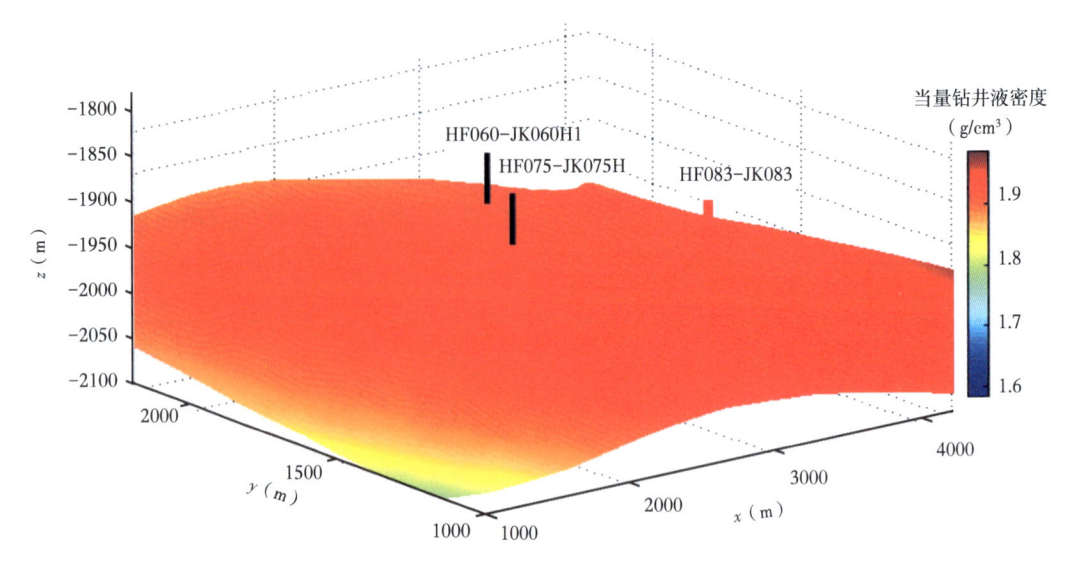

图 3-40 哈法亚油田 MB1 层水平最小地应力横向分布规律（HF083-JK083）

哈法亚油田 Lower Fars 盐膏层地应力之间相差不大，在 Lower Fars 地层中段上覆岩层压力与最大水平地应力十分接近，水平地应力比在 1.10 左右，发生井壁力学失稳的可能性较小。

该油田最大水平地应力方位大致为北偏东 15°~45°，最大地应力方位随层位变化存在一定的改变。

该油田横向地应力分布规律最大水平地应力与最小水平地应力变化规律相似，在构造高点附近易形成高应力区。

第七节　Lower Fars 盐膏层安全钻井密度窗口

一、安全钻井液密度窗口的计算

1. 直井安全钻井液密度窗口的确定

1）井壁破裂压力

破裂压力是井眼周围地层在井内钻井液柱压力作用下使其起裂或原有裂缝重新开启的压力，它是由于井内钻井液密度过大使井壁岩石所受的周向应力超过岩石的抗拉强度造成的。目前，主要有以下几种计算模型：

（1）Huang's 模型。

假设井眼处于平面应变状态，根据岩石力学理论，可求得非均匀地应力作用下井壁产生拉伸破裂时的井内钻井液柱压力即破裂压力的计算模式为：

$$p_f = \left(\frac{1-2\mu}{1-\mu} - Q\right)(\sigma_v - \alpha p_p) + \alpha p_p + S_t \tag{3-20}$$

$$\rho_f = \frac{p_f}{H} \tag{3-21}$$

式中 p_f——地层破裂压力，MPa；
ρ_f——地层破裂压力梯度，当量钻井液密度，g/cm³；
Q——构造应力系数，$Q=\beta-3\gamma$；
p_p——地层孔隙压力，MPa；
S_t——地层抗拉强度，MPa；
σ_v——上覆地层压力，MPa；
μ——泊松比；
α——有效应力系数；
H——井深，m。

(2) Eaton 模型。

Eaton 提出上覆岩层压力梯度不是常数而是深度的函数，可由密度测井求得，并且把泊松比也作为一个变量引入地层破裂压力梯度的计算中，从而获得如下破裂压力计算公式：

$$p_f = \frac{\mu}{1-\mu}(\sigma_v - p_p) + p_p \tag{3-22}$$

式中 μ——地层的拟泊松比，与岩石真实泊松比与构造应力系数有关。

其他符号含义同上文。

(3) Matthews 和 Kelly's 模型。

1967 年，Matthews 和 Kelly 根据海湾地区的一些经验数据，提出了一个破裂压力预测模型：

$$p_f = K_i(\sigma_v - p_p) + p_p \tag{3-23}$$

式中 K_i——构造应力系数。

其他符号含义同上文。

(4) Anderson 模型。

Anderson 等探索从测井资料中获得足以确定地层破裂压力的系数，考虑了井壁上应力集中的影响，并根据 Terzadhi 的试验结果对比 Biot 弹性多孔介质的应力、应变关系式进行简化后得出了预测地层破裂压力的模型：

$$p_f = \frac{2\mu}{1-\mu}(\sigma_v - \alpha p_p) + p_p \tag{3-24}$$

式中符号含义同上文。

(5) Stephen 模型。

Stephen 认为，地层受到的侧向力等于水平主地应力时开始起裂。水平地应力由上覆岩层作用产生的水平应力分量和附加的构造应力分量组成，同时，假定在同一区块内水平构造应力和有效上覆压力间的比值为一常数，且不随深度变化，由此得到的模型为：

$$p_f = \left(\frac{2\mu}{1-\mu} + \xi\right)(\sigma_v - p_p) + p_p \tag{3-25}$$

式中 ξ——构造应力系数。

其他符号含义同上文。

2)井壁坍塌压力

从力学的角度来说，造成井壁坍塌的原因主要是由于井内液柱压力较低，使得井壁周围岩石所受应力超过岩石本身的强度而产生剪切破坏所造成的，此时，对于脆性地层会产生坍塌掉块，井径扩大，而对塑性地层，则向井眼内产生塑性变形，造成缩径。在井壁稳定力学研究中，常用的剪切破坏准则有：Mohr-Coulomb 准则和 Drucker-Prager 准则。两者的差别在于前者没有考虑中间应力对破坏的影响，后者考虑了中间应力对破坏的影响。对于直井一般采用前者。

若假设井壁能形成致密的泥饼，即为井壁不渗透，则地层坍塌压力预测的常见模式为：

$$p_{cr} = \frac{3\sigma_H - \sigma_h + (K^2 - 1)\alpha p_p - \sigma_C}{1 + K^2} \tag{3-26}$$

其中

$$K = \operatorname{ctan}(45° - \varphi/2)$$

式中 p_{cr}——地层坍塌压力，MPa；

σ_H，σ_h——最大水平地应力和最小水平地应力，MPa；

σ_C——地层抗压强度，MPa；

φ——岩石的内摩擦角，(°)；

其他符号含义同上文。

2. 定向井安全钻井液密度窗口的确定

由于井身发生倾斜，其井壁稳定性与直井有显著的差别，井壁稳定性不仅与井眼轨迹（井斜角、井斜方位）有关，而且与地应力方位还有关。研究斜井的井壁力学稳定性应从井壁应力场出发，结合合适的破坏模型，才能得到合理的力学模型，从而确定斜井安全钻井液密度。

由于定向井坍塌压力、破裂压力没有解析解，需要数值求解，其具体解法多有文献论及，这里只给出其计算流程，如图 3-41 所示。具体解法可参考相关文献。

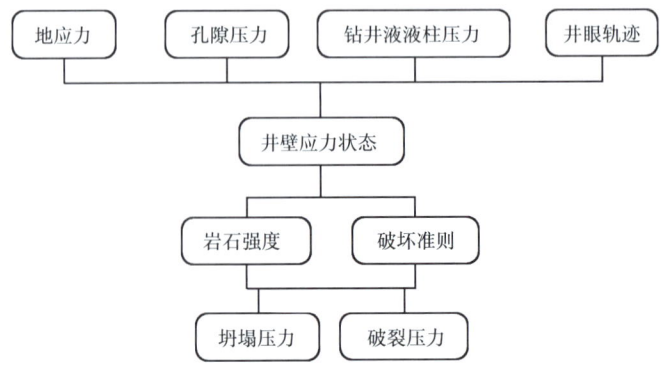

图 3-41 坍塌压力和破裂压力计算流程图

二、Lower Fars 盐膏层直井安全钻井液密度窗口分析

1. 直井安全钻井液密度窗口分析

依据孔隙压力、地层强度和地应力等地层特性的研究结果，针对盐膏层破裂压力，采用了 5 种方法对 2 口井的破裂压力进行了计算分析，并与 FIT 实验进行对比，其中典型结果如图 3-42 所示。同时对哈法亚油田 Lower Fars 地层已钻井安全钻井液密度窗口进行分析计算，计算结果如图 3-43 所示。从计算结果看，黄氏破裂压力计算模型得出的结果最接近 FIT 实验数据，也最准确；安全密度窗口中，Lower Fars 地层坍塌压力小于或接近孔隙压力，破裂压力高于上覆岩层压力，井壁力学失稳的可能性较小，但一些井也出现了井眼扩大及缩径的现象，应该主要是由于泥页岩夹层的水化造成的。

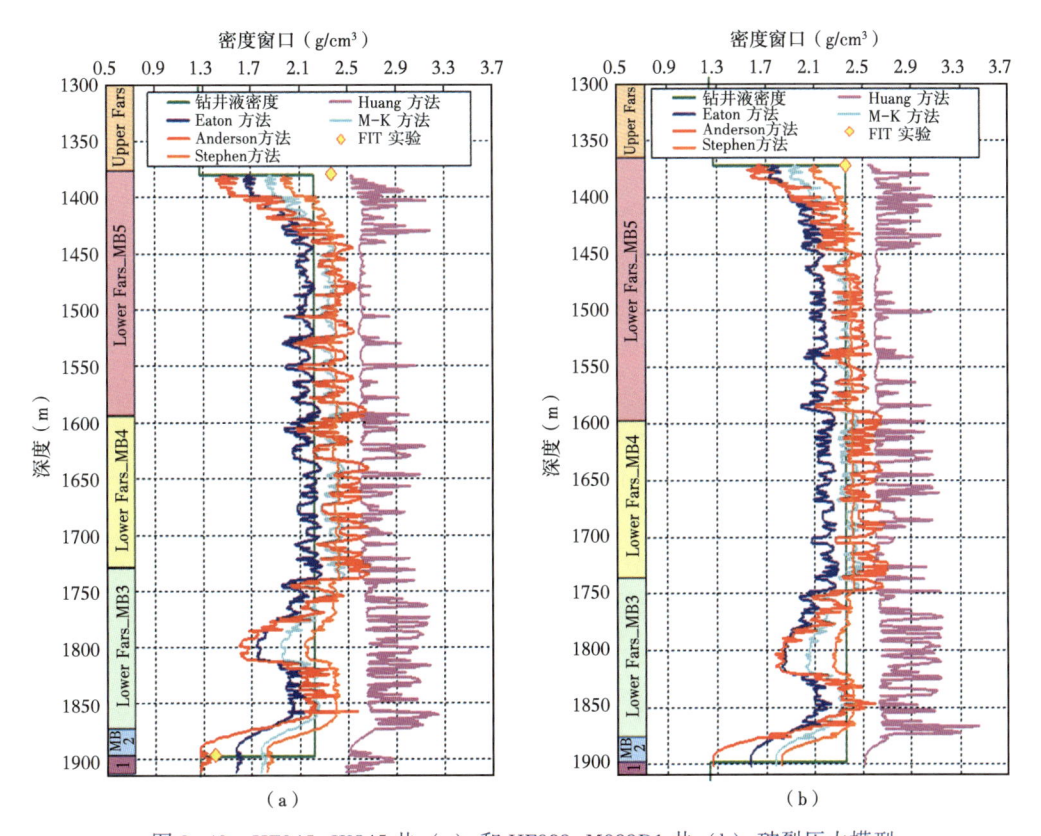

图 3-42 HF045-JK045 井（a）和 HF009-M009D1 井（b）破裂压力模型

2. 盐膏层直井蠕变层的井眼缩径率

根据实验结果，如果不考虑静水压力产生的蠕变，并假设蠕变不产生扩容，则经过推导，可以将泥岩的稳态蠕变率表示为幂指数形式：

$$\dot{\varepsilon}_{cr} = A\overline{\sigma}^{N} \tag{3-27}$$

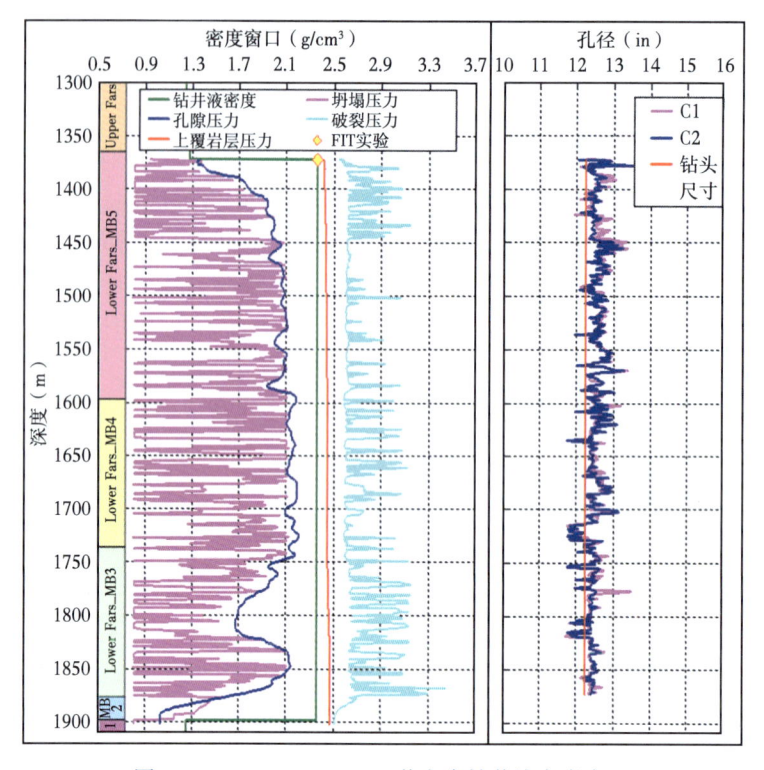

图 3-43 HF009-M009D1 井安全钻井液密度窗口

其中

$$A = \frac{1}{\eta} \exp \frac{1}{W_0 - W}$$

$$\overline{\sigma} = (3/1)^{\frac{1}{2}} \left[s_{ij} s_{ij} \right]^{\frac{1}{2}}$$

式中 $\dot{\varepsilon}_{cr}$——泥岩稳态蠕变率;
s_{ij}——偏应力;
W——泥岩当前状态的含水率,%;
W_0——泥岩的饱和含水率,%;
η——黏性系数;
N——非线性指数。

根据实验结果可以发现,欠压实泥页岩蠕变速率与岩盐的蠕变速率可以达到同一数量级,吸水后泥页岩的含水量增加,其蠕变速率可能会高于岩盐,因此,泥页岩的蠕变对井壁稳定性的影响不容忽略。

图 3-44 和图 3-45 分别给出了控制盐岩缩径的钻井液密度图版和控制泥岩缩径的钻井液密度图版,单纯从地层蠕变的角度分析:Lower Fars 地层岩盐蠕变性不强,由钻井液密度不足而造成阻卡的可能性几乎没有;泥页岩水化后出现蠕变变形应该是导致井眼缩径、起下钻阻卡的主要原因。

图 3-44 控制盐岩缩径密度图版
a——井眼缩径率

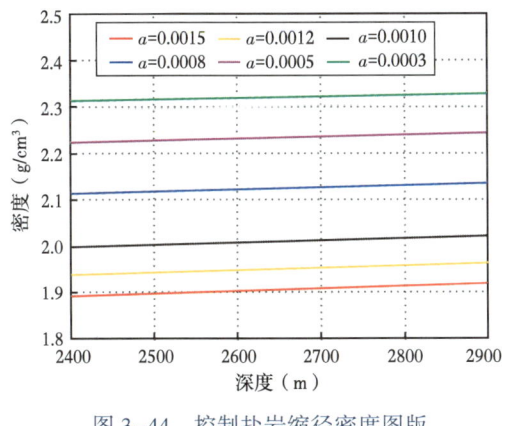

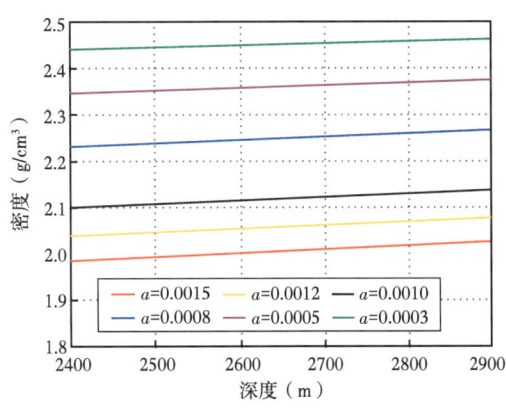

图 3-45 控制泥岩缩径密度图版

综上所述，Lower Fars 地层钻井过程中的井眼缩径问题应与硬石膏地层没有关系，岩盐地层引起井眼缩径的严重程度可能要低于欠压实的泥页岩，特别是泥页岩与钻井液之间产生化学作用，吸水软化之后。因此，研究 Lower Fars 层的井壁稳定性问题要特别注意该地层中欠压实泥页岩的影响。

三、盐膏层定向井坍塌压力和破裂压力随井眼轨迹变化规律

在哈法亚油田已钻井中，Lower Fars 盐膏层段存在定向井段，需确定定向井中井斜角和方位角对井壁稳定性的影响，即确定方位角对盐膏层坍塌压力、破裂压力的影响，定量得出变化规律，定性得出井壁稳定的最优井斜角及方位角，并进行安全钻井周期分析。

图 3-46 至图 3-48 给出了 Lower Fars 层盐膏层硬石膏、泥岩层以及盐层坍塌压力随井斜角和方位角的变化；从计算的风险图上看，朝着最小地应力方向钻井有利于井壁稳定，方位角对定向井井壁稳定的影响较小。水平井泥岩段坍塌压力最高，压力系数为 1.81~1.83，低

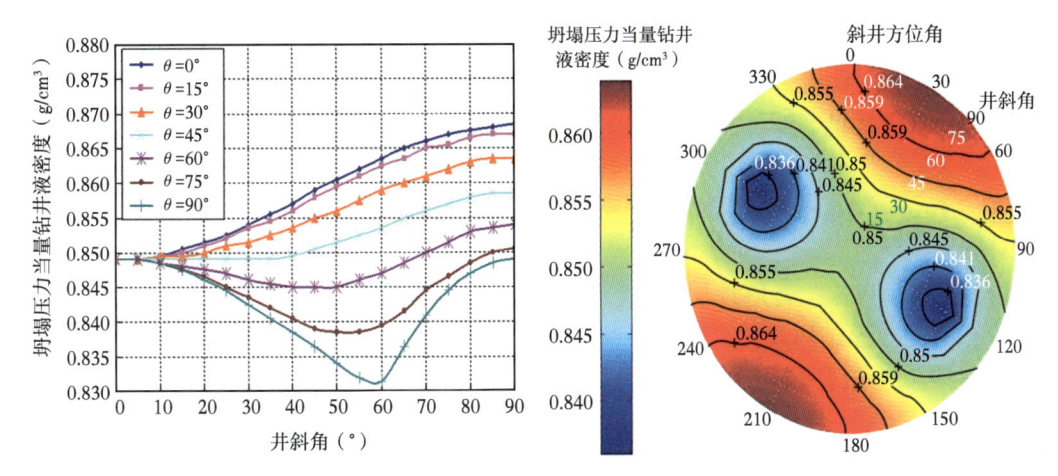

图 3-46 Lower Fars 层硬石膏层段定向井坍塌压力随井斜角和方位角的变化规律及风险分布规律
θ——井斜方位角与最大水平地应力之间的夹角

于孔隙压力；水平井泥岩段破裂压力最低，压力系数为 2.6~2.85，高于上覆岩层压力。

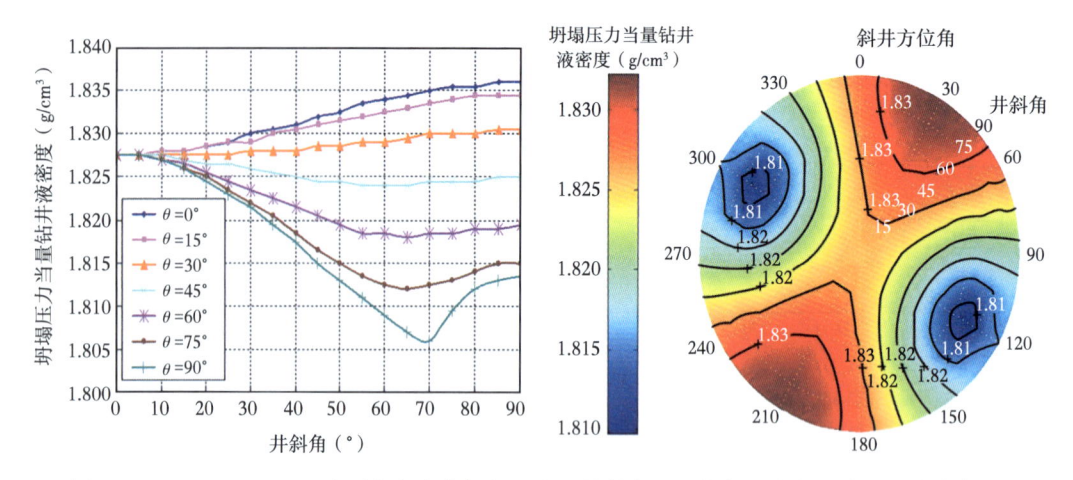

图 3-47 Lower Fars 组泥岩层段定向井坍塌压力随井斜角和方位角的变化规律及风险分布规律

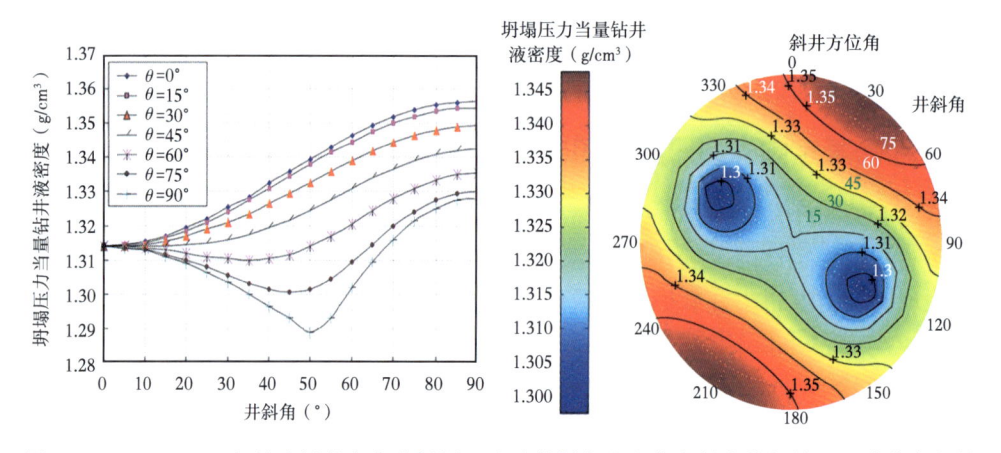

图 3-48 Lower Fars 组盐岩层段定向井坍塌压力随井斜角和方位角的变化规律及风险分布规律

图 3-49 至图 3-51 给出了盐膏层硬石膏、泥岩层以及盐层破裂压力随井斜角和方位角的变化，从计算结果上看，地层破裂压力高，漏失的风险较低。

四、Lower Fars 层定向井井眼变形规律的数值模拟研究

依据 Lower Fars 盐膏层地层压力、地应力、地层变形规律等研究成果，盐膏层互层性质及岩石的变形破坏规律，建立了盐膏层定向井井壁稳定性分析模型如图 3-52 所示，通过数值模拟对盐膏层不同井斜角下的井眼变形规律进行了分析，所需基本参数见表 3-11。

数值模拟结果如图 3-53 和图 3-54 所示。从结果看，硬石膏井眼变形量极低，而泥岩井眼变形量较高。

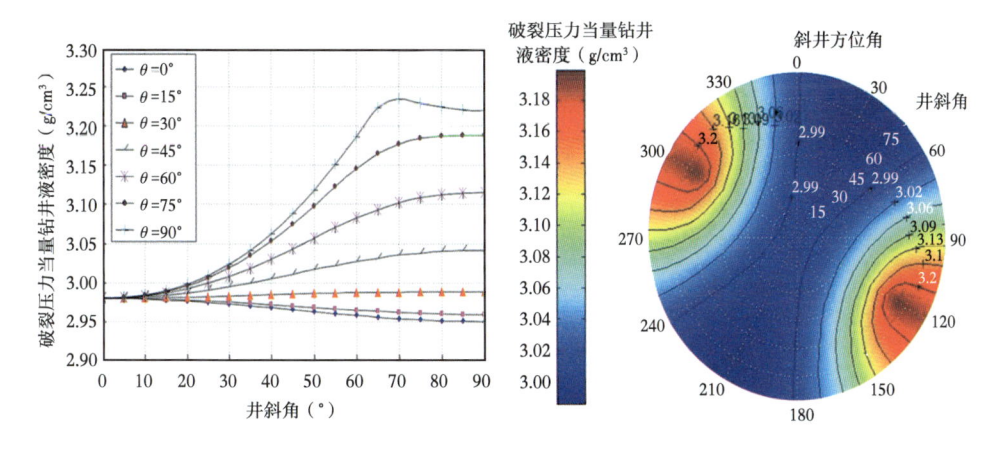

图 3-49 Lower Fars 组硬石膏层段定向井破裂压力随井斜角和方位角的变化规律及风险分布规律

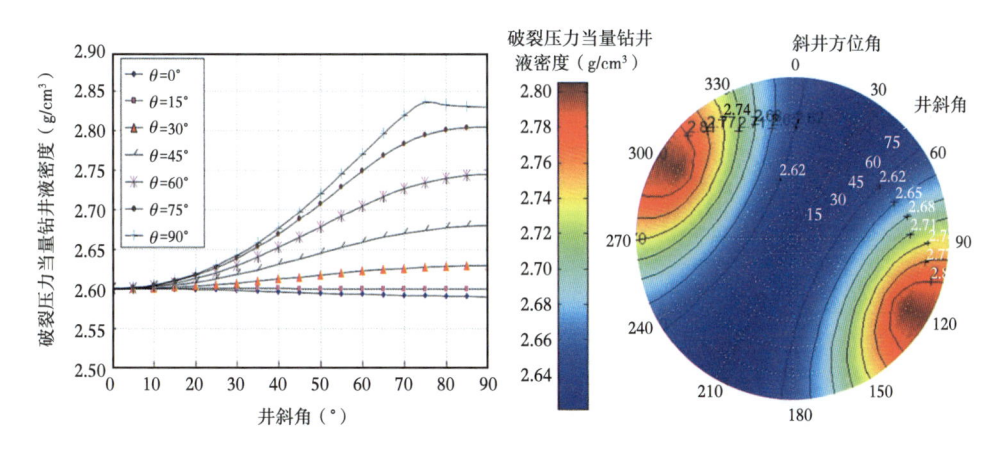

图 3-50 Lower Fars 组泥岩层段定向井破裂压力随井斜角和方位角的变化规律及风险分布规律

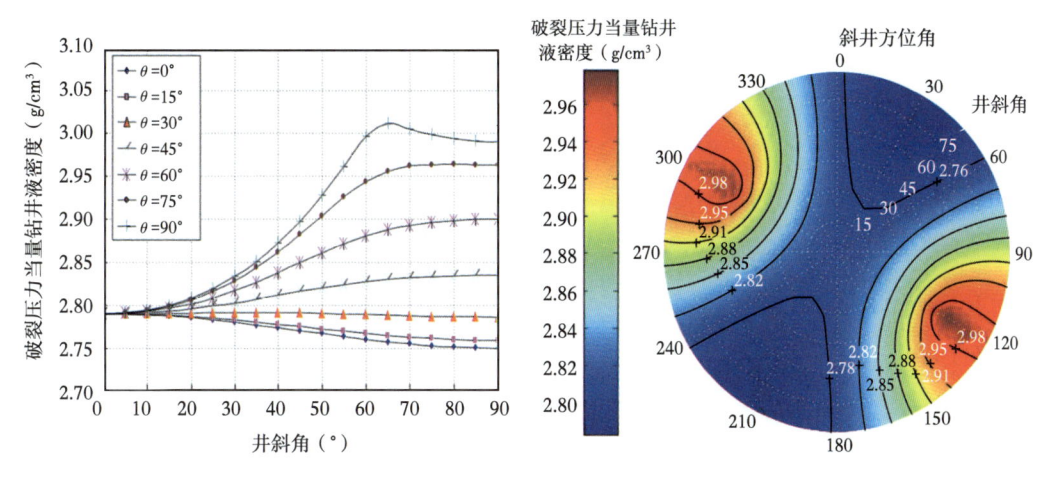

图 3-51 Lower Fars 组盐岩层段定向井破裂压力随井斜角和方位角的变化规律及风险分布规律

115

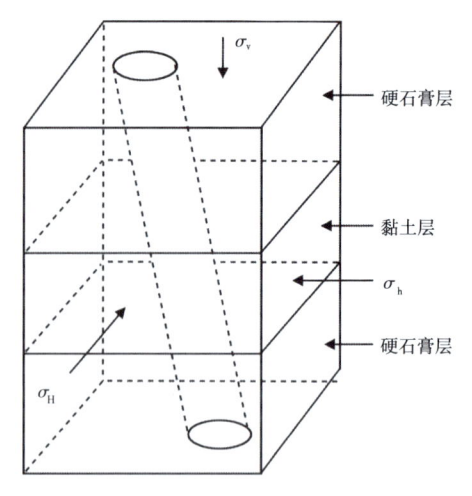

图 3-52 盐膏层定向井井壁稳定分析模型

表 3-11 数值模拟参数

参数		数值
抗压强度（MPa）	硬石膏层	120
	泥岩层	31
时间（h）		24
井眼直径（mm）		320
钻井液密度（g/cm^3）		2.2
厚度（m）	硬石膏层	4
	泥岩层	3
上覆岩层压力（MPa）		40.03
水平应力（MPa）	最大	39.53
	最小	33.39
孔隙压力（MPa）		30

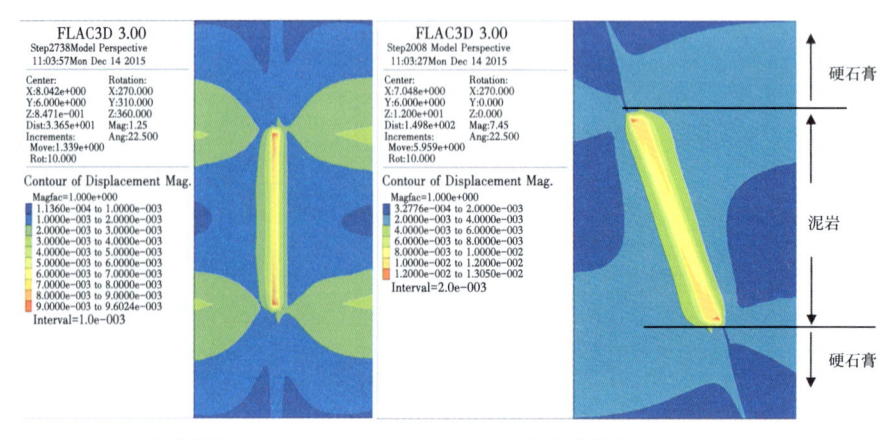

（a）井斜角0°　　　　　（b）井斜角30°

图 3-53 盐膏层井眼变形规律数值模拟结果（井斜角=0°，30°）

(a) 井斜角60°　　　　　　　　　　　(b) 井斜角75°

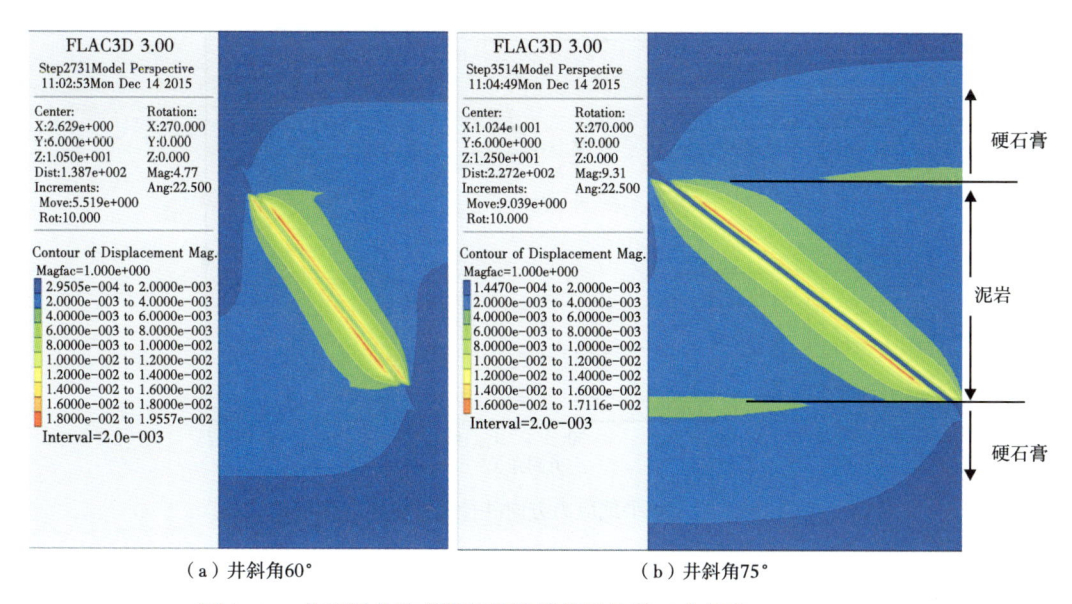

图 3-54　盐膏层井眼变形规律数值模拟结果（井斜角 = 60°，75°）

图 3-55 和图 3-56 给出了最小水平地应力和最大水平地应力方向井径随井斜角变化规律。最小水平地应力方向井径变化大于最大水平地应力方向，且泥岩井眼缩径量随着井斜角的增大而增大，当井斜角超过 55°后，井眼变形量急剧升高，钻井风险增大。

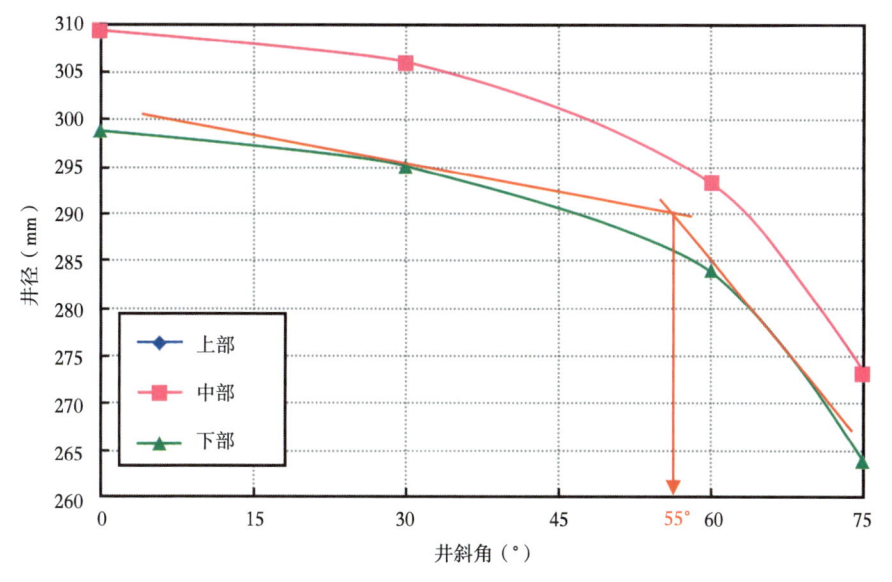

图 3-55　最小水平地应力方向井径随井斜角变化规律

由于对称关系，上部与下部两条线是重合的

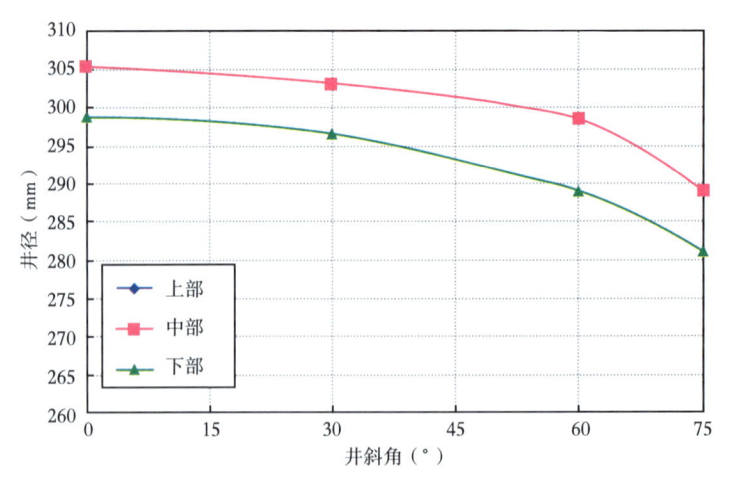

图 3-56　最大水平地应力方向井径随井斜角变化规律

第八节　Lower Fars 盐膏层井壁失稳机理

哈法亚油田 Lower Fars 组为硬石膏、泥岩和盐岩互层地层，岩性变化剧烈，软硬交错。定向井在该层钻进过程中，多口井出现了不同程度的阻卡问题，严重的导致侧钻井眼。图 3-57 至图 3-60 从测井曲线上分析了 HF127-M127D1 井、HF009-M009D1 井、HF045-JK045 井和 HF149-M149ML1 井四口井的卡钻问题。从测井数据分析可知，井眼缩径主要发生在泥岩地层。井眼坍塌不仅发生在泥岩地层，还发生在泥岩层上下的硬石膏和盐岩地层。

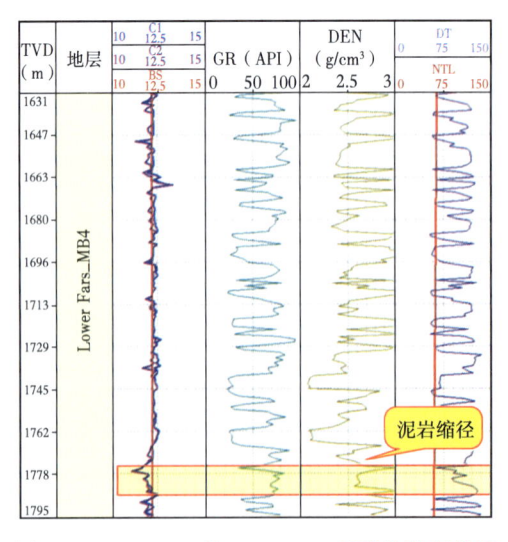

图 3-57　M127D1 井 Lower Fars 层测井数据分析 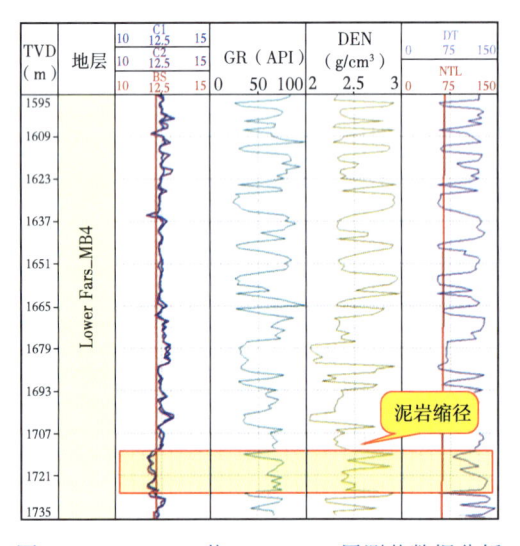　　图 3-58　M009D1 井 Lower Fars 层测井数据分析

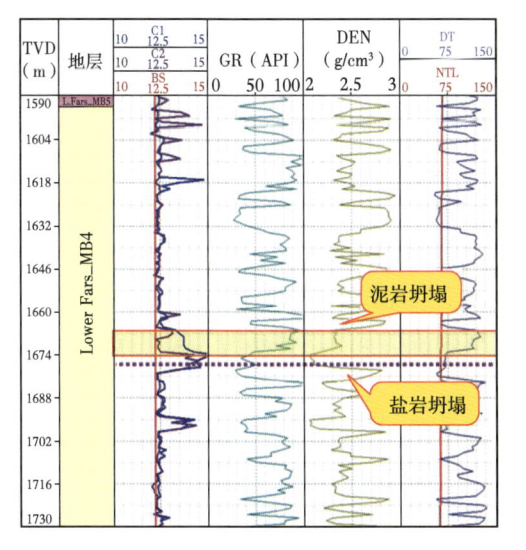

图 3-59　JK045 井 Lower Fars 层测井数据分析 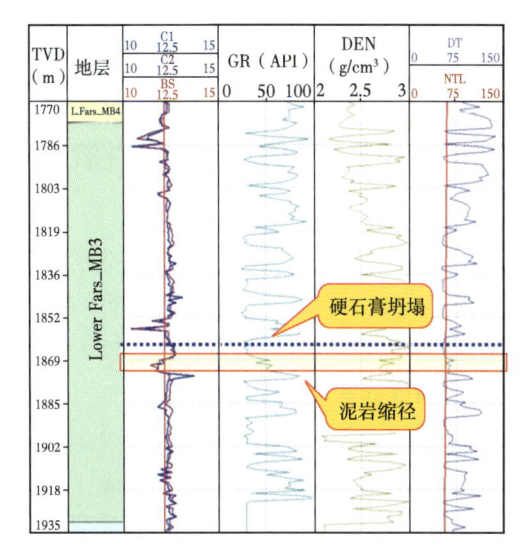　　　图 3-60　M149ML1 井 Lower Fars 层测井数据分析

根据井眼变形模拟及测井数据分析，Lower Fars 盐膏层井壁缩径主要发生在泥岩层。虽然泥岩和盐岩都不具有强烈的蠕变性能，但是泥岩具有较强的水化特性，泥岩水化后导致塑性增大，井壁容易发生缩径，并且井斜角越大，缩径卡钻风险越高。泥岩水化缩径图如图 3-61 所示。

根据安全钻井液密度窗口计算结果，Lower Fars 盐膏层发生纯力学失稳的可能性较低。但泥岩水化性能较强，经过一定时间后，泥岩坍塌压力超过钻井液密度，导致井壁失稳。另外，缩径泥岩在钻井过程中容易被破坏导致井壁坍塌，甚至拖拽上下硬石膏和盐岩层坍塌，导致井壁形成键槽，容易引起大斜度井卡钻。泥岩井壁坍塌如图 3-62 所示。

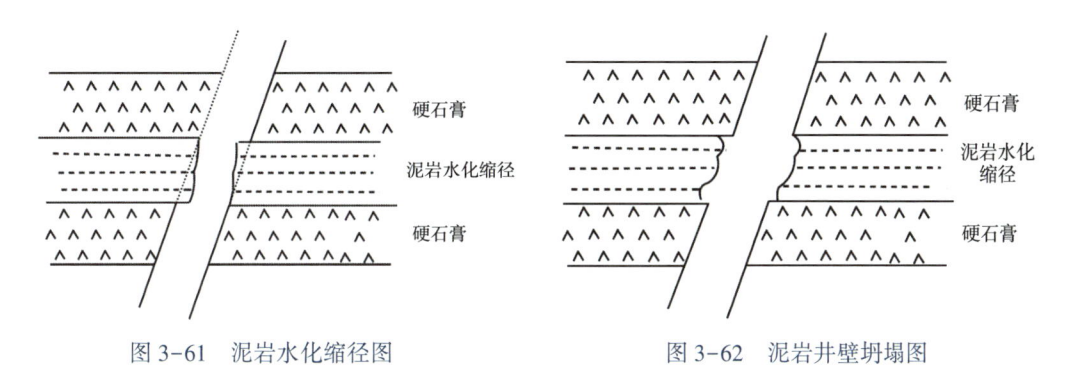

图 3-61　泥岩水化缩径图　　　　　　　　图 3-62　泥岩井壁坍塌图

第九节　Lower Fars 盐膏层定向钻井技术

Lower Fars 盐膏层发生纯力学失稳的可能性较低，但是存在压力系数高达 2.20～2.22 的异常高压，钻井过程中存在溢流及漏失的风险，建议 Lower Fars 盐膏层采用 2.25～

2.35g/cm³的钻井液密度，钻穿MB2层盐岩后完钻，保证高压区全部采用高密度钻井液钻进，防止溢流发生。下段井眼采用低密度钻井液钻进，保护储层。为保证Lower Fars盐膏层定向钻井的顺利进行，需要从高密度饱和盐水钻井液、定向井钻井工艺方面进行优化。

一、超高密度饱和盐水钻井液技术

Lower Fars盐膏层井眼变形和井壁失稳的根本原因是泥岩水化，建议提高钻井液的抑制性、降滤失性和矿化度，一方面抑制钻井液中的自由水进入泥岩，另一方面能够有效抑制泥岩水化膨胀。此外，钻井液的抗污染能力、流变性能及维持钻井液的流变性能对保证盐膏层顺利钻井至关重要，首先进行了超高密度饱和盐水钻井液体系的优化研究。

1. 加重剂掺量及配比的优选

钻井液中加入加重剂后，由于固—固和固—液摩擦会导致钻井液黏度增加，通过优化加重剂掺量、粒度大小、级配及组成，可减小因加重剂带来的黏度效应，使钻井液具有更好的流变性、滤失性等。为优化加重剂的掺量及配比，以饱和盐水为基浆，选择重晶石与铁矿粉为加重剂，进行实验（表3-12），实验结果表明，重晶石有利于钻井液滤失量的控制，铁矿粉有利于钻井液流变性的调控，当重晶石和铁矿粉混合使用，用重晶石配制钻井液密度至1.80g/cm³，再用铁矿粉加重钻井液密度至2.35g/cm³时，钻井液的黏度、切力及滤失等性能较单用重晶石加重的钻井液（配方2）性能好且加重剂掺量降低16%，故推荐配方5为Lower Fars高密度饱和盐水钻井液的加重剂的组成与掺量。

表3-12 不同掺量的重晶石和铁矿粉对钻井液性能的影响

配方		加重剂掺量	密度（g/cm³）	漏斗黏度（s）	切力（Pa）	滤失量（mL）	HTHP滤失量（mL）	pH值
配方1	基浆+重晶石	180%	2.10	105	15	5.5	14	9
配方2	基浆+重晶石	210%	2.20	155	22	5.2	12	9
配方3	基浆+铁矿粉	179%	2.20	89	19	5.6	12	9
配方4	基浆+铁矿粉	204%	2.30	96	18	5.6	12	9
配方5	基浆+重晶石+铁矿粉	105%重晶石+89%铁矿粉	2.20	95	18	5.5	13	9
配方6	基浆+重晶石+铁矿粉	105%重晶石+130%铁矿粉	2.35	110	19	5.8	18	9

注：基浆为饱和盐水，密度为1.20g/cm³，重晶石密度≥4.20g/cm³；细度通过200目≥97%（重量法），通过325目介于85%~95%（重量法）；铁矿粉密度≥5.0g/cm³，细度通过200目≥95%（重量法）。

2. 引入合成类聚合物稀释剂

为优化钻井液的流变性能，有效降低钻井液黏度与切力，室内进行了钻井液稀释剂的优选，不同稀释剂对钻井液流变性能影响见表3-13，实验表明：在高密度钻井液中，常规稀释剂可降低其表观黏度，但对静切力改善不明显，而新型聚合物稀释剂JNJ可明显降低钻井液的表观黏度和静切力。化学结构分析表明，该新型稀释剂可通过化学吸附和化学螯合作用吸附在加重剂颗粒表面，改变颗粒表面电势，增加粒子之间的排斥力，破坏膨润土和聚合物之间的网状结构，更有利于高密度加重材料的分散，改善高密度水基钻井液的悬浮稳定性和流变性，更适用于低膨润土含量的高密度饱和盐水钻井液。

表 3-13 各种稀释剂对钻井液流变性能的影响

密度（g/cm³）	实验条件	稀释剂	塑性黏度（mPa·s）	动切力（Pa）
2.35	60℃，16h	基浆	123	18.5
		3%SF260	105	15.5
		3%XY-27	115	19.5
		3%SMT	110	16.5
		3%JNJ	95	11.5

3. 引入新型聚胺抑制剂

高压盐膏层定向钻进过程中，饱和盐水钻井液的强抑制性、抗 Ca^{2+}/Mg^{2+} 污染的能力、pH 值（9~10）的维护都存在较大困难，单纯依靠 NaCl 和 KCl 提高钻井液的抑制性是不够的，需要引入更高效的抑制剂，一方面有利于井壁的稳定，另一方面有利于提高钻井液抗泥页岩污染的能力；同时，饱和盐水钻井液 pH 值的控制也是一大难题，单纯使用烧碱很难长时间维持钻井液的 pH 值在 9~10。通过大量筛选试验，在体系中引入一种新型聚胺抑制剂 BZ-HIB，有利于以上两方面问题的解决。该抑制剂分子量 500 万~1000 万，可完全溶于水，无增黏效应，具有强碱性，不但具有很强的抑制性，而且能有效地调控体系的 pH 值，能像 K^+ 一样嵌入黏土层，其抑制机理及分子结构如图 3-63 所示，其中的胺基具有独特的束缚作用，能有效地去除其他处理剂络合，形成成膜效应，抑制膨润土的水化膨胀，也能通过氢键吸附

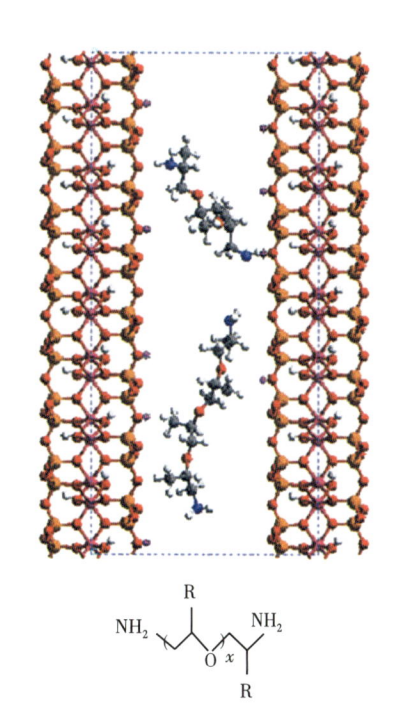

图 3-63 聚胺抑制剂机理及分子结构

在黏土表面抑制其水化，并能与其他处理剂发生协同和成膜效应，对页岩和泥岩的分散具有很强的抑制性。

聚胺抑制剂抑制膨润土造浆的能力的实验结果见表 3-14，可以发现，优选的聚胺抑制剂具有和国外同类处理剂同等抑制水平，而且成本要低很多。

表 3-14　聚胺抑制剂抑制膨润土造浆性能测试

体系配方	膨润土含量（%）	塑性黏度（mPa·s）	表观黏度（mPa·s）	动切力（Pa）	单价 美元/t
基浆	5	7	15	8	—
	10	28	108.5	80.5	
基浆+1%Ultrahib	5	1	1.5	0.5	15000
	10	2.5	2.5	0	
	15	5	5.5	0.5	
基浆+1% JA-1	5	3	3.5	0.5	10000
	10	5	6.5	1.5	
	15	6	10	4	
基浆+1% HIB	5	1	1.5	0.5	10000
	10	4	4	0	
	15	5	8	3	

页岩回收率实验表明，2%聚胺抑制剂页岩恢复率可达到65.5%，而7%的KCl页岩恢复率仅为50.7%，显示其掺量低、抑制效果明显；同时具有强碱性，能有效调节体系的pH值与滤失量，表3-15实验结果显示，1%聚胺抑制剂能有效维持钻井液的pH值在8.5~9的范围内，有利于钻井液的综合性能的调整。

表 3-15　新型聚胺抑制剂对钻井液综合性能的影响表

体系配方	密度（g/cm³）	塑性黏度（mPa·s）	动切力（Pa）	静切力（Pa）	滤失量（mL）	pH 值
基浆	2.35	112	14.5	2~8	4.5	8
基浆+1%BZ-HIB（60℃，16h）	2.35	110	14.0	2~6	4.0	9
	2.35	105	14.0	2~6.5	3.8	8.5
基浆+0.6%NaOH（60℃，16h）	2.35	113	15.5	2~8	4.6	8
	2.35	108	14.5	2~7.5	4.5	7

4. 盐膏层定向钻进过程中钻井液性能要求及维护

针对高密度饱和盐水钻井液在井下极易形成厚滤饼和假滤饼，且特别容易发生面—面聚结，变成大颗粒而聚沉的特点，在 Lower Fars 定向钻井过程中，钻井液的维护原则以护胶为主、降黏为辅；当钻井过程中钻井液出现黏度、切力和滤失量上升时，应及时补充护胶剂，聚合物胶液如低密度 HPAN 和 NPAN 的浓度应维护在1%，膨润土含量应不大于20g/L，Cl-浓度应保持在 $19×10^4$mg/L，KCl 掺量维持在5%~8%的范围内，根据钻井液的性能变化添加足量的新型抑制剂与稀释剂，以维护和保持钻井液的防污染能力和流变性能；井内返出的钻井液应严格经过四级固控设备，最大限度除去无用固相，保证在 Lower Fars 盐膏层定向钻井过程中高密度饱和盐水聚合物钻井液的性能始终满足表3-16的性能要求。

表 3-16 Lower Fars 盐膏层高密度钻井液的性能要求表

井眼尺寸（mm）	密度（g/cm³）	漏斗黏度（s）	塑性黏度（mPa·s）	动切力（Pa）	初切力（Pa）	终切力（Pa）	API 滤失量（mL）	固相含量（%）	pH 值	膨润土含量（g/L）	KCl 含量（%）
311.2	2.26~2.35	70~90	60~85	12~20	2~5	4.5~12	<5	<47	9~10	<20	7~10

二、定向井井身结构设计优化

Lower Fars 盐膏层井眼变形受井斜角影响较大，当井斜角超过 55°之后，井眼缩径速率较快，因此建议 Lower Fars 盐膏层井斜角控制在 55°之内。

结合 Lower Fars 盐膏层异常高压的分布规律，建议钻穿 MB2 层后完钻，套管下至 MB1 层顶部，从而使 MB2 盐岩层具有双层套管，防止套管损坏。

由于 Lower Fars 盐膏层泥岩水化具有时间效益，泥岩坍塌压力随着井眼钻开时间逐渐增大，井壁失稳风险增大，建议在高压层完钻后立即下套管封隔上部泥岩，降低井眼裸露时间，减小井壁坍塌造成的阻卡风险。

根据 Lower Fars 盐膏层井壁稳定研究结果，进行 Jeribe-Kirkuk 定向井井眼轨道的优化，以 JK045D2 井为例，坐标：736077.37m，3506327m，A 靶点：1910.6m，736551.0m，3506891.5m；TD：2081.5m，736621.0m，3506974.9m；地层深度分别为：Upper Fars 0~1349m，Lower Fars 1349~1897m，Jeribe-Kirkuk 1910~2081m，在相同的靶点及井口位置条件下，调整造斜点位置，设计 3 个井眼轨道方案，轨迹优化结果见表 3-17。

表 3-17 Jeribe-Kirkuk 定向井井眼轨迹的优化

方案	造斜点位置	造斜点（m）	造斜井段	Upper Fars 井斜角（°）	Lower Fars 最终井斜角（°）	最大造斜率[(°)/30m]	Lower Fars 井段长度（m）	垂深（m）	井底最大位移（m）	井眼轨迹（m）
1	Lower Fars	1400	Lower Fars	0	83.3	3.5	790	2094	2198	3890
2	Upper Fars	1000	Upper Fars+Lower Fars	38	47.7	3	780	2094	924	2473
3	Upper Fars	600	Upper Fars	32.51	32.51	3	660	2094	845	2331

注：（1）JK045D2：坐标：736077.37m，3506327m，A 点：1910.6m，736551.0m，3506891.5m；TD：2081.5m，736621.0m，3506974.9m；（2）地层深度分别为：Upper Fars 0~1349m，Lower Fars 1349~1897m，Jeribe-Kirkuk 1910~2081m。

方案 1：在 Lower Fars 层造斜，造斜点 1400m，井斜角达到 83.3°，该方案井斜角大，在 Lower Fars 定向钻井的井段较长，钻井风险较大。方案 2：在 Upper Fars 和 Lower Fars 井段造斜，造斜点位于 1000m 左右，在 Upper Fars 造斜至 38°左右，再在 Lower Fars 井段造斜至 47.7°稳斜至靶点，该方案将井斜角从 83.3°降低至 47.7°。方案 3：在 Upper Fars 井段开始造斜，造斜点位于 600m，在 Upper Fars 井段直接定向至靶点，井斜角为 32.5°，在 Lower Fars 井段稳斜至井底，Lower Fars 盐膏层定向井段较方案 1 和方案 2 缩短约 120m，方案 3 不仅大幅降低井斜角，且在高压盐膏层 Lower Fars 井段为稳斜井段，大大降低定向钻井及定向井工具控制的难度与井壁失稳的风险。轨道优化示意图如图 3-64 所示。

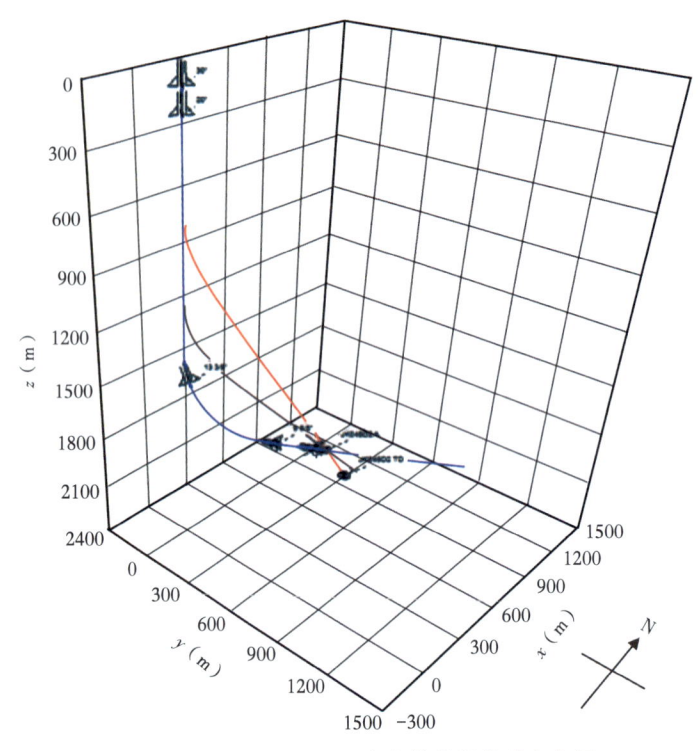

图 3-64 Jeribe-Kirkuk 定向井井眼轨道方案图

通过轨道优化，将 Jeribe-Kirkuk 定向井井眼轨道优化为：造斜点上移至 Upper Fars，根据靶前位移，确定造斜点的位置在 500~800m 的范围内，在 Upper Fars 井段完成造斜，在 Lower Fars 井段稳斜，井斜尽量控制在 55°以内，造斜率控制在（2.5°~4.5°）/30m 的范围内。

由于 Lower Fars 盐膏层存在异常高压，而钻井过程中卡钻风险较大，需要频繁地划眼、倒划眼、过提和卡钻作用，井底压力破坏大，从而增大了溢流风险，建议注意控制起下钻速率，防止抽吸压力过大导致溢流的发生。

为抑制井眼变形导致的卡钻，当发现钻时明显加快时，建议密切注意转盘扭矩、泵压的变化和返出岩屑的变化，做到勤划眼，证实无阻卡、无憋泵后，才可以恢复钻进。发现任何缩径的井段都要进行短程起钻至盐膏层顶部，以验证钻头能否通过。

三、盐膏层钻井关键技术现场试验

目前现场采用优化后的井眼轨迹，KOP 提高至 ϕ444.5 mm 井眼 Upper Fars 层位，井深 600m 左右，最大井斜控制在 55°范围，在 Upper Fars 达到设计的井斜后，在 ϕ311.2mm 及 ϕ212.7mm 井眼稳斜钻至设计井深，应用优化后的高密度钻井液体系，进一步简化 ϕ311.2 mm 井眼高压盐膏层的钻具组合和施工，直接采用螺杆钻具（1.5°）+MWD 代替之前为防止卡钻在该井段采取的三套钻具组合，即在造斜完成之后，还要换为常规稳斜钻具组合（带随钻震击器）或进一步简化钻具组合，甩掉扶正器，减少 ϕ203.2mm 钻铤数量，以保证在该层段顺利的施工。目前现场分段实施过程为：二开 ϕ444.5mm 井眼采用常规钟摆钻具钻至 500m 左右，在+500m（Uper Fars）左右，采用螺杆钻具（1.5°）+MWD 开始定向，增斜至设计井斜，稳斜钻至 Upper Fars 底部（+1490m MD/1 365m TVD）中完；ϕ311.2mm 井眼采用 ϕ311.2mm 螺杆钻具+MWD 的钻具组合稳斜钻进，钻进时严格监控扭矩、掉块情况，如发现异常，立即采用倒划眼/正划眼方式，不断修正井壁，控制起下钻速率，防止抽吸压力过大导致溢流的发生，钻至中完后，反复短拉、划眼，确认无遇阻后，起钻，下入 ϕ244.5mm 套管，尽量降低钻完井的风险。

现场采用优化后的饱和盐水钻井液体系，随 ϕ311.2mm 井眼井深和井斜的增加，钻井液密度从 2.22g/cm³ 逐渐提高至 2.35g/cm³，钻井液性能控制良好，漏斗黏度始终控制在小于 85s，屈服值为 15~20Pa，滤失量在小于 5mL 的范围内，保证了 Lower Fars 井段的顺利钻进。

改进的超高密度饱和盐水钻井液体系在现场得到了很好的应用，不同的钻井液服务公司根据自己的外加剂体系选择了聚胺类强抑制剂，现场 2014 年几口井的聚胺类强抑制剂的使用情况见表 3-18，有效维护钻井液的一致性能。

表 3-18 盐膏层定向与直井钻井液性能及聚胺用量对比

井号	密度（g/cm³）	漏斗黏度（s）	塑性黏度（mPa·s）	动切力（lbf/100ft²）	API 滤失量（mL/30min）	聚胺
HF109-JK109	2.20~2.24	67~89	58~78	25~40	4~4.6	Polyamine（PW-AP）
HF109-JK109D1	2.22~2.35	65~120	60~83	26~63	4~7	Polyamine（PW-AP）
HF009-JK009	2.20~2.26	65~120	62~84	20~48	3.2~5.2	Polyamine（PW-AP/BZ-HIB）

盐膏层定向钻进过程，钻井液流变性的控制难度更大，应用推荐的同类高效稀释剂有效控制了钻井液的流变性能，应用情况见表 3-19。

表 3-19 稀释剂使用效果

井号	密度（g/cm³）	漏斗黏度（s）	塑性黏度（mPa·s）	动切力（lbf/100ft²）	API 滤失量（mL/30min）	稀释剂
HF014-JK014D1	2.25~2.35	84~171	68~112	30~57	3~5.8	THINNER（NEWTHIN）
HF045-JK045	2.22~2.23	53~104	35~51	19~58	2.8~14	THINNER（THERMATHIN）
HF059-JK059D2	2.00~2.33	69~120	56~97	19~42	4.2~5.0	THINNER（DESCO）

通过聚胺抑制剂及稀释剂的试验和应用，表明推荐的同类聚胺抑制剂及稀释剂不但有效提高了钻井液的抑制性，而且有效控制了钻井液滤失量和流变性能，在盐膏层的定向钻进过程中，大部分可以控制钻井液漏斗黏度为 100s 以下，保证了钻进的顺利进行。

截至 2018 年底，共计完成 Jeribe-Kirkuk 定向井 60 口、水平井 2 口。通过优化 Jeribe-Kirkuk 定向井钻井及钻井液技术，后期完成的 53 口定向井与优化前完成的 7 口井对比，ϕ311.2mm 井眼事故复杂得到有效控制，卡钻风险大幅降低，平均钻井周期由前期的 75 天，降低到目前的 35.8 天，缩短 52.8%，机械钻速从平均 3.3m/h 提高至 7.33m/h，提高 122%；现场实施效果显著，可为高压盐膏层定向钻井提供借鉴。

参 考 文 献

[1] 高霞, 谢庆宾. 浅析膏盐岩发育与油气成藏的关系 [J]. 石油地质与工程, 2007 (1): 9-11.

[2] 张景廉, 郭彦如. 三论油气与金属（非金属）矿床的关系—油气与膏盐 [J]. 新疆石油地质, 1994 (4): 310-313.

[3] 崔可. 油气与膏盐共生机理 [J]. 海相油气地质, 1999 (4): 45.

[4] 齐兴宇, 黄先雄. 东濮凹陷盐岩与油气 [J]. 石油学报, 1992 (1): 23-29.

[5] Pennebaker E S. An Engineering Interpretation of Seismic Data [R]. SPE 2165, 1968.

[6] Foster J B, Whalen J E. Estimation of Formation Pressures from Electrical Surveys-Offshore Louisiana [J]. Journal of Petroleum Technology, 1966.

[7] Ham H H. A Method of Estimating Formation Pressures from Gulf Coast Well Logs [J]. Trans. Gulf Coast Assn. of Geol. Soc. [J]. 1966 (16): 185-197.

[8] Bellotti P, Giacca D. Pressure Evaluation Improves Drilling Performance [J]. Oil and Gas Journal, 1978 (11).

[9] Bryant T M. A Dual Pore Pressure Detection Technique [R]. SPE 18714, 1989.

[10] Alixant J L. Desbrandes R. Explicit Pore-Pressure Evaluation: Concept and Application [J]. SPE Drilling Engineering, 1991.

[11] Hart B S, Flemings P B, Deshpande A. Porosity and Pressure: Role of Compaction Disequilibrium in the Development of Geopressures in a Gulf Coast Pleistocene Basin [J]. Geology, 1995, 23.

[12] Traugott M. Pore/fracture Pressure Determinations in Deep Water [J]. Deepwater Technology, 1997.

[13] Eaton B A. The Equation for Geopressure Prediction from Well Logs [R]. SPE 5544, 1975.

[14] Weakley R R. Use of Surface Seismic Data to Predict Formation Pore Pressure (Sand Shale Depositional Environments [J]. SPE 18713, 1989.

[15] Rasmus J C, Gray Stephens, D M R. Real-Time Pore-Pressure Evaluation From MWD/LWD Measurements and Drilling-Derived Formation Strength [J]. SPE Drilling Engineering, 1991.

[16] Holbrook P W, Hauck M L. A Petrophysical-Mechanical Math Model for Real-Time Wellsite Pore Pressure/Fracture Gradient Prediction [R]. SPE 16666, 1987.

[17] Bowers G L. Pore Pressure Estimation from Velocity Data: Accounting for Overpressure Mechanisms Besides Undercompaction [J]. SPE Drilling & Completions, 1995.

[18] Wilhelm R, Franceware L B, Guzman C E. Seismic Pressure-prediction Method Solves Problem Common in Deepwater Gulf of Mexico [J]. Oil & Gas Journal, 1998.

[19] 张奎琳. 滨里海地区巨厚盐层蠕动规律 [D]. 成都: 西南石油大学, 2009.

[20] Sobolik S R, Bean J E, Ehgartner B L. Application of the Multi-Mechanism Deformation Model for Three-

Dimensional Simulations of Salt Behavior for the Strategic Petroleum Reserve [J]. ARMA 10-403, 2010.

[21] Hunsche U. Uniaxial Creep and Failure Test on Rock [A]//Cristecu A ed. Experiment Technique and Interpretation, Visco Plastic Behavior of Geomaterial [M]. Verlag: Springier, 1994.

[22] Carter N L, Horscman S T, Russell J E, et al. Rheology of Rocksalt [J]. Journal of Structural Geology, 1993, 15 (9-10): 1257-1271.

[23] 娄铁强, 杨立军. 乌兹别克斯坦巨厚盐层水平井钻井技术 [J]. 石油钻采工艺, 2008, 30 (6): 16-20.

[24] 章平, 汪振坤. 伊朗 AZADEGA_H1 水平井钻井液技术 [J]. 钻井液与完井液, 2009, 26 (4): 69-71.

[25] 李小丰. 哈法亚油田水平井快速钻井技术研究 [J]. 中国石油和化工标准与质量, 2011, 20 (6): 174-175.

[26] 李春季. 亚苏尔哲别油田盐膏层安全钻井技术 [J]. 能源科技, 2011 (20): 371.

第四章
盐下易塌脆性页岩层井筒安全钻井关键技术

哈法亚油田钻遇盐下地层岩性复杂，岩性多，夹层多，储层多，井型多，8½in 井眼钻遇的脆性易垮塌地层包括 Nahr Umr B/ Sadi-Tunuma/Shuaiba/Zubair 等页岩层，同时该井段还存在严峻的漏失问题；Nahr Umr B 脆性页岩层为 Nahr Umr 定向井、水平井钻井带来挑战，该储层开钻的第一、第二口井 HFN001st 井和 HFN002st 井就发了多次卡钻三次侧钻；Tunuma 储层仅 3m 左右，与上部 SadiB3 储层相连，根据开发研究，SadiB3 将与 Tunuma 联合采用水平井开发，Tunuma 顶部存在的一套 2~3m 厚的脆性页岩层，在 SadiB3 至 Tunuma 的水平段中的页岩层，水平段进尺为 70~90m，为 Sadi-Tunuma 水平井钻井带来严峻挑战，限制了 Tunuma 层经济有效的开发；深部存在 Shuaiba/Zubair 页岩层，目前钻遇该层的 7 口井都发生了不同程度的垮塌、卡钻等复杂情况，为 Yamama 层的安全钻井带来风险，为有效开发 Nahr Umr、SadiB3-Tunuma 及 Yamama 储层，需要针对哈法亚油田由上到下的 4 套脆性页岩层开展井壁稳定性研究，为安全钻井提供指导。

第一节 国内外研究现状

油气钻井中钻遇的地层主要是沉积岩，其中，最容易发生井壁失稳的泥页岩地层所占的比例高达 70% 以上。据统计，全世界 90% 以上的井壁失稳问题出现在泥页岩地层，其中硬脆性泥页岩地层的井壁失稳约占 2/3、水敏性泥页岩约占 1/3。相对于水敏性泥页岩，硬脆性泥页岩地层不仅井壁失稳的频率更高，而且失稳的程度往往更严重，钻遇硬脆性泥页岩地层时通常产生大量的坍塌掉块、钻井液频繁漏失，同时由于坍塌掉块的强度极高，复杂事故的处理非常困难，严重时甚至造成井眼报废，给相关地层的钻井造成巨大危害。

硬脆性泥页岩的井壁失稳是钻井中常见的复杂问题之一。国外的阿根廷南部地区、中东、墨西哥湾、北海、巴西、缅甸等世界产油区均遇到了不同程度的泥页岩地层坍塌问题。国内的松辽盆地、渤海湾盆地、准噶尔盆地、塔里木盆地、柴达木盆地、鄂尔多斯盆地、四川盆地及南海诸盆地在钻井过程中几乎无一例外地遇到硬脆性泥页岩地层井壁失稳问题。

为了解决泥页岩井壁失稳问题，国内外学者从岩石力学与钻井液化学两个方面进行了大量的研究，纯力学理论研究井壁稳定已经发展得比较成熟，应用弹性理论或多孔弹性理论已经求解出井壁失稳的解析解，有限元及离散元数值模拟用来求解复杂本构关系条件下的井周应力分布和破坏分布。纯化学理论研究井壁稳定也有了长足进步，由于水基钻井液具有良好的流变性、封堵性、环保性及经济性，对比油基或合成基钻井液，水基钻井液应用更为广泛，各种水基钻井液处理剂的研发也更为成熟。但水基钻井液与水敏性泥页岩接触反应造成泥页岩井壁坍塌也是水基钻井液应用的一大障碍，针对这种情况，各种强抑制性钻井液被开发出来，包括：温度活化钻井液（TAME）、聚合醇钻井液、硅酸盐钻井液、阳离子聚合物钻井液、两性离子聚合物钻井液、正电胶（MMH）钻井液、铝复合物 AHC 钻井液、有机盐钻井液、甲基葡萄糖苷（MEG）钻井液、高性能水基钻井液（HPWBM）、胺基聚合物钻井液等。泥页岩井壁失稳是一个复杂的力学、化学共同作用过程，因此力学化学耦合是泥页岩井壁稳定研究的必然趋势。

但造成井壁失稳的原因既有由地层的工程地质特征决定的不可控因素：地质构造的类型和油田原地应力、地层产状和岩性、孔隙流体特性、地层矿物的类型、岩石的强度、孔隙度、渗透率、压缩系数以及地温梯度等，又有与钻井工程密切相关的可控因素：钻井液性能（密度、抑制性、封堵性等）、井眼裸露时间、钻井液环空返速、对井壁的冲蚀作用、起下钻时的波动压力、井眼轨迹、钻柱转动时对井壁的碰撞等，泥页岩井壁失稳的原因极其复杂。

为防止井壁失稳，现场钻井过程中需要采用相应的工程对策，如优化井眼轨迹和井身结构、改善钻井液性能等，而合理对策的提出都要以准确了解井壁稳定性为基础。在实际钻井中，钻井液与地层之间复杂的物理化学作用会导致井周围岩的力学参数和应力场发生动态变化，使得井壁稳定性随时间发生变化，既钻井初始稳定的井眼在钻井液中浸泡一定时间后可能发生延迟垮塌。

长期以来，受钻井工程发展历史的影响，泥页岩井壁稳定性的研究多集中在水敏性泥页岩地层，水敏性地层的失稳问题已经得到了较好的解决，而对硬脆性泥页岩地层的井壁失稳机理仍处在探索阶段，对该类地层井壁失稳机理尚没有清晰的认识。这类岩石的强度普遍较高，钻井中使用的钻井液液柱压力高于坍塌压力，岩石所受应力未达到峰值破坏强度，但井壁依然发生垮塌，尤其是该类地层水敏性极弱，但井壁失稳仍具有很强的时变特性。因此，硬脆性泥页岩井壁失稳机理研究仍需研究者进一步努力。

第二节 盐下地层的孔隙压力分布规律

哈法亚油田 Kirkuk 地层以下各层岩性主要是碳酸盐岩，相对砂泥岩地层而言，碳酸盐岩地层的孔隙压力评价难度更大，主要表现在两个方面：首先，碳酸盐岩地层的异常孔隙压力成因机制复杂，往往是地层不平衡压实、强烈构造挤压以及孔隙流体胀缩等多因素综合作用的结果，在此条件下，用于砂泥岩地层孔隙压力评价的正常压实趋势线理论的适用性受到限制；其次，碳酸盐岩地层通常为多孔介质，储集空间往往以裂缝、溶孔以及溶洞为主，孔隙结构较为复杂、地层的非均质性较强，仅依靠某单一的测井响应难以有效地实现地层孔隙压力的评价分析。

近年来，基于 Terzaghi 有效应力理论的地层孔隙压力评价分析方法，以其广泛的适应性得到了众多研究学者的认可，其基本思路为：假设地层仅发生一维沉积压实，即沉积物的压实变形仅发生于垂直方向，则依据有效应力理论，地层的孔隙压力等于上覆岩层压力与垂向有效应力之差。在利用已钻井的密度测井数据计算上覆地层压力的基础上，依据相关模型计算出垂向有效应力，即可进一步计算地层孔隙压力的大小。

斯伦贝谢公司及国内外一些学者均采用有效应力法来预测碳酸盐岩的孔隙压力，具体表达式如下：

$$p_p = \sigma_v - p_e = \sigma_v - me^{nx} \tag{4-1}$$

式中　p_p——孔隙压力，MPa；

　　　σ_v——上覆岩层压力，MPa；

　　　p_e——有效上覆压力，MPa；

　　　m，n——计算参数；

　　　x——与总泊松比或泊松比有关的参数。

根据国外的实验研究，碳酸盐岩地层的有效上覆压力很难与泊松比等参数建立联系。图 4-1 给出了有效上覆压力与泊松比的实验研究结果，图中的实验数据点表明有效上覆压力与泊松比之间的相关性很差；图 4-2 给出了有效上覆压力与纵横波速度比之间的实验研究结果，同样地，从图中可以看出，两者之间的相关性是非常差的。这说明，利用有效应力法预测碳酸盐岩地层的孔隙压力存在着很大的误差，甚至可能出现严重偏离实际情况的问题。

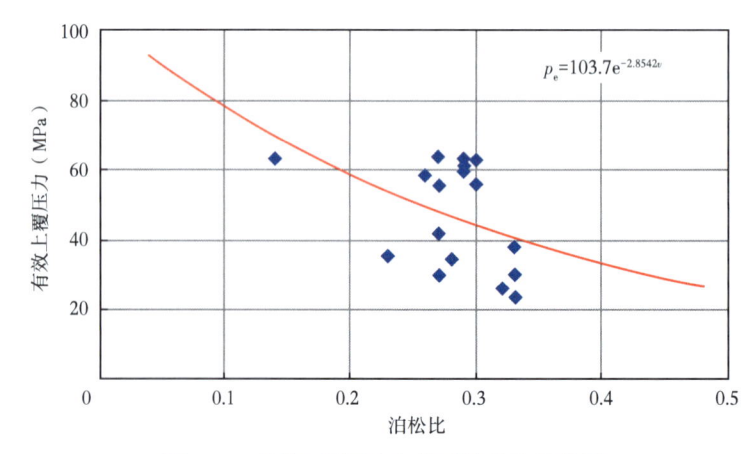

图 4-1　有效上覆压力与岩石泊松比的关系

另外，即使有效应力法预测碳酸盐岩地层的孔隙压力是可行的，也需要精确的横波测井数据来确定横波速度，进而确定纵横波速度的比值，且需要将这一动态数据转化为静态数

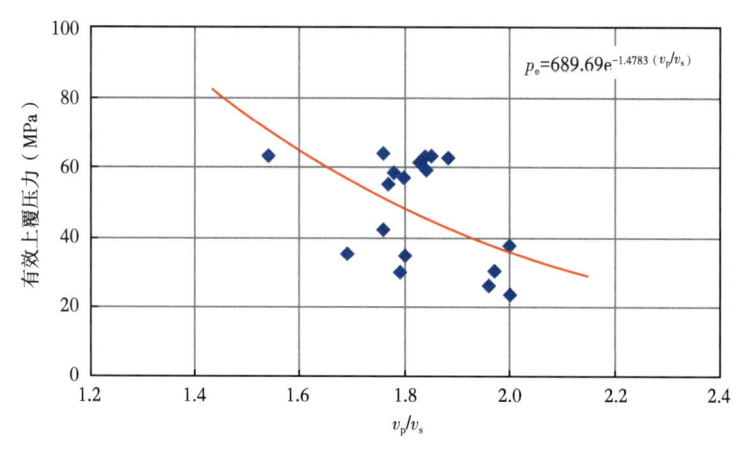

据。由于哈法亚油田目前获得的测井数据没有横波时差,这一方法不能在该油气田应用。

$$p_o = 689.69 e^{-1.4783(v_p/v_s)}$$

图 4-2　有效上覆压力与 v_p/v_s 的关系

预测碳酸盐岩地层孔隙压力的另一种方法是工程分析法,它是指通过总结已钻井不同地层孔隙压力,结合钻井实用钻井液密度及钻井工程现象拟合最符合工程实际的孔隙压力曲线。图 4-3 所示为应用碳酸盐岩孔隙压力的工程分析方法拟合实际的孔隙压力曲线。基于这一基本理论及技术思路,利用测井数据,结合哈法亚油田已钻井实用钻井液密度、孔

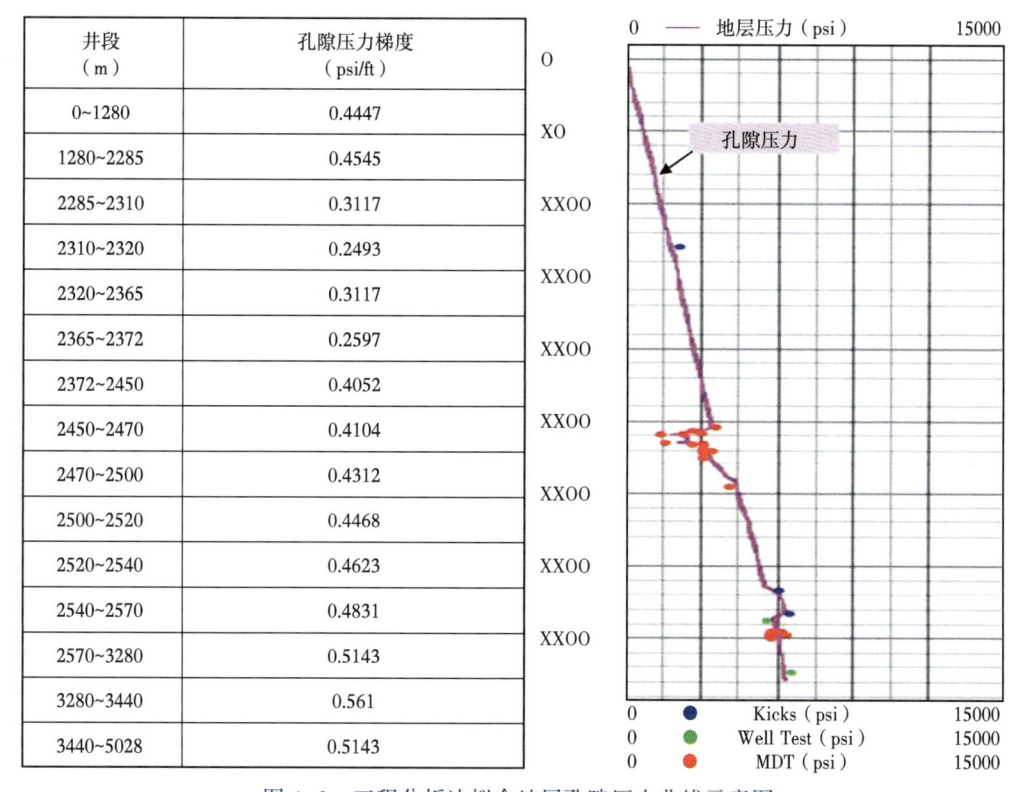

井段 （m）	孔隙压力梯度 （psi/ft）
0~1280	0.4447
1280~2285	0.4545
2285~2310	0.3117
2310~2320	0.2493
2320~2365	0.3117
2365~2372	0.2597
2372~2450	0.4052
2450~2470	0.4104
2470~2500	0.4312
2500~2520	0.4468
2520~2540	0.4623
2540~2570	0.4831
2570~3280	0.5143
3280~3440	0.561
3440~5028	0.5143

图 4-3　工程分析法拟合地层孔隙压力曲线示意图

隙压力实测数据以及钻井工程现象开展了哈法亚油田碳酸盐岩地层孔隙压力的预测方法研究及应用，并对油田的孔隙压力进行了预测。

表 4-1 给出了哈法亚油田地层压力的实测结果，图 4-4 和图 4-5 分别给出了 HF005-M316 井和 HF004-M272 井地层压力的分析结果。实测结果和孔隙压力分析结果都表明，除了 Sadi、Tanuma 和 Khasib 三套地层的孔隙压力较高，地层压力系数为 1.23~1.24 以外，Nahr Umer 以上各层孔隙压力皆为正常水平，孔隙压力系数基本在 1.17 以下。

表 4-1 哈法亚油田地层压力实测结果

地层	Reference TVDSS（m）	压力［psi（绝）］	压力系数
Jeribe	1920	3028	1.11
Upper Kirkuk	1950	3076	1.11
Middle Kirkuk	2140	3375	1.11
Hartha	2630	4335	1.16
Sadi	2820	4969	1.24
Tanuma	2840	5004	1.24
Khasib	2880	5034	1.23
MA	2950	4905	1.17
MB1-2	3050	5027	1.16
MB2	3050	5027	1.16
MC1	3060	5044	1.16
MC2	3160	5209	1.16
MC3	3200	5275	1.16
Maudud	3400	5556	1.15
Nahr Umr	3750	5915	1.11
Shuaiba	4000	7730	1.36
Yamama	4300	11610	1.90

综合上述研究成果，哈法亚油田地层孔隙压力如图 4-6 HF001-N001H 井孔隙压力剖面和图 4-7 S001 井孔隙压力剖面所示。

通过对哈法亚油田地层压力的研究可以得出如下认识：

（1）Upper Fars 层孔隙压力正常，压力系数为 1.01~1.03；

（2）夹持在硬石膏或盐层之间的泥岩欠压实是造成 Lower Fars 地层异常高压的主因，孔隙压力系数最高为 2.25，起压点在第一次盐层之下，回压点在最后一层盐层，下套管应注意卡准层位；

（3）盐下地层中，Sadi、Tanuma 和 Khasib 三套地层的压力较高，压力系数为 1.23~1.24，其他地层的压力系数在 1.101~1.17 的范围内，属于正常压力系统。

图 4-4　HF005-M316 井地层压力剖面

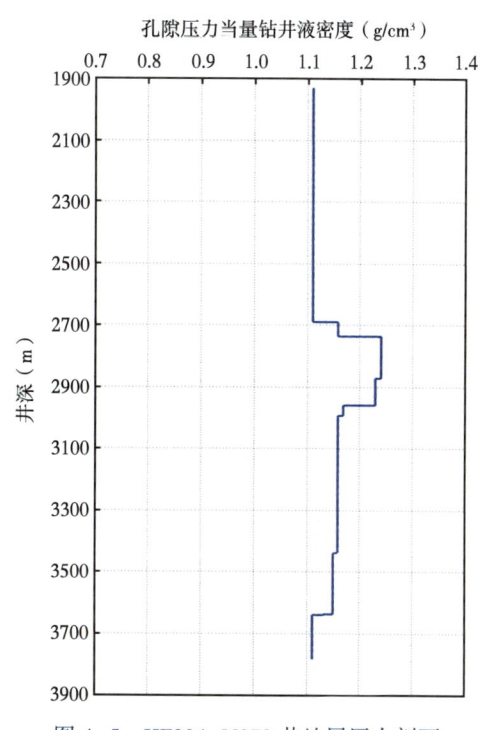

图 4-5　HF004-M272 井地层压力剖面

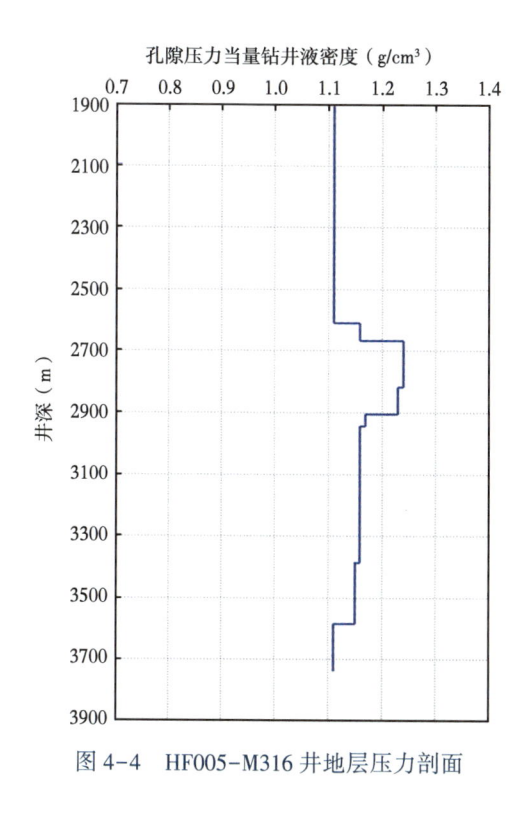

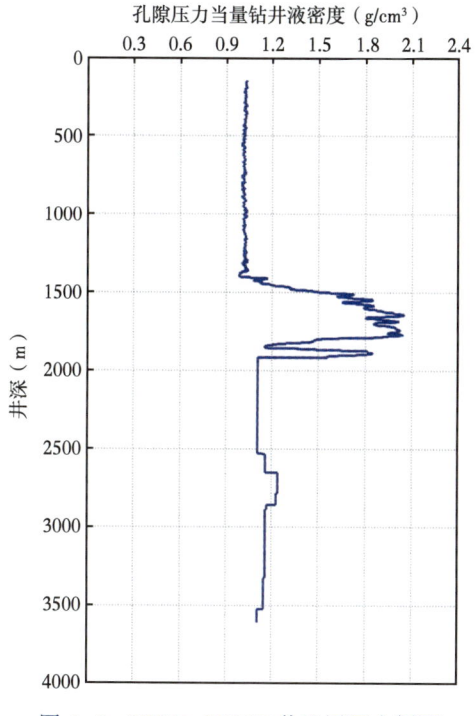

图 4-6　HF001-N001H 井地层压力剖面

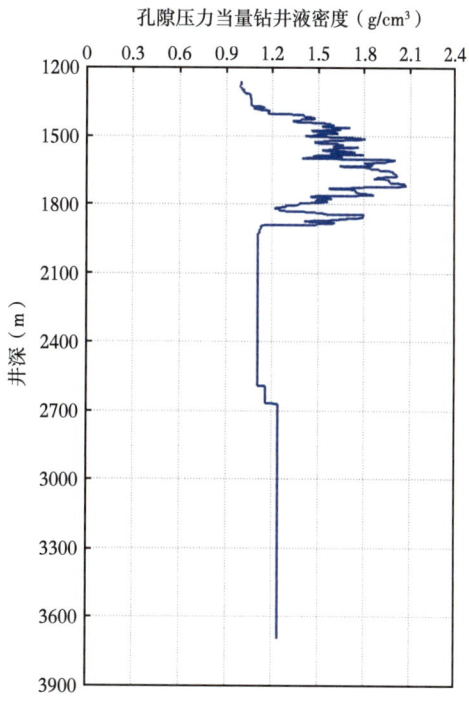

图 4-7　HF003-S001H 井孔隙压力剖面

第三节 盐下地层的力学特性

一、Sadi-Tanuma 地层力学特性的单三轴实验

获得了 Sadi-Tanuma 层段 5 块全尺寸岩心,岩心照片分别如图 4-8 所示。所取岩心与测井数据的对应位置如图 4-9 所示,所取岩心皆对应了声波时差较高、密度测井数较低、井径存在明显扩大的层段,虽然岩心表观上很致密,但非均质性极强。

(a) 2664.71~2664.91m层段 　　(b) 2685.75~2685.95m层段

(c) 2727.48~2727.63m层段 　(d) 2739.10~2739.30m层段 　(e) 2749.78~2749.98m层段

图 4-8　HF005-M316 井不同层段岩心

对取自 HF005-M316 井的 10 块岩心进行了单三轴强度测试,测试结果及强度参数计算结果见表 4-2。从测试结果来看,该处地层岩心强度离散性较大,不同深度处的岩心强度差别很大,说明该处地层非均质性较强,地层软硬交错易发生井壁失稳。

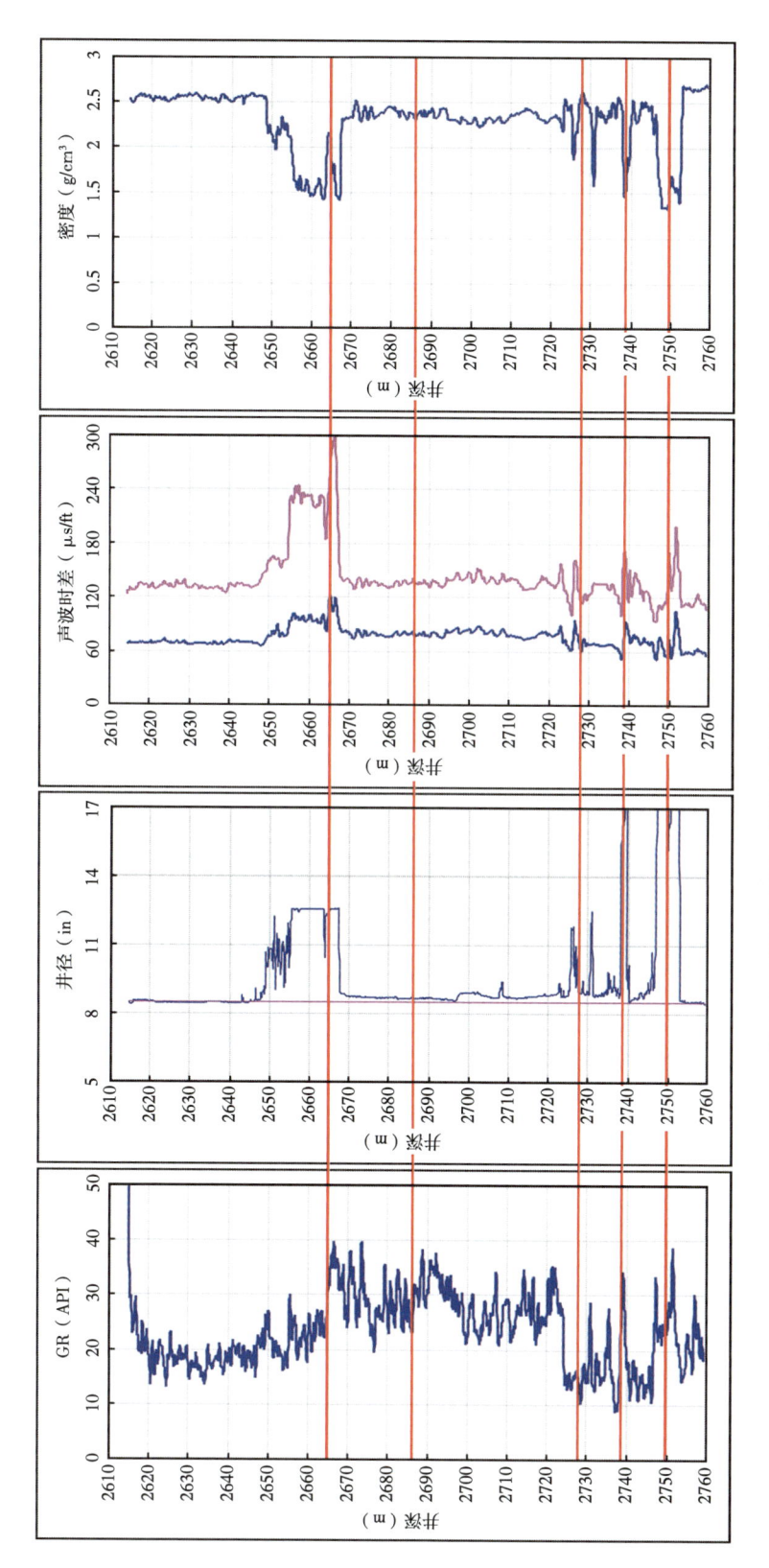

图 4-9 HF005-M316 井取心层段与测井数据对应关系

表 4-2 岩心强度试验结果

岩心编号	深度（m）	长度（mm）	直径（mm）	质量（g）	密度（g/cm³）	围压（MPa）	强度（MPa）	黏聚力（MPa）	内摩擦角（°）
1-1	2664.9	47.86	25.23	52.36	2.19	0	20.27	6.98	20.88
1-2		45.31	25.12	50.59	2.25	20.00	62.41		
2-1	2685.8	54.17	25.05	63.31	2.37	0	51.22	15.39	28.01
2-2		51.03	25.33	61.62	2.40	20.00	106.60		
3-1	2727.5	43.96	25.23	53.42	2.43	0	77.48	21.62	31.68
3-2		50.53	25.09	60.58	2.42	20.00	141.67		
4-1	2739.2	44.82	25.44	52.38	2.30	0	34.65	10.94	25.46
4-2		46.74	25.26	54.65	2.33	20.00	84.78		
5-1	2749.8	52.33	25.76	65.06	2.39	0	69.43	18.76	33.26
5-2		49.28	25.19	57.47	2.34	20.00	137.95		

二、Sadi-Tanuma 地层力学特性的点载荷试验

裂缝发育的泥页岩岩心，由于钻取圆柱形试件的过程中非常易碎，这种情况下可以对岩心进行简单加工，使之形状满足图 4-10 所示要求，利用如图 4-11 所示的点载荷试验机测定岩心破坏时的点载荷。

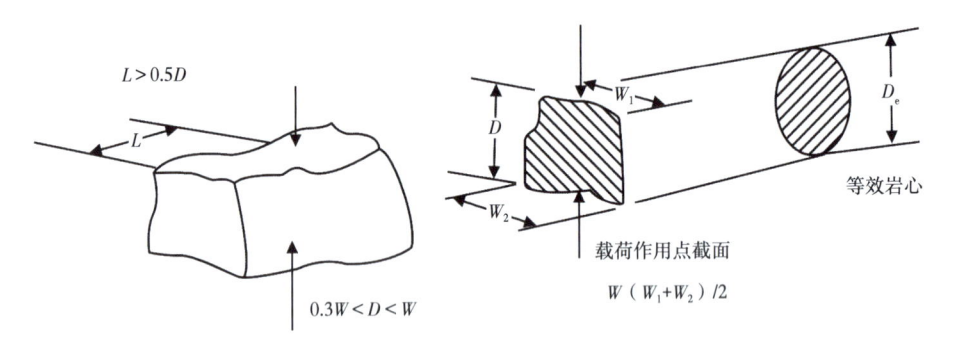

图 4-10 点载荷强度试验对非规则岩屑形状的要求

点载荷强度计算方法为：

$$I_{S50} = \frac{F}{D_e^2} = \frac{\pi F}{4WD} \tag{4-2}$$

其中

$$WD = A = \frac{\pi}{4}D_e^2$$

式中 F——破坏载荷，kN；
D_e——等效直径，cm；
W——破坏面宽度，cm；

图 4-11 点载荷试验设备图

D——破坏面高度，cm；
A——破坏面面积，cm^2。

依据国内外大量的统计分析结果，点载荷强度与单轴抗压强度之间的转化关系为：

$$F_{UCS} = 19.10 I_{S50} \sim 21.01 I_{S50} \tag{4-3}$$

由于获取的 Sadi 层的两块泥灰岩岩心同样不能取出圆柱形的标准试件，故对这两块岩心的点载荷强度进行了实验，两块岩心的照片分别如图 4-12 和图 4-13 所示，岩心与测井数据之间对应关系如图 4-14 所示，两块岩心均对应了易坍塌井段。

图 4-12　HF005-M316 井 2659.63~2659.72m 岩心 　　图 4-13　HF005-M316 井 2747.62~2747.78m 岩心

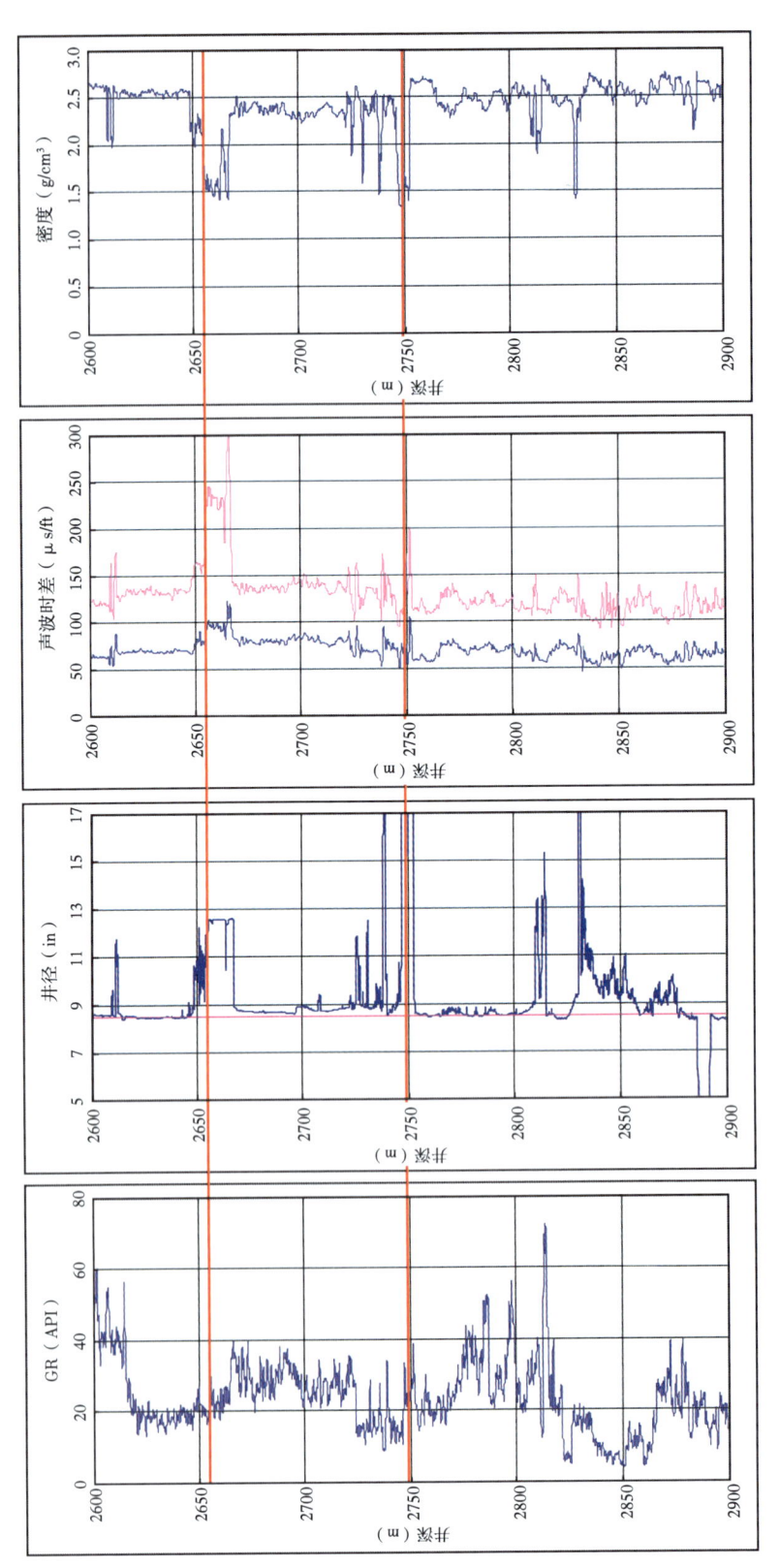

图 4-14　HF005-M316 井 Sadi 组岩心与测井数据的对应关系

将岩心制成如图 4-15 所示的形状，进行点载荷强度测定，并依据式（4-3）求取了抗压强度。由表 4-3 给出的实验结果可知，NF002-N004 井 Nahr Umr 地层 3657.80～3657.90m 泥页岩具有中等强度；HF005-M316 井 Sadi 地层 2659.63～2659.72m 泥灰岩强度低于 20MPa，属低强度地层；2747.62～2747.78m 泥灰岩强度高于 70MPa，属高强度地层。

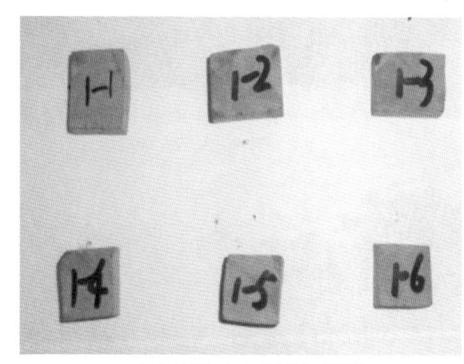

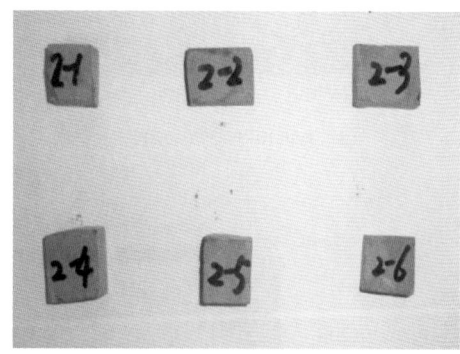

（a）2659.63~2659.72m层段　　　　（b）2747.62~2747.78m层段

图 4-15　HF005-M316 井 Sadi 组泥灰岩试件

表 4-3　哈法亚油田地层点载荷实验结果

井号	深度（m）	点载荷强度（MPa）	单轴抗压强度（MPa）
NF002-N004	3657.80~3657.90	1.89	36.12~39.71
		1.87	35.64~39.19
		1.83	34.99~38.47
NF005-M316	2659.63~2659.72	1.02	19.45~21.38
		1.05	20.12~22.12
		1.02	19.55~21.49
		0.95	18.13~19.93
	2747.62~2747.78	3.70	70.67~77.70
		3.78	72.13~79.31
		3.72	71.05~78.12
		3.76	71.80~78.94

三、Nahr Umer 地层力学特性的单三轴试验

获得的 Nahr Umer 层岩心如图 4-16 所示，从岩心外表看，岩心是硬脆性的泥页岩，裂缝较为发育。所取岩心与测井数据的对应位置如图 4-17 所示，所取岩心皆对应了 GR 值高的泥页岩层段，这类泥页岩地层都发生了井壁坍塌，声波测井显示该层的声波时差高，密度测井数据显示该层的密度低。虽然岩心表观上很致密，但内部微裂缝应该非常发育。

(a) 3645.10~3645.20m层段 　　　　(b) 3657.80~3657.90m层段

(c) 3665.30~3665.40m层段

图 4-16　HF002-N004 井不同层段岩心

获得了 HF002-N004 井 3645.10~3645.20m 井段的 8 块标准岩心，部分岩心的照片如图 4-18 所示。为防止岩心沿层理、裂缝面的断裂，岩心沿水平方向的不同角度钻取岩心。

在实验前对岩心的几何尺寸和物性参数进行了测量，并测定了纵横波速度，结果列于表 4-4 中。从实测岩心密度数据上看，岩心均质性较好，岩心的密度离散性不大，基本在 2.37~2.40，从纵横波速度上看，水平方向不同角度各岩心纵横波速度存在较大的差异，反映出在地下条件下岩心所受的水平方向的压应力存在较高的各向异性，即水平地应力的差异应当较大。

表 4-4　HF002-N004 井岩心基本性质测量结果

序号	岩心编号	长度（mm）	直径（mm）	质量（g）	密度（g/cm³）	横波速度（m/s）	纵波速度（m/s）
1	0°-1	52.20	25.32	62.54	2.38	1377	2474
2	0°-2	42.29	25.06	49.42	2.37	1326	2594
3	45°-1	55.21	25.44	67.24	2.40	1442	2831
4	45°-2	49.71	25.43	58.57	2.32	1449	2841
5	45°-3	37.68	25.28	45.29	2.40	1455	2771
7	90°-1	36.05	25.24	43.41	2.41	1436	3004
8	90°-2	31.82	25.34	38.06	2.37	1575	3360

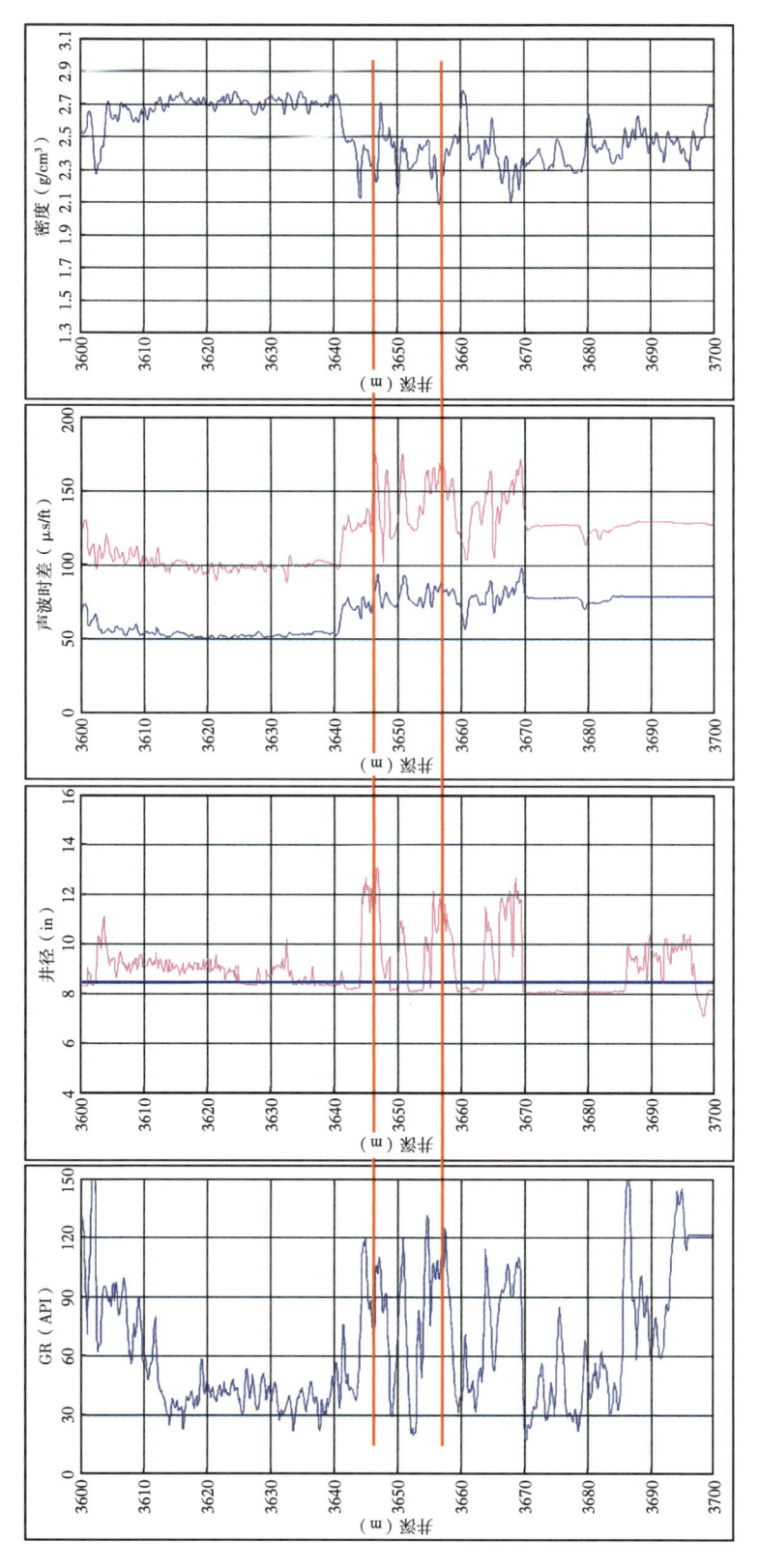

图 4-17　HF002-N004 井取心层段与测井数据对应关系

图 4-18　HF002-N004 井标准岩心

对自取 HF002-N004 井 3645.10~3645.20m 井段的 8 块岩心进行了强度测试，各岩心的全应力—应变曲线如图 4-19 至图 4-21 所示。从各岩心的全应力—应变曲线上看，岩心具有极强的脆性，并且扩容性较强。表 4-5 给出了各岩心强度测试结果，表 4-6 给出了强度参数的处理结果，其中 90°-1 号和 90°-2 号岩心处理出的岩心黏聚力和内摩擦角数据与前两组数据偏差较大，很可能是受 90°-2 号岩心在围压作用下强度较低的影响，这块岩心内部可能存在微裂缝，削弱了岩心强度，这组实验的结果在本研究中没有采信。

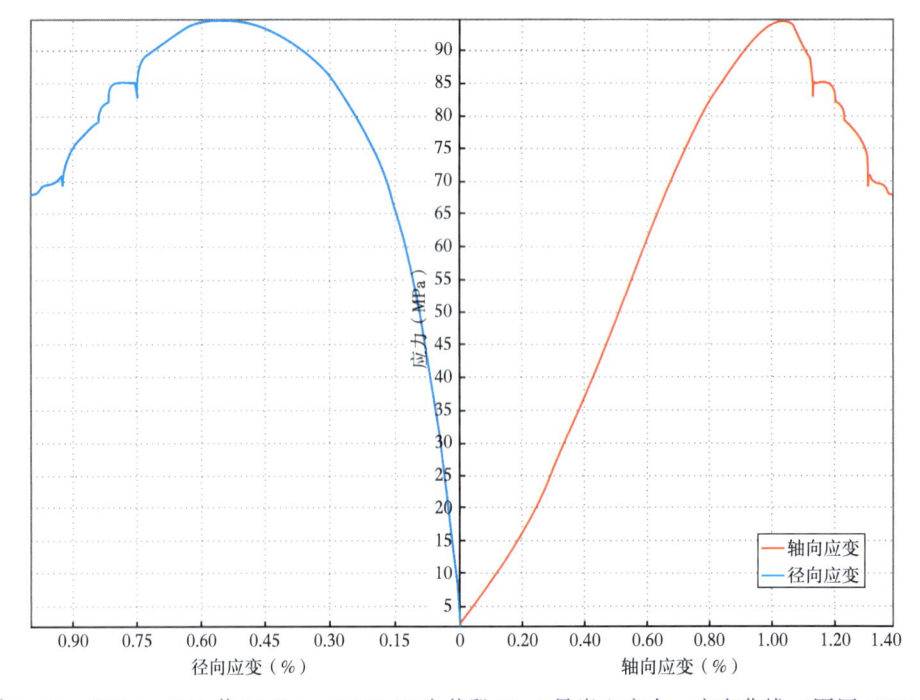

图 4-19　HF002-N004 井 3645.10—3645.20 米井段 0°-1 号岩心应力—应变曲线（围压 10MPa）

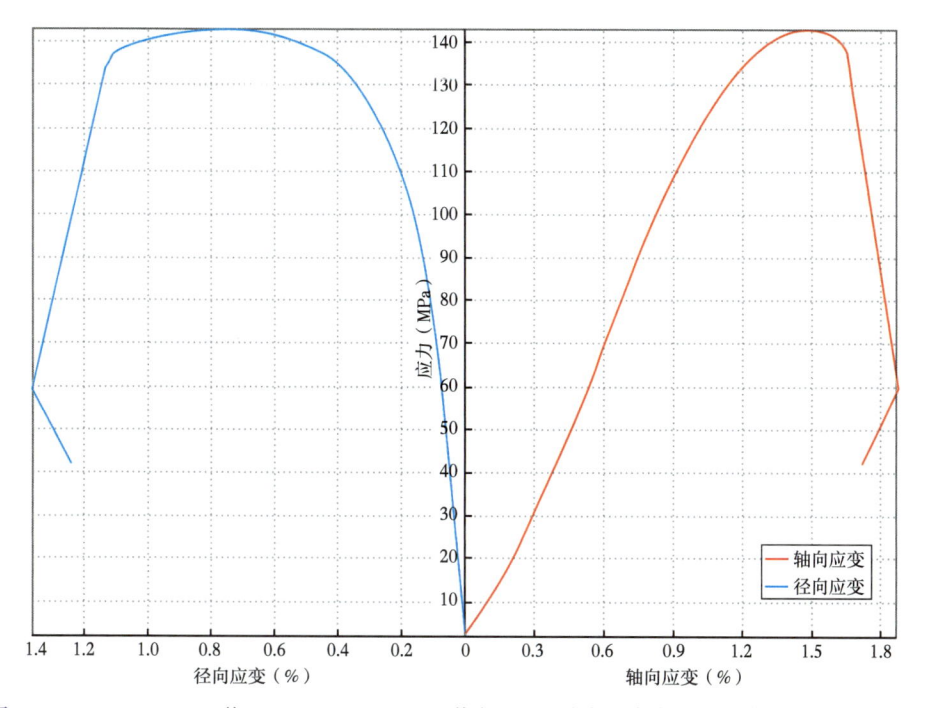

图 4-20　HF002-N004 井 3645.10~3645.20m 井段 0°-2 号岩心应力—应变曲线（围压 20MPa）

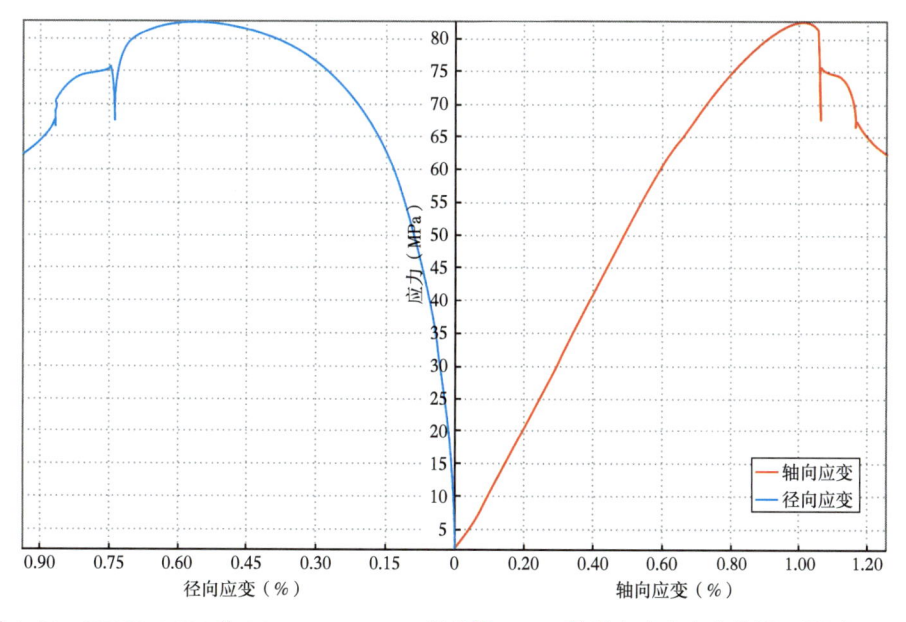

图 4-21　HF002-N004 井 3645.10-3645.20 米井段 45°-1 号岩心应力应变曲线（围压 10MPa）

表 4-5 岩心强度试验结果

序号	岩心编号	长度（mm）	直径（mm）	质量（g）	密度（g/cm³）	围压（MPa）	强度（MPa）	弹性模量（GPa）	泊松比
1	0°-1	52.20	25.32	62.54	2.38	10	94.69	11.84	0.30
2	0°-2	42.29	25.06	49.42	2.37	20	143.10	13.72	0.23
3	45°-1	55.21	25.44	67.24	2.40	10	82.45	10.35	0.27
4	45°-2	49.71	25.43	58.57	2.32	20	114.71	13.42	0.30
5	45°-3	37.68	25.28	45.29	2.40	20	113.16	9.07	0.31
6	90°-1	36.05	25.24	43.41	2.41	10	122.98	13.04	0.32
7	90°-2	31.82	25.34	38.06	2.37	20	137.86	12.29	0.26

表 4-6 岩心强度参数处理结果

序号	岩心编号	长度（mm）	直径（mm）	质量（g）	密度（g/cm³）	围压（MPa）	破坏应力（MPa）	黏聚力（MPa）	内摩擦角（°）	抗压强度（MPa）
1	0°-1	52.20	25.32	62.54	2.38	10	94.691	10.52	41.11	46.29
2	0°-2	42.29	25.06	49.42	2.37	20	143.097			
3	45°-1	55.21	25.44	67.24	2.40	10	82.445	13.96	31.79	50.18
4	45°-2	49.71	25.43	58.57	2.32	20	114.712			
5	45°-3	37.68	25.28	45.29	2.40	20	113.157			
6	90°-1	36.05	25.24	43.41	2.41	10	122.977	44.30	11.73	108.07
7	90°-2	31.82	25.34	38.06	2.37	20	137.860			

四、盐下地层的强度剖面

在油气井钻探过程中，往往不可能取全所有层段的岩心，而岩石力学参数是井壁稳定性分析的必要参数，为此建立了利用测井资料预测岩石力学参数的经验方法。依据弹性力学的运动微分方程、几何方程及物理方程，可以推导动态弹性参数与纵波速度与横波速度之间的关系为：

$$E_d = \rho v_s^2 (3v_p^2 - 4v_s^2)/(v_p^2 - 2v_s^2) \quad (4-4)$$

$$\mu_d = (v_p^2 - 2v_s^2)/2(v_p^2 - 2v_s^2) \quad (4-5)$$

式中　E_d——岩石的动态弹性模量，GPa；

μ_d——岩石的动态泊松比；

ρ——岩石的密度，对应测井中的密度数据，g/m³；

v_p，v_s——岩石的纵波和横波速度，m/s。

在预测地层的坍塌压力和破裂压力的过程中，需要地层的弹性模量和泊松比，利用纵横速度确定的地层动态弹性模量和动态泊松比反映的是地层在瞬间加载时的力学性质，与地层所受载荷为静态的不符，在以往的研究中是先求出岩石的动态弹性参数，再建立动、静参数间的相关转变关系来求取静态参数。通过室内岩石力学动、静弹性参数的同步测试试验，建立了砂岩的动、静弹性参数转换关系式为：

$$\mu_s = A_1 + B_1 \mu_d \tag{4-6}$$

$$E_s = A_2 + B_2 E_d \tag{4-7}$$

式中 μ_s，μ_d——静态和动态泊松比；

E_s，E_d——静态和动态弹性模量，GPa；

A_1，B_1，A_2，B_2——转换系数，与岩性及岩石所受应力有关。

上述动静态弹性参数的转化关系是建立在砂泥岩地层岩石力学实验的基础上的，对于碳酸盐岩地层，根据国外石油公司及研究机构对中东地区碳酸盐岩地层力学特性的研究成果，这类地层的动静态参数转化应采用下面的形式：

$$E_s = 0.4145 E_d - 1.0593 \tag{4-8}$$

$$\mu_s = 0.9 \mu_d \tag{4-9}$$

式中 μ_s，μ_d——静态和动态泊松比；

E_s，E_d——静态和动态弹性模量，GPa。

对于砂泥岩地层和碳酸盐岩地层，常采用莫尔—库仑准则作为岩石的破坏准则。莫尔—库仑准则认为岩石承载的最大剪切力由黏聚力 c 和内摩擦力 φ 确定，其主应力表述为：

$$\sigma_1 = \frac{2c\cos\varphi}{1-\sin\varphi} + \frac{1+\sin\varphi}{1-\sin\varphi}\sigma_3 \tag{4-10}$$

式中 σ_1，σ_3——最大、最小主应力。

对于地层强度参数的求取，采用经验公式通过对一系列岩石试件进行声波测定的结果表明，凡是抗压强度高的岩石其波速也大，根据 Schlumberger（斯伦贝谢）公司的 MECH-PRO 测井方法的介绍，Deer 和 Miller（1966）由实验建立了沉积岩单轴抗压强度与其动态杨氏模量 E_d 间的数学关系式为：

$$\sigma_c = 0.0045 E_d (1 - V_{cl}) + 0.008 E_d V_{cl} \tag{4-11}$$

式中 V_{cl}——砂岩的泥质含量；

E_d——砂岩的动态杨氏模量，GPa。

大量岩石力学参数实验结果表明，岩石的单轴抗压强度一般是其抗拉强度的 8~15 倍，因此，可以用式（4-12）近似计算岩石的抗拉强度 S_t：

$$S_t = [0.0045 E_d (1 - V_{cl}) + 0.008 E_d V_{cl}]/12 \tag{4-12}$$

式中 S_t——岩石的抗拉强度，MPa。

Coates（1980，1981）提出了沉积岩的黏聚力 C 和单轴抗压强度 σ_c 经验关系式：

$$C = A(1 - 2\mu_d)\left(\frac{1+\mu_d}{1-\mu_d}\right)^2 \rho^2 v_p^4 (1 + 0.78 V_{cl}) \tag{4-13}$$

式中 A——常数，取决于公式推导的条件和所采用的计算单位，在国际单位下，对于古近系和新近系泥岩，A 一般取为 5.44。

上述利用测井资料分析地层强度参数的模型适用于常规的砂泥岩地层，对于碳酸盐岩地层必须引入新的分析模式，根据国外研究机构的实验和测井数据分析结果，目前常用于碳酸盐岩地层抗压强度预测的几种经验公式见表4-7。中东地区碳酸盐岩地层抗压强度实测结果与各模型的预测结果的对应关系如图4-22所示，通过与实际数据对比，发现 Eq.7 与 Eq.8 所预测的地层抗压强度最为准确，因此，对于碳酸盐岩地层，我们采用以下公式来预测地层抗压强度：

$$F_{UCS} = 62.047 e^{-9.541\varphi} \quad (4-14)$$

$$F_{UCS} = e^{-0.633 + \frac{246.540}{\Delta t}} \quad (4-15)$$

内摩擦角：对于碳酸盐岩取 35°。

表 4-7　碳酸盐岩地层抗压强度预测经验公式

编号	计算方法
Eq. 22	$F_{UCS}(7682/\Delta t)^{1.82}/145$
Eq. 23	$F_{UCS} 10^{2.44+109.14/\Delta t}/145$
Eq. 26	$F_{UCS} 276(1-3\varphi)^2$
Eq. 27	$F_{UCS} 143.8 e^{-6.95\varphi}$
Eq. 28	$F_{UCS} 135.9 e^{-4.8\varphi}$
Eq. 7	$F_{UCS} 62.047 e^{-9.541\varphi}$
Eq. 8	$F_{UCS} e^{-0.633+\frac{246.540}{\Delta t}}$

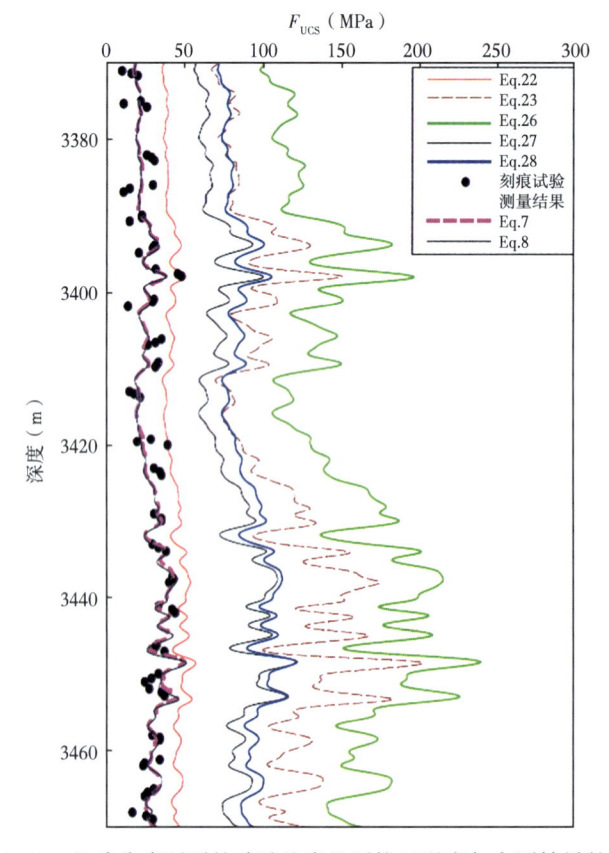

图 4-22　经验公式预测的碳酸盐岩地层抗压强度与实测结果的对比

依据研究中建立的利用测井数据计算地层强度参数模型,结合地层强度参数的实验结果,对哈法亚油田的地层强度剖面进行了预测。图4-23至图4-26分别给出了HF005-M316井和HF002-N004井的地层抗压强度剖面、地层内摩擦角剖面。

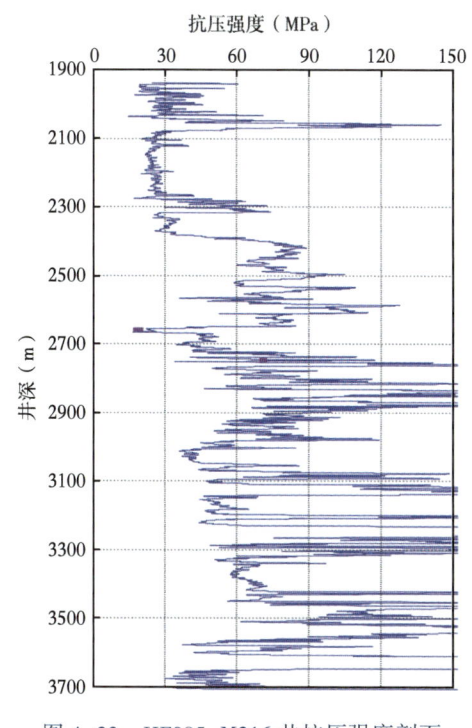

图4-23 HF005-M316井抗压强度剖面

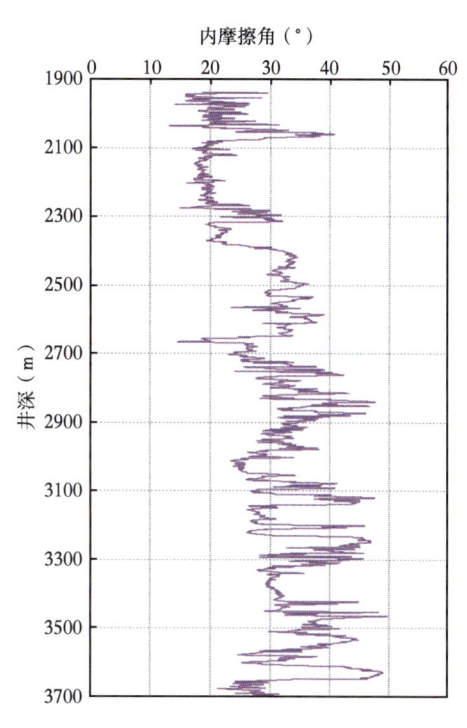

图4-24 HF005-M316井内摩擦角剖面

从4口井地层强度剖面的预测结果上看,哈法亚油田地层强度有很好的一致性,总体表现为泥页岩、泥灰岩及部分高孔隙度石灰岩地层的强度低,致密灰岩地层强度高,地层强度变化剧烈。以HF005-M316井为例,各层段地层的强度特征为:

古近系渐新统Kirkuk地层以砂岩和泥岩为主,其中Upper Kirkuk层底部有一段石灰岩夹层,强度剖面的预测结果表明,砂泥岩地层抗压强度基本上在20~30MPa,内摩擦角为16°~25°;石灰岩夹层抗压强度在85MPa以上,内摩擦角为34°~40°。

古近系始新统Jaddala地层岩性为泥灰岩、石灰岩、页岩,底部石灰岩中含角砾岩,强度剖面的预测结果表明,该段地层的强度变化较大,地层抗压强度基本上在25~90MPa,内摩擦角在18°~35°。

古近系始新统—古新统Aliji地层岩性为石灰岩夹泥岩条痕,从强度剖面的预测结果上看,该段地层的强度变化较大,地层抗压强度基本上在60~105MPa,内摩擦角在29°~37°。

白垩系Shiranish地层岩性为石灰岩、泥灰岩,从强度剖面的预测结果上看,该段地层的强度变化较大,地层抗压强度基本上在58~110MPa,内摩擦角在28°~37°。

白垩系Hartha地层岩性为粉状结构灰岩,从强度剖面的预测结果上看,该段地层的强度变化较大,地层抗压强度基本上在35~128MPa,内摩擦角在23°~39°。

白垩系Sadi-A地层岩性为石灰岩、泥灰岩,从强度剖面的预测结果上看,该段地层

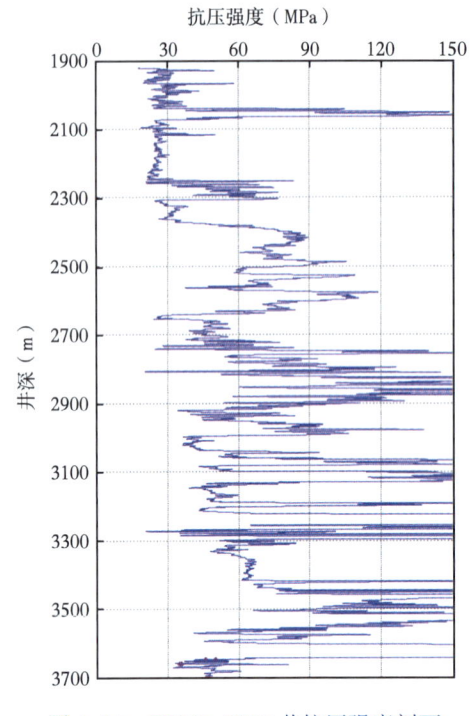

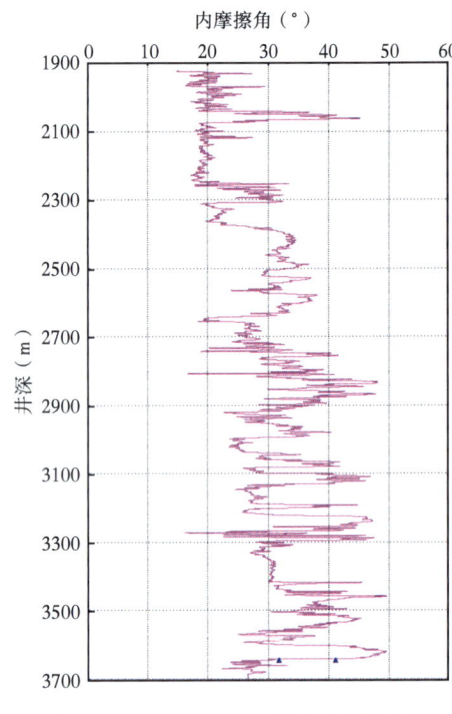

图 4-25　HF002-N004 井抗压强度剖面　　　图 4-26　HF002-N004 井内摩擦角剖面

　　的强度变化较大，地层抗压强度基本上在 20~85MPa，内摩擦角在 15°~34°。

　　白垩系 Sadi-B 地层岩性主要为石灰岩，下部夹薄层页岩，从强度剖面的预测结果上看，该段地层的强度变化较大，地层抗压强度基本上在 30~110MPa，内摩擦角在 21°~37°。

　　白垩系 Tenuma 地层岩性为石灰岩、页岩、泥灰岩，从强度剖面的预测结果上看，该段地层的强度变化较大，地层抗压强度基本上在 33~118MPa，内摩擦角在 24°~39°。

　　白垩系 Khasib-A 地层岩性主要为生物碎屑灰岩，底部夹薄层页岩，从强度剖面的预测结果上看，该段地层的强度变化较大，地层抗压强度基本上在 50~120MPa，部分层段抗压强度超过 120MPa，内摩擦角在 27°~43°。

　　白垩系 Khasib-B 地层岩性主要为生物碎屑灰岩，底部夹薄层页岩，从强度剖面的预测结果上看，该段地层的强度变化较大，地层抗压强度基本上在 45~120MPa，部分层段抗压强度超过 120MPa，内摩擦角在 28°~43°。

　　白垩系 Mishrif-A 地层岩性为石灰岩、粒状灰岩，从强度剖面的预测结果上看，上部层段抗压强度极高，地层抗压强度基本上在 105MPa 以上，下部层段抗压强度在 65~100MPa，内摩擦角在 31°以上。

　　白垩系 Mishrif-B 地层岩性为石灰岩，从强度剖面的预测结果上看，该段地层的强度变化较大，地层抗压强度基本上在 35~120MPa，顶部的部分层段抗压强度超过 120MPa，内摩擦角在 24°~45°。

　　白垩系 Mishrif-C 地层岩性为石灰岩、粒状灰岩，从强度剖面的预测结果上看，该段地层的强度变化很大，粒状灰岩的抗压强度基本上在 39~65MPa，内摩擦角在 25°~31°。

石灰岩的抗压强度基本在 90MPa 以上，内摩擦角在 35°以上。

白垩系 Rumaila 地层岩性为石灰岩，强度剖面的预测结果表明，地层抗压强度在 75MPa 之上，内摩擦角在 33°之上，上部地层强度极高。

白垩系 Ahmadi 地层岩性为石灰岩、泥岩、页岩，强度剖面的预测结果表明，地层的抗压强度在 50MPa 之上，内摩擦角在 28°之上，石灰岩层段强度较高。

白垩系 Mauddud 地层岩性为粉状结构灰岩，从强度剖面的预测结果上看，大多数层段地层抗压强度在 50~75MPa，内摩擦角在 28°~32°，但部分层段的抗压强度在 150MPa 以上，抗压强度极高。

白垩系 Nahr Umr A 地层岩性为泥质灰岩、泥灰岩，从强度剖面的预测结果上看，该段地层的强度变化剧烈，大部分层段抗压强度在 38~120MPa，内摩擦角在 24°~40°，但部分层段的抗压强度在 150MPa 以上，抗压强度极高。

白垩系 Nahr Umr B 地层岩性为砂岩、泥页岩，从强度剖面的预测结果上看，该段地层强度变化较低，抗压强度基本上在 30~60MPa，内摩擦角在 20°~30°。

哈法亚油田地层岩性复杂，地层强度变化剧烈，即有高强度的石灰岩地层，又有强度相对较低的泥页岩、泥灰岩地层，同时存在强度较低的粒状灰岩和粉状结构灰岩。从井壁失稳段的分析上看，低强度的泥页岩和泥灰岩地层是井壁失稳的主要层段，需要进行特别研究，而高强度的石灰岩地层，井壁十分稳定，没有进行井壁稳定研究的必要。

第四节　盐下地层的地应力分布规律

一、盐下地层地应力相对大小分析

为了从地层断裂系统的角度分析哈法亚油田的地应力相对大小，对多口井的 FMI 测井解释确定的地层裂缝信息进行总结，结果分别见表 4-8 和表 4-9 以及图 4-27 和图 4-28 所示。从 FMI 测井解释结果可以得出：

表 4-8　HF005-M316 井 FMI 测井解释的裂缝信息

地层	深度(m)	倾角(°)	走向(°)	修正后倾角(°)	修正后走向(°)	长度(mm)	张开度(mm)	倾角类型
Shiranish	2547.59	55.39	105.51	54.19	105.36	956.0	0.0057	Medium
	2548.21	55.33	107.63	54.12	107.51	954.7	0.0048	Medium
Sadi-B	2697.34	63.15	314.49	65.23	314.17	1106.7	0.0056	Medium
	2698.10	66.13	139.21	64.11	139.60	1209.1	0.0034	Medium

（1）中高角度裂缝应为近于正断层作用形成的；
（2）裂缝走向近似平行于水平挤压应力方向；
（3）三个主应力的可能形式：$\sigma_v = \sigma_1 > \sigma_{H\max} = \sigma_2 > \sigma_{H\min} = \sigma_3$；
（4）该油田数十口井的 FMI 结果具有良好的一致性。

表 4-9 HF004-M272 井 FMI 测井解释的裂缝信息

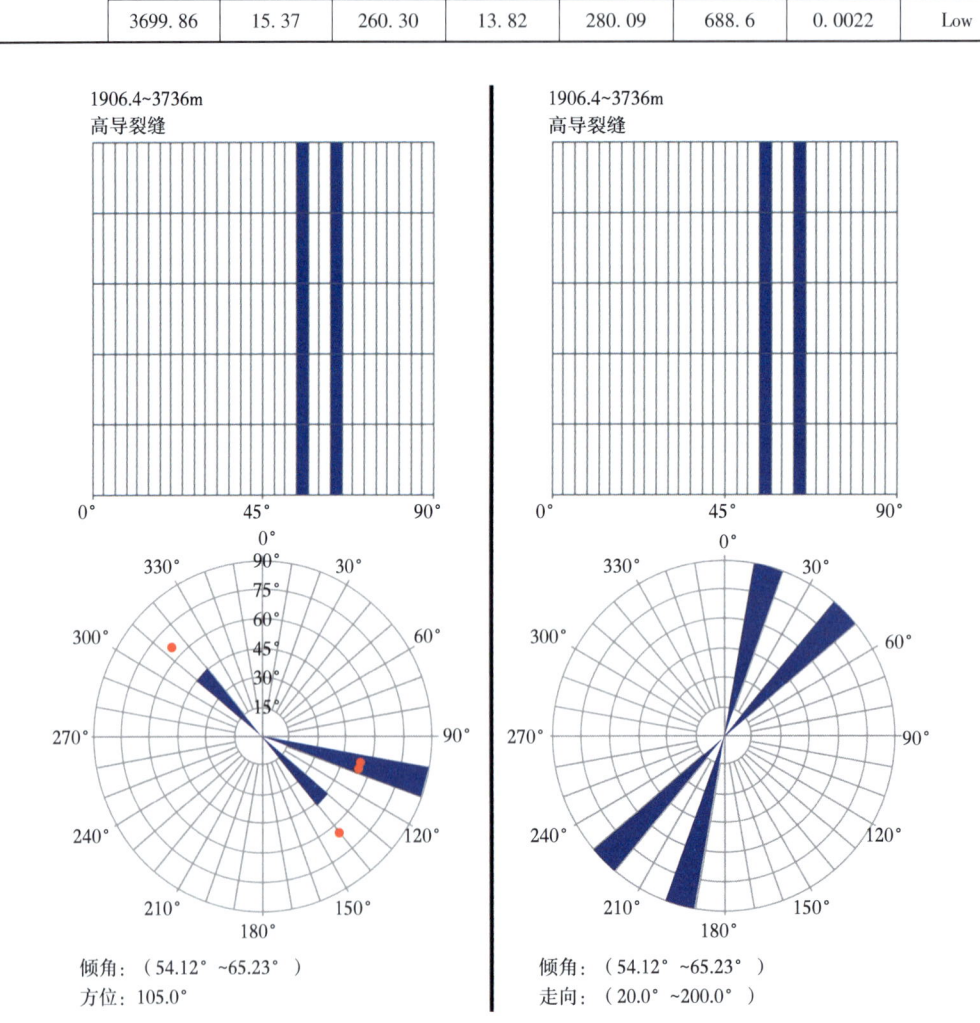

地层	深度 （m）	倾角 （°）	走向 （°）	修正后倾角 （°）	修正后走向 （°）	长度 （mm）	张开度 （mm）	倾角类型
Kirkuk	1963.88	60.77	271.08	60.34	271.64	863.8	0.0053	Medium
Sadi	2708.84	60.80	166.72	30.10	166.49	1291.0	0.0045	Low
	2709.61	31.56	129.66	31.05	128.78	914.5	0.0028	Low
	2709.84	55.58	338.76	56.29	338.91	925.0	0.0053	Medium
	2714.65	64.23	334.72	64.95	334.92	747.1	0.0068	Medium
	2722.79	61.41	117.64	60.98	117.29	710.9	0.0049	Medium
Nahr Umr	3689.31	19.72	192.63	14.40	191.11	896.8	0.0020	Low
	3699.53	30.71	235.75	26.75	242.32	822.2	0.0031	Low
	3699.86	15.37	260.30	13.82	280.09	688.6	0.0022	Low

图 4-27 HF005-M316 井 FMI 测井解释的裂缝倾角和走向（主要为 NNE—SSW 走向）

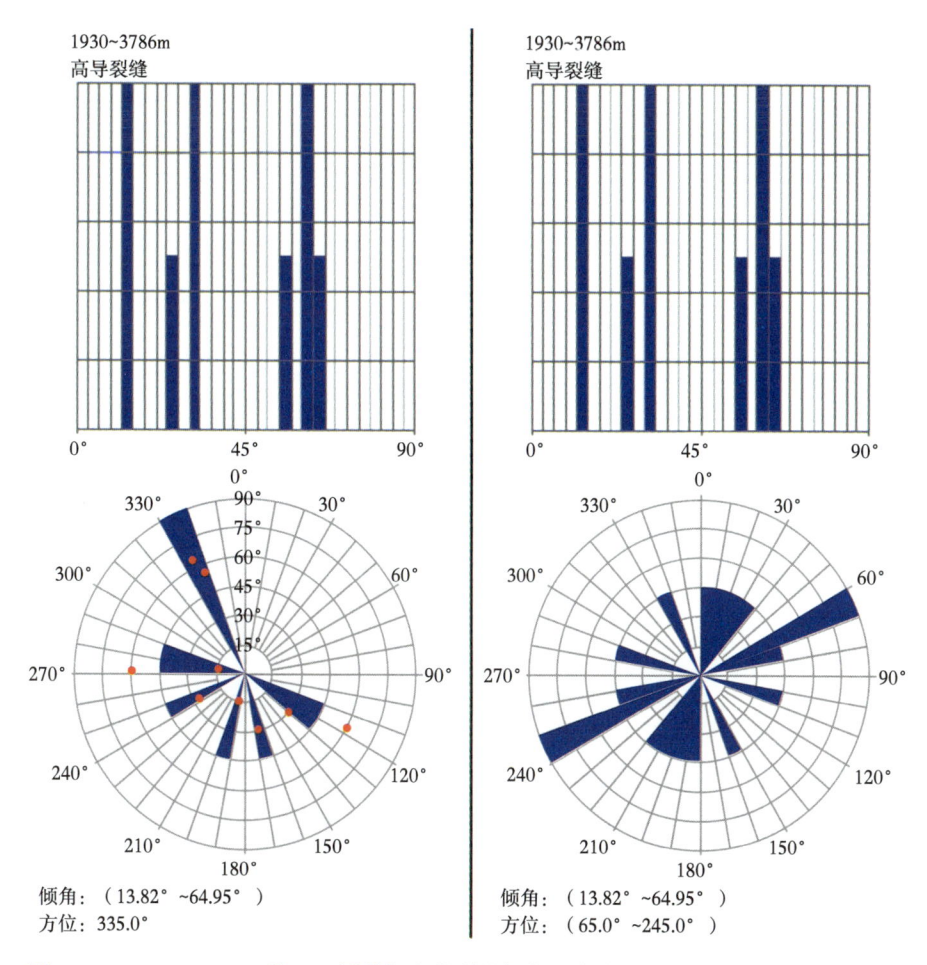

倾角：（13.82°~64.95°）
方位：335.0°

倾角：（13.82°~64.95°）
方位：（65.0°~245.0°）

图 4-28 HF004-M272 井 FMI 测井解释的裂缝倾角和走向（主要为 NEE—SWW 走向）

二、地应力方位的确定

哈法亚油田有多口井进行了成像测井，可以依据井壁崩落椭圆法对水平地应力的方位进行分析，选取典型直井的成像测井资料进行分析，图 4-29 给出了成像测井解释确定的水平地应力方位。总的来看，不同直井显示出的水平地应力方位非常一致，最大水平地应力方位在 N20°~35°E，各井的井壁崩落椭圆明显，为此确定的最大水平地应力方位可靠。

虽然对这些井由井壁崩落椭圆法给定的水平地应力方法集中程度很高，但在分层地应力方位的图中却出现了水平地应力方位离散或多向的情况。针对这一问题进行了分析，图 4-30 和图 4-31 给出了主要井壁坍塌层段的成像测井截图。从图中的数据可以发现以下情况：

（1）古近系及白垩系顶部地层虽然局部井段有井径扩大，但并非井壁崩落椭圆，不能用于水平地应力方位确定；

（a）全测井段（1902~3702m）

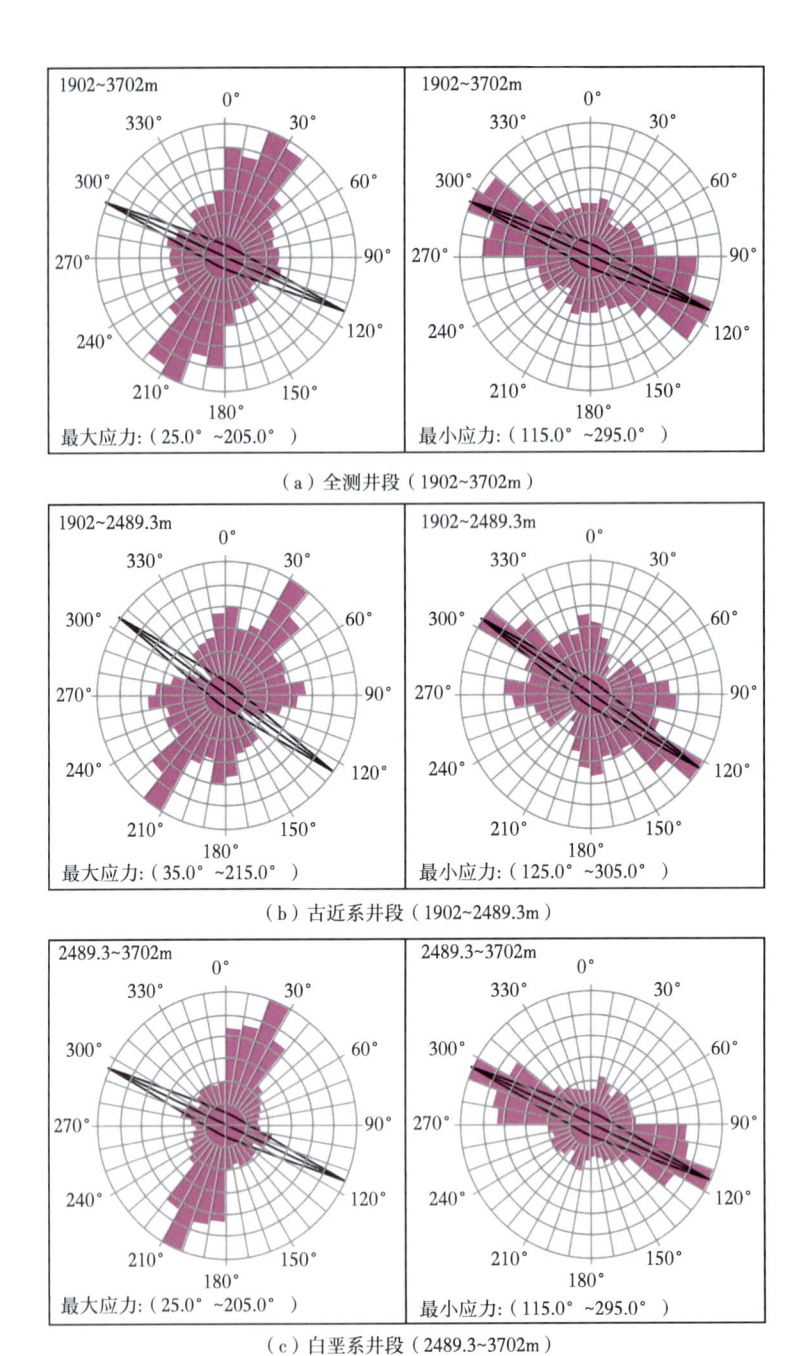

（b）古近系井段（1902~2489.3m）

（c）白垩系井段（2489.3~3702m）

图 4-29　HF002-N004 井井壁崩落椭圆解释确定的水平地应力方法

（2）白垩系中下部井段有明显的井壁崩落椭圆，指示的最大水平地应力方位在北偏东 20°~30°，应为最大地应力方位；

（3）古近系及白垩系顶部地层可能水平地应力较为均匀，白垩系中下部水平地应力应存在一定差值。

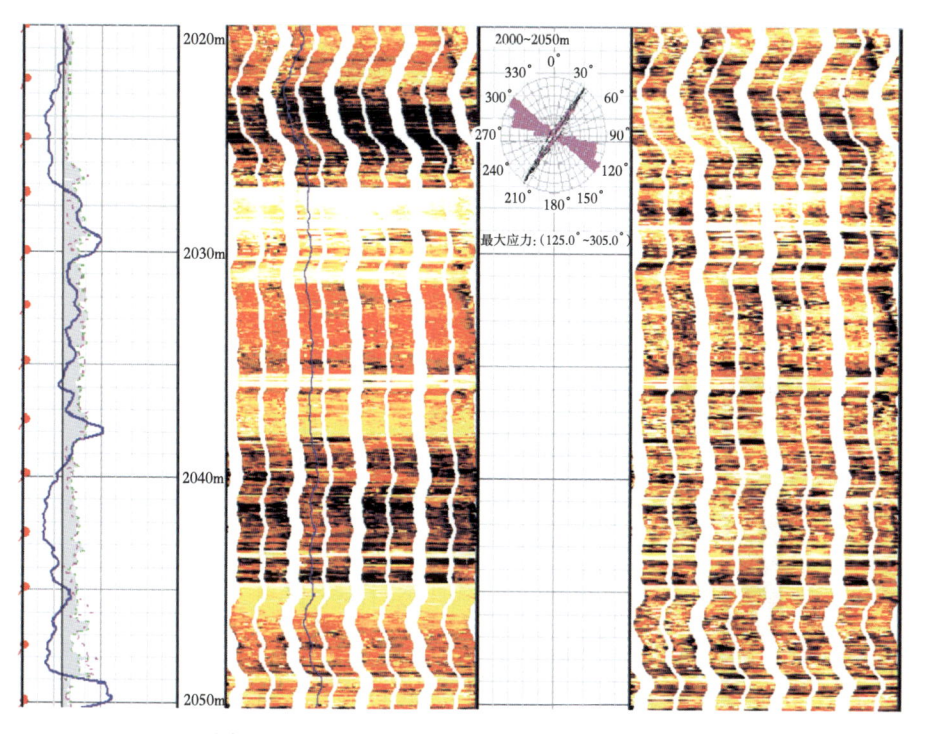

图 4-30　M272 井成像测井图片（2020~2050m）

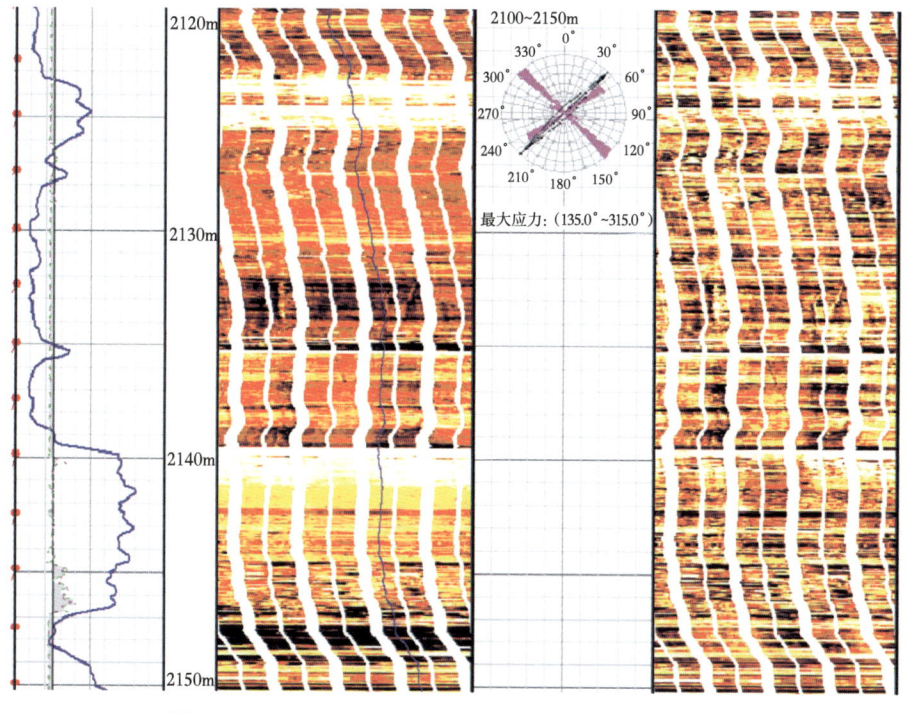

图 4-31　HF004-M272 井成像测井图片（2120~2150m）

为了进一步验证结果的准确性，对哈法亚油田周边区块地应力方位的研究结果进行了调研，邻近的 Buzurgan 油田最大水平地应力方位为 N30°E（图 4-32），这说明哈法亚油田水平地应力方法符合区域规律，地应力方位研究结果可靠。

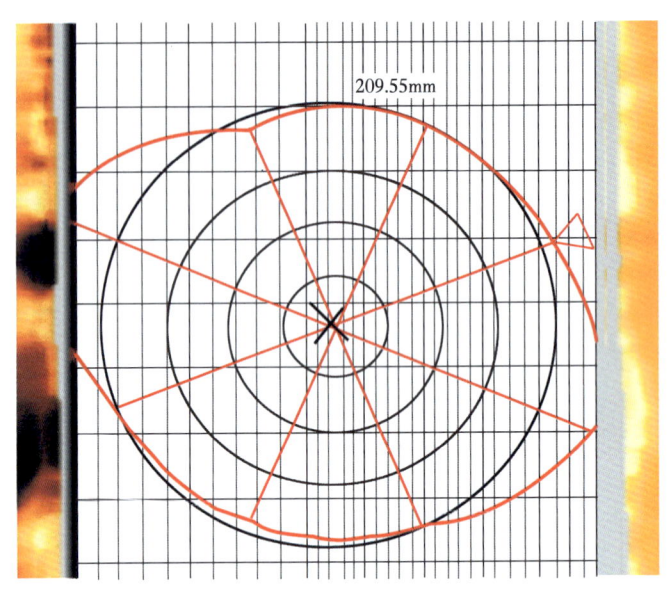

图 4-32 Buzurgan 油田已钻井双井径测井解释

三、利用 Kaiser 效应法测定地应力大小

目前测量地应力的方法较多，采用岩石的声发射特征来测定地应力有很大的优越性：简单、方便和重复性好。以下介绍 Kaiser 效应法测定地应力的原理。

岩石受载，微裂隙的破坏和扩展，其部分能量以声波的形式释放出来，用声波接收仪器可以接收到声波的形态和能量信息，岩石的这种性质称为岩石的声发射活动。

岩石的声发射活动能够"记忆"岩石所受过的最大应力，这种效应称为 Kaiser 效应。Kaiser 效应表明，声发射活动的频度或振幅与应力有一定的关系。

在单调增加应力作用下，当应力达到过去已施加过的最大应力时，声发射明显增加。Kaiser 效应的物理机制可认为岩石受力后发生微破裂。微破裂发生的频度随应力增加而增加。破裂过程是不可逆的，但由于已有破裂面上摩擦滑动也能产生声发射信号，这种摩擦滑动是可逆的。因而加载时应力低于已加过的最大应力也有声发射出现，它们就是那些可逆的摩擦滑动引起的声发射事件。当应力超过原来加过的最大应力时，又会有新的破裂产生，以致声发射活动频度突然提高。声发射 Kaiser 效应实验可以测量野外地层曾经承受过的最大压应力。该类实验一般要在压机上进行，测定单向应力。在轴加载过程中声发射率突然增大点对应着的轴向应力是沿该岩样钻取方向曾经受过的最大压应力，称此为 Kaiser 点应力。

如果测得同一岩心与岩心轴线正交水平面内彼此相隔 45°的三个方向 Kaiser 点应力和岩心轴线向 Kaiser 点应力，若是垂井岩心，根据弹性力学理论就可确定地应力的三个主应力大小——水平最大地应力、水平最小地应力和垂向地应力。

当所取岩心的井深大于3000m时，若按常规声发射实验方法对岩样进行单轴压缩实验，岩样常常在Kaiser点出现之前就发生破坏，采集到的信号是岩样的破裂信号，而不是Kaiser效应信号，因此就无法用声发射Kaiser效应来测定岩心所处地层的原地应力大小。为此，提出了围压下的声发射Kaiser效应实验，旨在提高岩样的抗压强度，希望Kaiser点出现在岩样破坏点之前，能清晰地辨别出。围压下声发射Kaiser效应法测定地应力的方法，实验装置如图4-33所示，在MTS（Material Test System）电液伺服系统以某一加载速率均匀地给在高压井筒内的岩样施加轴向载荷（岩样同时承受围压），声发射探头牢固地贴在柱塞上，柱塞与岩心端面密切接触，用它来接收受载过程中岩石的声发射信号，岩样所受的载荷及声信号同时输入Locan AT-14ch声发射仪进行处理、记录，给出岩样的声发射信号随载荷变化和关系曲线图。由上述的Kaiser效应原理，在声发射信号—曲线图上找出突然明显增加处声发射信号，记录下此处载荷大小，即为岩石在地下该方向上所受的地应力。

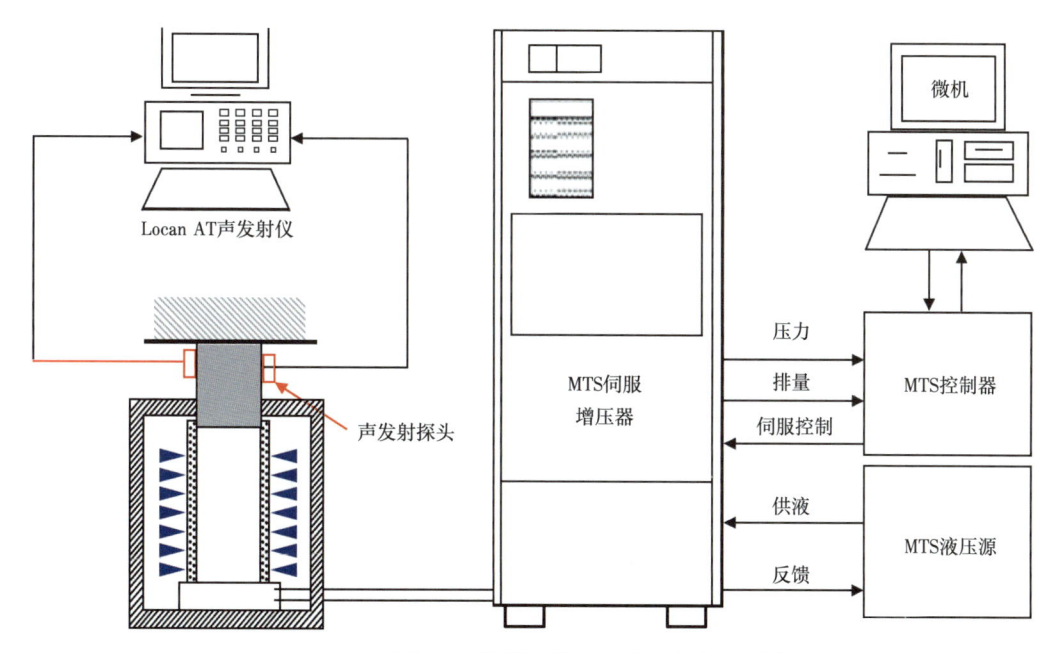

图4-33 围压下声发射法测量地应力大小示意图

目前实验方法一般采用与钻井岩心轴线垂直的水平面内增量为45°的方向钻取三块岩样，测出三个方向的正应力，而后求出水平最大、最小主应力，沿钻井岩心轴线方向钻取一块岩样，若为直井，则可确定垂向地应力。声发射试验岩心取样示意图如图4-34所示。

对岩样进行了声发射实验，测得了各岩样Kaiser点应力梯度。

一般说来，围压下的声发射实验可由以下式子解释得到原地应力大小：

$$\sigma_v = \sigma_\perp + \alpha p_p - K p_c \tag{4-16}$$

$$\sigma_H = \frac{\sigma_{0°} + \sigma_{90°}}{2} + \frac{\sigma_{0°} - \sigma_{90°}}{2}(1+\tan^2 2\alpha)^{\frac{1}{2}} + \alpha p_p - K p_c \tag{4-17}$$

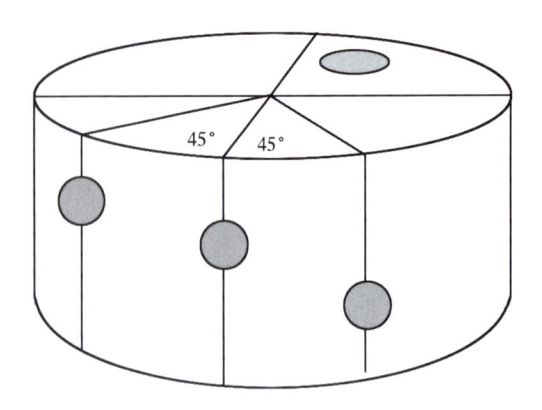

图 4-34 声发射试验岩心取样示意图

$$\sigma_h = \frac{\sigma_{0°} + \sigma_{90°}}{2} - \frac{\sigma_{0°} - \sigma_{90°}}{2}(1 + \tan^2 2\alpha)^{\frac{1}{2}} + \alpha p_p - K p_c \quad (4-18)$$

式中 σ_v, σ_H, σ_h——上覆地层应力、最大水平主地应力和最小水平主地应力，MPa；

p_p——地层孔隙压力，MPa；

α——有效应力系数；

$\sigma_\perp$——围压下垂直方向岩心 Kaiser 点应力，MPa；

$\sigma_{0°}$, $\sigma_{45°}$, $\sigma_{90°}$——0°、45°、90°三个水平向岩心围压下的 Kaiser 点应力，MPa；

p_c——高压井筒内岩心所承受的围压，MPa；

K——围压修正系数。

将声发射实验所测得的 Kaiser 点应力（三个水平向和一个垂直向）代入地应力解释公式，可解释三个主地应力的测试结果。对取自 HF005-M316 井 2685.75~2685.95m 层段和 2727.48~2727.63m 层段的石灰岩岩心，HF002-N004 井 3645.10~3645.20m 层段的页岩岩心的地应力进行了测试，两口井三个层段的岩心如图 4-35 所示，典型各岩心的声发射实验曲

(a) 2685.75~2685.95m 层段岩心　　　　(b) 2727.48~2727.63m 层段岩心

图 4-35 HF005-M316 井不同层段岩心

线分别如图 4-36 所示,两口井不同层位岩心地应力测量结果具有较好的一致性,地应力的解释结果见表 4-10。实验结果表明,哈法亚油田地应力水平不高,三个主地应力满足:

$$上覆岩层压力>最大水平地应力>最小水平地应力$$

即上覆岩层压力为最大地应力。Kaiser 效应法测量结果与哈法亚油田的构造特征反映的地应力相对大小结果相一致。

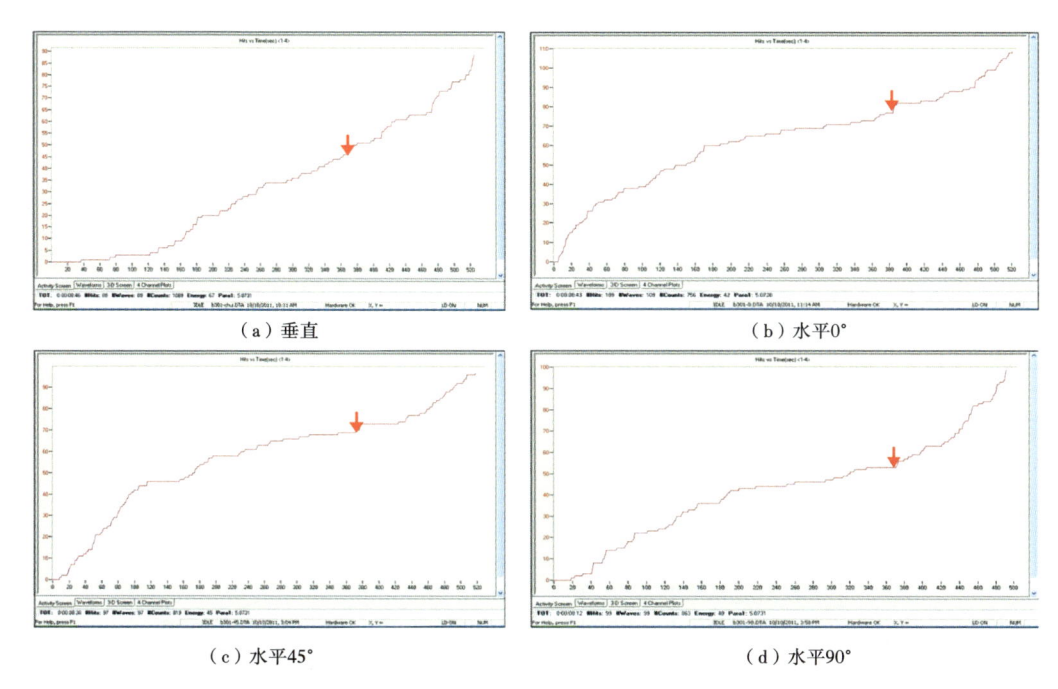

(a) 垂直

(b) 水平0°

(c) 水平45°

(d) 水平90°

图 4-36　HF005-M316 井 2727.48~2727.63m 层段岩心 Kaiser 效应实验曲线

表 4-10　HF005-M316 井泥岩岩心 Kaiser 效应地应力测量结果

井号	深度 (m)	岩性	地应力	地应力 绝对值 (MPa)	当量钻井液密度 (g/cm³)
HF005-M316	2685.75~2685.95	石灰岩	σ_v	60.97	2.27
			σ_H	52.64	1.96
			σ_h	44.85	1.67
	2727.48~2727.63	石灰岩	σ_v	62.73	2.30
			σ_H	54.01	1.98
			σ_h	48.82	1.79
HF002-N004	3645.10~3645.20	页岩	σ_v	84.57	2.32
			σ_H	68.53	1.88
			σ_h	61.24	1.68

四、盐下地层地应力纵向分布规律

根据 HF002-N004 井 Nahr Umr 泥岩地层地应力的实测结果对模型中的构造应力系数进行了反演，结果为：$\varepsilon_1 = 0.0013811$，$\varepsilon_2 = 0.0006354$。利用上述地应力预测模型，结合实验结果确定的构造应力系数，对哈法亚油田地应力纵向分布规律进行了研究，结果如图 4-37 至图 4-39 所示。计算结果表明，上覆岩层压力的当量密度基本在 2.27~2.32 g/cm^3；最大水平地应力的当量密度基本在 1.87~2.48g/cm^3，除了部分硬度极高井段的当量值高于上覆岩层压力以外，最大水平地应力为中间地应力；最小水平地应力的当量密度基本在 1.64~1.88g/cm^3。哈法亚油田水平地应力的变化主要受地层岩性的影响，部分地层强度高、硬度大的井段水平地应力较高。

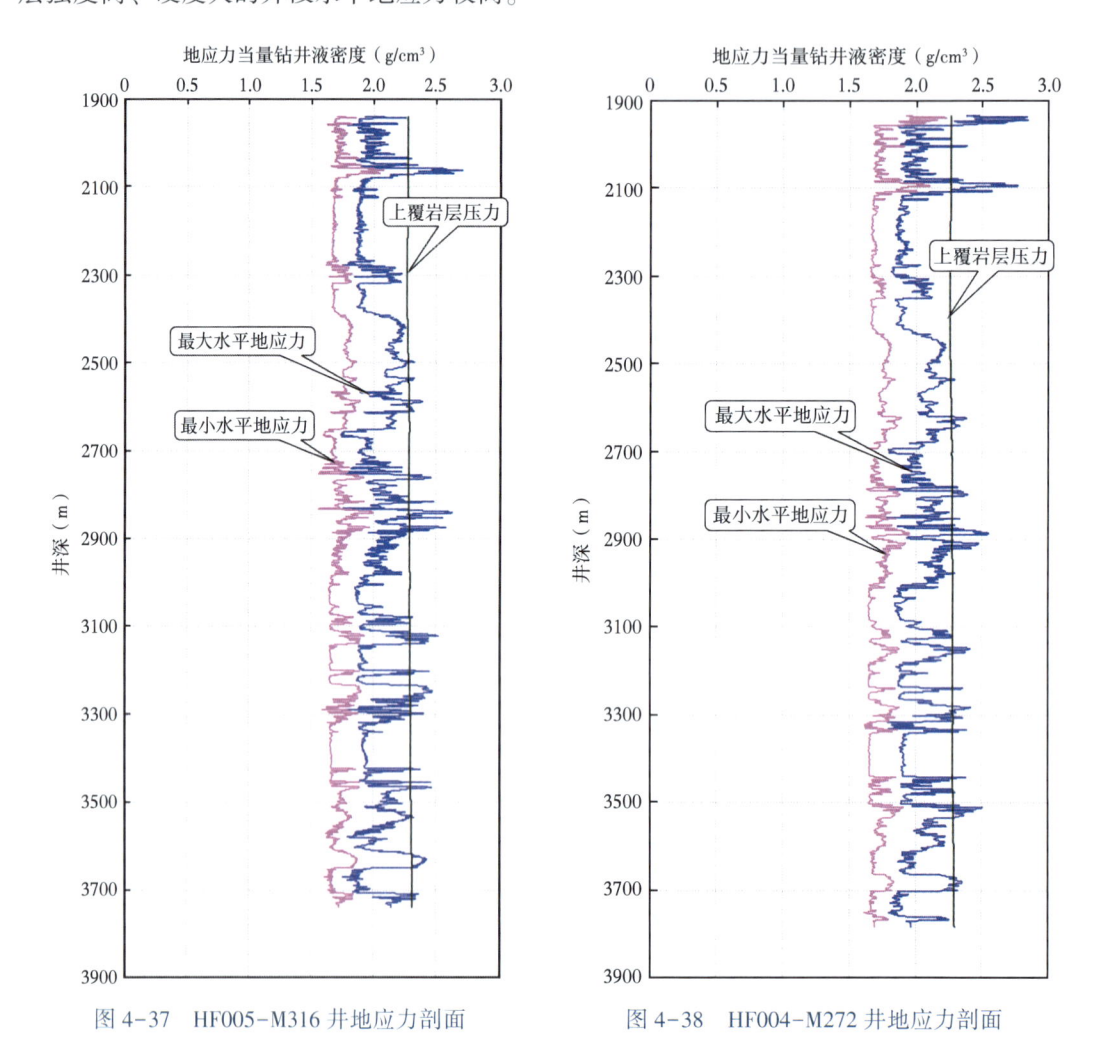

图 4-37　HF005-M316 井地应力剖面　　　图 4-38　HF004-M272 井地应力剖面

从地应力的研究结果上看，哈法亚油田不存在剧烈的构造运动，地应力水平基本正常，地应力对井壁稳定性的影响不应非常突出。从地应力的相对大小上看，在该构造钻进直井较为安全，在水平最大地应力方位钻进大斜度井和水平井最不安全，因此钻井过程中应当依据井斜角和方位角适当调整钻井液密度,防止井壁力学坍塌。

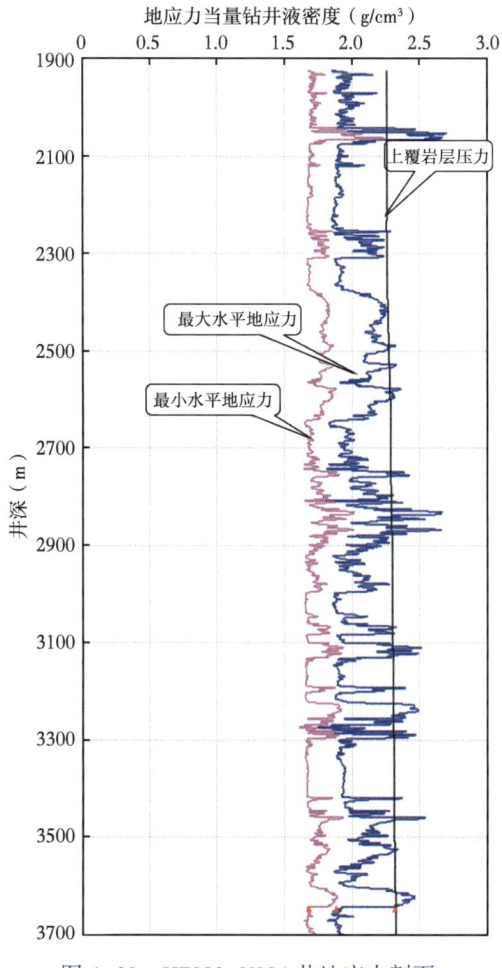

图 4-39　HF002-N004 井地应力剖面

第五节　盐下地层安全钻井密度窗口

一、直井安全钻井液密度窗口

依据第三章第七节直井安全钻井液密度窗口的计算模式,结合地层压力、地层强度参数和地应力的研究结果,对哈法亚油田已钻井安全钻井液密度窗口进行了计算,图 4-40 至图 4-42 给出了三口井安全钻井液密度窗口的计算结果。

由于哈法亚油田盐层及盐上井段的测井数据很少,通过测井数据的整合给出了 HF001-N001H 井全井段的安全钻井液密度窗口计算结果,其他井则给出了 Lower Fars 地层以下井段的安全钻井液密度窗口计算结果,从安全钻井液密度窗口计算结果中上看:

Upper Fars 地层孔隙压力正常,孔隙压力当量钻井液密度为 1.01~1.03g/cm³,井壁坍

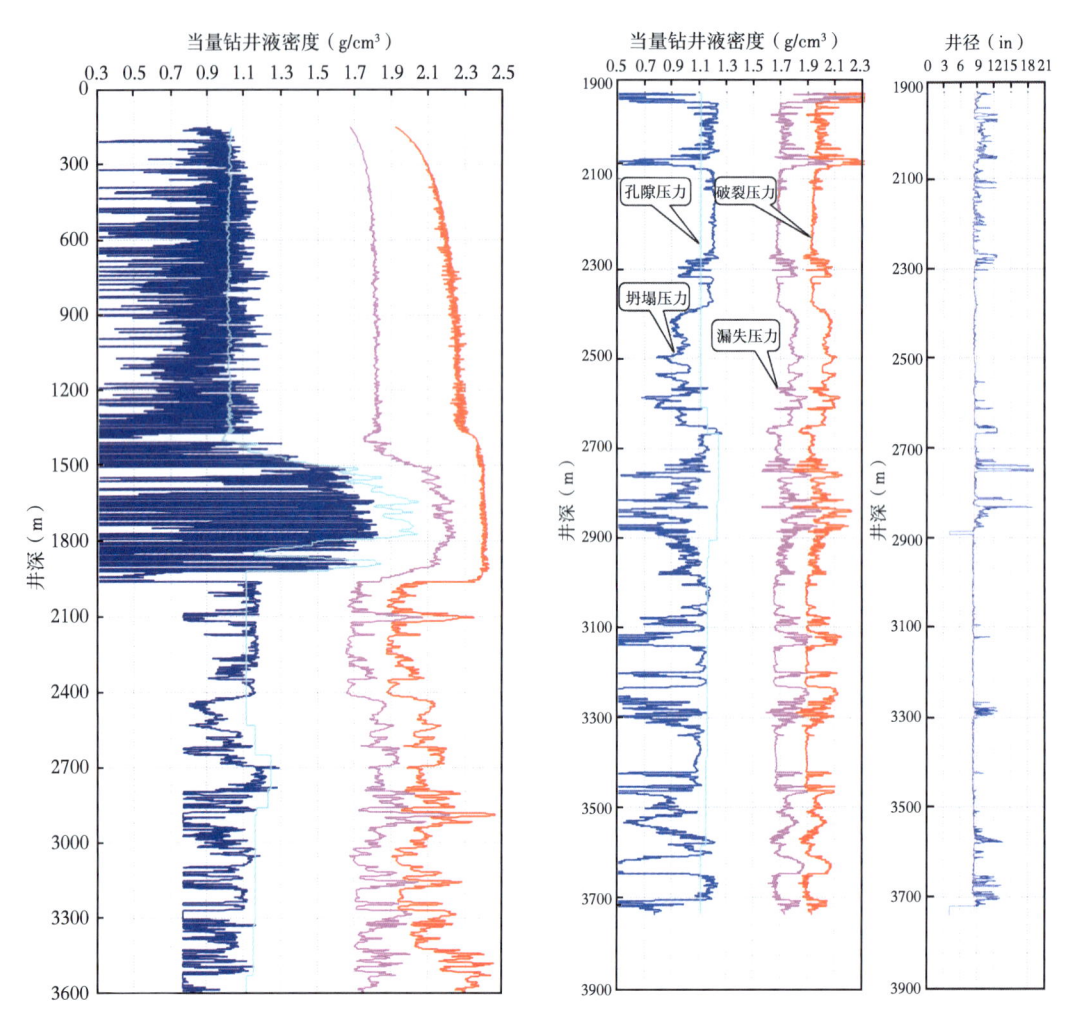

图 4-40　HF001-N001H 井安全钻井液密度窗口　　图 4-41　HF005-M316 井安全钻井液密度窗口

塌压力当量钻井液密度为 1.08~1.18g/cm³，井壁破裂压力为 1.92~2.26g/cm³；井眼漏失压力为 1.68~1.84g/cm³，该井段主要为砂泥岩地层，地层较为疏松，不存在裂缝，因此不存在裂缝性漏失。

Lower Fars 地层孔隙压力存在异常高压，孔隙压力变化较大，当量钻井液密度为 1.03~2.04g/cm³，井壁坍塌压力为 1.03~1.86g/cm³，井壁破裂压力为 2.26~2.39g/cm³；井眼漏失压力为 1.68~2.25g/cm³，该井段主要为欠压实的泥页岩、盐岩和硬石膏，三种岩石皆具有强烈的塑性，因此，地层中裂缝不发育，发生裂缝性地层漏失的可能性几乎不存在，但为压住孔隙压力而采用高钻井液密度钻井，应避免压力波动，防止压裂地层造成井下漏失。

5 口井 Lower Fars 以下地层安全钻井液密度窗口计算结果比较相似，总的看井壁坍塌压力不是很高，除了古近系 Kirkuk 地层坍塌压力当量钻井液密度为 1.23g/cm³ 左右以外，其他井段井眼坍塌压力当量钻井液密度基本在 1.18g/cm³ 以下，井眼的漏失压力当量钻井液密度基本上在 1.68g/cm³ 以上（如果存在裂缝、孔洞、高孔隙度和高渗透率或地层压力显著下降等因素,则漏失压力当量钻井液密度可能低至 1.22g/cm³),井壁破裂压力当量钻井液密度在 1.87g/cm³ 以上。从井径上看,石灰岩地层井径规则,井壁稳定性好,但泥页岩和泥灰岩井段存在井壁坍塌,井壁稳定性差。

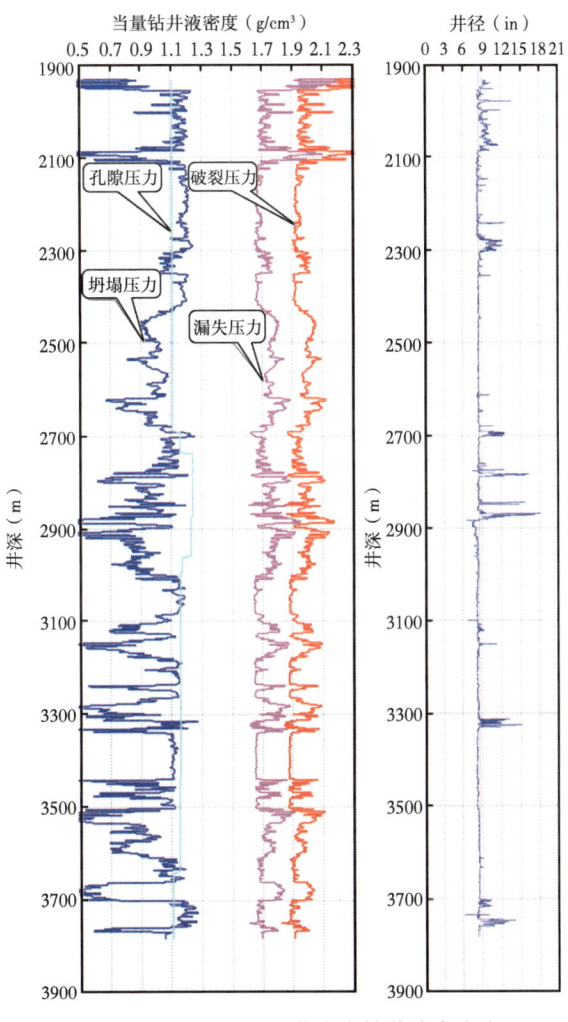

图 4-42 HF004-M272 井安全钻井液密度窗口

二、定向井塌压力随井眼轨迹变化规律

1. Sadi-Tanuma 层段定向井坍塌压力变化规律

图 4-43 给出了哈法亚油田 Sadi-A 层坍塌压力随井斜角和方位角的变化规律,图 4-44 给出了该层位定向井坍塌压力随井斜角和方位角的风险分布规律。由计算结果可知,该层位直井坍塌压力当量钻井液密度约为 1.18g/cm³,钻水平井时,坍塌压力在最小地应力方位当量钻井液密度最低为 1.27g/cm³,较直井坍塌压力当量钻井液密度增加了 0.09g/cm³,有利于井壁稳定;在最大地应力方位钻进,定向井坍塌压力当量钻井液密度最高为 1.32g/cm³,较直井坍塌压力当量钻井液密度增加了 0.14/cm³,不利于井壁稳定。

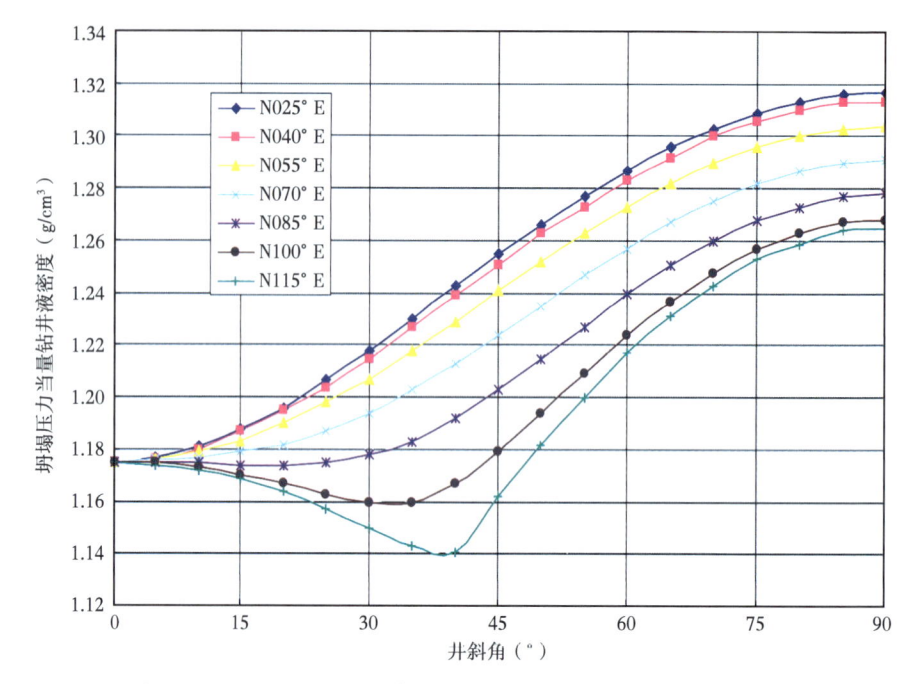

图 4-43 Sadi-A 层定向井坍塌压力随井斜角和方位角的变化规律

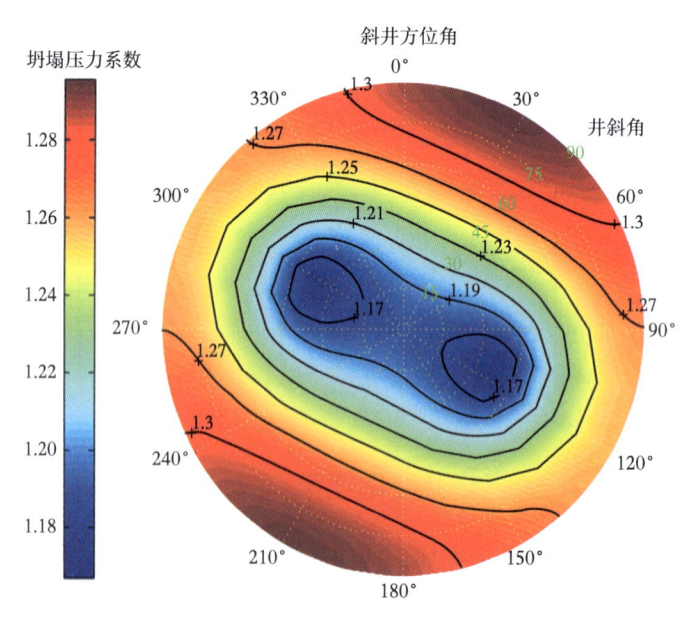

图 4-44 Sadi-A 层定向井坍塌压力随井斜角和方位角风险分布规律

图 4-45 给出了哈法亚油田 Tanume 层坍塌压力随井斜角和方位角的变化规律，图 4-46 给出了该层位定向井坍塌压力随井斜角和方位角的风险分布规律。由计算结果可知，该层位直井坍塌压力约为 1.21g/cm³，钻井水平井时，在最小地应力方位坍塌压力最低为

1.31g/cm³，较直井坍塌压力增加了0.10g/cm³，有利于井壁稳定；在最大地应力方位钻进定向井坍塌压力最高为1.36g/cm³，较直井坍塌压力当量钻井液密度增加了0.15/cm³，不利于井壁稳定。

从上述计算分析结果可知，在开发井钻井过程中，沿最小水平地应力方位钻进水平井更有利于井壁稳定，并可以采用较低的钻井液密度，有利于保护储层。

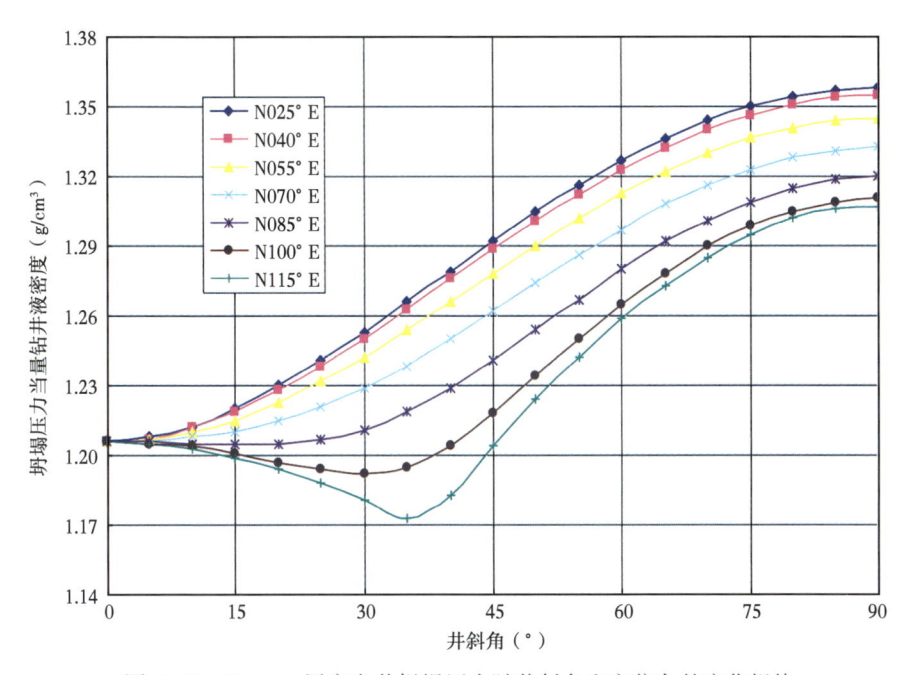

图4-45 Tanuma层定向井坍塌压力随井斜角和方位角的变化规律

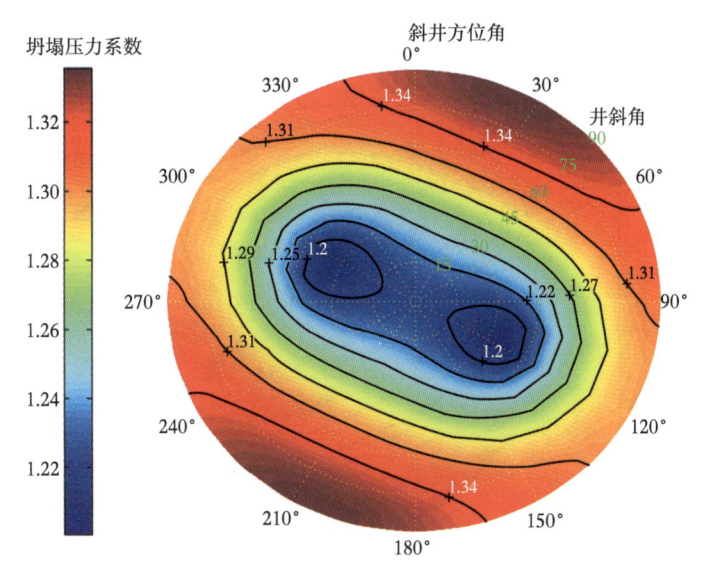

图4-46 Tanuma层定向井坍塌压力随井斜角和方位角风险分布规律

2. Nahr Umer 地层定向井坍塌压力变化规律

图 4-47 给出了哈法亚油田 N 层坍塌压力随井斜角和方位角的变化规律，图 4-48 给出了该层位定向井坍塌压力随井斜角和方位角的风险分布规律。由计算结果可知，该层位直井坍塌压力当量钻井液密度约为 1.19g/cm³，钻井水平井时，在最小地应力方位坍塌压力最低，有利于井壁稳定，最小地应力方位的水平井坍塌压力当量钻井液密度为 1.29g/cm³，较直井

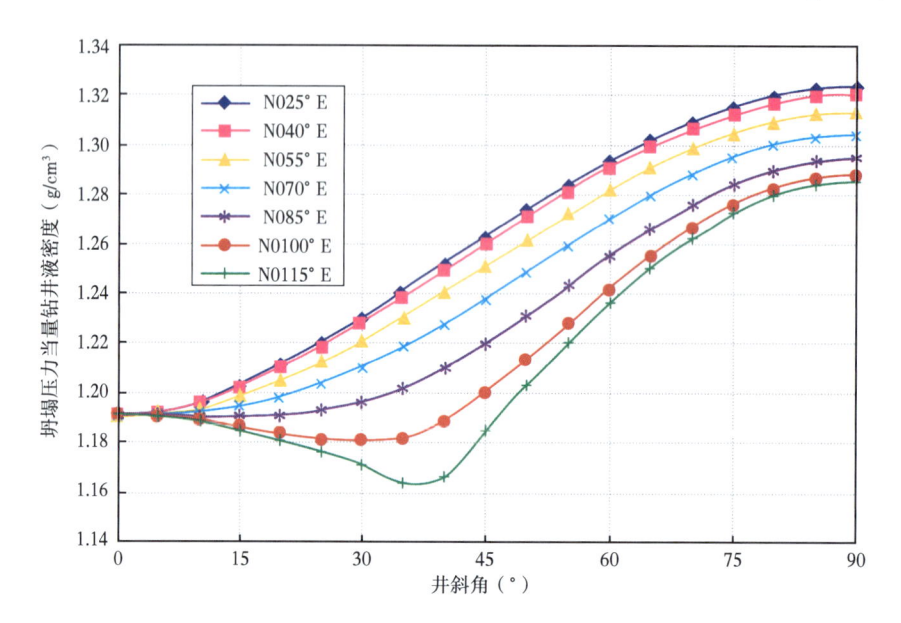

图 4-47　N 层定向井坍塌压力随井斜角和方位角的变化规律

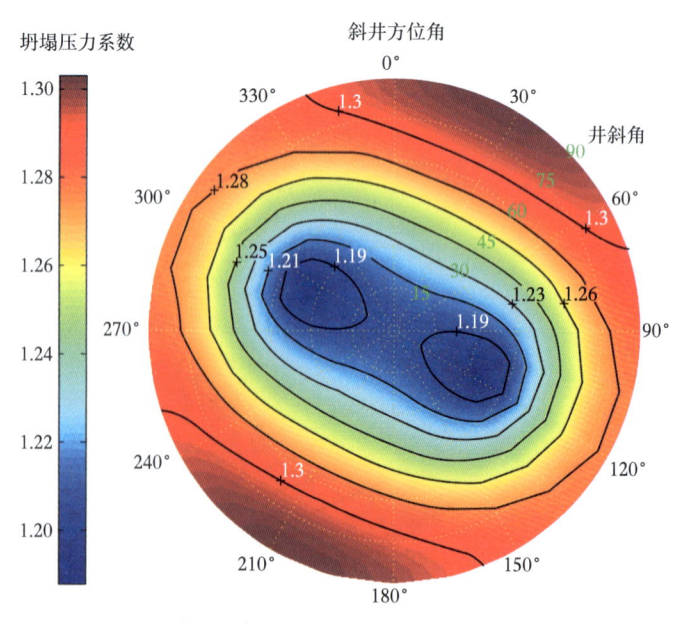

图 4-48　N 层定向井坍塌压力随井斜角和方位角风险分布规律

坍塌压力当量钻井液密度增加了 0.10g/cm³；在最大地应力方位钻进定向井坍塌压力最高，不利于井壁稳定，最大地应力方位的水平井坍塌压力当量钻井液密度为 1.32g/cm³，较直井坍塌压力当量钻井液密度增加了 0.13/cm³。

3. Shuaiba/Zubair 地层定向井坍塌压力变化规律

以垂深 3834m 和 3988m 的 Shuaiba 和 Zubair 两层为例，计算坍塌压力和钻井液密度窗口随井斜方位的变化，结果如图 4-49 和图 4-50 所示。从图中的计算结果可以看出，坍塌压力随井斜增加，最稳定方位是最小水平地应力方向，最大钻井液密度窗口也是最小水平地应力方向。对于 Shuaiba 层位（3834m），坍塌压力当量钻井液密度由直井的 1.30g/cm³ 可以增加到最大水平地应力方位的 1.39g/cm³，对于 Zubair 层位（3988m），坍塌压力当量钻井液密度由直井的 1.39g/cm³ 可以增加到最大水平地应力方位的 1.49g/cm³。

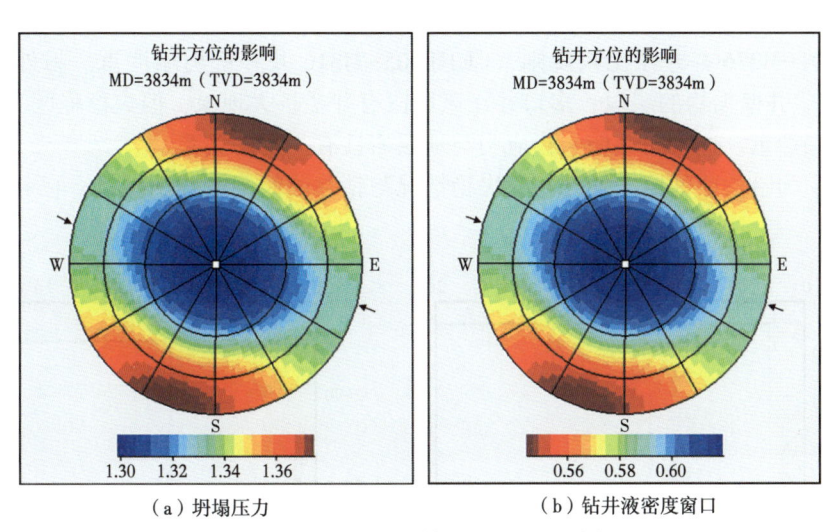

（a）坍塌压力　　　　　　　　（b）钻井液密度窗口

图 4-49　Shuaiba 层（3834m）云图

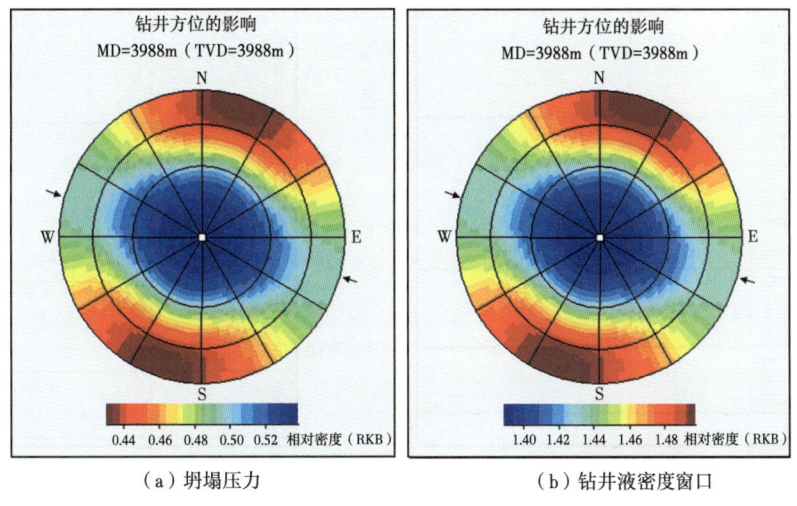

（a）坍塌压力　　　　　　　　（b）钻井液密度窗口

图 4-50　Zubair 层（3988m）云图

第六节　盐下地层井壁失稳机理及对策

一、Sadi-Tanuma 地层井壁失稳机理及对策研究

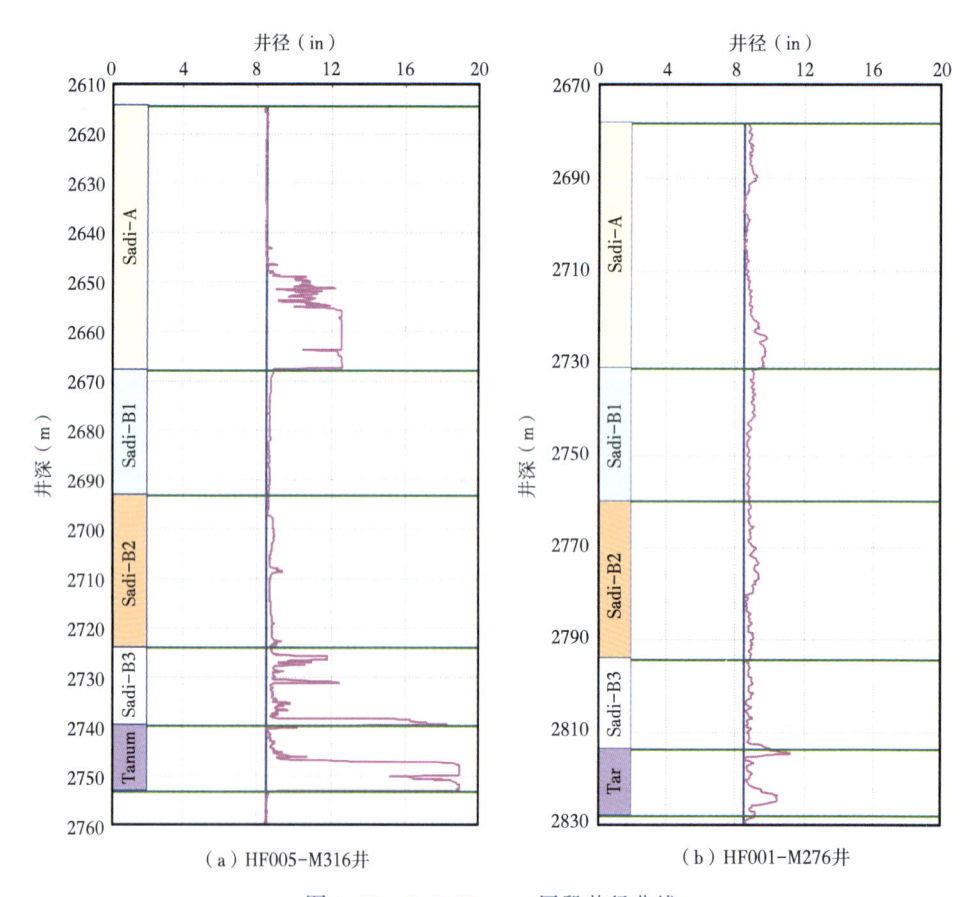

1. Sadi-Tanuma 层段井壁失稳情况分析

首先从井径数据上分析了 Sadi-Tanuma 地层的井壁失稳情况，图 4-51 给出了两口井的井径曲线。多口井的井径数据分析结果表明，各井在 Sadi-Tanuma 地层都存在一定程度的失稳情况，失稳只是发生在部分井段，大部分井段的地层非常稳定，井径规则；从失稳地层来看，Sadi-A 层的底部和 Tanuma 层井壁失稳最为严重，井径扩大率最高几乎在 100% 以上；但井壁失稳的程度相差很大，如图中给出的 HF005-M316 和 HF001-M276 两口井，HF001-M276 井井径比较规则，但 HF005-M316 井井壁坍塌严重。另外，Sadi-B3 层也是易发生井壁失稳的层段，多口井在该层段有井径扩大现象，但失稳程度没有 Sadi-A 和 Tanuma 层严重。这说明井壁失稳应当与地层岩性有一定的关系。

表 4-11 为哈法亚油田已钻井井壁失稳情况与钻井液使用情况的统计。已钻井中使用

图 4-51　Sadi-Tanuma 层段井径曲线

表 4–11 哈法亚油田已钻井井壁失稳情况与钻井液使用情况统计

井号	井段 (m)	井斜角/方位角 (°)	层位	岩性	井径扩大率 (%)	钻井液类型	钻井液密度 (g/cm³)	漏斗黏度 (s)	屈服值 (lbf/100ft³)	塑性黏度 (mPa·s)	pH值	滤失量 (mL)	井眼裸露时间 (h)
HF005-M316	2650~2668	直井	Sadi-A	泥灰岩	47.74	Organic salt BH-WEI	1.24~1.26	36~71	10~39	13~37	8~9	3.2~5.0	1286.0
	2724~2740	直井	Sadi-B3	页岩	112.86	Organic salt BH-WEI	1.24~1.26	36~71	10~39	13~37	8~9	3.2~5.0	1155.5
	2746~2754	直井	Tanume	页岩	122.63	Organic salt BH-WEI	1.24~1.26	36~71	10~39	13~37	8~9	3.2~5.0	1155.3
HF004-M272	2692~2702	直井	Sadi-A	泥灰岩	48.22	Organic salt BH-WEI	1.25	45~58	20~27	23~33	8~9	5~3.6	238.0
	2774~2776	直井	Tanume	页岩	47.18	Organic salt BH-WEI	1.25~1.28	45~58	20~27	23~33	8~9	5~3.6	217.0
	2782~2788	直井	Tanume	页岩	91.22	Organic salt BH-WEI	1.25~1.28	45~58	20~27	23~33	8~9	5~3.6	209.0
N268	2817~2822	27.42/328.8	Tanume	页岩	38.16	Organic salt BH-WEI	1.25	45~49	16~22	18~23	8~8.5	5.0~4.5	122.0
	2720~2730	16.8/207	Sadi-A	泥灰岩	14.96	KCL Polymer mud	1.22	45	27	15	9	3.4	73.0
HF001-M276	2814~2815.5	17.93/205.6	Sadi-B3	页岩	17.42	KCL Polymer mud	1.22	45	27	15	9	3.4	50.0
	2815.5~2817	17.93/205.6	Tanume	页岩	30.04	KCL Polymer mud	1.22	45	27	15	9	3.4	49.5
	2822~2828	17.8/204.3	Tanume	页岩	23.15	KCL Polymer mud	1.22	45	27	15	9	3.4	49.0
M279	2694~2700	20.2/258.3	Sadi-A	泥灰岩	38.05	Organic salt BH-WEI	1.25	45	23	23	9	4.0	135.0
	2781.5~2783	20/258.4	Tanume	页岩	79.40	Organic salt BH-WEI	1.25	45	23	23	9	4.0	118.0
	2791~2797	20/258.4	Tanume	页岩	110.24	Organic salt BH-WEI	1.25	45	23	23	9	4.0	117.0
M325	2662~2678	19.1/351.7	Sadi-A	泥灰岩	16.26	Organic salt BH-WEI	1.25~1.27	42~50	7~20	14.23	8~9	3.8~5.0	51.0
	2758~2760	19.1/348.4	Tanume	页岩	70.46	Organic salt BH-WEI	1.25~1.27	42~50	7~20	14.23	8~9	3.8~5.0	14.0
	2765~2722	19.1/348.4	Tanume	页岩	140.79	Organic salt BH-WEI	1.25~1.27	42~50	7~20	14.23	8~9	3.8~5.0	13.5
	2647~2664	22.2/111.46	Sadi-A	泥灰岩	60.26	Organic salt	1.27	50	25	28	9	5.0	208.0
	2737~2740	33.2/115.3	Sadi-B3	页岩	30.69	Organic salt	1.27	50	22	25	9	4.8	110.0
M001H	2743~2754	35.8/115.8	Sadi-B3	页岩	39.42	Organic salt	1.27	50	22	25	9	4.8	109.0
	2754~2755.5	35.8/115.8	Tanume	页岩	30.31	Organic salt	1.27	50	22	25	9	4.8	108.0
	2763~2771.5	38.6/115.3	Tanume	页岩	145.26	Organic salt	1.27	50	20	26	9	4.8	83.5

的钻井液密度相近，最低为HF001-M276井的1.22g/cm³，最高钻井液密度为HF004-M272井的1.28g/cm³。从统计结果来看，在该层位使用的钻井液密度都高于前面计算出的坍塌压力，说明井壁在力学上是稳定的，同时表中结果也显示井径扩大率与使用的钻井液密度无关，如使用钻井液密度最低的HF001-M276井井径扩大率几乎是最小的。Sadi-A层和Tanuma层部分井段出现井壁失稳应与地层岩性特征及钻井液性能有关。

统计的已钻井中除M001H井外，其他各井在Sadi-A层和Tanuma层的井斜角都很小，基本不会对井壁稳定性产生影响，但各井的井径扩大率却相差悬殊。统计结果显示，该地区的井壁失稳情况与井眼裸露时间有很大的相关性，井壁裸露时间越长井壁失稳情况越严重，以HF005-M316井为例，该井多个层段的井眼裸露时间都在1000h以上，导致了该井在Sadi-A层、Sadi-B3层和Tanuma层都发生了严重的井壁坍塌，井径扩大率超过了100%。其他井眼裸露时间较长的井如HF004-M272和M279井径扩大现象均比较严重。井壁失稳具有时间效应，是地层与钻井液相互作用的结果，已钻各井中使用的钻井液流变参数相差不大，应当不会对井壁稳定性产生大的影响，但各井的井径扩大率相差较大，应当与钻井液性能有关，若抑制性不够，钻井液的渗透及水化作用对地层力学性质影响很大，长期浸泡使井壁岩石软化坍塌，且随时间的增加井壁失稳情况加剧。

综合上述分析，Sadi A层底部的泥灰岩和Tanuma层中的页岩在钻井液长期浸泡下强度降低，使坍塌压力升高超过实用泥浆密度是造成这两个层段井壁失稳的主要原因。因此，增强钻井液的抑制性，防止地层水化坍塌对该地区的安全钻进至关重要。

2. Sadi-Tanuma层段井壁失稳机理及对策分析

前面从地层特性和工程因素两个方面分析了井壁失稳的机理和原因。为了进一步研究钻井液对井壁稳定性的影响，从地层的矿物组成、钻井液对地层强度的影响这两个方面进行分析。

表4-12和表4-13分别给出了Sadi A泥灰岩和Tanuma层泥页岩矿物组成和含量及黏土矿物组成及相对含量。从两表中的数据可以看出，Sadi A泥灰岩地层矿物以方解石和白云石为主，作为胶结物的黏土矿物含量相对较低，黏土矿物以伊/蒙混层和高岭土为主，虽然伊/蒙混层矿物中的蒙皂石含量不高，但含有4%~10%的绿泥石矿物，导致作为胶结物的黏土矿物具有较强的水化性质，与钻井液长期作用易引起该泥灰岩地层的强度降低。因此，为防止该地层坍塌，需要钻井液具有合理的抑制性。

表4-12 Sadi和Tanuma层泥页岩矿物组成及含量

样品号	层位	井深（m）	矿物含量（%）									
			石英	钾长石	钠长石	斜长石	方解石	白云石	黄铁矿	赤铁矿	TCCM
M316	Sadi A	2659.63	6.7	0.8		0.5	66.7				25.3
		2659.63	3.7				20.4	59.7			16.2
		2664.81	7.2	0.4			33.4	40.2			18.8
	Tanuma	2739.20	59.4	1.1						2.8	36.7
		2747.67	56.9	0.5						2.2	40.4
		2749.88	43.8	0.7						3.1	52.4

表 4-13　Sadi 和 Tanuma 层泥页岩黏土矿物矿物组成及相对含量

样品号	层位	井深(m)	黏土矿物相对含量（%）						混层比（%S）	
			S	I/S	It	Kao	C	C/S	I/S	C/S
M316	Sadi A	2659.63		55	8	37	5		25	
		2659.64		47	6	37	10		15	
		2664.81		49	9	38	4		21	
	Tanuma	2739.20		61	5	34			27	
		2747.67		54	5	41			23	
		2749.88		48	7	45			25	

Tanuma 层泥页岩矿物以石英和黏土为主，特别是石英的含量极高，对泥页岩地层，石英的含量越高，脆性越大；同时，该层泥页岩的黏土矿物的含量属中等偏高水平，黏土矿物以伊/蒙混层和高岭石为主，且伊/蒙混层中蒙脱石的含量相对较低，黏土矿物的类型同样表明，该层泥页岩的脆性大；另外，高岭石是很稳定的黏土矿物，伊/蒙混层的水化性质也相对较弱，特别是伊/蒙混层矿物中蒙脱石含量相对比较低的情况下。黏土矿物的类型和相对含量都表明，Tanuma 层泥页岩是一种不易水化的硬脆性极高的地层，但这种地层一般裂缝较为发育。因此，为防止该地层坍塌，需要钻井液具有合理的封堵性。

根据国内外的研究经验，Sadi 和 Tanuma 这类地层发生水化膨胀坍塌的可能性较低，钻井液对井壁稳定性的影响很可能主要体现在钻井液对地层强度的削弱上。为此，通过实验对 Halfaya 油田现场应用的 4 种钻井液体系对地层强度的影响规律进行了实验研究。利用点载荷实验，对 Sadi A 层的泥灰岩和 Tanuma 层的泥页岩浸泡这 4 种钻井液后的抗压强度进行了测试，表 4-14 和表 4-15 给出了抗压强度的测定结果，图 4-52 和图 4-53 给出了浸泡 4 种钻井液后强度随时间变化规律的对比。

表 4-14　Sadi-A 层泥灰岩浸泡钻井液后抗压强度试验结果

条件	浸泡不同钻井液后抗压强度（MPa）			
	有机盐钻井液	KCl-聚合物钻井液	Gel-Polymer 钻井液	饱和盐水钻井液
未浸泡钻井液	21.52	20.47	19.65	24.87
浸泡钻井液 24h	18.48	17.95	18.26	22.95
浸泡钻井液 48h	16.74	16.99	17.33	22.36
浸泡钻井液 72h	15.33	15.95	17.07	21.77
浸泡钻井液 96h	15.03	15.02	16.31	20.93

表 4-15　Tanuma 层泥页岩浸泡钻井液后抗压强度试验结果

条件	浸泡不同钻井液后抗压强度（MPa）			
	有机盐钻井液	KCl-聚合物钻井液	Gel-Polymer 钻井液	饱和盐水钻井液
未浸泡钻井液	62.53	37.48	32.64	67.93
浸泡钻井液 24h	47.48	31.53	32.64	63.34
浸泡钻井液 48h	41.76	26.27	32.64	60.72
浸泡钻井液 72h	39.36	25.26	32.64	57.14
浸泡钻井液 96h	38.61	24.74	32.64	54.93

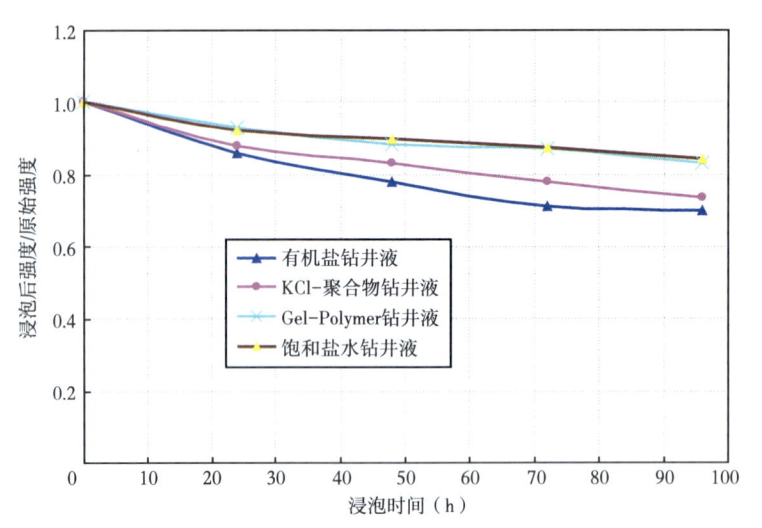

图 4-52　Sadi-A 层泥灰岩浸泡不同钻井液后强度降低幅度对比

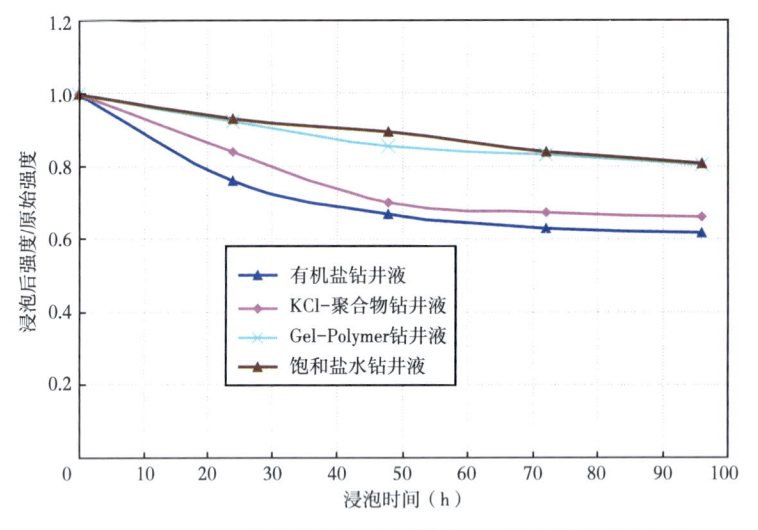

图 4-53　Tanuma 层泥页岩浸泡不同钻井液后强度降低幅度对比

由实验结果可知，浸泡有机盐钻井液后 Sadi 和 Tanuma 层泥页的抗压强度降低幅度最大，KCl-聚合物钻井液后抗压强度的降低幅度次之，而浸泡 Gel-Polymer 钻井液后抗压强度的降低幅度与浸泡饱和盐水钻井液后抗压强度的降低幅度接近，地层抗压强度降低较低。这一实验结果表明，Gel-Polymer 钻井液和饱和盐水钻井液对维持 Sadi 和 Tanuma 层泥页岩井眼稳定性更为有利。

从现场钻井液性能记录数据和实验室测试数据上看，这 4 种钻井液的基本性能比较接近，但这 4 种钻井液的离子浓度却存在很大差异，饱和盐水钻井液含盐浓度已经达到饱和状态，钻井液中的离子浓度最高，而抗压强度降低幅度最高的有机盐钻井液含盐浓度在 4 种钻井液中含量最低。由于泥页岩强度的降低主要是由于钻井液中的自由水进入岩石内部造成的，而离子浓度差是驱动钻井液中自由水进出地层的主要动力之一。

根据以上的研究，在离子浓度差的作用下，钻井液中的自由水进入地层导致岩石抗压强度降低是造成 Sadi 和 Tanuma 层泥页岩井壁坍塌的主要原因；另外，由于该地层极其硬脆，内部裂缝发育，若钻井封堵性不良，在钻井液液柱压力和地层压力的压差作用下会导致钻井液及其滤液沿微裂缝层面向岩石内部渗透，同样会削弱地层强度，导致井壁坍塌。因此，增加钻井液的离子浓度，强化钻井液的封堵性，是防止 Sadi 和 Tanuma 层泥页岩井壁失稳的关键。

对于 Sadi 和 Tanuma 层这类硬脆性泥页岩，根据国内外的研究成果及本研究的实验结果，钻井液浸泡对力学性质的影响主要表现在抗压强度及弹性模量随浸泡时间的增加而降低上，真实地层条件下硬脆性泥页岩的水化膨胀几乎可以忽略。假设 Sadi 和 Tanuma 层泥页岩钻井液浸泡后弹性模量的降低规律与抗压强度的降低规律一致，对井壁坍塌压力随时间的变化规律进行计算。

图 4-54 和图 4-55 给出了采用饱和盐水钻井液，在 Sadi 和 Tanuma 层泥页岩坍塌压力随井眼钻开时间的变化规律。由于钻井液浸泡导致地层弹性模量降低，井壁上的最大应力向地层内部转移，井眼钻开的短时间内，坍塌压力会略有降低，但随后由于地层强度的降低，坍塌压力随井眼钻开时间逐渐增大，但增加速度逐渐降低，若钻井过程中井底当量钻井液密度为 1.23g/cm^3，井壁保持稳定的时间大致为 8 天，若要井壁继续保持稳定则需提高钻井液的密度，但这只能在有限的时间内改善井壁稳定情况，如果不能有效改善钻井液的性能，提高钻井液密度会增大钻井液向地层的侵入，不利于井壁的长期稳定。

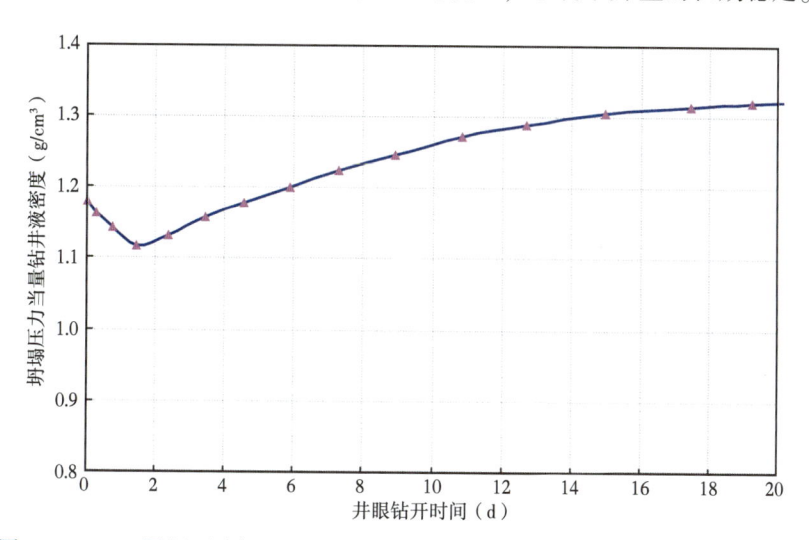

图 4-54 Sadi 层泥页岩坍塌压力随井眼钻开时间的变化规律（饱和盐水钻井液）

通过对哈法亚油田地层变形破坏特征、地应力的大小及方向、安全钻井液密度窗口、三压力剖面、定向井水平井安全钻井液密度窗口的研究，得出以下研究结论：

（1）哈法亚油田 Sadi-Tanuma 地层的压力较高，压力系数在 1.24 左右。

（2）哈法亚油田 Sadi-Tanuma 层段的地层强度总体表现为泥页岩、泥灰岩及部分高孔隙度石灰岩地层的强度低，致密灰岩地层强度高，地层强度变化剧烈。各层段地层的强度特征为：

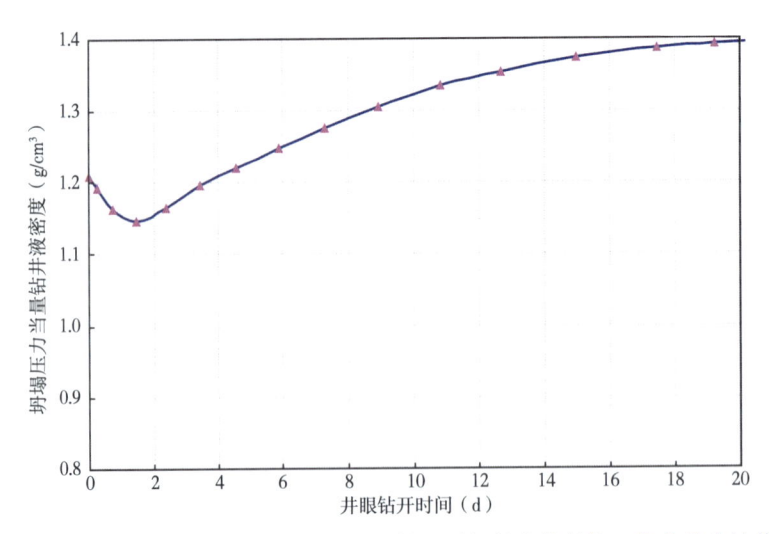

图 4-55　Tanuma 层泥页岩坍塌压力随井眼钻开时间的变化规律（饱和盐水钻井液）

①白垩系 Sadi-A 地层岩性为石灰岩、泥灰岩，从强度剖面的预测结果上看，该段地层的强度变化较大，地层抗压强度基本上在 20~85MPa，内摩擦角在 15°~34°，低强度的层段是底部的泥灰岩地层。

②白垩系 Sadi-B 地层岩性主要为石灰岩，下部夹薄层页岩，从强度剖面的预测结果上看，该段地层的强度变化较大，地层抗压强度基本上在 30~110MPa，内摩擦角在 21°~37°，地强度的层段是 Sadi B3 层中的页岩夹层。

③白垩系 Tenuma 地层岩性为石灰岩、页岩、泥灰岩，从强度剖面的预测结果上看，该段地层的强度变化较大，地层抗压强度基本上在 33~118MPa，内摩擦角在 24°~39°，低强度的层段主要是底部的页岩夹层。

（3）哈法亚油田最大水平地应力方位在北偏东 20°~30°，地应力较为均匀，除了部分硬度极高井段的最大水平地应力高于上覆岩层压力以外，最大水平地应力为中间地应力，上覆岩层压力为最大主应力。Sadi-Tanuma 层上覆岩层压力的当量钻井液密度基本在 2.29~2.32g/cm³；最大水平地应力的当量钻井液密度基本在 1.75~2.30g/cm³，除了部分硬度极高井段的当量钻井液密度值高于上覆岩层压力以外，最大水平地应力为中间地应力；最小水平地应力的当量钻井液密度基本在 1.60~1.87g/cm³。哈法亚油田水平地应力的变化主要受地层岩性的影响，部分地层强度高、硬度大的井段水平地应力较高。

（4）哈法亚油田 Sadi-Tanuma 层坍塌压力当量钻井液密度最高在 1.21g/cm³ 左右，漏失压力当量钻井液密度最低在 1.60g/cm³ 左右，破裂压力当量钻井液密度最低在 1.80g/cm³ 左右，与坍塌压力间密度窗口较宽。

（5）在哈法亚油田 Sadi-Tanuma 层钻定向井，向最小水平地应力方位钻进时坍塌压力最低，有利于井壁稳定，向最大地应力方位钻进定向井时坍塌压力最高，不利于井壁稳定。

（6）在离子浓度差的作用下，钻井液中的自由水进入地层导致的岩石抗压强度降低，是造成哈法亚油田 Sadi-Tanuma 层泥页岩井壁坍塌的主要原因；另外，由于该地层极其硬脆，内部裂缝发育，若钻井封堵性不良，在钻井液液柱压力和地层压力的压差作用下会导致钻井液及其滤液沿微裂缝层面向岩石内部渗透，同样会削弱地层强度，导致井壁坍塌。增加钻井液的离子浓度，强化钻井液的封堵性，是防止哈法亚油田 Sadi-Tanuma 层泥页岩井壁失稳的关键。

（7）采用现场 Salt-Saturated 钻井液体系，在 Sadi-Tanuma 层钻井，井眼钻开的短时间内，坍塌压力会略有降低，但随后坍塌压力随井眼钻开时间逐渐增大，但增加速度逐渐降低，若要井壁保持长期稳定则需提高钻井液的密度，但这只能在有限的时间内改善井壁稳定情况，如不能有效改善钻井液的性能，提高钻井液密度会增大钻井液向地层的侵入，不利于井壁的长期稳定。

二、Nahr Umr B 井壁失稳地层特性及对策分析

1. Nahr Umr B 层页岩岩性特征及钻井复杂情况

Nahr Umr B 层井深范围在 3640~3700m，岩性为灰色泥页岩和砂岩互层，该层下部砂岩为哈法亚油田主力储层之一。图 4-56 给出的测井数据显示，高 GR 的泥页岩发生了严重的井塌，泥页岩层段测井声波时差高，密度明显低，且低于取心段泥页岩的实测密度值。从本章第三节中给出的岩心图片上看，硬脆性的泥页岩裂缝发育。

哈法亚油田在 Nahr Umr 地层共钻进了三口水平井，这三口分别为 HF001-N001H 井、N006H 井和 N002H 井，三口井的井斜角和方位角如图 4-57 所示，三口井的井斜角在 Nahr Umr 层均接近 90°，井眼方位角虽然不同，但都是在构造长轴方向布井。三口井钻井过程中的复杂问题分别为：

第一口水平井 N001ST 井，钻至 Nahr Umr 地层发生了两次侧钻。第一次侧钻问题发生在钻至 3941.26m 时，SLB 螺杆在大斜度井段遇阻，定向工具掉井，引起卡钻，打捞无果，导致侧钻。第二次侧钻问题发生在钻至 4091.21m，由于 Nahr Umr 泥页岩垮塌，钻具在 4087m 卡钻，处理无果导致侧钻。

Nahr Umr 第二口水平井 N006ST 井，采用了强抑制的有机盐钻井液体系，当钻至 3964m 时，由于 Nahr Umr B 层泥页岩垮塌，造成钻具卡钻，处理无果，在 3800m 侧钻改直井完井。

Nahr Umr 第三口水平井 N002H 井采用饱和盐水钻井液钻成了井眼，但在 3660~3895m 钻进过程中多处发生阻卡，且振动筛有井壁坍塌物的返出。

2. Nahr Umr B 层井壁失稳地层特性及对策分析

由三口井钻井过程中复杂问题的描述可知，钻进 Nahr Umr 层的井壁坍塌问题是制约水平井钻井安全的关键因素。一般的造成井壁失稳的因素可以分成地层因素和钻井施工因素两大类，认清地层因素，在工程上采取合理的措施是解决井壁失稳问题的关键。

图 4-56 给出了 HF002-N004 井 Nahr Umr B 层测井数据，从井径上看，该段地层井存在井壁非常稳定的层段，又存在井径扩大十分严重的层段，GR 测井数据显示井塌的层段为泥页岩，而砂岩层段井壁稳定。从声波时差测井数据上看，Nahr Umr B 层泥页岩声波时差测井数据显著高于邻层的砂岩，从密度测井数据上看，泥页岩井壁坍塌层度的密度测井

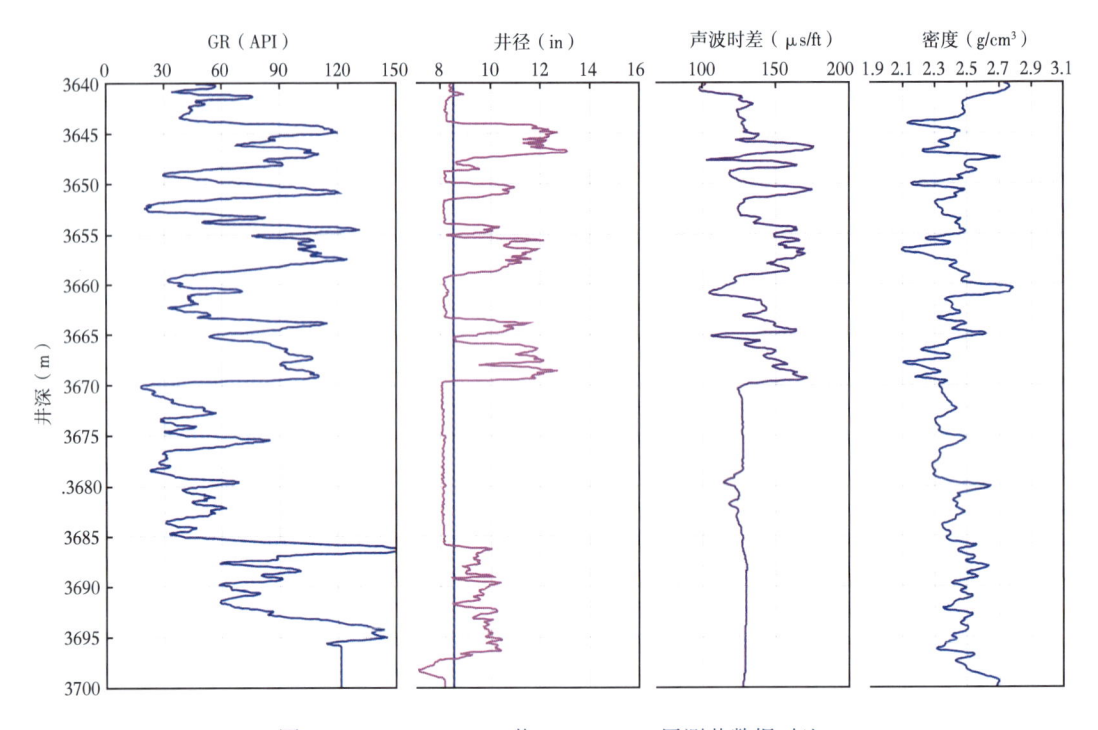

图 4-56　HF002-N004 井 Nahr Umr B 层测井数据对比

明显低于邻层砂岩密度值。造成 Nahr Umr B 层泥页岩地层声波时差偏高、密度测井数据偏低的主要原因是地层内部微裂隙发育，钻井液及其滤液侵入裂缝。这一点可以从图 4-58 给出的岩心照片上清楚的反应出来。

另外，从 Nahr Umr B 层泥页岩井壁坍塌掉块的形状上看，也能证明该层为裂缝发育泥页岩地层。图 4-59 给出了 N006H 井钻遇 Nahr Umr B 层时收集到的井壁坍塌掉块，塌块的形状和图 4-60 所示的国内张海油田钻进大斜度井过程中的坍塌掉块的形状相似，张海大斜度井井塌地层为裂缝发育的泥页岩地层。Nahr Umr B 层井壁坍塌掉块的形状与图 4-61 所示的层理性泥页岩地层的坍塌掉块完全不一致。

根据 P. J. Mclellan, F. J. Santarelli, N. Last 和 X. Chen 等的研究成果，裂缝发育的硬脆性泥页岩地层井壁失稳的主导机理为：钻井过程中钻井液对裂缝性地层的封堵能力不足，或钻井液离子浓度不足以平衡地层水离子浓度，在钻井液液柱压差、离子浓度差等驱动力作用下，钻井液及其滤液沿微裂缝的渗流导致裂缝面的摩擦系数降低，井周地层有效应力降低、井周地层趋于松散，钻井液液柱压力对井壁的有效支撑力降低，井周地层向井眼内流动，钻井过程中在划眼及倒划眼过程中，钻具对松散地层的扰动可能导致井壁坍塌。

为了防止裂缝发育硬脆性泥页岩地层的井壁坍塌，国内外研究者提出了如下钻井工程技术对策及建议：

（1）单靠钻井液密度不能解决裂缝性泥页岩地层井壁失稳问题，在裂缝性地层中使用过高的钻井液密度，将导致孔隙压力升高，井眼周围有效应力降低，产生更大范围的破坏；而降低钻井液滤失量，改善钻井液流变特性对维持井壁稳定有利。

（2）一般来说，井斜角越大，井壁失稳的风险越大，但对于层理裂缝性地层，降低井眼轴线和层理面法向之间的夹角有利于井壁稳定。

（3）在评估维持井壁稳定的安全钻井液密度窗口时应考虑抽吸压力和激动压力的影响，简化的钻具组合有利于避免大的抽吸和激动压力，有利于防卡。

（4）不应发挥水力喷射破岩的作用，高压射流导致钻井液进入裂缝而产生水楔作用，应尽量采用大直径喷嘴或不带喷嘴。

（5）避免狗腿或井眼轨迹的剧烈变化，防止钻柱对井壁的作用力过大。

（6）优化水力参数以保证钻屑和坍塌物能被及时带出井眼，因为在某些情况下井壁坍塌是不可避免的，将坍塌物及时带出井眼可以减少井下复杂时间；提高钻速减少泥页岩地层的裸露时间，对井壁稳定有利。

从上述分析中可以看出，Nahr Umr B 层硬脆性泥页岩裂缝发育是井壁失稳的主因，钻井液引入地层导致地层强度降低是井壁失稳的诱因，只有在合理的钻井液密度下，优化钻井液的性能指标，并配合合理的钻井工程对策，才能解决该地层井壁失稳问题。

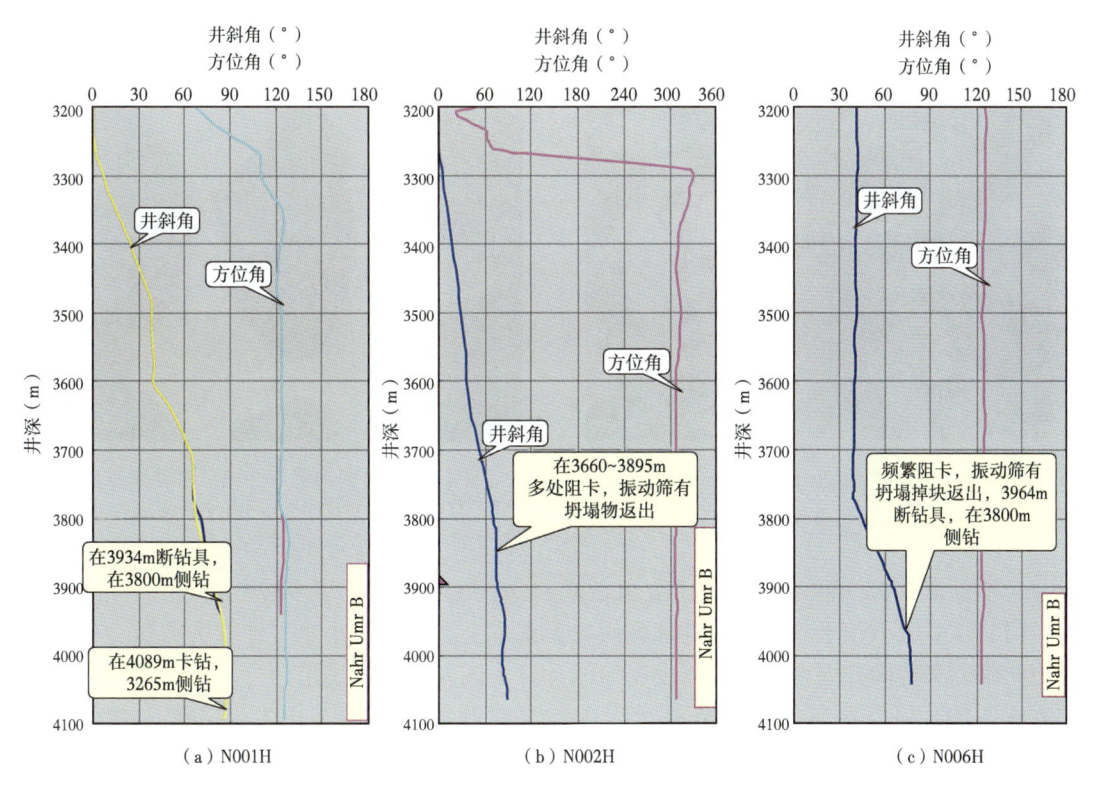

图 4-57　Nahr Umr 三口水平井的井眼轨迹及钻井复杂

3. Nahr Umr B 层水平井井壁失稳的原因分析

针对 Nahr Umr B 层这类裂缝发育的硬脆性泥页岩，解决其井壁失稳问题如从钻井液性能和钻井工程对策两个方面共同入手，结合 Nahr Umr 三口水平井在钻井过程中采取的工程措施分析井壁失稳的原因。

图 4-58　Nahr Umr B 层泥页岩岩心

图 4-59　N006H 井钻进 Nahr Umr B 层时泥页岩井壁掉块

图 4-60　国内张海油田裂缝发育的硬脆性泥页岩井壁掉块

图 4-61　典型的层理性泥页岩井壁掉块

为了保证 Nahr Umr 三口水平井钻井成功，钻井工程上采用了多种措施：

(1) 从井眼方位上看，三口井的井眼方位基本上平行于最小水平地应力方位，根据地应力的研究和定向井安全钻井液密度窗口的计算，该方位是钻进定向井、水平井最为稳定的有利方位；另外，为了降低造斜过程中钻具对井周地层的作用力，N002H 井已经在 Nahr Unr B 泥页岩层段采用稳斜钻进。

(2) 从井身结构上，为了减低 Nahr Umr B 层泥页岩的裸露时间，N002H 井在钻至目的层顶部后下套管封隔易坍塌层段，井身结构的设计充分考虑了井壁稳定性问题。

(3) 从井下钻具组合上看，三口井钻井过程中的井下钻具组合，为了防止井壁坍塌造成阻卡，不断简化，经历了 N001ST 井的阻卡问题后，N006ST 和 N002H 两口井已经采用了光钻杆结构，充分减小了钻具对井壁稳定的影响。

(4) 从水力参数设计上看，由表 4-16 给出的三口井钻头喷嘴组合可以看出 N006H

井和N002H井为了避免钻头水力喷射作用对井周地层的水力损伤，两口钻头都没有加喷嘴。

表4-16 Nahr Umr 三口水平井钻头喷嘴组合

钻井参数	HF001-N001H 井		N002H 井（平均值）	N006H 井（平均值）
	井段1（平均值）	井段2（平均值）		
钻速（r/min）	150	30	45	180
钻压（tf）	4	7	6	8
排量（m³/min）	1.80	1.80	1.87	1.90
泵压（psi）	2500	2600	2950	2200
喷嘴尺寸	3×14mm+2×13mm+1×12mm	4×14mm+1×13mm	敞喷	敞喷

将Nahr Umr三口水平井钻井工程措施与上一节中国内外对钻进裂缝发育的硬脆性泥页岩工程技术措施及建议进行对比可以发现，Nahr Umr三口水平井钻井工程措施自出现HF001-N001H井的井壁失稳和井下复杂后，工程措施已经非常合理。

合理的钻井工程措施下，钻井液的性能在很大程度上决定了钻井过程中的井壁稳定性问题。表4-17给出了三口水平井钻井过程中的钻井液性能，三口井采用了三种不同的钻井液体系，单纯从表中给出的钻井液性能参数上分析，可以得出如下认识：

（1）从钻井液密度上看，三口井钻井液密度差异不大，但是对比Nahr Umr地层定向井、水平井安全钻井液密度的计算结果可知，HF001-N001H井两个井眼的实用钻井液密度偏低，这是造成井壁失稳的原因之一。

（2）从钻井液的流变参数上看，对于完整性好的地层，三口井所用钻井液流变性的差异不明显，都能满足工程要求，但是对于裂缝发育的泥页岩地层，三口井钻井液的流变性却存在着差异，相比另外两口井的钻井液性能，HF001-N001H钻井液的黏度偏低，不利于携带岩屑和掉块；另外，低黏度的钻井液在压差作用下更容易向地层渗流，从这一点上看，N002H井钻井液的流变参数对井壁稳定更加有利。一般的，对于裂缝发育地层，提高钻井液的黏度是有益的。

（3）从钻井液的滤失量上看，三口井的滤失量差异不大。由于滤失量是在标准仪器上测定的，测量结果并不能反映地层实际性质，它实际上只是一个参考指标。

（4）从钻井液的离子浓度上看，HF001-N001H井所用KCl-聚合物钻井液离子浓度介于N002H井和N006H井钻井液离子浓度之间，三口井中N002H井钻井液离子浓度最高，N006H井钻井液离子浓度最低。在井眼打开之后，钻井液与地层水之间的离子浓度差是钻井液中自由水进入地层的主要驱动力之一。通常情况下，钻井液离子浓度越高，越有利于防止钻井液中的自由水进入地层，若钻井液中的自由水进入地层，会导致地层水化，削弱地层强度，导致井壁周期性坍塌。结合表2-3哈法亚油田地层流体特性可以看出，该油田地层水的离子浓度极高，需要钻井液具有很高的离子浓度来平衡。

综上分析，三口井中N002H井钻井液性能与Nahr Umr B层泥页岩特性匹配最好。

表 4-17 Nahr Umr 层三口水平井钻井液性能

性能	HF001-N001H 井井段		N002H 井	N006H 井
钻井液类型	KCl-聚合物钻井液	KCl-聚合物钻井液	饱和盐水钻井液	BH-WEI 钻井液
密度（g/cm³）	1.25	1.25	1.28	1.28
漏斗黏度（s）	51	53	78	65
塑性黏度（mPa·s）	26	27	41	39
动切力（lbf/100ft²）	24	26	31	29
静切力(10s/10min)（lbf/100ft²）	5/8	5/14	7/9	5/7
API 滤失量（mL）	3.2	3.4	3.0	3
滤饼厚度（mm）	0.3	0.3	0.3	0.5
pH 值	9.5	9.0	9.0	8.5
固相含量（%）	13	11	13	17
砂含量（%）	0.3	0.3	0.2	0.3
当量膨润土含量（g/L）	27	26	38	
钾离子含量（mg/L）			27000	
氯离子含量（mg/L）			55000	11520
钙离子含量（mg/L）			200	
油含量（%）				4

4. Nahr Umr B 层泥页岩井壁失稳机理及井壁坍塌周期计算

在前面两节中从地层特性和工程因素两个方面分析了井壁失稳的机理和原因，从地层特性上看，Nahr Umr B 层泥页岩微裂隙发育，地层破碎，钻井液易沿微裂缝面侵入造成地层强度的变化；从钻井工程上看，为了防止该层泥页岩的失稳，工程措施非常合理，但钻井液性能还有待改善。为了进一步研究钻井液对井壁稳定性的影响，从地层的矿物组成、钻井液的一致性、钻井液对地层强度的影响这三个方面进行分析。

表 4-18 和表 4-19 分别给出了 Nahr Umr B 层泥页岩矿物组成和含量及黏土矿物组成及相对含量。可以看出，Nahr Umr B 层泥页岩矿物以石英和黏土为主，特别是石英的含量在 48.5%以上，对于泥页岩地层，石英的含量越高，脆性越大；同时，该层泥页岩的黏土矿物含量属中等偏高水平，黏土矿物以伊/蒙混层和高岭石为主，且伊/蒙混层中蒙皂石的含量相对较低，黏土矿物的类型同样表明，该层泥页岩的脆性大，另外，高岭石是很稳定的黏土矿物，伊/蒙混层的水化性质也相对较弱，特别是伊/蒙混层矿物中蒙皂石含量相对比较低的情况下。黏土矿物的类型和相对含量都表明，Nahr Umr 层泥页岩是一种不易水化的硬脆性极高的地层。

表4-18 Nahr Umr B层泥页岩矿物组成及含量

样品号	井深（m）	矿物含量（%）								
		石英	钾长石	钠长石	斜长石	方解石	白云石	黄铁矿	赤铁矿	TCCM
M316	2659.63	6.7	0.8		0.5	66.7				25.3
	2659.63	3.7				20.4	59.7			16.2
	2747.67	56.9	0.5						2.2	40.4
N004	3645.10	51.7	0.8		0.2				2.7	44.6
	3649.83	60.8	1.2			0.4		4.7		32.9
	3666.00	48.5	1.9		0.3	1.4		4.5		43.4

表4-19 Nahr Umr B层泥页岩黏土矿物矿物组成及相对含量

样品号	井深（m）	黏土矿物相对含量（%）						混层比（%S）	
		S	I/S	It	Kao	C	C/S	I/S	C/S
M316	2659.63		55	8	37			25	
	2659.64		47	6	37	10		15	
	2747.67		54	5	41			23	
N004	3645.10		34	7	48	11		14	
	3649.83		33	3	40	24		11	
	3666.00		44	7	49			21	

根据国内外的研究经验，一般只要钻井液的抑制性良好，Nahr Umr B层泥页岩这类地层发生水化膨胀坍塌的可能性较低，为此，进一步对哈法亚油田现场应用的三种钻井液体系的抑制性进行了评价，三种钻井液的配方如下：

（1）有机盐钻井液。

钻井液配方：清水+2%BZ-VIS+0.3%Na$_2$CO$_3$+0.1%NaOH+55%BZ-WYJ-I+0.2%BZ-BYJ-I+0.1%BZ-XCD+1.5%BZ-Redu-I+2% BZ-YRH+1%BZ-YFD+3%细目钙+重晶石。

（2）Gel-Polymer钻井液。

钻井液配方：清水+1%膨润土+0.63%Na$_2$CO$_3$+0.49%NaOH +9.71%KCl+23.56%NaCl+0.14%MIL-PAC R(降滤失剂)+1.23%MAXTROL(高温高压降滤失剂)+1.09%MIL-PAC LV(降滤失剂)+0.14%NEW DRILL PLUS（抑制防泥包剂）+2.37%SULFATROL（页岩稳定剂）+0.29%XAN-PLEX（增黏剂）+重晶石。

（3）KCl-聚合物钻井液。

钻井液配方：清水+2%膨润土+0.3%Na$_2$CO$_3$+0.1%NaOH+0.3%KPAM（钾盐）+5.0%KCl+1.5% PAC-LV（降滤失剂）+0.4%XC（增黏剂）+3.0%RH-3（润滑剂）+3.0%PW-SAS（改性沥青，用于改善形成滤饼质量）+2.0%PWTBA-Ⅱ（油溶性暂堵剂）+3.0%QS-2（超细碳酸钙）+重晶石。

三种钻井液都加重至密度1.33g/cm^3，经过高温老化后，测定了Nahr Umr B层泥页岩在三种钻井液中的滚动回收率和膨胀率。图4-62给出了实验结果，从图中的数据可知，

Nahr Umr B 层泥页岩在三种钻井液中的滚动回收率都高于 95%；膨胀率虽然有所差异，但都低于 4%。这一方面说明钻井液的抑制性好，另一方面说明地层的水化弱。该实验结果表明，钻井液的抑制性不是造成 Nahr Umr B 层泥页岩井壁失稳的主要因素。

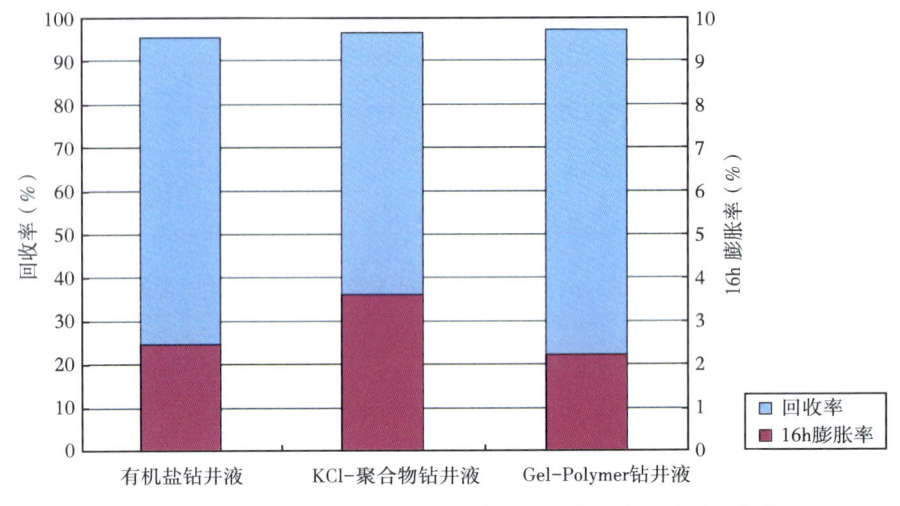

图 4-62　Nahr Umr B 层泥页岩在钻井液中的膨胀率和滚动回收率

为了分析现场应用的钻井液对 Nahr Umr B 层泥页岩井壁稳定性的影响，从钻井液对岩石力学性质影响方面进行了实验研究。哈法亚油田主要应用了 4 种类型的钻井液，依据这 4 种钻井液的配方，室内配置了这 4 类钻井液体系。利用点载荷实验，对 Nahr Umr B 层泥页岩浸泡这 4 种钻井液后的抗压强度进行了测试，表 4-20 给出了抗压强度的测定结果，图 4-63 给出了浸泡 4 种钻井液后强度随时间变化规律的对比。

表 4-20　Nahr Umr B 层泥页岩浸泡钻井液后抗压强度测定结果

条件	有机盐钻井液	KCl-聚合物钻井液	Gel-Polymer 钻井液	饱和盐水钻井液
未浸泡钻井液	48.62	51.09	47.22	49.11
浸泡钻井液 24h	40.16	44.80	44.80	45.32
浸泡钻井液 48h	37.81	41.41	43.02	44.15
浸泡钻井液 72h	35.64	39.82	41.69	42.99
浸泡钻井液 96h	34.96	39.00	40.33	41.33

由图 4-63 给出的实验结果可知，浸泡有机盐钻井液后 Nahr Umr B 层泥页的抗压强度降低幅度最大，浸泡 KCl-聚合物钻井液后抗压强度的降低幅度次之，而浸泡 Gel-Polymer 钻井液后抗压强度的降低幅度与浸泡饱和盐水钻井液后抗压强度的降低幅度接近，地层抗压强度降低较低。这一实验结果表明，Gel-Polymer 钻井液和饱和盐水钻井液对维持 Nahr Umr B 层泥页岩井眼稳定性更为有利。

从现场钻井液性能记录数据和实验室测试数据上看，这 4 种钻井液的基本性能比较接近，但这 4 种钻井液的离子浓度却存在很大的差异，饱和盐水钻井液含盐浓度已经达到了饱和状态，钻井液中的离子浓度最高，而抗压强度降低幅度最高的有机盐钻井液含盐浓度

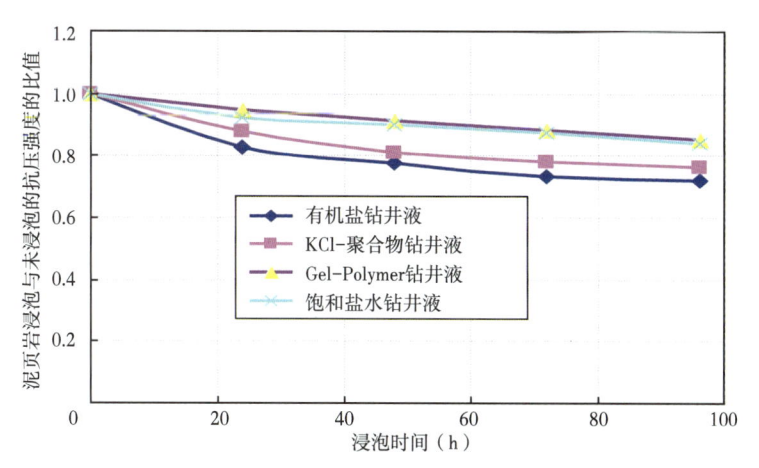

图 4-63　Nahr Umr B 层泥页岩浸泡不同钻井液后抗压强度降低幅度对比

在四种钻井液中含量最低。由于泥页岩强度的降低主要是由于钻井液中的自由水进入岩石内部造成的，而离子浓度差是驱动钻井液中自由水进出地层的主要动力之一。根据哈法亚油田地层水性质，Nahr Umr B 层地层水的离子浓度非常高，需要钻井液具有高离子浓度来控制自由水进入地层。

由上述分析结果可以明确，在离子浓度差的作用下，钻井液中的自由水进入地层导致的岩石抗压强度降低，是造成 Nahr Umr B 层泥页岩井壁坍塌的主要原因；另外，由于该地层极其硬脆，内部裂缝发育，若钻井封堵性不良，钻井液液柱压力和地层压力的压差作用下会导致钻井液及其滤液沿微裂缝层面向岩石内部渗透，同样会削弱地层强度，导致井壁坍塌。因此，增加钻井液的离子浓度，提高钻井液的封堵性，是防止 Nahr Umr B 层泥页岩井壁失稳的关键。

对于 Nahr Umr B 层这类硬脆性的泥页岩，根据国内外的研究成果及本研究的实验结果，钻井液浸泡对力学性质的影响主要表现在抗压强度及弹性模量随浸泡时间的增加而降低上，真实地层条件下硬脆性泥页岩的水化膨胀几乎可以忽略。假设 Nahr Umr B 层泥页岩钻井液浸泡后弹性模量的降低规律与抗压强度的降低规律一致，根据 Nahr Umr B 层三口水平井的井眼轨迹，由于井眼在泥页岩层段的井斜角已接近 90°，假设井眼水平，井眼方位接近水平最小地应力方位，假设井眼方位为水平最小地应力方位，通过类似于直井的模型对井眼钻开后，井壁坍塌压力随时间的变化规律进行计算。

图 4-64 给出了采用饱和盐水钻井液，在 Nahr Umr B 层沿最小水平地应力方位钻水平井，泥页岩坍塌压力随井眼钻开时间的变化规律。由于钻井液浸泡导致地层弹性模量降低，井壁上的最大应力向地层内部转移，井眼钻开的短时间内，坍塌压力会略有降低，但随后由于地层强度的降低，坍塌压力随井眼钻开时间逐渐增大，但增加速度逐渐降低，若钻井过程中井底当量钻井液密度为 1.33g/cm³，井壁保持稳定的时间大致为 6.75 天，若要井壁继续保持稳定则需提高钻井液的密度，但这只能在有限的时间内改善井壁稳定情况，如果不有效改善钻井液的性能，提高钻井液密度会增大钻井液向地层的侵入，不利于井壁的长期稳定。

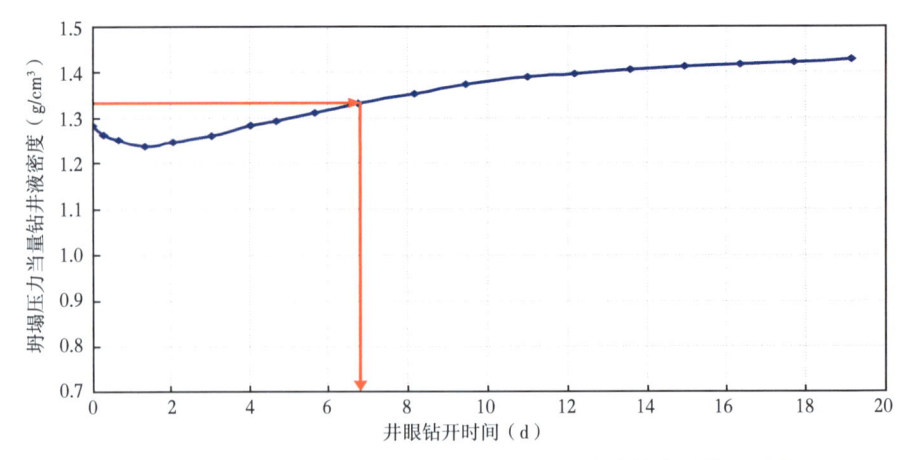

图 4-64　在 Nahr Umr B 层沿水平最小地应力方位钻水平井泥页岩
坍塌压力随井眼钻开时间的变化规律（饱和盐水钻井液）

三、Shuaiba/Zubire 井壁失稳地层特性及对策分析

1. Shuaiba/Zubair 层段井壁失稳情况分析

目前，哈法亚油田主要开发的油藏为深度 3600m 左右的 Nahr Umr 及上部的其他储层，易垮塌的页岩层 Shuaiba/Zubair 地层位于深部的 3700~4080m，为最深部油藏 Yamama 的钻井带来一定的风险与不确定性。目前钻遇 Shuaiba/Zubair 层的井一共有 9 口，其中老井 5 口，分别是 HF1 井、HF2 井、HF3 井、HF4 井和 HF5 井；新井 4 口，分别是 Y065 井、Y115 井、Y161 井和 N075 井，其中 N075 井只钻到 Shuaiba 地层，Y065 井、Y115 井和 Y161 井在钻遇 Shuaiba/Zubair 地层时发生了严重的井壁坍塌，钻井液密度从 1.28g/cm^3 提高到 1.38 g/cm^3 以维持井眼稳定。N075 井从 3981m 到 4090m 发生了井眼缩径，反复扩眼/倒划眼，并将钻井液密度从 1.37g/cm^3 提高到 1.53g/cm^3，最终提前完钻，已钻井统计结果见表 4-21。

表 4-21　钻遇 Shuaiba/Zubair 层段的已钻井统计

井号	Shuaiba 地层深度 MD (m)	Zubair 地层深度 MD (m)	岩性	井眼尺寸 (in)	钻井液密度 (g/cm^3)
Y065	3716~3907	3907~4090.5	灰岩/泥页岩	8.500	1.29~1.31
Y115	3808~4004	4004~4191.44	灰岩/泥页岩	8.500	1.27~1.32
Y161	3796~3990	3990~4174.5	灰岩/泥页岩	8.500	1.33~1.36
N075	3757~3949	3949~未钻穿	灰岩/泥页岩	6.000	1.28~1.53
HF1	3727~3916.5	3916.5~4106.5	灰岩/泥页岩	5.875	1.22
HF2	3784~3978	3978~4166	灰岩/泥页岩	8.375	1.29
HF3	3832~4017.5	4017.5~4217.5	灰岩/泥页岩	8.375	
HF4	3881~4066.5	4066.5~4272.0	灰岩/泥页岩	8.375	1.27~1.28
HF5	3832~4020	4020~4228	灰岩/泥页岩	8.375	1.26~1.35（气侵）

典型的钻遇 Shuaiba/Zubair 层段的已钻井井径曲线如图 4-65 所示，Y115 井、HF4 井和 HF5 井在 Shuaiba/Zubair 地层都存在井壁失稳问题，井眼在 Zubair 地层比在 Shuaiba 地层垮塌得

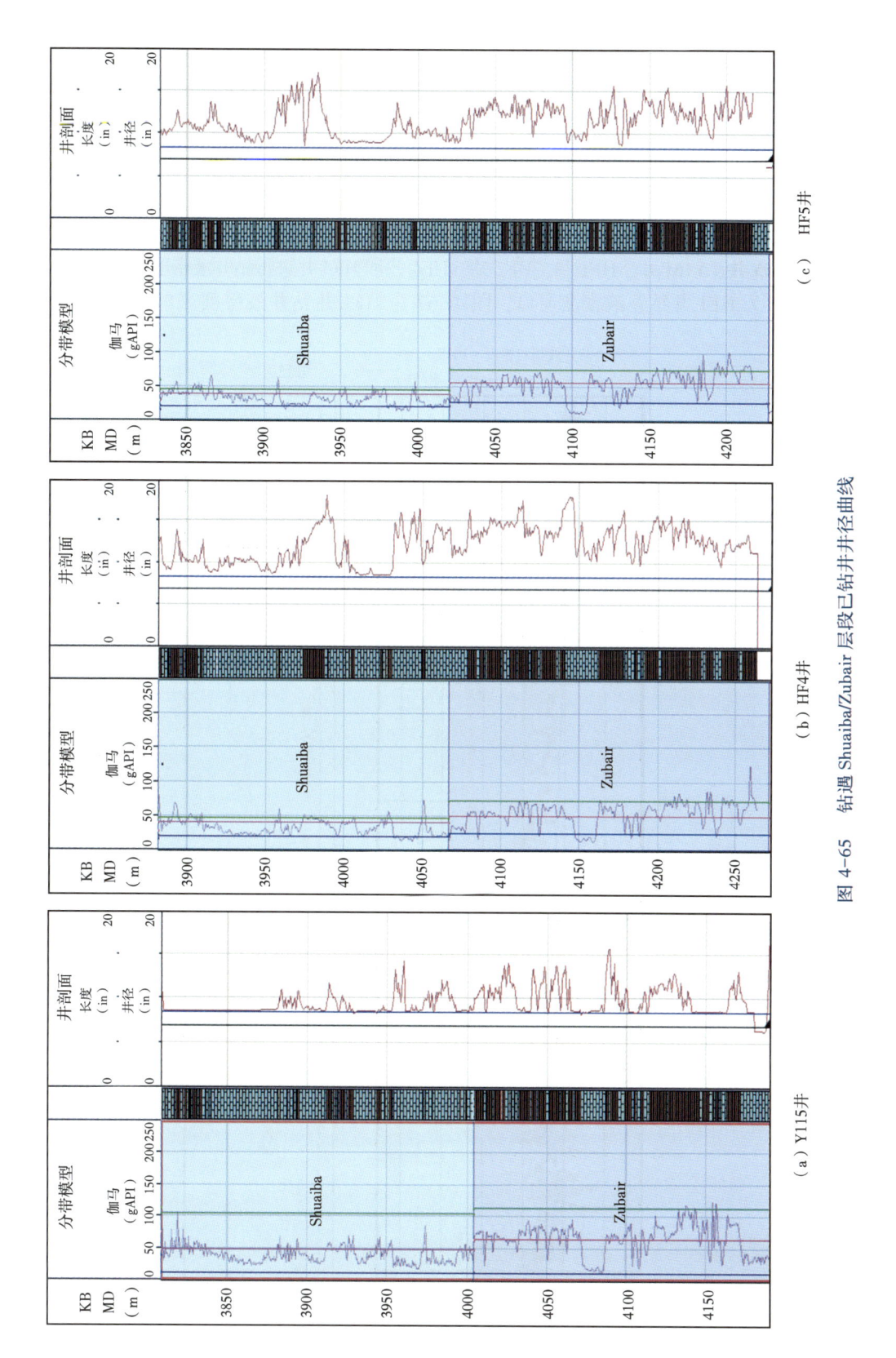

图 4-65 钻遇 Shuaiba/Zubair 层段已钻井井径曲线

更为严重，扩径率最大超过了100%。从钻遇地层岩性来看，Shuaiba/Zubair 地层为灰岩/泥页岩地层，Shuaiba 地层以泥灰岩为主，泥页岩含量较低，Zubair 地层泥页岩含量较高，相对垮塌得更为严重，从钻井情况来看，起下钻过程中虽有阻卡，但并未造成严重的井下复杂，只有 N075 井提高钻井液密度稳定 Shuaiba/Zubair 层，导致上部地层严重漏失，提前完钻。

2. Shuaiba/Zubire 泥页岩井壁失稳的力学原因分析

尽管哈法亚油田钻到 Shuaiba/Zubair 地层的共有 9 口井，但只有 6 口井有测井资料，故对 Y065 井、Y115 井、Y161 井、HF1 井、HF2 井、HF4 井和 HF5 井进行钻井液密度窗口计算。

图 4-66 为 HF1 井钻井液密度窗口，图 4-67 为 HF1 井钻井液密度窗口垂直剖面。钻

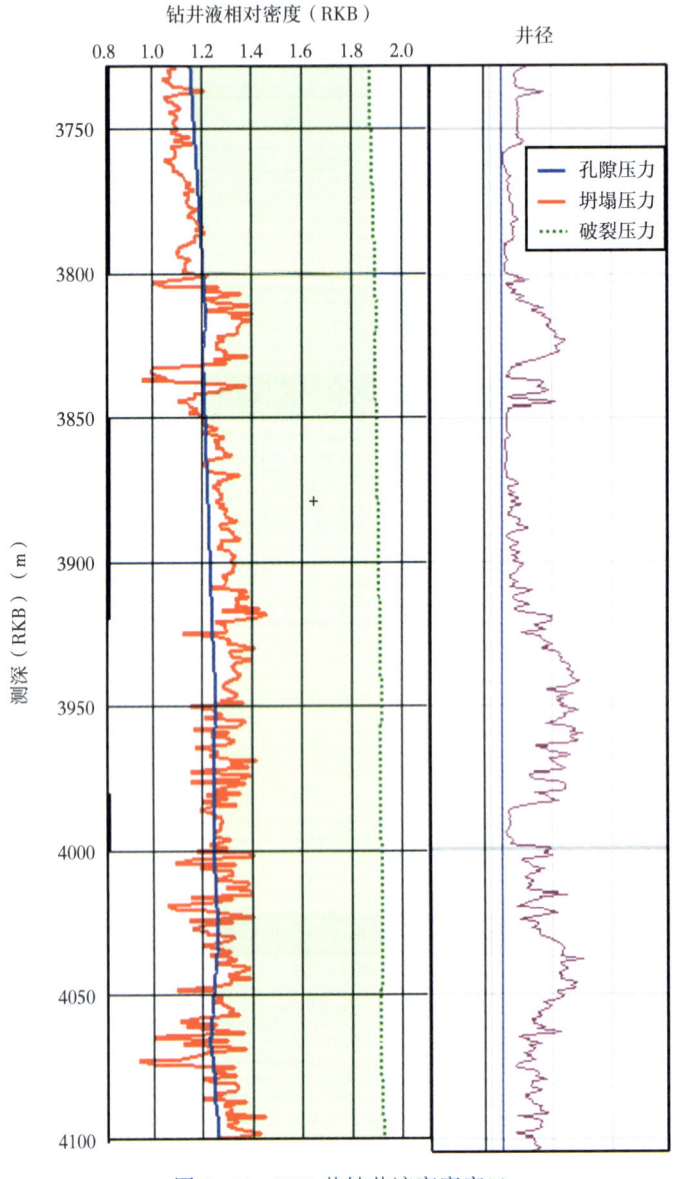

图 4-66 HF1 井钻井液密度窗口

井液密度窗口的下限为坍塌压力与地层孔隙压力的高者,上限为破裂压力。图 4-67 中绿色区域部分为钻井液密度窗口。HF1 井 Shuaiba 地层坍塌压力当量钻井液密度为 1.18~1.41g/cm³,破裂压力当量钻井液密度为 1.87~1.91g/cm³。Zubair 地层坍塌压力当量钻井液密度为 1.24~1.43g/cm³,破裂压力当量钻井液密度为 1.91~1.93g/cm³。

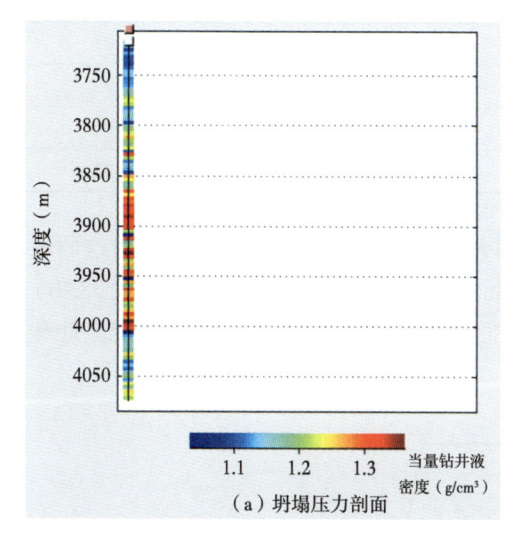

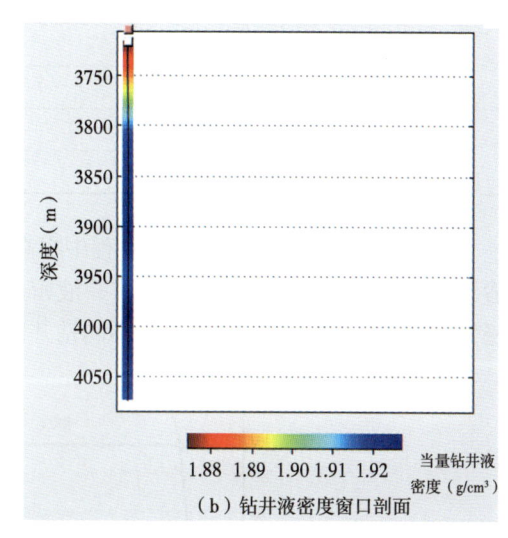

(a) 坍塌压力剖面

(b) 钻井液密度窗口剖面

图 4-67 HF1 井井眼安全钻井液密度设计

对 7 口井的安全钻井液密度窗口进行了统计,结果见表 4-22。从 7 口井的钻井液密度窗口统计结果可以得到以下结论:Shuaiba 地层坍塌压力当量钻井液密度为 1.18~1.38g/cm³,破裂压力当量钻井液密度为 1.89~1.94g/cm³,Zubair 地层坍塌压力当量钻井液密度为 1.20~1.39g/cm³,破裂压力当量钻井液密度为 1.91~1.96g/cm³。由于 Shuaiba/Zubire 泥页岩层与上部易漏地层处于同一裸眼井段,提高钻井液密度困难,导致实用钻井液密度低于力学稳定的钻井液密度窗口,这是造成 Shuaiba/Zubire 泥页岩井壁坍塌的主要原因之一。

表 4-22 Shuaiba/Zubire 地层安全钻井液密度窗口计算结果统计表

井号	地层	坍塌压力当量钻井液密度 (g/cm³)	破裂压力当量钻井液密度 (g/cm³)
HF1	Shuaiba	1.18~1.41	1.87~1.91
	Zubair	1.24~1.43	1.91~1.93
HF2	Shuaiba	1.18~1.36	1.86~1.88
	Zubair	1.20~1.41	1.88~1.90
HF4	Shuaiba	1.21~1.36	1.89~1.90
	Zubair	1.24~1.42	1.90~1.91
HF5	Shuaiba	1.19~1.42	1.89~1.92
	Zubair	1.24~1.40	1.92~1.94

续表

井号	地层	坍塌压力当量钻井液密度（g/cm³）	破裂压力当量钻井液密度（g/cm³）
Y065	Shuaiba	1.19~1.39	1.87~1.92
	Zubair	1.27~1.39	1.92~1.94
Y115	Shuaiba	1.22~1.40	1.90~1.92
	Zubair	1.25~1.43	1.92~1.93
Y161	Shuaiba	1.22~1.39	1.90~1.91
	Zubair	1.24~1.37	1.91~1.92

由于 Shuaiba/Zubire 地层钻井过程中提高钻井液密度受到现实情况的限制，对这两段地层容许井壁适度坍塌情况下的最小钻井液密度进行了分析。以 Y065 井为例，分析 3834m 井眼稳定性，图 4-68 至图 4-73 显示不同钻井液密度时的钻井成功率和井壁坍塌情况。此深度

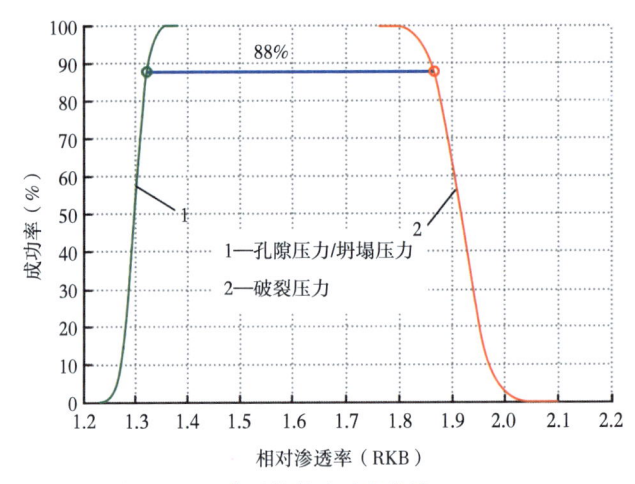

图 4-68　钻井液密度 1.30g/cm³ 时钻井成功率曲线（MD＝3834m，TVD＝3834m）

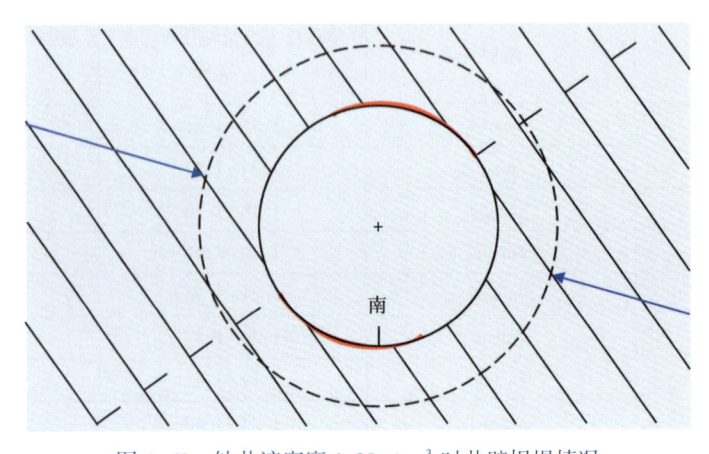

图 4-69　钻井液密度 1.30g/cm³ 时井壁坍塌情况

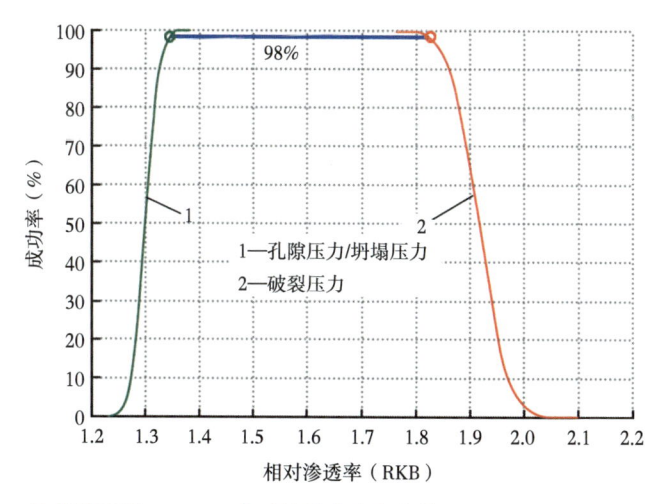

图 4-70　钻井液密度 1.32g/cm³ 时钻井成功率曲线（MD=3834m，TVD=3834m）

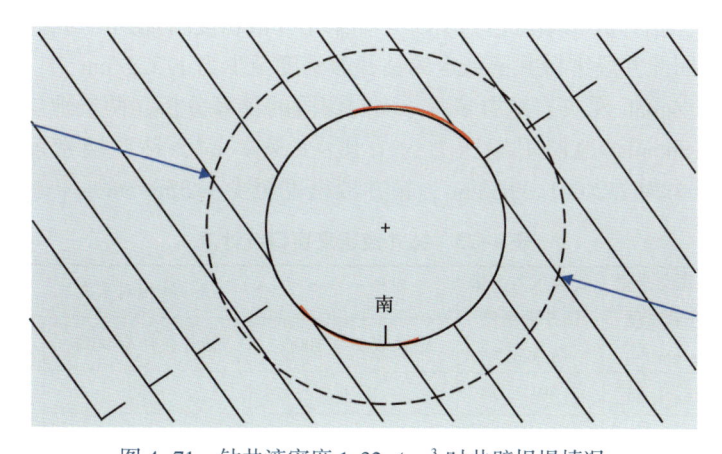

图 4-71　钻井液密度 1.32g/cm³ 时井壁坍塌情况

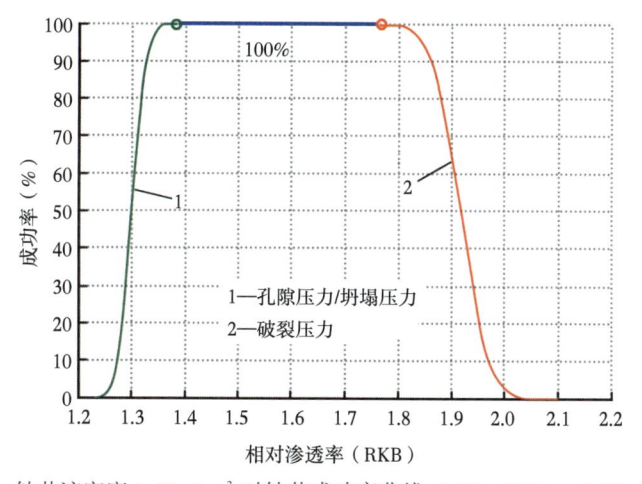

图 4-72　钻井液密度 1.35g/cm³ 时钻井成功率曲线（MD=3834m，TVD=3834m）

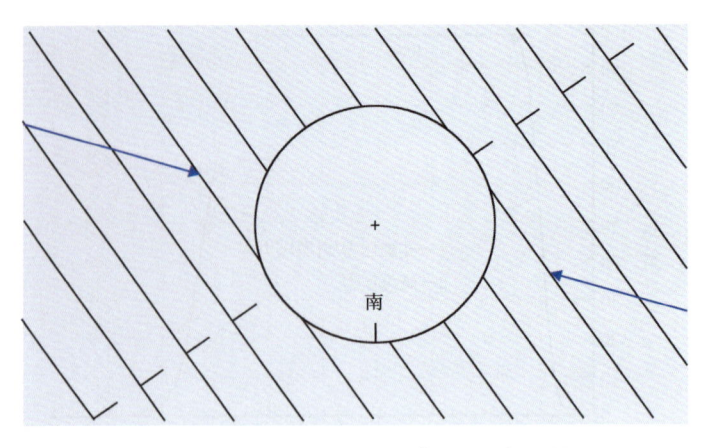

图 4-73 钻井液密度 1.35g/cm³ 时井壁坍塌情况

实际钻井液密度为 1.30g/cm³，钻井成功率为 88%，说明此井段相对稳定。如果钻井液密度增加到 1.32g/cm³，钻井成功率可达到 98%。如果钻井液密度增加到 1.35g/cm³，钻井成功率可达到 100%。说明此井段维持井壁稳定的钻井液密度至少为 1.32g/cm³。

通过 Shuaiba/Zubair 泥页岩地层多口井不同层段的计算分析，两段地层的最小钻井液密度列于表 4-23。Shuaiba 地层坍塌压力为 1.18~1.38g/cm³，钻井液密度至少 1.34g/cm³；Zubair 地层坍塌压力为 1.20~1.39g/cm³，钻井液密度至少 1.35g/cm³。

表 4-23 钻井液密度窗口统计表

地层	坍塌压力当量钻井液密度（g/cm³）	破裂压力当量钻井液密度（g/cm³）	钻井液相对密度		
			钻井成功率 100%	钻井成功率 90%	钻井成功率 80%
Shuaiba	1.18~1.38	1.89~1.94	1.38	1.35	1.34
Zubair	1.20~1.39	1.91~1.96	1.39	1.36	1.35

3. Shuaiba/Zubair 页岩层井壁失稳的钻井液原因分析

对 Shuaiba/Zubire 易脆性岩屑黏土矿物总百分比含量和常见非黏土矿物百分比含量进行岩 X 射线衍射定量分析结果见表 4-24 和表 4-25。

表 4-24 沉积岩全岩 X 射线衍射定量分析报告（SY/T 5163—2010）（1）

样品号	样品	矿物含量（%）							
		石英	钾长石	斜长石	方解石	白云石	菱铁矿	菱镁矿	TCCM
Yu-1	40 目以下，以白色颗粒为主	6.4			64.3	10.9	8.6		9.8
Yu-2	40 目以下，以黑色颗粒为主	32.7	0.7	0.7	15.6	7.3	2.5		41.9
Yu-3	40~100 目	10.1	0.1	0.1	67.1	6.0	8.5		8.1
Yu-4	100 目以上	7.0			63.8	5.4	7.4		16.4
Yu-5	整体样品	5.3			74.1	6.0	5.6		9.0

表 4-25 黏土矿物 X 光衍射分析报告（2）

样品号	样品	黏土矿物相对含量（%）					混层比（%S）	
		S	I/S	It	Kao	C	C/S	I/S	C/S
Yu-1	40 目以下，以白色颗粒为主	9	28	11	26	26		8	
Yu-2	40 目以下，以黑色颗粒为主	1	35	4	29	31		5	
Yu-3	40~100 目	5	24	7	32	32		6	
Yu-4	100 目以上	4	27	6	32	31		10	
Yu-5	整体样品	8	22	5	32	33		16	
		蒙皂石	伊/蒙混层	伊利石	高岭石	绿泥石		混层比中蒙皂石含量	

从表 4-24 可以看出，在样品 Yu-2 中，黏土矿物含量高达 41.9%，该岩屑样品主要由低于 40 目的黑色岩屑组成。对照表 4-25 可以发现，该岩屑样品黏土矿物组分中，伊/蒙混层比例较其他样品高。原始岩屑中，黏土矿物达到 9.0%，而 5 个样品中，岩屑的黏土矿物组分中，伊/蒙混层比例均明显高于伊利石和蒙皂石单组分含量，其范围变化从 22% 到 35%。因此，分析认为，可能是由于伊利石和蒙皂石在水化膨胀方面表现的差异性导致目标层位岩石应力分布急剧变化，最终造成井壁失稳。

利用马尔文公司 Zetasizer 电位仪测定了 Shuaiba/Zubire 岩屑的 Zeta 电位，结果表明：N075 井 Shuaba 层泥页岩的 Zeta 电位为 -51.2~-32.4mV，泥页岩负电位较高，分散性较强。

对 Shuaiba/Zubire 岩屑分别在 500 倍和 8000 倍下进行扫描电镜分析，如图 4-74 所示，结果表明，目标层位微裂缝发育，表明在地层中存储着较大的构造应力。井眼的形成，使原有的应力平衡遭到破坏，失去平衡的构造应力为达到新的平衡会将应力向最薄弱的井眼释放而导致井塌。同时，丰富的裂隙为钻井液滤液的快速、大量侵入提供了客观条件。

为分析 Shuaiba/Zubair 页岩层在水中的水化分散性，进行了岩心浸泡实验。在常温常压下，将直径为 25mm 的 HF065 井 3787~3789m 层段 3 组泥页岩岩心柱塞样品，分别置于

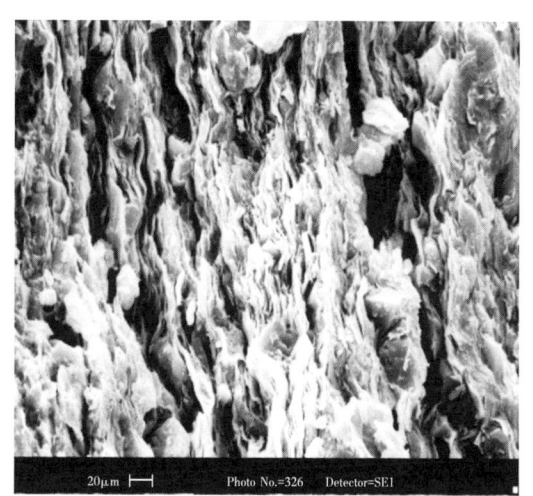

(a) 500 倍　　　　(b) 8000 倍

图 4-74 Shuaiba 地层岩样电镜扫描图

120℃的恒温水浴锅中，在清水和现场钻井液中浸泡 16h 后，在单轴压力试验机上测定其单轴抗压强度，结果见表 4-26。实验结果表明，实验用到的 3 块样品在 120℃清水中浸泡 16h 的岩心柱塞强度范围为 0~0.86MPa，3 块在 120℃现场钻井液中浸泡 16h 的岩心柱塞单轴抗压强度范围为 1.3~1.42MPa，较清水中强度略有提高。

表 4-26 浸泡后岩心柱塞抗压强度

编号	热滚浸泡液体（120℃、16h）	抗压强度（MPa）
1	清水	0.861
1	现场钻井液	1.302
2	清水	掉块，无强度
2	现场钻井液	1.205
3	清水	0.426
3	现场钻井液	1.424

HF161 井、HF115 井、HF065 井和 HF075 井均钻遇 Shuaiba/Zubire 地层，现场的钻井液体系为盐水聚合物体系，钻井液密度范围为 1.23~1.53g/cm³，漏斗黏度为 40~70S，模拟钻井液性能范围见表 4-27。

表 4-27 模拟现场钻井液体系及范围

井号	井段（in）	垂深（m）	钻井液体系	密度（g/cm³）	漏斗黏度（s）	含砂量（%）	pH 值
HF065	8½	3892.5	盐水聚合物体系	1.23~1.31	41~62	0.3	9.0~9.5
HF075	8½	3751.3	盐水聚合物体系	1.28~1.53	45	0.2	9.5
HF115	8½	3992.5	盐水聚合物体系	1.27~1.32	45~65	0.2~0.3	9.0~9.5
HF161	8½	3890.2	盐水聚合物体系	1.33~1.36	44~70	0.2~0.3	9~9.5

室内根据模拟的现场钻井液配方和密度范围，配制了密度分别为 1.04g/cm³，1.10g/cm³，1.25g/cm³ 和 1.4g/cm³ 的现场盐水聚合物钻井液体系，并进行流变性、滤失性、润滑性和抑制性等方面的系统评价。

流变性实验结果见表 4-28，不同密度的钻井液表观黏度大概范围为 40~80mPa·s，塑性黏度大概从 40~75mPa·s，其流变性基本能满足要求。

表 4-28 模拟现场钻井液流变性数据

配方号	配方	状态	Φ_{600}/Φ_{300}	Φ_{200}/Φ_{100}	Φ_6/Φ_3	静切力（10s/10min）(MPa)
配方 1	模拟现场配方（1.04g/cm³）	热滚前	79/41	34/25	9/7	8/10
配方 1	模拟现场配方（1.04g/cm³）	热滚后	87/48	38/29	10/7	7/12
配方 2	模拟现场配方（1.10g/cm³）	热滚前	82/46	36/26	8/7	7/12
配方 2	模拟现场配方（1.10g/cm³）	热滚后	95/55	42/28	8.5/7.5	9/14

续表

配方号	配方	状态	旋转黏度计读数			
			Φ_{600}/Φ_{300}	Φ_{200}/Φ_{100}	Φ_6/Φ_3	静切力（10s/10min）(MPa)
配方3	模拟现场配方（1.25g/cm³）	热滚前	128/65	45/32	9/8	8/12
		热滚后	146/72	51/36	21/18	13/17
配方4	模拟现场配方（1.4g/cm³）	热滚前	158/73	55/38	15/13	15/19
		热滚后	160/85	63/43	17/13	16/20

室内配制密度分别为 1.04g/cm³，1.10g/cm³，1.25g/cm³ 和 1.4g/cm³ 的模拟现场钻井液，热滚条件为 120℃×16h，用中压滤失仪测定其中压滤失量，用高温高压失水仪在 120℃下测定其高温高压滤失量。实验结果见表 4-29，模拟现场钻井液 API 滤失性范围为：4.4~6.0mL，120℃高温高压滤失量范围为 10.4~12.2mL。

表 4-29 模拟现场钻井液 API 滤失量和 HTHP 滤失量

配方号	钻井液	热滚	API 滤失量（mL）	高温高压滤失量（120℃）(mL)
配方1	基浆（1.04g/cm³）	热滚前	4.4	10.4
		热滚后	4.6	11.2
配方2	基浆+重晶石（1.10g/cm³）	热滚前	5.2	10.8
		热滚后	5.0	11.0
配方3	基浆+重晶石（1.25g/cm³）	热滚前	6.0	11.4
		热滚后	4.4	12.0
配方4	基浆+重晶石（1.4g/cm³）	热滚前	6.0	11.8
		热滚后	6.0	12.2

利用页岩滚动实验及线性膨胀仪评价现场钻井液的抑制分散能力，结果见表 4-30 和表 4-31。实验结果表明，岩屑热滚后，滚动回收率范围为 69%~73.5%，钻井线性膨胀率范围为 14.3%~15.2%，对照清水的数据，现场钻井液抑制性需要进一步提高。

表 4-30 模拟现场模拟钻井液滚动回收率

配方号	钻井液	滚动回收率（%）
	清水	42.3
配方1	基浆（1.04g/cm³）	73.5
配方2	基浆+重晶石（1.10g/cm³）	69.1
配方3	基浆+重晶石（1.25g/cm³）	70.7
配方4	基浆+重晶石（1.4g/cm³）	72.6

表 4-31 模拟现场模拟钻井线性膨胀率

配方号	钻井液	线性膨胀率（%）
	清水	29.3
配方 1	基浆（1.04g/cm³）	14.6
配方 2	基浆+重晶石（1.10g/cm³）	12.4
配方 3	基浆+重晶石（1.25g/cm³）	15.2
配方 4	基浆+重晶石（1.4g/cm³）	14.3

从全岩矿物分析结果来看，黏土矿物含量9%左右，而黏土矿物中，伊/蒙混层比例高达35%，蒙皂石水化速度快，体积膨胀大，而伊利石水化膨胀速度慢，但膨胀应力确很大，二者在水化膨胀方面的差异，很可能导致岩石内部应力成各向异性剧烈变化，模拟现场钻井液的性能表明抑制性不足，未能有效阻止地层水化膨胀，可能是导致井壁失稳的原因之一。

综合以上分析，Shuaiba/Zubair地层井壁坍塌的主要因素包括以下几方面：

（1）微裂缝发育，表明在地层中存储着较大的构造应力。井眼的形成，使原有的应力平衡遭到破坏，失去平衡的构造应力为达到新的平衡会将应力向最薄弱的井眼释放而导致井塌。同时，丰富的裂隙为钻井液滤液的快速、大量侵入提供了客观条件。

（2）黏土矿物中伊/蒙混层含量较高，钻井液滤液侵入伊/蒙混层后，因水化能不同产生不同的膨胀压，不均匀膨胀压力使泥页岩产生裂缝，降低泥岩胶结强度。

（3）模拟现场钻井液抑制性能不足，体系性能有待改进。

第七节 盐下地层防塌钻井液技术

针对哈法亚油田由上到下4套易脆页岩层井壁失稳的研究结果，在钻井过程中，一方面，需要从井壁稳定的力学因素上及时调整和控制钻井液的密度；另一方面，需要从提高钻井液的抑制性、包被性、封堵性、钻井液离子浓度等方面进一步优化钻井液的性能，减少滤液渗入地层，降低地层水化膨胀失稳的风险。

为此，在现场钻井液体系及外加剂的基础上，对适合的抑制剂、包被剂和封堵剂进行了进一步的优选。

一、抑制剂优选

对抑制剂KCl、CSW、SIAT、甲酸钠和甲酸钾进行性能优选。其中CSW为小分子量有机阳离子抑制剂；SIAT为一种新型高效泥页岩胺基抑制剂，该抑制剂是针对泥页岩易水化分散的难题而研发的一种新型高效泥页岩抑制剂。SIAT分子尺寸适中，能渗入黏土片层，分子中含有极性胺基，与水分子争夺黏土颗粒上的连结部位，胺基易被黏土优先吸附，固定黏土片层的间距，降低黏土水化膨胀，具有良好的抑制效果。该产品具有完全水溶、抑制性强、不水解、抗温性好、性能稳定、低毒、环保、适用范围广等特点，可直接加入各种水基钻井完井液中，一般加量为0.5%~2%。其性能指标见表4-32。

表 4-32 胺基抑制剂 SIAT 技术指标

项目	指标
外观	无色或淡黄色液体
pH 值	9~12
黏土造浆降低率（%）	≥70
钾离子含量（%）	≤1.0

以现场收集清洗和干燥后的岩屑为评价介质，分别在 4% 的膨润土浆中加入不同的抑制剂，在 120℃ 下热滚 16h 后，测定其滚动回收率和线性膨胀率，试验结果见表 4-33，结果表明，加入 8% 的甲酸盐对基浆抑制性提升较大，其中，2% SIAT+8%KCOOH+4%膨润土可将基浆滚动回收率提高至 98.2%，将线性膨胀率降低至 0.4%。

表 4-33 加入不同抑制剂后滚动回收率和线性膨胀率

项目	热滚回收率（%）	线性膨胀率（%）
4%膨润土	62.3	20.0
6%KCl+4%膨润土	72.2	13.7
2% CSW+4%膨润土	72.5	12.5
2% SIAT+4%膨润土	88.7	6.7
8%KCOOH+4%膨润土	97.2	2.2
8%NaCOOH+4%膨润土	96.0	1.6
2% SIAT+8%KCOOH+4%膨润土	98.2	0.4

二、包被剂

包被剂能够有效包裹井筒内岩屑及井壁上部分岩石颗粒，辅助加强钻井液抑制性。对 Ultra-cap、KPAM、80A51 及 EMP 四种包被剂进行评价，乳液大分子 EMP 包被剂采用反相乳液聚合工艺，为油包水型乳液，聚合物分子量高，有较强的剪切稳定性，残留单体少，故易分散、溶速快（<3min）。EMP 还具有相对分子质量高且分布窄、固含量高、水解度高等特点，作为一种常用的高分子絮凝剂，具有强烈的吸附架桥作用，将细小分散的絮体变得致密而粗大，进而提高絮凝效果，其技术指标见表 4-34。

表 4-34 乳液大分子 EMP 技术指标

项目	指标
外观	黏稠液体
固相含量（%）	≥20.0
pH 值	6.0~9.0
絮凝时间（$t_{1/2}$）（s）	≤200.0
1%水溶液表观黏度（mPa·s）	≥15.0

评价添加以上4种外加剂的钻井液流变性能与滤失性能，结果见表4-35。结果表明：在密度为1.4g/cm³的基浆中，加入0.5%包被剂EMP后，钻井液的表观黏度和塑性黏度较加入0.5%KPAM和0.5% 80A51的钻井液略好，滤失量更低，说明其能有效减少钻井液滤液进入地层的量。因此，包被抑制剂初步选取0.5%EMP。

表4-35 包被剂优选（模拟现场钻井液）

包被剂	表观黏度（mPa·s）	塑性黏度（mPa·s）	动切力（Pa）	Φ_6/Φ_3	API滤失量（mL）
0.5%Ultra-cap	76	70.5	3.0	14/17	6.0
0.5%KPAM	80	74.0	2.5	11/13.5	5.4
0.5%80A51	85	76.0	3.0	11/14	4.2
0.5%EMP	78	72.0	3.0	7/9	3.0

三、封堵剂

为保证Shuaiba/Zubair地层的井壁稳定，钻井液的封堵性能尤其重要，为了适应各种尺寸的地层孔隙，封堵材料应具备较好的可变形性，其中突破压力是衡量封堵剂封堵能力的关键性指标。研究选择了ISP-1和磺化沥青进行对比评价，其中，微球封堵聚合物ISP-1根据反相悬浮聚合原理制备而成，具有较好的弹性和封堵作用，在压差作用下会发生弹性变化，以适应不同形状和尺寸的孔喉，对较宽尺寸的孔喉产生良好封堵作用，同时可降低钻井液向地层滤失，减少油层水敏性伤害，其技术指标见表4-36。

表4-36 微球封堵聚合物ISP-1技术指标

项目	指标
外观	无色或淡黄色黏稠体
水中分散性	分散
表观黏度升高值（mPa·s）	≤7
API滤失量降低值（150℃/16h）（mL）	≥10
相对抑制性	≤1
页岩回收提高率（%）	≥70
粒度（2.5~120）（μm）	≥70%

封堵试验结果见表4-37，磺化沥青的突破压力为1.7MPa，ISP-1的突破压力为3.5MPa，表明ISP-1具有更好的封堵性能。

表4-37 驱压随时间变化关系

时间（min）	驱压（MPa）	
	ISP-1	磺化沥青
0	0	0
30	0.9	0.7
60	1.6	1.2
90	1.9	1.7

续表

时间（min）	驱压（MPa）	
	ISP-1	磺化沥青
120	2.5	1.6
150	3.1	1.6
180	3.5	1.3
210	3.2	1.4
240	3.0	1.2

四、无荧光耐高温防塌剂 YLA

无荧光耐高温防塌剂 YLA 是由表面活性剂和石蜡为主要原材料，经过特殊工艺精制而成，该外加剂不仅具有优良的润滑性和页岩抑制性，而且无毒、低荧光、保护油气层。可直接加入各种水基钻井完井液中，一般加量为 1%~2%。其技术指标见表 4-38。

表 4-38 无荧光耐高温防塌剂 YLA 技术指标

项目	指标
外观	黏稠液体
荧光级别（级）	≤4
黏附系数降低率（%）	≥50
水分散性	均匀分散，无漂浮固化物
胶体稳定性,%	≥95
蒸发残余物含量,%	≥60

通过对抑制剂、包被剂和封堵剂的优选试验，优化现场钻井液配方为：4%膨润土+0.4%NaOH+0.3%PAC-LV+1.0% NH4-HPAN +0.2%EMP+2% ISP-1+3% YLA +8%KCOOH+2%SIAT+加重剂。

按上述配方配置密度分别为 1.03g/cm³，1.10g/cm³，1.15g/cm³ 和 1.4g/cm³ 的钻井液，热滚条件同样为 120℃×16h，滤失量测定温度为 120℃。防塌钻井液的基本性能见表 4-39。

表 4-39 防塌钻井液基本性能

密度（g/cm³）	热滚	表观黏度（mPa·s）	塑性黏度（mPa·s）	动切力（Pa）	静切力（Pa）	API 滤失量（mL）	HTHP 滤失量（mL）	回收率（%）
1.03	滚前	34.5	30	4.5	1/5	1.9	6.8	97.86
	滚后	32.5	28	4.5	0.5/4	3.0		
1.10	滚前	38.0	33	5.0	1/5.5	1.9	8.4	98.20
	滚后	32.5	28	4.5	0.5/3	2.0		
1.15	滚前	38.0	33	5.0	1.5/5.5	2.0	5.6	97.24
	滚后	35.0	29	6.0	0.5/4	1.9		
1.40	滚前	39.0	35	5.0	1.5/9.5	2.0	7.4	97.32
	滚后	41.0	36	5.0	1/4.5	2.0		

从表4-40可以看出，体系整体黏度较目前所用的钻井液略小，且随密度上升增黏速度较缓。体系API滤失量和高温高压滤失量较目前模拟现场钻井液配方均有所下降，这主要是ISP和无荧光防塌剂YLA起了一定作用。此外，新体系大幅提高了页岩滚动回收率，提高了钻井液抑制性，可见，以8%KCOOH和2%SIAT为主抑制剂，起到了很好的抑制黏土水化分散的效果。

采用极压润滑仪对体系润滑性能进行评价，试验结果见表4-40。

表4-40 防塌钻井液润滑性能

密度 (g/cm³)	摩阻系数	
	热滚前	热滚后
1.03	0.102	0.105
1.40	0.124	0.119

从表4-40可以看出，钻井液配方体系摩阻系数较常规水基钻井液（0.2~0.35）小，体系显示出良好的润滑性能。

钻进过程中，钻井液常处于相对复杂的环境中，受地层因素、固控工艺、地层钻屑、钙镁等二价离子污染等因素的影响，因此，通常要求钻井液具有一定的抗污染能力。为此，分别评价了防塌钻井液配方对不同浓度的钻屑、膨润土及$CaCl_2$的抗污染性能。

将不同量的Shuaiba及Zubair页岩钻屑对钻井液进行污染，测量其流变性能和滤失性能，评价抗钻屑污染能力，试验结果见表4-41。

表4-41 钻屑污染性能

钻屑加量 (%)	密度 (g/cm³)	表观黏度 (mPa·s)	塑性黏度 (mPa·s)	动切力 (Pa)	静切力 (Pa)	API滤失量 (mL)	HTHP滤失量 (mL)	pH值
0	1.03	31.0	31.0	3.0	2/5	2.5	15.8	9
5		33.5	33.0	3.5	1/2.5	3.0	15.6	9
10		34.5	34.5	4.5	1/3	5.2	16.8	9
15		37.5	36.5	4.5	2/7	6.0	14.8	9
0	1.40	34.0	31.0	7.5	3/8	3.2	13.8	9
5		35.0	37.0	7.0	3/9	7.2	17.2	9
10		38.0	39.0	4.0	2/9	7.6	18.0	9
15		43.0	42.0	11.0	5/17	4.4	14.4	9

从表4-42可以看出，体系表现出较强的抗钻屑污染能力，钻屑容量达15%。热滚后，其流变性与污染前相差较小，API滤失量和HTHP滤失量变化幅度较小，能满足现场施工要求。

用不同剂量的膨润土和$CaCl_2$污染钻井液，测量污染前后钻井液流变性能，试验结果见表4-42。

表 4-42 抗膨润土和 CaCl₂ 污染钻井液性能

配方	条件	表观黏度（mPa·s）	塑性黏度（mPa·s）	动切力（Pa）	静切力（Pa）	API 滤失量（mL）	pH 值	HTHP 滤失量（mL）
基浆+5%膨润土	热滚前	37.0	29	12.0	1.5/8	2.4	9	13
	热滚后	32.0	25	7.0	1/6.5	1.6	9	
基浆+10%膨润土	热滚前	44.0	35	9.0	1.5/10	2.8	9	12
	热滚后	42.0	36	6.0	1.5/8	3.2	9	
基浆+0.5%CaCl₂	热滚前	43.5	34	13.5	2/9	3.6	9	16
	热滚后	36.5	29	17.5	1/2.5	2.8	9	

从表 4-43 评价结果可以看出，优化后钻井液能容纳最大 10%膨润土和至少 0.5% CaCl₂ 污染，具有较强的抗页岩钻屑和二价钙镁离子的污染能力。

经实验研究，针对哈法亚油田脆性页岩开发的页岩防塌钻井液体系黏度可控、随密度上升增黏速度较缓，API 滤失量和高温高压滤失量较目前模拟现场钻井液配方均有所下降，大幅提高了页岩滚动回收率，提高了钻井液抑制性，摩阻系数较常规水基钻井液的 0.2~0.35 较小，体系润滑性能较好，表现出较强的抗污染性能，钻屑容量达 15%，膨润土容量达 10%，至少能抗 0.5% CaCl₂ 污染。

哈法亚油田钻遇地层从上到下存在 4 套易垮塌页岩地层，通过分别针对 Sadi-Tanuma 层、Nahr Umr B 层和 Shuaiba/Zubair 层易垮塌页岩地层进行力学特性、理化特性以及钻井液体系的研究，揭示出地应力的纵向分布规律和水平最大地应力的方位、井塌机理和主控因素；分别建立了 Sadi-Tanuma 层、Nahr Umr B 层和 Shuaiba/Zubire 层井壁稳定性分析的力学模型，确定了维持井壁力学稳定的不同井斜不同方位下的安全钻井密度窗口及相应的技术对策，开发了防塌钻井液体系，形成了盐下易垮塌脆性页岩垮塌机理及防塌钻井液技术，指导现场钻井设计与施工，在 Nahr Umr 定向井及水平井钻井中取得了良好的效果，也将指导未来 Sadi-Tanuma 大斜度井或大斜度水平井以及 Yamama 井的钻井。

参 考 文 献

[1] 高德利. 油气钻井技术展望 [J]. 石油大学学报（自然科学版），2003，27（1）：29-32.

[2] 王建华，鄢捷年，苏山林. 硬脆性泥页岩井壁稳定评价新方法 [J]. 石油钻采工艺，2006，28（2）：28-30.

[3] 蔚宝华，邓金根，闫伟. 层理性泥页岩地层井壁坍塌控制方法研究 [J]. 石油钻探技术，2010（1）：56-59.

[4] Yew C H, Chenevert M E, Wang C L, et al. Wellbore Stress Distribution Produced by Moisture Adsorption [J]. SPE Drilling Engineering. 1990, 5 (4): 311-316.

[5] Van Oort E. On the Physical and Chemical Stability of Shales [J]. Journal of Petroleum Science and Engineering, 2003, 38 (3): 213-235.

[6] Hajiabdolmajid V, Kaiser P. Brittleness of Rock and Stability Assessment in Hard Rock Tunneling [J]. Tunnelling and Underground Space Technology, 2003, 18 (1): 35-48.

[7] LASSO-LUCERO M A. Horizontal Borehole Stability in Transversely Isotropic Media：(University of Oklahoma)，2010.

[8] Bradley W B. Mathematical concept-Stress Cloud-can predict borehole failure. Oil Gas J.；(United States). 1979，77（8）.

[9] 邓金根. 泥页岩井眼力学稳定理论及工程应用 [D]. 北京：中国石油大学（北京），2000.

[10] Nawrocki P A, Dusseault M B, Bratli R K, et al. Assessment of some Semi-analytical Models for Non-linear Modelling of Borehole Stresses [J]. International Journal of Rock Mechanics and Mining Sciences, 1998，35（4）：522.

[11] Aadnøy B S. Continuum Mechanics Analysis of the Stability of Inclined Boreholes in Anisotropic Rock Formations：(Norwegian Institute of Technology)，1987.

[12] Crook A J, Yu J, Willson S M. Development of an Orthotropic 3D Elastoplastic Material Model for Shale [C]. SPE/ISRM Rock Mechanics Conference，2002.

[13] Fairhurst C, Cook N. The Phenomenon of Rock Splitting Parallel to a Free Surface under Compressive Stress：Proc.，1st Congress Int. Society Rock Mech. Lisbon，1966：687-692.

[14] Aadnøy B S. A Complete Elastic Model for Fluid-induced and In-situ Generated Stresses with the Presence of a Borehole [J]. Energy Sources，1987，9（4）：239-259.

[15] Abousleiman Y, Cui L, Ekbote S, et al. Applications of Time-dependent Pseudo-3D Stress Analysis in Evaluating Wellbore Stability [J]. International Journal of Rock Mechanics and Mining Sciences，1997，34（3）：1.

[16] Ong S H, Roegiers J. Horizontal Wellbore Collapse in an Anisotropic Formation [C]. Production Operations Symposium，1993：877-889.

[17] Karpfinger F, Prioul R, Gaede O, et al. Revisiting Borehole Stresses in Anisotropic Elastic Media：Comparison of Analytical versus Numerical Solutions [C]. 45th US Rock Mechanics/Geomechanics Symposium，2011.

[18] Aadnoy B S. Modeling of the Stability of Highly Inclined Boreholes in Anisotropic Rock Formations (includes Associated papers 19213 and 19886) [J]. SPE Drilling Engineering，1988，3（03）：259-268.

[19] Ong S H, Roegiers J. Fracture Initiation from Inclined Wellbores in Anisotropic Formations [J]. Journal of Petroleum Technology，1996，48（7）：612-619.

[20] Yamamoto K, Shioya Y, Uryu N. Discrete Element Approach for the Wellbore Instability of Laminated and Fissured Rocks [C]. SPE/ISRM Rock Mechanics Conference，2002.

[21] Ekbote S M. Anisotropic Poromechanics of the Wellbore Coupled with Thermal and Chemical Gradients，2002.

[22] Chenevert M E. Shale Alteration by Water Adsorption [J]. Journal of Petroleum Technology，1970，22（9）：1，141，148.

[23] 黄荣樽，陈勉. 泥页岩井壁稳定力学与化学的耦合研究 [J]. 钻井液与完井液，1995，12（3）：15-21.

[24] Yew C H, Chenevert M E, Wang C L, et al. Wellbore Stress Distribution Produced by Moisture Adsorption [J]. SPE Drilling Engineering，1990，5（4）：311-316.

[25] Fonseca C F H. Chemical-mechanical Modeling of Wellbore Instability in Shales [D]. Austin：University of Texas，1998.

[26] Santos H M. A New Conceptual Approach to Shale Stability [D]. Norman：University of Oklahoma，1997.

[27] Van Oort E. On the Physical and Chemical Stability of Shales [J]. Journal of Petroleum Science and Engineering, 2003, 38 (3): 213-235.

[28] Al-Ajmi A M, Zimmerman R W. Stability Analysis of Vertical Boreholes using the Mogi-Coulomb Failure Criterion [J]. International Journal of Rock Mechanics and Mining Sciences, 2006, 43 (8): 1200-1211.

[29] Zhang L, Cao P, Radha K C. Evaluation of Rock Strength Criteria for Wellbore Stability Analysis [J]. International Journal of Rock Mechanics and Mining Sciences, 2010, 47 (8): 1304-1316.

[30] Horsrud P, Holt R M, Sonstebo E F, et al. Time Dependent Borehole Stability: Laboratory Studies and Numerical Simulation of Different Mechanisms in Shale [J]. Rock Mechanics in Petroleum Engineering, 1994.

[31] Hawkes C, McLellan P. A New Model for Predicting Time-dependent Failure of Shales: Theory and Application [J]. Journal of Canadian Petroleum Technology, 1999, 38 (12).

[32] Abousleiman Y, Ekbote S, Tare U. Time-dependent Wellbore (in) Stability Predictions: Theory and Case Study [J]. IADC/SPE Asia Pacific Drilling Technology, 2000.

[33] Tare U A, Mese A I, Mody E K. Time Dependent Impact of Water-based Drilling Fluids on Shale Properties [C]. DC Rocks 2001 The 38th US Symposium on Rock Mechanics (USRMS), 2001.

[34] Fjær E, Holt R M, Nes O, et al. Mud Chemistry Effects on Time-delayed Borehole Stability Problems in Shales [C]. SPE/ISRM Rock Mechanics Conference, 2002.

[35] Freij-Ayoub R, Tan C P, Choi S K. Simulation of Time-Dependent Wellbore Stability in Shales using a Coupled Mechanical-Thermal-Physico-Chemical Model [C]. SPE/IADC Middle East Drilling Technology Conference and Exhibition, 2003.

[36] Nes O, Fjær E, Tronvoll J, et al. Drilling Time Reduction through an Integrated Rock Mechanics Analysis [C]. SPE/IADC Drilling Conference, 2005.

[37] 金衍, 陈勉. 水敏性泥页岩地层临界坍塌时间的确定方法 [J]. 石油钻探技术, 2004, 32 (2): 12-14.

[38] 程远方, 张锋, 王京印, 等. 泥页岩井壁坍塌周期分析 [J]. 中国石油大学学报（自然科学版）, 2007, 31 (1): 63-66.

[39] 刘玉石, 白家祉, 周煜辉, 等. 考虑井壁岩石损伤时保持井眼稳定的钻井液密度 [J]. 石油学报, 1995, 16 (3): 123-128.

[40] 刘玉石, 白家祉, 黄荣樽, 等. 硬脆性泥页岩井壁稳定问题研究 [J]. 石油学报, 1998, 19 (1): 85-88.

[41] 郑贵. 井壁稳定问题的断裂损伤力学机理的研究 [D]. 哈尔滨: 哈尔滨工程大学, 2005.

[42] 唐立强, 杨敬源, 王勇, 等. 井壁稳定性的断裂损伤力学分析 [J]. 哈尔滨工程大学学报, 2007, 28 (6): 642-646.

[43] Darley H. A laboratory Investigation of Borehole Stability [J]. Journal of Petroleum Technology, 1969, 21 (07): 883-892.

[44] O'Brien D E, Chenevert M E. Stabilizing Sensitive Shales with Inhibited Potassium-based Drilling Fluids [J]. Journal of Petroleum Technology, 1973, 25 (9): 1, 81-89, 100.

[45] McLellan P J, Cormier K. Borehole Instability in Fissile, Dipping Shales [C]. Northeastern British Columbia, GTS: Gas Technology Symposium, 1996: 535-547.

[46] 石秉忠, 夏柏如. 硬脆性泥页岩水化过程的微观结构变化 [J]. 大庆石油学院学报, 2012, 35 (6): 28-34.

[47] 谢水祥,蒋官澄,陈勉,等.破解塔里木盆地群库恰克地区井壁失稳难题的钻井液技术[J].天然气工业,2011,31(10):68-72.

[48] 邓金根,张洪生.钻井工程中井壁失稳的力学机理[M].北京:石油工业出版社,1998.

[49] Russell K A, Ayan C, Hart N, et al. Predicting and Preventing Wellbore Instability: Tullich Field Development North Sea [J]. SPE Drilling & Completion. 2006, 21 (1): 12-22.

[50] Fuh G F, Whitfill D L, Schuh P R. Use of Borehole Stability Analysis for Successful Drilling of High-angle Hole [C]. SPE/IADC Drilling Conference, 1988: 1-9.

[51] Yew C H, Liu G. Pore Fluid and Wellbore Stabilities [C]. International Meeting on Petroleum Engineering, 1992: 519-528.

[52] Santarelli F J, Dardeau C, Zurdo C. Drilling through Highly Fractured Formations: a Problem a Model and a Cure [C]. SPE Annual Technical Conference and Exhibition, Washington, DC, 1992: 1-10.

[53] 王中华.国内钻井液及处理剂发展评述[J].中外能源,2013(10):34-43.

[54] Downs J D, Van Oort E, Redman D I, et al. TAME: A New Concept in Water-based Drilling Fluids for Shales [J]. Offshore Europe, Aberdeen, United Kingdom, 1993: 239-254.

[55] Aston M S, Elliott G P. Water-based Glycol Drilling Muds: Shale Inhibition Mechanisms [C]. European Petroleum Conference, 1994: 607-617.

[56] Bailey L, Craster B, Sawdon C, et al. New Insight into the Mechanisms of Shale Inhibition using Water based Silicate Drilling Fluids [J]. IADC/SPE Drilling Conference, 1998: 1-10.

[57] 梁大川,蒲晓林.硅酸盐抑制性及稳定井壁机理探讨[J].钻采工艺,2005(6):116-118.

[58] 刘雨晴.阳离子聚合物钻井液的研究和应用[J].天然气工业,1992(3):46-52.

[59] 吕开河,邱正松,徐加放.甲基葡萄糖苷对钻井液性能的影响[J].应用化学,2006(6):632-636.

[60] Sheu J J, Perricone A C. Design and Synthesis of Shale Stabilizing Polymers for Water-based Drilling Fluids [C]. 63rd Annual Technical Conference and Exhibition of the Society of Petroleum Engineers, 1988: 2-15.

[61] Ramirez M A, Sanchez G, Preciado Sarmiento O E, et al. Aluminum-based HPWBM Successfully Replaces Oil-based Mud to Drill Exploratory Wells in an Environmentally Sensitive Area [C]. SPE Latin American and Caribbean Petroleum Engineering Conference, 2005: 1-12.

[62] 王平全.黏土表面结合水定量分析及水合机制研究[D].南充:西南石油学院,2001.

[63] Choi S, Crosson G, Mueller K T, et al. Clay Mineral Weathering and Contaminant Dynamics in a Caustic Aqueous System: II. Mineral transformation and Microscale Partitioning [J]. Geochimica et Cosmochimica Acta, 2005, 69 (18): 4437-4451.

[64] 曹园,邓金根,蔚宝华,等.深部泥页岩水化特性研究[J].科学技术与工程,2014,14(6):118-120.

[65] 蔚宝华,谭强,邓金根,等.渤海油田泥页岩地层坍塌失稳机理分析[J].海洋石油,2013,33(2):101-105.

第五章
巨厚碳酸盐岩地层漏失机理及漏失预测与诊断

哈法亚油田从上到下分布 8 套潜在易漏地层，局部分布裂缝、孔洞和诱导裂缝，漏失机理及漏失程度各不相同。本章从分析哈法亚油田已钻井漏失情况着手，分析了各潜在漏层的漏失机理，利用工程及测井的方法预测了带裂缝巨厚碳酸盐岩地层的漏失压力，利用地震数据通过机器学习集成算法建立了钻前漏失预测模型对潜在易漏地层的漏失概率进行了预测；利用录井数据与漏失井漏失特征之间的关系，采用机器学习随机森林算法建立了随钻漏失诊断系统，对钻井过程中可能发生漏失风险的井段进行预警；针对哈法亚油田钻井及固井过程中不同程度的漏失，研究开发了不同类型的堵漏防漏材料及配套技术，并应用于现场，取得了良好效果。

第一节 国内外现状

井漏是石油钻井过程中经常遇到的井下复杂问题，合理治理井漏，通常首先应深入认识漏失机理[2-4,28,29,31]，结合钻前漏失预测与随钻诊断，提前做好防漏堵漏措施，配合研制合适堵漏材料，才能尽量地减小漏失风险、取得良好的堵漏效果。

在堵漏材料方面，随着堵漏技术的进步，目前常用的堵漏材料已经发展到桥接堵漏材料、高失水堵漏材料、暂堵材料、化学堵漏材料、无机胶凝堵漏材料及软硬塞堵漏材料等几大类；为提高堵漏效率，针对失返型严重漏失，目前已由单一的堵漏材料向复合型堵漏材料转变，主要有酸溶性高失水暂堵剂、单向压力封闭剂、酸溶性固化材料等。复合堵漏材料主要用于处理复杂的漏失，如水层漏失、气层漏失、长段裸眼井漏失及大裂缝和大溶洞漏失等，以提高堵漏成功率。桥接堵漏材料朝各类形状不同、大小各异的单一惰性材料及级配而成的复合材料方面发展，如国外的 C-SEAI 系列颗粒复合堵漏剂、MA×~BRIDGE 材料等，中国以果壳、云母、纤维及复配的形式为主，各种廉价化工副产品、废弃化工原料也作桥堵材料，其作用原理包括挂阻架桥、堵塞和嵌入、渗滤、拉筋、膨胀堵塞、卡喉等作用。英国布伦特油田，研制出了一种由涂有表面活性剂和分散剂的玻璃丝纤维组成的新型改性纤维材料，能抗 232℃高温，高效解决了该地区的井漏问题。化学交联堵漏剂主要用于针对恶性漏失，M-I 公司研制的交联桥塞有三代产品：（1）FORM-A-PI UG，由交联聚合物、交联剂和纤维状堵漏材料组成，在阿尔及利亚沙漠钻井井漏中用 FORM-A-PI UG 处理，钻完桥塞后完全恢复循环，没有发生井漏；（2）FORM-A-SETAK，增加了聚合物和较小纤维材料，形成的堵漏层更坚固，在得克萨斯州中部陆上一口井的裂缝性灰岩井漏事故中应用后没有发生漏失，且井眼保持稳定；（3）FORM-A-SETAKX 用粗碳酸钙代替纤维素，降低了储层伤害，且比前两种更易深入渗透性地层或断层，较好地解决了得克萨斯州东部一口井在井深 1619m 处遇到的低、中渗透性砂岩水侵问题。柔弹性材料具有较好的弹性、一定的可变形性、韧性和化学稳定性，在扩张填充和内部挤紧压实双重作用下，自适应封堵不同形状和尺寸的孔隙或裂缝。LC-LUBE 系列、STEEI SEAL 系列和 Rebound 等均为弹性石墨材料，这些材料具有双组分碳结构，均有多种规格和广泛的粒度分布，可随着井下压力的改变而扩张和收缩，能滞留在裂缝中形成有效封堵。国外如 Poly-Block 为特定颗粒材料与不同尺寸结晶状聚合物的混合体，水化后大幅膨胀，几小时内就能封堵非常严重的大漏失。在埃及尼罗河三角洲地区钻井时出现了大量的漏失，将不同粒径的颗粒材料、合成聚合物及水混合打入井下产生膨胀作用，解决了井漏问题。分段井眼强化技术方面，国外公司提出了"应力笼"这一新概念，即通过适当对井壁施压形成小裂缝，钻井液中加入合适的固相材料能迅速进入裂缝并在裂缝开口附近形成桥塞，桥塞渗透率足够低，阻隔液柱压力的传递，产生能够封堵裂缝、阻止裂缝进一步扩大、防止压力传递到裂缝末端、提高井眼周向应力的"应力笼"效应来达到强化井眼、提高地层承压能力的目的，起到防漏堵漏的效果。康菲公司开发的"井眼强化技术"可显著提高漏层的破裂压力，其堵漏理念被归结为"桥塞—填充—凝结"，即堵漏材料进入漏失通道形成封堵层的同时，随之进入的滤液逐渐固化，在井壁附近形成坚实的胶结层，从而达到堵漏和提高地层承压能力的目的；英国北海 204/20-C21Z 井在目的层上部砂岩薄层中钻进时，提高钻井液密度后压井，发生井漏。设计采用"应力笼"方法侧钻井眼，形成段塞中含有碳酸钙和石墨，提高钻井液密度试压，地层未发生漏失，顺利完钻。但某些堵漏材料的性能及堵漏工艺方面还需要进一步提高，如聚合物凝胶、交联聚合物等类型的堵漏材料，通常需要通过交联来达到堵漏的目的，因此，未交联的聚合物溶液经过钻头剪切进入漏层易与地层流体相混，聚合物交联的时间、交联后形成的凝胶强度等不易控制，而且有的聚合物堵漏前还需注入滤饼清除剂消除滤饼，故聚合物凝胶、交联的聚合物堵漏材料的性能及堵漏施工工艺较为复杂，成本较高等，需要进一步地优化提高。

在钻井事故的诊断方面，主要是通过测量和分析钻井工程参数的异常变化来进行诊断[19,26]，目前针对的研究较少，缺乏漏失风险的预测研究方法，缺乏考虑地质和工程因素的智能预测模型[21]。传统的漏失预测方法主要是通过地震方法识别对溶孔和裂缝系统进行表征，从而对漏失进行预测，或根据邻井的资料预测可能发生漏失的位置和风险[27,30]，但由于精确度较低，预测诊断结果相差甚远[25]。

在漏失预测与诊断模型中，人工神经网络（ANN）是常用的方法。Reza 等[24]利用 ANN 预测天然裂缝性储层的漏失量，分析了地质力学参数以及钻井作业参数变化的影响，但一些地质参数在钻井作业前是十分难获取的。Lind 和 Kabirova（2014）通过分析地质和作业因素，利用 ANN 预测钻井井下事故。然而，该研究并没有具体说明到底是哪种事故类型，因此模型略显粗略。此外，Pouria 等[23]利用钻井数据和神经网络估算了欠平衡钻井过程中的漏失量。他们选择钻井液质量、泵压和流量来研究它们与漏失量的关系，然后保持其中单一因素不变，找出另外两个使漏失量最小的最优值。然而，其他的多种因素也会影响漏失，因此该方法也存在一定缺陷。目前，人工智能领域中的机器学习方法被广泛应用于各行各业，为钻井风险预测提供了新的途径。

第二节　已钻井井漏复杂情况

哈法亚油田钻遇的巨厚碳酸盐岩地层，从上到下分布着 9 套漏层，不同漏层的漏失具有不同的机理，局部存在孔洞和裂缝，漏失复杂的发生存在随机性、突发性，7 年来，统计的 200 多口已钻井中，有一半的井发生了不同程度的漏失。

一、已钻井漏失总体情况

由于漏失特征不同，漏失严重程度的划分对于不同的岩性地层，具有不同的标准，通过广泛调研碳酸盐岩地层漏失程度的划分，哈法亚油田采用了 Rabia[1]对于漏失的分类标准（表 5-1）对不同程度的漏失井进行划分。

表 5-1　漏失分类标准

漏失程度		渗透性漏失	部分漏失	严重漏失	失返性漏失
漏失速率	（bbl/h）	<10	10~50	50~100	>100
	（m³/h）	<1.59	1.59~7.95	7.95~15.9	>15.9
漏失量（m³）		<38.16	38.16~190.8	190.8~381.6	>381.6

哈法亚油田 2011—2107 年期间共钻井 213 口，其中 137 口井发生了不同程度的漏失，单井累积漏量变化从 5m³ 到 4595.6m³ 不等。根据以上的分类标准，哈法亚油田的漏失情况见表 5-2，在发生漏失的 137 口井中，渗透性漏失有 34 口井，部分漏失井有 52 口，严重漏失井为 22 口，失返性漏失有 29 口井，表明哈法亚油田地层非均质性强，漏失严重程度变化大。

针对哈法亚油田 2011—2017 年不同地层漏失情况的统计分析见表 5-3。由表 5-3 可知，在钻井过程中发生漏失且漏失量较大的层系包括：Mishrif、Nahr Umr、Shiranish、Maddud、Rumaila、Shuaiba、Jaddala、Aliji、Khasib、Sadi。在固井过程中漏失量较大的层系包括：Mishrif、Nahr Umr、Lower Fars 和 Shuaiba。尤其是作为主力储层的 Mishrif 和次主力储层 Nahr Umr，在钻进和固井过程中都遭遇了严重的漏失。

表 5-2　哈法亚油田已钻井漏失严重程度分类

不同漏失程度	累计漏失量（m³/井）	漏失井井数（口）
渗透性漏失	<38.16	34
部分漏失	38.16~190.8	52
严重漏失	190.8~381.6	22
失返性漏失	>381.6	29

表 5-3　哈法亚油田已钻井各地层漏失情况　　　　　　　　　　单位：m³

地层	钻井漏失量	固井漏失量	其他漏失量	总漏失量
Upper Fars	692.0	424.0	4.0	1120.0
Lower Fars	778.3	1177.3	335.0	2290.6
Jeribe/Kirkuk	101.5	5.0	5.0	111.5
Jaddala	699.0	0	288.5	987.5
Aliji	577.0	0	0	577.0
Shiranish	1090.4	0	234.6	1325.0
Hartha	412.0	0	13.0	425.0
Sadi	598.0	1.0	155.0	754.0
Tanuma	129.0	0	0	129.0
Khasib	623.5	0	64.0	687.5
Mishrif A	3475.1	80.8	1020.1	4576.0
Mishrif B	9214.3	1219.8	5529.0	15963.1
Mishrif C	3915.7	3715.5	4731.3	12362.5
Rumaila	715.0	172.0	498.0	1385.0
Ahamadi	79.7	0	0	79.7
Maddud	1088.0	0	141.0	1229.0
Nahr Umr	1938.7	2212.0	3139.7	7290.4
Shuaiba	285.5	957.0	537.0	1779.5
Zubair	58.0	0	0	58.0
Ratawi	0	362.5	0	362.5
Yamama	22.8	0	0	22.8

二、不同层的漏失风险概率

根据不同地层已钻井与发生漏失井的数量比值可以半定量估算不同层的漏失风险，统计结果见表 5-4，由表可知 Mishrif，Nahr Umr 和 Shuaiba 具有较高的漏失风险。

表 5-4　哈法亚油田不同地层漏失风险

地层	漏失井（口）	钻遇井（口）	漏失概率（%）	漏失严重程度
Upper Fars	22	213	10	渗透性漏失
Lower Fars	35	213	16	部分漏失/严重漏失（固井过程中）
Jeribe/Euphrates	1	213	0.5	低风险
Kirkuk	7	213	3	
Jaddala	13	182	7	严重漏失/失返性漏失
Aliji	10	182	5	
Shiranish	12	182	6	
Hartha	10	182	5	渗透性漏失
Sadi	21	181	11	渗透性漏失
Tanuma	3	181	1	低风险
Khasib	14	181	7	渗透性漏失
Mishrif	95	181	52	渗透性漏失—失返性漏失
Rumaila	10	45	22	部分漏失
Ahmadi	2	40	5	低风险
Mauddad	10	39	25	部分漏失
Nahr Umr	23	39	58	渗透性漏失—失返性漏失
Shuaiba	15	35	43	部分漏失/严重漏失（固井过程中）

三、不同工况下的漏失情况

不同工况条件下地层漏失量统计结果如图 5-1 所示，统计分析表明，漏失通常发生在

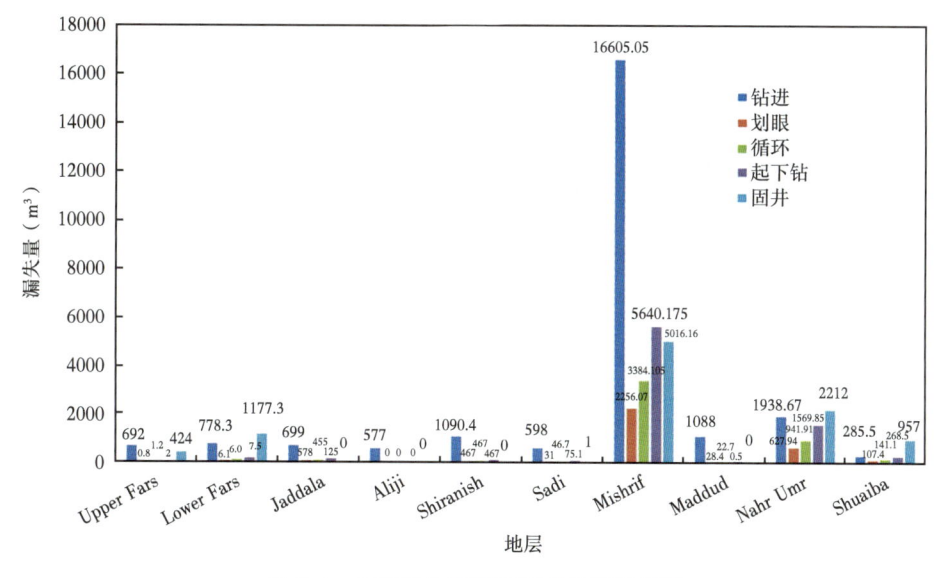

图 5-1　不同地层不同工况条件下的漏量

钻井、划眼、循环、起下钻和固井过程中,其中,钻井过程中发生漏失的概率最大,可见,漏失与钻遇地层的特征密切相关。

四、同一平台或同一构造井对漏失的影响

分析同一平台上的井漏失情况,以分析相邻井之间的漏失规律。HF001号平台位于构造主轴上,沿水平最大主应力方向部署了HF001-N002H井和HF001-N001HST两口井,在水平最小主应力方向各部署了HF001-M267和HF001-M276两口井,4口井的漏失情况见表5-5。由表5-5可知,同一平台不同井漏失情况差异巨大。由于HF001-N001H井进行了成像测井,通过分析可知,同一平台采用相近钻井参数进行作业时,漏失情况差异巨大的原因在于天然裂缝是否被"激活",如果天然裂缝都是低角度缝或充填缝,受制于地应力和钻井方位影响,即使天然裂缝发育,如果未被"激活",也不会发生漏失,如图5-2所示。

表5-5 Pad HF001 不同井漏失情况

井号	漏失量（m³）					
	Lower Fars	Kirkuk	Jaddala	Sadi	Mishrif	Nahr Umr
HF001-N001H	110（C）	0	0	0	0	46（D）+10（Cir）
HF001-N002H	50（D）	0	0	0	0	8.27（drilling）
HF001-M267	0	47（D）	34（D）	16（D）	27（D）+3（RIH）+3（C）	0
HF001-M276	No lost circulation					

注：D—钻井过程；C—固井过程；RIH—下入；Cir—循环。

同理,HF059平台也存在相似的问题,该平台钻井三口,分别为HF059-JK059井、HF059-N059井以及HF059-M059D2井；该平台除了浅层的HF059-JK059井未发生漏失外,HF059-N059直井发生了多次失返性漏失,HF059-M059D2定向井尽管也在不同的地层发生了漏失,但漏失量小,主要渗透性漏失,表明即使同一平台相邻的井,钻遇地层的漏失情况也不同,说明钻遇地层存在较大的非均质性。

分析漏失井的漏失情况与构造部位的关系表明,不同漏失程度井的分布与构造位置关联性较为复杂,具有较大的随机性和偶然性,即使在同一构造部位的井,钻遇地层漏失情况也是不同的,同样说明漏失规律复杂,存在较大的不确定性,钻遇地层可能存在较强的非均质性。但整体而言,严重漏失和失返性漏失井位分布靠近于东南部构造高位。

总之,2011—2017年,哈法亚油田137口井发生了漏失量在5~4595.6m³的漏失,包括渗透性漏失井34口、部分漏失井52口、严重漏失井22口和失返性漏失井29口。严重漏失地层为Mishrif,Nahr Umr和Shuaiba；相对严重的漏失地层包括：Jaddala,Aliji,Shiranish,Rumaila,Maddud和Lower Fars。总体上,哈法亚油田的巨厚碳酸盐岩漏失具有不确定性,与油田构造位置相关性小,关系复杂,但严重/失返性漏失井相对主要集中在油田的东南部的构造高部位。

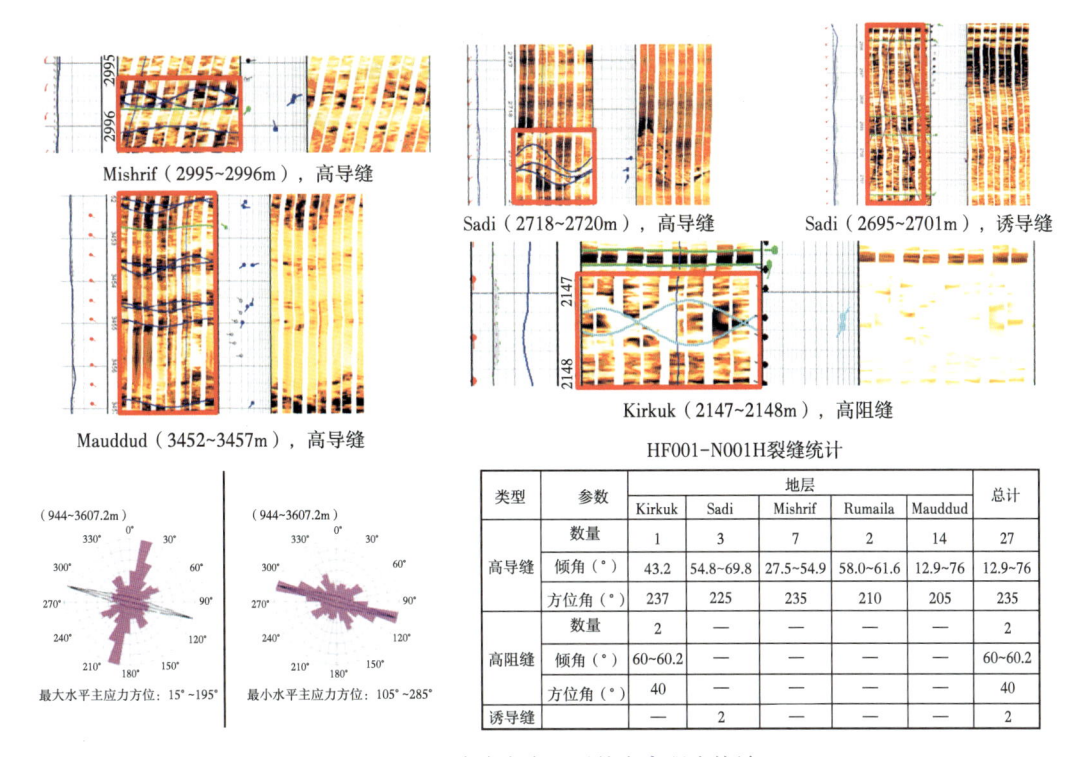

图 5-2　地应力方向、天然发育程度统计

第三节　哈法亚油田巨厚碳酸盐岩地层漏失机理

一、岩性特征对漏失的影响

通常，碳酸盐岩地层发育不同尺度的溶孔和裂缝等多种漏失通道（图 5-3），不同漏失通道相互组合发育，使得石灰岩成为最容易发生漏失的岩性，尤其是由于钻井过程中诱导产生的诱导直劈缝，沿井筒纵向扩展，通常会导致失返性漏失。哈法亚油田 Lower Fars 以下的地层均为以石灰岩为主的地层，可能由于局部分布的溶孔、裂缝、高渗透率等导致发生不同程度的漏失。

通常，砂岩地层也容易发生漏失。砂岩地层通常主要发育粒间孔和裂缝两种漏失通道类型，在孔—缝发育段岩石孔隙度和渗透率物性好（如孔隙度：大于25%，渗透率110mD 至大于2000mD），容易发生漏失。哈法亚油田存在两个重要的易发生漏失的砂岩地层，分别为 Kirkuk 和 Nahr Umr 砂岩地层，这两套地层具有较高的孔隙度和渗透率，易发生不同程度的漏失，如图 5-4 所示。

表 5-6 可以看出，哈法亚油田不同层系孔渗差异较大，在主要储层，孔径基本都大于 20μm，最大的孔径达到 120μm，容易发生不同程度的漏失。

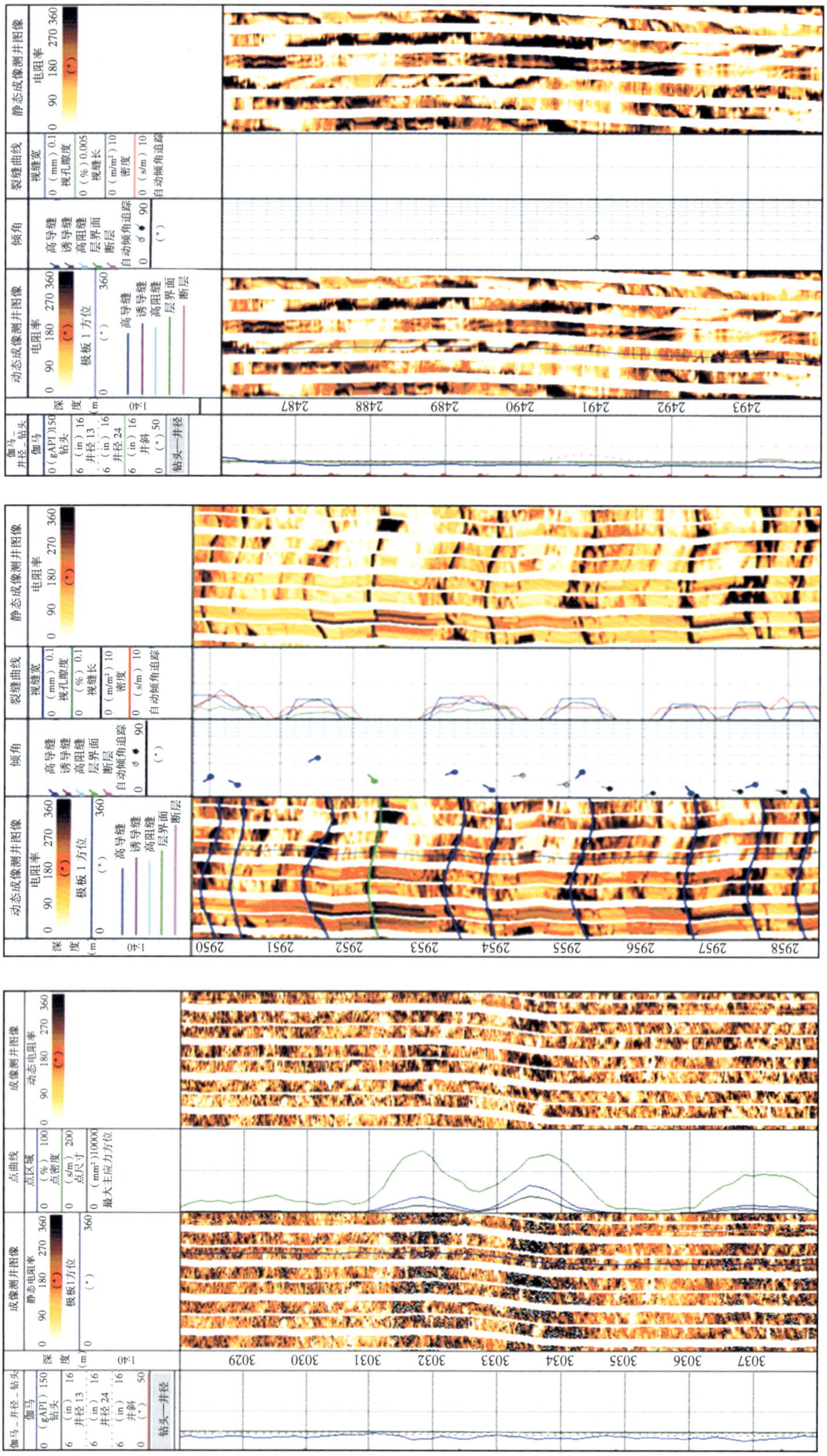

（a）Well HF002-N004: Mishrif C
（3028~3037m）
溶孔
（漏失速度：3.6m³/h; 漏失量：18m³）

（b）Well HF003-N005: Mishrif B
（2950~2958m）
高导缝
（漏失速度：2m³/h; 漏失量：6m³）

（c）HF010-N010: Jaddala
（2486~2493m）
诱导缝
（漏失速度：4m³/h; 漏失量：23m³）

图 5-3　灰岩地层主要漏失通道特征

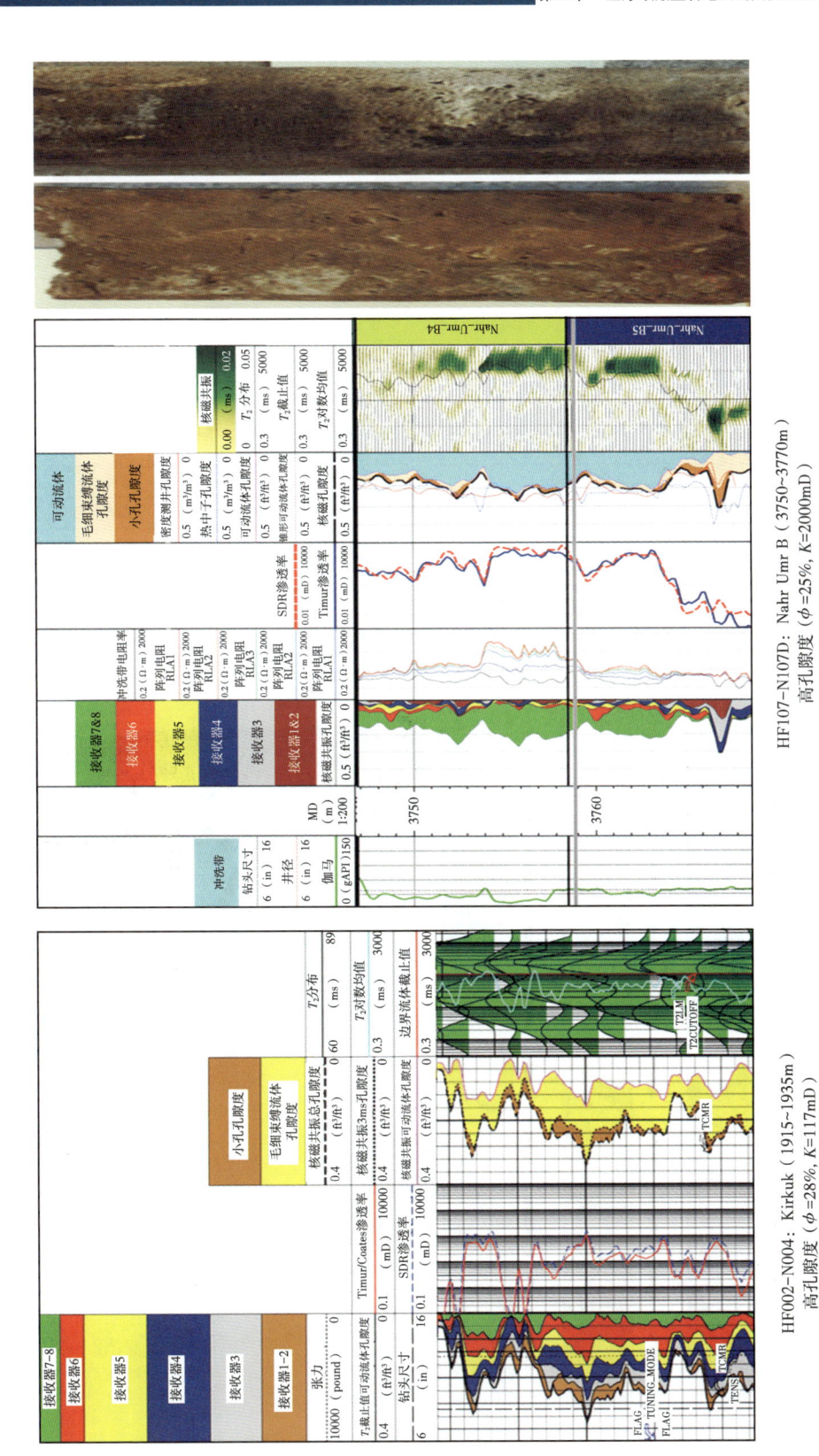

图 5-4　砂岩地层主要漏失通道特征

表 5-6 不同层系孔隙发育情况

地层	渗透率（mD）	孔径（μm）	样品数
Jeribe	0.1~10	0.02~20	30
Upper Kirkuk	10~1000	—	123
Hartha	0.1~10	0.02~4	171
Sadi B1	0.07~2	0.02~0.4	243
Sadi B2	0.06~1	0.02~0.6	303
Sadi B3	0.2~50	0.02~20	143
Tanuma	0.1~5	0.02~2	20
Khasib A	0.1~5	0.02~0.2	155
Khasib B	0.1~15	0.02~4	74
MA	0.5~15	0.02~20	89
MB1-1	0.3~2	0.02~5.0	26
MB1-2	0.5~30	0.02~60	404
MB2	10~150	0.02~120	205
MC1	10~400	0.02~40	209
Nahr Umr B	—	0.02~80	—

局部发育的破碎带、溶孔（1.5cm×1.5cm）、孔缝叠合带（1.5cm×4.0cm），均容易发生严重漏失，甚至是失返性漏失，如图5-5所示。

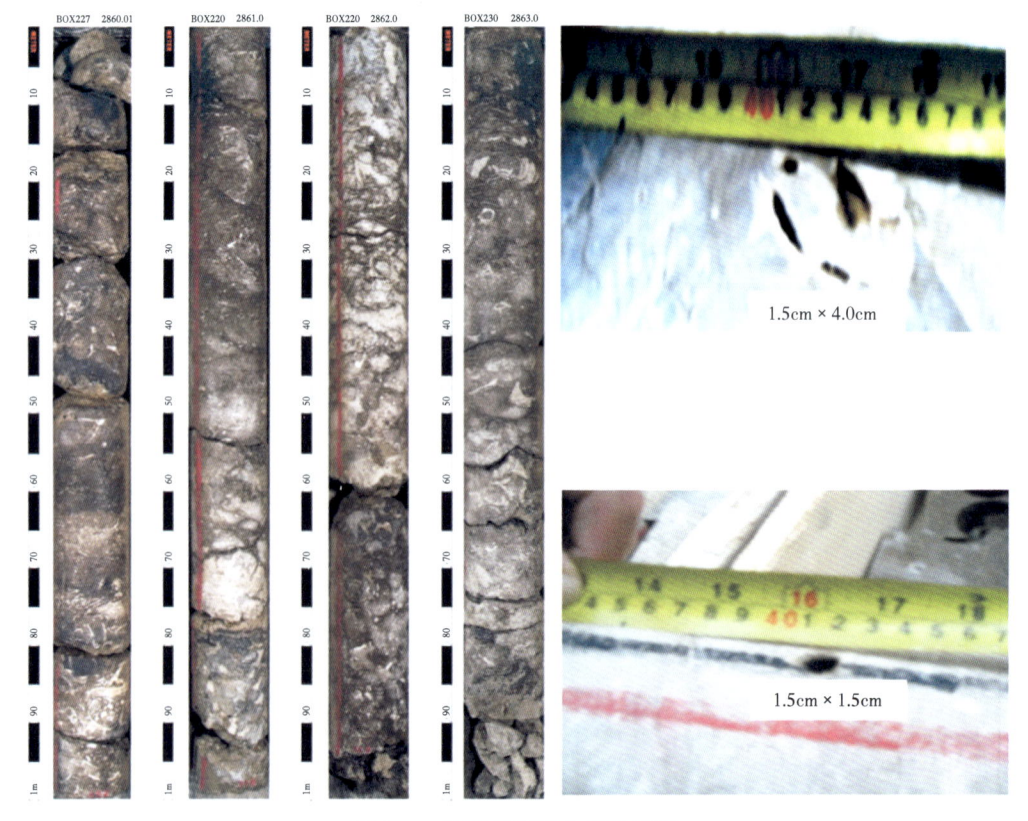

图 5-5 破碎带和溶孔岩性特征

二、不同地层漏失类型机理

针对哈法亚油田钻遇地层发生的不同程度的漏失，结合测井和岩性资料表明，该油田遭遇严重漏失的根本原因在于地层非均质性强，发育多种漏失通道组合类型，按照漏失机理，可将漏失地层类型分为孔隙/溶孔型、闭合微裂纹型、高角度微裂缝型、溶孔—裂缝型、微裂纹—溶孔型和溶孔/孔隙—裂缝型6种类型。

1. 孔隙/溶孔型地层

哈法亚油田部分地层发育连通性较好的孔隙，当井筒压力大于地层孔隙流动阻力时便会发生漏失，但这种漏失大多是渗透性漏失，在钻井过程中如果漏速较低，一般是可以忽略的。代表性地层主要包括：Upper Fars，Sadi 和 Khasib 三套地层，其中 Sadi 地层漏失比较有代表性。

Upper Fars 地层岩性以疏松黏土/泥岩和砂岩为主，为地表浅层，Sadi 和 Khasib 为两套薄灰岩储层，整体岩性致密，局部孔隙发育，部分区域局部裂缝发育。3 套地层表现为发生漏失时漏速不高，但个别井单井累计漏失量较大，以 HF014-N014 井为例，在钻进 Sadi 层 2649~2695m 时，漏速为 1.4~10m^3/h，累计漏量 23m^3，如图 5-6 所示，核磁测井显示在该段孔渗条件较好。

3 套地层主要是在钻进过程中发生漏失，随着随钻堵漏措施的实施，Sadi 层和 Khasib 层的漏失量逐年降低，Upper Fars 处于浅表地层，主要通过调整钻井液性能及钻井参数进行控制。至 2018 年，三套地层漏失情况基本得到完全控制。

2. 闭合微裂缝型地层

哈法亚油田个别地层在钻进过程中具有一定的承压能力，但地层本身发育闭合的微裂纹，在钻井过程中没有发生明显的漏失，但在固井过程中则容易受到高密度水泥浆作用而发生压裂性漏失，代表性地层主要为 Lower Fars 和 Shuaiba 地层。

Lower Fars 是一套高压盐膏层，孔隙压力较高，主要由硬石膏、泥岩和盐岩三种岩石组成，裂缝和溶洞均不发育，但局部发育微裂纹。钻进过程中一般不发生漏失，漏失主要发生在固井阶段，尤其是套管鞋附近，容易产生较为严重的漏失。以 HF059-N059 井为例，在固井时突然发生漏失，漏速为 16m^3/h，累计漏量 42m^3，结合 FMI 测井，如图 5-7 所示，发现在 Lower Fars MB1 层发育裂缝。根据对 Lower Fars 地层详细的地层压力分析表明，该高压层分为 MB5~MB1 五套小层，高压从 MB5 起压至 2.22g/cm^3，到 MB1 层地层压力降至正常压力，地层破裂压力相应降低至 2.35 g/cm^3，如果卡层不准，容易引起漏失。

Shuaiba 是一套石灰岩地层，正常孔隙压力，局部夹杂页岩。该地层裂缝和溶洞也不发育，但由于硬脆页岩存在，使得井眼存在脆弱面，在固井阶段，尤其是套管鞋附近，容易发生较为严重的漏失，以 HF027-N027D1 井为例，在钻进过程中以 5.5m^3/h 漏速共损失钻井液 87m^3，在固井时发生严重漏失，最终累计损失水泥浆 137m^3（图 5-8）。

整体而言，对于这样的地层，在施工过程中只要适当控制施工参数，大多数压裂性漏失是可以避免的，因此，随着作业经验的积累和采取适当的措施，该两套地层漏失情况逐年降低，但 Shuaiba 地层位于 3900m 左右，该层系还夹杂黏土岩和页岩，需要提高钻井液

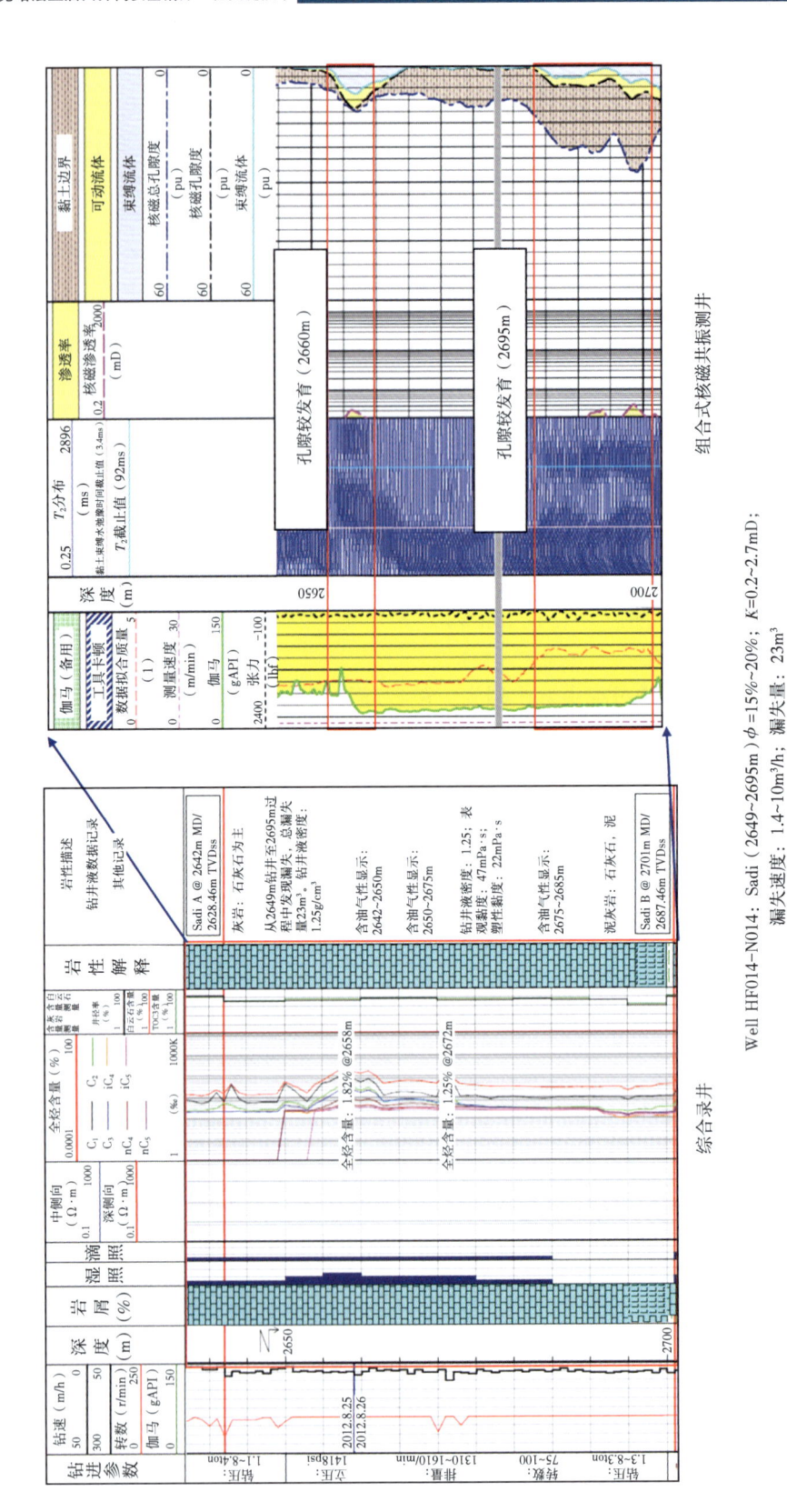

图 5-6 Sadi 地层漏失工程记录及核磁共振测井响应特征

Well HF014-N014：Sadi（2649~2695m）ϕ=15%~20%；K=0.2~2.7mD；漏失速度：1.4~10m³/h；漏失量：23m³

图 5-7 Lower Fars 地层漏失工程记录及 FMI 测井响应特征

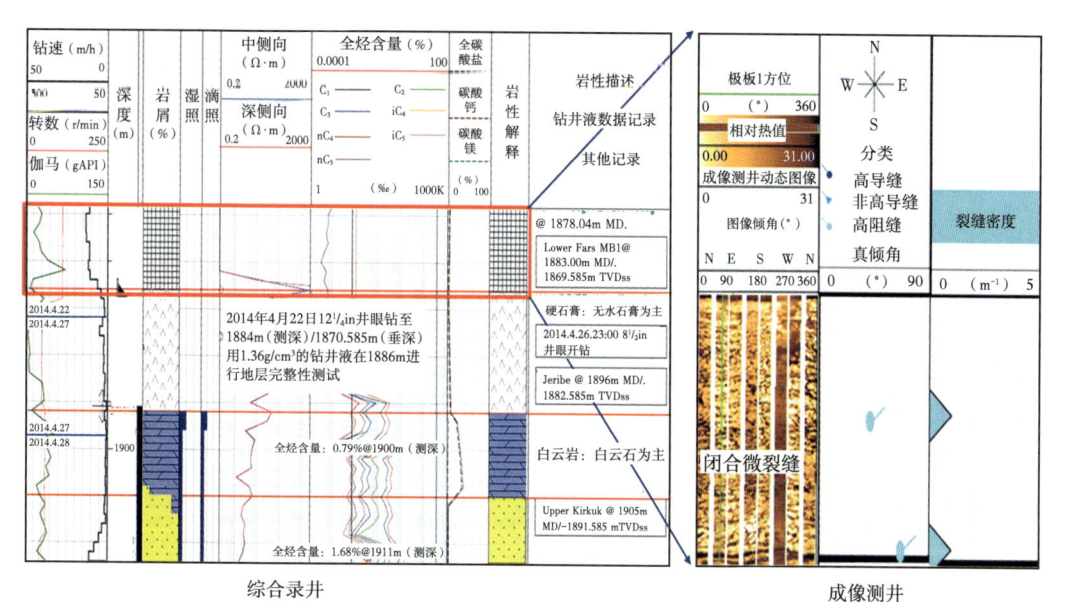

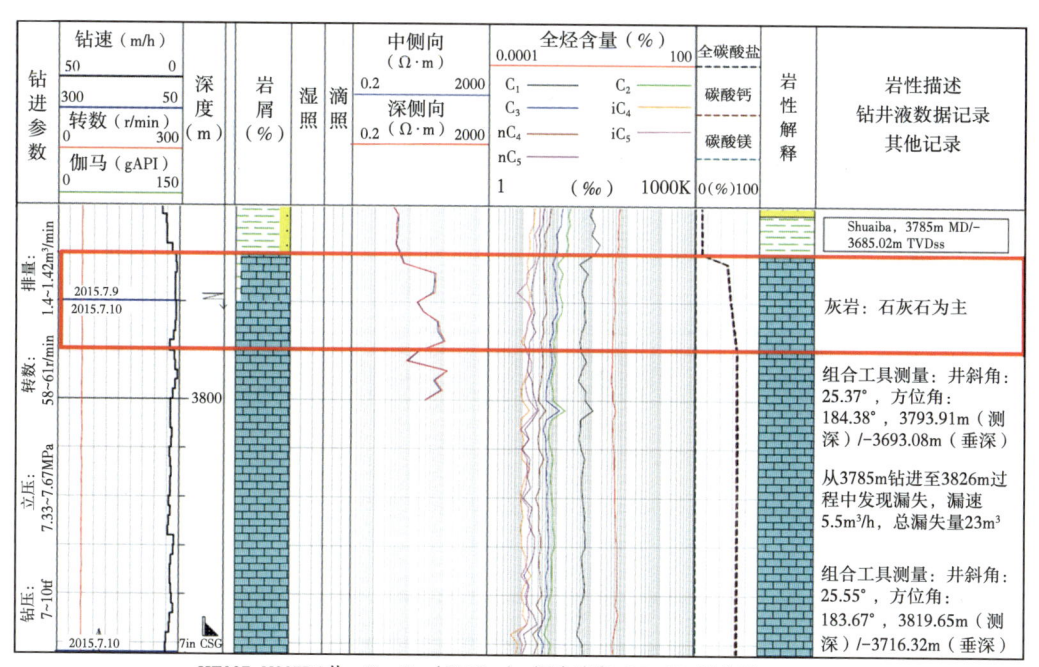

图 5-8 Shuaiba 地层漏失工程记录

密度稳定易垮塌地层，属于比较典型的漏卡同层，因此，在将来开发下部储层（如 Yamama 或深层探井）的时候，Shuaiba 层的漏失仍是需要重点关注的地层之一。

213

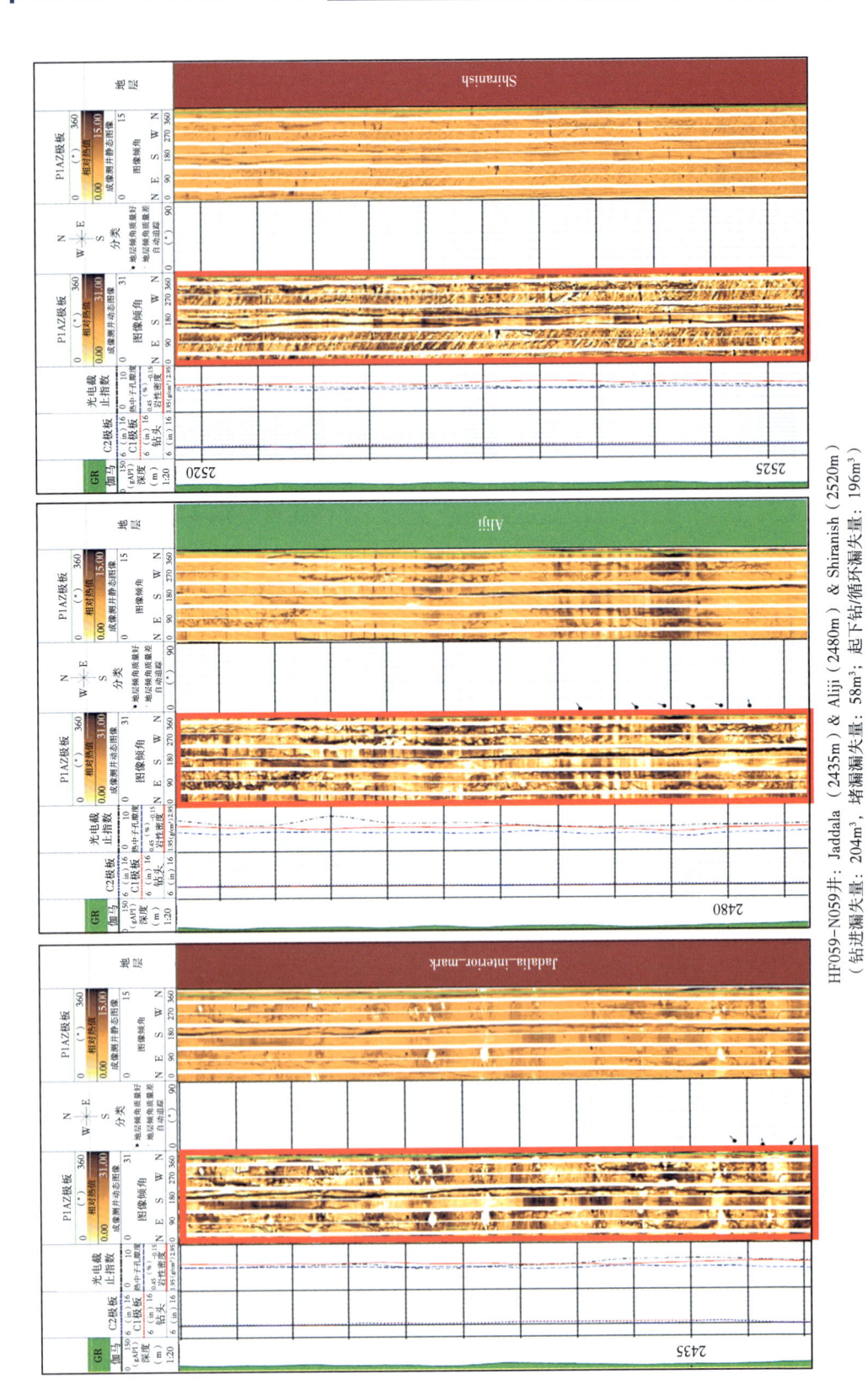

图 5-9 贯穿三套地层的钻井诱导裂缝

HF059-N059井：Jaddala（2435m）& Aliji（2480m）& Shiranish（2520m）
（钻进漏失量：204m³，堵漏漏失量：58m³；起下钻/循环漏失量：196m³）

3. 高角度微裂缝型地层

哈法亚油田部分石灰岩地层局部发育高角度微裂缝，由于石灰岩岩性较脆，强度大，钻井过程中这些高角度微裂缝一旦受到诱导扩展，则会形成贯穿多套层系的直劈裂缝，导致发生失返性的恶性漏失（图5-9）。这类代表性地层包括Jaddala，Aliji和Shiranish。

由于3套地层都为石灰岩地层，岩性交脆，且Jaddala上部和Aliji下部地层发育不整合，因此局部区域可能发育直劈缝。但在钻进过程中，是否发生严重漏失取决于这些高角度裂缝是否被诱导形成纵向延伸直劈缝，一旦钻井参数控制不当，被诱导压裂，则会导致失返性恶性漏失，但如果直劈裂纹没有被诱导沟通形成纵向直劈裂缝则不会发生漏失（图5-10）。如HF059-N059在该层发生了严重漏失，但相邻的HF081-N081井，同样井段成像测井显示具有高角度裂缝，钻井过程中由于控制得当，没有发生漏失。

HF059-N059井 Aliji（2461~2469m），严重漏失

HF081-N081井 Aliji（2471~2489m），未漏失

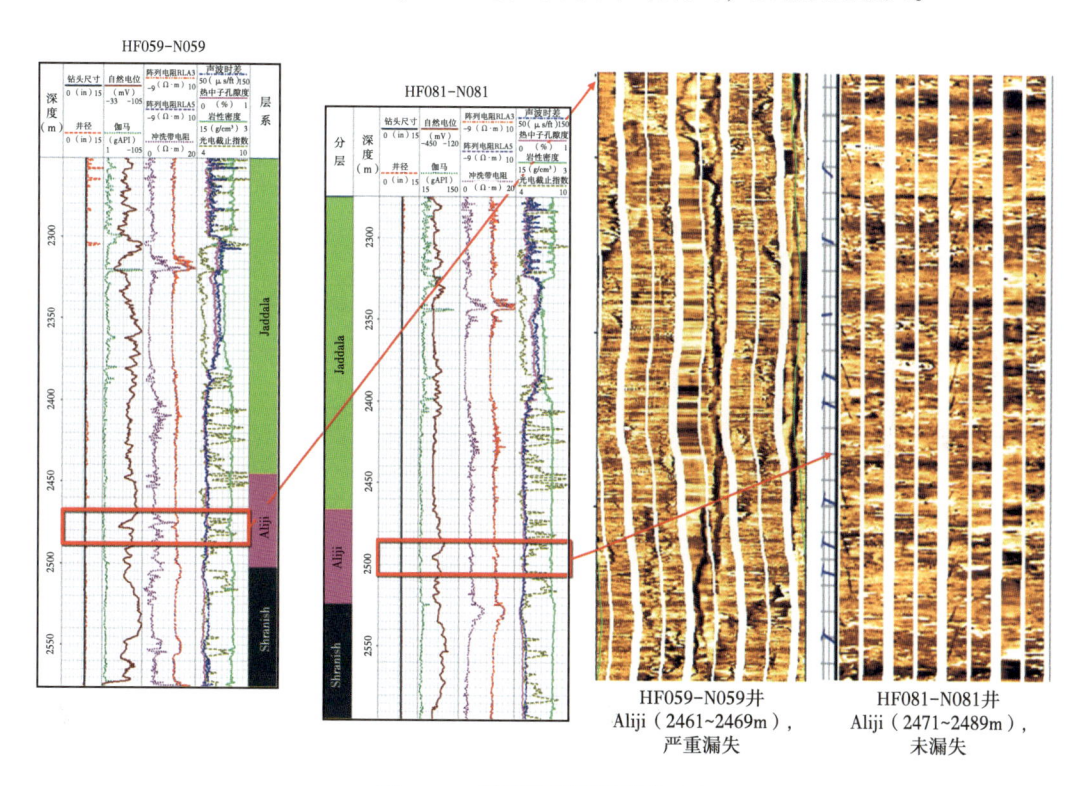

图5-10　不同钻进诱导裂缝对比

随着钻井经验的增加，形成了针对该井段的钻井控制措施，钻遇此类地层时发生严重漏失的概率越来越低，逐渐得到有效控制，2014年以后该三套地层钻井基本没有发生严重漏失的情况。

4. 溶孔—裂缝性地层

哈法亚油田局部巨厚碳酸盐岩地层发育多套漏失通道，由于较强的非均质性，溶孔和裂缝广泛性发育，规律性不强，漏失严重，代表性地层为主力储层Mishrif灰岩地层，该储层厚100~300m。整体可划分为Mishrif A，Mishrif B和Mishrif C三部分，其中Mishrif A

中部，Mishrif B 和 Mishrif C 上部为主要储层，这三套储层溶孔和裂缝相对更加发育，因此钻井过程中，从渗透性漏失到恶性失返均有发生（图 5-11 和图 5-15）。三套储层中，Mishrif B 集中发育不同角度的裂缝和溶蚀孔洞（图 5-15），为漏失最严重的层系，Mishirif C 次之，Mishrif A 漏失相对较轻，该层系钻进、固井、循环和起下钻等均存在不同程度的漏失风险。

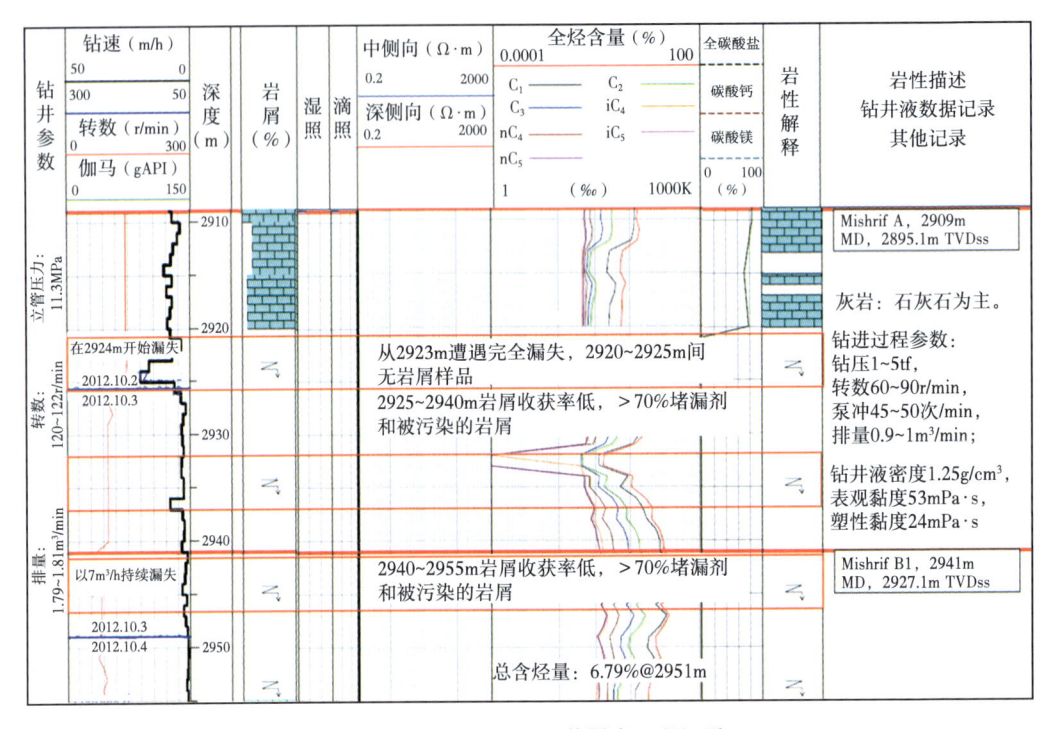

图 5-11　HF137-N137 井漏失工程记录

图 5-12　HF137-N137 井高导缝特征（FMI 测井）

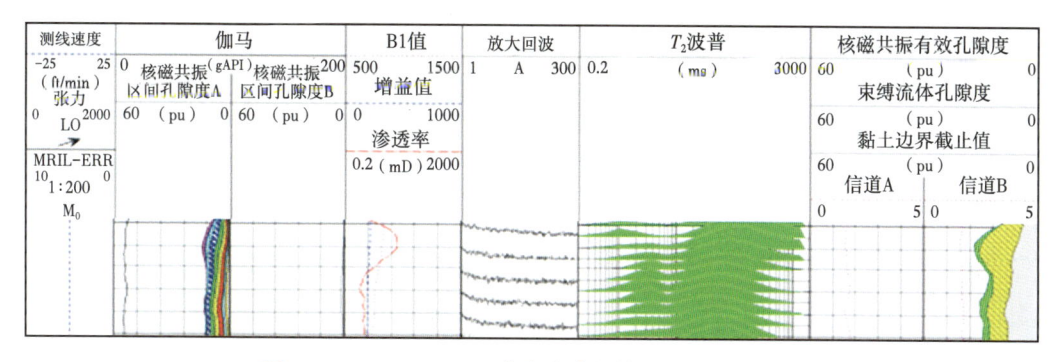

图 5-13 HF137-N137 井高孔渗段特征（CMR 测井）

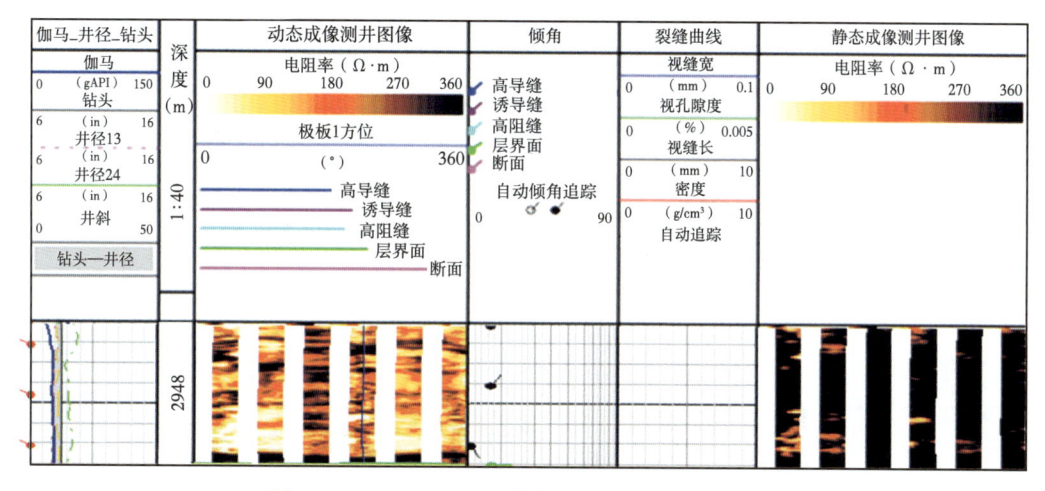

图 5-14 HF137-N137 井溶孔段特征（FMI 测井）

Mishrif 层为主力储层，布井方式主要以定向井和水平井为主，也是发生漏失的主要储层，其漏失通道组合形式复杂，通过持续的防漏堵漏措施的实施，Mishrif 漏失得到较好的控制，但由于其储层特性，漏失未能完全避免。目前，由于 Mishrif 储层的持续开发，储层孔隙压力已下降 30%~40%，漏失将会成为该层系长期面临的难题和挑战。

5. 微裂缝—溶孔型地层

哈法亚油田局部碳酸盐岩地层发育微裂缝—溶蚀—孔洞，由于非均质性强，导致不同区域单井漏失量差异巨大。代表性地层主要包括：Rumaila 和 Mauddud 两套白垩质灰岩地层。这两套地层，在未发育微裂缝—溶孔的区域，岩性致密，不会发生漏失；但若钻遇发育微裂缝—溶孔的区域，则在压差作用下容易发生严重漏失，一旦发生漏失，表现为发生漏失时漏速高，单井累计漏失量大，以 HF059-N059 为例，漏速为 5~24m³/h，累计漏量为 103.7m³（图 5-16）。

两套地层主要在钻进过程中发生漏失，是潜在的易发生严重漏失的地层，2015 年后，根据开发部署，主要开发上部储层 Jeribe-Kirkuk 和 Mishrif，只有少量的井钻到 Mishrif 下部的地层，所以，尽管从对该两套地层 2011—2018 年的漏失统计结果看漏失是逐年降低

217

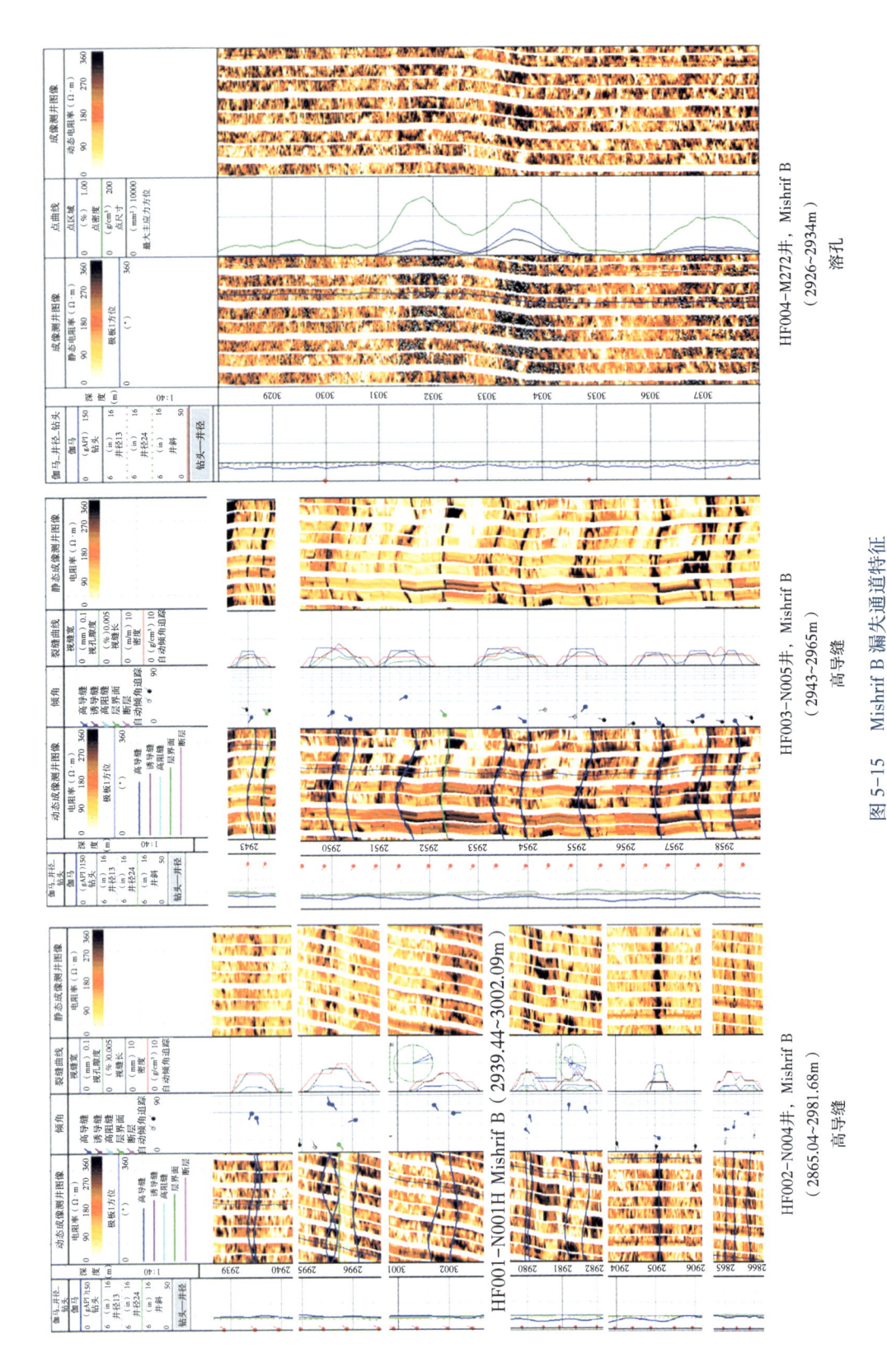

图 5-15 Mishrif B 漏失通道特征

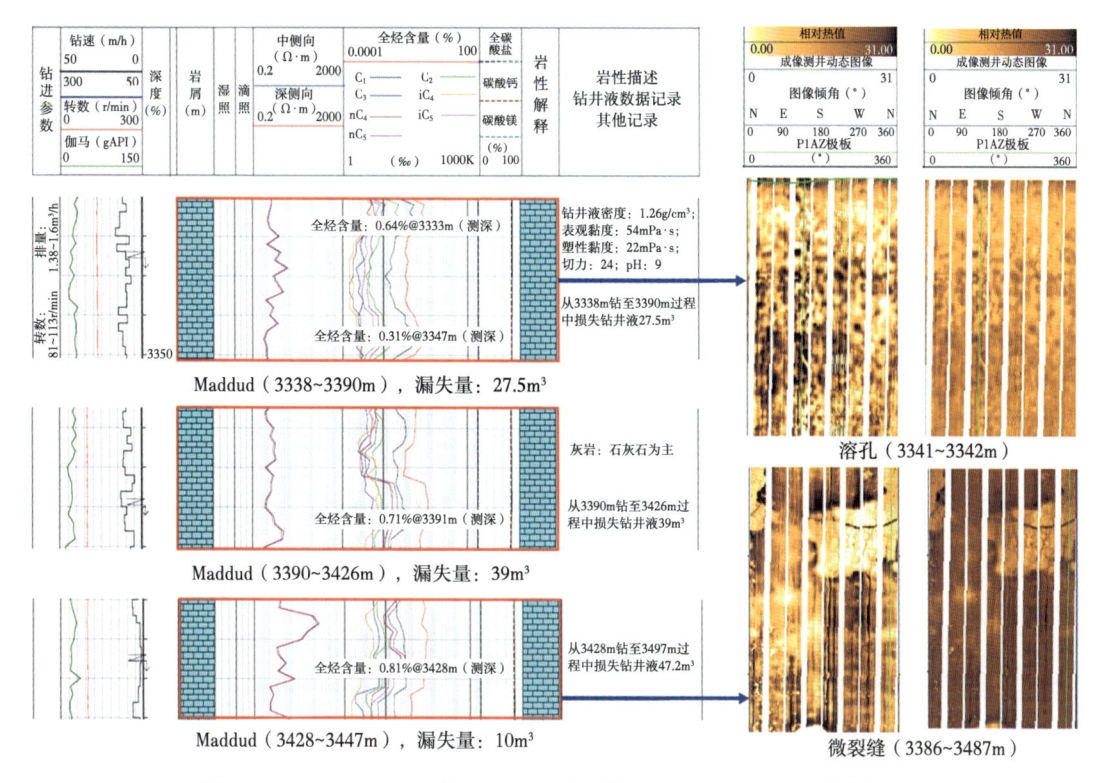

图 5-16　HF059-N059 井 Mauddud 地层漏失工程记录及 FMI 响应特征

的，但实际上是钻遇的井比较少，该两套地层钻完井过程中的漏失仍然存在较大的风险，在今后 Mishrif 下部储层的钻井中，应提前采取相应的应对措施。

6. 溶孔/孔隙—裂缝型地层

Nahr Umr 为该油田的次主力储层，也是漏失风险较大的一套地层；该地层整体可划分为 Nahr Umr A 和 Nahr Umr B 两部分，其中 Nahr Umr A 为一套石灰岩地层，溶孔较为发育，局部发育裂缝，如图 5-17 所示。Nahr Umr B 则为一套砂岩地层，发育连通性较好的孔隙，因此漏失也是从渗透性漏失到恶性失返均有发生，如图 5-18 所示。

2015 年以后，在 Nahr Umr 储层部署的油井逐渐减少，尽管根据对该地层 2011—2017 年的漏失统计结果，该地层漏失情况逐渐降低，但 Nahr Umr 层的漏失通道组合主要以石灰岩溶孔和砂岩粒间孔为主，严重漏失的风险仍然是存在的，此外由于该层系还夹杂黏土岩和页岩，需要提高钻井液密度稳定易垮塌地层，属于比较典型的漏卡同层，因此，将来开发下部储层（如 Yamama 或深层探井）的时候，该漏失层仍是需要重点关注的地层之一。

三、不同漏层漏失分类

根据以上的分析，哈法亚油田碳酸盐岩地层以泥晶灰岩为主，其漏失通道特点主要是孔隙和溶孔相对发育，局部发育低密度/低角度裂缝，孔隙度、渗透性（简称孔渗）条件较好，往往同一开次的地层存在多种不同的漏失机理，其漏失的治理比防堵更加地重要。

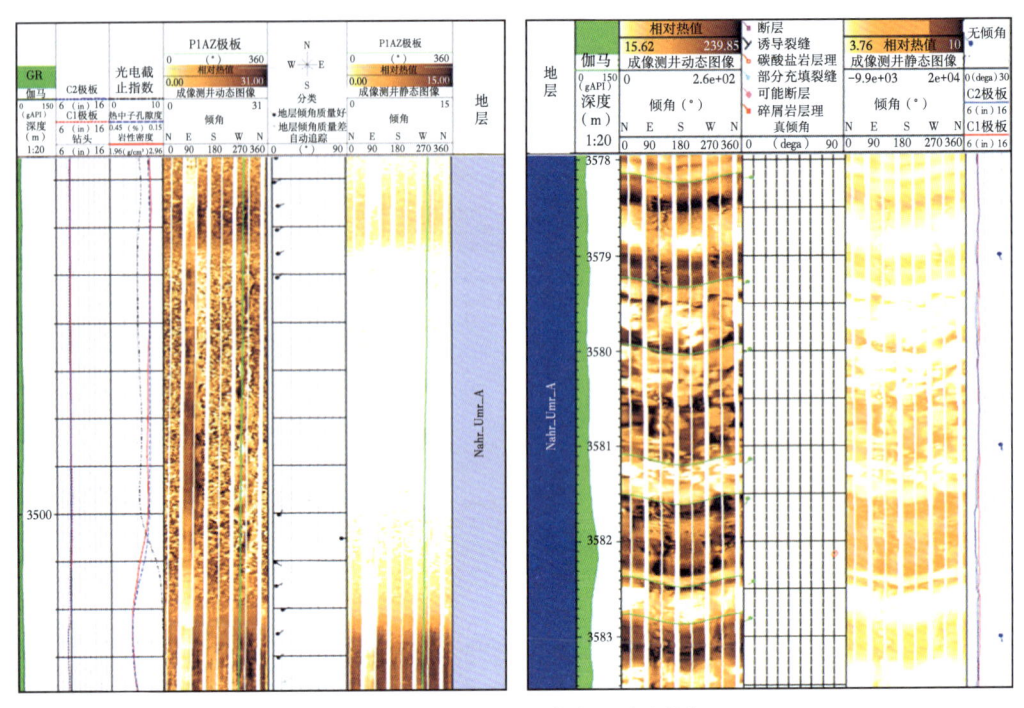

图 5-17　Nahr Umr A 溶孔和裂缝特征

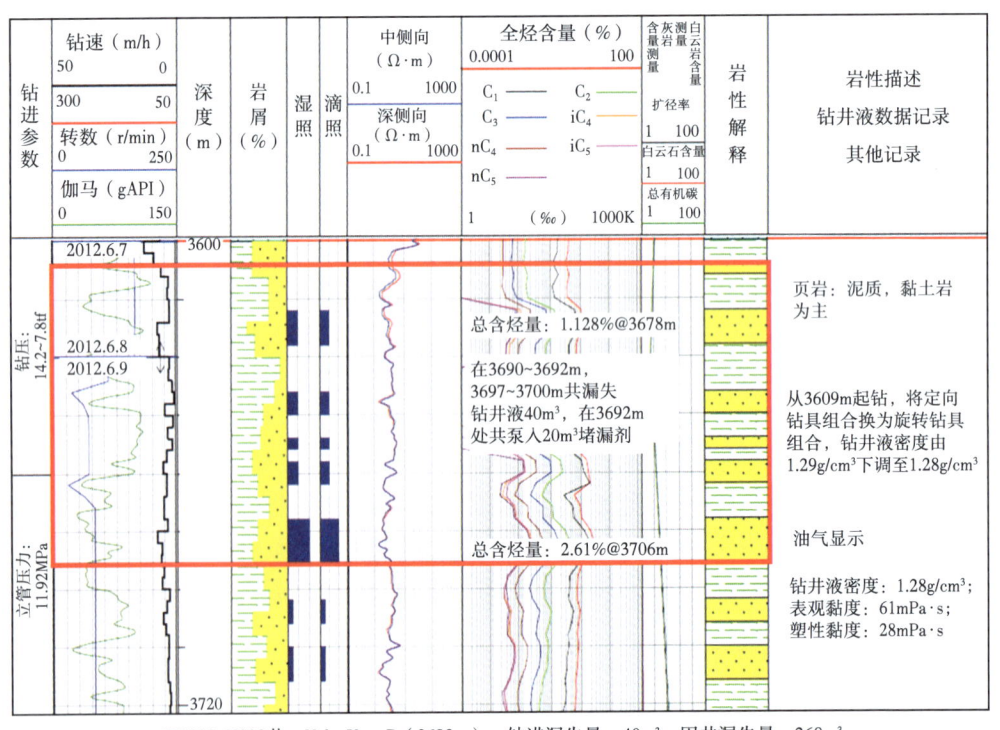

HF008-N008井，Nahr Umr B（3692m），钻进漏失量：40m³，固井漏失量：268m³

图 5-18　HF008-N008 井 Nahr Umr B 漏失工程记录

根据对哈法亚油田已钻井不同漏层的漏失程度、漏失机理的分析，该油田不同层系的漏失特征、漏失类型及典型漏失井见表5-7。

表5-7 哈法亚油田不同层系漏失特征

层位	岩性	漏失特征	典型井（漏失量）	漏失性质	漏失类型
Upper Fars	黏土/泥岩，夹疏松砂岩	钻进过程渗透性漏失，单井累计漏量大	HF057－N057（173m³），HF007-N007（115m³）	孔隙渗透性漏失	压差漏失
Lower Fars	黏土/泥岩，硬石膏，盐岩	钻进过程个别单井漏量大，固井过程压裂性漏失	HF007－JK007（135m³），HF008-JK008D1（117m³）	高密度泥浆，压裂性漏失	压裂漏失
Jaddala	泥质/白垩质灰岩	钻进过程遇到直劈型裂缝，导致失返、恶性漏失	HF075－N075（132m³），HF059-N059（206m³）	纵向直劈裂缝，失返性漏失	诱导漏失
Aliji	石灰岩夹泥岩条带	钻进过程遇到直劈型裂缝，导致失返、恶性漏失	HF060－N060（129m³），HF075-N075（179m³）	纵向直劈裂缝，失返性漏失	诱导漏失
Shiranish	泥灰岩，生物碎屑岩	钻进过程遇到直劈型裂缝，导致失返、恶性漏失	HF075－N075（993.4m³），HF052-N052（97m³）	纵向直劈裂缝，失返性漏失	诱导漏失
Sadi	泥灰岩，粒泥灰岩，颗粒灰岩	钻进过程渗透性漏失，单井累计漏量大	HF060－N060（87m³），HF059-N059（75m³）	孔隙渗透性漏失	压差漏失
Khasib	生物碎屑灰岩，夹薄层页岩	钻进过程渗透性漏失，单井累计漏量大	HF083－M297（140m³），HF060-N060H（96m³）	孔隙渗透性漏失	压差漏失
Mishrif A/B/C	泥粒/粒泥/生物碎屑灰岩，泥岩夹层	裂隙类型复杂，渗透性漏失到恶性漏失不等，钻进和固井过程均有漏失风险	HF026－M026H（2234m³和259m³），HF107－M107D（1494m³和252m³）	孔隙—裂缝—溶蚀孔洞复合性漏失	压差漏失
Rumaila	白垩质灰岩	钻进过程钻遇裂缝—溶洞地层单井漏量极大	HF007－M007D1（310m³），HF075-N075（210m³）	裂缝—溶蚀孔洞性漏失	压差漏失
Mauddud	白垩质灰岩	钻进过程钻遇裂缝—溶洞地层单井漏量极大	HF010－N010（131m³），HF027-N027D1（229m³）	裂缝—溶蚀孔洞性漏失	压差漏失
Nahr Umr	石灰岩，泥灰岩，砂泥岩	裂隙类型复杂，渗透性漏失到恶性漏失不等，固井比钻进过程漏失风险高	HF058-N058D1（268m³和645m³），HF059-N059（421m³和413m³）	孔隙—裂缝—溶蚀孔洞复合性漏失	压差漏失
Shuaiba	白垩质灰岩，夹页岩/生物碎屑灰岩	钻进过程个别单井漏量大，固井过程压裂性漏失	HF052－N052（295m³），HF045-M045D1（144m³）	高密度钻井液，压裂性漏失	压裂漏失

第四节　哈法亚油田漏失压力预测

漏失压力是判断地层是否发生漏失的一个重要指标，漏失压力通常介于孔隙压力和破裂压力之间，且显著受孔隙压力的影响，如果以破裂压力代替漏失压力，会导致漏失压力计算偏大，从而导致钻井液密度窗口上限过高，使得井漏事故不能有效预防，堵漏设计被误导，因此应将漏失压力作为安全钻井液密度窗口的上限。当地层发生漏失时，漏失通道和漏失液体的存储空间是必备的地层条件，哈法亚油田的漏失通道类型主要包括溶孔/孔隙和裂缝，不同漏失通道会导致不同的漏速，当存在孔隙和小尺度裂缝（<0.1mm）时，通常发生渗透性漏失，小尺度—中尺度裂缝（0.1~0.5mm），通常发生部分性漏失；大尺度裂缝（>0.5mm），则会发生严重漏失，预测时需要充分考虑漏失通道类型的影响。

无论是什么形式的漏失，孔隙压力都是非常重要的参数，通常对于裂缝性地层，漏失压力可以等效为开启裂缝的压力，即最小地应力，但对于存在裂缝的地层，漏失压力通常远远低于最小地应力。为尽量确定漏失压力，通常采用工程和测井两种方法，以进行对比与校正。

工程法主要认为漏失压力等于孔隙压力和漏失压差之和，包括两个关键部分，即怎样确定孔隙压力和漏失压差；测井法主要利用测井数据及相关参数进行预测，包括三个部分，即计算孔隙压力、上覆岩层压力和泊松比，考虑到哈法亚油田构造平缓，水平应力挤压并不严重，可采用 Eaton 公式计算最小地应力作为漏失压力。

一、基于工程统计方法的漏失压力模型

1. 基本理论

对于存在溶孔/孔隙和天然裂缝的地层，发生压差漏失时井筒内的液柱压力需要满足两个条件：（1）足够平衡地层孔隙压力；（2）克服漏失钻井液在漏失孔道中流动时的阻力。井筒内部钻井液液柱压力越大，漏失速度也越大，因此可认为在压差条件下漏失压力为工程允许漏失速率下的最大钻井液液柱压力，有：

$$p_{\rm L} = p_{\rm p} + \Delta p \tag{5-1}$$

式中　$p_{\rm L}$——漏失压力，MPa；

$p_{\rm p}$——孔隙压力，MPa；

Δp——漏失压差，MPa。

大量现场统计资料表明，碳酸盐岩地层的漏失速率与漏失压差具有较好的相关性，目前该领域的专家学者一致认为，采用不同的基函数（多项式函数、幂函数、指数函数，……）对漏失速率与漏失压差进行拟合时，幂函数拟合最为合理[5-7]，其表达式为：

$$\Delta p = bQ^n \tag{5-2}$$

式中　b——漏失强度系数，经验常数；

Q——漏失速率，m³/h；

n——漏失状态参数，经验常数。

根据钻井工程习惯，通常采用当量钻井液密度表示，则漏失压力当量钻井液密度的表达式为：

$$\rho_{LE} = \frac{p_p + bQ^n}{0.00981H} \tag{5-3}$$

式中　ρ_{LE}——漏失压力当量钻井液密度，g/cm^3；

　　　H——液柱的垂直高度，m。

故从理论上而言，用工程统计方法计算的漏失压力是发生漏失时所对应深度的漏失压力，偏向于保守，一般为严重漏失段的等效钻井液密度，因此采用工程统计方法所计算出的漏失压力应该为发生漏失时的实际漏失压力，即漏失压力的下限值。

2. 模型计算及分析

1) Sadi 地层

分析 Sadi 层的漏失数据，对漏速与漏失压差的关系进行幂函数回归拟合，如图 5-19 所示，可得到发生漏失的 Sadi 层的漏失压差表达式为：

$$\Delta p_{Sadi} = 2.9112 Q^{0.1731} \tag{5-4}$$

则基于工程统计方法计算获得的 Sadi 层漏失压力当量钻井液密度为：

$$\rho_{L\,Sadi} = \frac{p_{p\,Sadi} + 2.9112 Q^{0.1731}}{0.00981H} \tag{5-5}$$

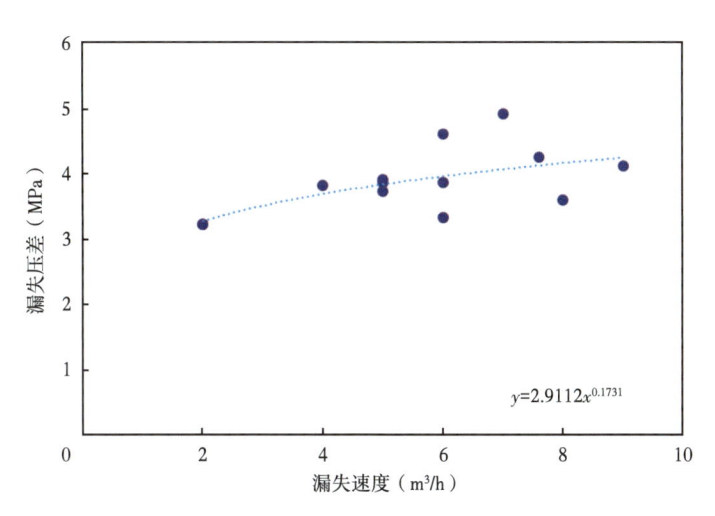

图 5-19　Sadi 层漏失速率和漏失压差的关系曲线

HF174-K174H1 井在钻至 2694~2870m 过程中漏失量为 21m³。HF119-M119H 井在钻至 2612~2782m 过程中漏失量为 20m³。漏失压力与孔隙压力密切相关，一般 Sadi 层的孔隙压力当量钻井液密度为 1.23~1.24g/cm³，但这 2 口的井史记录孔隙压力当量钻井液密度为

1.15g/cm³，所以计算获得的 Sadi 层的实际漏失压力当量钻井液密度为 1.29～1.31g/cm³（表 5-8 和表 5-9）

表 5-8　HF174-K174H1 井漏失压力

地层	测深/垂深（m）	漏失速率（m³/h）	漏失量（m³）	钻井液密度（g/cm³）	钻井液当量循环密度（g/cm³）	孔隙压力当量钻井液密度（g/cm³）	漏失压力当量钻井液密度（g/cm³）
Sadi	2694～2788/2688.86～2766	5	10.00	1.23	1.30	1.15	1.29
Sadi	2788～2868/2766.01～2822	4	10.00	1.23	1.30	1.15	1.29
Sadi	2868～2870/2766.01～2822	5	1.00	1.23	1.30	1.15	1.29

表 5-9　HF119-M119H 井漏失压力

地层	测深/垂深（m）	漏失速率（m³/h）	漏失量（m³）	钻井液密度（g/cm³）	钻井液当量循环密度（g/cm³）	孔隙压力当量钻井液密度（g/cm³）	漏失压力当量钻井液密度（g/cm³）
Sadi	2612～2699/2688.86～2766.01	9.0	10.00	1.25	1.31	1.15	1.31
Sadi	2699～2782/2676.21～2754.26	7.6	10.00	1.25	1.31	1.15	1.31

2) Mishrif 地层

分析 Mishrif 层的漏失数据，对漏速与漏失压差的关系进行幂函数回归拟合，如图 5-20 所示，可得到 Mishrif 层的漏失压差表达式为：

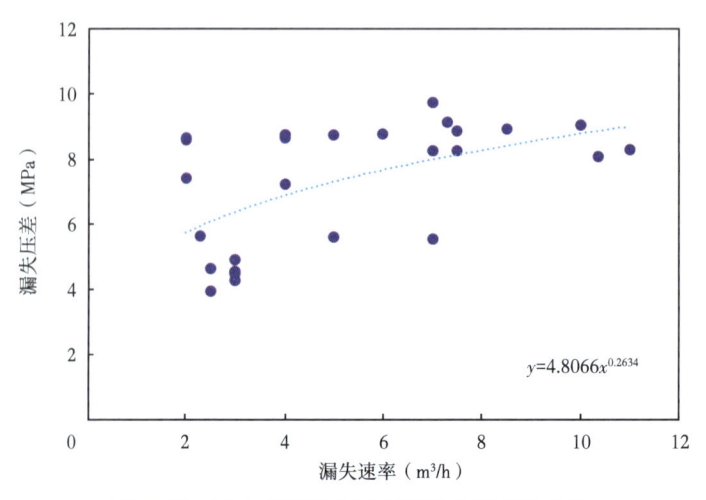

图 5-20　Mishrif 层漏失速率和漏失压差的关系

$y = 4.8066 x^{0.2634}$

$$\Delta p_{\text{Mishrif}} = 4.8066 Q^{0.2634} \tag{5-6}$$

则基于工程统计方法计算获得的 Mishrif 层的漏失压力当量钻井液密度为：

$$\rho_{\text{LMishrif}} = \frac{p_{\text{pMishrif}} + 4.8066 Q^{0.2634}}{0.00981 H} \tag{5-7}$$

HF006-N00D1 井在钻至 2870~2886m 过程中漏失量为 11m³。HF170-M174D3 井在钻至 3181~3303m 过程中漏失量为 13m³。漏失压力与孔隙压力密切相关，Mishrif 层孔隙压力变化较大，这两口井孔隙压力下降还不明显，孔隙压力当量钻井液密度分别为 1.10g/cm³ 和 1.14g/cm³，所以计算获得的 Mishrif 层发生漏失时的漏失压力当量钻井液密度为 1.26~1.30g/cm³（表 5-10 和表 5-11）。

表 5-10　HF006-N006D1 井漏失压力

地层	测深/垂深（m）	漏失速率（m³/h）	漏失量（m³）	钻井液密度（g/cm³）	钻井液当量循环密度（g/cm³）	孔隙压力当量钻井液密度（g/cm³）	漏失压力当量钻井液密度（g/cm³）
MA1	2870~2886/2869.85~2885.85	4	11	1.25	1.27	1.10	1.26

表 5-11　HF170-M174D3 井漏失压力

地层	测深/垂深（m）	漏失速率（m³/h）	漏失量（m³）	钻井液密度（g/cm³）	钻井液当量循环密度（g/cm³）	孔隙压力当量钻井液密度（g/cm³）	漏失压力当量钻井液密度（g/cm³）
MC2	3181~3303/3008~3103	2	13	1.23	1.31	1.14	1.30

而 HF011-M011D1 井在钻至 2916~3265m 过程中漏失量为 383m³。目前该储层孔隙压力当量钻井液密度为 0.81~0.9g/cm³，所以计算获得的 Mishrif 层发生漏失时的漏失压力当量钻井液密度为 1.08~1.23g/cm³（表 5-12）。

表 5-12　HF011-M011D1 井漏失压力

地层	测深/垂深（m）	漏失速率（m³/h）	漏失量（m³）	钻井液密度（g/cm³）	钻井液当量循环密度（g/cm³）	孔隙压力当量钻井液密度（g/cm³）	漏失压力当量钻井液密度（g/cm³）
MB1	2916~3000/2856.11~2912.71	6	111	1.23	1.24	0.81	1.08
MB2	3000~3133/2912.71~3025.72	5	118	1.23	1.24	0.84	1.09
MC1	3133~3160/3025.72~3048.58	3	98	1.23	1.24	0.89	1.10
MC2	3160~3265/3048.58~3136.84	3	56	1.23	1.24	1.12	1.23

3) Nahr Umr 地层

分析 Nahr Umr 层的漏失数据，对漏速与漏失压差的关系进行幂函数回归拟合，如图 5-21 所示，得到 Nahr Umr 层的漏失压差表达式为：

$$\Delta p_{\text{Nahr Umr}} = 5.3752 Q^{0.00873} \tag{5-8}$$

则基于工程统计方法计算得到的 Nahr Umr 层漏失压力当量钻井液密度为：

$$\rho_{\text{LNahr Umr}} = \frac{p_{\text{p Nahr Umr}} + 5.3752 Q^{0.00873}}{0.00981 H} \tag{5-9}$$

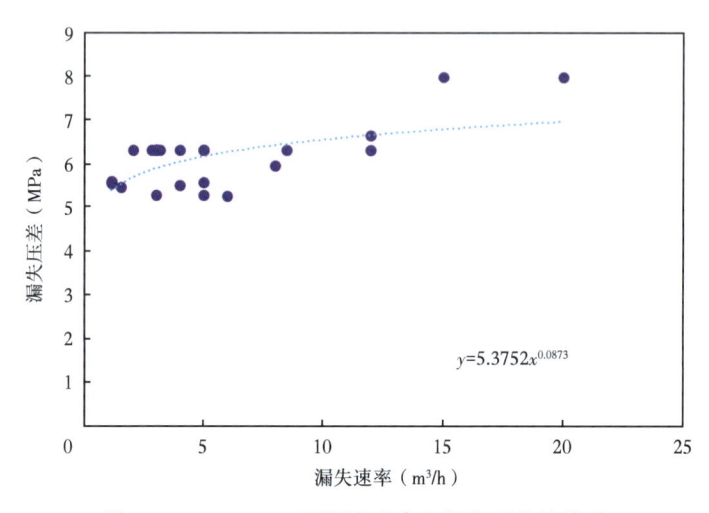

图 5-21 Nahr Umr 层漏失速率和漏失压差的关系

HF026-N026D1 井在钻至 3635~3796m 过程中漏失量为 141m³。漏失压力与孔隙压力密切相关，Nahr Umr B 层孔隙压力变化较大，孔隙压力当量钻井液密度下降为 0.84~0.94g/cm³，所以计算获得的 Nahr Umr 层的发生漏失时的漏失压力当量钻井液密度为 1.1~1.30g/cm³（表 5-13）。

表 5-13 HF026-N026D1 井漏失压力

地层	测深/垂深 (m)	漏失速率 (m³/h)	漏失量 (m³)	钻井液密度 (g/cm³)	钻井液当量循环密度 (g/cm³)	孔隙压力当量钻井液密度 (g/cm³)	漏失压力当量钻井液密度 (g/cm³)
NBA	3635~3681/3586.27~3628.24	4.00	43	1.27	1.28	1.15	1.30
NBA	3681~3698/3628.24~3643.82	5.00	18	1.28	1.29	1.15	1.30
NBB	3698~3763/3643.82~3703.99	2.81	38	1.28	1.29	0.94	1.10
NBB	3763~3796/3703.99~3735.03	3.17	42	1.28	1.29	0.84	1.10

HF027-N027D1 井在钻至 3633~3826m 过程中漏失量为 198m³。HF170-M170D3 井在钻至 3898~3935m 过程中漏失量为 8.27m³。这两口井孔隙压力几乎未变化,所以计算获得的 Nahr Umr 层发生漏失时的漏失压力为 1.28~1.33g/cm³(表 5-14 和表 5-15)。

表 5-14　HF027-N027D1 井漏失压力

地层	测深/垂深 (m)	漏失速率 (m³/h)	漏失量 (m³)	钻井液密度 (g/cm³)	钻井液当量循环密度 (g/cm³)	孔隙压力当量钻井液密度 (g/cm³)	漏失压力当量钻井液密度 (g/cm³)
NBA	3633~3705/3562.03~3612.38	6	17	1.27	1.33	1.15	1.28
NBA	3705~3790/3612.38	3	72	1.27	1.33	1.15	1.32
NBA	3790~3826/3612.38	5	109	1.27	1.33	1.15	1.31

表 5-15　HF170-M170D3 井漏失压力

地层	测深/垂深 (m)	漏失速率 (m³/h)	漏失量 (m³)	钻井液密度 (g/cm³)	钻井液当量循环密度 (g/cm³)	孔隙压力当量钻井液密度 (g/cm³)	漏失压力当量钻井液密度 (g/cm³)
NBB	3898~3935/3722.44~3729.24	6	8.27	1.28	1.34	1.15	1.33

二、基于测井计算方法的漏失压力模型

1. 基本理论

用测井方法计算漏失压力时,一般将水平最小地应力作为漏失压力,即对非完整岩石(含裂缝/弱面),当某一深度的钻井液液柱压力大于最小地应力时,裂缝开启,发生漏失,此时漏失压力远低于破裂压力。通常,获得准确最小地应力的方法是进行地层漏失实验(LOT)或小型压裂实验,但现场受制于各种条件,一般现场比较常见的是 FIT 实验。为了解决这一问题,国内外学者研究推导了大量关于最小地应力的计算公式,比较常见的如 Hurbbert-Willis(1957)[8]公式、Mathews-Kelly(1967)[9]公式、Eaton(1969)[10]公式、Zoback-Healy(1984)[11]和 Huang(2003)[12,13]公式等。事实上这些公式都源于对于破裂压力的推导,考虑到哈法亚油田地层平缓,在现有钻探深度条件下未发现明显大的断层或破碎带,说明水平应力挤压并不强烈,因此采用 Eaton(1969)公式计算漏失压力,具体公式为:

$$p_L = \sigma_{h\min} = \sigma_v \frac{\mu}{1-\mu} + p_p \left(1 - \frac{\mu}{1-\mu}\right) \tag{5-10}$$

式中　p_L——漏失压力,MPa;
　　　$\sigma_{h\min}$——最小水平主应力,MPa;
　　　σ_v——垂向主应力,MPa;

p_p——孔隙压力，MPa；

μ——静态泊松比。

由 Eaton 公式可知，若要计算漏失压力，需要获得垂向应力、孔隙压力和静态泊松比，这三个参数可以通过声波测井和密度测井获得。对于声波测井而言，为更准确地计算岩石力学参数，需同时获得纵波和横波，但由于横波测量的成本较高，一般获得的声波测井数据均为纵波（纵波时差）测井。哈法亚油田个别井进行了阵列声波测井，因此选用这些井作为漏失压力的计算井，具体参数计算方法如下：

(1) 垂向主应力。垂向主应力即上覆岩层压力，可通过对地层密度测井积分的方法获得，具体公式为：

$$\sigma_v = \int_0^z \rho(z) g \mathrm{d}z = 10^{-6} \int_0^z RHOB \cdot g \mathrm{d}z \tag{5-11}$$

式中 σ_v——垂向应力，MPa；

$\rho(z)$——岩性密度，kg/m³；

g——重力加速度常数，取 9.81m/s²；

$RHOB$——地层密度测井数据，kg/m³。

(2) 泊松比。动态泊松比可以通过纵波时差和横波时差计算，具体公式为：

$$\mu_{\mathrm{dym}} = \frac{1}{2} \frac{(DTSM - DTCO)^2 - 2}{(DTSM - DTCO)^2 - 1} \tag{5-12}$$

式中 μ_{dym}——动态泊松比；

$DTSM$——横波时差，μs/m；

$DTCO$——纵波时差，μs/m。

动静态泊松比转换公式：

$$\mu = A\mu_{\mathrm{dym}} + B \tag{5-13}$$

式中 μ——静态泊松比；

A，B——动态和静态转换系数，通过岩心测试获得。

根据测井数据情况，以 HF005-M316 井作为标准井，分析岩心测试数据和测井数据的动静态泊松比关系。

Sadi 层泊松比动静态转换关系如图 5-22 所示，转换公式为：

$$\mu = 0.6192\mu_{\mathrm{dym}} + 0.0245 \tag{5-14}$$

Mishrif 层泊松比动静态转换关系如图 5-23 所示，转换公式为：

$$\mu = 0.4322\mu_{\mathrm{dym}} + 0.0983 \tag{5-15}$$

Nahr Umr 层泊松比动静态转换关系如图 5-24 所示，转换公式为：

$$\mu = 1.351\mu_{\mathrm{dym}} - 0.01181 \tag{5-16}$$

(3) 孔隙压力。由于碳酸盐岩地层孔隙压力成因机制复杂，孔隙压力评价难度大，用

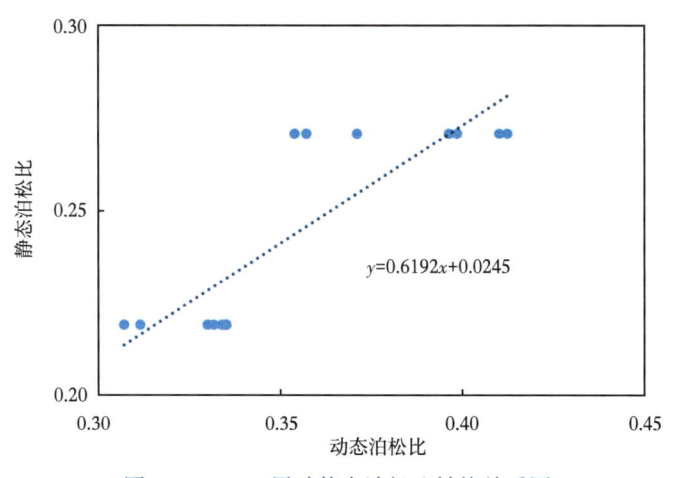

图 5-22　Sadi 层动静态泊松比转换关系图

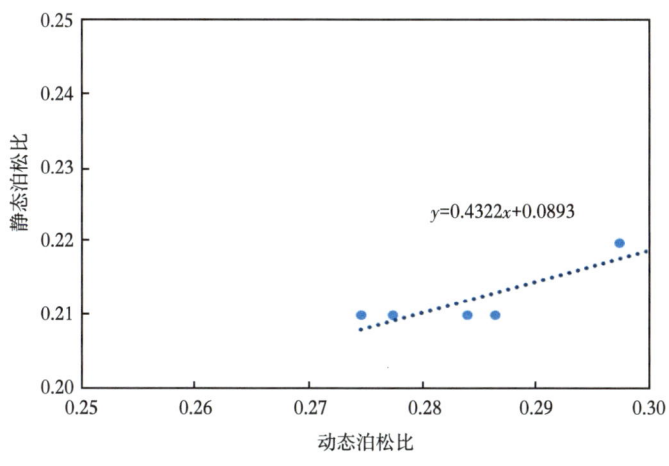

图 5-23　Mishrif 层动静态泊松比转换关系图

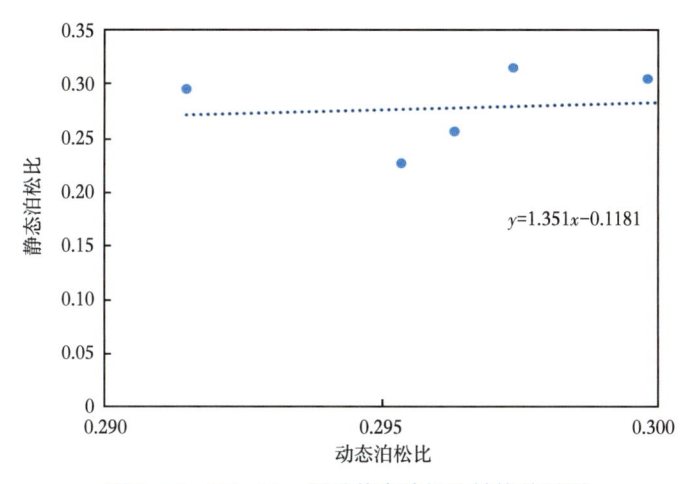

图 5-24　Nahr Umr 层动静态泊松比转换关系图

于砂泥岩地层孔隙压力评价的正常压实趋势线理论的适用性受到限制,因此对于碳酸盐岩地层采用工程方法拟合孔隙压力更为合理。采用碳酸盐岩孔隙压力的工程分析方法拟合实际的孔隙压力预测参考第三章盐下孔隙压力的计算一节。

2. 模型计算及分析

HF002-N004井、HF005-M316井、HF107-N107D井和HF-12井四口井进行了阵列声波测井资料,因此,首先对这四口井进行漏失压力计算。

在计算漏失压力时,考虑孔隙压力衰竭的影响,因此计算两条漏失压力曲线,以对比初始漏失压力和孔隙压力下降后漏失压力的区别。

由图5-25可知,Sadi层系初始孔隙压力较高,当量钻井液密度为$1.23 \sim 1.24 g/cm^3$,HF-12井初始孔隙压力当量钻井液密度更是高达$1.27 g/cm^3$,因此计算获得的Sadi A漏失压力当量钻井液密度为$1.5 \sim 1.65 g/cm^3$,平均为$1.53 g/cm^3$;Sadi B漏失压力当量钻井液密度为$1.42 \sim 1.66 g/cm^3$,平均为$1.47 g/cm^3$。由模拟计算可知,以现有钻井液密度,Sadi层漏失风险较低,由于Sadi层并未大规模开发,若考虑后期孔隙压力下降影响,Sadi A孔隙压力当量钻井液密度下降至$1.15 g/cm^3$;Sadi B孔隙压力当量钻井液密度下降至$1.05 g/cm^3$,则Sadi A漏失压力当量钻井液密度为$1.43 \sim 1.59 g/cm^3$,平均为$1.49 g/cm^3$;Sadi B漏失压力当量钻井液密度为$1.27 \sim 1.46 g/cm^3$,平均为$1.34 g/cm^3$,则若维持现有钻井液密度的话,Sadi B个别层系会发生漏失,但整体而言漏失概率较小。

由图5-26可知,Mishirif A层初始孔隙压力当量钻井液密度为1.17,而Mishirif B层和Mishirif C层初始孔隙压力当量钻井液密度为$1.16 g/cm^3$。计算获得的Mishirif A漏失压力当量钻井液密度为$1.38 \sim 1.53 g/cm^3$,平均漏失压力当量钻井液密度为$1.47 g/cm^3$;Mishirif B漏失压力当量钻井液密度为$1.34 \sim 1.52 g/cm^3$,平均漏失压力当量钻井液密度为$1.46 g/cm^3$;Mishirif C漏失压力当量钻井液密度为$1.38 \sim 1.51 g/cm^3$,平均漏失压力当量钻井液密度为$1.46 g/cm^3$。而随着开发深入,目前,部分区域Mishrif A,Mishrif B和Mishrif C的孔隙压力当量钻井液密度分别下降至$0.95 g/cm^3$,$0.75 g/cm^3$和$0.85 g/cm^3$,Mishirif A漏失压力当量钻井液密度变为$1.15 \sim 1.38 g/cm^3$,平均为$1.31 g/cm^3$;Mishirif B漏失压力当量钻井液密度变为$0.99 \sim 1.25 g/cm^3$,平均为$1.18 g/cm^3$;Mishirif C漏失压力当量钻井液密度变为$1.18 \sim 1.29 g/cm^3$,平均为$1.24 g/cm^3$。因此现阶段虽然采取了各种措施,但Mishrif的漏失仍然是该地层钻井的主要难题。

由图5-27可知,Nahr Umr层初始孔隙压力当量钻井液密度为$1.11 g/cm^3$,因此计算获得的Nahr Umr A漏失压力当量钻井液密度为$1.38 \sim 1.78 g/cm^3$,平均为$1.65 g/cm^3$;Nahr Umr B漏失压力当量钻井液密度为$1.28 \sim 1.85 g/cm^3$,平均为$1.47 g/cm^3$。Nahr Umr储层是哈法亚油田最早开发的储层,随着生产的进行,目前,Nahr Umr A和Nahr Umr B孔隙压力当量钻井液密度分别下降至$1.05 g/cm^3$和$0.85 g/cm^3$,则Nahr Umr A的漏失压力当量钻井液密度变为$1.33 \sim 1.73 g/cm^3$,平均为$1.62 g/cm^3$;而Nahr Umr B的漏失压力当量钻井液密度则变为$1.1 \sim 1.64 g/cm^3$,平均为$1.28 g/cm^3$。因此,Nahr Umr A发生严重漏失的概率较低,而Nahr Umr B,随着孔隙压力压力降低,由于孔隙度和渗透率较高,相对发生严重漏失的风险更大。

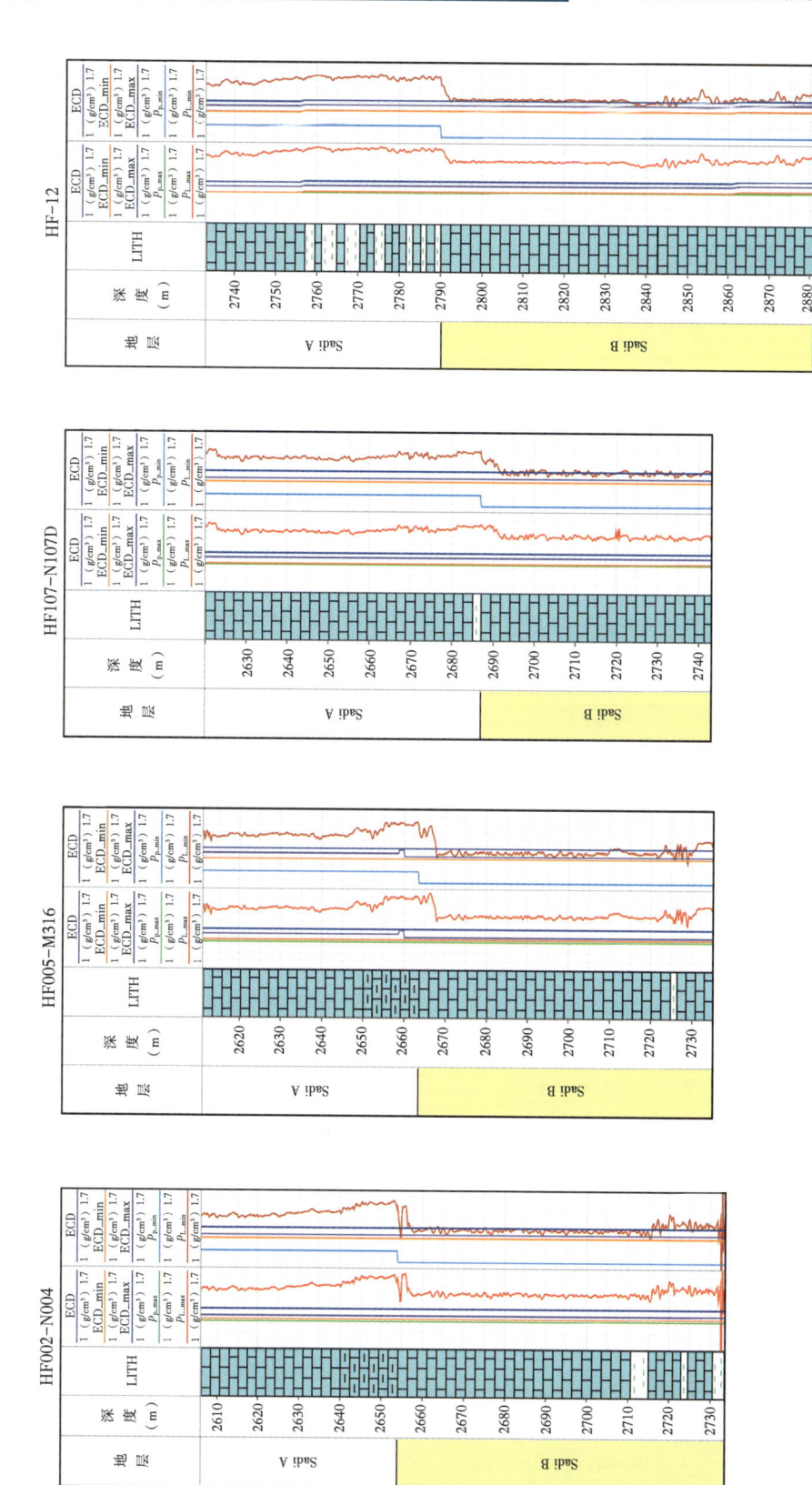

图 5-25 Sadi 层漏失压力剖面计算结果对比

ECD：当量钻井液循环密度；ECD_min：最小当量钻井液循环密度；ECD_Max：最大当量钻井液循环密度；
p_{p_max}：最大孔隙压力当量钻井液密度；p_{p_min}：最小孔隙压力当量钻井液密度；p_{L_max}：最大漏失压力当量钻井液密度；p_{L_min}：最小漏失压力当量钻井液密度

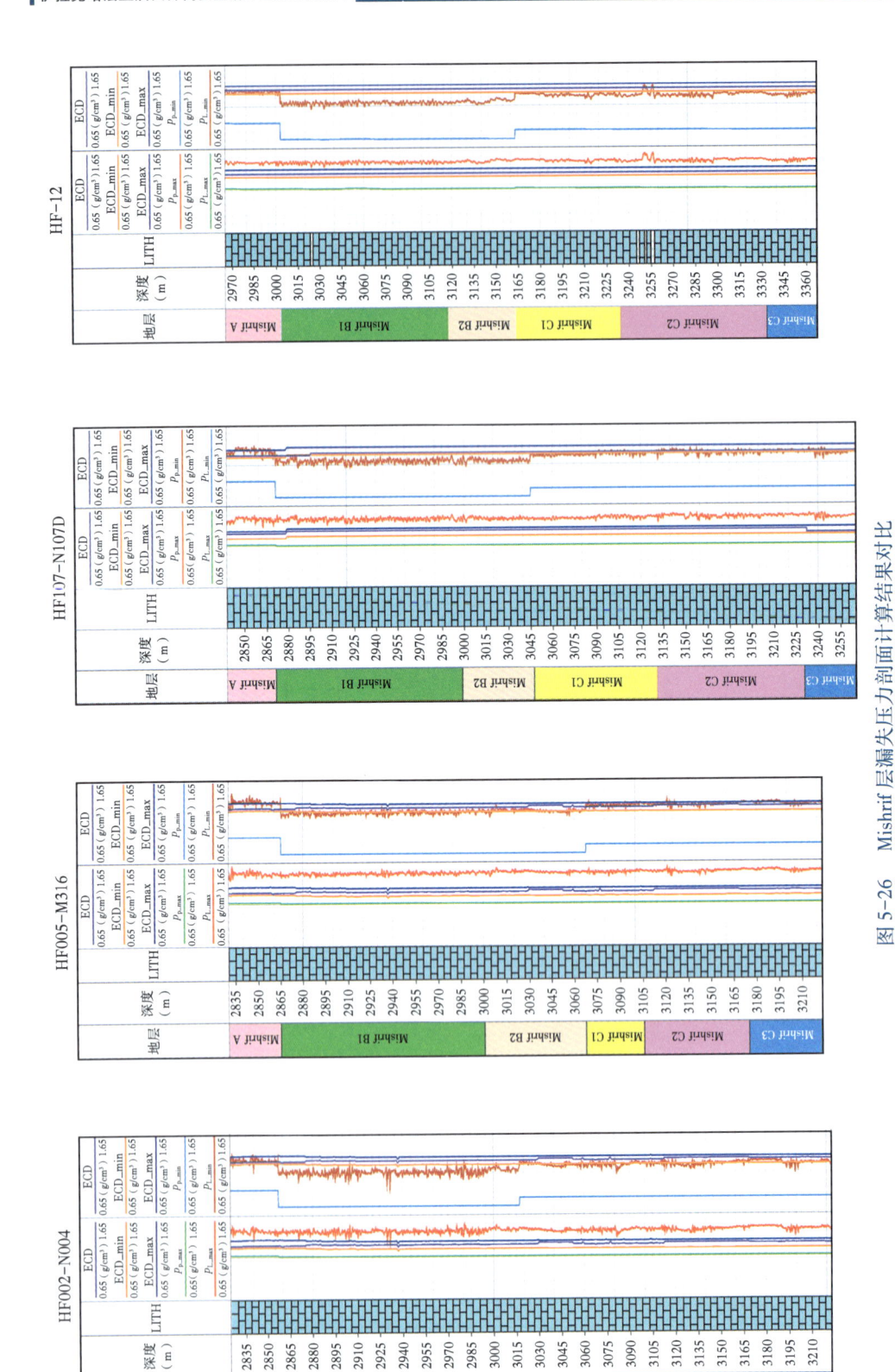

图 5-26 Mishrif 层漏失压力剖面计算结果对比

ECD：当量钻井液循环密度；ECD_min：最小当量钻井液循环密度；ECD_max：最大当量钻井液循环密度；$p_{\text{l\_min}}$：最小漏失压力当量钻井液密度；$p_{\text{l\_max}}$：最大漏失压力当量钻井液密度；$p_{\text{p\_min}}$：最小孔隙压力当量钻井液密度；$p_{\text{p\_max}}$：最大孔隙压力当量钻井液密度

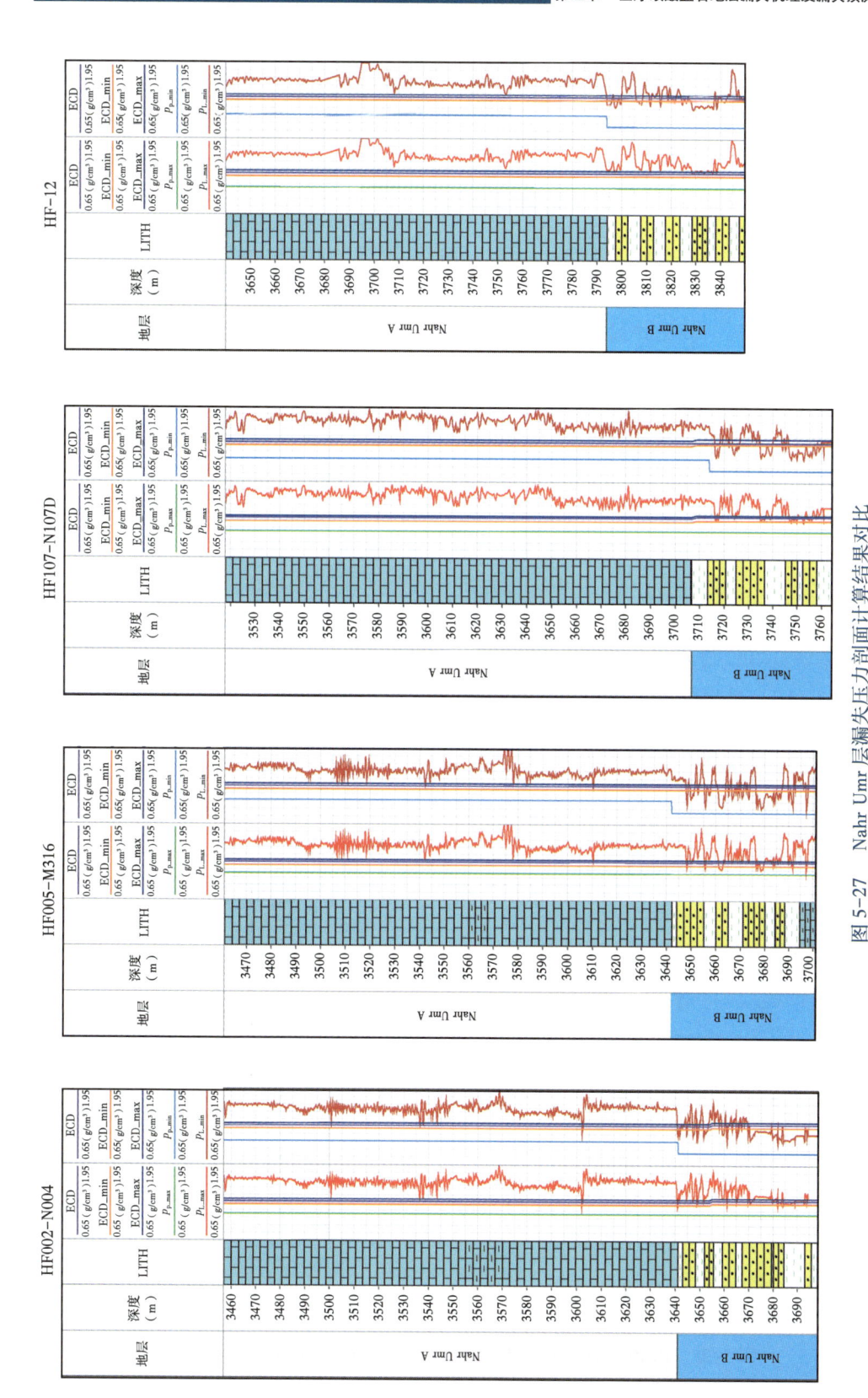

图 5-27 Nahr Umr 层漏失压力剖面计算结果对比

ECD：当量钻井液循环密度；ECD_min：最小当量钻井液循环密度；ECD_Max：最大当量钻井液循环密度；
p_{p_max}：最大孔隙压力当量钻井液密度；p_{p_min}：最小孔隙压力当量钻井液密度；p_{L_max}：最大漏失压力当量钻井液密度；p_{L_min}：最小漏失压力当量钻井液密度

第五节 基于机器学习的钻前漏失风险预测技术

一、基于机器学习的漏失风险预测方法

发生漏失的基本前提是地层是否存在漏失通道，而漏失通道主要是以裂缝为代表的薄弱面，当这些薄弱面发育程度达到一定规模时，常规测井会存在一定的响应特征[14-18]。因此，当钻井结束后，将钻井漏失记录与测井曲线进行对比，标定可能漏失层位成为常规钻前风险预测的主要方法，也是邻井钻井设计的主要参考。

将工程漏失记录与常规测井曲线进行标定，常规测井曲线通常有以下的响应特征：（1）声波时差（DTCO）增大（上升20%~40%）；（2）密度测井（DEN）减小（下降10%~22%）；（3）伽马曲线（GR）呈现低值（下降30%~60%）；（4）电阻率曲线（RLA）呈现低值（呈现波动状），上述测井响应特征表明漏失段可能发育裂缝。HF107D-N107D 井 Mishrif 段（3000~3027m，漏速4m³/h，总漏量96m³）和 HF075-N075 井 Mishrif 段（2900~2955m，漏速6m³/h，总漏量80m³）的常规测井曲线响应特征如下（图5-28）：（1）声波时差（DT/DTCO）增大（上升20%~30%）；（2）密度测井（DEN）减小（下降10%~15%）；（3）伽马曲线（GR）呈现低值（波动明显）；（4）电阻率曲线（RLA/LLD/LLS）呈现低值（呈现波动状）。上述测井响应特征表明漏失段可能发育裂缝。

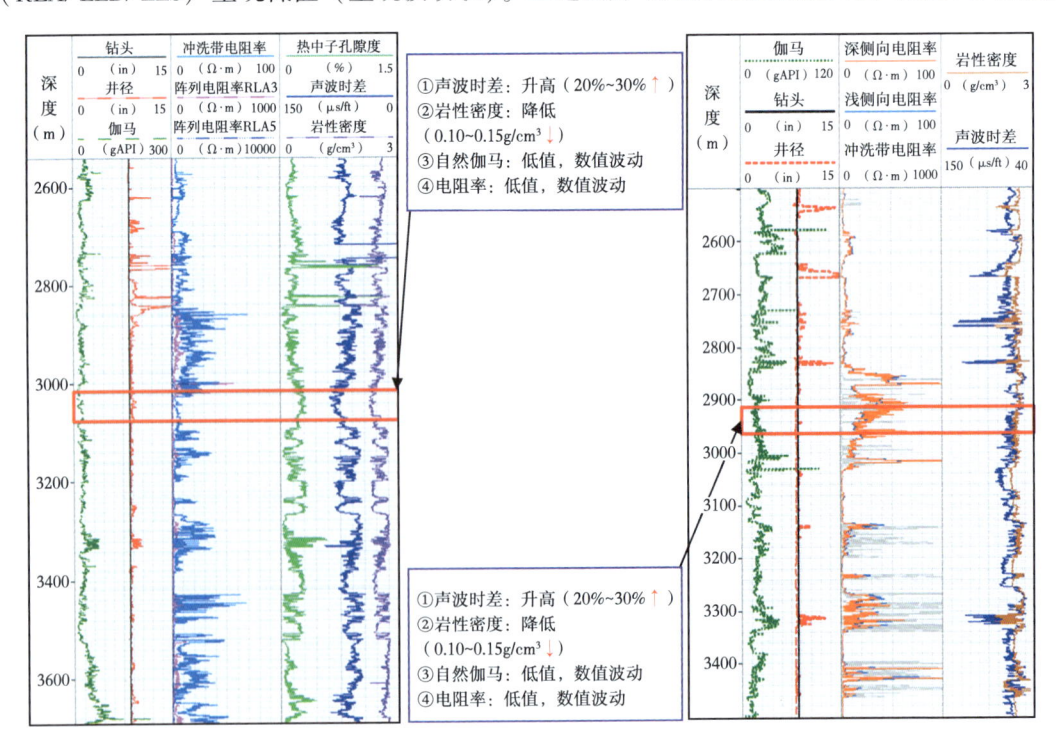

图5-28 HF107-N107D 井和 HF075-N075 井漏失段常规测井响应

但常规测井并非对所有裂隙都会有明显的响应特征，以 HF059-N059 井为例，如图 5-29 所示。在钻至 Aliji 层段时（2445~2455m），发生严重漏失，最终演变为失返性漏失，钻井液损失量高达 90m³。将漏失记录在测井曲线上进行标定分析，常规测井曲线并无明显异常，但 FMI 成像测井显示，沿井筒方向发育直劈缝，分析认为钻井诱导缝是后期钻井过程中形成的，该诱导缝沿井筒贯穿三套地层，推测为原生地层发育高角度的裂缝，只是裂缝密度低，连通性较差，钻井时由于钻井产生的局部应力变化使得这些裂缝连通，形成了沿井筒的直劈缝，从而导致失返性漏失，而在堵漏施工结束后，由于封堵材料和最后水泥塞对原状地层的影响，常规测井并未显示出明显的异常。基于以上的认识，通过钻井过程中采取合适的工艺措施，后期在 HF059 平台钻的其他井并未像 HF059-N059 井一样发生如此严重的漏失。可见，通过传统工程记录标定测井进行钻前预测漏失层系的方法存在一定的局限性，不确定性较高。

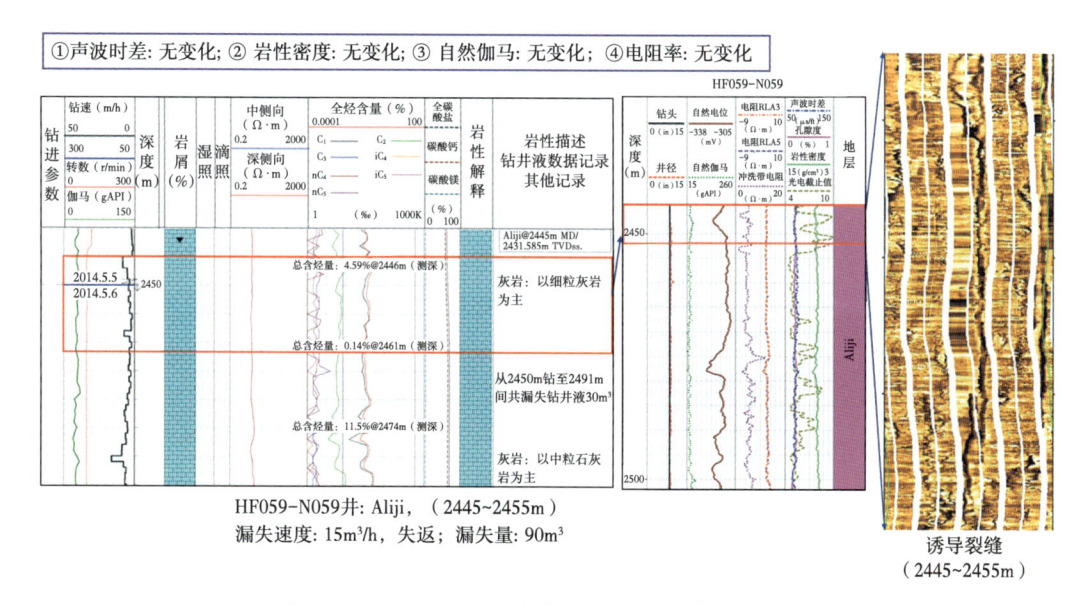

图 5-29　HF059-N059 井漏失段常规测井/FMI 响应

常规测井标定漏失层位风险的不确定性，如图 5-30 所示。常规测井虽然可以反映漏失层的测井响应特征，但存在两个缺陷：一是在进行处理时只能进行低维度数据分析，除了常规的 2 因素分析，所能处理数据的维度最高是 4 维；二是测井数据是钻完井以后获得的，不能实现有效预测，即使能够为邻井指出相似深度地层的可能情况，但如前文所述，是否发生漏失还取决于裂缝是否会被激活。而且大量的测井响应散点分析表明，在哈法亚油田采用常规测井标定漏失层位风险的方法很难获得较为有规律性的认识。

二、基于地震数据的漏失风险预测方法

1. 基本思路与理论

由于漏失的复杂性，采用传统的分析方法存在着很大的不确定性。因为在现有工程技术条件下，只有地震数据是通过直接测量获得的，而测量数据是客观反映事物本质的基

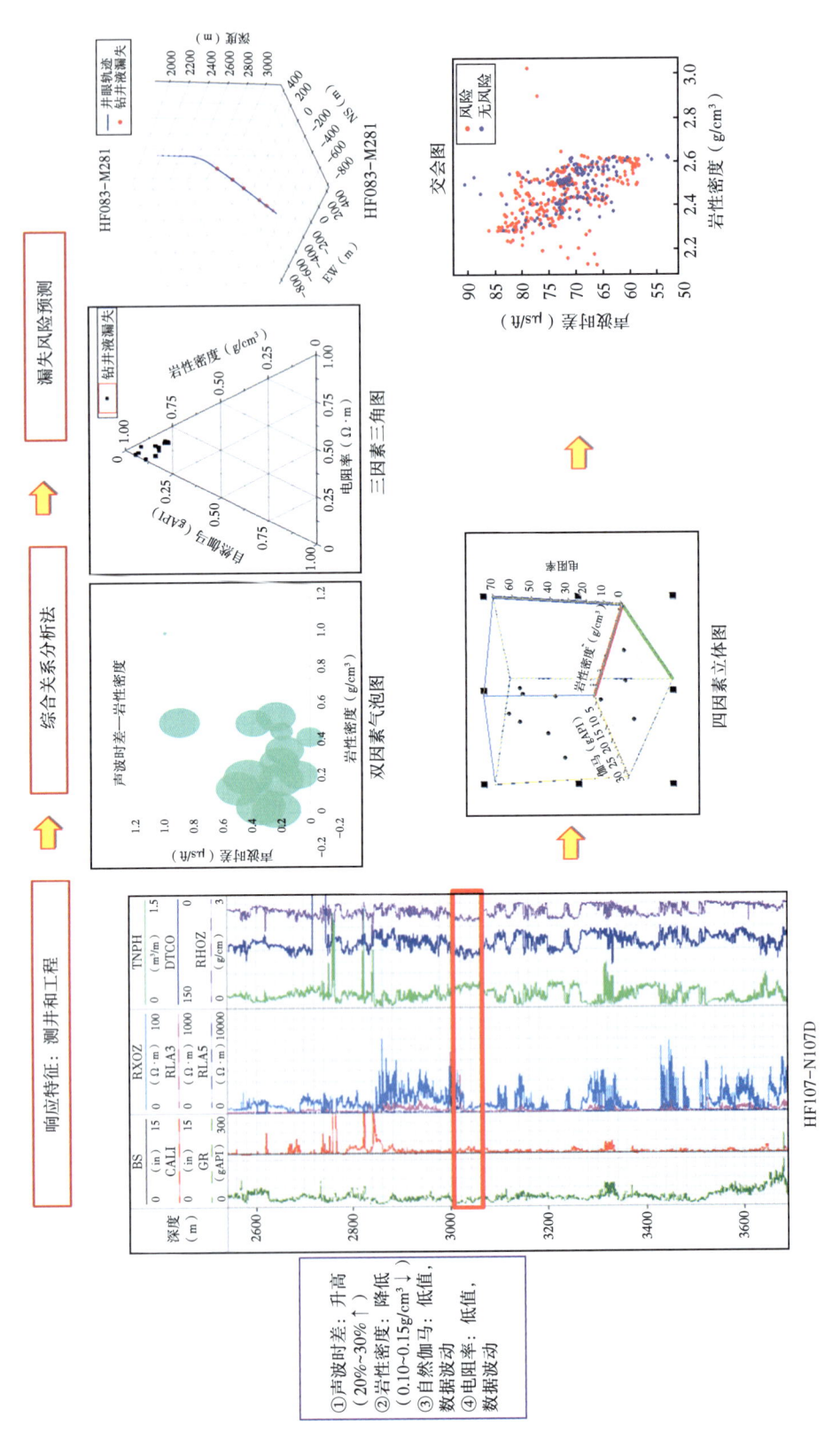

图 5-30　常规测井标定漏失层位分析方法

础。但通过地震波获得想要的结果是一个反演的过程，反演结果可能存在无穷多解，因此如何给予约束，使得反演结果为唯一解是目前所有以地震数据作为基础技术手段的首要难题。

采用地震数据进行漏失风险预测是一项崭新的技术，存在着很多难点，但随着人工智能的进程不断加快，机器学习作为人工智能的一个分支为大数据分析提供了强有力的保障。地震数据和漏失数据无法直接建立联系，因为地震数据属于时间域数据，而漏失数据属于深度域数据，测井数据可为二者的结合提供桥梁，即用漏失数据标定测井数据，再用测井数据标定地震数据，从而建立地震数据和漏失数据的联系，通过选择合适的机器学习算法建立模型，通过多次重复的训练和验证，可实现钻前区域漏失预测，这一技术的核心在于地震属性体和机器学习算法的选择。

2. 地震属性

地震属性指的是由叠前或叠后数学处理后的地震数据，是表征地震波形态、运动学特征、动力学特征和统计特征的物理量，有着明确的物理意义。是经过变换得出的有关地震波的几何学、运动学、动力学或统计学特征，其中没有任何其他类型数据的介入。尽管到目前为止，还并没有一个公认的地震属性分类，但 Chen 等[20]以波的运动学和动力学特征将地震属性分为：振幅、频率、相位、能量、波形、波阻抗、波速、相关和比率等 9 大类，每一大类包含几类至二十几类不等。

三维地震学的成功带来了地震属性的普遍应用。属性有助于洞察数据，尤其是当显示在所解释过的空间层位上时。然而，多数有效属性并不是独自存在的，事实上它们是以不同的方式来表示有限的几个基本属性，成功应用属性的关键在于选择最适当的属性。另外，用属性进行统计分析必须在理解其意义的基础上进行，不能基于简单的数学关系。因为漏失的基本原因之一在于地层发育漏失通道，即存在不连续体（孔、缝、洞或断裂），因此选取了 16 种与地层不连续相关的地震属性体，具体如下：

（1）方差（Variance）。通过计算地震数据体中的单道与相邻道平均值之间的方差值来获得。该数据体突出反映了各反射点的特征差异，通过对差异值大小的统计，得到地质情况的变化特征，尤其是在出现断层或其他地质异常时，其不连续的特征差异更加明显，一般用于解释复杂断层带。

（2）时频衰减（$t×$Attenuation）。一种频率衰减属性体。地震波在传播过程中，随着距离和深度的增加，振幅会不断减小，发生频散，能量会不断损耗，通过统计分析这些衰减可以对地层性质进行分析。

（3）甜点（Sweetness）。源于与频率有关的振幅变化属性，可用于识别薄层和其他地质体外形特征，其值等于反射强度与瞬时频率的均方根值。

（4）均方根振幅（RMS Amplitude）。沿地震属性的一种，即将振幅平方的平均值开平方。由于振幅值在平均计算前进行了平方运算，因此对特别大的振幅异常敏感。

（5）相对波阻抗（Relative Acoustic Impedance）。地震波在介质中传播时，作用于某个面积上的压力与单位时间内垂直通过此面积的质点流量（即面积乘质点振动速度）之比，称为波阻抗（具有阻力含义），其数值等于介质密度 ρ 与波速 v 的乘积。在做地震反演时，如果只通过道积分、基于模型的反演、稀疏脉冲反演等方法将地震道直接转换为阻抗值，而不添加测井和已知岩层地震解释等资料约束时，这种阻抗值称为相对波阻抗。

（6）反射强度（Reflection Strength）。用于振幅异常的品质分析，提供声阻抗差的信息。横向变化常与岩性和油气聚集有关，总为正值。

（7）最大曲率（Maximum Curvature）。曲率是单位弧段上切线转过角度大小的极限，将曲率的概念引入构造解释中，通过分析曲率大小和正负值就可以定量地描述构造特征。最大曲率是指沿三维地震资料上追踪的层面计算结果中的最大值，其与最小曲率相互垂直，一般用最大曲率来寻找断裂系统。

（8）瞬时品质因子（Instantaneous Quality）。瞬时频率与2倍瞬时带宽之比，用来表征品质因子的局部变化，主要是针对短波，其与孔隙度、渗透率和裂缝密切相关。

（9）瞬时相位（Instantaneous Phase）。进行地震地层层序和特征的识别。描述了负相位图中实部和虚部之间的角度。其值总在±180°之间，且不连续，从+180°到-180°的反转可引起锯齿状波形。

（10）瞬时频率（Instantaneous Frequency）。即瞬时相位对时间的变化率，值域为$(-f_w, +f_w)$，大多数瞬时相位都为正，可以提供同相轴的有效频率吸收效应及裂缝影响和储层厚度信息。一般用于气体聚集带和低频带的识别，可以确定沉积厚度，显示尖灭、烃水界面边界等突变现象。

（11）瞬时带宽（Instantaneous Bandwidth）。即反应地震子波的统计度量，受各种地层条件影响，但具有分辨率高的特征，可以反映地震波变化的整体效果。

（12）梯度幅值（Gradient Magnitude）。地震图像包含丰富的地质信息，在某些特定的区域会发生变异，因此一旦确定了边缘约束后就能确定某个方向的最大变化值，这个变化值就是梯度幅值。

（13）包络体（Envelope）。反应地震波中低频曲线围绕高频曲线的区域，包络区中通常会反应特定的地质特征。

（14）主频域（Dominant Frequency）。即通过测量地震波连续波峰或波谷之间的时间，再取其倒数获得的值，可以用来分析地震波在不同岩性中的传播特征。

（15）混沌体（Chaos）。用来测量缺少倾角和方位角组织结构的一种估计方法。一般用来将杂乱的信号特征进行分类，其属性值介于0~1，用来计算地震数据杂乱程度大小。混沌体可以用来进行断层、裂缝成像，和地震杂乱特征的分类。同时混沌体可以反映一些局部地质特征。

（16）时长（Time）。用来表征地震波传播快慢的属性体，可以反映岩性和地层的变化规律。

3. 机器学习

机器学习是人工智能的一个分支。人工智能的研究历史有着一条从以"推理"为重点，到以"知识"为重点，再到以"学习"为重点的自然、清晰脉络。显然，机器学习是实现人工智能的一个途径，即以机器学习为手段解决人工智能中的问题。机器学习在近30多年已发展为一门多领域交叉学科，涉及概率论、统计学、逼近论、凸分析、计算复杂性理论等多门学科。机器学习理论主要是设计和分析一些让计算机可以自动"学习"的算法。机器学习算法是一类从数据中自动分析获得规律，并利用规律对未知数据进行预测的算法。因为学习算法中涉及了大量的统计学理论，机器学习与推断统计学联系尤为密切，也被称为统计学习理论。算法设计方面，机器学习理论关注可以实现的、行之有效的学习算法。很多推论问题属于无程序可循难度，所以部分的机器学习研究是开发容易处理的近似算法。

通常机器学习可以分成下面几种类别：

（1）监督学习。不仅把训练数据丢给计算机，而且还把分类结果（数据具有的标签）也一并丢给计算机分析。计算机进行学习之后，再给它新的未知数据，则能计算出该数据导致的各种结果概率，给出一个最接近正确的结果。由于计算机在学习的过程中不仅有训练数据，而且有训练结果（标签），因此训练的效果通常不错。有监督学习的结果可分为两类：分类或回归。

（2）无监督学习。只给计算机训练数据，不给结果（标签），因此计算机无法准确地知道哪些数据具有哪些标签，只能凭借强大的计算能力分析数据的特征，从而得到一定的成果，通常是得到一些集合，集合内的数据在某些特征上相同或相似。

（3）半监督学习。有监督学习和无监督学习的中间带就是半监督学习。对于半监督学习，其训练数据的一部分是有标签的，另一部分没有标签，而没标签数据的数量常常远远大于有标签数据数量（这也是符合现实情况的）。隐藏在半监督学习下的基本规律在于：数据的分布必然不是完全随机的，通过一些有标签数据的局部特征，以及更多没标签数据的整体分布，就可以得到可以接受甚至是非常好的分类结果。一般可以分为：半监督分类、半监督回归、半监督聚类和半监督降维。

（4）增强学习。通过让计算机观察来学习做成如何的动作。每个动作都会对环境有所影响，学习对象根据观察到的周围环境的反馈来做出判断。

机器学习常用的算法有以下几类：

（1）回归算法。用来研究自变量和因变量之间的关系，在模型中可以使用误差度量进行迭代精化，是统计学中最有力的算法之一，代表算法为对数概率回归。

（2）基于实例算法。本质是一个决策问题，即将新的数据与已有数据进行比较，找到最佳匹配并做出预测。该类算法的重点在于存储实例的表示和实例之间使用的相似性度量，代表算法为最近邻算法。

（3）正则化算法。一种基于典型回归算法扩展的优化算法，也是决策问题，使得回归算法的泛化能力更好，代表算法为岭回归（Ridge Regression）。

（4）决策树算法。一种逼近离散函数值的方法，代表的是对象属性与对象值之间的一种映射关系，可以用于分类，也可用于回归，代表算法为分类与回归树（CART）。

（5）贝叶斯算法。一种将贝叶斯理论用于分类和回归问题的算法，属于概率分类方法，代表算法为朴素贝叶斯算法。

（6）聚类算法。典型的非监督学习算法，其实本质就是寻找联系紧密的事物，把它们区分出来，即"物以类聚"，代表算法为K均值算法。

（7）关联规则算法。典型的非监督学习算法，寻找数据相互间的关联规则，代表算法为先验算法。

（8）人工神经网络算法。本质是模式匹配，通常用于回归和分类问题，包含输入层、隐含层和输出层，机理在于"分解"与"整合"，代表算法为 BP 神经网络算法。

（9）深度学习算法。人工神经网络的升级版本，含多个隐含层，通过组合低层特征形成更加抽象的高层，表示属性类别或特征，以发现数据的分布式特征表示，代表算法为卷积神经网络。

（10）降维算法。单幅图像数据的高维化，将单幅图像转化为高维空间中的数据集合，对其进行非线性降维。寻求其高维数据流形本征结构的一维表示向量，将其作为图像数据的特征表达向量（维度表示数据特征量的大小），代表算法为主成分分析法。

（11）集成算法。集成算法是由多个较弱的模型组成的模型，这些模型是独立训练的，以某种方式组合在一起进行整体预测，代表算法为随机森林算法。

（12）支持向量机算法。典型的监督学习，可用来进行模式识别、分类以及回归分析，在解决小样本、非线性及高维模式识别中表现出许多特有的优势，并能够推广应用到函数拟合等其他机器学习问题中，代表算法为 SVM 算法。

不同的学习方法和算法对应于解决不同的问题。漏失问题本质上而言是一个分类问题，即判断是否会发生漏失，而漏失通道是一个特定的"标签"，因此采用监督学习较为合理。又由于地震属性体较多，为了保证客观性，采用集成算法，即可结合多种优势分类算法来进行计算。

三、不同算法对比

1. 机器学习的不同算法

考虑到漏失的复杂性，为保证机器学习过程中既不能过度拟合，也不能泛化能力过差，考虑采取监督学习与集成算法中的"投票"算法来实现"训练"。常用的不同算法优缺点对比见表 5-16。

表 5-16　机器学习不同算法优缺点对比

对比	名称	优点	缺点
常规算法	逻辑回归算法	线性分类算法。输入编码到 [0, 1] 范围的参数，输出判断，以概率表示，天气预测	容易出现过度拟合给定数据，降低预测能力
常规算法	决策树算法	给出解释性结论，可将给定数据逐层判断分类，给出特定答案	复杂数据层级多，过度拟合，预测能力低
常规算法	K-近邻算法	非固定参数模型，模型参数随训练数据增多而变化，及时针对新数据进行演化	计算量随样本数增长而不断增大
集成算法	投票算法	针对各算法的优势与不足，整合各类机器学习算法，调整其预测结果对最终判断的贡献	计算量最大

为了测试算法的性能，对投票算法的决策边界和综合决策能力进行测试。由图 5-31 可知，黄色、绿色和紫色分别代表三种不同类型的点，例如可以分别代表漏失、非漏失和与漏失无关三类。一个好的算法就是在边界处尽量将三类点分开，由图 5-31 可以清楚地看出，由于与漏失无关的点特征非常明显，直接就可以区分开，因此问题主要集中在如何

将漏失与非漏失点分开（即如何将黄色的点与绿色的点分开）。相比于决策树算法、最近邻算法和支持向量机算法，投票算法在处理决策边界问题时性能突出，可以有效将不同类的边界区分开，故选择投票算法为基于地震数据的漏失钻前预测的漏失与非漏失点的识别方法。

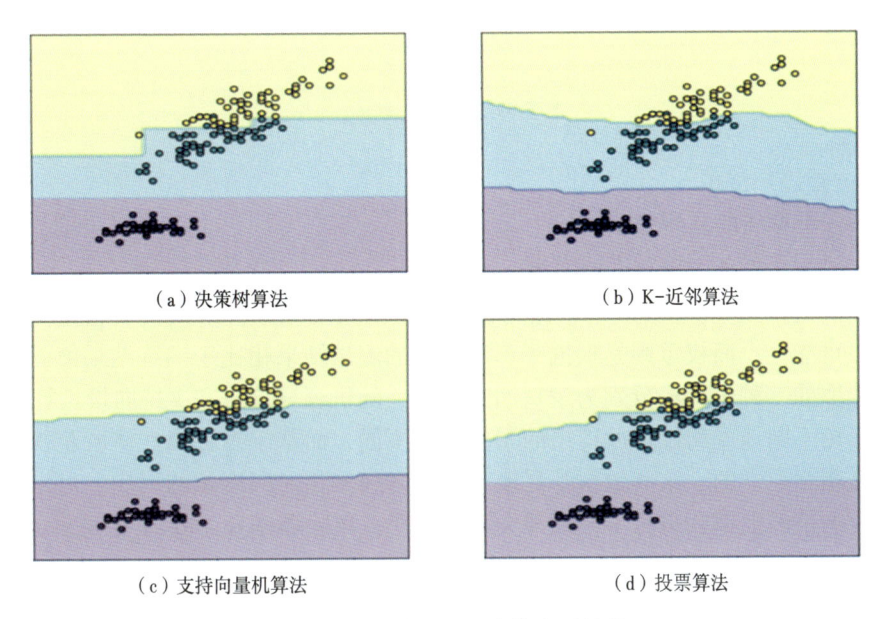

（a）决策树算法　　　　　　　　　　（b）K-近邻算法

（c）支持向量机算法　　　　　　　　（d）投票算法

图 5-31　投票算法对于决策边界的处理

资料来源：Scikit-learn "Plot the decision boundaries of a Voting Classifier"

除了在处理决策边界的优势外，投票算法对于不同的决策结果具有很好的评价机制，即能有效分配权重，使得预测结果更加客观。如图 5-32 所示，逻辑回归算法在给出二分类问题的权重时不太理想，而高斯朴素贝叶斯算法和随机森林算法则对于二分类问题权重差值明显，而投票算法则可综合上述评价结果，确保结果相对客观。

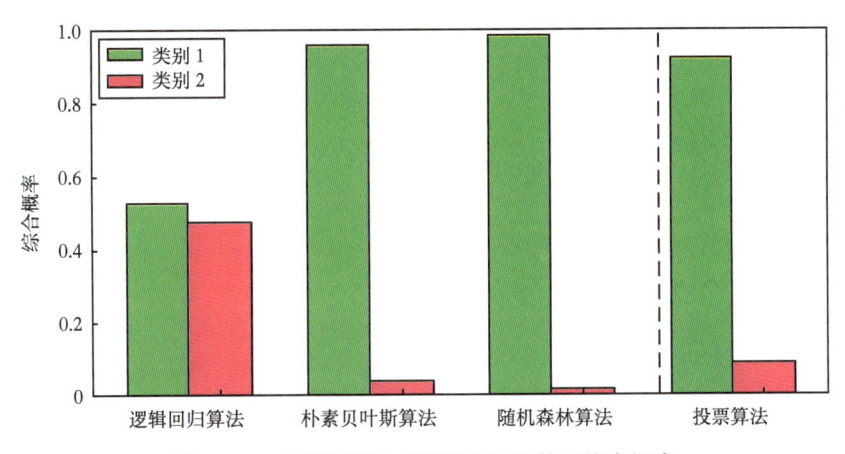

图 5-32　由投票算法对不同算法计算的综合概率

2. 投票算法基本原理

多数投票算法是一种集成算法，其优势在于可以平衡各种单一算法对于特定问题的局限性。多数投票算法根据其包含的子算法的预测结果来进行统计决策，根据训练结果与测试结果对比来分配不同子算法之间的权重值，并综合所有结果给出预测，从而给予相对客观的预测，正所谓"兼听则明，偏听则暗"，其模型表示如下：

$$\hat{y} = \mathrm{argmax}_i \sum_{j=1}^{m} w_j P_{ij}$$

式中　$\hat{y}$——整体预测值；

　　　w_j——子算法的预测权重；

　　　P_{ij}——对于标签 i 相对准确概率。

具体到漏失模型中，$\hat{y}$ 即表示预测是否会发生漏失的结果；P_{ij} 则代表通过不同子算法算出的漏失可能性；而权重则是根据子算法得出的测试结果相比于训练结果值的正确性所划分。所选取的三种子算法分别为逻辑回归算法、随机森林算法和支持向量机算法。

由于采用不同地震属性体所得出的漏失概率不同，而基于每种属性体所获得的漏失预测结果都是相互独立的，这些数据都是地震数据时间域相对深度域的反应。对于不同的时间域，特定的域值上都会得出不同的漏失风险概率，风险概率介于 0~1 之间（0 表示不漏失，1 代表漏失），然后再对其标准化即可。

投票算法的逻辑流程图如图 5-33 所示，即：（1）建立包含地震数据，测井数据和漏失数据在内的数据集，其本质是一个矩阵；（2）创建投票集成算法，即生成包括逻辑回归、决策树和支持向量机在内的三个分类器；（3）采用三分类器对不同地震属性体与漏失关系进行分析，获得相应概率，通过"投票表决"的方法确定权重；（4）采用未参与训练的数据对所获得的结果进行交叉验证，给出最优结果。

四、基于地震数据的漏失预测方法

1. 数据源要求

建立模型所用到的数据源主要包括三部分：（1）地震纯波数据，需要从中提取 16 种常用的属性体；（2）测井数据，主要需要包含声波和密度测井；（3）漏失记录工程数据，主要包括漏失深度和漏失量。

2. 选井原则

单井数据质量对于机器学习训练和预测结果影响显著，因此需要严格控制单井质量，所选择的井数据需要满足以下条件：

（1）所选择的单井必须发生漏失，且测井数据应包括声波和密度测井，井径扩大率也尽可能小；

（2）不同漏失程度的井都要有所覆盖，即训练井和验证井从严重漏失到渗透性漏失都有。

一般说来，学习预测函数的参数，并在相同数据集上进行测试是一种错误的做法：因为一个仅给出测试用例标签的模型将会获得极高的分数，但对于尚未出现过的数据它则无

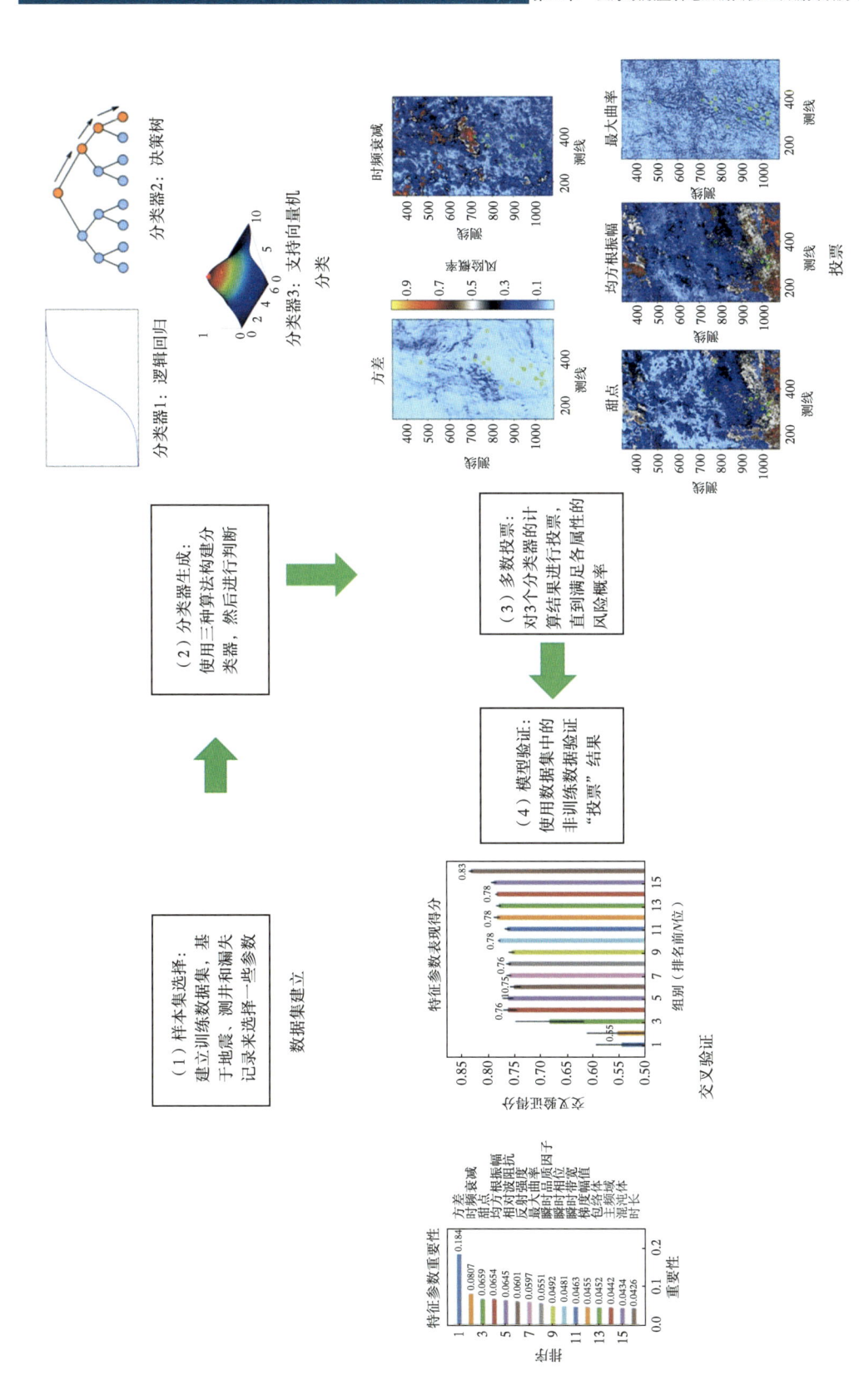

图 5-33 投票算法逻辑流程图

法预测出任何有用的信息。这种情况称为过拟合。为了避免这种情况，在进行监督学习实验时，通常取出部分可利用数据作为测试数据集。对于不同的地震属性体，由于在训练集上，通过调整参数设置可使预测结果的性能达到最佳状态；但在测试集上，则可能会出现过拟合的情况。此时，测试集上的信息反馈足以颠覆训练好的模型，评估的指标不再有效反映出模型的泛化性能。为了解决此类问题，还应准备另一部分数据作为"验证集"的数据集，即模型训练完成以后在验证集上对模型进行评估。当验证集上的评估实验比较成功时，方可在测试集上进行最后的评估。

对于哈法亚油田，主要是通过机器学习分析获取已钻漏失井的地震属性特征，从而外推至未钻井的区域，与传统的插值方法不同，采用机器学习算法是从地震波相似属性出发所获得的一种风险概率。

如将用来建立模型的有效井分为3个数据集（训练集、测试集和验证集），就会大大减少可用于模型学习的样本数量，得到的结果依赖于集合对（训练、验证）的随机选择，为提高数据的利用率和预测的准确率，采用了交叉验证（Cross Validation，CV）的方法，交叉验证需要测试集做最后的模型评估，但不需要验证集。最基本的交叉验证方法被称之为 k-折交叉验证。

k-折交叉验证将训练集划分为 k 个较小的集合而每一个 k-折交叉验证都会遵循下面的过程：

（1）将 $k-1$ 份训练集子集作为训练集训练模型；

（2）将剩余的1份训练集子集作为验证集用于模型验证（也就是利用该数据集计算模型的性能指标，例如准确率）。

k-折交叉验证得出的性能指标是循环计算每个值的平均值。该方法虽然计算代价很高，但不会浪费太多的数据（如固定任意测试集的情况一样），在处理样本数据集较少的问题时比较有优势。

由于16种地震属性体都用来计算井漏过于耗时，且不同属性对于最终预测结果的影响权值也不同，有些属性还可能产生负相关的影响，为了在保证计算结果准确性的前提下节约计算效率，对不同属性体与漏失的相关性进行评估，删除非必要的属性体。

由图5-34可知，不同地震属性体对井漏评价的相对重要性差别较大，除去方差、时频衰减所占比重较为明显外，其他地震属性体差别均较小，这也从侧面证明了漏失的复杂性，用常规"抓住主要矛盾，忽略次要矛盾"的方法论可能不能很好地解决问题。

通过交叉验证打分，发现从均方根振幅之后，分数不再显著提升（图5-35），说明边际效益已达到最大，再添加其他属性值并不能显著提升准确性，甚至还有可能产生负作用，因此选用方差、时频衰减、甜点和均方根增幅即可满足计算需求，提高计算效率。

3. 预测方法流程

1）特征参数提取

根据前文所提到的综合概率分析可知，方差、时频衰减、甜点和均方根振幅即可满足计算精度要求，所以只需提取这4种地震属性体。采用Python语言编程，将地震数据通过一些数学变换或方法转换为与地震反射波或岩石物理有关的信息（如复数道分析、时频分

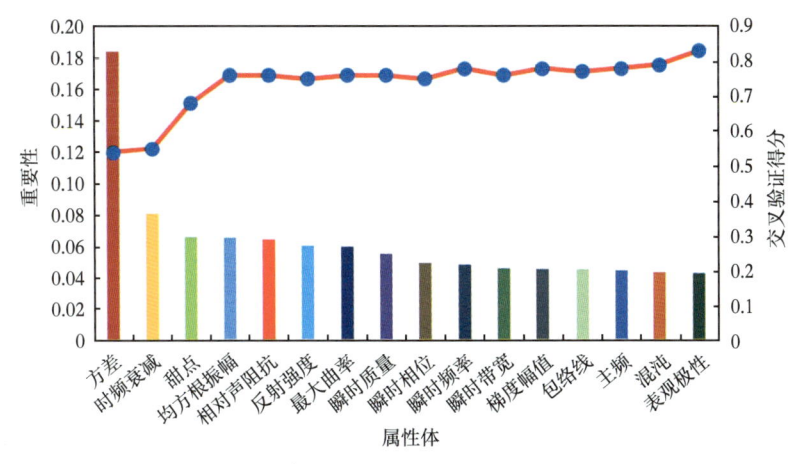

图 5-34　不同属性体对漏失风险判断的相对重要性

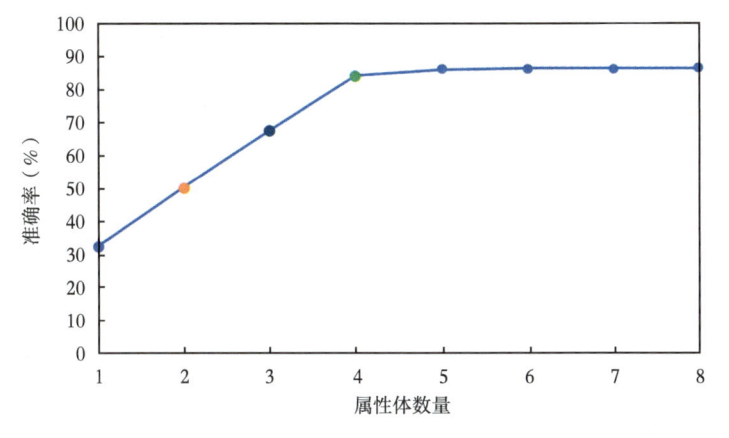

图 5-35　属性体数量与准确率的关系

析、波阻抗反演等方法），从而从地震解释数据中获得 4 种属性体（图 5-36），不同属性体从不同层面反映了地层的本质属性。

2）漏失属性标定

漏失属性标定是整个模型建立过程中最为重要的环节，其标定质量的好坏决定了最终预测结果的准确度。总体而言，漏失属性标定主要包含以下两个步骤（图 5-37）：

（1）人工合成记录（建立时深关系）。使用特征井测井序列中的声波曲线和密度曲线与选取的地震子波（雷克子波、零相位子波等）进行反褶积，就可以得到合成记录，同地震剖面进行对比，达到最大相似后，即确定这个是有效的合成记录，这样就将测井曲线的深度域和地震剖面的时间域进行了有效匹配。

（2）漏失测井标定。综合 FWR，DDR 和 Materlog 中的漏失记录，确定漏点深度和漏量，将漏失量与测井曲线的深度和声波曲线相匹配，利用第一步建立的时—深关系，完成地震时间域和漏失信息深度域的标定。

采用Python语言编程提取地震数据　　　　　　　　　分析和提取地震属性

地震数据

方差　　　　时频衰减　　　　甜点　　　　均方根振幅

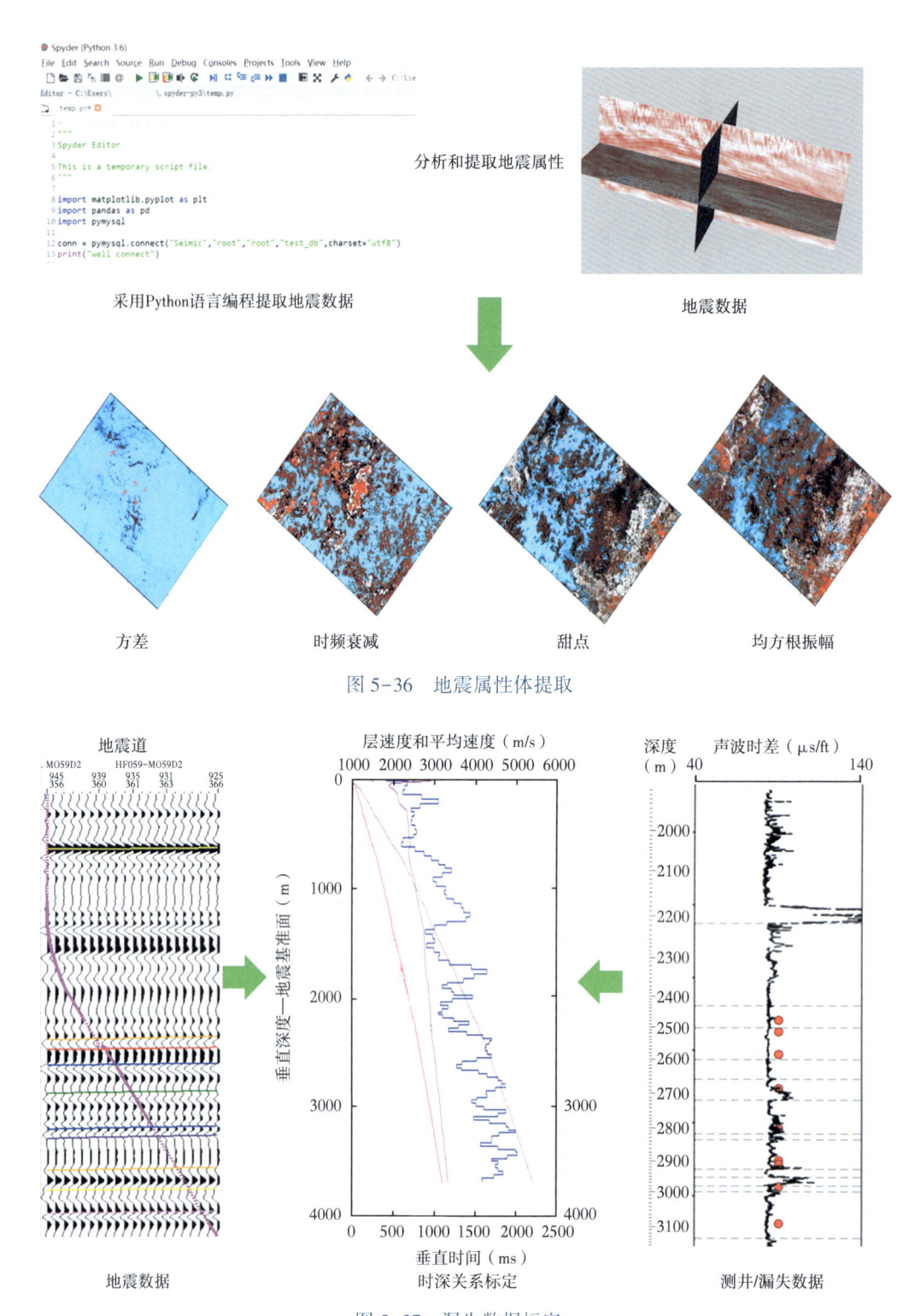

图 5-36　地震属性体提取

地震数据　　　　时深关系标定　　　　测井/漏失数据

图 5-37　漏失数据标定

3) 机器学习大数据分析

运用 Python 语言编写能够进行地震属性数据和漏失数据分析的程序，程序中主要包括三个子分类器，即逻辑回归、决策树和支持向量机，三个子模型都可以通过采用 scikit-learn 提供的数据包获得（网络开源机器学习数据包）。

三个子模型可以对地震属性体与漏失的相关性进行分析，不同子模型获得的漏失风险概率不同，采用"投票"算法对不同的子模型给出的风险概率进行"投票表决"以获得不同的权重，按照不同权重排序叠加获得综合风险概率，并用验证井进行验证。通过反复"训练"和"验证"过程，不断修正权重值，直到达到理想既定精度要求，从而完成基于机器学习算法的模型建立（图 5-38）。

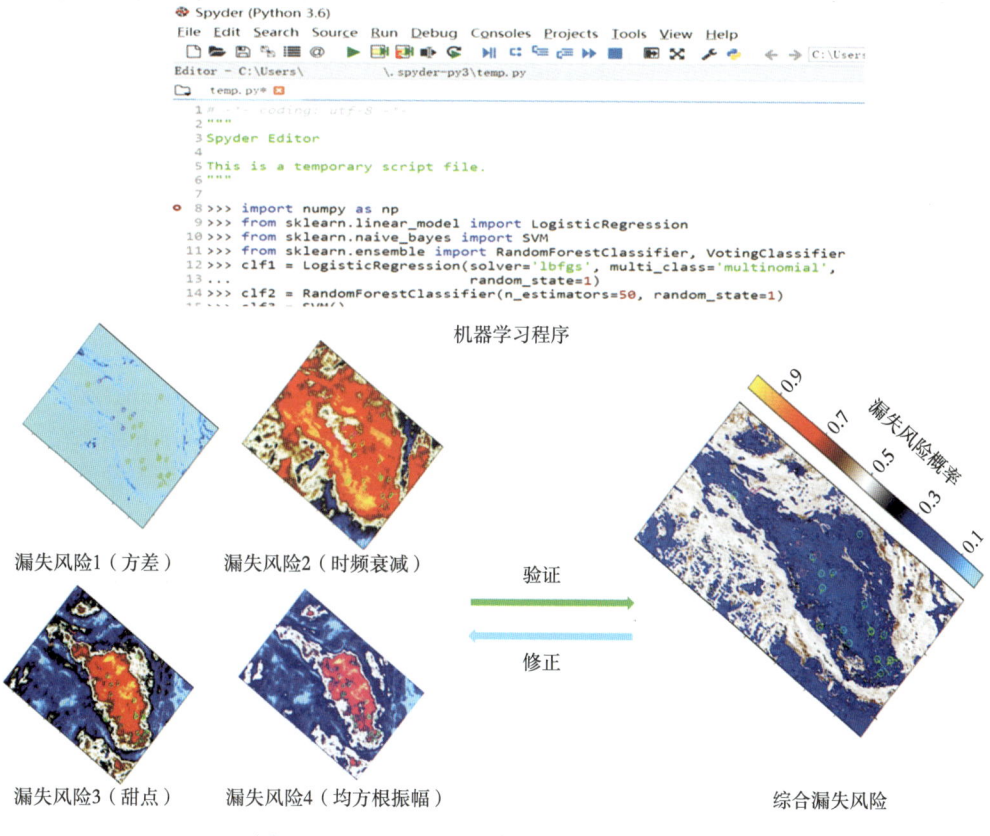

图 5-38 基于机器学习算法的模型建立与验证

4) 单井/区域漏失分析

采用新的未参与训练和验证的井对模型进行测试，如果测试单井与漏失记录结果有较高的吻合性，则模型可以用于区域预测，如果单井测试结果不理想，则需要重新对模型进行训练和优化。

最终获得的模型是具有标准地震数据格式（SGY）的三维风险漏失概率模型，可以导入任意支持 SGY 数据体的工作平台使用，可对数据进行任意切片和截取，从而实现区域漏失风险预测（图 5-39）。

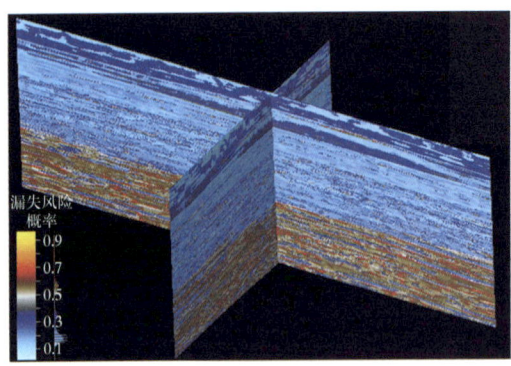

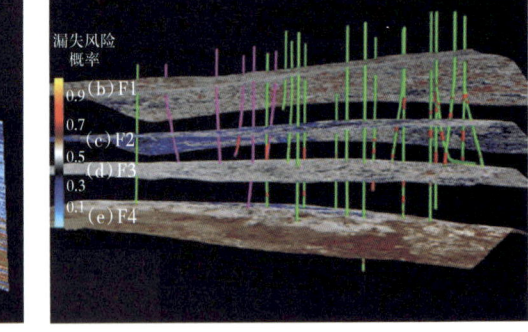

(a) 三维漏失风险概率模型　　　　(b) 漏失风险概率切片

图 5-39　风险概率分析
*绿色为渗透和部分漏失井；紫色为严重和失返漏失井；红色为漏失记录

五、单井预测测试分析

用未参与钻前漏失模型建立的严重漏失井如 HF065-Y065 井、HF002-M346 井、HF137-N137 井和 HF119-M119 井进行漏失预测模型的验证，验证结果表明，预测结果与实际漏失情况基本相符，下面以 HF065-Y065 井为例。

HF065-Y065 井共漏失 720.17m^3，完井报告记录漏失从钻至 Shuaiba 层（3665~3741m）开始发生，而在固井过程中 Zubair 和 Ratawi 组发生严重漏失，单井预测结果与实际记录结果吻合较好。但预测结果上部也存在较大漏失风险，虽然完井报告没有记录，但钻井日志记录在起下钻、划眼过程中均有不同程度的漏失说明上部存在漏失风险。而 4000m 以下地层虽然未记录漏失，但成像测井解释高角度裂缝较为发育，说明也存在漏失风险，对于实际具有指导意义。具体如图 5-40 所示。

六、区域预测验证分析

1. 关于单井预测分析时深关系的讨论

采用基于机器学习建立的钻前漏失预测模型对已钻且发生了严重漏失的井进行验证，结果表明该模型可以较为准确地预测漏失井段，但仔细观察进行验证的单井测试井，会发现预测结果深度上多少存在一些偏移，这是由于地震时间域数据在转换为深度域的过程中必定存在时—深关系标定所产生的误差，而这种误差是无法避免的，在进行时—深标定时其实是做"积分"，而积分需要有一个起始面，而地层并不是理想水平的，因此在选取积分参考面时必定会以整体地层框架结构作为参考，这样有些层系会对应得比较好，有些层系就会存在一定的误差，但整体而言，这种误差还是可以接受的。基于单井测试结果与实际漏失记录的对比，验证了建立的预测模型进行井漏风险预测的可行性，但地震数据的本质属性决定了其在纵向上的预测精度很难到达理想效果，其优势在于区域横向预测。通过时—深转换关系，结合层系解释，就可以实现对所有易漏失地层的区域风险概率进行预

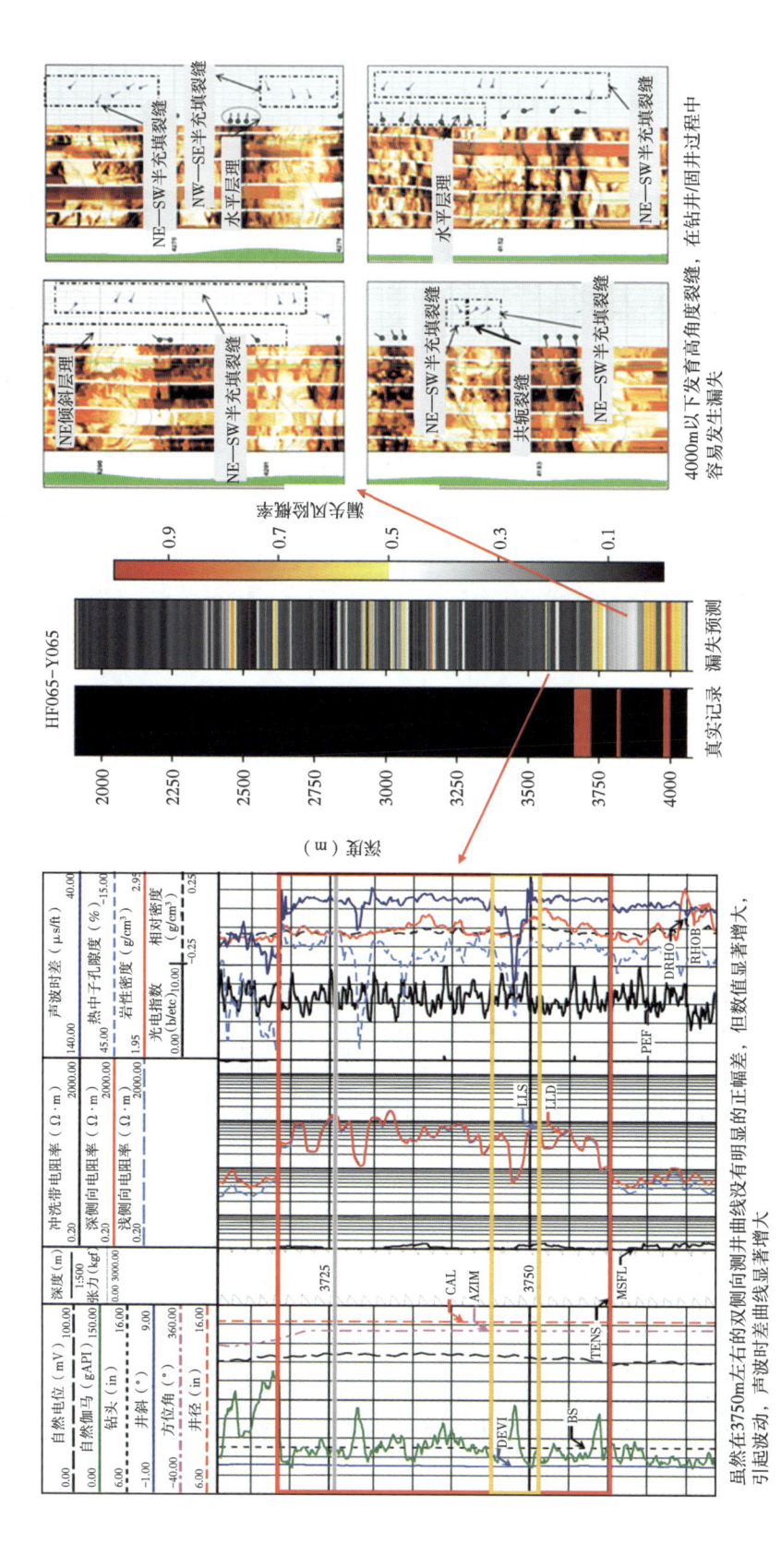

图 5-40　HF065-Y065 井风险概率测试分析

测。针对最终获得的模型是具有标准地震数据格式（SGY）的三维风险漏失概率模型，采用世界切片的方法则可以获得任意时刻（深度）的地层漏失风险特征，从而实现区域漏失风险预测（图 5-41）。

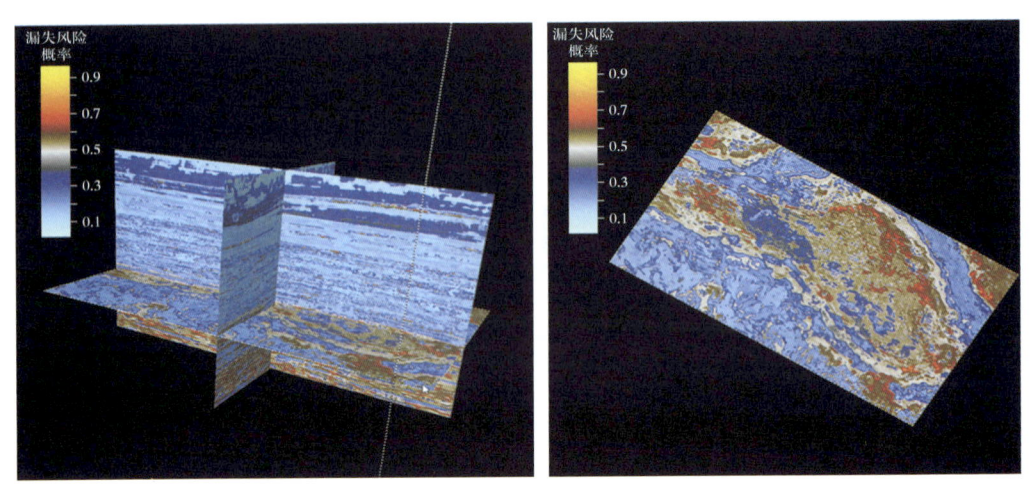

图 5-41　漏失风险预测模型及切片展示

2. Jaddala/Aliji/Shiranish 地层区域漏失风险分析

Jaddala/Aliji 和 Shiranish 为非储层段，因此未进行详细的地震地层解释，按照大致的时间、速度进行切片叠加分析这三层的漏失风险概率，结果如图 5-42 所示。从预测结果看，整体而言，这三层漏失风险概率相对不高，红色区域为高风险区，主要集中在主构造长轴部位，且呈零星点状分布。不同颜色的点表明发生过漏失的井，基本都集中在红色区域。根据统计数据，这三套层系在 2013—2014 年个别井发生严重的失返性漏失，在 2014 年以后基本再未发生漏失，导致漏失的原因源于钻井过程中产生了沿井筒方向的超长钻井

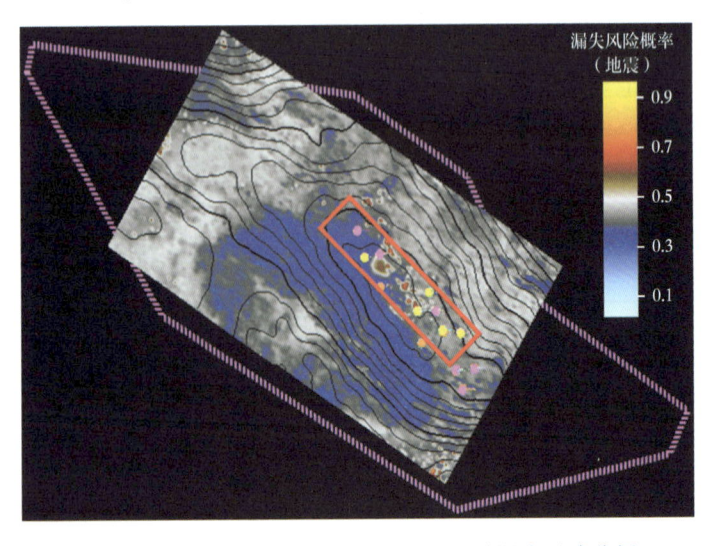

图 5-42　Jaddala/Aliji/Shiranish 地层区域漏失风险分析

诱导缝。可以推断，这三套层系在今后的钻井作业中，只要控制好钻井参数，不引起诱导漏失，发生漏失的概率较低。

3. Sadi 地层区域漏失风险分析

Sadi 层从上到下可以大致划分为 Sadi A 和 Sadi B 两套小层，其中 Sadi B 为储层段。根据统计结果，截至 2017 年底，共有 181 口井钻至 Sadi 层，其中 21 口井发生漏失，漏失量为 6~87m³，平均单井漏失量为 35.9m³。由于现阶段 Sadi 层并未开发，加上地层孔隙压力较高，所以漏失程度相对较轻。由区域漏失风险预测结果分析可知（图 5-43 和图 5-44），整体上 Sadi 层的漏失风险较低，但 Sadi A 和 Sadi B 差异较大，Sadi B 的漏失风险要远高于 Sadi A 地层。Sadi A 高漏失风险区主要集中在西南部，而 Sadi B 的漏失风险区则集中在主构造的北部和西部，现阶段该层钻遇漏失的井也主要集中在主构造的北部。

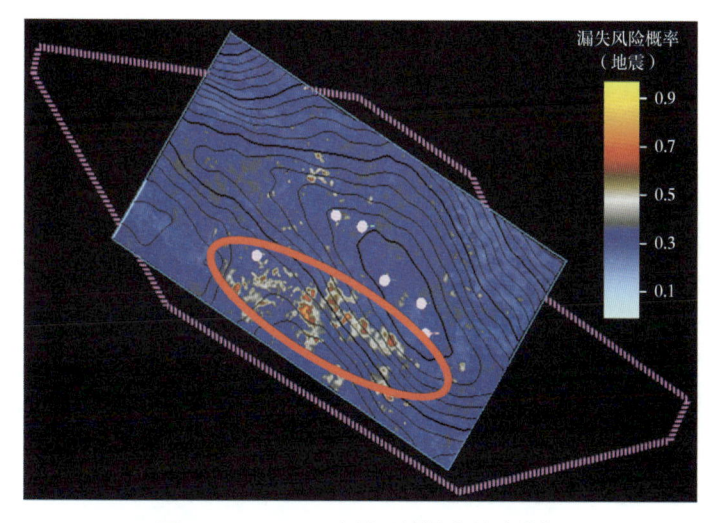

图 5-43　Sadi A 地层区域漏失风险分析

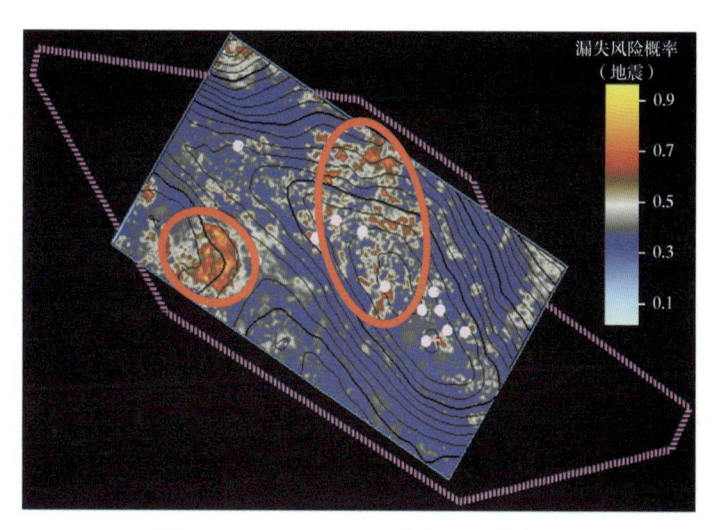

图 5-44　Sadi B 地层区域漏失风险分析

4. Mishrif 地层区域漏失风险分析

Mishrif 是哈法亚油田的主力储层，也是漏失最为严重的地层，从上到下可以大致划分为 Mishrif A，Mishrif B 和 Mishrif C 共 3 套小层。根据统计结果，截至 2017 年底，共有 181 口井钻至 Mishirf 层，其中 95 口井发生漏失，漏失量为 3~2713m^3，平均单井漏失量为 97.1m^3，对该三套小层的漏失风险预测结果如图 5-45 至图 5-57 所示，整体上 Mishrif 层的漏失风险较高，且 Mishrif B 风险最高，Mishrif C 次之，Mishrif A 相对较低；且三套层系高风险分布区域差异较大，Mishrif A 高漏失风险区主要集中在主构造底部周缘，Mishrif B 的漏失风险区则基本涵盖了主构造的整个高部位，Mishrif C 的高风险区则集中在构造高位的中部以及低部的东部。三套小层的风险区基本涵盖了整个构造，加上该层为该油田的主力储层，随着油井的生产，孔隙压力持续下降，漏失将是 Mishrif 储层钻井的主要挑战。

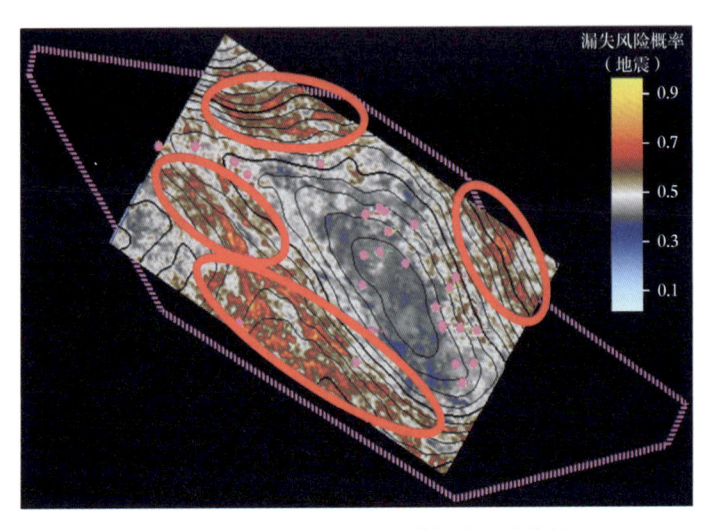

图 5-45　Mishrif A 地层区域漏失风险分析

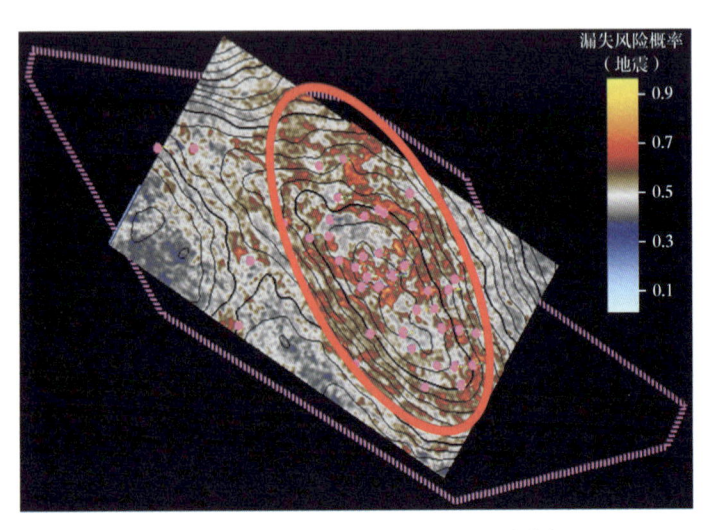

图 5-46　Mishrif B 地层区域漏失风险分析

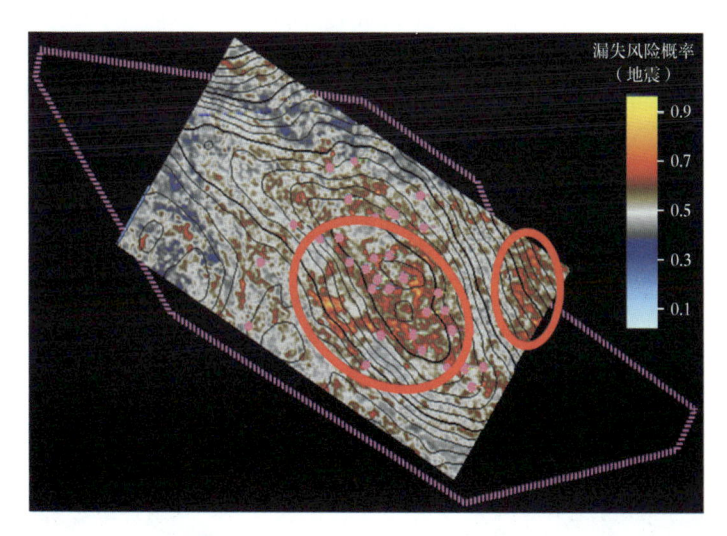

图 5-47　Mishrif C 地层区域漏失风险分析

5. Nahr Umr 地层区域漏失风险分析

Nahr Umr 地层是哈法亚油田的次主力储层，也是漏失第二严重地层，从上到下可以大致划分为 Nahr Umr A 和 Nahr Umr B 共 2 套小层。根据统计结果，截至 2017 年底，共有 39 口井钻至 Nahr Umr 层，其中 23 口井发生漏失，漏量变化大，介于 5~2123.1m^3，平均单井漏失量为 93.32m^3。对该套层系的区域漏失风险预测结果如图 5-48 和图 5-49 所示，整体上 Nahr Umr 层的漏失风险也较高，但 Nahr Umr A 和 Nahr Umr B 漏失风险概率差异较大，后者风险远高于前者。Nahr Umr A 漏失高风险区零星分布于构造轴线，相对集中于西北，Nahr Umr B 漏失高风险区除了零星分布于构造高位外，在构造低部环向分布，同样，Nahr Umr 储层为该油田的次主力储层，也是该油田最早开发的储层，地层压力持续下降，

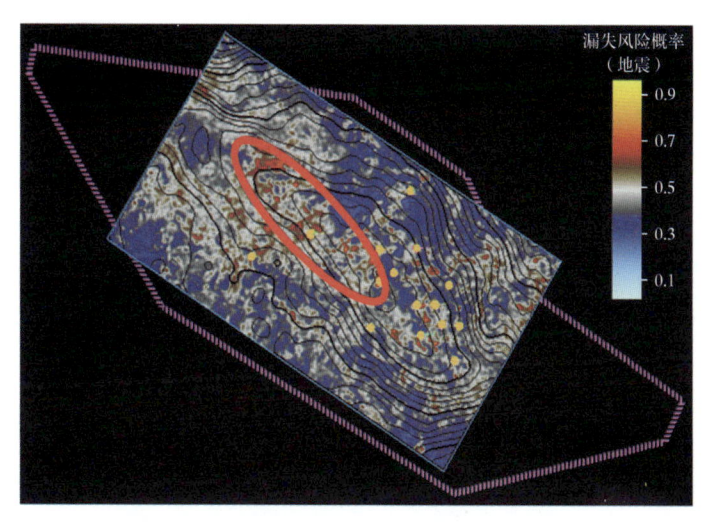

图 5-48　Nahr Umr A 地层区域漏失风险分析

该储层段的漏失将会成为 Nahr Umr 层及其下部 Yamana 层钻井面临的风险，由于 Nahr Umr B 及下部的 Shuaiba 和 Zubair 为脆性页岩地层，为保证井壁稳定，需要保证 1.24~1.39g/cm³ 的钻井液密度，漏卡同层可能为未来 Nahr Umr 储层以下的储层的钻井带来极大的风险与挑战。

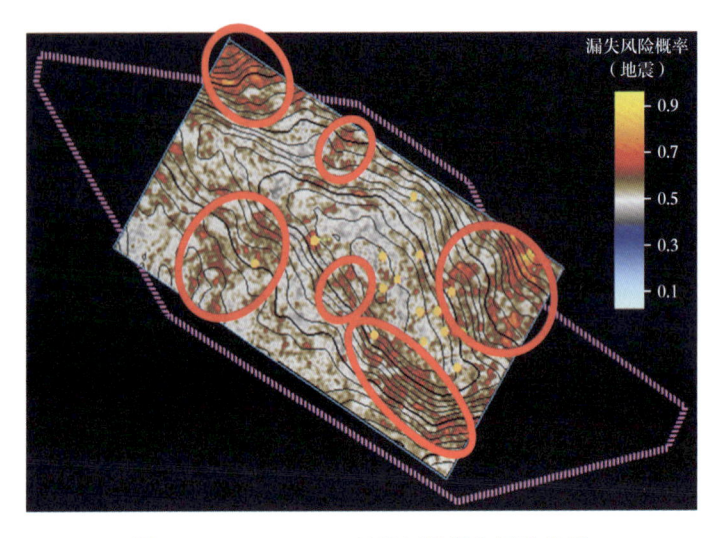

图 5-49　Nahr Umr B 地层区域漏失风险分析

6. 深部地层区域漏失风险分析

现阶段，Shuaiba 层以下井数量较少。根据统计结果，截至 2017 年底，共有 35 口井钻至 Shuaiba 层，其中 15 口井发生漏失，漏失量介于 2.5~623m³，平均单井漏失量为 118.63m³。虽然平均单井漏失量高，但漏失主要发生于固井阶段。由区域漏失风险预测结果分析可知（图 5-50），整体上 Shuaiba 层的漏失风险较低，零星分布于构造高位。而

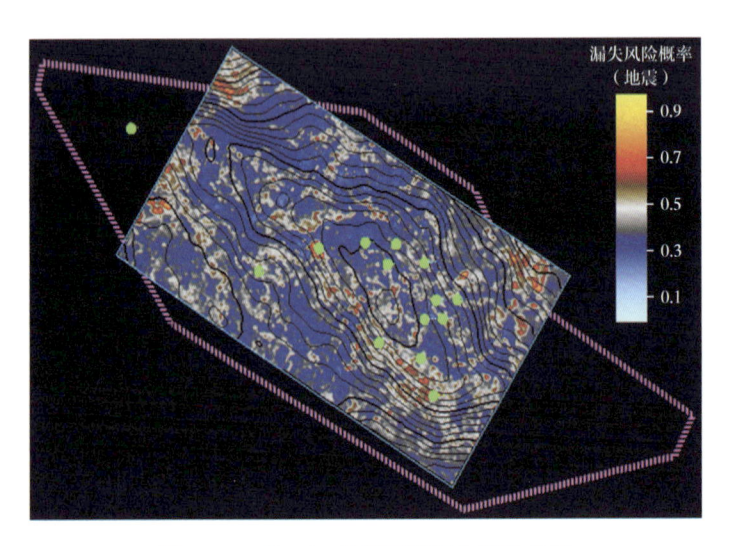

图 5-50　Shuaiba 地层区域漏失风险分析

Shuaiba 以下的地层的高风险漏失区域则差异较大（图 5-51），Zubair 漏失风险较低，而 Ratawi，Yamama 和 Suialy 都在不同区域存在着高风险漏失，未来深部钻井需要特别关注。

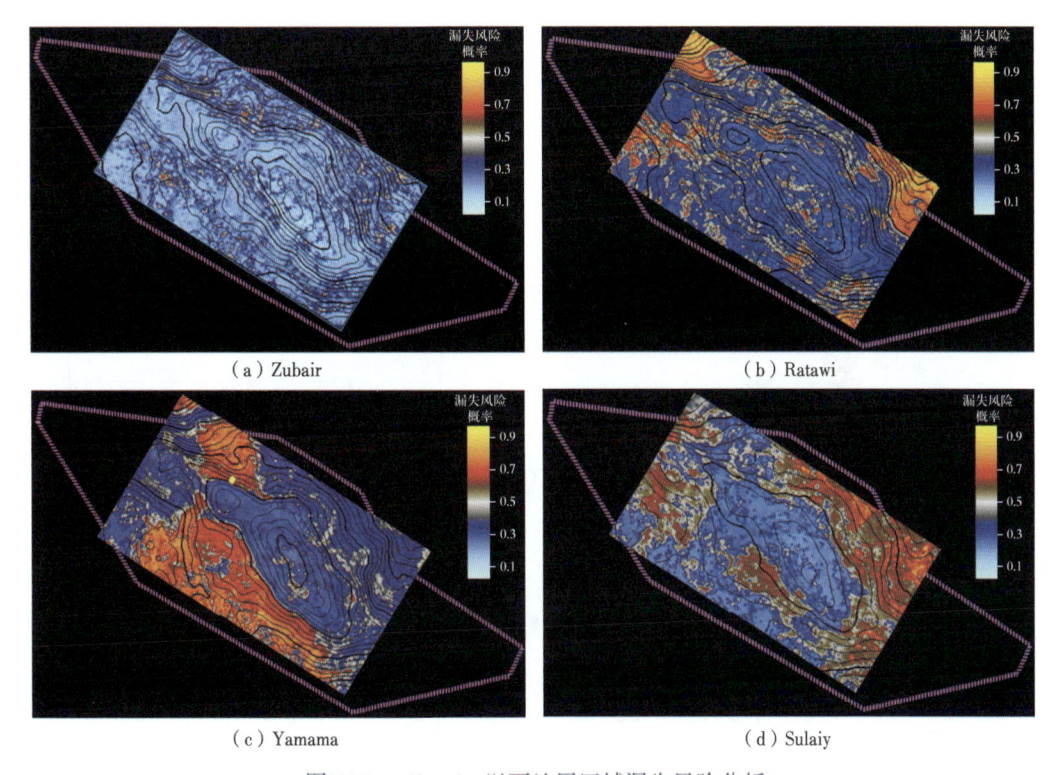

(a) Zubair
(b) Ratawi
(c) Yamama
(d) Sulaiy

图 5-51　Shuaiba 以下地层区域漏失风险分析

通过对哈法亚油田钻前漏失预测的研究，首次利用机器学习方法和地震资料初步建立了钻井前井漏预测模型，预测结果经实际井资料验证，具有较高的相关性。本方法是利用地震数据进行钻前漏失预测的一种创新与尝试。

七、预测模型的应用

建立的漏失预测模型在哈法亚油田 2018 年的钻井中进行了应用，与实钻结果进行比较，符合度较高，表明漏失预测模型可为哈法亚油田钻井防漏堵漏优化设计提供指导。2018 年共钻完井 75 口，其中 Mishrif 钻完井 49 口、Jeribe-Kirkuk 层 26 口，从井位部署看，现阶段 Mishirf 井已经主要不在构造高位上布井，而是向低位方向扩散，而 Jeribe-Kirkuk 井则还是基本沿长轴高位布井。统计显示，2018 年哈法亚漏失井只有 14 口井，漏失主要集中在 Lower Fars 层（或 Jeribe-Kirkuk 层上部）和 Mishrif 层，具体统计结果如图 5-52 所示。

将 2018 年所钻井加载至钻前预测模型中，绿色圆点代表未发生漏失的井，蓝色代表发生严重漏失的井。

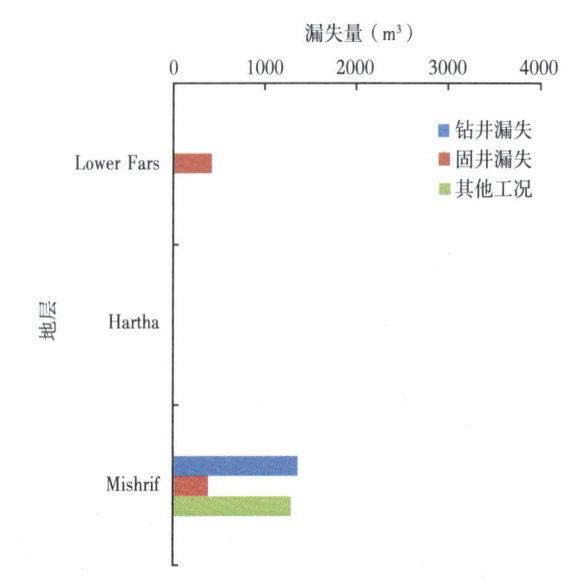

井号	漏失量（m³）
HF005-M005D1	393.00
HF0107-M0107	140.00
HF0240-M0240D1	153.00
HF0240-M0240D3	168.00
HF0397-M0397D2	324.00
HF0397-M0397D4	562.00
HF0478-M0478D1	123.00
HF060-JK060D1	185.00
HF0853-M0853D1	91.23
HF0967-JK0967D1	242.00
HF109-M109D2	61.90
HF137-M137D1	41.00
HF137-M137D3	741.20
HF172-M172D4	29.00

图 5-52 2018 年钻井漏失情况统计

1. Mishrif A

如图 5-53 所示，Mishrif A 高风险漏失区主要集中在主构造底部周缘。根据钻井实际记录显示，共有 5 口井在 Mishrif A 层发生了漏失。而模型预测结果显示所钻井中 HF240-M0240D3 井、HF0397-M397D2 井、HF0397-M397D4 井和 HF172-M172D4 井相对风险较高，尤其是 HF0397-M397D2 井和 HF0397-M397D4 井。

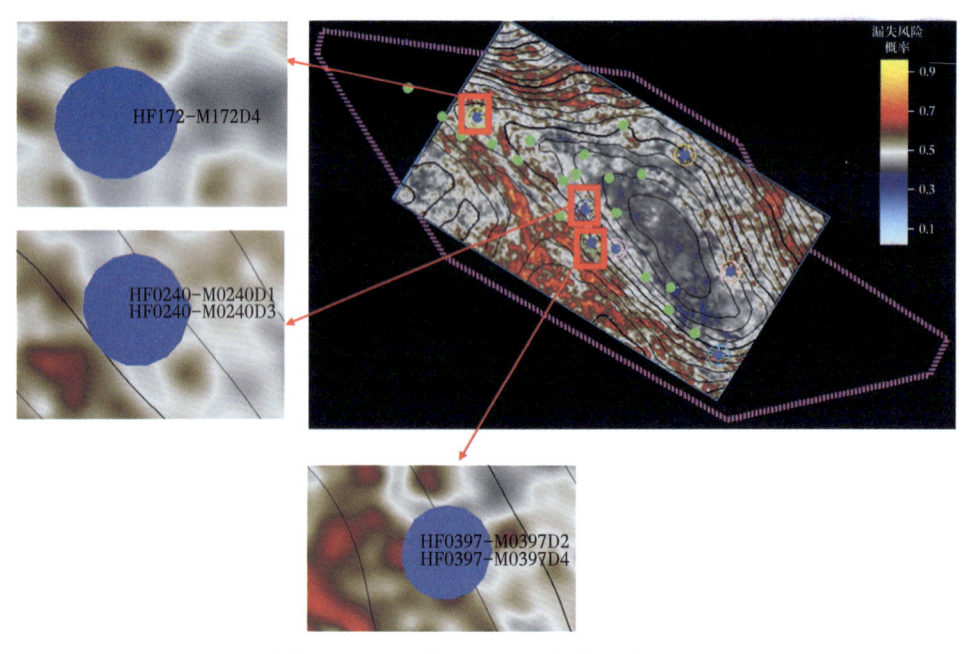

图 5-53 2018 年 Mishrif A 钻前风险预测

实际漏失记录结果显示与预测结果有较好的对应性，具体对比结果见表 5-17。

表 5-17　Mishrif A 漏失风险预测与实际记录对比

井号	漏失量（m³）	风险概率（%）
HF240-M0240D3	62.00	60
HF0397-M397D2	45.83	80
HF0397-M397D4	97.50	80
HF172-M172D4	9.00	55

2. Mishrif B

如图 5-54 所示，Mishrif B 高风险漏失区基本涵盖了整个主构造的高部位。根据钻井实际记录显示，共有 8 口井在 Mishrif B 层发生了漏失。而模型预测结果显示所钻井中 HF240-M0240D3 井、HF005-M005D1 井、HF0397-M397D2 井、HF0397-M397D4 井和 HF107-M0107 井相对风险较高，尤其是 HF005-M005D1 井和 HF0397-M397D4 井。

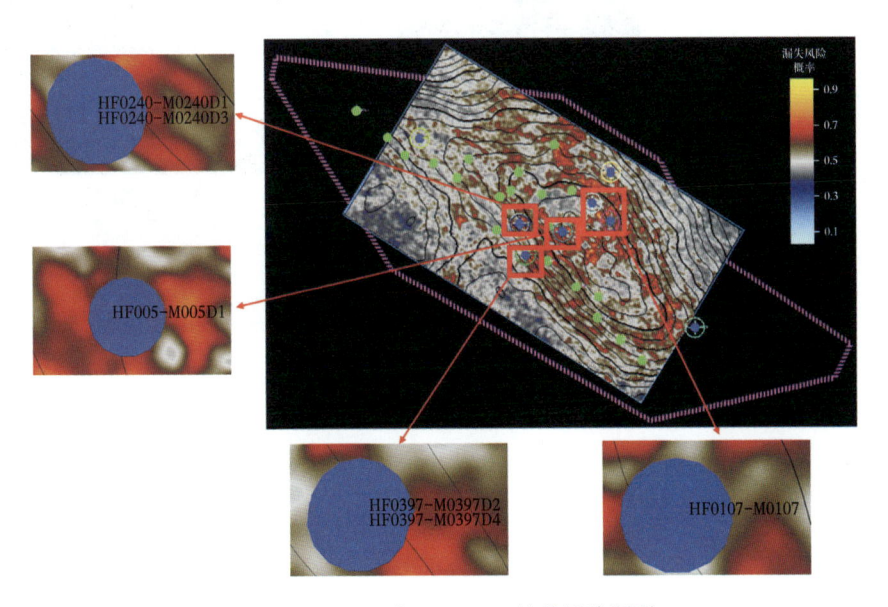

图 5-54　2018 年 Mishrif B 钻前风险预测

实际漏失记录结果显示与预测结果有较好的对应性，具体对比结果见表 5-18。

表 5-18　Mishrif B 漏失风险预测与实际记录对比

井号	漏失量（m³）	风险概率（%）
HF240-M0240D3	106.00	75
HF005-M005D1	323.00	85
HF0397-M397D2	45.83	70
HF0397-M397D4	159.00	80
HF107-M0107	70.00	75

3. Mishrif C

如图 5-55 所示，Mishrif C 的高风险区集中在构造高位的中部以及低部的东部。根据钻井实际记录显示，共有 7 口井在 Mishrif C 层发生了漏失。而模型预测结果显示所钻井中 HF137－M137D1 井、HF137－M137D3 井、HF0397－M397D2 井、HF0397－M397D4 井、HF005－M005D1 井和 HF107－M0107 井相对风险较高，尤其是 HF0397－M397D2 井、HF0397－M397D4 井、HF005－M005D1 井和 HF107－M0107 井。

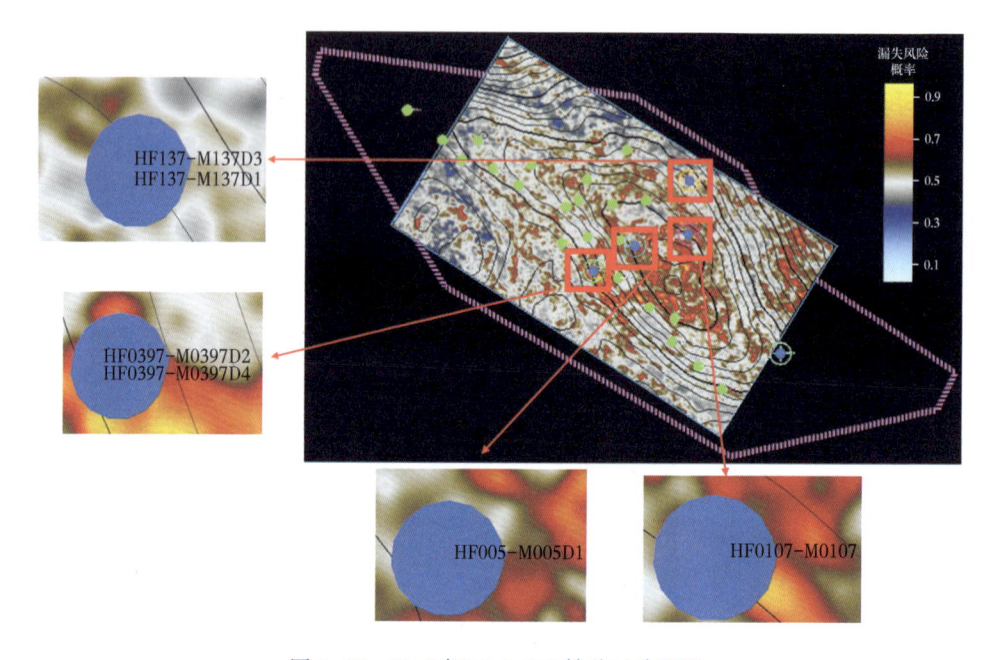

图 5-55 2018 年 Mishrif C 钻前风险预测

实际漏失记录结果显示与预测结果有较好的对应性，具体对比结果见表 5-19。

表 5-19 Mishrif C 漏失风险预测与实际记录对比

井号	漏失量（m³）	风险概率（%）
HF137-M137D1	41.00	60
HF137-M137D3	741.20	75
HF0397-M397D2	97.50	85
HF0397-M397D4	305.50	85
HF005-M005D1	70.00	85
HF107-M0107	60.00	90

4. Mishrif 以下地层

2018 年 Mishrif 层以下未钻井，但利用模型进行预测。将时间域放大，分别对 Rumaila 和 Mauddud、Mauddud 和 Nahr Umr 以及 Nahr Umr 和 Shuaiba 进行切片。如图 5-56 所示，

Rumaila 和 Mauddud 以及 Mauddud 和 Nahr Umr 漏失风险相对较低，只在零星区域显示漏失高风险；而 Nahr Umr 和 Shuaiba 进行切片，Nahr Umr 和 Shuaiba 的漏失风险相对较高，主要集中在构造底部周缘。

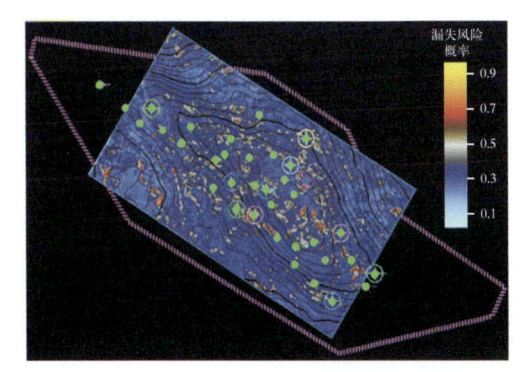

（a）Rumaila和Mauddud层

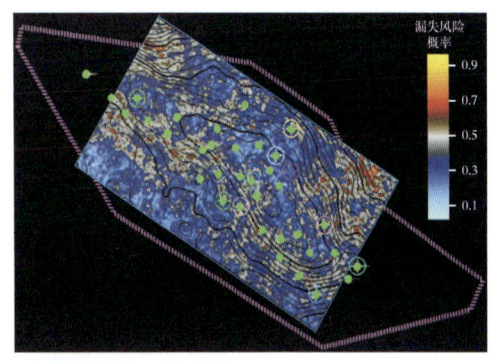

（b）Mauddud和Nahr Umr层

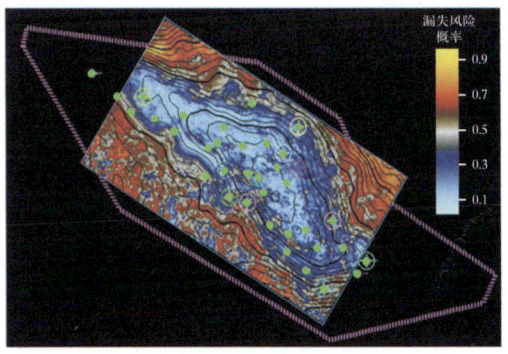

（c）Nahr Umr和Shuaiba层

图 5-56　2018 年 Mishrif 层以下地层风险预测

第六节　基于机器学习的随钻漏失诊断技术

一、钻进工程参数与漏失的关系

影响井漏的因素众多，但大致可以分为两大类，即地层因素和工程因素。地层因素主要在于漏失通道的发育程度和岩石的力学性质差异等，包括裂缝/孔洞特征和岩石强度等；而工程因素则为人为因素对地层的影响，包括钻进参数、钻井液性能、水力参数和堵漏工艺等。通常当漏失发生时，录井参数会有一些响应特征，例如出口流量下降、立管压力下降、入口流量下降和气测异常等。由于不同油田的钻井有各自的特点，因此通用方法在不同油田使用时效果差异巨大，因此如何选择合理的参数来诊断是否发生漏失非常重要。

在钻进过程中，只有录井参数是时时传输的，因此可以通过分析它们的异常来诊断是否发生了漏失，为了保证数据具有统计学上的意义，选取漏失最为严重的 Mishrif 层和 Nahr Umr 层发生漏失时的录井参数进行系统分析。通常情况下，认为排量、泵压、钻井液密度和黏度、机械钻速对漏失有显著影响，因此通过相关性分析来探究这些参数和漏失的关系。

依据统计学理论，进行参数相关性分析时，通常习惯用关键性系数 R^2 来判断两个参数是否具有相关性，具体的判断标准见表 5-20。

表 5-20 相关性判断标准

R^2	相关性	
1.0~0.9	非常相关	相关
0.9~0.7	有点相关	
0.7~0.5	有点弱相关	
<0.5	非常弱的相关性	不相关

1. 钻进参数与漏失量的关系

图 5-57 为 Mishrif 层排量和泵压与漏量的关系曲线，图 5-58 为 Nahr Umr 层排量和泵压与漏失量的关系曲线，根据相关性分析结果可知，无论是 Mishirif 地层还是 Nahr Umr 地层，排量和泵压与漏失量均近似呈正相关关系，但相关性都比较低。现场作业时，增大排量和泵压往往会导致更严重的漏失，所以在遇到漏失时，常规操作为降低排量和泵压。

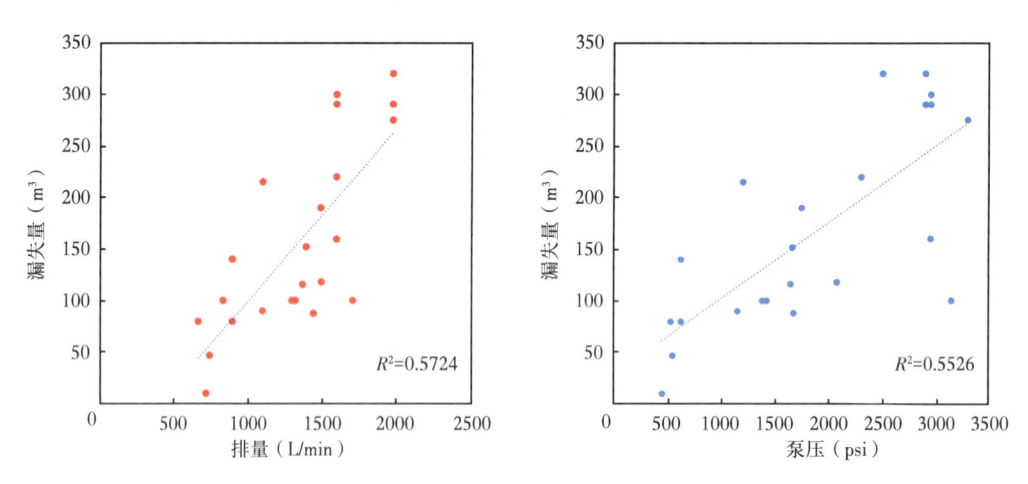

图 5-57 Mishrif 层排量与漏失量和泵压与漏失量的关系曲线

2. 钻井液流体性能和漏失的关系

如图 5-59 和图 5-60 为 Mishrif 层/Nahr Umr 层钻井液密度和黏度与漏失量的关系曲线，根据相关性分析结果可知，无论是 Mishirif 地层还是 NahrUmr 地层，钻井液密度与漏失量均近似呈正相关关系，而钻井液黏度与漏失量近似呈负相关关系，但相关性都较低。现场作业时，钻井液密度和黏度是衡量钻井液性能的关键指标，钻井液密度过大和黏度过低都会导致漏失，所以在设计钻井液时会严格控制二者参数。

图 5-58 Nahr Umr 层排量与漏失量和泵压与漏失量的关系曲线

图 5-59 Mishrif 层钻井液密度和黏度与漏失量的关系曲线

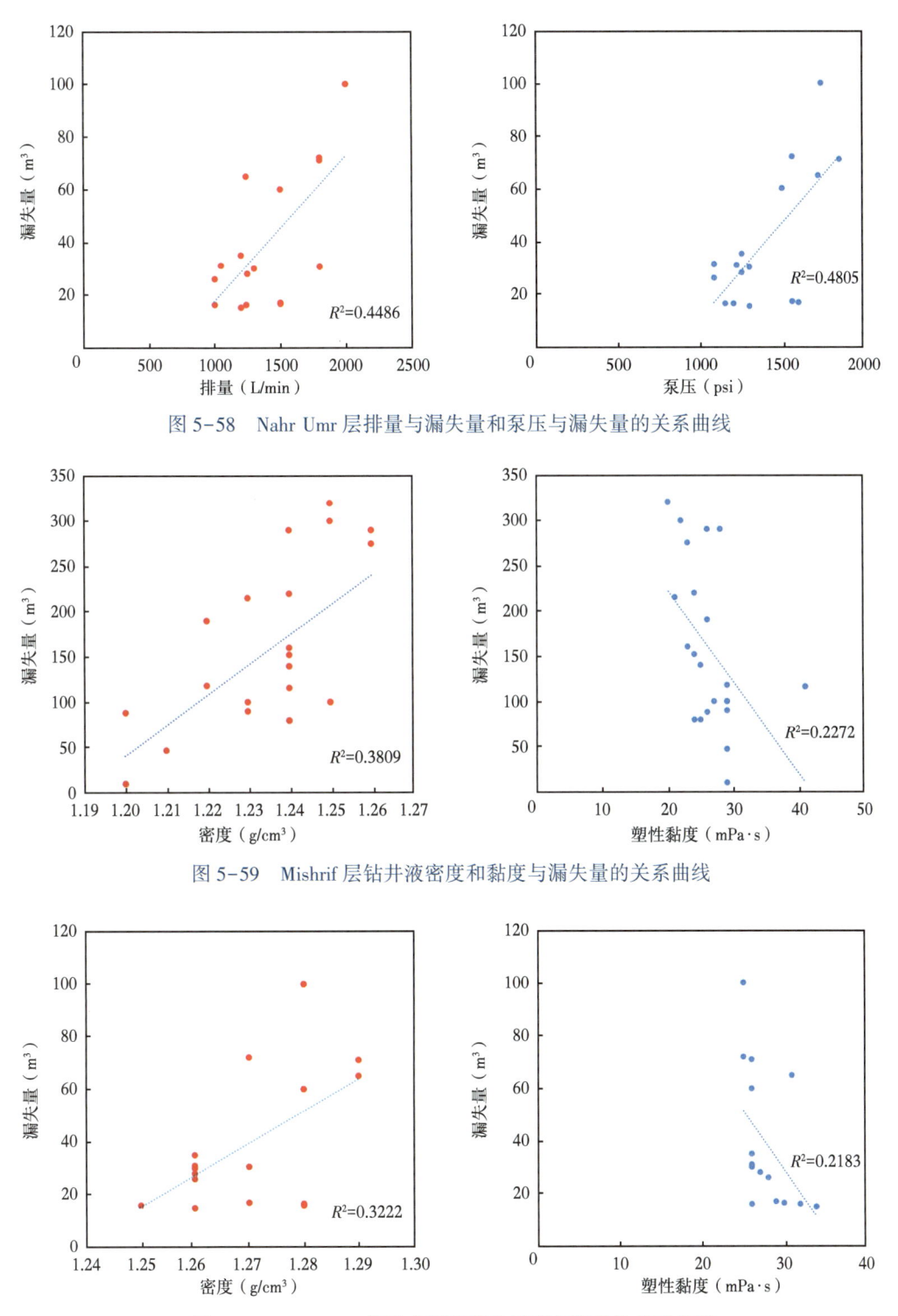

图 5-60 Nahr Umr 层钻井液密度和黏度与漏量的关系曲线

3. 机械钻速与漏失量的关系

如图 5-61 图示了不同层系机械钻速与漏失量的关系，根据相关性分析结果可知，无论是 Mishirif 地层还是 Nahr Umr 地层，机械钻速与漏失量均近似呈正相关关系，而钻井液黏度与漏失量近似呈负相关关系，但相关性都较低。现场遭遇漏失时，在降低排量和泵压的同时，也会降低钻速来控制漏失。

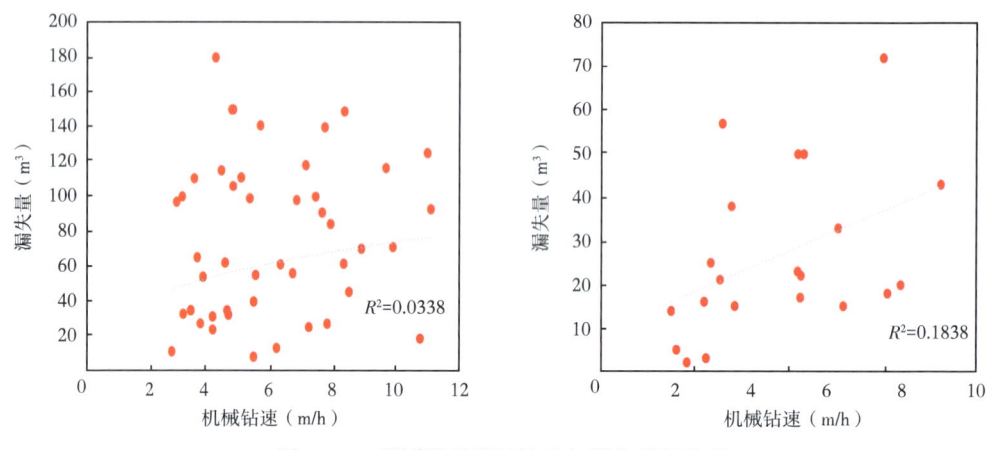

图 5-61 不同层系机械钻速与漏失量的关系

4. 当量循环密度与机械钻速的关系

当量循环密度和机械钻速的关系一直是现场比较关注的问题，在现场作业时希望能获得当量循环密度和机械钻速的最佳关系来实现安全高效钻进。图 5-62 和图 5-63 分别图示了 Mishrif 层和 Nahr Umr 层漏失层段与非漏失层段当量循环密度和机械钻速的关系，结果表明，无论在漏失层段和非漏失层段，当量循环密度和机械钻速都存在复杂的关系，没有显著的相关性。

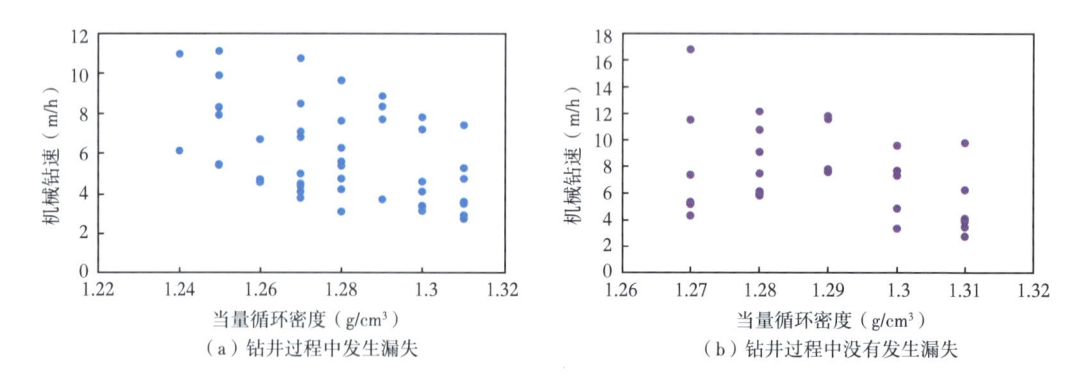

（a）钻井过程中发生漏失　　（b）钻井过程中没有发生漏失

图 5-62　Mishrif 层漏失层段与非漏失层段当量循环密度和机械钻速的关系

通过钻井参数与漏失量的关系、钻井液性能参数与漏失量的关系以及钻速与漏失量的相关性关系分析表明，漏失与这些钻井相关参数相关性不高，可见漏失主要是由于地层特性导致的。

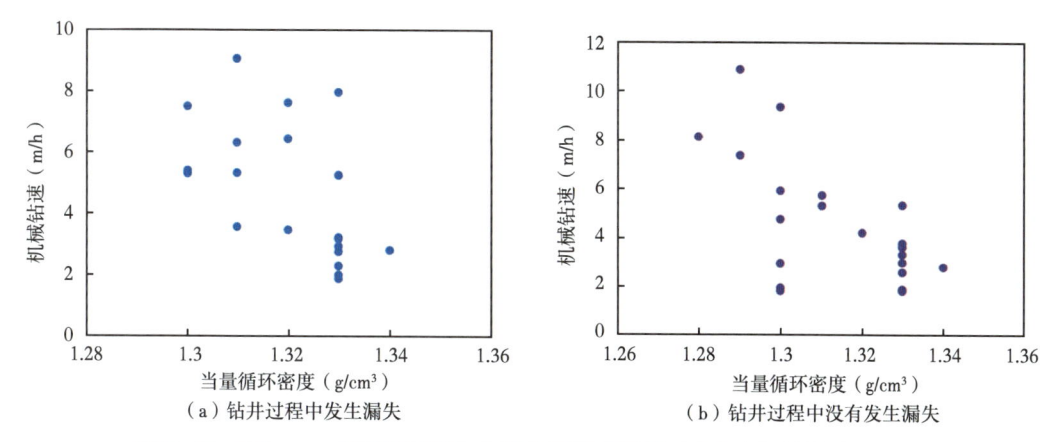

图 5-63　Nahr Umr 层漏失层段与非漏失层段当量循环密度和机械钻速的关系
(a) 钻井过程中发生漏失　(b) 钻井过程中没有发生漏失

二、基于钻进参数的漏失随钻诊断分析方法

以上分析表明，单纯采用参数统计的方法寻找单一参数与井漏的关系是无法获得规律性认识的。漏失与钻遇地层的特性关系较大，诊断漏失与非漏失从本质上而言是一个二分类问题，即如何在一堆"混沌"的散点中区分出漏失点和非漏失点，传统的单参数统计回归法基本无法区分两类特征点（图 5-64），需要采取机器学习算法让计算机进行多参数分析，从而根据录井参数综合判断漏失。

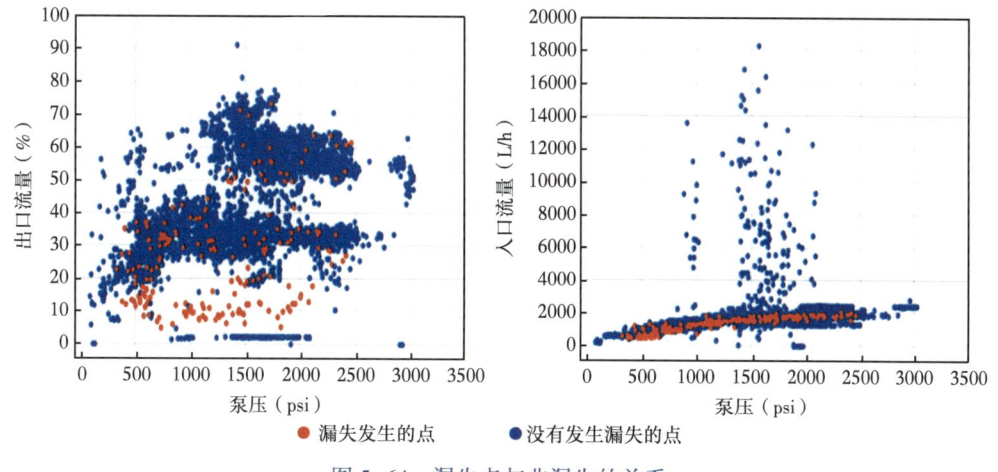

图 5-64　漏失点与非漏失的关系

1. 基于钻进参数的漏失随钻诊断分析方法

由于诊断是一个实时判断的过程，现有工程技术中除了在钻具上添加传感器实现实时检测外别无他法。现场作业中，由于信号干扰和物理环境的变化（地层压力和温度的变化）常常导致信号传输和解释的不理想，同时高额成本也是需要考虑的一个重要问题。因此现阶段要实现随钻诊断只能依靠对录井参数的分析。录井参数是以每米一个数据点的形

263

式上传的，因此可以采用机器学习方法对大量不同类型的录井参数进行分析，从而建立综合多参数诊断模型，通过对模型的不断训练和校正，使得模型符合现场实际情况，实现用多录井参数的随钻漏失诊断。

2. 不同算法对比

1）用于诊断的不同算法

要实现漏失与录井参数之间的机器学习，需要选择不同的算法。不同的算法有不同的应用目的，需要通过比对选择最适合的方法。从本质上讲，漏失诊断是一个二分类问题，针对二分类问题，集成算法（随机森林）、神经网络（BP 神经网络）和决策树是解决此类问题比较理想的方法。考虑到漏失诊断的复杂性，为了保证机器学习过程中既不能过度拟合，也不能泛化能力过差，通过比对，选择了监督学习中的"随机森林"算法来实现"训练"。常用的不同算法优缺点对比见表 5-21。

表 5-21 不同算法优缺点对比

算法	优点	缺点
神经网络	(1) 分类精度高； (2) 较强的并行分布处理能力； (3) 较强的分布存储和学习能力； (4) 近似复杂非线性关系； (5) 提取特征的能力	(1) 多参数要求； (2) "黑箱"模型； (3) 学习时间较长； (4) 可解释性差
决策树	(1) 易于理解和解释； (2) 数据准备过程简单； (3) "白箱"模型； (4) 评估过程简单； (5) 重构过程简单	(1) 数据缺失使得处理过程困难； (2) 过度拟合； (3) 容易忽略相关性
集成（随机森林）	(1) 包含决策树所有优点； (2) 计算效率进一步提高	高噪声数据会产生显著影响

通过对比可知，相比于其他机器学习算法，随机森林有以下优点：（1）不易过度拟合，准确度较高。传统的 BP 神经网络算法容易过度拟合，泛化能力不强。（2）可解释性

较好，传统的 BP 神经网络等算法的可解释性不强。(3) 能处理大量的输入特征，不用人为筛选特征参数，并且可对输入特征进行重要性排序，优先选用重要的特征进行诊断。

2) 随机森林算法基本原理

随机森林算法的基本原理是对特征样本矩阵进行标记，形成带有输出响应的训练样本矩阵，通过用不同参数对目标结果进行分类，寻找不同参数与目标结果的对应关系，即可获得判断模型，再通过对特征值进行重要性排序，即可实现特征变量对结果影响程度的评估，随机森林算法其实是多棵决策树的集成。

对于一个样本数量为 N 的训练样本集，有放回地随机抽样 N 次产生和原样本集数量相同的子集。利用不同输入特征参数对这 N 个训练样本建立的决策树进行分类。重复 T 次，即获得了 T 棵决策树，根据这 T 棵决策树的投票结果决定样本是否为既定结果。

而对于输入的训练集 D，需要用每个特征对其进行二元分割。计算每个特征的基尼指数：对于特征 A 和它的每一个可能值 a，将 D 分割为 D_1 和 D_2，并计算此条件下的基尼指数。对于一个样本集 D，其基尼指数为：

$$Gini(D) = 1 - \sum_{k=1}^{K} \left(\frac{|C_k|}{|D|} \right)^2 \tag{5-17}$$

其中，C_k 是 D 中属于第 k 类的样本子集，K 是类别数量。如果用特征 A 和它的某个可能的取值 a 将样本集合 D 分为 D_1 和 D_2，则有：

$$D_1 = \{(x, y) \in D | A(x) > a\}, \quad D_2 = D - D_1 \tag{5-18}$$

那么，在特征 A 下，集合 D 的基尼指数为：

$$Gini(D, A) = \frac{|D_1|}{|D|} Gini(D_1) + \frac{|D_2|}{|D|} Gini(D_2) \tag{5-19}$$

其中，$Gini(D, A)$ 表示集合 D 被 $A=a$ 分裂后的纯度。

对于所有的特征和它们可能的分割点，选择基尼指数最小的特征及其对应的分割点的值，将结点分割为两个子节点。然后根据特征将训练数据分配给两个子节点。递归地调用 a，b 到两个子节点，直到满足停止条件。最后，生成分类树。终止条件为分支结点分裂的最大数目，当结点只含一类样本时也停止分裂。

对于决策树 $t(t=1, \cdots, T)$ 需要满足如下条件：

(1) 确定袋外样本数据（随机抽样产生用于生成决策树的样本集时，没抽到的样本），及用于分裂并生成决策树 t 的特征变量 $X_j(j=1, 2, \cdots, 13)$。

(2) 利用袋外样本数据测试该决策树的袋外误差 e_t。

(3) 对于每个特征变量 X_j：随机打乱袋外样本数据中特征变量值 X_j 的值，重新测试决策树的误差 e_{tj}，计算差值 $d_{tj}=e_{tj}-e_t$，没用到的特征变量的差值为 0。

而对于训练数据中的每一个特征变量，计算它在所有决策树上的差值 d_{tj} 的平均值 d_j 和标准差 σ_j。对于特征变量 X_j 的重要性指标为 d_j/σ_j。

三、基于工程参数的随钻诊断

随机森林算法的逻辑流程图如图 5-65 所示，即：(1) 建立包含 13 种录井参数的数据

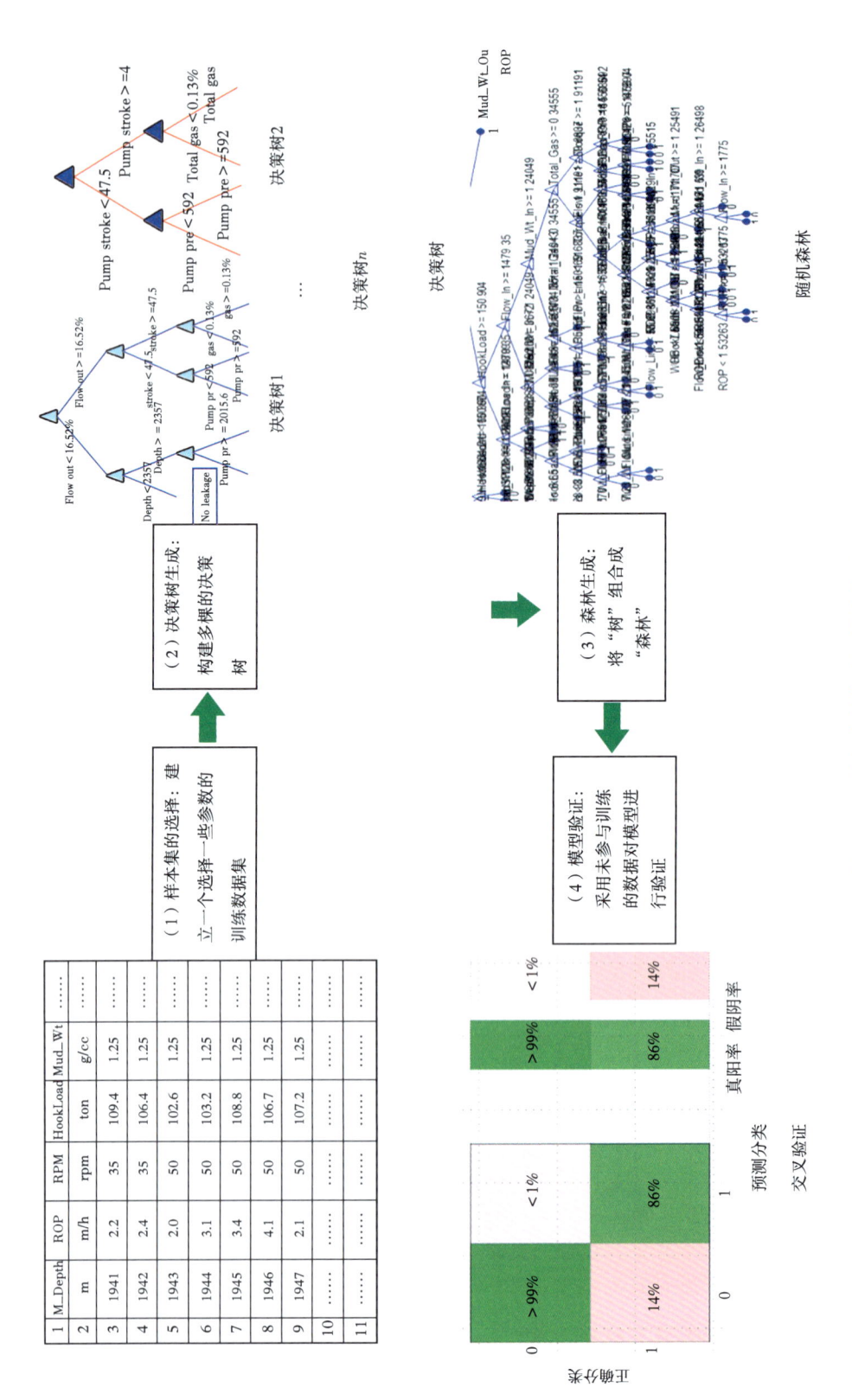

图 5-65 随机森林算法逻辑流程图

集，其本质是一个矩阵；（2）创建决策树子模型，即生成多棵决策树分类器；（3）生成随机森林模型，即通过"剪枝"给予不同决策树权重，组合为"随机森林"；（4）对所获得的结果进行交叉验证，达标后获得最终的诊断模型。

1. 数据源要求

建立模型所用到的数据源主要包括 4 部分：（1）地层数据，即钻进深度；（2）工程钻进参数，主要包含机械转数、钻压、泵冲、大钩载荷、机械钻速、扭矩和泵压；（3）钻井液参数，主要包括入口钻井液密度、出口钻井液密度、入口流量和出口流量；（4）气测参数，即总气体含量。

2. 选井原则

单井数据质量对于机器学习训练和预测结果影响显著，因此需要严格控制单井质量，所选择的井数据需要满足以下条件：（1）所选择的单井必须发生漏失，且录井数据应包括完整的录井参数，不同参数表示方式和单位需要统一。（2）不同漏失程度的井都要有所覆盖，即训练井和验证井从严重漏失到渗透性漏失都有。根据以上要求，从已钻井中选出代表性的训练井和测试井。

3. 模型参数评价分析

根据随机森林算法，对漏失诊断的输入参数应首先进行相关性排序。对所采用的工程诊断参数而言，相关参数的归一化结果如图 5-66 所示，不同参数的相对重要性依次如下：深度、出口流量、入口钻井液密度、总气体含量、机械转数、钻压、入口流量、泵冲、大钩载荷、机械钻速、扭矩、出口钻井液密度和泵压，不同参数相对重要性差异不大，说明漏失诊断需要以多参数进行综合诊断。

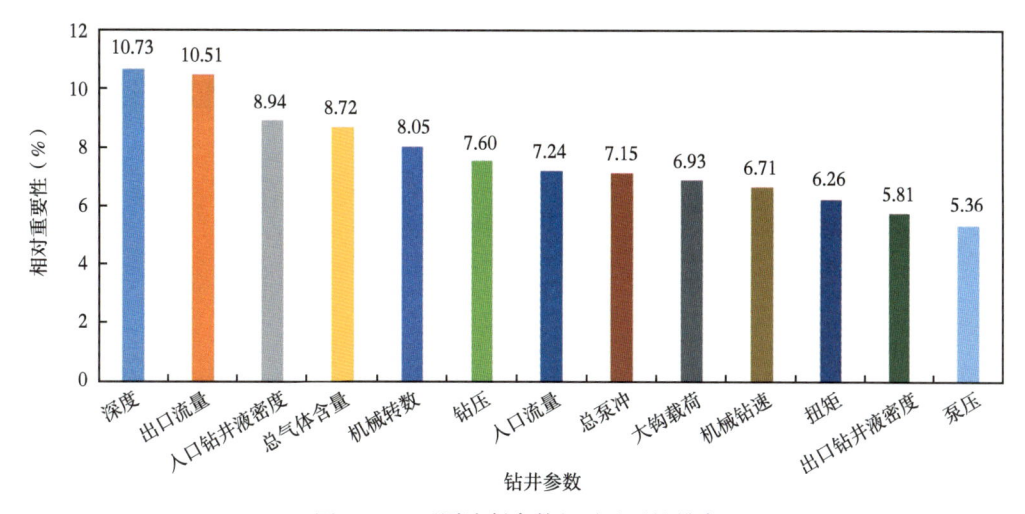

图 5-66 不同诊断参数相对重要性排序

判定训练结果正确与否，通常采用混淆矩阵，从本质上讲，混淆矩阵其实就是一个正确性—预测结果的集合。一个混淆矩阵通常会包含 4 部分信息（图 5-67）：

（1）True negative（TN），称为真阴率，表明实际是负样本而预测成负样本的样本数，即预测是负样本，预测正确；

（2）False positive（FP），称为假阳率，表明实际是负样本而预测成正样本的样本数，即预测是正样本，预测错误；

（3）False negative（FN），称为假阴率，表明实际是正样本而预测成负样本的样本数，即预测是负样本，预测错误；

（4）True positive（TP），称为真阳率，表明实际是正样本而预测成正样本的样本数，即预测是正样本，预测正确。

漏失诊断结果如图 5-67 所示。图 5-67（a）（b）中对角线的绿色方块分别为诊断正确的非井漏点和井漏点的数量和百分比，红色方块为诊断错误的数量和百分比，图 5-67（b）中百分比为非井漏点和井漏点的识别率及错误率。训练数据中 8992 组输出结果正确、69 组输出错误。在 396 个井漏样本点中，339 组输出正确、57 组输出错误，对于井漏点的识别率为 86%。

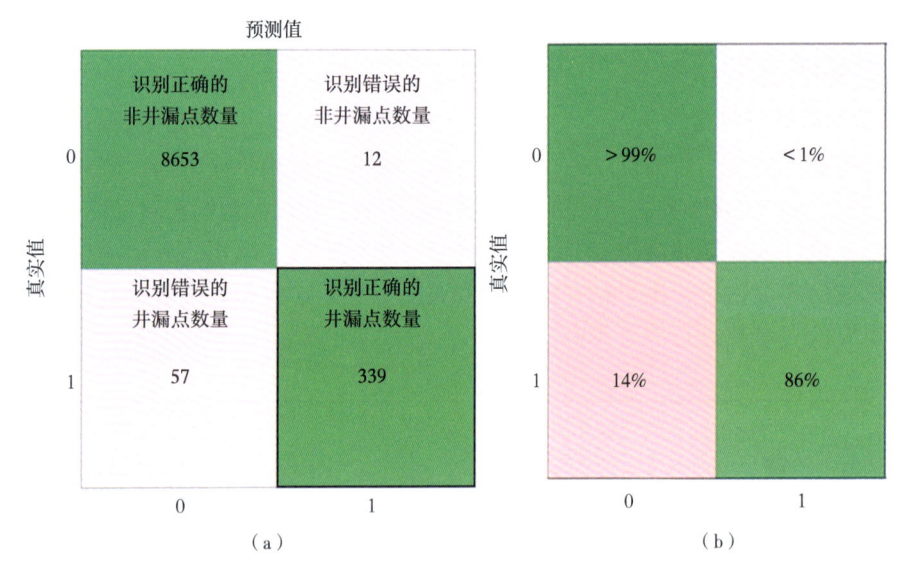

图 5-67 漏失诊断结果混淆矩阵
0—非井漏；1—井漏

4. 诊断方法流程

1）特征样本建立

针对同一区块已钻井井漏和录井信息，提取钻井过程中典型漏失井的录井参数，此次共选取 13 口已钻井作为训练样本，随机选取 4 口井作为测试井。对数据进行预处理，清洗噪声数据、无关数据及缺失值。提取特征用于机器学习，建立井漏录井参数的特征样本矩阵。利用数据统计中的异常点检测算法清理异常数据，并删除缺失数据。基于每口井实时录井数据中共有的参数，提取的特征包括深度、钻速、转速、大钩载荷、钻压、泵压、扭矩、泵冲、钻井液流入和流出密度、排量、出口流量、总含气量等。

2）特征样本矩阵标记

对已建立的漏失录井参数特征样本矩阵进行标记，形成带有输出响应的训练样本矩阵：利用已钻井的钻井日志、完井报告等资料统计漏失信息。根据统计的漏失深度，对已建立的漏失录井参数特征样本矩阵进行标记，在最后增加一列用于记录响应输出，用 1 代表井漏，0 代表不井漏。

3）诊断模型的建立

用随机森林算法对训练数据进行训练，利用各项特征参数对井漏点和非井漏点进行分类，寻找录井参数与井漏之间的对应关系，得到诊断模型：

（1）通过对数据的筛选，共获得 9061 个有效样本，其中井漏点 396 个，非井漏点 8665 个，每个样本点包含 13 个特征参数（深度、出口流量、入口钻井液密度、总气体含量、机械转数、钻压、入口流量、泵冲、打钩载荷、机械钻速、扭矩、出口泥浆密度和泵压），1 个输出响应（是否发生漏失）。并将样本数据按 8∶2 随机分成训练集（80%）和测试集（20%）。根据计算，当决策树数量超过 100 后，模型计算精度不再提高，因此根据样本数量共生成 100 棵决策树。

（2）对于输入每一棵决策树的训练集中的 7248 条样本数据，用 13 个特征对其进行二元分割，计算每个特征的基尼指数。以其中一颗决策树为例：第一次分割时以出口流量作为特征分割值，随后数据被分割成两部分，并计算获得此条件下的基尼指数。接着分别以机械钻速和泵冲作为特征分割参数，对数据再进行分割，计算基尼指数……重复上述过程，直满足停止条件后，"决策树"不再生成新的"树枝"，此时数据被分为漏失（1）和非漏失（0）。

（3）对于上述可能的分割点，均选择基尼指数最小的特征及其对应的分割点的值，并将结点分割为两个子节点，然后根据特征将训练数据分配给两个子节点，从而实现"剪枝"。

（4）将 100 棵决策树的决策结果按照不同权重综合起来，即生成了基于随机森林算法的漏失诊断模型。通过测试集对诊断结果进行测试，再用验证集数据评估模型的泛化能力。如果均达到既定要求，证明模型训练完毕；若未达到既定要求，需要对模型重新进行训练，直到满足精度要求。

4）模型诊断

将待诊断井段的录井参数整理成标准格式，即含有 13 个特征参数的矩阵，输入诊断模型，即可判断待钻井段是否存在漏失风险，输出结果为 1 则发生漏失，输出结果为 0 则不发生漏失。

四、单井诊断验证分析

随机选取 4 口未参与前期模型训练的井验证模型的准确度，测试结果均显示符合度较高。表明建立的随钻漏失诊断系统具有一定的适应性，下面以 HF014-N014 井为例。

未参与训练的井 HF014-N014 井的诊断结果如图 5-68 所示。诊断结果显示，几乎能把所有井漏位置诊断出来，但是一些点存在偏差。结合井史，真实漏失情况和诊断情况结果显示符合度较高。

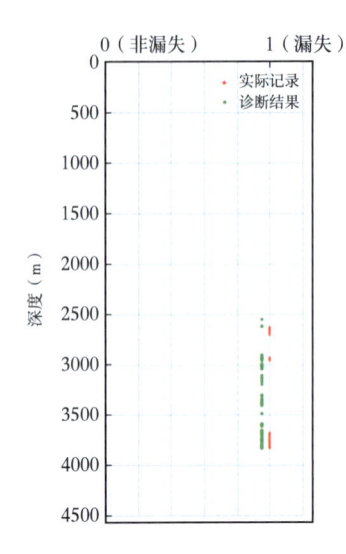

诊断结果	实际漏失记录	结果
2550m，2613m，2618m	8.25：2649~2659m	部分符合
无漏失	8.26：2659~2700m	不符合
2916~2958m	8.28：2930~2956m	符合
3000~3500m	—	不符合
3600~3680m	9.6：3624~3651m	符合
3681~3764m	9.7：3681~3764m	符合
3764~3828m	9.8：3764~3828m	符合

图 5-68　HF014-N014 井诊断结果

为此，首次在哈法亚油田采用随机森林算法构建了漏失随钻诊断模型，通过实际漏失井对模型进行验证，显示了合理的相关性，哈法亚油田实现随钻漏失诊断成为可能。

五、随钻漏失诊断的现场应用

将 2018 年所钻井的录井数据加载至随钻诊断模型中，将诊断结果与实际结果进行对比表明，总体结果表明新建模型几乎可将钻井过程中井漏的位置全部诊断出来，但一些点也存在偏差，结合钻井日报，真实漏失情况和诊断结果符合度高。下面以 HF005-M005D1 井为例。HF005-M005D1 井的诊断结果如图 5-69 所示。诊断结果显示，几乎能把所有井漏位置诊断出来，但是一些点存在偏差。结合钻井日志，真实漏失情况和诊断情况结果显示符合度较高。

漏失日期	漏失深度（m）
2018.10.13—2018.10.17	3152，3155~3410
2018.10.28—2018.10.29	3590

图 5-69　HF0045-M005D1 井诊断结果

对 HF109-M109D2 井的诊断结果显示，几乎能把所有井漏位置诊断出来，但也把一些非井漏点诊断为井漏点。对 HF0397-M0397D4 井的诊断结果显示，几乎能把所有井漏位置诊断出来，但一些点也存在偏差。结合钻井日志，真实漏失情况和诊断结果显示符合度较高。

根据哈法亚油田已钻井漏失井井史资料建立的随钻漏失诊断模型，在对新钻井的漏失随钻诊断中，符合度较高，说明该模型具有一定的实用性，为进一步提高模型的准确度，该模型需要不断将新的漏失井输入模型进行模型的更新，提高模型的适应性。

第七节　钻井过程中的防漏堵漏关键技术

哈法亚油田横向及纵向地层非均质性强，裂缝、孔洞、诱导裂缝局部分布，漏失发生具有突发性、随机性等特点，漏失不可避免，为此，针对哈法亚油田不同漏层的漏失机理，本着堵漏剂"进得去""卡得住""封得好"的原则，形成了针对该油田钻井过程中配套的堵漏防漏技术。

一、堵漏材料的研制与优选

哈法亚油田潜在漏层漏失机理不同，各种宽度的裂缝和孔隙可能并存于同一段漏失地层中，常规复合堵漏材料，如果壳、云母、单封、碳酸钙颗粒等，只能针对某一特定宽度范围的裂缝或孔隙具有较好的封堵效果，对其他宽度的孔隙和裂缝，由于堵漏材料粒径分布的局限性，难以形成致密的封堵层，使得项目初期，哈法亚油田的堵漏施工效果不佳。

为达到良好的堵漏效果，针对哈法亚油田的漏失特征，堵漏材料的优选思路为：首先优选能够封堵裂缝尖端的堵漏材料，优选的"桥堵材料"应尽可能深入裂缝当中"架桥"；同时堵漏材料中快速失水的材料能够迅速滤失，在裂缝中沉积出非常厚且坚韧的滤饼，使裂缝中充满这种坚韧的滤饼以提高井眼强度；其次，加入水化膨胀堵漏材料，该种材料自身应具有较强的吸水能力，吸水后体积增加 5~10 倍，强度高且具有较大的弹性变形能力，同时呈不规则多面体，易与裂缝产生较大的摩擦力，在外力作用下可产生形变，无论裂缝或孔隙的宽度多少，水化膨胀堵漏材料都会在压差的作用下变形"挤"入裂缝或孔隙中，产生较大的摩擦力，阻止颗粒进一步移动，形成致密的封堵层。根据以上材料的特性和漏失程度不同，在常规堵漏材料的基础上，研发了配套的纤维材料、高失水材料、水化膨胀材料、刚性材料以及酸溶性材料，形成了针对不同漏失机理及漏失程度的堵漏防漏材料。

1. 非储层堵漏材料的研制

选用 5% 的膨润土浆作为堵漏配方的基浆，加入不同的堵漏材料配成堵漏浆，采用 FA 型无渗透钻井液滤失仪和 DLM-01 型堵漏试验仪进行堵漏配方的评价。针对非储层，开发了适合于哈法亚油田的堵漏材料。

（1）针对漏速小于 7.95m^3/h 的漏失，研究开发了随钻成膜堵漏剂（BZ-SealACT）。

对于漏速小于 7.95m³/h 的漏失，基于"理想充填"和"成膜封堵"理论开发了随钻成膜堵漏剂（BZ-SealACT），该堵漏材料在钻井液中利用封堵粒子和特殊有机聚合物，在井壁岩石表面，浓集形成胶束，依靠胶束或胶粒界面吸力及其可变形性，吸附交联，粘结在井壁岩石表面形成低渗透率致密的封堵膜，有效封堵不同渗透性地层和微裂缝灰岩地层，在井壁外围形成保护层，增强内泥饼封堵强度，将钻井液与地层隔离，达到随钻封堵的目的，该产品可通过 80 目振动筛布，满足随钻要求。BZ-SealACT 和不同粒径的 $CaCO_3$ 颗粒复配后，具有较好的随钻堵漏效果。采用 5%的膨润土浆作为基浆，加入 2%的 BZ-SealACT 堵漏材料配成堵漏浆进行实验，实验结果见表 5-22、图 5-70 和图 5-71 中可以看出，BZ-SealACT 对钻井液的流变性能和密度无影响，能有效降低 API 滤失，且砂床封堵效果显著。

表 5-22 BZ-SealACT 对砂床（20~40 目）评价结果

配方	AV (mPa·s)	YP (Pa)	ρ (g/cm³)	FL_{API} (mL)	30min $FL_{砂床}$	30min 砂床侵入深度
钻井液基浆	11.5	2.5	1.2	6.7	全漏失	全浸湿
钻井液基浆+BZ-SealACT（2%）	12.5	2.5	1.2	5.0		4.0cm

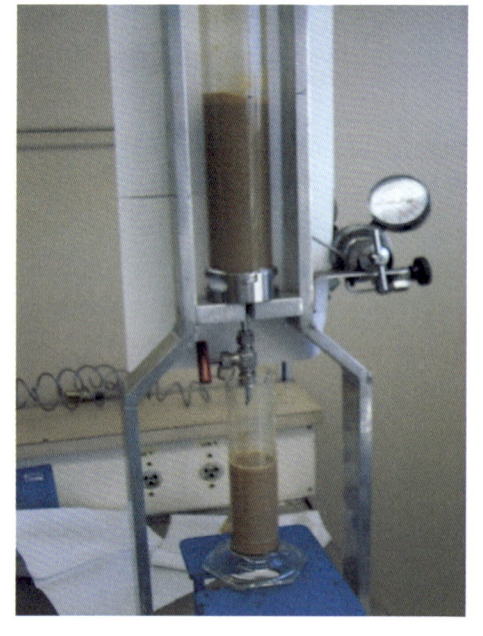

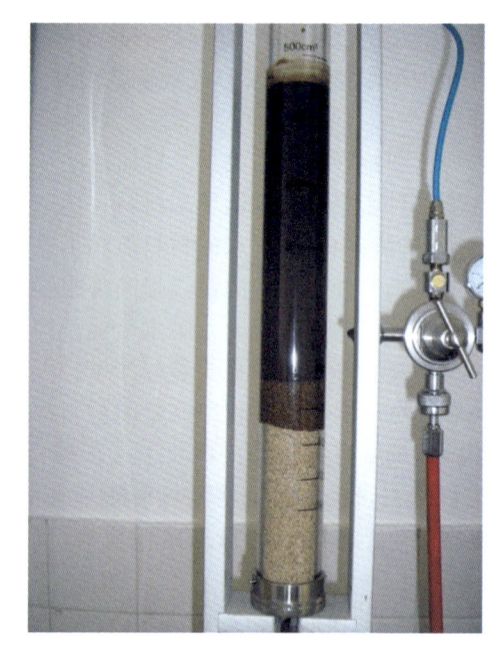

图 5-70 钻井液原液

图 5-71 钻井液原液+BZ-SealACT

（2）针对漏速为 7.95~15.9m³/h 的漏失，开发了水化膨胀复合堵漏剂（BZ-SealSTA）。针对漏速为 7.95~15.9m³/h，开发了水化膨胀复合堵漏剂（BZ-SealSTA I）。

当漏速为 7.95~15.9m³/h 时，优选了水化堵漏材料，该材料具有极强的吸水性能，遇水能吸收相当于自身质量 10 倍以上的水而发生体积膨胀，加压后水分不能析出，吸水速度越快，吸水后可形成一定的强度，具有一定的强度和弹性变形能力，可阻止颗粒进一步移动，快速形成致密的封堵层；选择了长短不同的特种纤维材料；以架桥颗粒（中）、架桥颗粒（细）、填充颗粒（粗）、填充颗粒（中）、填充颗粒（细）、片状颗粒、纤维材料、弹性颗粒、快速失水材料、水化膨胀材料为堵漏材料，按照"四颗粒相接"和"五颗粒相接"的架桥理论模型，综合考虑颗粒状、片状和纤维状材料的比例，设计堵漏配方对堵漏剂配方和掺量进行优选，优选能够同时封堵 2mm 和 3mm 的缝板且升压过程比较稳定的配方，开发了"水化膨胀复合堵漏剂-Ⅰ型（BZ-SealSTAⅠ）"进行静止堵漏。实验表明，当堵漏浆的总加量≥32%时，能够同时封堵 3mm 和 2mm 的缝板，且升压过程比较稳定，当纤维材料的加量≤2%时，浆体具有良好的流动性。用 CLD-2 高温高压动静态堵漏模拟试验装置测试 BZ-STAⅠ型（掺量：32%）的抗压强度，实验结果如图 5-72 所示。该堵漏配方在 1.33MPa 左右形成了初期的封堵，加压过程中，封堵层的承压能力逐渐提高，在 5.31MPa 时达到了最高，最终可稳定在 4.4MPa。

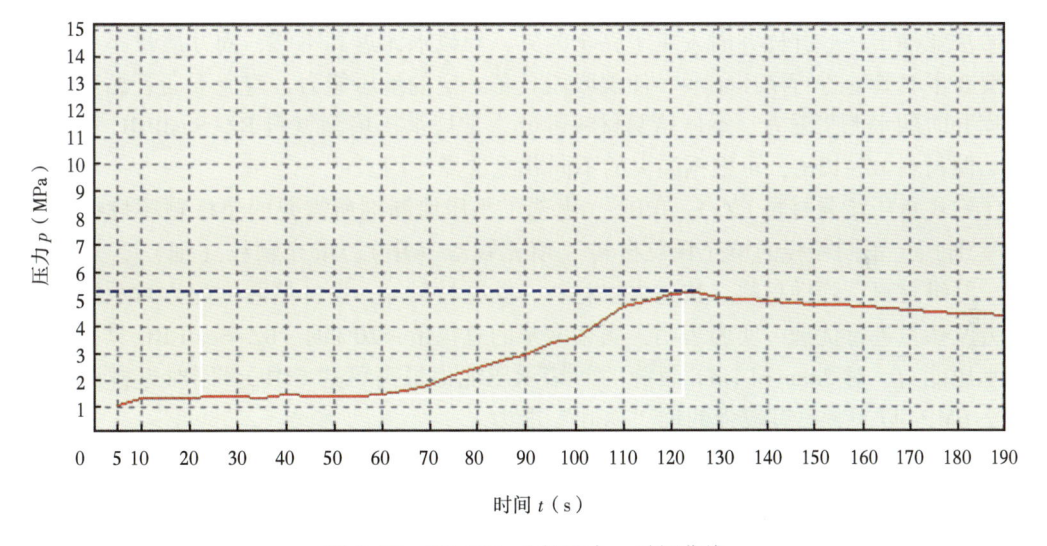

图 5-72 BZ-STA Ⅰ 的压力—时间曲线

（3）针对漏速大于 15.9m³/h 的漏失，开发了水化膨胀复合堵漏剂（BZ-SealSTAⅡ）。

当漏速大于 15.9m³/h 时，在 BZ-SealSTAⅠ堵漏材料的基础上，以架桥颗粒（粗）、架桥颗粒（中）、架桥颗粒（细）、填充颗粒（粗）、填充颗粒（中）、填充颗粒（细）、片状颗粒、纤维材料、弹性颗粒、快速失水材料、水化膨胀材料为主要堵漏材料，设计堵漏配方对堵漏剂配方和掺量进行优选，优选能够同时封堵 4mm 和 5mm 的缝板且升压过程比较稳定的配方，开发了"水化膨胀复合堵漏剂-Ⅱ型（BZ-SealSTAⅡ）"（图 5-73），实验表明：当堵漏浆的总加量≤38%时，浆体具有良好的流动性；采用 CLD-2 高温高压动静态堵漏模拟试验装置测试 BZ-STAⅡ的抗压强度，该堵漏配方可在 4.46~4.86MPa 达到了比较稳定的封堵压力。

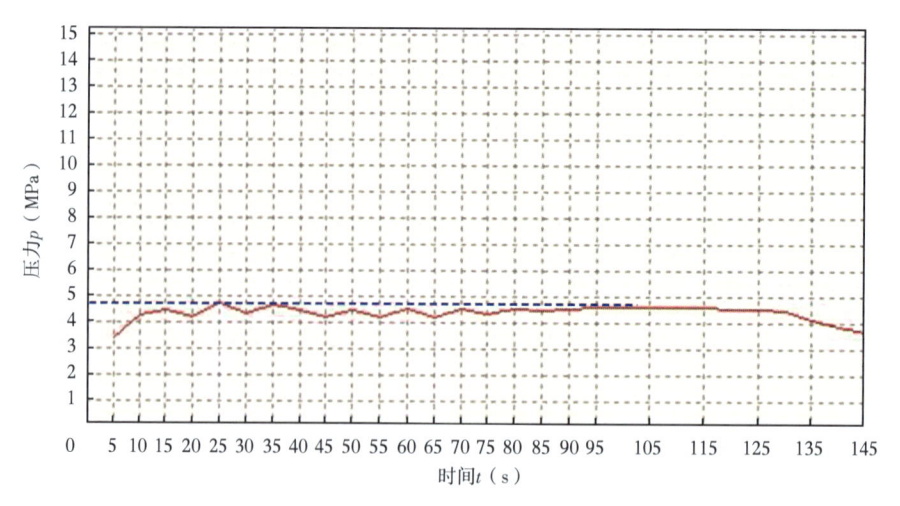

图 5-73　BZ-STA Ⅱ 的压力—时间曲线

(4) 承压堵漏材料。

哈法亚油田一些井固井时发生了完全漏失，导致水泥返高不够，固井质量不合格。因此需要在下套管前进行承压堵漏，使裸眼段具备一定的承压能力，避免下套管循环时的漏失和固井时的水泥浆漏失。承压堵漏材料可分为常规承压堵漏材料 BZ-SealPRC 和高强度承压堵漏材料 BZ-PRC，可根据漏失的不同井况选择使用。

①常规承压堵漏材料 BZ-SealPRC。优选了承压堵漏剂所需要的架桥颗粒材料［架桥颗粒（细）］、不同粒径的填充颗粒材料［填充颗粒（中）、填充颗粒（细）］、片状颗粒材料、纤维材料、弹性材料、快速失水材料、胶凝材料等，设计堵漏剂配方对承压堵漏剂的配方及掺量进行优选。实验表明，当堵漏浆的总掺量≥20%时，BZ-SealPRC 具有较高的封堵承压能力，对 2mm 和 1mm 裂缝的封堵承压能力最高可达 6MPa，同时返排压力可以达到 2.6MPa 以上，具有较强的抗"返吐"能力。

②高强度承压堵漏材料 BZ-PRC。常规承压封堵材料承压能力最高可达 6MPa，同时返排压力可以达到 2.6MPa 以上，对于哈法亚油田 Aliji/Shuaiba 等存在裂缝的钻遇地层，需要进一步提高堵漏材料的承压能力，提高堵漏材料的抗"返吐"能力。同样设计配方对高强度承压堵漏剂配方及掺量进行优选，形成高强度承压堵漏材料 BZ-PRC，实验结果如图 5-74 所示，可以看出，BZ-PRC 在 2.87MPa 左右形成了初期的封堵，加压过程中，封堵层的承压能力逐渐提高，在 9.46MPa 时达到了最高，最后封堵层在 7.04MPa，该承压堵漏材料具有更高的强度。

针对哈法亚研发的承压堵漏材料具有强凝胶效果，可直接与钻井液混配，在地面混配时不会对钻井液产生不良影响，不会明显增稠导致泵入困难或稀释导致钻井液沉降。当承压堵漏钻井液泵入井下后，随着温度升高，承压堵漏剂会发生自交联反应，且交联产物对地层岩石有极强的吸附能力，可在井壁上形成一层高强度膜，从而达到封堵漏层、提高地层承压能力的作用。

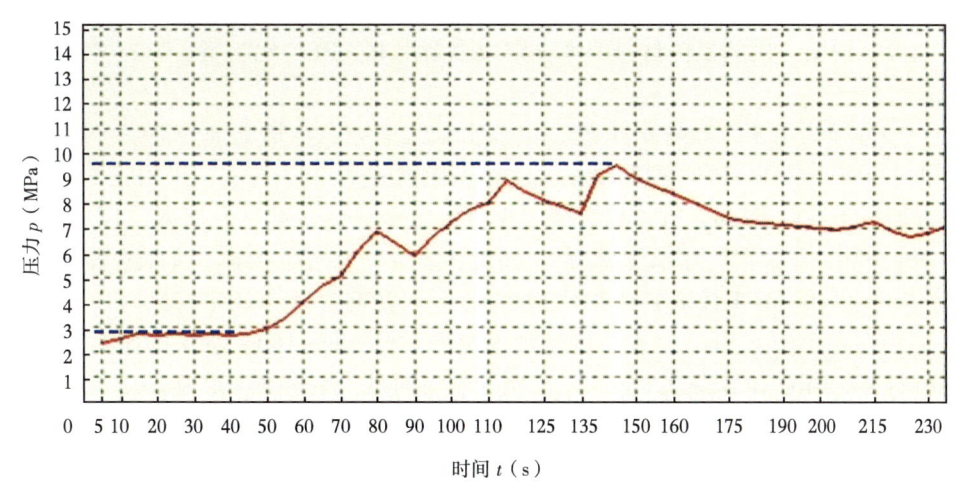

图 5-74　BZ-PRC 的压力—时间曲线

2. 储层堵漏材料的研制

哈法亚油田的漏失一部分主要发生在储层，如 Mishrif 和 Nahr Umr 等，为了有效保护储层，针对储层漏失开发了可酸溶性堵漏材料。优选了 10 种不同粒径的、高碳酸盐含量的、具有不同的酸化效果的可酸溶性材料，对其在盐酸条件下的溶解速度及溶解比例进行评价，优选出主要酸溶性堵漏材料，同时优选其他新型堵漏材料，优选酸溶性储层堵漏配方及掺量，堵漏实验结果表明，形成的储层堵漏配方能够封堵 1mm 到 5mm 的裂缝，且承压能力超过 3.5MPa，封堵层酸溶实验表明，在盐酸条件下 75% 可被溶解且溶解速度较快，形成的封堵层可以短时间内有效地大部分在盐酸中溶解掉，骨架结构被完全破坏，有利于减少酸化后对储层的伤害。

二、防漏堵漏技术的应用

1. 防漏堵漏技术的应用原则

针对哈法亚油田的漏失，当漏速大于 7.95m³/h 时，建议应进行憋压堵漏，以满足后期固井要求。

针对哈法亚油田不同程度的漏失，防漏堵漏通常遵循以下的原则：

（1）当漏速大于 15.9m³/h 或发生失返性漏失时，以清水+0.2%~0.3%增黏剂为基浆，控制基浆漏斗黏度小于 45s，用 BZ-STA Ⅱ 配制堵漏浆 30m³，堵漏剂含量为 30%~35%，用光钻杆钻具组合下钻到漏层以上 50~100m，打入堵漏浆，钻井液顶替，然后起钻到堵漏浆以上或套管鞋内，憋压 2.5MPa（根据实际承压需求）；如果堵漏失败，选择大粒径架桥材料与 BZ-STA Ⅱ 相结合配制堵漏浆，堵漏剂含量为 30%~35%。

（2）当漏速为 7.95~15.9m³/h 时，以清水+0.2%~0.3%增黏剂为基浆，控制基浆漏斗黏度小于 45s，用 BZ-STA Ⅰ 配制堵漏浆，堵漏剂含量为 25%左右，钻进钻具组合去掉钻头水眼，下钻到漏层以上 50~100m，打入堵漏浆，钻井液顶替，然后起钻到堵漏浆以上或套管鞋内，憋压 2.5MPa（根据实际承压需求）；如果在漏层以上循环不漏，钻具过漏层后发生漏失，说明选用的架桥材料偏大，则应重新用 BZ-PRC 配制堵漏浆，堵漏剂含量为 25% 左右。

（3）当漏速为 1.59~7.95m³/h 时，以清水+0.2%~0.3% 增黏剂为基浆，控制基浆漏斗黏度小于 45s，用 BZ-PRC 配制堵漏浆，堵漏剂含量为 25% 左右，采用正常钻具组合，下钻到漏层以上 50~100m，打入堵漏浆，钻井液顶替，然后起钻到堵漏浆以上或套管鞋内，憋压 2.5MPa（根据实际承压需求）；如果在漏层以上循环不漏，钻具过漏层后发生漏失，BZ-PRC 和 BZ-ACT 按 1:1 比例配制堵漏浆，堵漏剂含量为 20%~25%。

（4）当漏速小于 1.59m³/h 时，随钻加入 5%~8% 的 BZ-ACT；如果漏速不下降，则可将堵漏材料 BZ-PRC 和 BZ-ACT 按 1:1 比例配制堵漏浆，堵漏剂含量为 20% 左右。

针对储层堵漏，选用可酸溶堵漏材料，堵漏可遵循以下的原则：

（1）当漏速大于 15.9m³/h 或发生失返性漏失时，以清水+0.2%~0.3% 增黏剂为基浆，控制基浆漏斗黏度小于 45s，用 BZ-SRCⅢ 配制堵漏浆 30m³，堵漏剂含量为 30%~35%，用光钻杆钻具组合下钻到漏层以上 50~100m，打入堵漏浆，钻井液顶替，然后起钻到堵漏浆以上或套管鞋内，憋压 2.5MPa（根据实际承压需求）；如果堵漏失败，选择大粒径架桥材料与 BZ-SRCⅢ 相结合配制堵漏浆，堵漏剂含量为 30%~35%。

（2）当漏速为 7.95~15.9m³/h 时，以清水+0.2%~0.3% 增黏剂为基浆，控制基浆漏斗黏度小于 45s，，用 BZ-SRCⅡ 配制堵漏浆，堵漏剂含量为 25% 左右，钻进钻具组合去掉钻头水眼，下钻到漏层以上 50~100m，打入堵漏浆，钻井液顶替，然后起钻到堵漏浆以上或套管鞋内，憋压 2.5MPa（根据实际承压需求）；如果在漏层以上循环不漏，钻具过漏层后发生漏失，说明选用的架桥材料偏大，用 BZ-PRC 配制堵漏浆，堵漏剂含量为 25% 左右。

（3）当漏速小于 7.95m³/h 时，以清水+0.2%~0.3% 增黏剂为基浆，控制基浆漏斗黏度小于 45s，用 BZ-SRCⅠ 配制堵漏浆，堵漏剂含量为 25% 左右，采用正常钻具组合，下钻到漏层以上 50~100m，打入堵漏浆，钻井液顶替，然后起钻到堵漏浆以上或套管鞋内，憋压 2.5MPa。

2. 现场应用

针对不同漏失的堵漏材料在现场进行了应用。严重漏失井 HF052-N052 井设计井深：3787m，实际井深：3786m，选用为盐水聚合物钻井液体系，该井是哈法亚油田早期典型的严重漏失井，主要漏层为 Jaddala，Aliji 和 Shiranish，钻井过程中发生了失返性漏失。2013 年 9 月 2 日晚 0:30，至 9 月 7 日 9:30，该井钻至 2435m，钻至 Jaddala，Aliji 和 Shiranish 地层，排量为 1.7m³/min，漏速为 3~5m³/h，钻井液相对密度为 1.23，后降排量到 1.3m³/min，漏速依然保持在 3~5m³/h。针对漏失，先使用了常规堵漏材料，随钻堵漏，排量提高至 1.5m³/min 时，钻至 2830m，持续发生漏失，最大漏速 14m³/h，堵漏失败；后采用针对哈法亚油田研制的堵漏材料，即 15% 的 BZ-Seal°STA°Ⅰ+3% 的 BZ-Seal°PRC+3% 云母（细）+2% 果壳（细）得混配堵漏材料，总掺量为 23%，起钻进行静止堵漏，下钻划眼时排量提至 1.6m³/min，漏速降至 1m³/h 以下，恢复正常钻进，漏速可控制在 1m³/h 左右，可以顺利钻进，成功堵漏。

相邻井 HF075-N075 井同样在 Jaddala 地层发生严重漏失，Baker Hughes 公司进行了长达 20 天的堵漏作业，均没有取得好的堵漏效果，堵漏完成后，排量只能控制在 1.0m³/min，见表 5-23；在 HF052-N052 井相同层位遭遇同样严重的漏失，采用本研究的堵漏材料，取得了良好的效果。

表 5-23　HF052-N052 井与邻井 HF075-N075 井指标对比

井号	井型	漏失层位	四开段长度（m）	平均排量（m³/min）	平均机械钻速（m/h）	四开完钻周期（d）
HF075-N075	直井	Jaddala	1638	1.0	7.44	56
HF052-N052	直井	Jaddala	1900	1.4	10.20	27

哈法亚油田 Mishrif 双分支水平井，双分支均采用裸眼完井，由于完井工艺的局限性，重入较为困难，需要钻完第一支主井眼后进行酸化，由于 Mishrif 储层岩性全部为碳酸盐岩，溶蚀孔洞发育，酸化后使得水平段存在的孔洞、微裂缝联通，导致地层承压能力降低而发生漏失。钻第二分支井眼过程中，主井眼与分支井眼处于连通状态，为保证分支井眼的顺利钻进，必须对酸化后的主井眼进行承压堵漏，要求钻井液密度 1.23g/cm³、排量 0.9m³/min 条件下，井下无漏失。

采用新开发的堵漏材料，利用光钻杆钻具组合下至上层套管鞋以上 50m 左右，在环形封井器关闭状态下，钻具内泵入密度为 1.23g/cm³ 的钻井液，使钻井液充满钻具，然后从环空泵入堵漏浆 50m³ 左右，堵漏浆配以 BZ-STA 和 BZ-PRC 为主，辅以常规的果壳云母等堵漏材料，总浓度一般为 25%~30%，第一次从环空挤入堵漏浆，由于酸化后对井下的裂缝和孔洞连通情况不明确，增加 BZ-STA 的用量至 10% 左右，以在近井端对较大的裂缝和孔洞形成架桥桥堵，阻止堵漏浆大量往远井端运移，继续从环空泵入钻井液，保证堵漏剂进入地层，停泵静止堵漏，第一次环空挤完堵漏浆后，静止 4~6h，以更大程度地发挥堵漏剂的作用，使得堵漏材料在井底能充分水化膨胀，避免堵漏材料进一步往井壁远端运移，最后从钻具挤入堵漏浆，观察套压变化，堵漏成功后，起钻换定向钻具。

采用以上步骤，对哈法亚油田 10 口双分支井酸化后堵漏，堵漏时间控制在 48h 以内，堵漏浆用量在 100m³ 以内，从堵漏过程来看，主井眼地层酸化以后，第一次打入井内 50m³ 堵漏钻井液，由于架桥颗粒粒径有限（最大 5~8mm），最初在近井壁地带很难架桥形成桥堵，应静止堵漏，使水化膨胀材料最大限度地发挥作用，有利于防止堵漏剂进一步往地层深处运移；后续通过第二次钻具内挤入堵漏浆，立管压力和环空压力逐渐提高，一般环空压力增加到 3.5MPa 左右，停止挤堵漏浆，然后建立循环，把井内堵漏浆循环出来，从振动筛筛除，观察筛面返出情况，如返出的堵漏剂较少，说明大部分堵漏剂进入地层。封井器关闭状态下，立管压力和套管压力均无显示，说明堵漏浆全部进入地层。后续分支井眼钻进过程中均比较顺利，无井下漏失发生，从后期的采油井看，通过返排出堵漏剂后，对油井产量没有影响。

针对哈法亚油田不同类型的漏失开发的堵漏材料及相同的类型的漏失材料，在现场应用近 100 余口井，现场应用结果表明，相对于常规堵漏剂，水化膨胀堵漏剂和承压堵漏剂，颗粒级配更加合理，对渗透性漏失地层和碳酸盐岩裂缝性漏失地层均有较好的封堵效果，有效地降低井筒内漏失的速度，具有更好的适应性和更高的堵漏强度，明显提高井下堵漏的成功率，在现场钻井中取得了良好的应用。

第八节 固井过程中防漏堵漏关键技术

一、7in 套管固井存在的困难与挑战

哈法亚油田 8½in 裸眼井段从 Jeribe 到目标储层，有长达 1500~2000m 的裸眼井段，8½in 井眼存在多套易漏失的漏层，该段井眼钻井过程中易发生严重漏失，一些井段存在局部的孔洞与裂缝，漏失压力系数可低至 1.26~1.37，远小于岩石力学方法预测的 1.68。且部分裂缝连通性好，常规堵漏措施很难见效（如 HF027-M027 井固井前执行堵漏作业 20 余天，效果仍不理想）。在双密度 1.20 g/cm³/1.60g/cm³ 的水泥浆浆体条件下，即使采用分级固井，漏失风险依然很高，给固井作业带来很大挑战；此外钻井过程中部分井发生严重漏失，长时间堵漏作业引起井眼状况恶化给固井带来更不利的影响，部分井固井前的井眼准备工作基本无法充分开展，故哈法亚油田 7in 套管固井存在小间隙、易漏、封固段长等特点，总体上 7in 套管钻井存在以下的困难：

（1）易漏失。由于存在局部的裂缝与孔洞，漏失压力系数低至 1.37，即使固井采用低密度双密度水泥浆液柱设计，使水泥浆静态当量密度在 1.35~1.52g/cm³ 的范围内进行固井。对比 CBL 测井曲线和 GR 测井曲线，当 CBL 随 GR 曲线波动而变化时（图 5-75），表明候凝过程中井下发生了渗透漏失。这种漏失可能无法在井口观察到，但将严重影响固井质量。

（2）井径扩大较大时，管柱居中度较低，由于 8½in 井眼钻井过程中容易发生钻井复杂，导致部分井 7in 套管裸眼段井身质量差，井径扩大率较大（图 5-76），减弱套管接箍

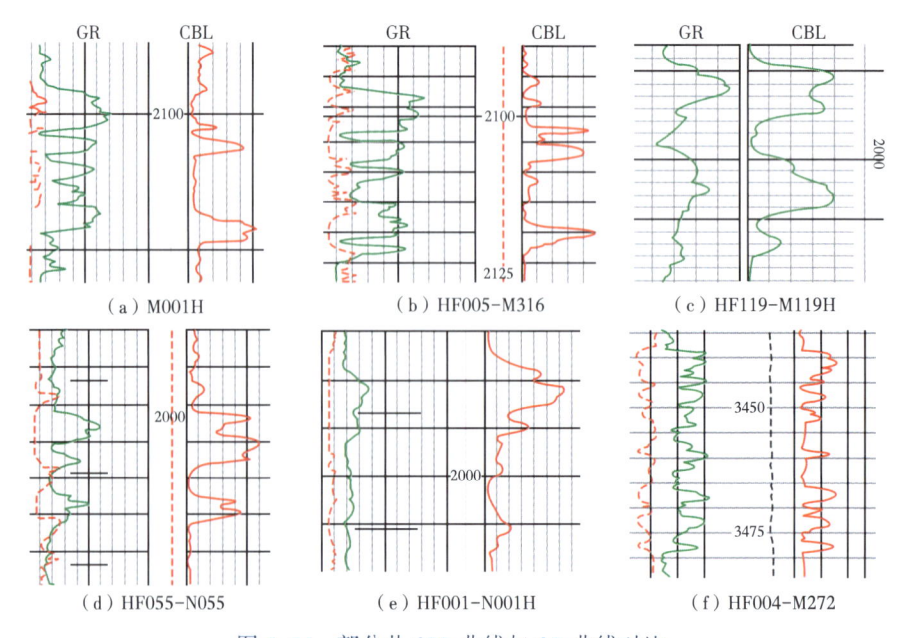

(a) M001H　　(b) HF005-M316　　(c) HF119-M119H

(d) HF055-N055　　(e) HF001-N001H　　(f) HF004-M272

图 5-75　部分井 CBL 曲线与 GR 曲线对比

对管柱的扶正作用，此外井漏条件下模拟套管刚度通井执行困难，无法下入足量扶正器。一般情况下 4~5 根套管装 1 只扶正器，对于斜井、定向井和水平井管柱居中度较低，一些井套管居中度仅能达到 10% 左右（图 5-77），严重影响顶替效率。偏心环空窄边无法被水泥浆充满（图 5-78），固井质量受到严重影响。

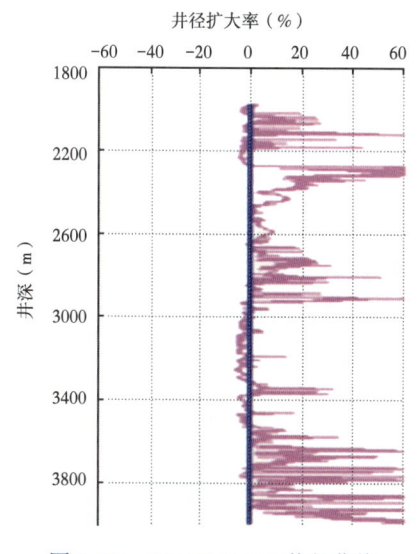

图 5-76　HF010-M010 井径曲线

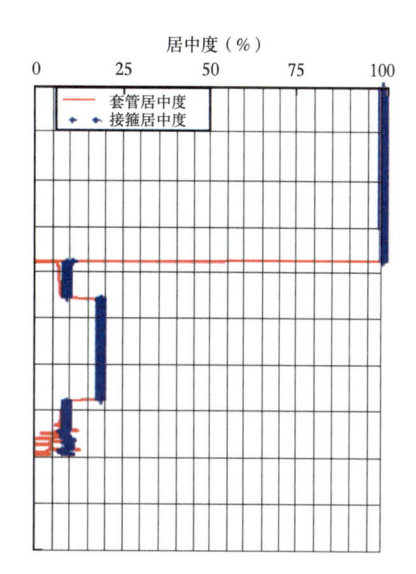

图 5-77　HF010-M010 管柱居中度模拟

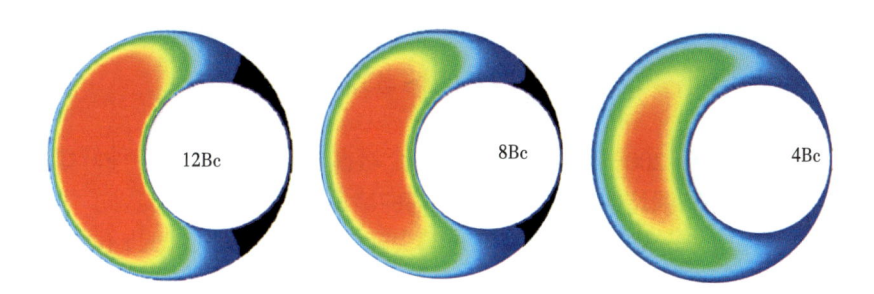

图 5-78　水泥浆不同初始稠度条件下流动模拟（管柱居中度 10%）

（3）部分井存在井底清洁问题：裸眼段上部井径扩大率普遍较大，钻井过程中产生的砂粒可能会沉积在该井段大肚子中，固井过程中冲洗液冲洗后可能引起砂堵。如 HF007-N007 井，CBL 显示 2100~3450m 井段无水泥，且固井过程中井口最高压力达到地层破裂压力，其原因很可能是井深 3450m 处发生了环空堵塞。

（4）间隙小，封固段长，对低密度水泥浆性能提出了较高的要求，要求低密度水泥浆流变性好，强度发展快，稳定性好且具有较强的堵漏防漏性能。

因为漏失存在，固井前钻井液无法循环或无法充分循环，同时钻井液屈服值无法调整以满足顶替需要，哈法亚油田前期固井存在固井前钻井液屈服值普遍较高（15~27 lbf/100ft^2）、扶正器下入不足、固井顶替排量低、水泥浆性能不足等问题，导致前期部分井固井质量差，特别是漏层以上的固井质量，为油田生产留下安全隐患。

二、新型防漏水泥浆技术

针对哈法亚油田 7in 套管固井过程中的漏失，为提高水泥浆的防漏堵漏效果，开发了新型防漏剂 BCE-200S、新型增稠聚合物 BCG-200L。新型防漏剂 BCE-200S 由不同长度纤维和无机活性超细粉末组成（图 5-79），其主要特点是在混配过程中不易结团，在水泥浆中易分散，即可直接与水泥干混，也可配制完水泥浆后再加入水泥浆中；纤维尺寸设计合理，需水量较低，不会使水泥浆明显增稠，有利于配制高固相含量的低密度水泥浆；防漏剂与水泥石具有良好的胶结性能，可提高水泥石的抗压强度和抗冲击强度。

图 5-79　BCE-200S 防漏剂照片

BCE-220S 是在 BCE-200S 基础上开发的复合堵漏材料，加入了特种纤维材料、弹性颗粒材料，具有更好的防漏堵漏效果。该堵漏剂的堵漏原理主要有：

（1）"架桥"作用。当桥接堵漏材料通过漏失通道时，首先在其凹凸不平的粗糙表面及狭窄部位（"喉道"）产生挂阻"架桥"，形成桥堵的基本"骨架"。若漏失通道开口尺寸过大，桥接堵漏材料无法在漏失通道的表面及"喉道"处"架桥"形成基本"骨架"，封堵则不能成功。研究表明，宽广的颗粒尺寸分布，有利于获得大量的组合颗粒尺寸来形成桥堵"骨架"，以封堵较大开度的漏失通道，但只有一定尺寸的颗粒才能形成稳定的桥堵"骨架"，且颗粒状材料的浓度对桥堵的承压能力没有明显影响，只增加形成桥堵的机会。

（2）充填和嵌入作用。"架桥"作用形成后，只是形成了封堵漏失通道的基本"骨架"，漏失通道由大变小，由小变微，但还没有彻底消除漏失的相互连通。这时，堵漏浆液中的较细颗粒材料、纤维材料和片状材料对基本"骨架"中的微小孔道和地层中的原有小孔道进行逐步充填和嵌入，并在压差作用下慢慢压实，形成堵塞隔墙，从而达到完全消除井漏的目的。

（3）渗滤作用。堵漏浆液中的桥接材料，具有增大浆液高压失水的作用，形成较厚的滤饼。这些滤饼在压差作用下，挤入地层裂缝，形成楔塞（图 5-83），增强堵漏效果。

（4）在滤饼中的"拉筋"作用。堵漏浆液在压差的作用下失水形成滤饼填塞时，各类堵漏材料，尤其是纤维状和片状材料被夹在滤饼中起到了强有力的"拉筋"作用，同时大大加强了楔塞的机械强度。这样，由基本"桥架"和填塞物以及含"拉筋"材料的滤饼共同在漏失通道中形成塞状的封堵垫层，这种塞状的垫层在漏层中的移动十分困难，故能达到堵漏的目的。

为控制水泥浆失水量，开发了增稠聚合物型降失水剂 BCG-200L。该外加剂由羧酸类、非离子及带有磺酸基团的苯乙烯类单体经分子设计共聚而成，可通过形成物理交联结构提高水泥浆的触变性，其结构示意图如图 5-80 所示。

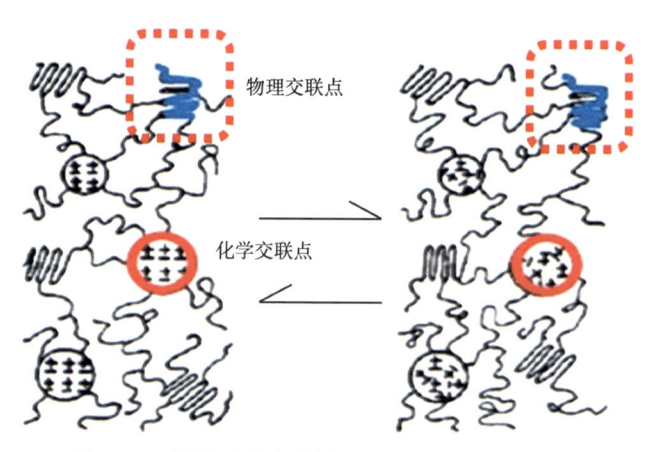

图 5-80 增稠型降失水剂 BCG-200L 结构示意图

该增稠型降失水剂 BCG-200L 与普通的 AMPS 类合成降失水剂（如 BXF-200L）相比，可通过提高滤液黏度降低水泥浆失水量，显著提高水泥浆漏失阻力、顶替效率、浆体稳定性。当其加量为 2%（BWOC），水泥浆失水量可降至 50mL，且随着 BCG-200L 掺量的增加，稠化试验的过渡时间明显缩短。50℃和80℃下 BCG-200L 水泥浆的静胶凝强度发展曲线如图 5-81 和图 5-82 所示，从实验数据可以看出，水泥浆强度发展曲线明显缩短，有利于提高水泥浆防窜及防漏性能。

将 BCG-200L 和 BXF-200L 水泥浆性能进行对比，BCG-200L 水泥浆具有良好的流变性能并具有一定触变性，有利于防止水泥浆渗漏现象。低密度（1.60g/cm³ 和 1.40g/cm³）水泥浆流变性测试数据列于表 5-24 和表 5-25，数据显示低密度水泥浆也显示出一定的触变性能。同时，BCG-200L 低密度水泥浆还具有良好的沉降稳定性能，低密度水泥浆沉降试验数据最高和最低值差值小于 0.03g/cm³。

表 5-24 BCG-200L 低密度水泥浆流变性能数据（1.60g/cm³）

温度 （℃）	n	K （Pa·s^n）	塑性黏度 （mPa·s）	屈服值 （Pa）	静切力（10s/10min） （Pa/Pa）	静切力差值 （Pa）
50	0.78	1.00	257	3.7	3/8.5	5.5
60	0.73	1.22	230	6.3	4/10.5	6.5
70	0.72	1.20	217	5.0	4/10.9	6.9
80	0.74	0.97	178	6.4	3/12.5	9.5

(a) 50℃

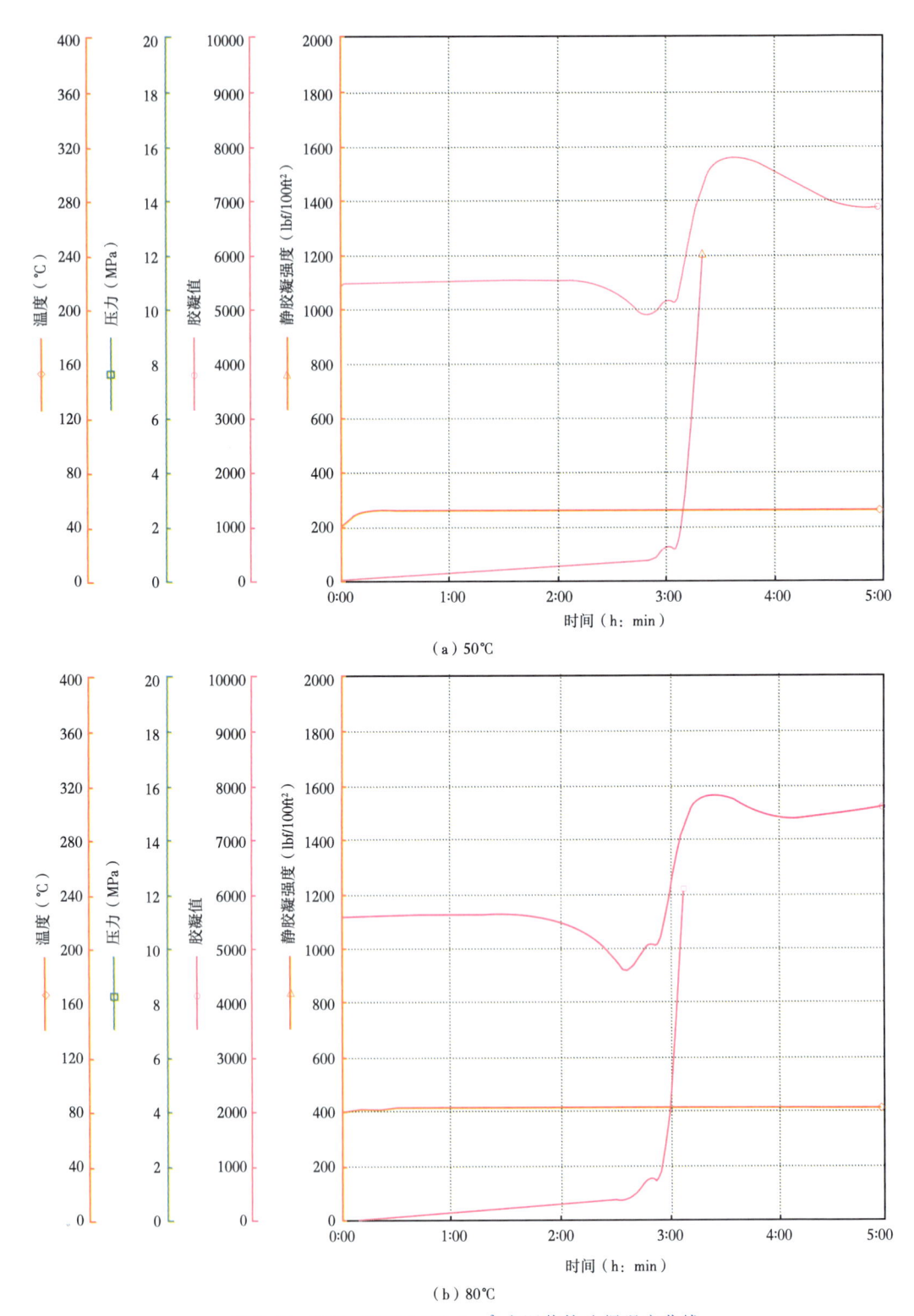

(b) 80℃

图 5-81　BCG-200L 1.90g/cm³ 水泥浆静胶凝强度曲线

表 5-25　BCG-200L 低密度水泥浆流变性数据（1.40g/cm³）

温度 （℃）	n	K （Pa·s^n）	塑性黏度 （mPa·s）	屈服值 （Pa）	静切力（10s/10min） （Pa/Pa）	静切力差值 （Pa）
50	0.65	1.70	175.9	10.1	6/12.8	6.8
60	0.72	1.26	215.9	5.9	5/11.2	6.2
70	0.72	1.21	213.4	5.2	4/10.9	6.9
80	0.72	1.13	187.9	6.7	3/11.5	7.5

配置不同密度的防漏水泥浆，添加增稠型聚合物 BCG-200L 提高低密度水泥浆沉降稳定性和改善水泥浆失水量，同时使水泥浆体系具有良好的触变性，有利于缓解高渗地层水泥浆渗漏问题；防漏剂 BCE-200S 可以通过桥堵作用对孔或缝隙具有良好的堵漏性能。不同密度防漏水泥浆堵漏性能数据见表 5-26，从表中数据可以看出，防漏剂对不同密度水泥浆体系均具有良好的堵漏效果。带孔或缝隙的模板堵漏效果照片如图 5-82 所示。从图 5-82 中可以看出，防漏纤维具有良好的堵漏效果，模板中的孔或缝可以被水泥浆中的纤维通过桥接作用完全堵住，有助于防止水泥浆在易漏地层的漏失。

表 5-26　不同密度水泥浆堵漏性能数据

序号	水泥浆密度 （g/cm³）	BCE-200S 加量 （kg/m³）	漏失量（mL）			
			1mm 孔		1mm 缝	
			0.7MPa	3.5MPa	0.7MPa	3.5MPa
1	1.90	0	漏光	—	漏光	—
2	1.90	27	堵住	堵住	堵住	堵住
3	1.60	27	堵住	堵住	堵住	堵住
4	1.50	27	堵住	堵住	堵住	堵住
5	1.40	27	堵住	堵住	堵住	堵住

（a）1mm缝模板　　　　　　　　（b）2mm孔模板

图 5-82　3.5MPa 压差条件下堵漏效果图

三、新型防漏隔离液技术

防漏隔离液可在堵漏水泥浆到达漏失层前发挥堵漏作用,可增强堵漏效果,同时对钻井液还具有冲洗、隔离、缓冲作用,有利于提高水泥浆顶替效率以及水泥环与套管及地层间的胶结质量。

设计的防漏隔离液体系的组成:水、悬浮剂(BCS-040S)、稀释剂(BCS-021L)、降失水剂(BCG-200L)、防漏剂(BCE-200S、BCE-220S)、加重剂(重晶石、钛铁矿)、缓凝剂(BXR-200L)、消泡剂(G603)。

根据现场地层情况和温度压力条件,设计了密度为 $1.30\sim1.50$ g/cm³ 的隔离液体系,并对其流变性、降滤失性、稳定性和堵漏性能等进行了综合评价。

实验结果表明,该防漏隔离液体系中 BCS-040S 能显著提高隔离液的悬浮能力;BCS-021L 能有效调节隔离液的流动性;$1.3\sim1.5$ g/cm³ 的隔离液顶部密度和底部密度之差最高为 0.05g/cm³,隔离液具有良好的稳定性;体系中的 BCG-200L 能有效降低浆体的滤失量;随温度的增加,滤失量略有增加;优选 $1.30\sim1.50$ g/cm³ 密度下防漏隔离液的掺量表明,堵漏剂加量 40kg/m³ 时,隔离液的堵漏性能最好,实验结果见表 5-27。

表 5-27 隔离液堵漏数据表

序号	密度 (g/cm³)	堵漏剂加量 (kg/m³)	堵漏情况			
			缝宽 1mm		缝宽 2mm	
			0.7MPa	3.5MPa	0.7MPa	3.5MPa
1	1.3	20	堵住	未堵住	未堵住	未堵住
2		30	堵住	堵住	堵住	—
3		40	堵住	堵住	堵住	堵住
4	1.5	20	堵住	未堵住	未堵住	未堵住
5		30	堵住	堵住	堵住	—
6		40	堵住	堵住	堵住	堵住

图 5-83 隔离液对 2mm 缝宽的堵漏情况

四、7in 套管固井工艺技术措施

针对现场的固井工艺,为减小漏失风险,建议采取了以下的优化措施:

（1）将"双级准备，一级固井"的固井方式优化为双级固井以减小井下动态压力。

（2）固井前采用固井软件模拟固井过程，针对钻井过程中 Mishrif 严重漏失的井，固井过程中地层静态当量密度不大于 1.37g/cm³，保证浆体结构和顶替参数满足设计要求。

（3）采用稠水泥浆以增加流体渗流阻力，添加堵漏材料以增加水泥浆的堵漏能力。

（4）当钻井过程中漏失较严重时，应考虑打水泥塞堵漏作业。考虑到储层保护，对于储层段的漏失，推荐采用酸溶水泥打塞。同时打塞的水泥石应具有低弹性模量的特性，以避免井眼压力变化引起裂缝重新张开。

（5）固井过程中漏失较严重时，可考虑正注反挤注水泥作业：

①根据测井数据、钻井记录、邻井记录、施工过程、井口返出情况等综合判断井下情况。

②挤水泥前应进行试挤作业，并记录试挤排量、压力和挤入量。

③试挤排量低于 300L/min 时宜采用连续式挤水泥；试挤排量高于 300L/min 时宜采用间歇式挤水泥；挤水泥作业完成后关井候凝。

哈法亚油田小井眼长封固段易漏碳酸盐地层固井技术及防漏隔离液技术在哈法亚油田 60 余口井上共计应用 130 多井次，有效解决了伊拉克哈法亚油田存在的低压易漏失长封固的固井难题。固井质量合格率 100%，平均优良率 71.5%，与前期相比，优良率提高 31%，取得了良好的应用效果。

参 考 文 献

[1] Rabia H. Well Engineering & Construction [M]. London：Entrac Consulting Limited，2002.

[2] Feng Y, Gray K E. Review of Fundamental Studieson Lost Circulation and Wellbore Strengthening [J]. Journal of Petroleum Science and Engineering, 2017, 152：511-522.

[3] Feng Y, Gray K E. Modeling Lost Circulationthrough Drilling-induced Fractures [J]. SPE Journal, 2018, 23（1）：205-223.

[4] Ghalambor A, Salehi S, Shahri M P, et al. Integrated Workflow for Lost Circulation Prediction [C]. Proceedings of the SPE International Symposium and Exhibition on Formation Damage Control , 2014.

[5] 金衍，陈勉，刘晓明，等. 塔中奥陶系碳酸盐岩地层漏失压力统计分析 [J]. 石油钻采工艺，2007（5）：82-84.

[6] 朱亮，张春阳，楼一珊，等. 两种漏失压力计算模型的比较分析 [J]. 天然气工业，2008，28（12）：60-67.

[7] 李大奇，康毅力，刘修善，等. 基于漏失机理的碳酸盐岩地层漏失压力模型 [J]. 石油学报，2011，32（5）：900-904.

[8] Hubbert M K, Willis D G. 1957. Mechanics of Hydraulic Fracturing [J]. Petr. Trans. AIME, 1957, 210：153-163.

[9] Matthews W R, Kelly J. How to Predict Formation Pressure and Fracture Gradient [J]. Oiland Gas Journal, 1967, 20：92-106.

[10] Eaton B A. Fracture Gradient Prediction and its Application in Oilfield Operations [J]. Journal of Petroleum Technology, 1969, 246：1353-1360.

[11] Zoback M D, Healy J H. Friction, Faulting, and "in situ" Stresses [J]. Annales Geophysicae, 1984, 2：689-698.

[12] 黄荣樽. 地层破裂压力预测模式的探讨 [J]. 中国石油大学学报（自然科学版），1984（4）：335-347.

［13］黄荣樽，庄锦江. 一种新的地层破裂压力预测方法［J］. 石油钻采工艺，1986（3）：1-14.

［14］Liu H L, Johnson D L. Effects of an Elastic Membrane on Tube Waves in Permeable Formations［J］. J. Acoust. Soc. Am., 1997, 101：3322-3329.

［15］Kimball C V, Marzetta T L. Semblance Processing of Borehole Acoustic Array Data［J］. Geophysics, 1984, 49：274-281.

［16］Tezuka K, Cheng C H, Tang X M. Modeling of Low-frequency Stoneley-wave Propagation in an Irregular Borehole［J］. Geophysics, 1997, 62：1047-1058.

［17］Sinha B, Kostek S. Stress Induced Azimuthal Anisotropy in Borehole Flexural Waves［J］. Geophysics, 1996, 61：1899-1907.

［18］Esmersoy C, Kane M, Boyd A, et al. Fracture and Stress Evaluation using Dipole Shear Anisotropy Logs［C］. Transactions of the SPWLA 36th Annual Logging Symposium, 1995.

［19］Bratton T R, Rezmer-Cooper I M, Desroches J, et al. How to Diagnose Drilling Induced Fractures in Wells Drilled with Oil-based Muds with Real-time Resistivity and Pressure Measurements［C］. SPE/IADC Drilling Conference, 2011.

［20］Chen Q, Sidney S. Seismic Attribute Technology for Reservoir Forecasting and Monitoring［J］. The Leading Edge, 1997, 16（5）：445-456.

［21］Geng Z, Wang H, Fan M, et al. Predicting Seismic-based Risk of Lost Circulation using Machine Learning［J］. Journal of Petroleum Science and Engineering, 2019, 176：679-688.

［22］Lind Y B, Kabirova A R. Artificial Neural Networks in Drilling Troubles Prediction［C］. Proceedings of the SPE Russian Oil and Gas Exploration and Production Technical Conference and Exhibition, 2014.

［23］Pouria B, Hosseini P. Estimation of Lost Circulationamount Occurs during under Balanced Drilling using Drillingdata and Neural Network［J］. Egyptian Journal of Petroleum, 2017, 26：627-634.

［24］Reza J, Reza K, Sajad J. Artificial Neural Networkbased Prediction and Geomechanical Analysis of Lost Circulationin Naturally Fractured Reservoirs：A Case Study［J］. EuropeanJournal of Environmental and Civil Engineering, 2014, 18（3）：320-335.

［25］Li Z, Chen M, Jin Y, et al. Study on Intelligent Prediction for Risk Level of Lost Circulation while Drilling based on Machine Learning［C］. 52nd US Rock Mechanics/Geomechanics Symposium, 2018.

［26］康毅力，王海涛，游利军，等. 基于层次分析法的地层钻井液漏失概率判定［J］. 西南石油大学学报（自然科学版），2013，35（4）：180-186.

［27］张炳军，周扬，杨新宏，等. 基于随钻测井资料的井漏位置识别及压井液密度确定［J］. 测井技术，2016，40（6）：751-754.

［28］周鑫. 川东北陆相地层漏失机理研究［D］. 成都：西南石油大学，2015.

［29］胥永杰. 高陡复杂构造地应力提取方法与井漏机理研究［D］. 成都：西南石油学院，2005.

［30］马骏骐，游利军，康毅力，等. 缝洞性碳酸盐岩储层钻井液漏失预测地质—地球物理方法［J］. 钻采工艺，2010，33（3）：90-93.

［31］李松，马辉运，叶颉枭，等. 基于钻井液漏失侵入深度预测的裂缝性碳酸盐岩储层改造优化［J］. 钻采工艺，2018，41（2）：42-45.

［32］李松，康毅力，李大奇，等. 复杂地层钻井液漏失诊断技术系统构建［J］. 钻井液与完井液，2015，32（6）：89-95.

［33］陈钢花，邱正松，周杨. 基于多信息融合的钻井漏失层位识别方法：中国 CN201610817774.2［P］. 2019-10-15.

第六章

油层套管腐蚀井筒安全构建关键技术

中东地区油田井下典型的腐蚀环境为高矿化度与多种酸性气体共存，本章以哈法亚油田的腐蚀情况为例，系统介绍了哈法亚油田井下腐蚀条件下油层套管的腐蚀机理及主控因素，长期腐蚀速率与短期腐蚀速率之间的关系。首次提出了油田开发过程中含水率变化对腐蚀速率影响的关系曲线，针对单井油层套管的井身结构及材质，采用有限元建立了油层套管寿命预测的方法，提出了油田开发不同阶段相应的防腐材料及防腐技术对策。评价了多种不同材质如 L80-1，L80-3Cr，L80-13Cr 和 2205 钢材在典型井下腐蚀环境中的均匀腐蚀行为，绘制了在高矿化度与多种酸性气体共存条件下油田含水率选材图版和二氧化碳—硫化氢选材图版，可以为哈法亚油田及后续开发提供选材参考。

第一节 国内外现状

一、腐蚀机理

原油和天然气中含有许多具有腐蚀性的物质，主要的腐蚀性介质是二氧化碳（CO_2）、硫化氢（H_2S）和油气井筒中的游离水，另外氧气、硫酸盐还原菌（SRB）和结垢也会加速油井管柱的腐蚀。常用的管柱材料包括碳钢、不锈钢和镍基合金，油井管柱选材首先应当考虑腐蚀因素，当腐蚀环境不是太苛刻的时候，因为经济因素一般优先选择碳钢[1]。

套管在含酸性气体的油水混合溶液中的腐蚀形貌一般为均匀腐蚀、点蚀和台面腐蚀，其腐蚀机理如下：

$$Fe \longrightarrow Fe^{2+} + 2e^-$$
$$O_2 + 4H^+ + 4e^- \longrightarrow 2H_2O$$

$$2H^+ + 2e^- \longrightarrow H_2$$

H_2CO_3 反应式：

$$Fe + H_2CO_3 \longrightarrow FeCO_3 + H_2$$

H_2S 反应式：

$$Fe + H_2S \longrightarrow FeS + H_2$$

套管腐蚀类型主要包括油气田酸性气体（CO_2 和 H_2S）的腐蚀开裂、应力开裂腐蚀、氧气腐蚀、缝隙腐蚀、SRB 细菌腐蚀、结垢腐蚀和微生物腐蚀等，主要腐蚀机理包括电化学腐蚀、化学腐蚀和机械腐蚀。影响套管在含酸性气体的油水混合溶液中的腐蚀因素包括 CO_2 和 H_2S 分压、温度、含水率、溶解氧含量、氯离子浓度、pH 值、MIC（SRB）、流速、选材等。

在只存在 CO_2 的环境中，随着 CO_2 分压的升高，H_2CO_3 的浓度增加，从而加速阴极反应，套管腐蚀速率增大[2]。对于只存在 H_2S 的情况，H_2S 的分压大小和溶液的 pH 值会共同影响硫化物应力腐蚀开裂（SSC）程度，H_2S 的分压较高需考虑选用抗硫钢，材料经过适当标准评价后无 SSC 危险方可使用[3]。在 CO_2 和 H_2S 共存环境下，CO_2/H_2S 比例对 L80-1 钢腐蚀机理有非常重要的作用。当 $p_{CO_2} > p_{H_2S}$ 时，FeS 腐蚀产物膜的产生会对 CO_2 腐蚀有一定的抑制作用，因此腐蚀速率在有少量 H_2S 时可能会下降，然后随着 H_2S 的增加而增加[4]，还有文献报道当 $p_{CO_2}/p_{H_2S} < 200$ 时，则 L80-1 材料会发生点蚀[5]。

L80-1 和 K55 钢的腐蚀速率随着温度的升高先增加（60~90℃）后逐渐下降，由于在中低温条件下，腐蚀产物膜不致密，导致腐蚀速率较高[6]。

含水率增加会增加金属腐蚀速率[7]。当含水量低于 30% 时，腐蚀速率较低，当含水量从 20% 增加至 40% 时，腐蚀速率急剧增加。因此当含水量超过 30% 时，应该使用缓蚀剂对套管进行保护[8]。另外，与含水量相比，温度和压力对腐蚀速率影响相对较小[9]。

碳钢在高 Cl^- 浓度环境中腐蚀类型主要为均匀腐蚀，而低 Cl^- 浓度时则主要为点蚀。另外，随 Cl^- 浓度的增加，CO_2 的溶解度将降低[10]。在 CO_2 饱和的高矿化度产出水中，pH 值可为 4~7，取决于矿化度和成分，pH 值越低时，均匀腐蚀速率越高。矿化度越高 CO_2 溶解度越低，导致 pH 值的增加且 $FeCO_3$ 腐蚀产物的溶解度也降低，金属耐蚀性增加[11]。

随着流速的增加，碳钢腐蚀速率迅速增加，说明流体流动加剧腐蚀，且几乎呈线性增长规律[12]。由于流速加快导致产物膜受到的剪切和冲刷作用加强，并加速了传质过程中腐蚀剂的流动性[13]。管内介质为水包油类型时，流速较快时将形成不稳定乳状液，增加在钢材基体上形成保护油膜的可能性，此时腐蚀速率随着流速的增加先增加后减小。当套管内的液相为多相流，特别是含有固相颗粒时（出砂），冲刷腐蚀将成为一个严重问题。

油井注水时，注入含有溶解氧的水将加速腐蚀和结垢，腐蚀速率随着溶解氧的含量增加而增加，而由 O_2 和 CO_2 引起的均匀腐蚀比 H_2S 更严重，因为 H_2S 可形成 FeS 膜来保护金属基体，但在含有少量 O_2 时，腐蚀产物膜即可被破坏，之后将发生点蚀。

对于回注水，在合适的温度时，套管内壁上黏附的原油成为水中硫还原菌的良好培养基。而注入水中的 Ca^{2+} 和溶解氧在管壁上形成结垢，结垢会有助于 SRB 菌落进一步稳定。另外，溶解氧的存在提供了 SRB 菌落内部和外部的氧浓差电池效应，加剧了垢层下的点蚀形成和快速扩展[14]。

不同的材料在同一环境中的腐蚀行为差别很大。Cr含量增加显著提高对L80钢（API L80-xCr）在CO_2环境中的耐腐蚀性，但随着Cr含量的增加，SSC的风险可能会增加[15]。含Cr合金钢具有自钝化能力，这是低Cr钢的腐蚀速率低于碳钢的主要原因。但也有研究表明，13Cr钢在pH值为8.4含有CO_2和H_2S的盐水中腐蚀速率比C4130更高[16]，表明并不是Cr含量越高钢材耐蚀性就一定越好，还与服役环境相关，因此根据服役环境合理选材至关重要。

二、腐蚀防护

为了防止金属材料腐蚀，一般的方法是添加缓蚀剂、阴极保护和材料升级保护等，而对于井下套管腐蚀防护主要手段为添加缓蚀剂和材料升级。缓蚀剂具有使用方便、效果显著、成本低、用量少等优点。其选择应综合考虑环境介质，材料，温度，流体相等因素，回注水中的缓蚀剂应该和除菌剂及除垢剂一起使用[17]。

井下腐蚀环境受温度、含水率的影响，导致相同材质套管在不同油田中腐蚀行为可能差异较大，NACE等有关标准里面仅仅给出了选材的评价方法和参考数据，绝大多数套管供应商建议在哈发亚油田环境中使用耐蚀合金（L80-13Cr，2205双相不锈钢和镍基合金等），旨在保证任意生产阶段特别是开发后期含水率较高时，材料均有优异的耐蚀性。然而近年来持续对中东各油田的套管腐蚀检测的结果与历史资料却表明，虽然使用碳钢等级套管，生产几十年来，只有少数油井出现腐蚀现象，整体服役情况比较良好，这实际上与各油井腐蚀环境的动态变化趋势，特别是含水率的变化趋势有很大的关系。国内外的选材图版往往趋于保守，这是合理的，但如果仅仅使用油田开发未期的腐蚀环境或个别情况作为评估依据，则可能过于保守。一旦材质选择过低将导致严重的腐蚀问题，然而材质选择过于保守则会极大地增加不必要的成本。

三、套管接箍腐蚀

套管接箍存在着多种方式，包括STC（短螺纹连接）、BTC（支撑螺纹连接）、LTC（长螺纹连接）、EUE（外端加厚端）、NUE（非翻转端）、LP（线管）等。各种形式的接箍都存在着螺纹连接，套管接箍处常常出现由于渗漏产生的缝隙腐蚀，腐蚀余量小，应力条件下环境腐蚀开裂的敏感性较大。因此接箍处的螺纹失效是套管失效的主要形式之一。氢脆是另一种主要的套管螺纹失效形式，其取决于硫化氢浓度、服役时间、应力水平、冶金质量、温度等，而螺纹质量在很多情况下可能比环境因素更重要。

四、套管服役寿命评估方法

要评估套管的服役寿命，就必须确立其失效的判据条件，主要包括力学失效和腐蚀失效。基于多因素影响的套管寿命评估，国内外已经有大量研究，包括结构可靠性分析、剩余强度理论、基于人工神经网络的理论模型、极值统计和有限元方法等[18]。

结构可靠性分析研究是根据管道材料类型，在建立腐蚀程度和腐蚀发展规律关系的基础上，进行承载能力极限状态的计算，其关键在于腐蚀机理与腐蚀预测。剩余强度理论是基于智能设备和力学理论，对套管剩余壁厚的承载能力进行评价，有一系列行业标准，但安全余量较大，经济性未达最佳。人工神经网络方法是已知由各种失效因素和失效结果组成的样本集，以预测未来的情况。许多失效因素不易获得足够的数据支撑，样本集难以准确预测未来情况。该判断过程复杂，在现阶段可操作性差，极值统计是通过大量测井资料进行数理统计，预测套管的剩余寿命，这种预测模型必须以大量的腐蚀监测数据为依据。

近年来，有限元分析方法越来越多地获得了关注，有限元分析（FEA）是首先在连续体力学领域的结构静态与动态特性分析中应用的一种有效的数值分析方法，目前广泛地应用于几乎所有的科学研究和工程技术领域。它通过变分方法，使得误差函数达到最小值并产生稳定解。它将求解域看成是由许多称为有限元的小的互连子域组成，对每一单元假定一个合适的近似解，然后推导求解这个域总的满足条件从而得到问题的解（近似解）。其计算精度高，能适应各种复杂形状，因而成为行之有效的工程分析手段。其作为一种多物理场分析工具（力场、温度场等），可以分析应力三维分布，局部应力集中以及缺陷对结构失效的影响，可以分析复杂力场、结构变形、弯曲、温度场等对应力分布和水平的影响。

油层套管的腐蚀是非常复杂的，其腐蚀行为可能随时间的推移而变化，而腐蚀速率则可能随着环境变化而变化。国内外在综合材料腐蚀预测、腐蚀环境变化、力学失效等因素，建立整体性的套管寿命评估方法的方面，开展的工作还不深入，但有关方法的发展对于油田的科学运营具有重要的意义。

第二节 油田腐蚀环境及现状

一、油田的腐蚀环境

哈法亚油田井下腐蚀环境具有高矿化度并含多种酸性气体的特点，其中 Mishrif 储层 H_2S 为 0.30MPa，浓度范围为 0.26%~0.28%（摩尔分数），7 个主要油藏中的 CO_2 含量在 0.03%~2.24%（摩尔分数）的范围内，各油藏泡点压力下 H_2S 和 CO_2 分压见表 6-1。

表 6-1 哈法亚油田在泡点压力下 H_2S 和 CO_2 分压

参数	Kirkuk	Sadi	Khasib	MB1	MB2	Nahr Umr	Yamama
温度 T_{mp}（℃）	68.5	86.1	88.8	96.9	95.6	112.1	148.9
压力（psi）	3028	4405	4855	4812	4812	5507	11695
泡点压力 p_b（psi）	925	3125	3623	2656	2561	2954	2829
S 含量（%）	Nil	3.70	4.30	4.36	Nil	2.02	1.49
CO_2 含量（%）（摩尔分数）	0.03	1.81	0.53	2.24	2.04	0.50	0.61
H_2S 含量（%）（摩尔分数）	0	0	0	0.28	0.26	0	Nil
CO_2 分压（psi）	0.28	56.56	19.20	59.49	52.24	14.77	17.26
H_2S 分压（psi）	0	0	0	7.4368	6.6586	0	Nil

注：Nil 表示"0"。

地层水为 $CaCl_2$ 型，含有 100000~130000mg/L 的高浓度 Cl^-，地层水中的离子浓度参见第二章表 2-3。

哈法亚油田 2017 年 Mishrif 储层平均含水量约为 3%。根据开发研究，油田生产过程中含水量会随着生产时间的增加而增加，至 2050 年，采出液的含水量将达到 90%，Mishrif 油藏含水量预测如图 6-1 所示。随着含水量的增加，电化学腐蚀作用将大大加强，显著增加井筒的腐蚀风险。

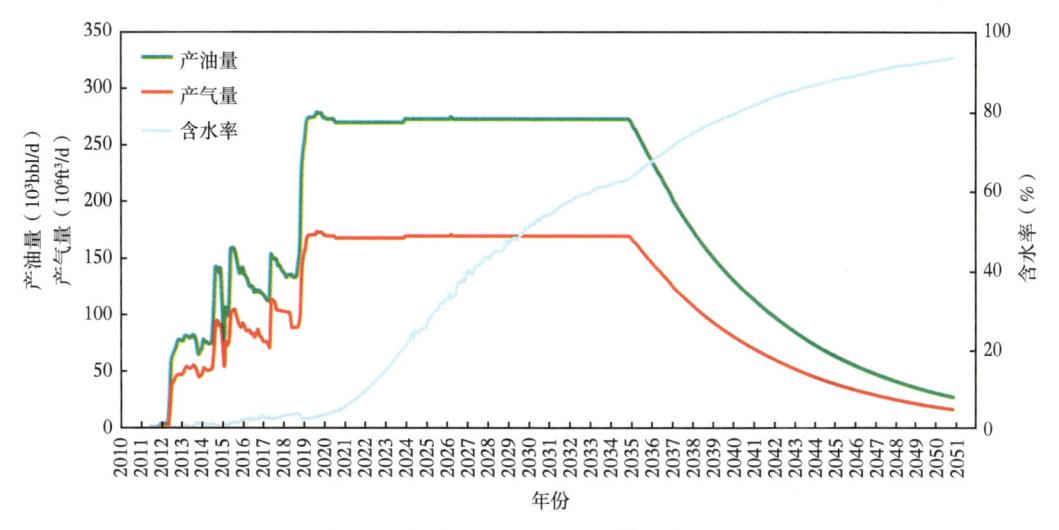

图 6-1 哈法亚油田 Mishrif 油藏含水量预测

二、现场腐蚀现状

哈法亚油田第一口注水井 HF002-M325 从 2015 年 5 月 18 日开始注水，至 2016 年 5 月，在拉拔时发现套管穿孔现象。套管出现严重腐蚀并且在封隔器下方发生穿孔，其中在深度为 178~457m 处出现中度腐蚀或轻微点蚀，在 2862.6~2905m 处为中度腐蚀或者重度腐蚀，在 2918~2947m 处为中度腐蚀，在 3114~3132m 处为重度腐蚀和中度点蚀。图 6-2 为 HF002-M325 油井套管的特殊腐蚀情况。

从 2015 年到 2016 年，注水井 HF002-M325 盐度（Cl^-）明显增加，波动明显。同时，注入水中的溶解氧含量非常高，pH 值很低，这是点蚀迅速发生的重要条件。与此同时，HF002-M325 油井井口温度低于 65℃，在垢层和注入水中都发现硫还原菌（SRB），并检测到高含量的 Cl^- 和 O_2。导致 M325 井油管上部（178~457m）处穿孔，腐蚀流体进入环空导致油层套管相应位置出现腐蚀穿孔。因此，注水井的腐蚀问题应特别注意注水水质的控制。

HF002-M258 井是一口生产井，于 2016 年 11 月 10 日转为注水井。在注水后，该井已关闭并等待酸化。该井由于注水水质控制较好，金属材料的平均损失小于 17%（大部分小于 5%），没有穿孔现象，总体套管状况良好。

2017 年下半年至 2019 年年初对其他代表性油井的油层套管进行了 MIT 腐蚀测井，典

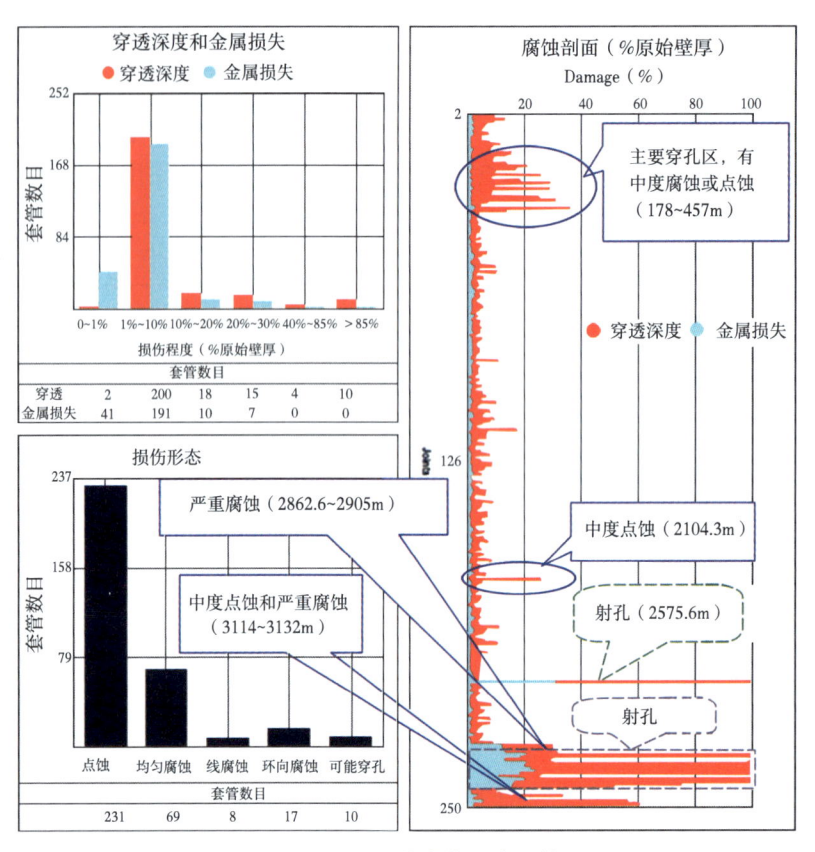

图 6-2 M325 油井套管的腐蚀情况

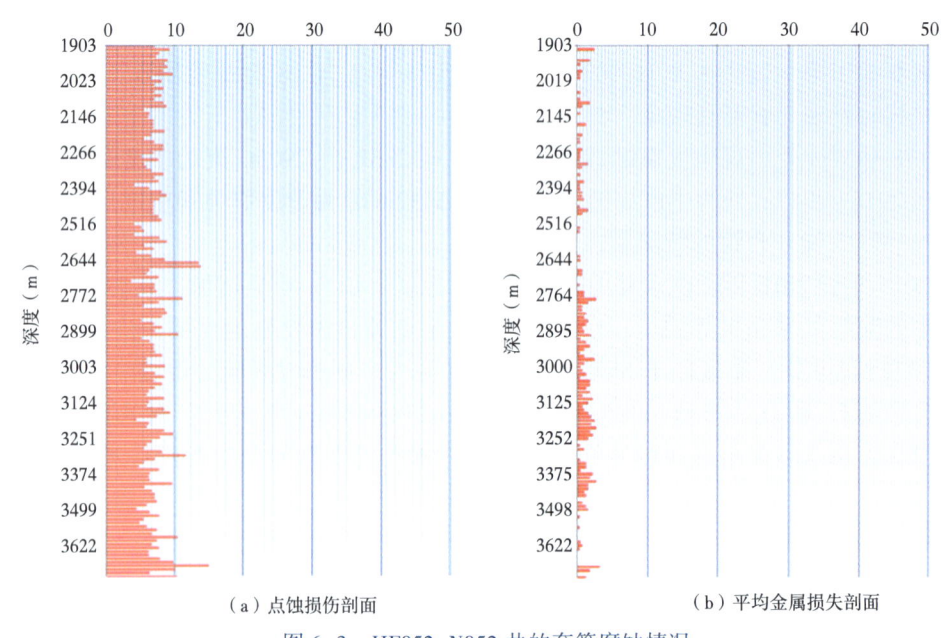

图 6-3 HF052-N052 井的套管腐蚀情况

（a）点蚀损伤剖面 　　（b）平均金属损失剖面

型测井结果如图 6-3 至图 6-5 所示，显示目前套管服役情况总体良好，其中 HF052-N052 井腐蚀最轻微（图 6-3）；HF196-M196（图 6-4）主要面临应力腐蚀的风险；HF083-M083D1 井（图 6-5）的腐蚀相对严重一些，但也仅仅是 100 多米长的底部管段处于中等腐蚀状态（有局部穿孔）。表 6-2 对哈法亚油田套管腐蚀现状的 MIT 结果进行了归纳总结。从表中可以看出，套管服役情况总体良好，L80-1 油层套管在哈法亚油田目前的应用中还没有发生严重的全面腐蚀现象，但由于存在局部腐蚀穿孔现象，需要引起高度重视。现阶段的套管穿孔几乎都是发生在最底部射孔位置附近，对套管的服役安全没有实质性的影响。但 HF-6 井在离底部 400m 的部位也发生了深度达 80%壁厚左右的腐蚀，需要关注其具体原因。各井套管的底部管道腐蚀程度多属于 A 级至 B 级，个别井存在 C 级至 D 级的情况，其中应重点关注 HF083-M083D1 井，其底部部位腐蚀明显比其他井严重。对于这些腐蚀有显著特点的井应在现场腐蚀管理中定为重点监测对象。

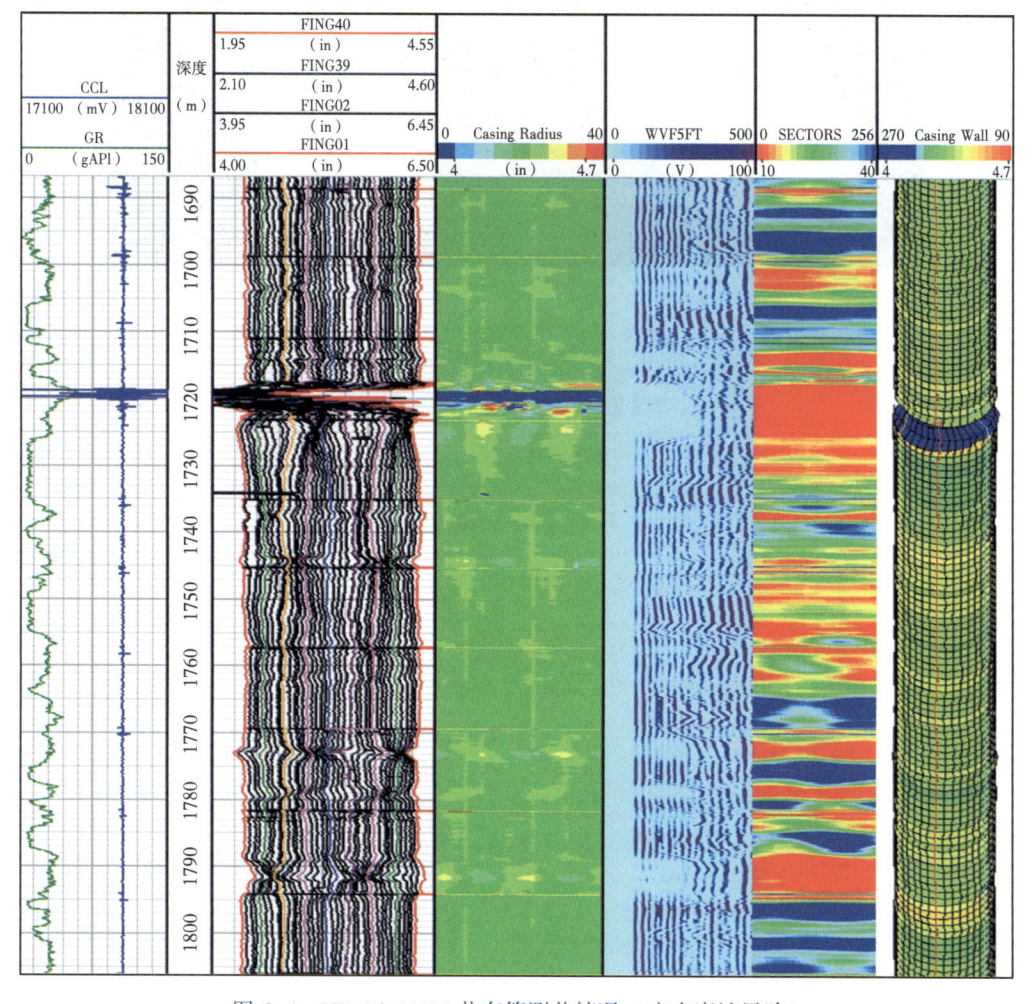

图 6-4　HF196-M196 井套管测井情况（应力腐蚀风险）

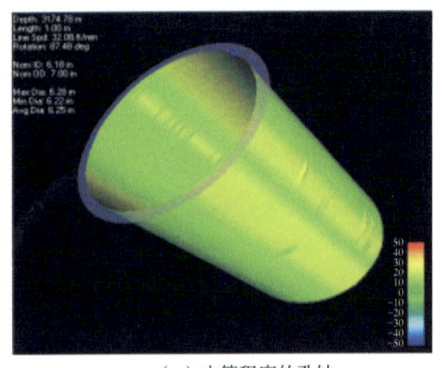

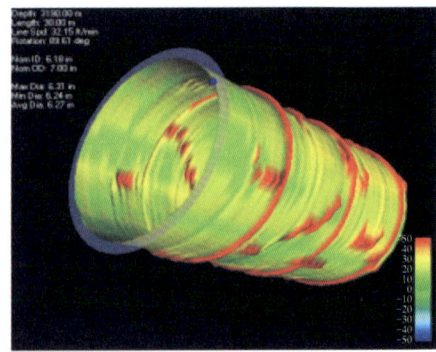

(a）中等程度的孔蚀　　　　　　　　（b）穿孔

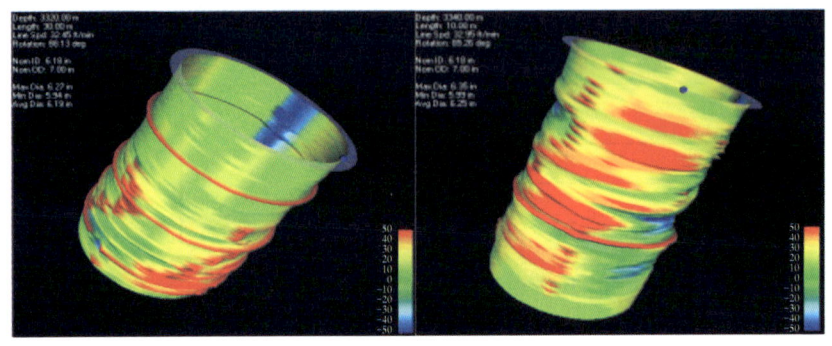

(c）穿孔与应力腐蚀风险同时存在

图 6-5　HF083-M083D1 井套管底段的腐蚀情况（MIT 技术）

表 6-2　哈法亚油田部分油井套管测井数据小结

序号	井号	腐蚀情况	测井部位（m）	备注
1	HF-6	套管在底部 3720m 处有穿孔，3036~3080m 有中等孔蚀（5%损失），2917~3012m 孔蚀深度较大，其余部分腐蚀损失基本低于 1%。总体结论为良好	1935~3720	MIT，2017 年 8 月
2	HF052-M052D1	1800m，2603m 和 3472m 固井质量较差，其余部位约 50%固井质量较好，50%质量中等。全部管段没有发现穿孔（孔蚀深度低于 30%厚度），金属损失量最大不超过 5%，平均损失量为 1%	1800~3867	USIT，2017 年 9 月
3	HF069-M258	80%管段固井优良，少量管段固井质量中等，有部分丝扣有固井水泥渗入。没有发现腐蚀穿孔，平均腐蚀失重未超过 17%，大部分部位腐蚀失重低于 15%，但 3400 处由于固井水泥渗入评为 E 级（认为存在泄漏）	1900~3561	USIT，2016 年 11 月
4	HF076-M266	总体腐蚀情况较轻微，绝大部分管道金属损失量低于 1%，全管段有孔蚀特征，底部的 2351~3160m 段接近 5%（少部分超过 5%），有穿孔现象	200~3160	URS，2018 年 7 月

续表

序号	井号	腐蚀情况	测井部位（m）	备注
5	HF083-M083D1	3187~3345m 腐蚀深度较大，其中 3336m 有穿孔现象（射孔位置），以上管段基本处于中度到重度腐蚀和中度以上腐蚀失重，其余管段的腐蚀失重低于2%，孔蚀深度低于5%	2995~3414	MIT，2018年5月
6	HF104-M104D1	1771m，1782m，1920m 和 193m 有中等程度的腐蚀，其余管段均处于良好状态，腐蚀失重均低于5%，孔蚀深度均低于10%	25~1944	MIT，2018年6月
7	HF121-M121ML	底部1724m附近有穿孔，其余部位的腐蚀失重都低于1%，孔蚀深度均低于10%	25~1725	MIT，2018年6月
8	HF196-M196	1670m 可能存在着一定的腐蚀，绝大部分管段都比较完好。总体情况良好，无显著腐蚀	1600~1830	MIT，2017年6月
9	HF002-M325	178~457m 中等孔蚀，井底穿孔	7.9~3136.5	MIT，2016年6月
10	HF052-N052	全管段服役情况良好，评级均为 A	1900~3747	URS，2018年3月

第三节　油层套管材料的腐蚀行为

一、套管腐蚀研究方法

模拟哈法亚油田腐蚀介质，开展应力腐蚀实验、高温高压浸泡失重实验和电化学测试，并通过各种表征手段如扫描电子显微镜（SEM）、X射线衍射（XRD）、能谱（EDS）等对腐蚀试样的表面及腐蚀产物等进行分析。

1. 浸泡失重实验

在现场腐蚀工况基础上，设计了模拟哈法亚油田腐蚀环境的基础模拟液腐蚀介质见表6-3。使用的材质则包括：L80-1（Tenaris，油田现场提供）、L80-1（宝鸡钢管厂）、L80-3Cr（文昌油田提供样品，天津钢管厂生产）、L80-13Cr（天津钢管厂生产）、2205双相不锈钢（上海宝钢）等材料、浸泡时间72 h。样片加工为40mm×13mm×2mm。

表6-3　基础模拟液实验参数

参数	条件	
温度（℃）	25~100	
含水率（%）	10~100	
分压（MPa）	CO_2	0~1.5
	H_2S	0~0.30

续表

参数	条件	
水中离子组成 （mg/L）	Na$^+$	12400~64300
	Ca^{2+}	9000
	Cl$^-$	40000~130000
	Mg^{2+}	2000
	SO$_4^{2-}$	360
	HCO$_3^-$	500
	K$^+$	1000

腐蚀速率按式（6-1）计算：

$$CR = 87600 \cdot \Delta m / t\rho S \qquad (6-1)$$

式中 CR——腐蚀速率，mm/a；

Δm——实验前后样片的质量变化，g；

t——浸泡时间，h；

ρ——材料密度，g/cm^3；

S——腐蚀表面积，cm^2。

实验室腐蚀浸泡实验的时间有限，而钢材的均匀腐蚀速率随着表面致密腐蚀产物膜的生长会发生下降，因此实验室中所得到腐蚀速率要高于实际的长期腐蚀速率，定义实验室浸泡腐蚀速率为 CR，长期腐蚀速率为 CR_{year}。参考 NACE RP0755—2005 与中国海洋石油总公司企业标准 Q/HS 14015—2012，针对哈法亚油田的典型腐蚀环境（90℃，0.5MPa CO$_2$，0.06MPa H$_2$S，90%含水率），通过开展不同周期的挂片实验，得到不同周期条件下的腐蚀速率，对其进行拟合，得到回归曲线，外推可得到长期腐蚀速率（定义为年腐蚀速率），如图 6-6 所示。

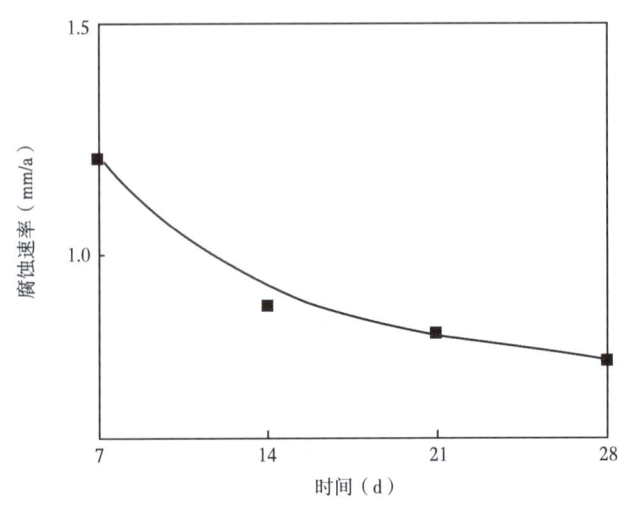

图 6-6 L80-1 不同周期挂片实验时测得的腐蚀速率及其变化趋势的方程拟合

根据图 6-6，L80-1 在 90℃，0.5MPa CO_2，0.06MPa H_2S，90%含水率的环境下的长期腐蚀速率的推导公式为：

$$CR_{year} = 12.459 t^{-0.885} \qquad (6-2)$$

其中，t 为时间（d），换算周期通常为一年。取 L80-1 在相近温度（95℃），0.5MPa CO_2，0.06MPa H_2S 环境下的短期腐蚀速率（1.429mm/a）为计算基准，则其他类似环境下的短期腐蚀速率通过比例关系，可按式（7-3）换算为长期腐蚀速率：

$$CR_{year,x,y} = CR_{x,y} / 1.429 \times 12.459 t^{-0.885} \qquad (6-3)$$

腐蚀程度依据 NACE RP0755-2005 进行划分，长期腐蚀速率小于 0.025mm/a 为轻微腐蚀，0.025~0.125mm/a 属于中度腐蚀，0.125~0.254 mm/a 属于较严重腐蚀，大于 0.254mm/a 属于严重腐蚀。

2. 电化学测试

模拟现场高温高压条件，以 L80-1，L80-3Cr 和 L80-13Cr 等材料为工作电极，样片加工成 ϕ12mm×4mm 的圆形形状。电化学测试包括开路电位（OCP）测量、电化学交流阻抗（EIS）测量和线性伏安扫描法（LSV）测量等，对电化学交流阻抗和线性极化曲线进行参数拟合以分析腐蚀热力学与动力学。

二、正交实验研究

通过正交实验可确定哈法亚油田各环境因素对 L80-1 套管材料腐蚀的影响情况，实验基本参数见表 6-4。

表 6-4 正交实验基本实验参数

参数		实验条件	现场原始条件
材料		API Grade L80 Carbon Steel	API Grade L80 Carbon Steel
温度（℃）		70~100	70~100
含水率（%）		10~90	10~90
分压		0~1.5 MPa CO_2（0~0.27MPa H_2S）	0~1.5 MPa CO_2（0~0.27MPa H_2S）
水的成分及含量（mg/L）	Na^+	12400~64300	12400~64300
	Ca^{2+}	9000	9027
	Cl^-	40000~130000	40000~130000
	Mg^{2+}	2000	1991
	SO_4^{2-}	360	338
	HCO_3^-	500	508
	K^+	1000	1049

正交实验设计了含二氧化碳分压、硫化氢含量、温度、氯离子浓度及含水率的 5 因素 4 水平的正交高温高压腐蚀浸泡实验，多因素正交实验腐蚀介质设计见表 6-5。

表 6-5 多因素正交实验腐蚀介质设计表

因素	1	2	3	4
CO_2 分压（MPa）(A)	0	0.5	1	1.5
H_2S 分压（MPa）(B)	0	0.09	0.18	0.27
温度（℃）(C)	70	80	90	100
Cl^-浓度（mg/L）(D)	40000	70000	100000	130000
含水率（%）(E)	30	50	70	90

模拟正交实验条件见表 6-6。

表 6-6 模拟正交实验条件

实验号	CO_2 分压（MPa）	H_2S 分压（MPa）	温度（℃）	Cl^-浓度（mg/L）	含水率（%）	NaCl（g/L）	含量（mg/L）
1	0	0	70	40000	30	28.5	28500
2	0	0.09	80	70000	50	78.0	78000
3	0	0.18	90	100000	70	127.4	127400
4	0	0.27	100	130000	90	176.8	176800
5	0.5	0	80	100000	90	127.4	127400
6	0.5	0.09	70	130000	70	176.8	176800
7	0.5	0.18	100	40000	50	28.5	28500
8	0.5	0.27	90	70000	30	78.0	78000
9	1	0	90	130000	50	176.8	176800
10	1	0.09	100	100000	30	127.4	127400
11	1	0.18	70	70000	90	78.0	78000
12	1	0.27	80	40000	70	28.5	28500
13	1.5	0	100	70000	70	78.0	78000
14	1.5	0.09	90	40000	90	28.5	28500
15	1.5	0.18	80	100000	30	127.4	127400
16	1.5	0.27	70	130000	50	176.8	176800

多因素正交实验结果见表 6-7。

表 6-7 多因素正交实验结果

实验号	CO_2 分压（MPa）	H_2S 分压（MPa）	温度（℃）	Cl^-浓度（mg/L）	含水率（%）	腐蚀速率（mm/a）	长期腐蚀速率（mm/a）
1	0	0	70	40000	30	0.0502	0.0032
2	0	0.09	80	70000	50	0.3069	0.0193
3	0	0.18	90	100000	70	0.2036	0.0128
4	0	0.27	100	130000	90	0.308	0.0194

续表

实验号	CO_2分压（MPa）	H_2S分压（MPa）	温度（℃）	Cl^-浓度（mg/L）	含水率（%）	腐蚀速率（mm/a）	长期腐蚀速率（mm/a）
5	0.5	0	80	100000	90	2.4742	0.1554
6	0.5	0.09	70	130000	70	0.3272	0.0206
7	0.5	0.18	100	40000	50	0.7654	0.0481
8	0.5	0.27	90	70000	30	0.1665	0.0105
9	1	0	90	130000	50	0.1416	0.0089
10	1	0.09	100	100000	30	0.0295	0.0019
11	1	0.18	70	70000	90	0.3894	0.0245
12	1	0.27	80	40000	70	1.2616	0.0793
13	1.5	0	100	70000	70	2.0329	0.1277
14	1.5	0.09	90	40000	90	1.319	0.0829
15	1.5	0.18	80	100000	30	0.1864	0.0117
16	1.5	0.27	70	130000	50	0.7724	0.0485
正交实验结果数值分析							
K_{1j}	0.217	1.175	0.385	0.849	0.108		
K_{2j}	0.933	0.496	2.299	0.724	0.497		
K_{3j}	0.456	0.386	0.458	2.111	0.956		
K_{4j}	1.078	0.627	0.784	0.241	2.364		
R	0.861	0.789	0.672	0.629	1.015		

注：K_{1j}，K_{2j}，K_{3j}，K_{4j}表示各因素各水平实验结果腐蚀速率的平均值；R表示各因素各水平下平均腐蚀速率的极差（极差=平均腐蚀速率最大值-平均腐蚀速率最小值）。

正交试验中样品主要表现出均匀腐蚀的特点，因此表中列出的为均匀腐蚀速率，但是实际上在某些因素条件组合时（实验号8，12，15）也能观察到局部腐蚀和全面腐蚀同时发生的现象，这可能与H_2S或者含水率有关。当H_2S含量较高时，可能会导致腐蚀产物膜不均匀从而增加腐蚀的不均匀性。而含水率较低时，水溶液接触金属表面的不均匀性也会增加，因此当含水率低于30%时，L80-1材料的腐蚀速率较低，长期腐蚀速率低于0.025mm/a，属于轻微腐蚀，但腐蚀仅仅在局部区域发生。结合哈法亚油田的腐蚀环境和正交实验结果，L80-1材料在现场条件下的腐蚀机理基本是属于CO_2腐蚀主导的电化学腐蚀类型。根据正交分析，腐蚀最严重的因素组合为1.5MPa CO_2，无H_2S，80℃，100000mg/L Cl^-和90%含水率。根据极差分析法，得到各腐蚀因素的影响趋势如图6-7所示，影响腐蚀速率的主次因素如图6-8所示。

图6-42中的结果说明，腐蚀速率随含水率的增加而增加，随CO_2分压的增加而趋于增加，随H_2S分压的增加先降低后趋于增加，随温度的增加呈现抛物线变化特点，随Cl^-浓度的增加也呈现抛物线变化特点。根据图6-43中的结果，各因素对实验结果（腐蚀速率）影响的大小排序为：含水率>CO_2分压>H_2S分压>温度>Cl^-浓度，也即影响腐蚀速率

的主次因素排序。

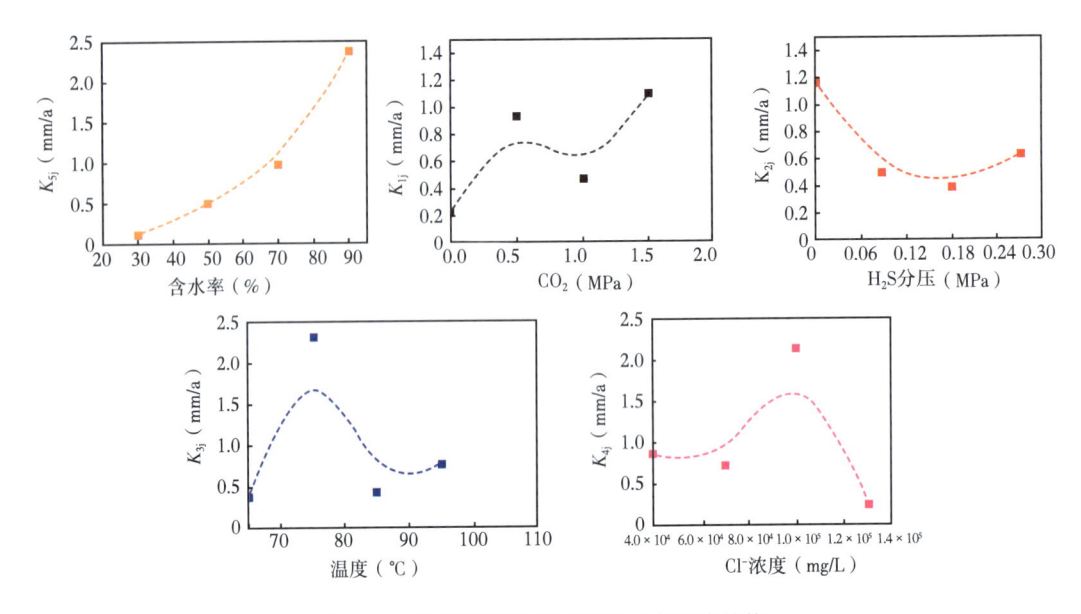

图 6-7 各腐蚀因素的对腐蚀速率影响趋势

K_i—测试结果中 i 影响因素的总和，反映出腐蚀速率的不同因素的影响

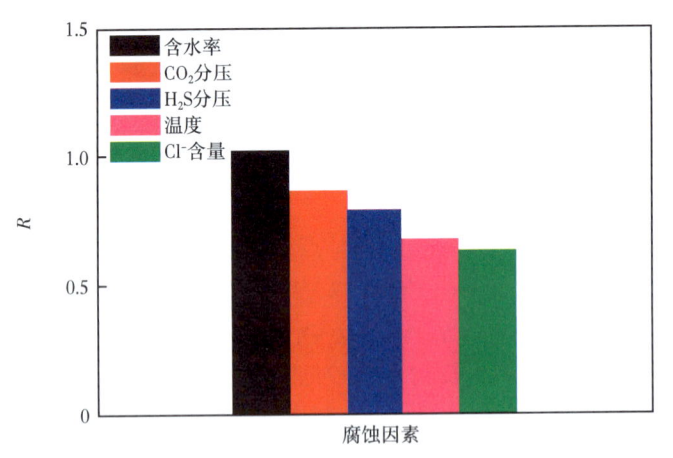

图 6-8 各腐蚀因素对腐蚀速率影响的极差分析

R—影响因子的最大 K_i 值减去最小 K_i 值，反映出腐蚀速率的不同影响因子的影响程度，$R=CR_{max}-CR_{min}$

三、单因素实验

1. 含水率对腐蚀的影响

表 6-8 展示了含水率对腐蚀速率的影响，实验条件为 0.5MPa CO_2，0.06MPa H_2S，100000mg/L Cl^-，温度 95℃，含水率梯度为 10%，20%，30%，40%，50%，70% 和 90%。

表 6-8　L80-1 钢在不同含水率腐蚀介质中的腐蚀速率

实验号	材料	含水率（%）	流速（m/s）	浸泡时间（h）	腐蚀速率（mm/a）	长期腐蚀速率（mm/a）
S0	L80-1	10	0.1257	72	0.0200	0.0012
S1	L80-1	20	0.1257	72	0.0697	0.0044
S2	L80-1	30	0.1257	72	0.1273	0.0080
S3	L80-1	40	0.1257	72	0.5554	0.0347
S4	L80-1	50	0.1257	72	0.6839	0.0427
S5	L80-1	70	0.1257	72	1.2333	0.0770
S6	L80-1	90	0.1257	72	1.4288	0.0892

从图 6-9 中可以看出，随着含水量的增加，腐蚀速率逐渐增大。L80-1 在哈法亚油田低含水率环境下的腐蚀速率很低，当含水率不超过 30% 时，长期腐蚀速率为轻微腐蚀等级；含水率达到 40% 时，增至中等腐蚀等级，之后继续稳步上升。L80-1 在哈法亚油田目前环境下的腐蚀速率很低，当含水率不超过 30% 时，长期腐蚀速率为轻微腐蚀等级；含水率达到 40% 时，将增至中等腐蚀等级，之后会继续稳步上升。在类似的 CO_2 和 H_2S 共存的环境下，Carew 等[8]同样也发现了 L80-1 的腐蚀速率在 30%~40% 含水率后开始逐渐增加，当含水率超过 40% 时腐蚀速率急剧增加，100% 含水量时达到最大值。

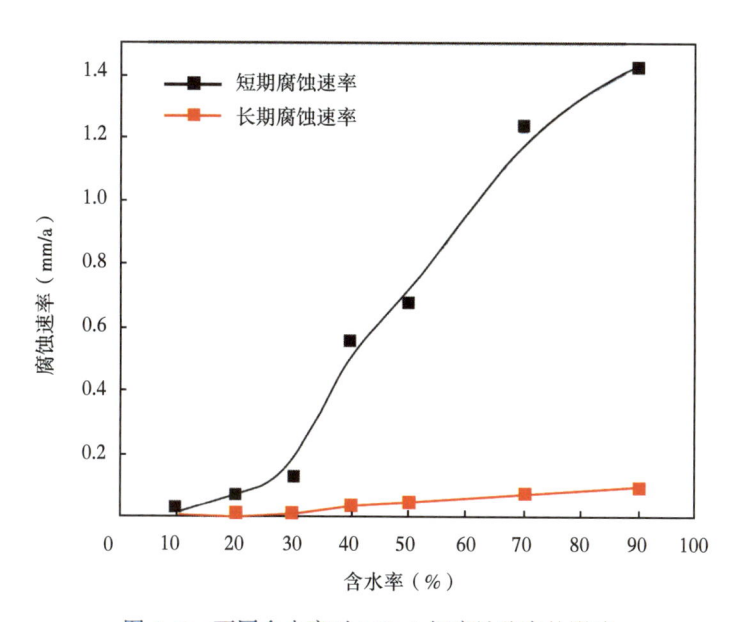

图 6-9　不同含水率对 L80-1 钢腐蚀速率的影响

使用型号为 DDS-11A 电导率仪，在温度为 95℃，转速为 700r/min（流速 1.5m/s）的动态条件下，对达到乳化状态的不同含水率的模拟溶液进行测定。模拟测试介质乳化状态如图 6-10 所示。

图 6-10 实验介质乳化状态时（a）与静态下的测试溶液（b）

图 6-11 显示了含水率为 10%，20%，30%，40%，50%，60%，70%，80% 和 90% 模拟溶液的电导率测试结果。在 30% 含水率以下时，电导率为 0，在 30% 含水率以上时，随着含水率的增加，溶液电导率增加。与图 6-9 相比较，相同条件下不同含水率下的腐蚀情况呈现相同规律，在 30% 含水率时出现突变点。

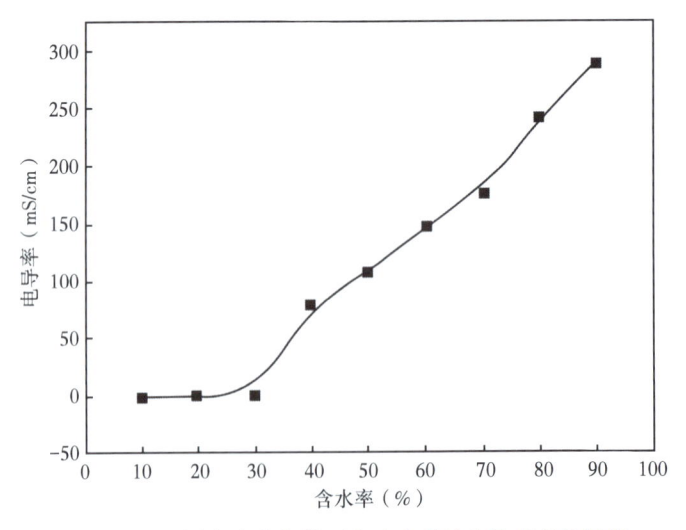

图 6-11 不同含水率条件下实验介质的电导率变化规律

图 6-12 为含水率对 L80-1 宏观腐蚀形貌的影响，含水率 10% 时几乎没有腐蚀现象，含水率在低于 40% 时，样品局部发生腐蚀，这主要是因为含水较少时，试样表面只有局部能够长时间接触水相。而当含水率较高时，整个试样表面都可以长时间接触水相，故而主要发生均匀腐蚀。

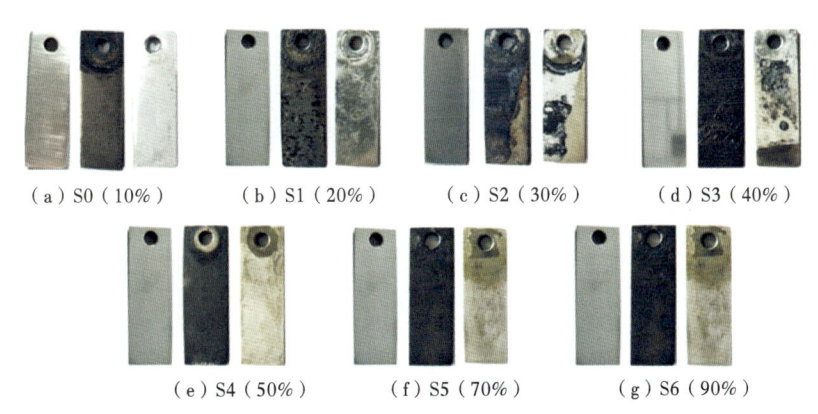

(a) S0（10%） (b) S1（20%） (c) S2（30%） (d) S3（40%）

(e) S4（50%） (f) S5（70%） (g) S6（90%）

图 6-12　L80-1 钢在不同含水率腐蚀介质中腐蚀挂片后的腐蚀宏观形貌

图 6-13 为通过 SEM 观察到的微观腐蚀形貌，图 6-14 为腐蚀产物的 EDS 元素分析图谱，图 6-15 为腐蚀产物 XRD 分析图谱，表 6-9 为 EDS 图谱的定量分析结果。

(a) S0（10%） (b) S1（20%） (c) S2（30%）

(d) S3（40%） (e) S4（50%） (f) S5（70%） (g) S6（90%）

图 6-13　通过 SEM 观察到的 L80-1 在不同含水率腐蚀介质中腐蚀挂片后的微观腐蚀形貌

表 6-9　L80-1 在不同含水率腐蚀介质中腐蚀产物的 EDS 元素表征分析结果

实验号	元素含量（%）（质量分数）							
	C	O	S	Cl	Ca	Cr	Mn	Fe
S0	2.58	15.86	0.08	11.7				69.78
S1	3.72	12.30	13.48	0.87			0.87	68.76
S2-1	6.20	20.41	0.51	0.32	14.38		0.69	57.48
S2-2	4.89	18.82	0.45	0.45	2.83		0.66	71.89
S3-1	9.38	25.34	0.48	2.52	10.77			51.52
S3-2	5.26	11.00	0.16	2.26	9.66	1.09	0.90	69.68
S4	6.51	25.93	0.16	0.27	7.33			59.81
S5	5.28	16.94	5.22		20.22	1.36	1.00	49.99
S6	3.20	8.01	9.43	0.32	2.20	2.93	3.42	70.48

(a) SEM图

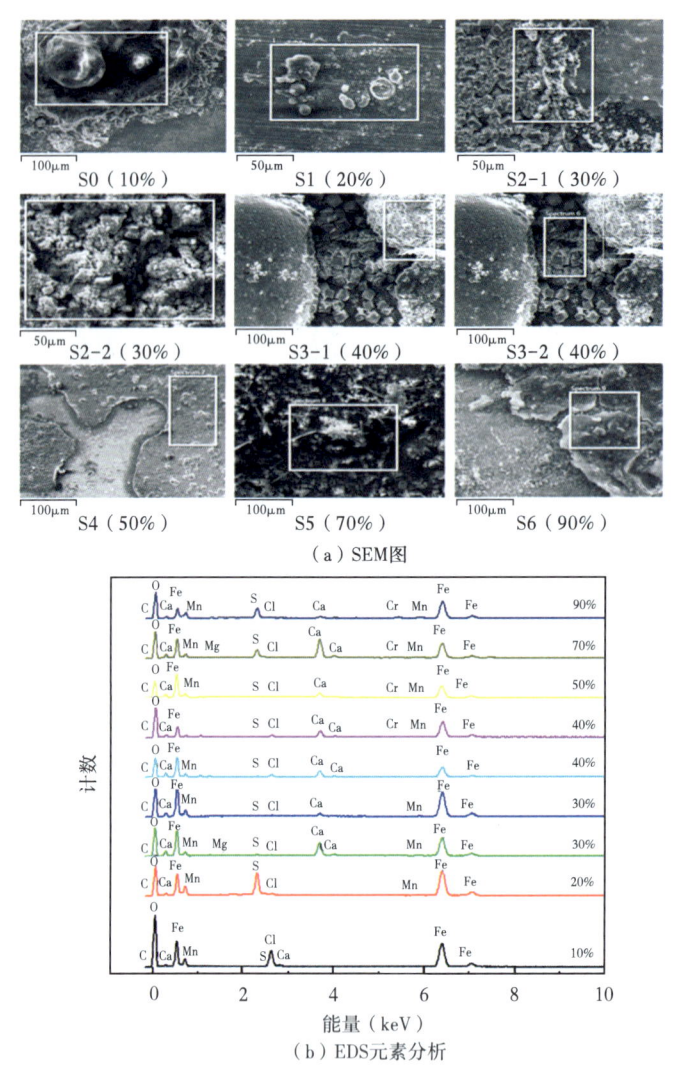

(b) EDS元素分析

图 6-14　L80-1 在不同含水率腐蚀介质下各区域的腐蚀产物 EDS 元素分析
SEM 图中的方框为 EDS 扫描区域

样品的腐蚀产物主要为 $FeCO_3$ 和 FeS，同时表面有少量的 $CaCO_3$ 垢层。腐蚀产物中的不同成分在部分试样表面分布不均匀，其中 FeS 腐蚀产物仅在局部分布。腐蚀产物膜的形貌也进一步证实了试样表面发生均匀腐蚀为主，电化学腐蚀是最主要的腐蚀形式。

2. 流速对腐蚀的影响

表 6-10 和图 6-16 的实验结果是流速对腐蚀的影响，实验条件为 0.5MPa CO_2，0.06MPa H_2S，100000mg/L Cl^-，温度 95℃下，腐蚀介质分别为 100%水相和 30%含水率，浸泡时间 72h。

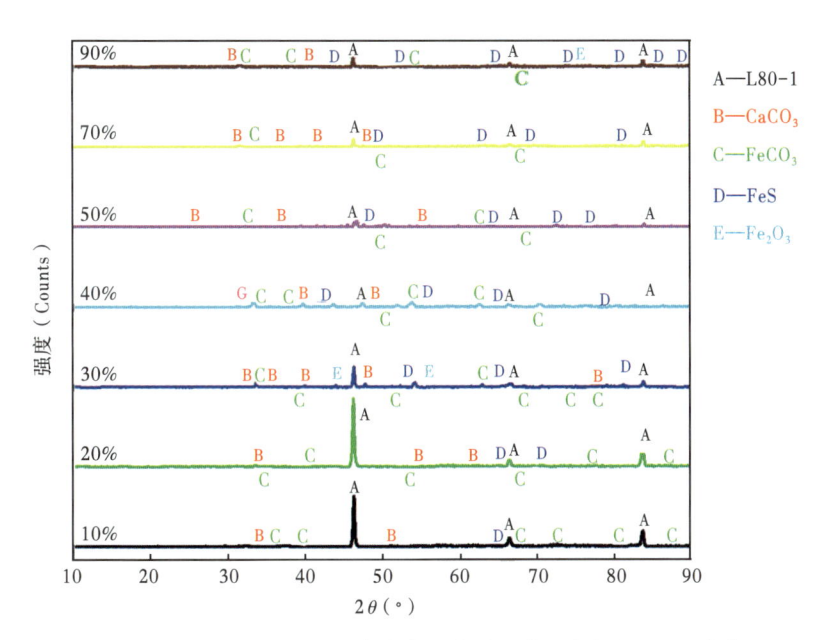

图 6-15　L80-1 在不同含水率腐蚀介质下腐蚀产物的 XRD 图谱

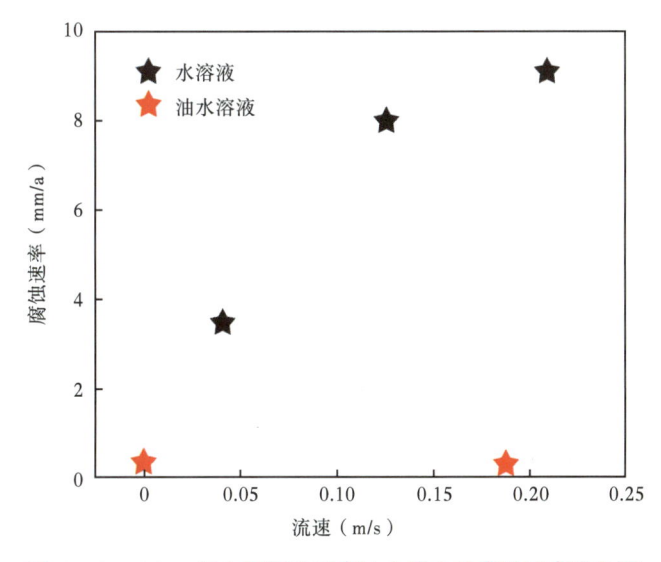

图 6-16　L80-1 钢在不同流速腐蚀介质中的腐蚀速率变化图

表 6-10　L80-1 钢在不同流速腐蚀介质中的腐蚀速率

序号	浸泡时间（h）	腐蚀介质	流速（m/s）	分序号	Δm（g）	腐蚀速率 [g/(m²·h)]	腐蚀速率（mm/a）	平均腐蚀速率（mm/a）
1	72	水溶液，100℃，100r/min	0.2094	1	0.8973	8.9073	10.0742	9.0814
				2	0.6708	6.6529	7.5412	
				3	0.8696	8.6242	9.6287	

305

续表

序号	浸泡时间(h)	腐蚀介质	流速(m/s)	分序号	Δm(g)	腐蚀速率[g/(m²·h)]	腐蚀速率(mm/a)	平均腐蚀速率(mm/a)
2	72	水溶液，100℃，60r/min	0.1257	1	0.6637	6.5364	7.5239	7.9520
				2	1.8015	18.2098	21.3123	
				3	0.7302	7.1219	8.3801	
3	72	水溶液，100℃，20r/min	0.0419	1	0.2904	2.8331	3.3689	3.4071
				2	0.2785	2.7357	3.2113	
				3	0.3164	3.1001	3.6410	
4	72	油水混合溶液，30%水，70℃，0r/min	0.0000	1	0.0181	0.1800	0.2031	0.2153
				2	0.0199	0.1971	0.2252	
				3	0.0195	0.1941	0.2176	
5	72	油水混合溶液，30%水，70℃，60r/min	0.1885	1	0.0166	0.1539	0.1731	0.1784
				2	0.0151	0.1405	0.1575	
				3	0.0197	0.1830	0.2045	

注：Δm—浸泡前后钢片的质量差。

随着流速的增加，界面双电层减薄，电化学腐蚀作用增强，水溶液中的腐蚀速率显著增大。流速增加降低了油水混合溶液（含水率30%）中的腐蚀速率，过低的流速将导致腐蚀产物膜下的局部腐蚀加剧。L80-1材料在10%含水率，0.30MPa H_2S，0.5 MPa CO_2 和流速为0.13m/s的腐蚀条件下的长期腐蚀速率为0.00116mm/a，根据文献及实验得到的流速对均匀腐蚀速率影响为准线性规律，可以外推得到流速约为5m/s时，L80-1材料的腐蚀速率约为0.045mm/a，属于中度腐蚀。若考虑含水率的影响，在90%含水率，0.30MPa H_2S，0.5MPa CO_2 和流速0.13m/s条件下的腐蚀速率为0.042mm/a，而在流速为5m/s时，L80-1材料的腐蚀速率约为1.62mm/a，属于严重腐蚀。

图6-17为流速单因素影响的样品表面宏观和微观形貌，可以看到随着流速增大以后，

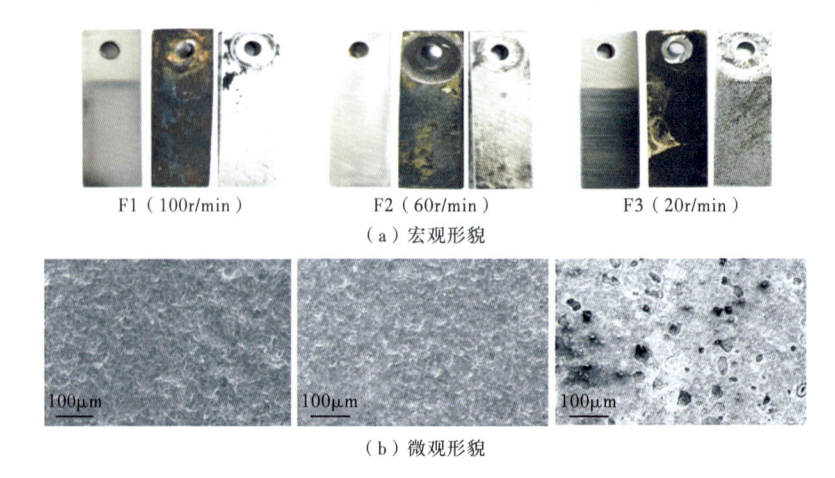

F1（100r/min）　　F2（60r/min）　　F3（20r/min）
（a）宏观形貌

（b）微观形貌

图6-17　L80-1钢在不同流速腐蚀介质中腐蚀后的宏观和微观形貌

腐蚀产物膜的缺陷明显变多。这是因为，一方面，水相中流速增加会增加腐蚀速率，这主要是电化学腐蚀机理控制，加速了腐蚀介质的流动性和传质进程，另一方面，流速加强了对产物膜的剪切作用和冲刷作用，使外层腐蚀产物膜松动，当内外两层腐蚀产物膜间的附着力小于流体的剪切力时，就会发生剥离、脱落现象，加速腐蚀产物膜的更新，使试样表面的腐蚀更严重[19]。而在油相中，流速增加会降低腐蚀速率。当含水率为30%时。流速变化对L80-1的腐蚀速率影响不大。此时宏观腐蚀形貌受流速影响不大，主要体现为均匀腐蚀，但在转速低于20r/min时，腐蚀产物层下出现大量点蚀腐蚀形貌，这主要是由于闭塞效应导致的局部腐蚀。

3. H_2S 对腐蚀的影响

1）失重浸泡实验

硫化氢是油田腐蚀的重要影响因素之一，表6-11和图6-18的结果说明了硫化氢对腐蚀的影响，实验条件为 0.5MPa CO_2；0MPa，0.06MPa，0.12MPa，0.18MPa，0.24MPa，0.30MPa H_2S；Cl^- 含量为100000mg/L；温度95℃；水油比为90%；高温高压，材料为L80-1，浸泡时间72h。

表 6-11 L80-1 钢在不同硫化氢含量腐蚀介质中的腐蚀速率

实验号	材料	实验条件	流速（m/s）	浸泡时间（h）	腐蚀速率（mm/a）	长期腐蚀速率（mm/a）
H1	L80-1	95℃，0.5 MPa CO_2+0MPa H_2S, 10% Cl^-	0.1257	72	1.5795	0.0992
H2	L80-1	95℃，0.5 MPa CO_2+0.06MPa H_2S, 10% Cl^-	0.1257	72	1.2801	0.0804
H3	L80-1	95℃，0.5 MPa CO_2+0.12MPa H_2S, 10% Cl^-	0.1257	72	0.9266	0.0582
H4	L80-1	95℃，0.5 MPa CO_2+0.18MPa H_2S, 10% Cl^-	0.1257	72	1.3069	0.0821
H5	L80-1	95℃，0.5MPa CO_2+0.24MPa H_2S, 10% Cl^-	0.1257	72	0.3918	0.0246
H6	L80-1	95℃，0.5 MPa CO_2+0.30MPa H_2S, 10% Cl^-	0.1257	72	0.6685	0.0420

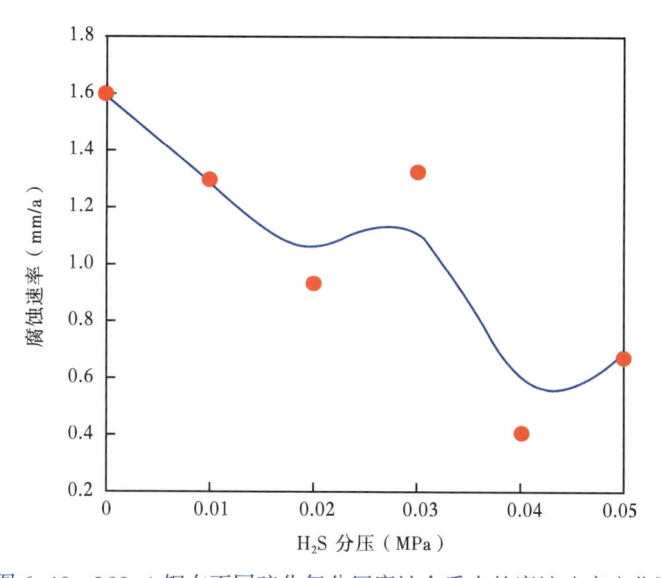

图 6-18 L80-1 钢在不同硫化氢分压腐蚀介质中的腐蚀速率变化图

可以发现，当 H_2S 分压小于 0.12MPa 时，L80-1 的腐蚀速率随 H_2S 浓度的增加而降低，腐蚀速率处于较高的水平；当 H_2S 分压大于 0.24MPa 时，L80-1 腐蚀速率随着 H_2S 浓度的增加而呈现增大趋势，但腐蚀率相对并不高。从图 6-18 可以看出，在 H_2S 分压为 0.18MPa 时腐蚀速率较大，这可能与其他腐蚀因素的协同效应有关。

图 6-19 为 L80-1 钢在不同硫化氢浓度梯度实验的样品宏观形貌，表面的腐蚀产物膜呈现深色，去除腐蚀产物膜后，表面形貌总体较为均匀。图 6-20 为腐蚀产物微观形貌及 EDS 元素分析的选区情况，EDS 图谱如图 6-21，其定量分析结果列于表 6-12，图 6-22 是腐蚀产物 XRD 分析结果。很显然，随着硫化氢含量的增加，腐蚀产物首先变得致密，而后又逐渐变得不均匀，说明不同区域的微观腐蚀产物分布存在区别。不同区域的 EDS 图

(a) H1 (0MPa)　　(b) H2 (0.06MPa)　　(c) H3 (0.12MPa)

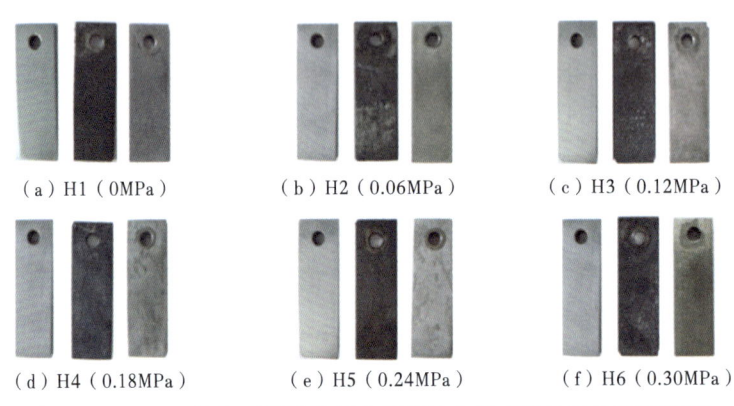

(d) H4 (0.18MPa)　　(e) H5 (0.24MPa)　　(f) H6 (0.30MPa)

图 6-19　L80-1 钢在不同硫化氢分压腐蚀介质中腐蚀后的宏观形貌

(a) H1-1 (0MPa)　(b) H1-2 (0MPa)　(c) H2-1 (0.06MPa)　(d) H2-2 (0.06MPa)

(e) H3-1 (0.12MPa)　(f) H3-2 (0.12MPa)　(g) H4-1 (0.18MPa)　(h) H4-2 (0.18MPa)

(i) H5-1 (0.24MPa)　(j) H5-2 (0.24MPa)　(k) H6-1 (0.30MPa)　(l) H6-2 (0.30MPa)

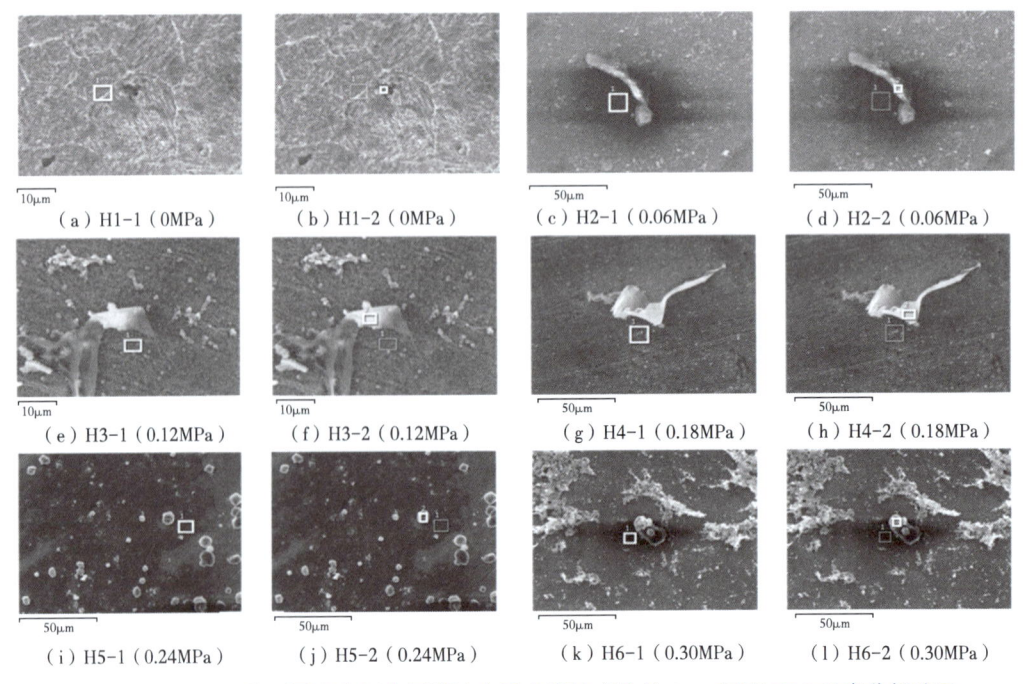

图 6-20　L80-1 在不同硫化氢分压腐蚀介质中腐蚀产物的 SEM 图和 EDS 元素分析选区

谱中，S 元素是否存在具有差异，其含量也有显著变化。从 EDS 和 XRD 等元素表征结果得出管材的表面腐蚀产物主要是 FeCO₃ 和 FeS，同时也包含少量 Fe 和 Cr 的氧化物。从微观形貌看，腐蚀产物的不同成分未均匀分布在基体表面，均匀腐蚀产物以 FeCO₃ 为主，局部腐蚀产物以 FeS 为主。H₂S 的加入可以生成致密的 FeS 腐蚀产物膜；如其含量继续增加，有可能会增加腐蚀产物膜的不均匀性，因此基体的腐蚀形貌也随之发生了改变。

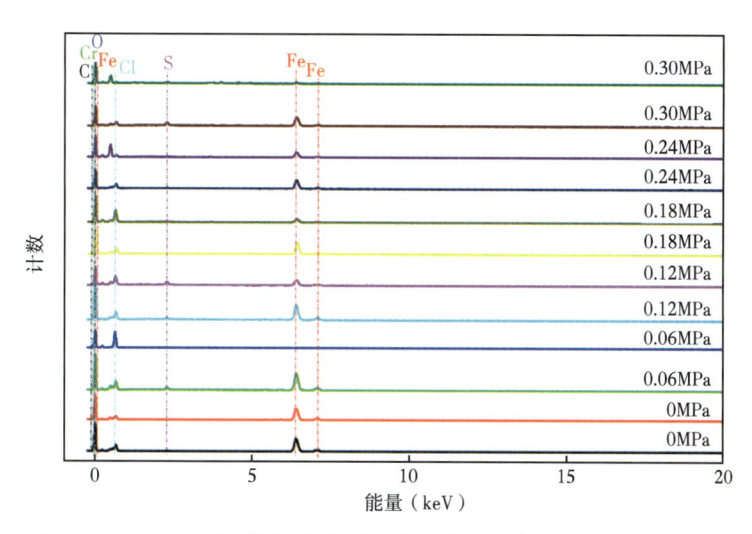

图 6-21 L80-1 在不同硫化氢分压腐蚀介质中腐蚀产物的 EDS 图谱

表 6-12 L80-1 在不同硫化氢含量腐蚀介质中腐蚀产物 EDS 元素分析

实验序号	元素含量（%）（质量分数）				
	C	O	S	Cr	Fe
H1-1	2.72	2.19		0.82	94.27
H1-2	1.95	2.47	0.29	1.07	94.22
H2-1	2.76	3.30	2.39	0.84	90.71
H2-2	17.11	2.18	1.56		79.14
H3-1	2.60	2.07	2.53	0.77	92.05
H3-2	11.91	5.50	7.91	1.04	73.63
H4-1	2.90	2.65	1.18	0.41	92.86
H4-2	16.46	11.52	2.27	0.41	69.33
H5-1	2.37	2.24	1.55	0.51	93.32
H5-2	7.52	30.18	0.25		62.06
H6-1	1.69	2.56	7.32	0.83	87.59
H6-2	11.10	53.03	8.20	0.69	26.94

总的来说，少量 H₂S 的存在可能导致 H₂S 浓度增加加速了硫化物的形成，这将降低腐蚀速率，因此腐蚀速率随硫化氢含量的增加反而下降。FeS 腐蚀产物膜较致密，抑制了 H⁺ 和 Cl⁻ 对基体的均匀溶解作用和局部攻击，也会导致少量 H₂S 存在对 CO₂ 腐蚀有一定的缓

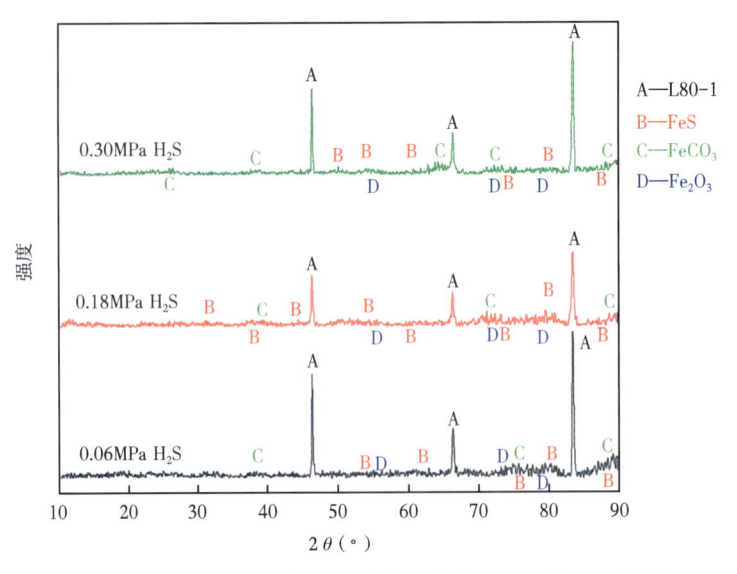

图 6-22　不同硫化氢分压下对腐蚀后的 L80-1 的 XRD 图谱

蚀作用，当 $p_{CO_2} > p_{H_2S}$ 时，腐蚀速率在刚开始可能会下降，然后随着 H_2S 的增加而增加[4]。哈法亚油田 H_2S 的最高分压为 0.30MPa，在该浓度时含水率 90% 的情况下，L80-1 处于中等腐蚀水平（短期腐蚀速率为 0.6685mm/a，长期腐蚀速率 CR_{year} 为 0.042mm/a）。

2）电化学腐蚀机理

图 6-23 与图 6-24 是 L80-1 的电化学交流阻抗图谱及极化曲线，表 6-13 为极化曲线的拟合结果，实验条件为 0.5MPa CO_2，0MPa、0.06MPa、0.12MPa、0.18MPa、0.24MPa、

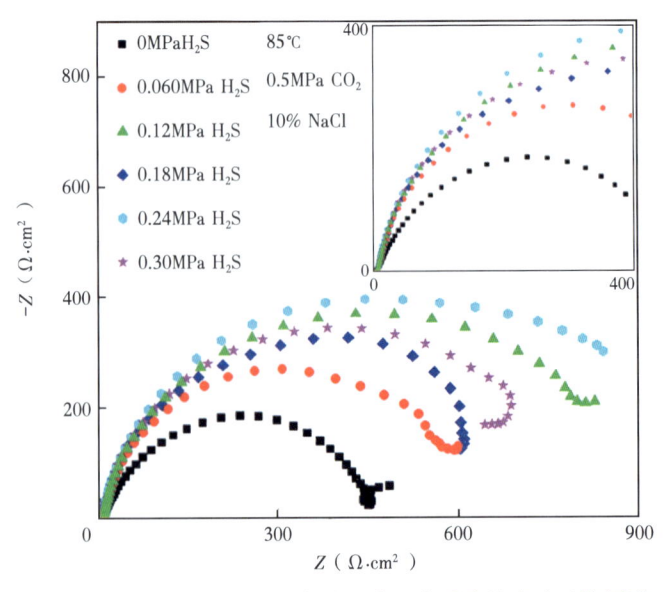

图 6-23　L80-1 在不同硫化氢分压腐蚀介质中的交流阻抗图谱

0.30MPa H₂S，100000mg/L Cl⁻，温度 85℃，100%含水率。从交流阻抗图谱可以看出，在不含有 H₂S 的情况下，其容抗弧半径最小，说明在此环境中，H₂S 的加入对 L80-1 钢材具有一定的保护作用，可以降低腐蚀；随着 H₂S 的增加，阻抗总体呈现先增大后减小的趋势。从极化曲线拟合结果可以看出，随着 H₂S 的增加，自腐蚀电位先增加后降低再增加，阳极腐蚀电流密度呈现先减小后增大的趋势，阴极电流密度呈现先增加后减小的趋势。电化学交流阻抗和极化曲线分析结果都与浸泡实验结论一致。

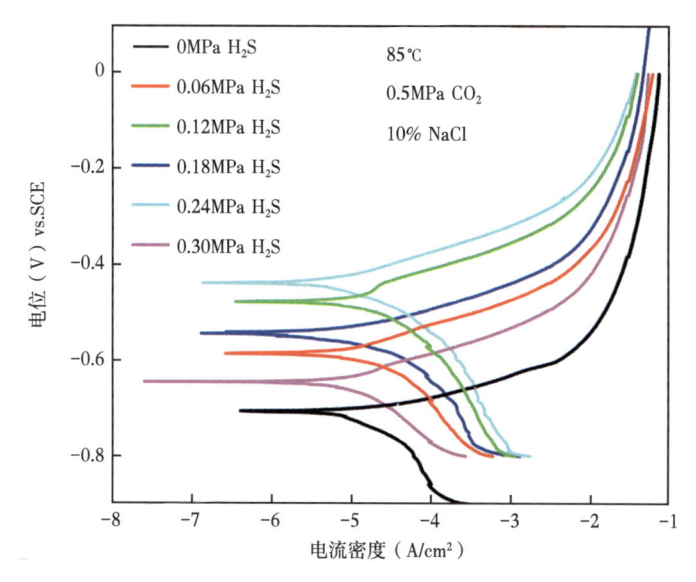

图 6-24　L80-1 在不同硫化氢分压腐蚀介质中的极化曲线

表 6-13　L80-1 在不同硫化氢分压腐蚀介质中的极化曲线拟合结果

H₂S 分压	自腐蚀电位 E_p（V）	腐蚀电流 i_{cor}（A）
0	−0.706	−3.238×10⁻⁵
0.06	−0.586	−3.236×10⁻⁵
0.12	−0.478	−2.379×10⁻⁵
0.18	−0.545	−3.926×10⁻⁵
0.24	−0.439	−4.179×10⁻⁵
0.30	−0.645	−4.196×10⁻⁵

因此，H₂S 对 L80-1 在哈法亚油田环境中的腐蚀影响规律为：

（1）当 H₂S 分压小于 0.24MPa，H₂S 浓度的增加会导致 L80-1 腐蚀速率降低，但当 H₂S 分压大于 0.24MPa 后，腐蚀速率又重新趋于增加。电化学测试和浸泡实验结果一致。

（2）哈法亚油田 H₂S 的最高分压为 0.30MPa，在该浓度下，当含水率 90% 时，L80-1 处于中等腐蚀水平（腐蚀速率 CR 仅为 0.6685mm/a，长期腐蚀速率 CR_{year} 仅为 0.0420mm/a）。

（3）腐蚀形貌宏观上比较均匀，H₂S 加入后对微观腐蚀形貌有显著的影响，与腐蚀机理发生一定程度上的改变有关。

（4）腐蚀产物主要是 $FeCO_3$ 和 FeS，同时也包含少量 Fe 和 Cr 的氧化物。

（5）腐蚀产物的不同成分未均匀分布在基体表面，均匀腐蚀产物以 $FeCO_3$ 为主，局部腐蚀产物以 FeS 为主。

4. CO_2 对腐蚀的影响

溶于水中的 CO_2 是促进电化学腐蚀的另一个重要因素之一，在 0.06MPa H_2S，0MPa、0.25MPa、0.5MPa、1MPa、2MPa、4MPa CO_2，100000mg/L Cl^-，温度 95℃，水油比为 90%条件下获得的腐蚀浸泡失重实验结果见表 6-14 和图 6-25。

表 6-14 L80-1 在不同 CO_2 分压的腐蚀介质中的腐蚀速率

实验号	材料	实验条件	流速（m/s）	浸泡时间（h）	腐蚀速率（mm/a）	长期腐蚀速率（mm/a）
A1	L80-1	95℃，0MPa CO_2+0.06MPa H_2S，10% Cl^-	0.1257	72	0.5001	0.0312
A2	L80-1	95℃，0.25MPa CO_2+0.06MPa H_2S，10% Cl^-	0.1257	72	0.1105	0.0069
A3	L80-1	95℃，0.5MPa CO_2+0.06MPa H_2S，10% Cl^-	0.1257	72	1.4434	0.0901
A4	L80-1	95℃，1MPa CO_2+0.06MPa H_2S，10% Cl^-	0.1257	72	0.8439	0.0527
A5	L80-1	95℃，2MPa CO_2+0.06MPa H_2S，10% Cl^-	0.1257	72	1.1398	0.0712
A6	L80-1	95℃，4MPa CO_2+0.06MPa H_2S，10% Cl^-	0.1257	72	2.9835	0.1863

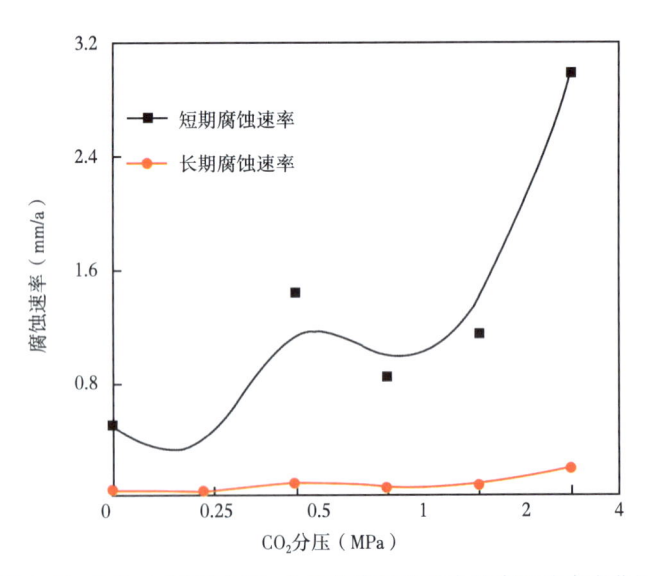

图 6-25 L80-1 在不同 CO_2 分压的腐蚀介质中的腐蚀速率变化图

图 6-26 为 L80-1 在不同 CO_2 分压的腐蚀介质中腐蚀后的腐蚀产物宏观形貌，图 6-27 为 CO_2 分压对腐蚀产物微观形貌的影响，随着分压的增加，表面出现了较为均匀的结垢，腐蚀产物膜也逐渐增厚，说明腐蚀程度增加。

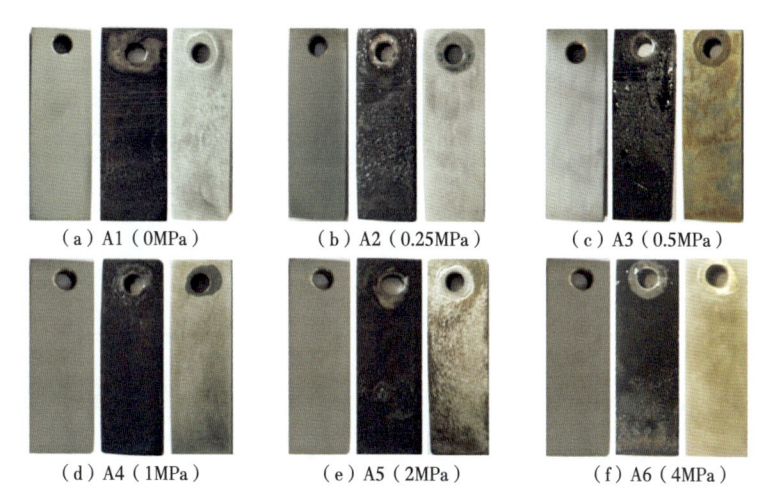

(a) A1（0MPa）　　　　(b) A2（0.25MPa）　　　　(c) A3（0.5MPa）

(d) A4（1MPa）　　　　(e) A5（2MPa）　　　　(f) A6（4MPa）

图 6-26　L80-1 在不同 CO_2 分压的腐蚀介质中腐蚀后的腐蚀产物宏观形貌

(a) A1（0MPa CO_2）　　　(b) A2（0.25MPa CO_2）　　　(c) A3（0.5MPa CO_2）

(d) A4（1MPa CO_2）　　　(e) A5（2MPa CO_2）　　　(f) A6（4MPa CO_2）

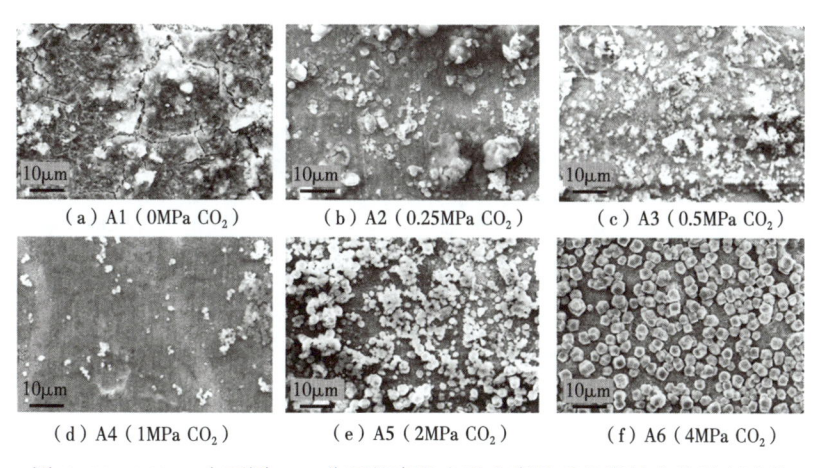

图 6-27　L80-1 在不同 CO_2 分压的腐蚀介质中腐蚀后的腐蚀产物微观形貌

图 6-28、图 6-29 和表 6-15 是 CO_2 腐蚀产物的 EDS 元素分析、图谱及元素表征结果，可以看出腐蚀产物的化学组成分布并不均匀，在表面形成的疏松垢层，极有可能导致垢下腐蚀或电化学腐蚀微区。

表 6-15　L80-1 在不同 CO_2 分压中腐蚀后的腐蚀产物的 EDS 元素表征结果

实验号	元素含量（%）（质量分数）						
	C	O	Mg	S	Ca	Cr	Fe
A1-1	2.31	12.56	0.38	2.26	5.37	1.21	75.91
A1-2	4.53	20.46	1.12	9.84	6.72	0.80	56.54
A1-3	5.04	13.95	0.24	6.36	11.80	2.02	60.59
A2-1	2.18	10.31			2.17		85.34
A2-2	2.06	23.17		1.44	0.79		72.55

续表

实验号	元素含量（%）（质量分数）						
	C	O	Mg	S	Ca	Cr	Fe
A3	3.20	8.01		9.43	2.20	2.93	74.15
A4-1	3.89	5.44		1.25	2.06		87.37
A4-2	4.06	17.85	1.34	1.42	13.77		61.55
A4-3	3.44	28.49		1.17	8.40		58.50
A6-1	3.71	7.52	0.66	1.59	0.58	4.54	86.94
A6-2	10.7	33.42	0.56	1.33	35.48		18.52

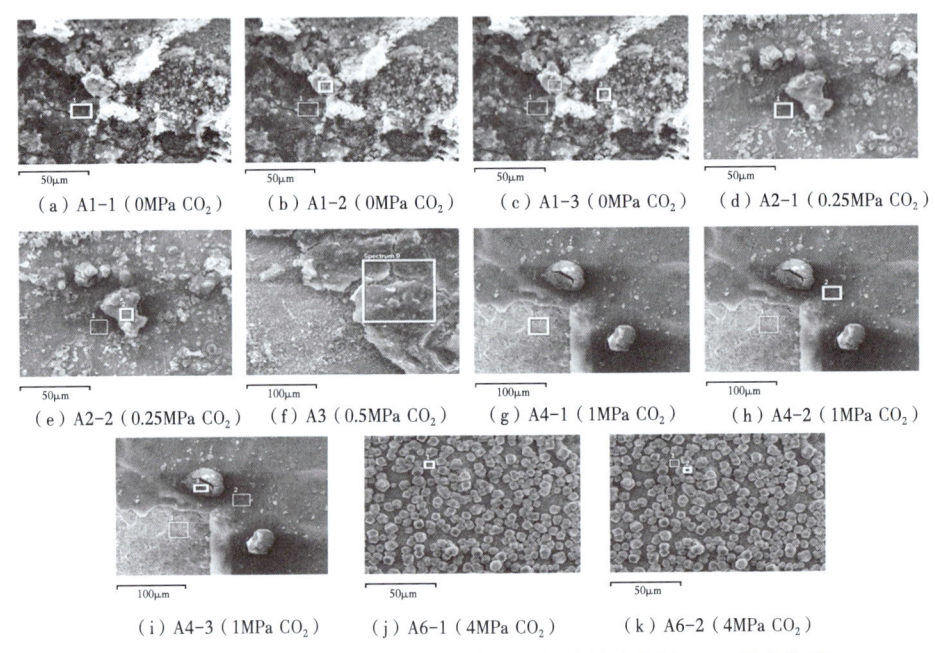

(a) A1-1（0MPa CO_2） (b) A1-2（0MPa CO_2） (c) A1-3（0MPa CO_2） (d) A2-1（0.25MPa CO_2）

(e) A2-2（0.25MPa CO_2） (f) A3（0.5MPa CO_2） (g) A4-1（1MPa CO_2） (h) A4-2（1MPa CO_2）

(i) A4-3（1MPa CO_2） (j) A6-1（4MPa CO_2） (k) A6-2（4MPa CO_2）

图6-28 L80-1在不同CO_2分压中腐蚀后的腐蚀产物的EDS元素分析

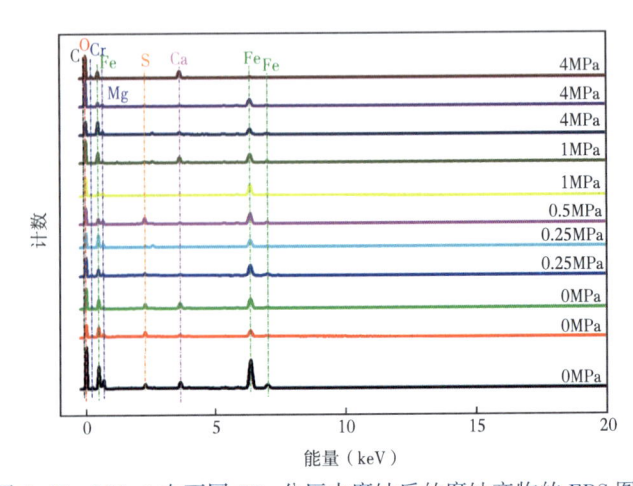

图6-29 L80-1在不同CO_2分压中腐蚀后的腐蚀产物的EDS图谱

L80-1 腐蚀产物层的 XRD 图谱如图 6-18 所示，其腐蚀产物主要为碳酸铁和硫化亚铁以及垢层。

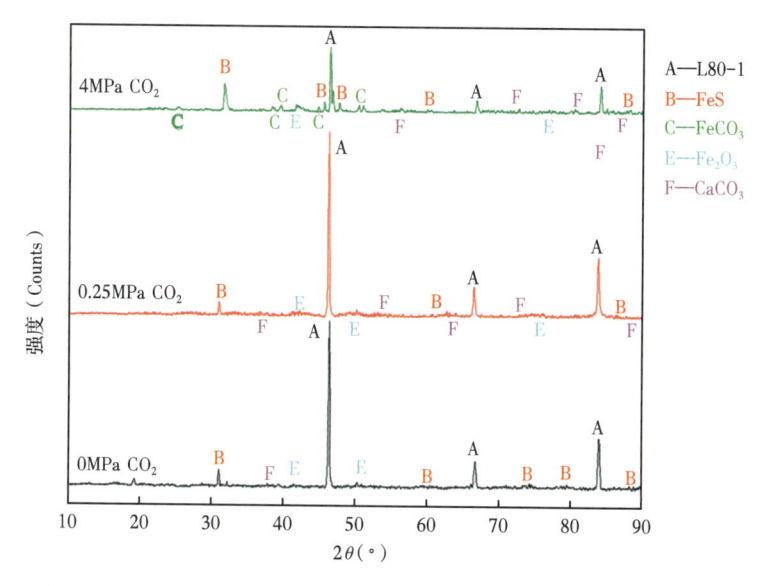

图 6-30　L80-1 在不同 CO_2 分压中腐蚀后的腐蚀产物的 XRD 图谱

在少量 H_2S 存在的条件下，随着 CO_2 分压的增加，溶解量增大，腐蚀速率总体呈现上升的趋势，体现出阴极氢还原反应主导的电化学腐蚀机理。表面的腐蚀产物主要为 $FeCO_3$ 和 FeS，其中 $FeCO_3$ 腐蚀产物分布较均匀，而 FeS 主要在局部存在，当 CO_2 含量较高后，表面还会产生碳酸钙垢。

5. Cl^- 对腐蚀的影响

Cl^- 是影响腐蚀的又一个重要因素，特别是矿化度高达 130000mg/L 时，表 6-16 和图 6-31 的实验结果揭示了高矿化度条件下 Cl^- 浓度的影响，实验条件为 0.5MPa CO_2，95℃，0.06MPa H_2S，90% 含水率，Cl^- 浓度 10%，13%和 16%，流速 0.1257m/s。

表 6-16　L80-1 在不同 Cl^- 含量的腐蚀介质中的腐蚀速率结果

NO.	材料	实验条件	流速（m/s）	浸泡时间（h）	腐蚀速率（mm/a）	长期腐蚀速率（mm/a）
B1	L80-1	95℃，0.5MPa CO_2+0.06MPa H_2S，10% Cl^-	0.1257	72	1.4434	0.0901
B2	L80-1	95℃，0.5MPa CO_2+0.06MPa H_2S，13% Cl^-	0.1257	72	1.2392	0.0774
B3	L80-1	95℃，0.5MPa CO_2+0.06MPa H_2S，16% Cl^-	0.1257	72	0.6758	0.0422

在哈法亚油田井下腐蚀环境的矿化度范围内，在较高 Cl^- 浓度下，随着 Cl^- 含量的增加，腐蚀速率逐渐减低，这是因为 Cl^- 含量的增加使得腐蚀产物膜更加均匀、致密，对基体的保护作用加强。在高浓度盐度环境下，随着 Cl^- 含量的增加，CO_2 的溶解度降低导致阴极反应速度也逐渐下降[11]。随着盐浓度的增加，腐蚀机制逐渐从电荷转移/电阻电流混

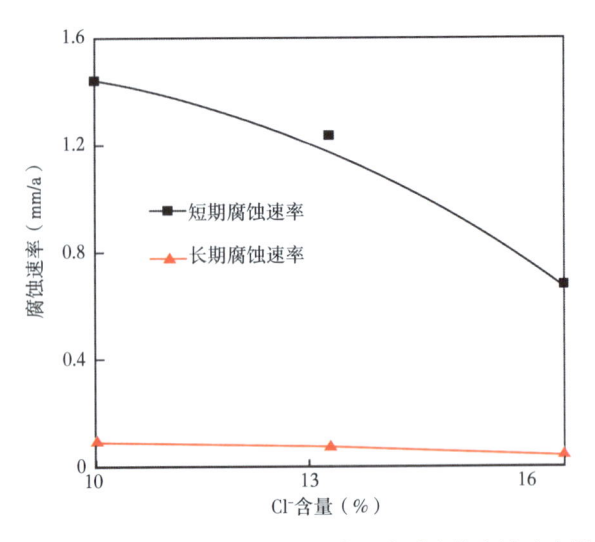

图 6-31　L80-1 在不同 Cl⁻ 含量的腐蚀介质中的腐蚀速率规律

合控制改变为更高程度的电荷转移控制。

图 6-32 显示 Cl⁻ 影响了样品的腐蚀宏观形貌，整个表面均产生了褐色的腐蚀产物膜，分布较均匀。SEM 微观形貌（图 6-33）显示，Cl⁻ 含量为 10% 和 13% 时，表面有大的腐蚀产物团簇，但腐蚀产物膜大体为单层；而 Cl⁻ 含量为 16% 时，腐蚀产物膜似乎为双层结构，外层较为疏松，内层较为致密。

（a）B1（10%Cl⁻）　　（b）B2（13%Cl⁻）　　（c）B3（16%Cl⁻）

图 6-32　L80-1 在不同 Cl⁻ 含量的腐蚀介质中的宏观腐蚀形貌

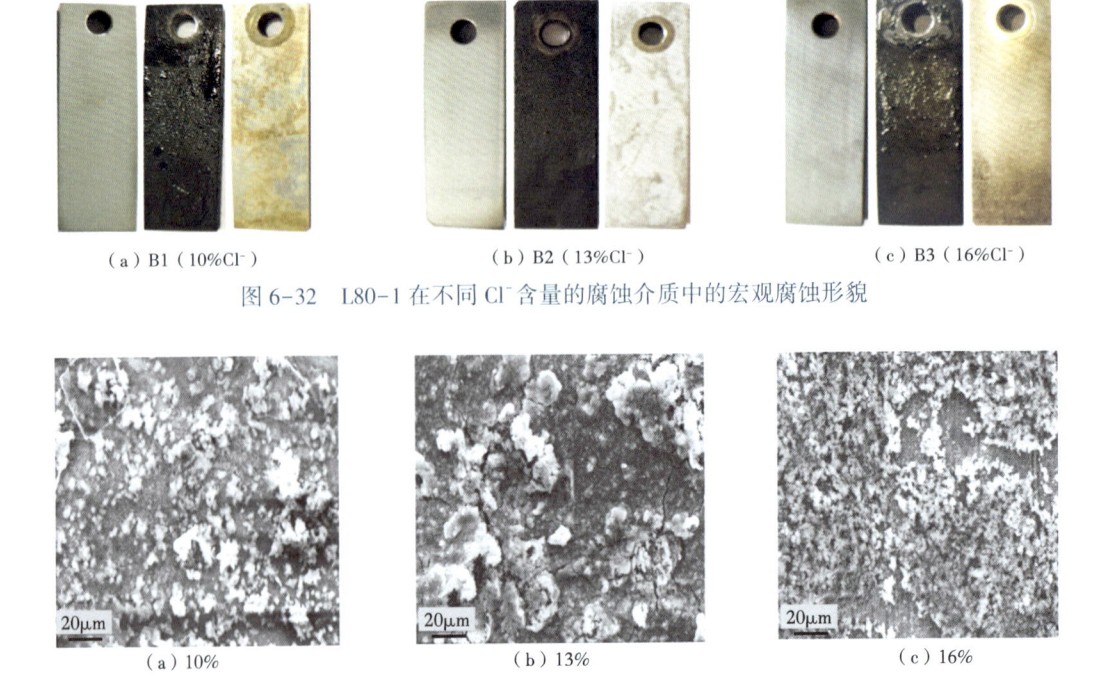

（a）10%　　（b）13%　　（c）16%

图 6-33　L80-1 在不同 Cl⁻ 含量的腐蚀介质中的微观腐蚀形貌

6. 应力对腐蚀的影响

应力对腐蚀同样存在影响，图 6-34 为 U 形弯曲应力腐蚀测试试样典型制作方法，可以模拟现场的受力情况研究应力腐蚀。实验中对试件施加 $0.1\sigma_s$、$0.3\sigma_s$ 和 $0.5\sigma_s$ 应力。应力施加的形式是根据 ASTM G30 标准，采用 U 形弯曲应力腐蚀测试方法进行。腐蚀浸泡后主要考察区域为弯曲顶端部位，试样加工过程中已经发生塑性变形区域在浸泡实验中用高温硅橡胶保护，防止影响实验结果。

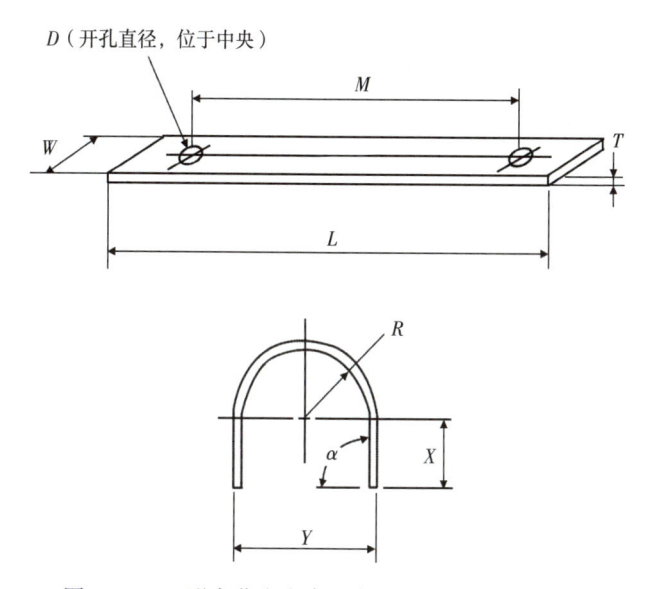

图 6-34 U 形弯曲应力腐蚀实验试样典型制作方法

由于根据 ASTM G30 标准，U 形弯曲试样的周向应力分布不均匀，计算实际应力值比较困难。对于 U 形弯曲试样，当其厚度 t 比弯曲半径 R 小时，弯曲外表面上的总应变 ε 可以按如下公式近似计算：

$$\varepsilon = \frac{t}{2R} \tag{6-4}$$

式中　ε——试样弯曲外表面上的总应变；
　　　t——试样的厚度，mm；
　　　R——试样弯曲曲率半径，mm。

表 6-17 为 U 形弯曲不同应力腐蚀测试试样尺寸参数，根据尺寸参数可以计算出各条件下的总应变。

表 6-17　U 形弯曲不同应力腐蚀实验试样尺寸参数

总应变 (ε)	L (mm)	M (mm)	W (mm)	t (mm)	D (mm)	X (mm)	Y (mm)	R (mm)	α (rad)
$0.1\sigma_s$	100	90	9	3.0	7	26	36	15	1.57
$0.3\sigma_s$	100	90	9	3.0	7	42	26	5	1.57
$0.5\sigma_s$	100	90	9	3.0	7	36	12	3	1.57

图 6-35 为 0.5 MPa CO_2，0.30MPa H_2S，100000mg/L Cl^-，温度 95℃，水油比 10% 时，不同应力条件下的 L80-1 试样的宏观腐蚀形貌，图 6-36 为不同应力腐蚀条件下 L80-1 试样的微观形貌。在哈法亚油田的典型腐蚀条件和力学条件下，L80-1 试样没有出现断裂或者裂纹腐蚀形貌，也没有明显的点蚀等其他局部腐蚀形貌，但随着应力的增加，表面由于腐蚀导致的粗糙度有所增加，说明应力对均匀腐蚀也存在着一定的影响。

图 6-35　L80-1 在不同应力腐蚀条件下的宏观形貌

（a）为腐蚀浸泡前的宏观形貌；（b）为腐蚀浸泡实验后的宏观形貌；（c）为去除腐蚀产物的宏观腐蚀形貌

图 6-36　L80-1 在不同应力腐蚀条件下的微观形貌

四、基于腐蚀环境现状的腐蚀评价

截至 2019 年底，现场还大量存在着含水率小于 10% 的井况，其油层套管可以使用 0.5MPa CO_2，0.30MPa H_2S，100000mg/L Cl^-，95℃下的条件来进行模拟腐蚀实验。表 6-30 给出了 L80-1 在 10% 含水率下 0.06MPa 和 0.30MPa H_2S 腐蚀速率对比，图 6-37 和图 6-38 分别图示了 L80-1 浸泡 72h 后宏观腐蚀形貌和微观腐蚀形貌，图 6-39 和表 6-19 分别给出了相应的 EDS 元素分析及元素分析结果。

表 6-18　L80-1 钢材在 10%含水率和不同 H_2S 分压下的腐蚀速率

实验号	材料	H_2S 分压（MPa）	含水率（%）	流速（m/s）	浸泡时间（h）	腐蚀速率（mm/a）	长期腐蚀速率（mm/a）
HS0	L80-1	0.06	10	0.1257	72	0.0200	0.00125
HS1	L80-1	0.30	10	0.1257	72	0.0186	0.00116

(a) HS0, 0.06MPa H_2S　　　(b) HS1, 0.30MPa H_2S

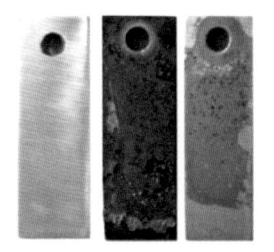

图 6-37　L80-1 钢材 10%含水率下不同 H_2S 分压下的宏观腐蚀形貌

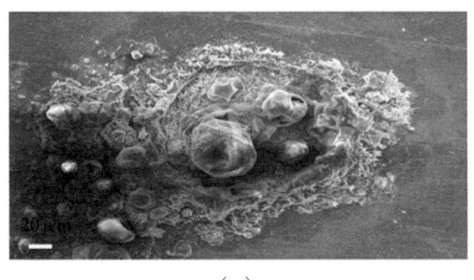

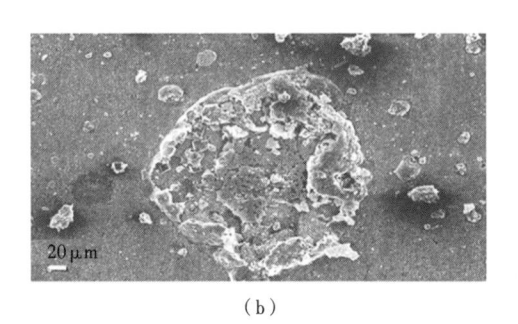

(a)　　　(b)

图 6-38　L80-1 钢材 10%含水率下不同 H_2S 分压下的微观腐蚀形貌

(a)　　　(b)　　　(c)

图 6-39　L80-1 钢材在 10%含水率不同 H_2S 分压下 H_2S 腐蚀后的 EDS 元素分析

研究发现，L80-1 钢材在 0.30MPa H_2S 环境中的腐蚀速率比在 0.06MPa H_2S 环境中稍低，但是由于含水率较低，两者均有局部腐蚀形貌，并且局部腐蚀产物主要为 FeS。以上评价结果表明，哈法亚油田现阶段油层套管处于轻微腐蚀水平。

表 6-19 L80-1 钢材在 10%含水率不同 H_2S 分压下腐蚀后的 EDS 元素分析结果

H_2S 分压 (MPa)	元素含量（%）(质量分数)				
	C	O	S	Cl	Fe
0.06	2.58	15.86	0.08	11.70	69.78
0.30	5.12	2.53	30.69		61.28
0.30	8.07	3.57	27.64	0.54	60.19

通过腐蚀挂片实验和多种表面分析技术（SEM，EDS 和 XRD），并结合多种电化学腐蚀测试技术（OCP，EIS 和 LSV）研究获得了 L80-1 套管材料在哈法亚油田典型腐蚀环境下的腐蚀机理：

（1）生产井中 L80-1 套管材料宏观上表现为均匀腐蚀，腐蚀因素的主次顺序为：含水率、CO_2、H_2S、温度、Cl^- 浓度。

（2）腐蚀速率随含水率的增加而增加，含水率低于 30% 时长期腐蚀速率属于低腐蚀水平，当含水率达到 40% 时腐蚀水平达到中等，建议含水率超过 30% 以后采取保护措施。

（3）随着流速的增加，水溶液中的腐蚀速率显著增大，但在油水混合溶液（含水率 30%）中的腐蚀速率则降低。

（4）随着 H_2S 的添加，L80-1 的腐蚀速率先降低后升高，阻抗总体呈现先增大后减小的趋势，均匀腐蚀产物以 $FeCO_3$ 为主且局部腐蚀产物以 FeS 为主。

（5）随着 CO_2 分压的增加，腐蚀速率呈现总体上升的趋势，CO_2 可以在一定程度上和 H_2S 发生协同保护作用。

（6）在哈法亚油田的腐蚀条件下，除含水率外，CO_2 对腐蚀的影响最大，由于 CO_2/H_2S 比率较高，因此以 CO_2 腐蚀的电化学腐蚀机理为主。

（7）高浓度下，随着 Cl^- 含量的增加，腐蚀产物膜越来越均匀，腐蚀速率逐渐降低。

（8）在模拟哈法亚油田腐蚀环境下，不会发生应力开裂现象。

五、不同材质套管腐蚀行为的研究

1. 失重浸泡实验

图 6-40 和表 6-20 显示了不同材质的腐蚀速率，实验条件为 0.5MPa CO_2，0.06MPa

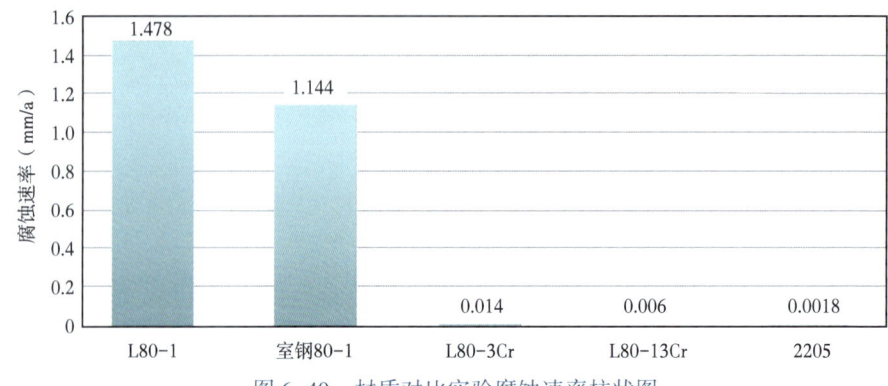

图 6-40 材质对比实验腐蚀速率柱状图

（L80-1：1.478；室钢80-1：1.144；L80-3Cr：0.014；L80-13Cr：0.006；2205：0.0018，单位 mm/a）

H_2S，100000mg/L Cl^-，温度95℃，水油比为90%。数据表明 L80-3Cr 及以上材料的腐蚀速率均低于0.025mm/a，这满足 NACE RP 0775—2005 的选材标准。Terenas L80-1 材料腐蚀最严重，腐蚀速率最大，为1.478mm/a，属于中等腐蚀，宝钢 L80-1 腐蚀速率稍低，属于中等腐蚀，而 L80-13Cr，L80-13Cr 和 2205 的腐蚀速率较小，均低于0.025mm/a，属于轻微腐蚀。

表6-20 材质对比实验腐蚀速率结果

编号	材料	实验条件	流速（m/s）	时间（h）	腐蚀速率（mm/a）	长期腐蚀速率（mm/a）
C1	L80-1	60r/min，95℃，0.5MPa CO_2 + 0.06MPa H_2S，10% Cl^-	0.1257	72	1.4779	0.0929
C2	L80-3Cr	60r/min，95℃，0.5MPa CO_2 + 0.06MPa H_2S，10% Cl^-	0.1257	72	0.0140	0.0009
C3	L80-13Cr	60r/min，95℃，0.5MPa CO_2 + 0.06MPa H_2S，10% Cl^-	0.1257	72	0.0060	0.0004
C4	2205	60r/min，95℃，0.5MPa CO_2 + 0.06MPa H_2S，10% Cl^-	0.1257	72	0.0018	0.0001
C5	宝钢 L80	60r/min，95℃，0.5MPa CO_2 + 0.06MPa H_2S，10% Cl^-	0.1257	72	1.1440	0.0714

图6-41为材质对比实验中各样片宏观腐蚀形貌。图6-42为材质对比实验中各样挂片实验的微观腐蚀形貌。从腐蚀的宏观和微观形貌看出，所有材料在苛刻的腐蚀条件下均为均匀腐蚀，与其他材料相比，L80-1 在相同的腐蚀环境中腐蚀最严重；随着 Cr 含量增加，腐蚀程度减轻，金属表面的腐蚀产物减少。

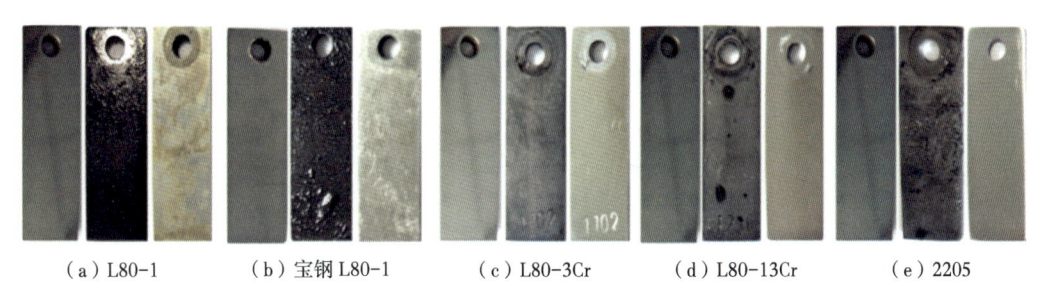

(a) L80-1　　(b) 宝钢 L80-1　　(c) L80-3Cr　　(d) L80-13Cr　　(e) 2205

图6-41 不同钢材腐蚀挂片后宏观腐蚀形貌

当 Cr 含量为3%或更高时，在95℃含有0.5MPa 的 CO_2 条件下，低 Cr 合金钢具有自钝化性能，这是低 Cr 钢的腐蚀速率低于碳钢的原因。适当的 Cr 含量对 L80 钢（API L80-xCr）在 CO_2 环境中的耐腐蚀性具有显著的增加作用。Cr 可以有效抑制点蚀，同时，随着钢基体中 Cr 含量的提高，Cr 钢的腐蚀产物中 $Cr(OH)_3$ 的含量显著增加，不仅可以降低腐蚀产

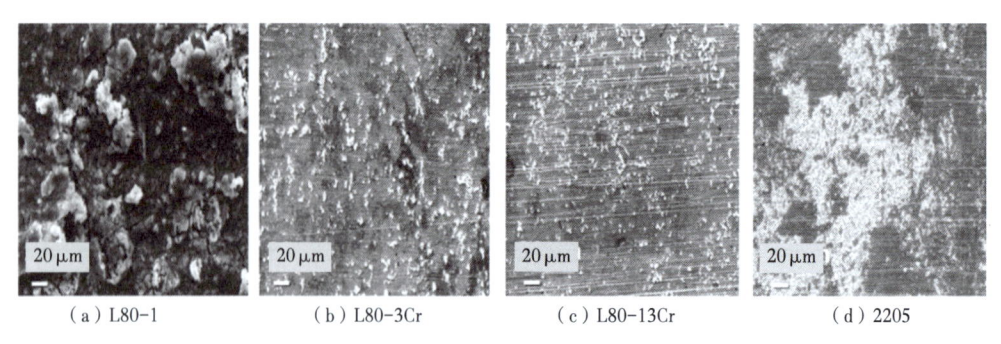

（a）L80-1　　（b）L80-3Cr　　（c）L80-13Cr　　（d）2205

图 6-42　不同钢材腐蚀挂片后的微观腐蚀形貌

物的电导率，还可以提高腐蚀产物的阳离子选择性，这两个因素提高含 Cr 钢的耐点蚀性[20]，但随着 Cr 含量的增加，SSC 的风险可能会增加[14]。

2. 电化学测试

图 6-43 为常压，饱和 CO_2，0.06MPa H_2S，100000mg/L Cl^-，95℃，含水率为 100% 的条件下不同钢材电化学腐蚀交流阻抗图谱。交流阻抗图谱中的容抗弧半径反映腐蚀的阻力，半径越大，说明耐蚀性越好，因此图 6-43 表明随着 Cr 含量的增加，材质的容抗弧半径增大，耐蚀性能提高。

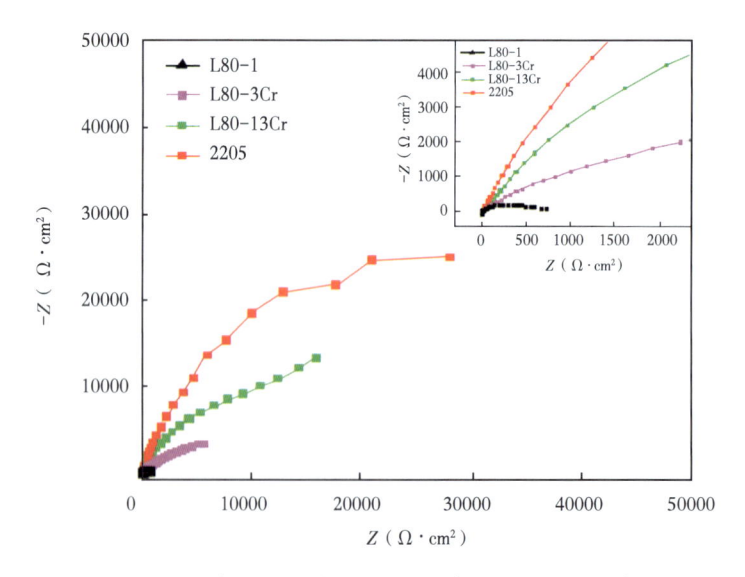

图 6-43　常压下不同钢材电化学腐蚀交流阻抗图谱

电化学交流阻抗图谱经过 ZSimpWin 拟合软件，并利用等效电流图拟合出溶液电阻（R_s）、电荷转移电阻（R_1）、钝化膜电阻（R_2）、常相位角（CPE）、弥散系数（n）等化学参数。极化曲线经过拟合得到自腐蚀电流密度（i_0）、自腐蚀电位（E_0）、点蚀电位（E_b）、钝化电流密度（i_p）等电化学参数，见图 6-44 和表 6-21。R_1 和 R_2 的和值反映了总电化学反应电阻，交流阻抗图谱拟合结果也得出同样的结论。四种不同材质的腐蚀阻抗大小为 2205>L80-13Cr>L80-3Cr>L80-1。

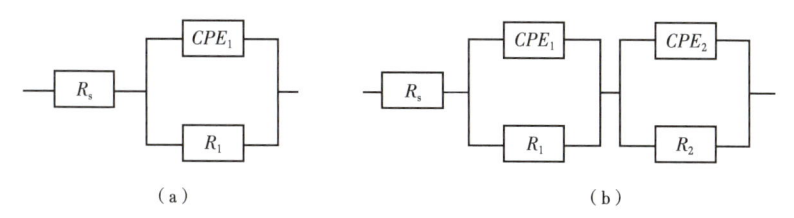

（a） （b）

图 6-44 常压下不同钢材电化学腐蚀交流阻抗等效电路图

表 6-21 常压下不同钢材电化学腐蚀交流阻抗拟合结果

材质	R_s （$\Omega \cdot cm^2$）	CPE_1/Y_0 （$\Omega^{-1} \cdot cm^{-2} \cdot s^n$）	n_1	R_1 （$\Omega \cdot cm^2$）	CPE_2/Y_0 （$\mu\Omega^{-1} \cdot cm^{-2} \cdot s^n$）	n_2	R_2 （$\Omega \cdot cm^2$）
L80-1	1.888	373.0	0.800	606.4			
L80-3Cr	2.565	622.3	0.872	652.5	862.2	0.856	6590
L80-13Cr	2.599	502.6	0.889	673.6	442.5	0.781	3.26E4
2205	2.766	514.8	0.880	983.5	98.8	0.905	5.92E4

注：Y_0 是常相位角元件（CEP）的阻抗值（Z）的倒数，n 表示弥散指数。n=1 时，Y_0 为电容值；n>0.8 时，Y_0 为并非真正的电容值，要通过换算成真正的电容值；n=0.5 时，为纯电阻值。

图 6-45 为常压下不同材质的电化学腐蚀极化曲线。表 6-22 为常压下不同材质的电化学极化曲线拟合结果。

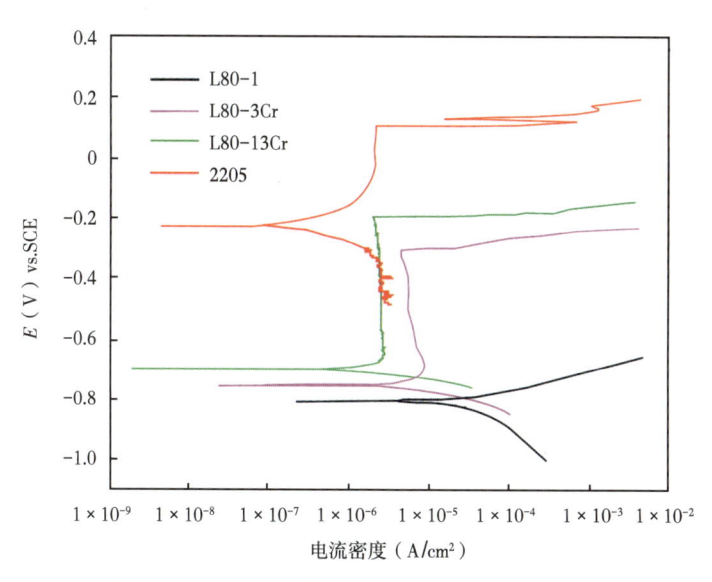

图 6-45 常压下不同钢材的电化学腐蚀极化曲线
E—相较于参比电极的电极电势

表 6-22 常压下不同钢材的电化学腐蚀极化曲线拟合结果

材质	i_0（A/cm^2）	E_0（V）	腐蚀速率（mm/a）	E_b（V）	i_p（A/cm^2）
L80-1	4.169×10^{-5}	−0.808	0.490		
L80-3Cr	0.958×10^{-5}	−0.755	0.082	−0.300	0.606×10^{-5}
L80-13Cr	0.299×10^{-5}	−0.702	0.035	−0.198	0.260×10^{-5}
2205	0.258×10^{-5}	−0.225	0.030	0.106	0.217×10^{-5}

从极化曲线可以看出，L80-1 的腐蚀电位处于活化腐蚀区，L80-3Cr 及以上材质均发生自钝化现象，并有较大的稳定钝化区；L80-13Cr 的耐蚀性略高于 L80-3Cr；2205 DSS 具有最优的耐腐蚀性能。从极化曲线拟合结果看，随着 Cr 含量的增加，材质的自腐蚀电流密度（i_0）逐渐减小，说明耐蚀性越来越好。极化曲线结果和交流阻抗图谱一致。

高温高压电化学实验可以在更接近现场工况的情况下研究电化学动力学，针对哈法亚油田的情况，高温高压电化学实验条件为：0.5MPa CO_2，0.06MPa H_2S，100000mg/L Cl$^-$，95℃，含水率100%，N_2 补压到总压 4MPa。图 6-46 为不同材质，自然钝化条件下的电化学交流阻抗图谱，阴极极化除膜的电化学交流阻抗图谱如图 6-47 所示，线性极化曲线如图 6-48 所示。交流阻抗实验结果表明，在哈法亚油田腐蚀工况下，即在 CO_2 环境中，无论有无 H_2S，L80-3Cr 和 L80-13Cr 的阻抗比 L80-1 高出近 2 个数量级，同时 L80-3Cr 和 L80-13Cr 的阻抗相差不大。从图 6-48 极化曲线可以看出，L80-3Cr 和 L80-13Cr 有明显的钝化区域，而 L80-1 属于活化腐蚀。无硫化氢的环境中 L80-3Cr 和 L80-13Cr 的自腐蚀电位和自电流密度都比较接近，与常压电化学实验结论一致，而在有硫化氢的环境中，硫化氢的存在对 L80-1 的腐蚀机理无明显影响，而 L80-3Cr 和 L80-13Cr 的点蚀电位下降和维钝电流密度上升，这是因为钝化性能更好的材料对 H_2S 更敏感，硫化氢的阴极自催化还原电化学作用使得钝化膜的稳定性发生了显著的下降。

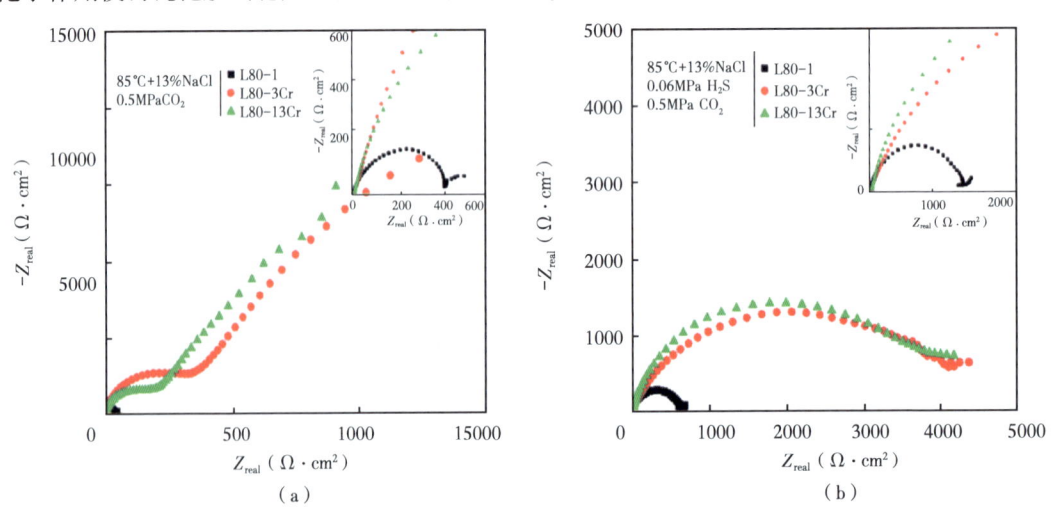

图 6-46 高温高压下不同钢材在有无 H_2S 环境中自然钝化条件下的电化学交流阻抗图谱
（a）为 L80-1，L80-3Cr 和 L80-13Cr 管材在 85℃下 13% NaCl 溶液中 0.5MPa CO_2 且无硫环境中阻抗图谱；
（b）L80-1，L80-3Cr 和 L80-13Cr 管材在 85℃下 13% NaCl 溶液中 0.5MPa CO_2 且 0.06MPa H_2S 环境中阻抗图谱

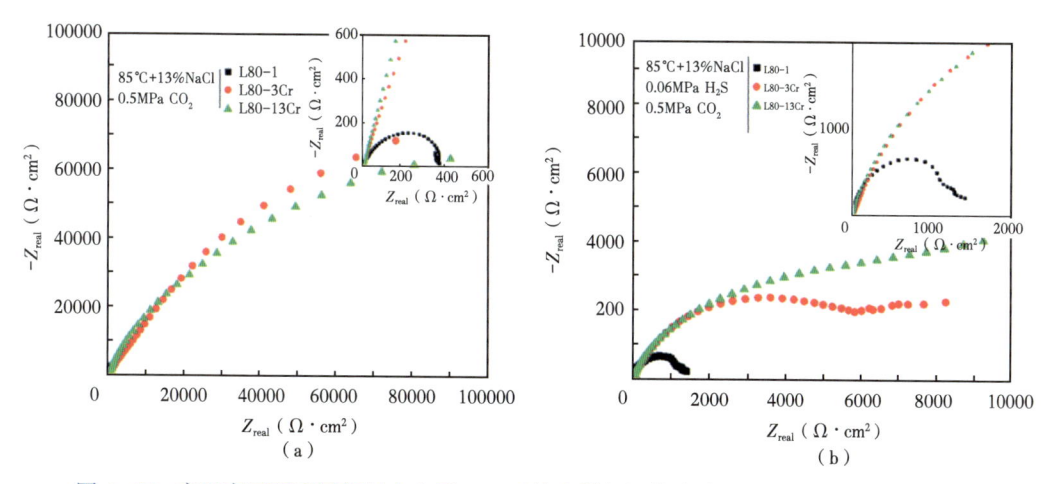

图 6-47 高温高压下不同钢材在有无 H_2S 环境中阴极极化除膜后的电化学交流阻抗图谱

（a）L80-1，L80-3Cr 和 L80-13Cr 管材在 85℃下 13% NaCl 溶液中 0.5MPa CO_2 且无硫环境中阻抗图谱；
（b）L80-1，L80-3Cr 和 L80-13Cr 管材在 85℃下 13% NaCl 溶液中 0.5MPa CO_2 且 0.06MPa H_2S 环境中阻抗图谱

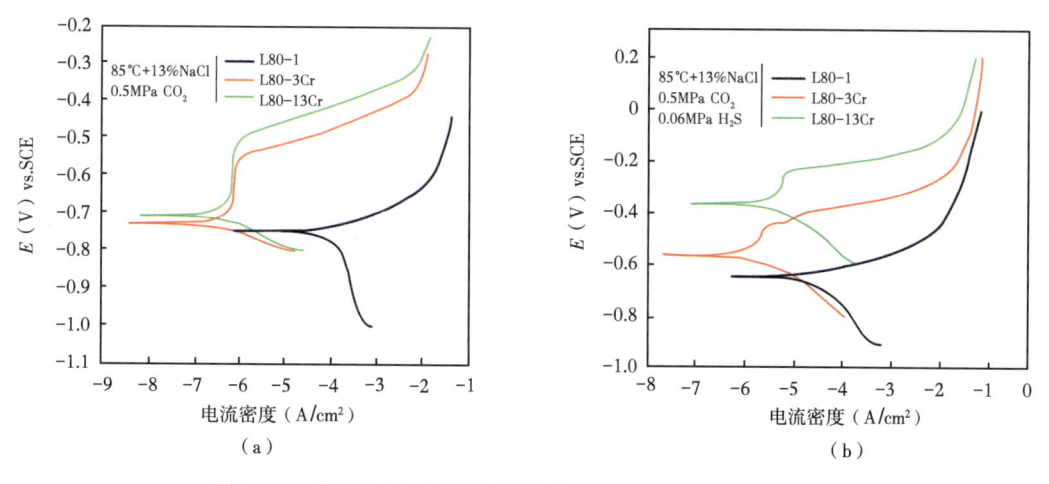

图 6-48 高温高压下不同钢材在有无 H_2S 环境中的极化曲线

（a）L80-1，L80-3Cr 和 L80-13Cr 管材在 85℃下 13% NaCl 溶液中 0.5MPa CO_2 且无硫环境中极化曲线；
（b）L80-1，L80-3Cr 和 L80-13Cr 管材在 85℃下 13% NaCl 溶液中 0.5MPa CO_2 且 0.06MPa H_2S 环境中极化曲线）

L80-3Cr 和 L80-13Cr 材质的性质比较接近，为评价两种材质抗腐蚀的能力，测量了 L80-3Cr 和 L80-13Cr 钢在 85℃下 13% 的 NaCl 溶液中 0.1MPa，0.5MPa 和 1MPa CO_2 分压下的阻抗图谱和极化曲线，分别如图 6-49 至图 6-51 所示。从图 6-46 和图 6-47 的交流阻抗结果分析得到 CO_2 分压对 L80-3Cr 和 L80-13Cr 两种材料的影响规律相同，但 L80-3Cr 对压力变化的敏感性略高于 L80-13Cr。在 CO_2 分压为 0.1MPa 和 0.5MPa 时，L80-3Cr 和 L80-13Cr 的耐蚀性接近，而在 CO_2 分压为 1 MPa 时，L80-13Cr 比 L80-3Cr 具有更高的耐蚀能力。从图 6-48 中 L80-3Cr 和 L80-13Cr 材料在不同 CO_2 分压下的极化曲线对比看出，L80-3Cr 和 L80-13Cr 都具有良好的耐蚀性及钝化性能，L80-13Cr 在局部腐蚀中有较 L80-3Cr 更好的耐蚀性能。

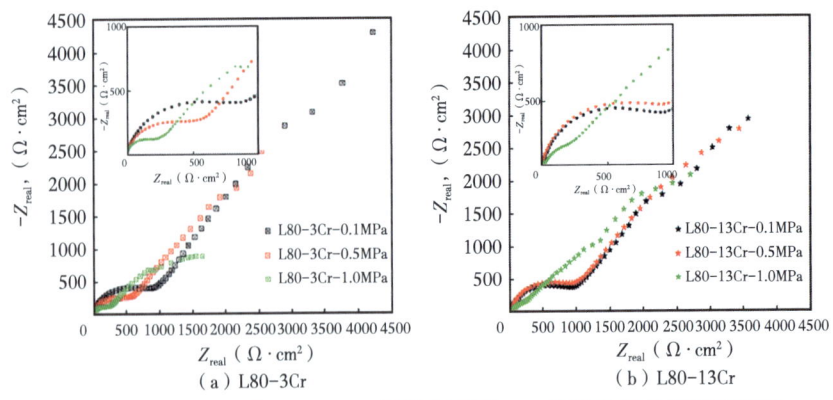

图 6-49 L80-3Cr 和 L80-13Cr 材料在不同 CO_2 分压下的交流阻抗谱图

(a) L80-3Cr 在 85℃下 13% NaCl 溶液中不同 CO_2 分压下的阻抗图谱;
(b) L80-13Cr 在 85℃下 13% NaCl 溶液中不同 CO_2 分压下的阻抗图谱

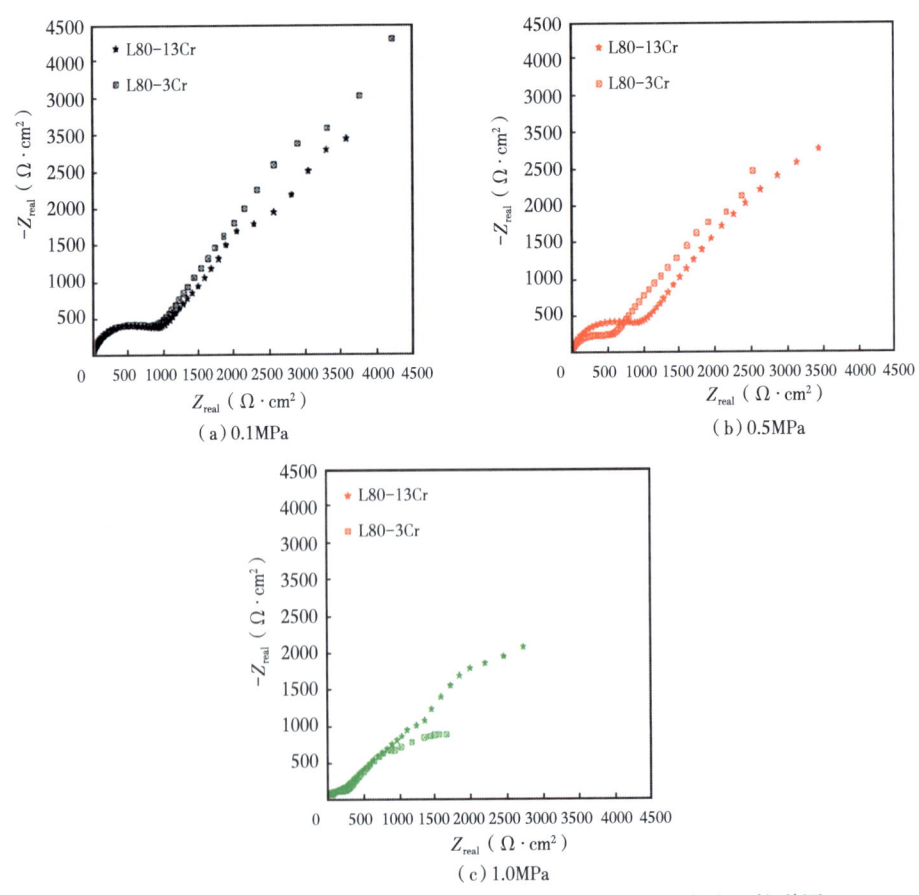

图 6-50 L80-3Cr 和 L80-13Cr 材料在不同 CO_2 分压下的交流阻抗谱图

(a) L80-3Cr 和 L80-13Cr 在 85℃下 13% NaCl 溶液中 0.1 MPa CO_2 分压下的阻抗图谱;
(b) L80-3Cr 和 L80-13Cr 在 85℃下 13% NaCl 溶液中 0.5MPa CO_2 分压下的阻抗图谱;
(c) L80-3Cr 和 L80-13Cr 在 85℃下 13%NaCl 溶液中 1MPa CO_2 分压下的阻抗图谱

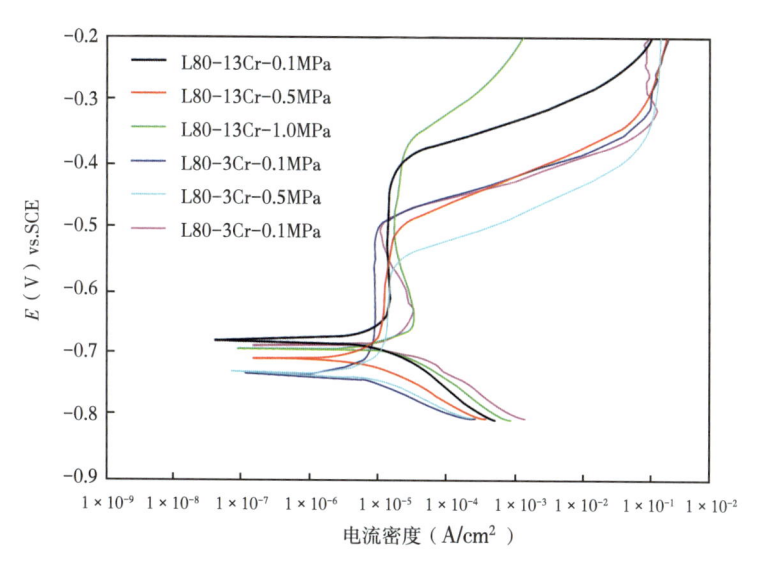

图 6-51　L80-3Cr 和 L80-13Cr 材料在不同 CO_2 分压下的极化曲线

在含水率为 90% 的电化学腐蚀条件下，L80-1 材料的腐蚀速率较高并呈现均匀腐蚀特征，材料耐蚀性由高到低依次为：2205，L80-13Cr，L80-3Cr，L80-1。在典型腐蚀介质中，CRA L80-13Cr 和经济型 L80-3Cr 有着非常相似的耐腐蚀性能和腐蚀行为。在哈法亚油田现有典型腐蚀环境中，相比于经济型 L80-3Cr，L80-13Cr 耐蚀性能的优势不明显。含 Cr 材料的耐蚀性能提高主要是因为 Cr 元素极大地促进了它们的钝化且表面的钝化膜很稳定。在 CO_2 环境中，少量 H_2S 的存在可能增加点蚀敏感性。

3. 各主要油层腐蚀现状分析

根据 NACE RP 0775—2005 标准，长期腐蚀速率低于 0.025mm/a 属于轻微腐蚀，在 0.025~0.125mm/a 属于中度腐蚀，在 0.126~0.254mm/a 属于较严重的腐蚀，大于 0.254mm/a 属于严重腐蚀。

Jeribe-Kirkuk 油层（68.5℃，0.002MPa CO_2，不含 H_2S）的腐蚀条件，介于正交实验中的第一组实验（70℃，0MPa CO_2，不含 H_2S，含水率 30%，4% Cl^- 含量）和实验 R1（95℃，不含 CO_2 和 H_2S，100% 含水率和 7% Cl^- 浓度）的腐蚀条件之间，而以上两组实验的长期腐蚀速率分别为 0.0031mm/a 和 0.0092mm/a，都属于轻微腐蚀，因此 Jeribe-Kirkuk 油层的腐蚀属于轻微腐蚀。

Sadi 油层（86.1℃，0.390MPa CO_2，不含 H_2S）和 Khasib 油层（88.8℃，0.132 MPa CO_2，不含 H_2S）的腐蚀条件分别介于 H_2S 梯度实验 H1（95℃，不含 CO_2，0.5MPa CO_2）和 CO_2 梯度实验 A1（95℃，0MPa CO_2 和 0.06MPa H_2S）以及实验 A2（95℃，0.25MPa CO_2 和 0.06MPa H_2S）的实验条件之间，而 H1，A1 和 A2 的长期腐蚀速率分别为 0.0992mm/a，0.0312mm/a 和 0.0069mm/a，属于中低腐蚀水平。考虑到 CO_2 和 H_2S 的腐蚀影响，Sadi 油层的腐蚀性属于低中度腐蚀，Khasib 油层属于轻微腐蚀。

对于 Mishrif 油层，MB1（96.9℃，0.410 MPa CO_2，0.30MPa H_2S 和 13% Cl^- 浓度）和 MB2（95.6℃，0.360MPa CO_2，0.30MPa H_2S 和 11% Cl^-）的现阶段腐蚀条件下（10% 含水

率），短期腐蚀速率分别为 0.0200mm/a 和 0.0186mm/a，长期腐蚀率分别为 0.00125mm/a 和 0.00116mm/a，因此属于中低腐蚀水平。考虑到含水率对腐蚀的影响以及未来 Mishrif 油层含水率将会逐渐增加，Mishrif 油层现阶段属于轻微腐蚀，但未来可能会发生中等程度或以上的腐蚀。

根据目前的评价结果，哈法亚油田的绝大多数油层都还处于轻中度的腐蚀状态，目前各主要储层的腐蚀程度见表 6-23。

表 6-23 哈法亚油层的现场腐蚀介质条件以及腐蚀程度

参数	Kirkuk	Sadi	Khasib	MB1	MB2	Nahr Umr	Yamama
温度（℃）	68.5	86.1	88.8	96.9	95.6	112.1	148.9
总压力（psi）	3028	4405	4855	4812	4812	5507	11695
CO_2（%）分压	0.03	1.81	0.53	2.24	2.04	0.50	0.61
H_2S（%）分压	0	0	0	0.28	0.26	0	0
CO_2 分压（psi）	0.28	56.56	19.20	59.49	52.24	14.77	17.26
H_2S 分压（psi）	0	0	0	7.4368	6.6586	0	0
CO_2 分压（MPa）	0.002	0.390	0.132	0.410	0.360	0.102	0.120
H_2S 分压（MPa）	0	0	0	0.30	0.27	0	0
Cl^- 浓度（mg/L）	74565	—	—	129575	114488	107098	—
腐蚀风险等级	L	L-M	L	L-M	L-M	L	L

第四节 油层套管材料寿命评估

一、寿命评估步骤

以实验室高温高压挂片实验数据为支撑，根据井下实际结构进行有限元建模并进行强度核算，确定临界壁厚或临界局部缺陷尺寸，综合腐蚀预测数据对套管服役寿命进行了综合评估，寿命评估的技术路线与方法如下：

（1）由环境变化对腐蚀速率影响的规律与室内实验数据拟合得到"腐蚀速率—含水率"回归方程，代入"含水率—服役时间"曲线，获得"腐蚀速率—服役时间"曲线，对其积分得到"腐蚀深度—服役时间"曲线。

（2）获得套管力学失效的几何条件。对于均匀腐蚀的情况，确定力学失效时的壁厚（临界壁厚）；对于局部腐蚀的情况，确定穿孔状态下力学失效时的壁厚（临界壁厚），同时对整个套管再施加温度载荷进行综合模拟运算求解。

①力学失效判据：局部应力超过材料的屈服强度或者抗拉强度。

②套管发生局部腐蚀时的失效判据：对于封隔器以下的套管，穿孔并不会导致套管无法工作（失效），力学失效仍然为套管失效的判据。但是穿孔会导致应力集中，从而使得

力学失效更容易发生。a. 根据套管几何结构进行 3D 建模。b. 考虑井下的各种井况，建立对应的有限元边界条件（即有限元计算的计算条件），有限元计算程序中的应力输入包括以下几个参数：由套管自重造成的向下拉力；套管周向的油藏、地层压力；套管内部介质压力；周向约束力；管道截面 Z 方向的约束力（管壁摩擦力）。

与传统强度校核一般进行分类校核不同，利用有限元进行模拟计算时同时对抗拉强度与抗挤强度都进行校核，有限元计算得到的是材料上的应力三维分布图，即是考虑了所有受力情况下套管上的应力分布。利用 ANSYA 软件对石油套管进行有限元的基本步骤为：①建立一个套管的实体模型；②对建立好的实体模型进行网格的划分；③选定单元类型及设定相关材料物理属性。④根据测井的相关数据得出套管的受力情况并对套管施加约束或载荷；⑤对套管进行计算得到套管的应力分布图。

对于给定的计算条件，输入套管所受的所有载荷，利用有限元模拟计算得到应力的三维分布图，得到最大应力处的强度储备。

根据强度储备计算出力学失效时候的管壁厚度，即临界壁厚。进而计算得到套管的腐蚀裕量：

$$腐蚀裕量 = 原始壁厚（10.363mm）- 临界壁厚$$

（3）腐蚀裕量（腐蚀深度）与"腐蚀速率—服役时间"关系联立求解，即对"腐蚀速率—时间"曲线进行积分处理，获得"腐蚀深度—服役时间"关系曲线，进而根据腐蚀裕量的值可以获得达到该腐蚀深度的时间，即失效时间。

二、基础数据

基础数据分为两个方面：一方面是材料的基础数据，通过材料手册和标准实验获得；另一方面是套管的结构和服役参数，通过完井报告和现场检测数据获得。

以 API L80 系列材料为例，包括：L80-1，L80-3Cr，L80-9Cr，L80-13Cr。80 表示力学性能要求：最低屈服强度不低于 80000psi（552 MPa）。因此该系列钢虽然耐蚀成分 Cr 的含量有变化，但其力学性能是基本相同的，其全面的力学性能数据见表 6-24 至表 6-27。

表 6-24 L80 钢的基本力学性能（25℃）

抗拉强度（最小）		屈服强度				总形变（%）	硬度（最大）	
^	^	最小		最大		^	^	^
（MPa）	（psi）	（MPa）	（psi）	（MPa）	（psi）		（HRC）	（HBW）
655	95000	552	80000	655	95000	0.500	23	241

表 6-25 L80 钢的杨氏模量、泊松比和热膨胀系数

杨氏模量 [ksi（MPa）]	泊松比	热膨胀系数（℃$^{-1}$）
31290（215700）	0.30	0.0000099（21.1~100℃） 0.0000115（21.1~538℃）

表 6-26 L80 钢力学性能随温度的变化

50℃(122℉)		100℃(212℉)		150℃(302℉)		200℃(392℉)	
屈服强度 [psi(MPa)]	抗拉强度 [psi(MPa)]	屈服强度 [psi(MPa)]	抗拉强度 [psi(MPa)]	屈服强度 [psi(MPa)]	抗拉强度 [psi(MPa)]	屈服强度 [psi(MPa)]	抗拉强度 [psi(MPa)]
80000 (550)	93000 (680)	78000 (540)	95000 (660)	75000 (520)	91000 (630)	72000 (500)	90000 (620)

表 6-27 2mm V 形冲击实验要求（仅套管）

测试温度（℃）	试样尺寸（mm×mm）	最小平均吸收能 [ft·lb(J)]	最小独立吸收能 [ft·lb(J)]
-46	10×10	25（34）	19（26）

此外还需要套管的尺寸，例如对于 9⅝in 管，其内径为 8.681in（220.50mm）、外径为 9.625in（244.48mm）、壁厚 0.472in（11.99mm）；对于 7in 管，其外径为 7in（177.8mm），内径 6.184in（157.074mm），壁厚 0.408in（10.363mm）。

对于套管的结构和服役参数，则需要获得井内温度、压力及拉力等信息，但如果部分数据缺失，可取保守值进行仿真，以 HF052-M052D1 井为例，进行油层套管数据分析。HF052-M052D1 井套管的外部压力使用地层压力，HF052-M052D1 井的温度和内部压力信息如图 6-52 和图 6-53 所示，温度随油井深度的增加而增加，在井底温度最高，温度数值大概为 113.2℃，井口温度约为 72℃。随着深度的增加压力增大，但在 1974m 处压力变小后继续增加，井底压力约为 26.32MPa。

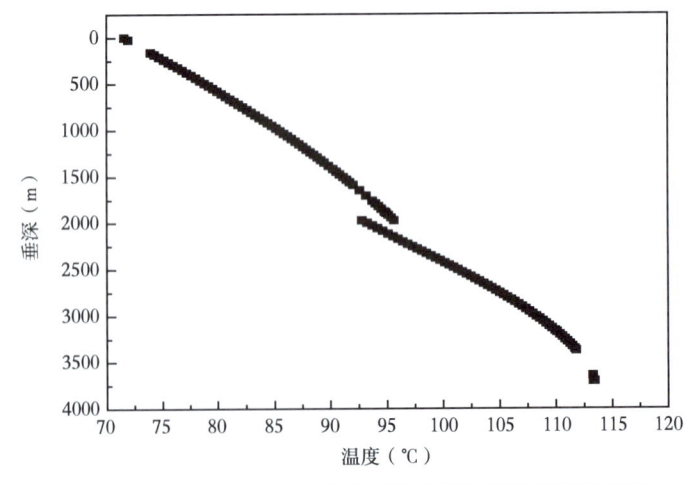

图 6-52 HF052-M052D1 井在不同垂深的温度载荷分布图

HF052-M052D1 定向井井眼轨迹如图 6-54 所示，图 6-55 是由图 6-54 垂直投影到东—西方向的轨迹，得到不同垂深对应的套管向东偏移的距离，通过图 6-55 可以清晰地得到套管造斜点的垂深约为 2360 m，因此套管垂深达到 2360 m 后需考虑弯曲载荷。

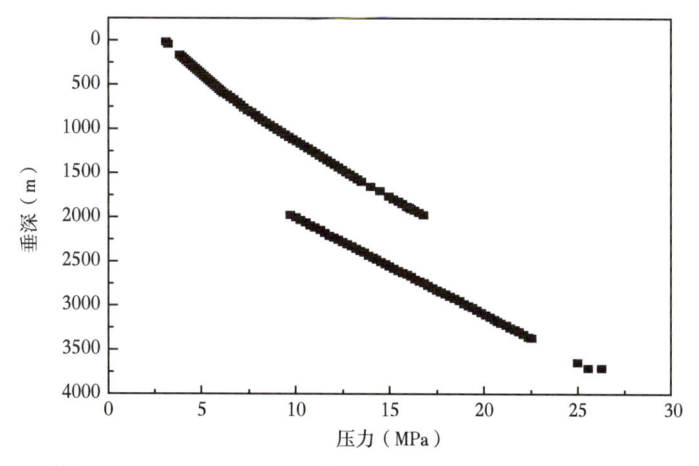

图 6-53　HF052-M052D1 井在不同垂深的压力载荷分布图

由套管自身重力作用导致的拉应力是井下载荷不可忽略的因素，其水平和垂直分量又与油井造斜率相关。根据套管的井斜分布情况，推算各段的拉力情况。根据油井井下套管的服役现状、油井的井眼轨迹、温度以及套管内压力和地层压力等分布将套管分为 4 个部分进行计算，其具体的计算参数见表 6-29。其中 A 段套管为自重拉力较大直管；B 段套管为内外压力较大直管；C 段套管为造斜率较大的弯曲套管；D 段套管位于封隔器下方，套管内部液体为油水混合介质，套管腐蚀速率较大。

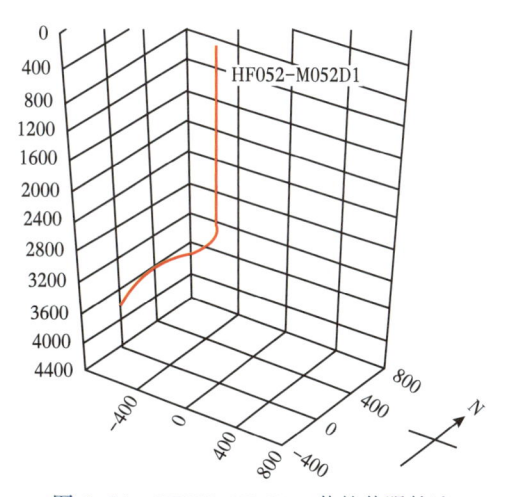

图 6-54　HF052-M052D1 井的井眼轨迹

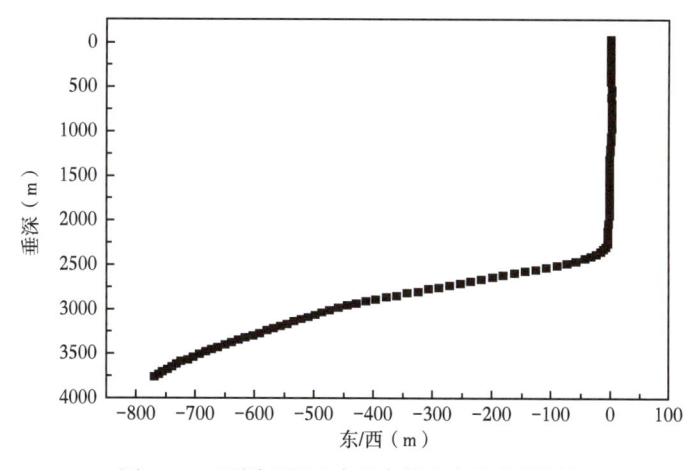

图 6-55　不同垂深对应的套管向东偏移的距离

表 6-28 套管各段的载荷分布

管段	管道分布深度（m）	固井质量	垂直深度（m）	套管内压力（MPa）	套管外地层压力（MPa）	计算温度（℃）	自重拉力（N）	套管内腐蚀介质
A	0~1800	良好	0	3.17	0	72.0	1566111	环空保护液
B	1800~2360	较差	2360.0	15.30	21.17	94.1	765884	环空保护液
C	2360~3836	良好	3632.0	12.7	27.75	98.0	607747	环空保护液
D	3836~3967	—	3758.5	25.00	42.70	113.2	52712	油水混合介质

注：2360~3836m，1.464°/12m；3836~3967m，0.258°/12m。

综合以上分析，强度计算中将综合考虑不同管段的温度、内外压差、拉应力、井斜和地层压力等多种载荷因素。这些地层因素与套管的结构因素共同输入到有限元模型中进行模拟计算得到套管井下受力情况。同样在本章第二节中测井所获得的腐蚀现状数据对于服役套管的剩余寿命评估也是必需的，例如实际壁厚作为确定腐蚀裕度的依据。

三、套管腐蚀速率预测方法

根据不同含水率下的腐蚀速率研究结果，通过一元三次函数进行拟合得到了含水率和腐蚀速率的关系曲线（$R = 0.97888$），腐蚀速率与含水率的函数关系为：$CR = 0.13752 - 6.66959 \times 10^{-6} f_w^3 + 9.97968 \times 10^{-4} f_w^2 - 0.02147 f_w$，其中 f_w 为含水率（图 6-56）。将含水率随时间的变化对应转化为腐蚀速率随服役时间的改变，如图 6-57 所示。对其方程进行积分处理得到腐蚀深度随服役时间的变化，如图 6-58 所示。

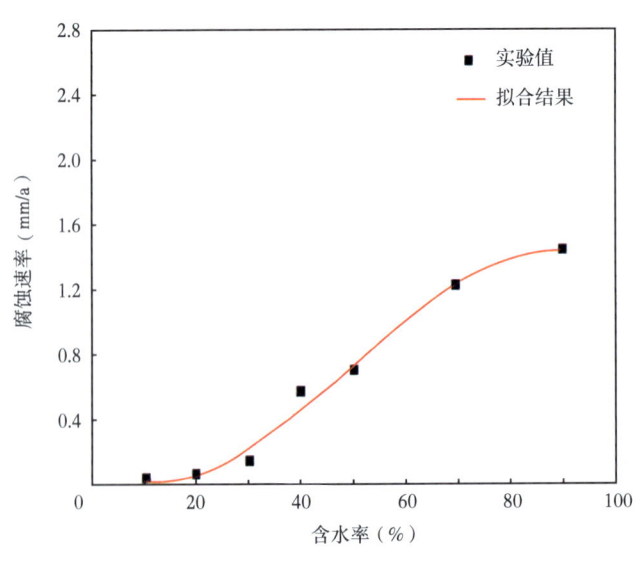

图 6-56 含水率与腐蚀速率的对应关系

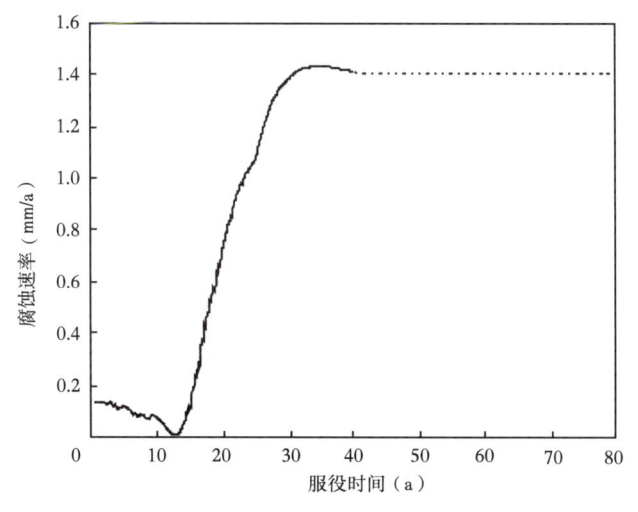

图 6-57 短期腐蚀速率随服役时间的变化

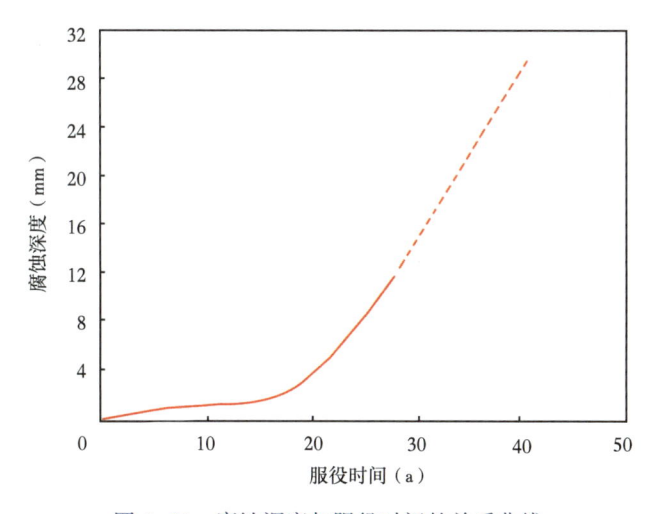

图 6-58 腐蚀深度与服役时间的关系曲线

四、基于综合载荷的有限元建模与强度计算方法

对哈法亚油田 HF052-M052D1 井进行了有限元仿真计算。首先在 UG 软件中建立套管三维模型，然后导入 ANSYS。在 ANSYS 中设定的单元类型是 Solid 20node 186 单元，材料属性中设定弹性模量为 $2.157×10^5$ MPa，泊松比为 0.3，热膨胀系数根据油井套管计算管段的温度进行设置，参考温度为 20℃，各段套管有限元计算的基础参数均相同。然后对套管模型进行网格划分，施加约束和载荷。有限元计算程序中的应力输入包括以下几个参数：由套管自重造成的向下拉力，套管周向的地层压力，套管内部介质压力，周向约束力，管道截面 Z 方向的约束力（管壁摩擦力），套管受到的弯曲载荷等。同时对整个套管再施加温度载荷进行综合模拟运算求解，其中弯曲载荷 F 通过以下公式进行计算。

$$I = \pi(D^4 - d^4)/64 \tag{6-5}$$

$$F = 2EI\theta/L^2 \tag{6-6}$$

式中　I——套管端面的惯性矩，m^4；
　　　L——套管长度，m；
　　　D——套管外径，m；
　　　d——套管内径，m；
　　　F——施加在端面上的弯曲载荷，N；
　　　E——套管材料的弹性模量，Pa；
　　　θ——端面转角，rad。

运算求解时应该考虑套管的边界条件：考虑井下套管承受的载荷包括轴向拉力、内部介质压力、地层压力、自身重力以及温度应变，并考虑固井质量好和差的不同情形。

有限元模拟计算套管临界壁厚的迭代步骤如下：

（1）代入原始套管壁厚（D_0），仿真计算得到不同载荷条件下套管应力分布云图以及原始壁厚套管的局部最大应力（δ_0）。仿真计算时，根据井身结构和各段套管的受力情况计算4种典型工况下的套管应力分布云图，分别求得4种工况时套管的局部最大应力。这4种工况涵盖了所有最极端情况，分别为：套管受最大内外压差等于内压（外压为0）且固井质量好（仿真计算中套管外管壁不可自由膨胀）；套管受最大内外压差等于内压（外压为0）且固井质量差（仿真计算中套管外管壁可以自由膨胀）；套管受最大内外压差等于外压（内压为0）且固井质量好；套管受最大内外压差等于内压（内压为0）且固井质量差。根据仿真计算结果，选择4种工况中力学条件最苛刻的工况（即数值最大的最大局部应力所对应的工况）和力学条件最不苛刻的工况（即数值最小的最大局部应力所对应的工况），进行套管临界失效壁厚的迭代计算。

（2）通过迭代计算获得套管发生挤毁失效的临界失效壁厚，第 n 次（$n \geq 1$）迭代计算的套管壁厚的计算公式为 $D_n = \lambda D_{n-1} \delta_{n-1}/\delta_{MAX}$，其中 D_{n-1} 和 δ_{n-1} 分别为第 $n-1$ 次迭代计算的套管壁厚和计算得到的最大应力，其中 δ_{MAX} 为套管服役温度环境中套管材料屈服强度和拉伸强度中的较小值，λ 为安全系数，根据 SY/T 5724—2008《套管柱结构与强度设计》取 1.15。在套管壁厚为 D_n 时，仿真计算得到此时套管局部最大等效应力为 δ_n。

（3）当 $|\delta_n - \delta_{MAX}/\lambda| \leq 5\text{MPa}$ 时，停止迭代，此时的 D_n 即为套管的临界失效壁厚。

（4）通过原始壁厚与临界失效壁厚的差值进一步获得套管壁厚腐蚀裕量（允许的腐蚀深度，$D_0 - D_n$），根据最苛刻和最不苛刻的两种工况下的计算结果，分别得到最小腐蚀裕量和最大腐蚀裕量。

图 6-59 至图 6-62 示例了 HF052-M052D1 油井不同深度套管管段在原始套管壁厚 10.363mm（D_0）时的有限元仿真计算结果，模拟分析得到 4 种不同井况条件下套管的应力分布云图以及最大局部应力（δ_0）。图 6-59 为 0~1800m 套管有限元受力仿真计算结果，4 种工况下套管的最大局部应力值分别为 312.735MPa、350.067MPa、312.735MPa 和 326.806MPa；图 6-60 为 1800~2360m 套管有限元受力仿真计算结果，4 种工况下套管的最大局部应力分别为 262.966MPa、426.235MPa、259.124MPa 和 304.457MPa；图 6-61 为 2360~3632m 套管有限元受力仿真计算结果，4 种工况下套管的最大局部应力分别为 363.924MPa、443.165MPa、361.216MPa 和 411.024MPa；图 6-62 为 3632~3758.5m 套管有限元受力仿真计算结果，4 种工况下套管的最大局部应力分别为 278.46MPa、217.573MPa、290.302MPa 和 404.94MPa。

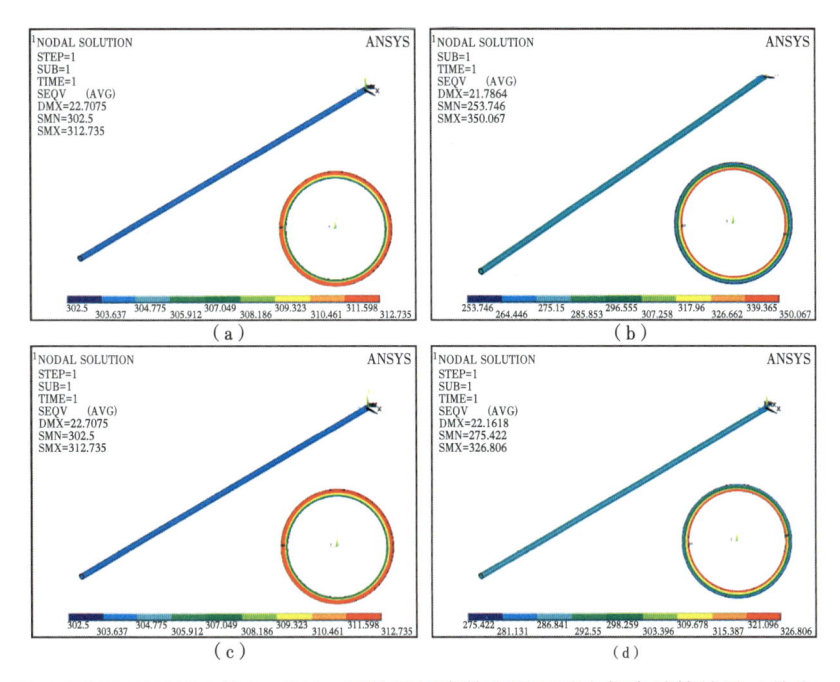

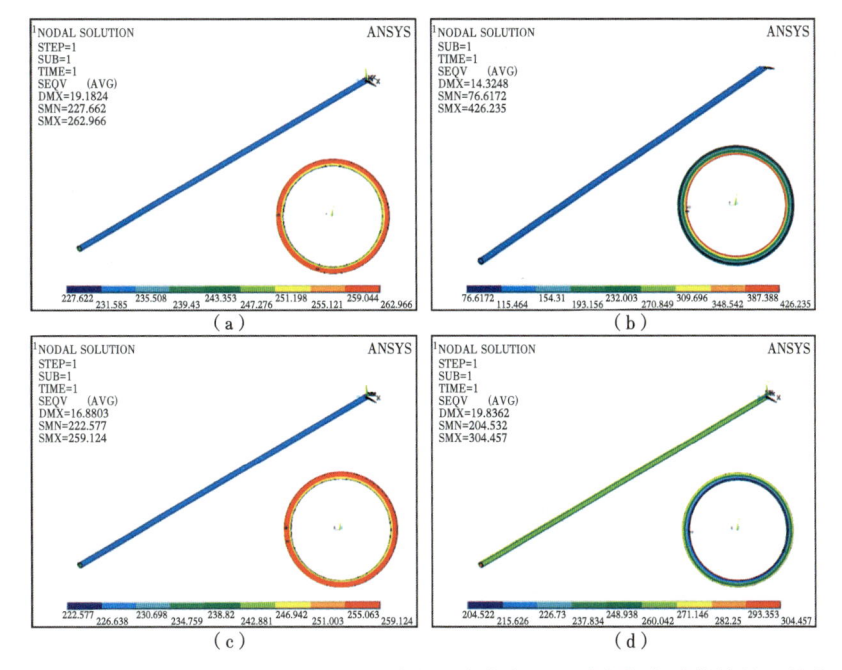

图 6-59　HF052-M133D1 井 0~1800m 原始壁厚套管有限元受力仿真计算结果（单位：MPa）
（a）最大压力差等于内压（外压为 0 时）且固井质量好；（b）最大压力差等于内压（外压为 0 时）且固井质量差；
（c）最大压力差等于外压（内压为 0 时）且固井质量好；（d）最大压力差等于外压（内压为 0 时）且固井质量差

图 6-60　HF052-M133D1 井 1800~2360m 原始壁厚套管有限元受力仿真计算结果（单位：MPa）
（a）最大压力差等于内压（外压为 0 时）且固井质量好；（b）最大压力差等于内压（外压为 0 时）且固井质量差；
（c）最大压力差等于外压（内压为 0 时）且固井质量好；（d）最大压力差等于外压（内压为 0 时）且固井质量差

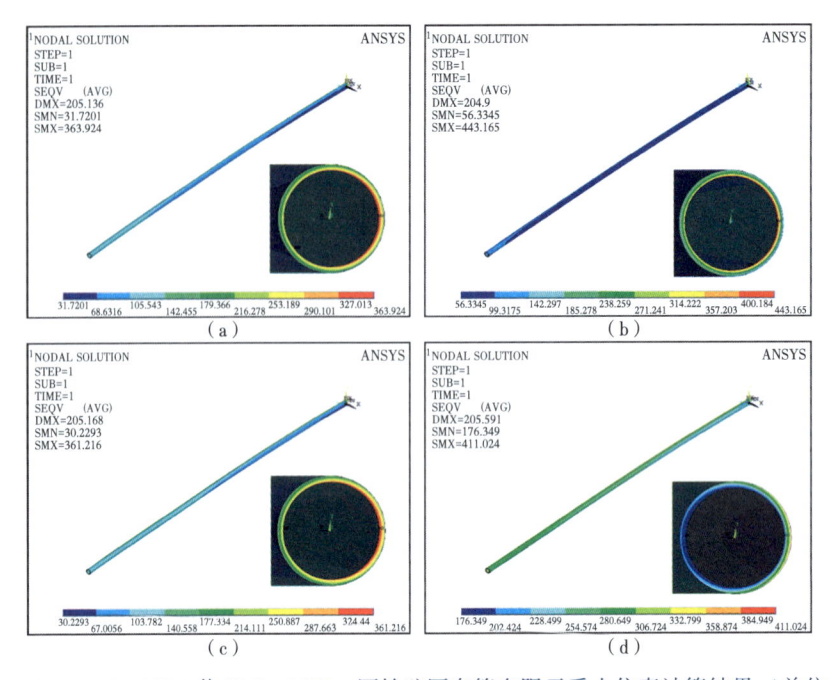

图 6-61　HF052-M133D1 井 2360~3632m 原始壁厚套管有限元受力仿真计算结果（单位：MPa）
（a）最大压力差等于内压（外压为 0 时）且固井质量好；（b）最大压力差等于内压（外压为 0 时）且固井质量差；
（c）最大压力差等于外压（内压为 0 时）且固井质量好；（d）最大压力差等于外压（内压为 0 时）且固井质量差

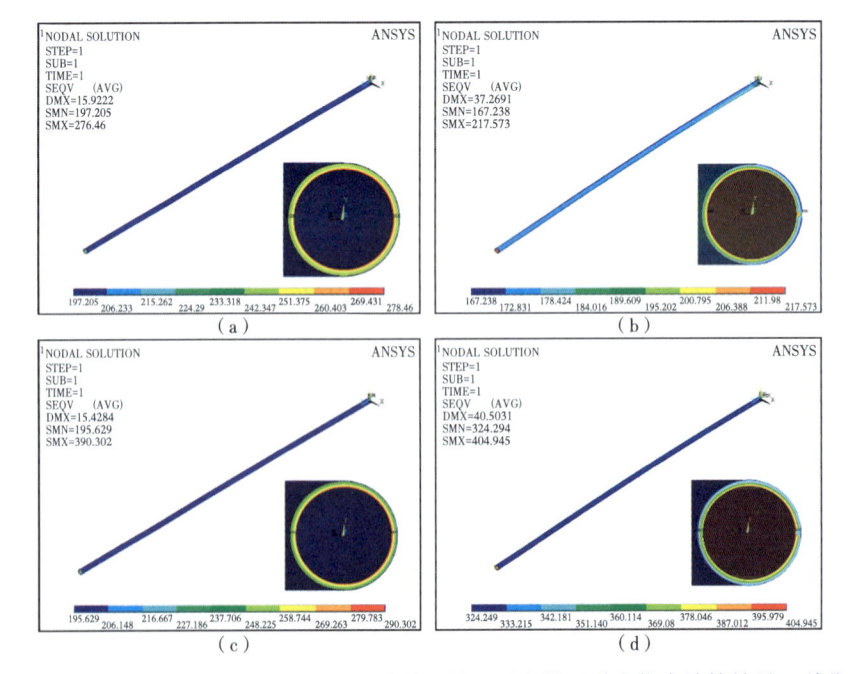

图 6-62　HF052-M133D1 井 3632~3758.5m 套管原始壁厚有限元受力仿真计算结果（单位：MPa）
（a）最大压力差等于内压（外压为 0 时）且固井质量好；（b）最大压力差等于内压（外压为 0 时）且固井质量差；
（c）最大压力差等于外压（内压为 0 时）且固井质量好；（d）最大压力差等于外压（内压为 0 时）且固井质量差

套管最大局部应力的数值越大,说明套管的工况越苛刻,所以选择 4 种工况条件中最苛刻的一种工况[最大局部应力（δ_0）的最大值所对应的工况],将不同壁厚参数代入其有限元模型进行迭代计算,从而获得临界失效壁厚的值。反复运行有限元模拟,当 $|\delta_n-\delta_{MAX}/\lambda|\leqslant 5MPa$ 时,停止迭代,图 6-63 为各管段有限元迭代计算结果的应力分布云图,此时模型中的壁厚参数 D_n 即为套管失效的最大临界失效壁厚;获得套管的最大临界失效壁厚之后即可计算得到套管壁厚的最小腐蚀裕量。原始壁厚套管最大局部应力越小,说明套管的工况越不苛刻,所以选择 4 种工况条件中最不苛刻的一种工况[即最大局部应力（δ_0）的最小值所对应的工况],将不同的壁厚参数代入其有限元模型进行迭代计算,从而获得临界失效壁厚的值。反复运行有限元模拟,当 $|\delta_n-\delta_{MAX}/\lambda|\leqslant 5MPa$ 时,停止迭代,图 6-64 为各管段有限元迭代计算结果的应力分布云图,此时模型中的壁厚参数 D_n 即为套管失效的最小临界失效壁厚。获得套管最小临界失效壁厚之后即可计算得到套管壁厚的最大腐蚀裕量。

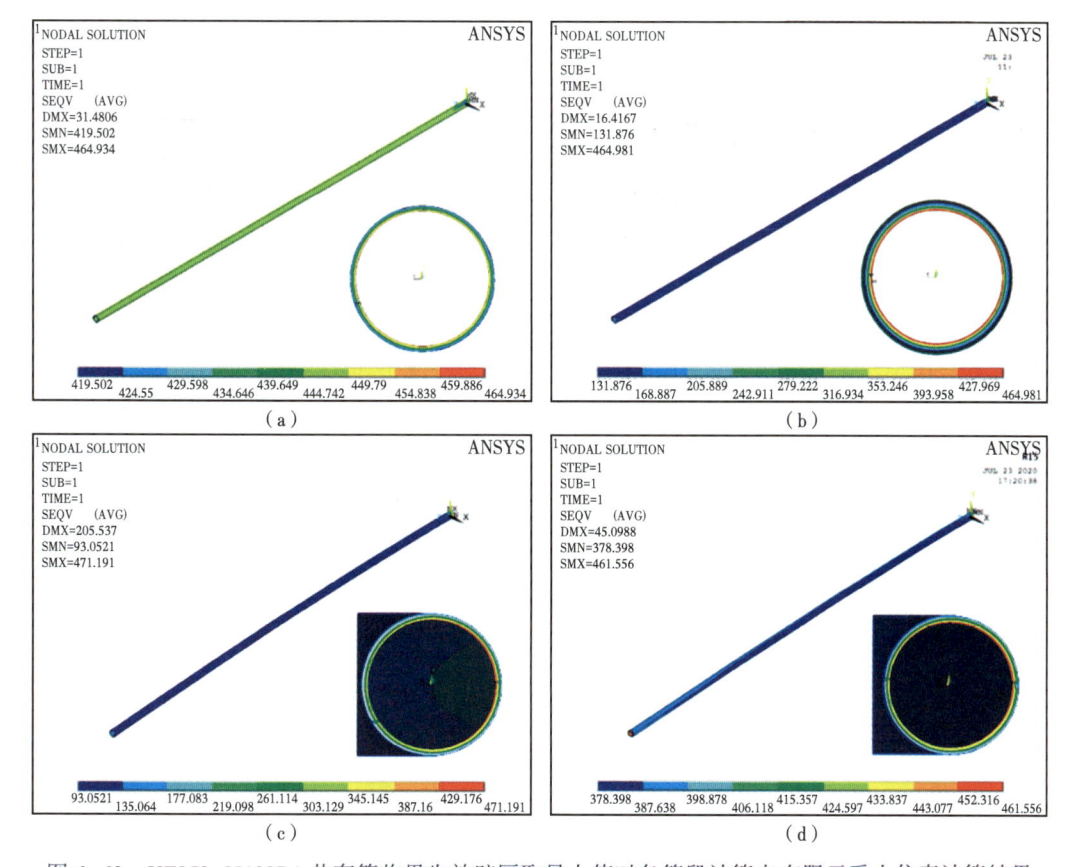

图 6-63 HF052-M133D1 井套管临界失效壁厚取最大值时各管段计算点有限元受力仿真计算结果
（a）0~1800m 管段临界失效壁厚（6.38mm）；（b）1800~2360m 管段临界失效壁厚（8.30mm）；
（c）2360~3632m 管段临界失效壁厚（8.50mm）；（d）3632~3758.5m 管段临界失效壁厚（9.05mm）

表 6-29 列出了 L80-1 套管的材料力学参数、结构参数和受力大小,以及通过有限元模型仿真获得的原始壁厚为 10.363mm（D_0）时该 L80-1 套管各管段的强度储备范围,分别为

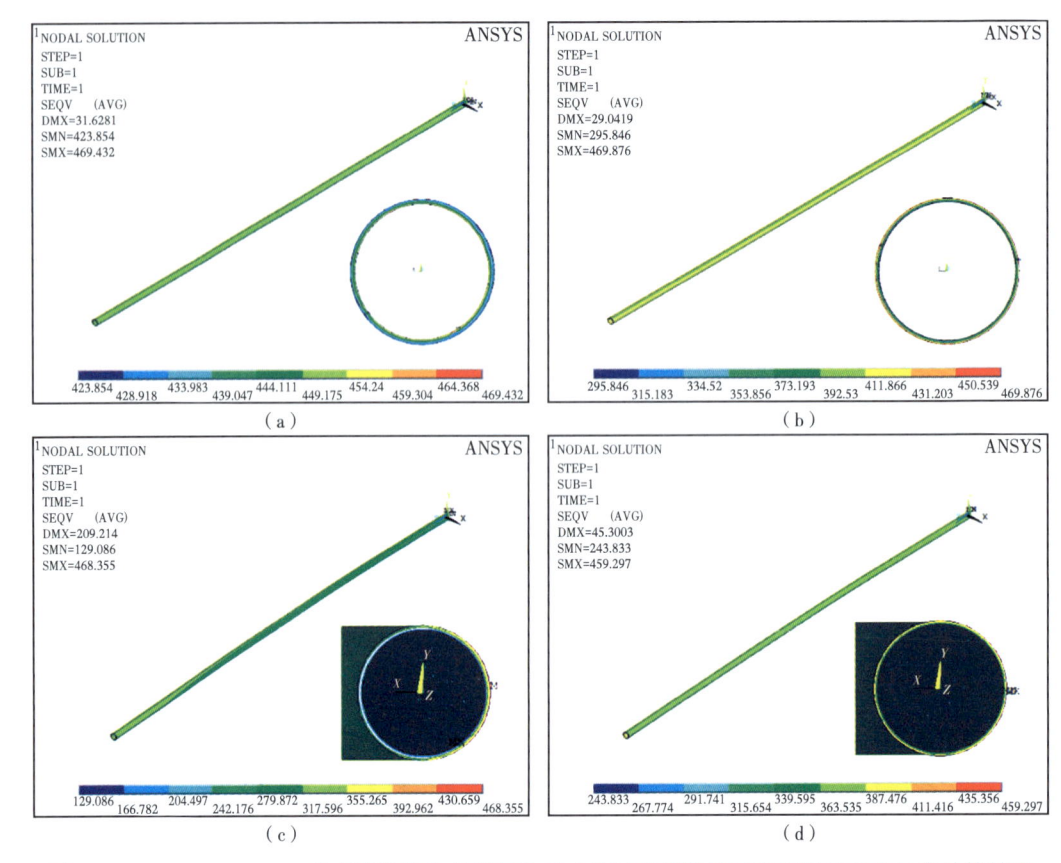

图 6-64　HF052-M133D1 井套管临界失效壁厚取最小值时各管段计算点有限元受力仿真计算结果
（a）0~1800m 管段临界失效壁厚（6.05mm）；（b）1800~2360m 管段临界失效壁厚（4.90mm）；
（c）2360~3632m 管段临界失效壁厚（6.50mm）；（d）3632~3758.5m 管段临界失效壁厚（4.22mm）

1.542~1.727mm（0~1800m），1.267~2.084mm（1800~2300m），1.218~1.495mm（2360~3632m）和 1.309~2.482mm（3632~3758.5m）。最苛刻和最不苛刻工况下进行迭代计算得到的各管段套管的最大临界失效壁厚：6.38mm（0~1800m），8.30mm（1800~2300m），8.50mm（2360~3632m）和 9.05mm（3632~3758.5m）；最小临界失效壁厚：6.05mm（0~1800m），4.90mm（1800~2300m），6.50mm（2360~3632m）和 4.22mm（3632~3758.5m）；最小腐蚀裕量：3.983mm（0~1800m），2.063mm（1800~2300m），1.863mm（2360~3632m）和 1.313mm（3632~3758.5m）；最大腐蚀裕量：4.313mm（0~1800m），5.463mm（1800~2300m），3.863mm（2360~3632m）和 6.143mm（3632~3758.5m）。

表 6-29　某油井套管的强度储备及腐蚀裕量

套管分布垂直深度（m）	0~1800	1800~2360	2360~3632	3632~3758.5
计算点套管垂深（m）	0	1800	2360	3632
拉伸强度（MPa）	660	660	660	645
屈服强度（MPa）	540	540	540	530

续表

温度载荷（℃）			72.0	94.1	98.0	113.2
内压载荷（MPa）			3.17	15.30	12.70	25.00
最大轴向拉应力（N）			1566111	765884	607747	52712
地层压力（MPa）			0	21.17	27.75	42.70
造斜率[（°）/12m]			0	0	1.464	0.258
最大局部应力（MPa）	外压为0	固井质量好	312.735	262.966	363.924	278.460
		固井质量差	350.067	426.235	443.165	217.573
	内压为0	固井质量好	312.735	259.124	361.216	290.302
		固井质量差	326.806	304.457	411.024	404.940
原壁厚的屈服储备范围（mm）			1.542~1.727	1.267~2.084	1.218~1.495	1.309~2.482
原壁厚的拉伸储备范围（mm）			1.885~2.110	1.548~2.547	1.489~1.827	1.593~2.965
最大临界失效壁厚（mm）			6.38	8.30	8.50	9.05
最小临界失效壁厚（mm）			6.05	4.90	6.50	4.22
最小腐蚀裕量（mm）			3.983	2.063	1.863	1.313
最大腐蚀裕量（mm）			4.313	5.463	3.863	6.143

由于结构复杂，套管接箍部分的强度计算选取封隔器下和封隔器上最大拉力点，用经典力学进行。所使用的BTC扣的二维视图如图6-65所示，BTC扣采用偏梯形螺纹，螺纹的示意图如图6-66所示，螺纹相关参数列于表6-30。

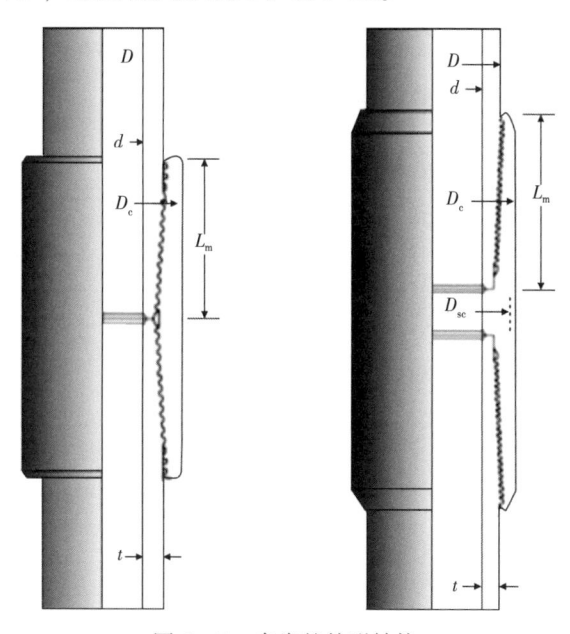

图6-65 套齿的外形结构

D—本体外径；D_c—接箍外径；d—通径规内径；t—壁厚；L_m—接箍螺纹除量；
$D-2t$；D_{sc}—内外螺纹接头处内螺纹内径

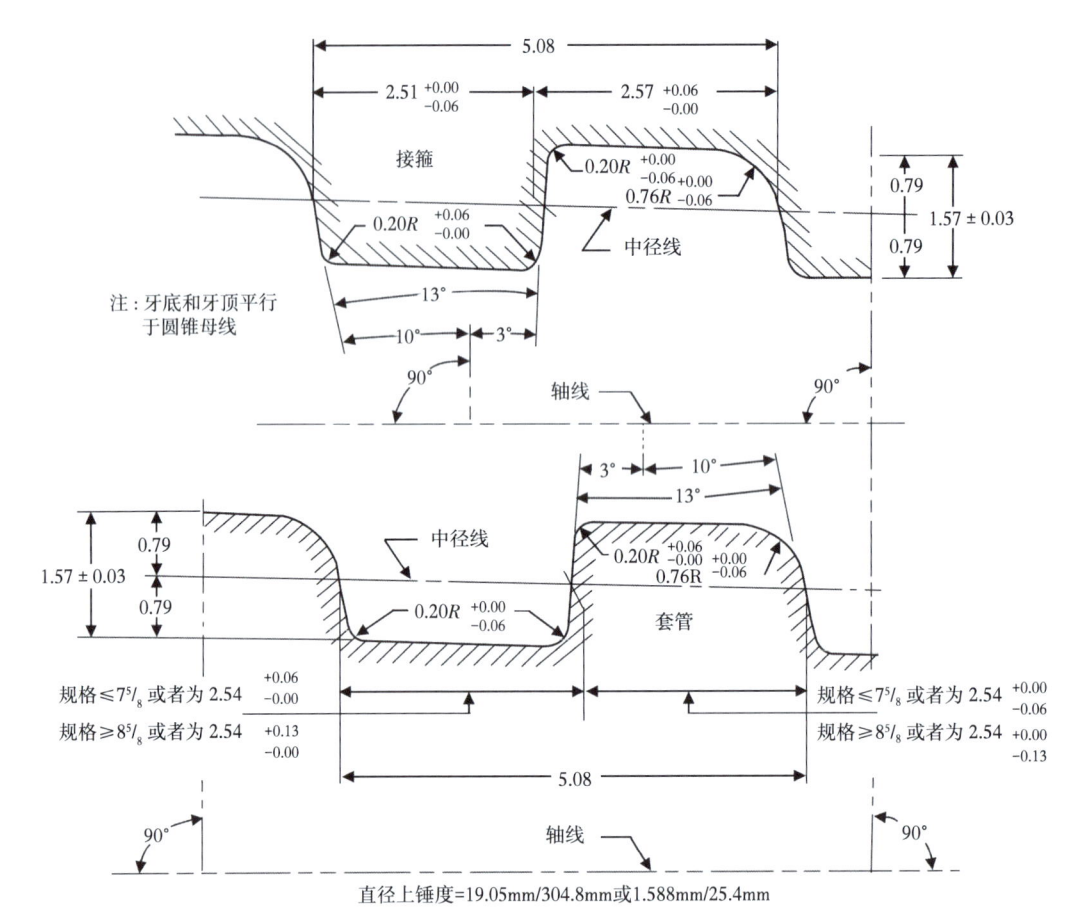

图 6-66　偏梯形螺纹示意图

表 6-30　偏梯形套管螺纹相关参数

参数名称	数值
标号	7
外径（mm）	177.8
每 25.4mm 螺纹牙数	5
螺纹锥度（mm/m）	62.5
不完整螺纹长度（mm）	50.394
完整螺纹长度（mm）	56.286
管段至消失点总长度（mm）	106.68
中径（mm）	176.634
机紧后管段至箍中心（mm）	12.7
手紧后管段至箍中心（mm）	25.40
接箍端面至中径平面长度（mm）	45.31
管段至三角形标记长度（mm）	114.3
手紧紧密距牙数（mm）	1
接箍镗孔直径（mm）	181.356
自管端起完整螺纹最小长度（mm）	46.126

根据结构参数和应力计算公式：考核套齿最危险壁厚位置，危险壁厚的计算公式：

$$\sigma_{0.2} = F/A_s \tag{6-7}$$

$$d_{min} = D - L \cdot \theta \tag{6-8}$$

$$A_s = \pi \cdot (d_{min}^2 - d'^2)/4 \tag{6-9}$$

$$t = d_{min}/2 - d'/2 \tag{6-10}$$

式中 F——轴向拉力，N；

A_s——承载管道截面面积，mm^2；

$\sigma_{0.2}$——屈服强度，MPa；

D——套管外壁直径，mm；

d——套管内壁直径，mm；

d'——套管腐蚀最大直径，mm；

θ——套管齿倾斜角度，mm/mm；

L——套管齿完整螺纹长度，mm；

t——腐蚀最大壁厚，mm。

以HF052-M052D1井为例进行计算。即选取垂直深度为12m和封隔器以下3632m处，即封隔器下和封隔器上最大拉力点，其具体载荷参数和最危险壁厚计算结果见表6-31。由于套管接箍处的总壁厚值较大，能减小内外压差作用下接箍处套管发生挤毁失效的可能性，主要考虑拉应力作用下发生滑移脱扣，因此拉应力较小井底套齿处套管的腐蚀裕量较大。

表6-31 HF052-M052D1井套齿最危险壁厚计算

计算套管的垂直深度点（m）	12	3632
套管温度 T（℃）	72.0	113.2
套管壁厚 σ_0（mm）	10.363	10.363
直径上锥度（mm/mm）	0.0625	0.0625
螺纹管最大直径 D（mm）	177.8	177.8
螺纹管最小直径 d（mm）	220.5	220.5
最大轴向拉力 F（N）	1566111	52712
标准接箍外径 W（mm）	194.46	194.46
对应温度屈服强度 $\sigma_{0.2}$（MPa）	540	520
额定最小应力面积 A_s（mm^2）	2900.2	101.4
套管的完整螺纹长度 L（mm）	56.286	56.286
套管螺纹最小直径 d_{min}（mm）	174.282	174.282
腐蚀壁厚最大直径 d'（mm）	163.345	173.910
套管螺纹处原始壁厚 t'（mm）	8.604	8.604
接箍处套管总壁厚（$\sigma_0+\sigma_1$）（mm）	18.693	18.693
受拉应力时最危险壁厚 t_{min}（mm）	5.469	0.596
受拉应力时能承受的最大腐蚀深度 L_{max}（mm）	3.135	8.008
受挤压应力时安全壁厚（mm）（壁厚变形造成齿接触失效）	6.104	2.604
受挤压应力时的腐蚀裕量（mm）	2.5	6.0

五、套管服役寿命评估方法

以油井井身结构和井眼轨迹为基础,全面考虑了套管的内部压力、外部压力、轴向拉力和温度分布等约束边界条件进行强度校核,计算结果表明,在哈法亚油田的腐蚀现状和受力条件下,套管有一定的安全裕度,综合各管段的腐蚀速度和临界壁厚,可实现对 HF052-M052D1 油井套管服役寿命进行评估。封隔器以上管段的腐蚀环境为环空保护液(通过腐蚀挂片实验可得到该环境下 L80-1 的腐蚀速率为 0.0289mm/a),通过套管的腐蚀裕量除以固定腐蚀速率即得到了该段套管的服役寿命,计算结果列入表 6-32。对于封隔器以上套管,如果腐蚀介质(油水混合物)进入环空,套管服役寿命求解时将套管壁厚的腐蚀裕量代入对应腐蚀条件下的腐蚀深度和服役时间的关系曲线,对应得到服役时间,则该服役时间为该段套管的服役寿命(图 6-67),同时将仿真计算得到的套管壁厚最小腐蚀裕量和最大腐蚀裕量代入腐蚀深度和服役时间的关系曲线,可得到最小服役寿命和最大服役寿命,套管实际服役寿命处于最小服役寿命和最大服役寿命之间,该结果也列于了表 6-32。针对封隔器以下套管,其腐蚀介质为油水混合物,套管剩余寿命求解时,套管壁厚的腐蚀裕量即允许的腐蚀深度,将该值代入腐蚀深度和服役时间的关系曲线图,得到最小腐蚀裕量和最大腐蚀裕量对应的套管的最小剩余寿命和最大剩余寿命(图 6-67),该数据列于表 6-33。

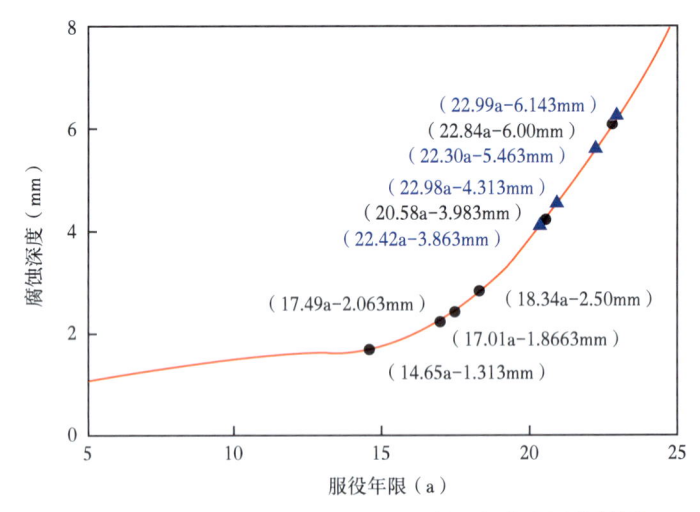

图 6-67 油井 HF052-M052D1 基于的服役寿命评估结果

表 6-32 基于腐蚀预测与有限元强度计算的封隔器以上 HF052-M052D1 套管服役寿命评估

研究模型	管道分布垂直深度（m）	计算点垂直深度（m）	腐蚀裕量（深度，mm）	套管服役寿命（a） 环空保护液	套管服役寿命（a） 腐蚀介质进入环空
管段	0~1800	0	3.983~4.313	137.82	20.58~20.98
接箍	0~1800	12	2.500	103.81	18.34
管段	1800~2300	1800	2.063~5.463	71.38	17.49~22.30
管段	2360~3632	2360	1.863~3.863	64.46	17.01~20.42

表 6-33　基于腐蚀预测与有限元强度计算的封隔器以下 HF052-M052D1 井套管服役寿命评估

研究模型	管道分布（m）	计算点垂直深度（m）	腐蚀裕量（深度，mm）	套管服役寿命（a）
管段	3632~3758.5	3632	1.313 ~ 6.143	14.65~22.99
接箍	3632~3758.5	3632	6.00	22.84

从 HF052-M052D1 井的服役寿命计算可知井底和井斜最大处的套管具有相对较大的等效应力，因此服役寿命较短为 17.01~20.42 年（按短期腐蚀速率）。其中套管井底的管段服役寿命最短，为 14.65~22.99 年（按短期腐蚀速率）。

国内外套管生产商对选材一般是基于开发后期最苛刻的腐蚀环境来进行材质的评价，不管是高校研究还是企业工程实践中还基本没有涉及时间维度对于选材准则的影响。以上介绍的方法在"环境—时间演化"与"环境—腐蚀速率"关系的基础上，提出了"腐蚀速率—演化"连续方程，突破了油气田腐蚀领域使用阶段性固定腐蚀速率（往往取开发后期保守值）进行腐蚀等级评价的传统方式。该方法的提出，可以获得各油田套管的"腐蚀速率—时间"变化曲线，从而针对性地在不同油井生产阶段采取不同的腐蚀控制策略。该方法取得的结果可以解释经济型材质套管服役良好的大量实例，为合理选材、避免过于保守提供了理论依据。

国内外大多是采取极值统计和结构可靠性分析等方法对于油田区块或者单井进行套管寿命预测，其失效依据一般单独采用力学失效准则或者腐蚀穿孔准则，"腐蚀速率—演化方程"与结构有限元仿真进行耦合计算的套管剩余寿命评估方法，同时考虑腐蚀与力学两个因素，通过实际测井数据建立有限元模型，并进行力学—腐蚀耦合分析的模式，解决了单井寿命预测的问题，突破了普遍使用的对采油区块套管寿命进行模糊评估的方法，与油田区块整体评估方法相结合后，可以为油田运营中的套管腐蚀管理策略制订提供精细化指导。

第五节　油层套管防腐技术措施

在实际工程实践中，多种措施可以被用于油层套管的防腐，如选择更高级别的材料、金属表面涂层、缓蚀剂保护、电化学保护、介质处理等。

一、缓蚀剂保护

缓蚀剂是腐蚀介质中加入少量、能在金属表面上吸附成膜以减缓或防止腐蚀发生的化学物质。缓蚀剂可以按照化学成分、对电化学腐蚀过程影响以及缓蚀剂成膜特征进行分类：

（1）按化学组成可分为无机型缓蚀剂和有机型缓蚀剂。无机型缓蚀剂一般为酸或金属等无机盐类，其作用机理是在金属表面发生反应生成钝化膜或致密的金属盐保护膜达到保护金属的目的；有机缓蚀剂是含有 O，N，S 和 P 等电负性较大的原子的有机化合物，其作用机理是其孤对电子与金属原子的 d 空轨道以共价键的形式结合吸附在金属表面起到保护作用。

（2）按电化学腐蚀过程影响分为阳极型、阴极型和混合型缓蚀剂。阳极型缓蚀剂使腐蚀电位正移，造成阳极金属钝化，减小腐蚀电流密度，但如果用量不足，形成小阳极大阴极反而会加剧金属腐蚀；阴极型缓蚀剂使腐蚀电位负移，改变阴极反应过程以减慢阴极反应起到缓蚀作用；混合型缓蚀剂主要包括一些含 N、含 S 的有机化合物，此类缓蚀剂能同时抑制阳极和阴极过程，对腐蚀电位大小的影响不大，但腐蚀电流显著下降[14]。

(3) 按缓蚀剂在金属表面上成膜特征分为氧化膜型、沉淀膜型以及吸附膜型缓蚀剂，三种类型的缓蚀剂均通过在金属表面形成吸附膜而起到缓蚀效果。氧化膜型缓蚀剂在阳极金属表面形成致密的氧化膜从而阻碍腐蚀反应；沉淀膜型缓蚀剂与腐蚀介质中相关离子反应形成沉淀膜防腐；吸附膜型缓蚀剂通过物理吸附或者化学吸附覆盖在金属表面活性中心，形成保护膜阻碍腐蚀介质向金属表面扩散以及金属离子的溶解扩散，达到抑制金属的电化学腐蚀目的。

对缓蚀剂的选择主要取决于被保护金属的种类和腐蚀环境的情况，其中，针对石油、天然气开发的实际工程应用中，通常是伴有大量 CO_2 等酸性气体的油水混合物的复杂环境，使用复配型缓蚀剂由于相互之间协同作用的产生不仅起到增效作用，同时能够降低使用成本。通常在没有添加缓蚀剂的油田产出液中，随着含水率的增加，腐蚀速率增大，然而大部分缓蚀剂评价实验均是在高含水率的油水产出液（现场取样或者模拟液）或模拟水溶液中进行的。但在实际生产中，油水混合状态在不同的管道随着深度、温度和压力的变化都可能产生显著的变化，从而导致部分管段的实际含水率远远高于名义含水率。另外，对于油水混合相，有机缓蚀剂会在乳状液滴周围集聚，降低在水相或油相中的有效浓度。因此获得不同含水率条件下缓蚀剂性能的变化规律对于分析和解释现场腐蚀问题有重要的科学意义和工程价值。

1. 缓蚀剂腐蚀速率效果评价

表 6-34 显示了针对哈法亚油田腐蚀环境开发的一种"咪唑啉类复配缓蚀剂"的缓释性能评价结果，在 100% 含水率，75℃，H_2S 含量 0.30MPa，CO_2 分压 1MPa，转速为 60r/s (0.1257m/s) 的条件下，当其浓度仅为 10mg/L 时，对 L80-1 钢的缓蚀率高达 98%（表 6-34）。

表 6-34 复配型缓蚀剂高温高压釜腐蚀失重实验结果

腐蚀介质	腐蚀速率 [g/(m²·h)]	缓蚀率 (%)	钢片浸泡后外观形貌
模拟水溶液（含 10% Cl⁻）	2.381	—	
模拟水溶液（含 10% Cl⁻）+ 6mg/L 复配型缓蚀剂	0.064	97	
模拟水溶液（含 10% Cl⁻）+ 10mg/L 复配型缓蚀剂	0.069	98	

"咪唑啉类复配缓蚀剂"具有优异的性能是因为咪唑啉类化合物含氮杂环中的氮原子和环状结构中含有的孤对电子和 π 电子，与 L80-1 表面的铁原子结合，使得有机分子牢牢地吸附在金属表面，其疏水端起到了排开水分子的作用，从而使得金属表面与溶液隔开，而起到减缓腐蚀的作用。此外在高矿化度的产出水中，卤素离子（Cl^-）吸附在碳钢表面，改变碳钢表面带电荷性，使带正电荷的咪唑啉类缓蚀剂分子更容易吸附在碳钢表面，进一步地提高"咪唑啉类复配缓蚀剂"的缓蚀性能。

2. 腐蚀介质成分对缓蚀剂使用效果的影响

如表 6-35 和表 6-36 所示，在添加 20mg/L 缓蚀剂的条件下，对于 100% 含水率的饱和 CO_2 体系，缓蚀率可达到 92%，而在含有 0.06MPa 的 H_2S 的饱和 CO_2 体系中，缓蚀率可达到 89.8%。对比无添加 H_2S 的两组空白样，在加入 0.06MPa 的 H_2S 后，该体系腐蚀速率降低，说明加入 H_2S 后所生成的腐蚀产物 FeS 对 L80-1 钢有一定的保护作用，从而降低腐蚀速率，但钢片表面出现局部腐蚀，在加入缓蚀剂后，钢片表面光亮无明显腐蚀。

表 6-35 100%含水率时静态失重实验条件参数

材料	温度（℃）	时间（h）	腐蚀介质	含水率（%）	气相腐蚀介质	缓蚀剂总浓度（mg/L）
L80-1	80	72	3.5% NaCl	100	饱和 CO_2、饱和 CO_2+0.06MPaH_2S	20

表 6-36 100%含水率静态失重实验结果

腐蚀介质	腐蚀速率 [g/(m²·h)]	缓蚀率（%）	钢片浸泡后与除去腐蚀产物后外观形貌
3.5% NaCl 的饱和 CO_2 溶液	0.188	—	
3.5%NaCl 的饱和 CO_2 溶液+20mg/L 复配型缓蚀剂	0.015	92.0	
3.5% NaCl 的饱和 CO_2 溶液+0.06MPa H_2S	0.095	—	
3.5% NaCl 的饱和 CO_2 溶液+0.06MPa H_2S +20mg/L 复配型缓蚀剂	0.010	89.8	

3. 含水率对缓蚀剂使用效果的影响

不同含水率的腐蚀介质缓蚀剂对 L80-1 的保护作用有重要的影响。如图 6-68 所示。按 90%，70%，50% 和 30% 的含水率将 3.5% 的 NaCl 溶液和白油混合配制；加入 20mg/L 的缓蚀剂，确保水中缓蚀剂含量相同为 20mg/L 时，缓蚀剂加入后主要分布在油水界面处。

图 6-68　不同含水率条件下加入复配型缓蚀剂后缓蚀剂分布状态

常温下，使混合液达到乳化状态的转速下匀速搅拌 2h，然后取出静置 10min，分别如图 6-69 至图 6-71 所示。

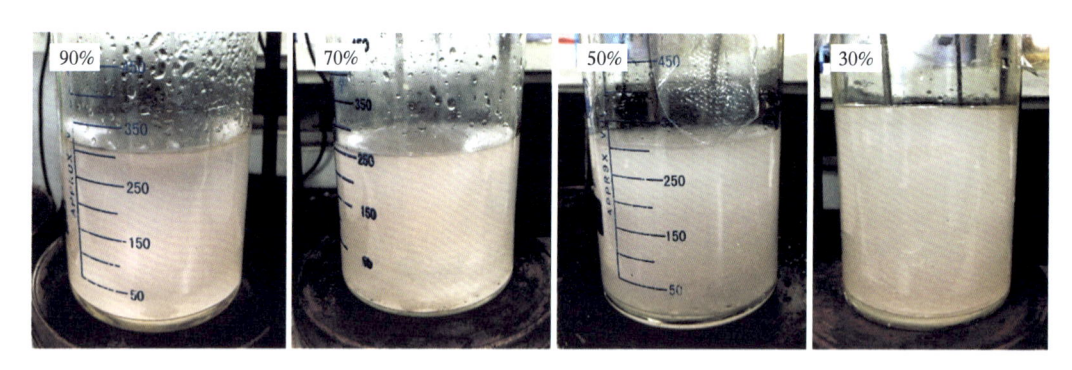

图 6-69　不同含水率条件下加入缓蚀剂搅拌后腐蚀介质的状态

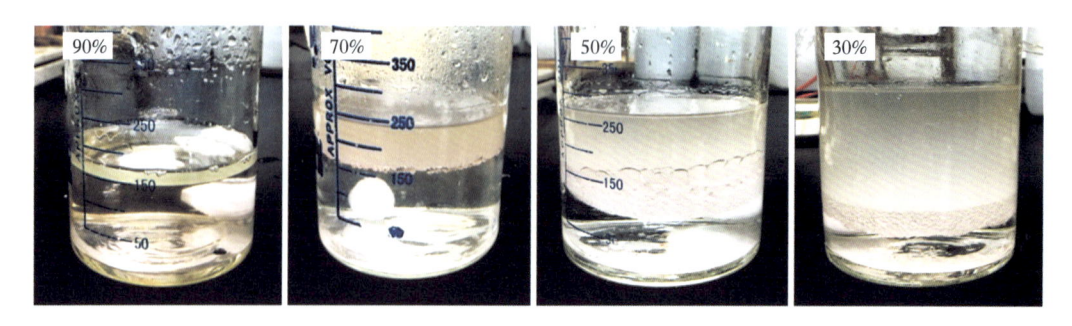

图 6-70　不同含水率条件下加入缓蚀剂搅拌停止时腐蚀介质的状态

图 6-71　不同含水率条件下加入缓蚀剂搅拌停止静置 10min 后腐蚀介质的状态

用分液漏斗取水层 100mL，通入饱和 CO_2，加入一定量 Na_2S，放入 80℃ 水浴锅中，进行静态失重实验，浸泡 72h，取出称重计算缓蚀率。失重实验如图 6-69 所示。

图 6-72、表 6-37 和图 6-73 的失重实验结果表明，在添加 20mg/L 缓蚀剂的条件下，该缓蚀剂的缓蚀效果在含水率为 70% 以上时变化不大，这可能是由于在该缓蚀剂浓度下，缓蚀剂在水中的有效成分已经达到饱和吸附。随着含水率的降低，缓蚀效率降低，在含水率为 50% 时，缓蚀剂缓蚀效果显著降低，水相中缓蚀剂有效浓度明显减少，而在含水率为 30% 时，添加该缓蚀剂浓度无缓蚀效果，并出现点蚀。

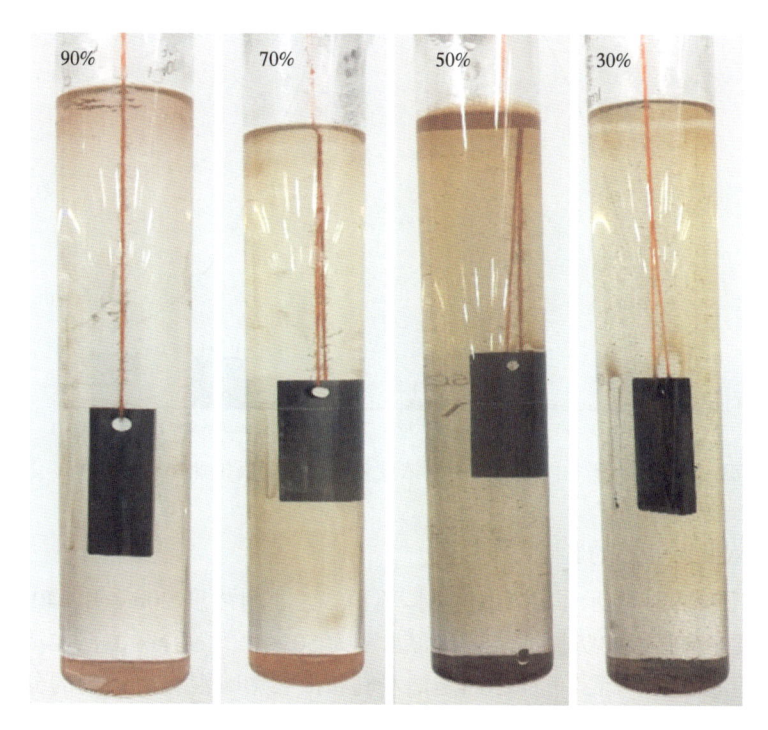

图 6-72　不同含水率水相失重实验

表 6-37 不同含水率影响的静态失重实验结果

含水率（%）	缓蚀剂浓度（mg/L）	腐蚀速率[g/(m²·h)]	缓蚀率（%）
100	0	0.0950	—
100	20	0.0100	89.8
90	20	0.0140	85.3
70	20	0.0141	85.2
50	20	0.0939	1.6
30	20	0.1033	-8.4

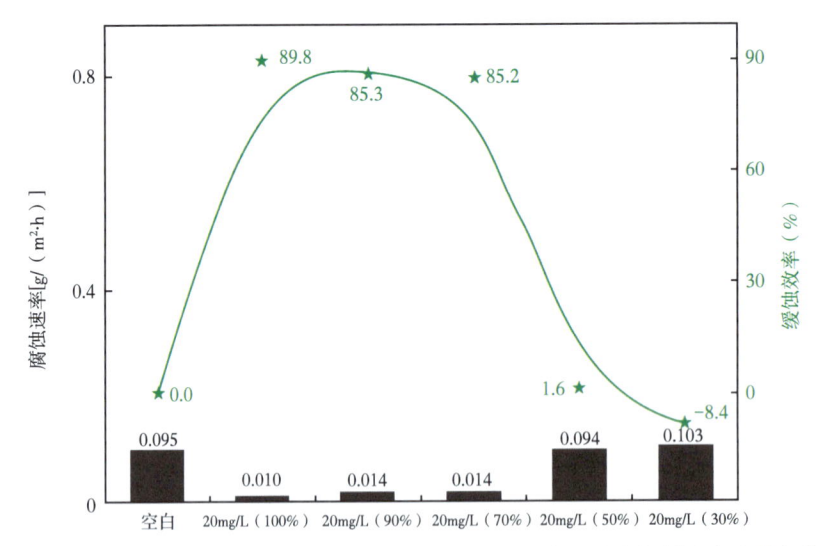

图 6-73 50%含水率条件下加入不同浓度复配缓蚀剂腐蚀速率与缓蚀率变化规律

4. 缓蚀剂浓度对性能的影响

表 6-38 和图 6-74 显示了在 50%含水率下，缓蚀剂浓度 20mg/L，40mg/L，60mg/L 和 80mg/L 对 L80-1 腐蚀的防护性能。在含水率为 50%时，随着缓蚀剂加量的增加，缓蚀效率有所提升，但是并不高，可能原因是油水乳状液会影响混合缓蚀剂的分布，使复配型缓蚀剂在油水界面的吸附量不同，在水相中的有效成分减少，与无油的腐蚀介质中相比，有效含量不同，达不到复配型缓蚀剂的最佳复配比，缓蚀效果差。

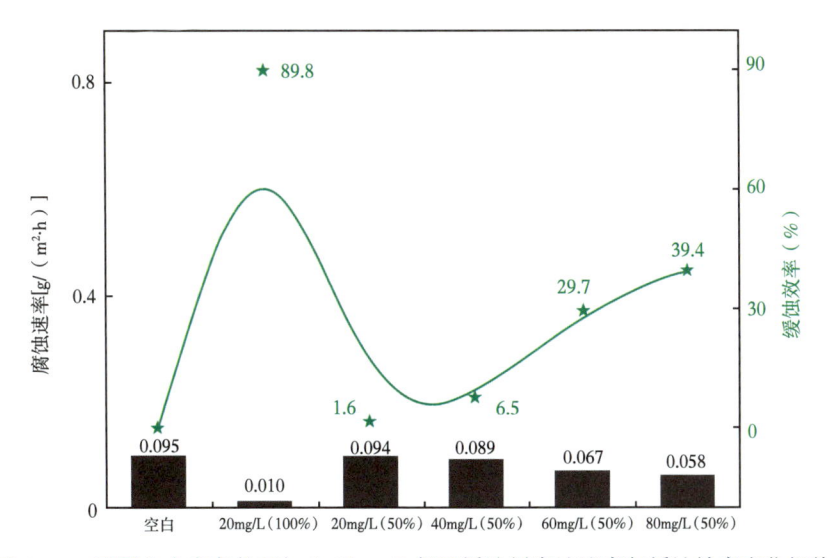

图 6-74　不同含水率条件下加入 20mg/L 复配缓蚀剂腐蚀速率与缓蚀效率变化规律

表 6-38　缓蚀剂浓度影响的静态失重实验结果

含水率（%）	缓蚀剂（mg/L）	腐蚀速率 [g/(m²·h)]	缓蚀率（%）
100	0	0.09536	—
	20	0.00976	89.8
50	20	0.00976	1.6
	40	0.09400	6.5
	60	0.08900	29.7
	80	0.06700	39.4

二、环空保护液的保护性能评价

通过环空保护液可以有效保护封隔器以上的油套环空中套管的内腐蚀和油管的外腐蚀，根据表 6-39 和图 6-75 所展示的腐蚀评价结果和腐蚀形貌，普通白油基环空保护液在 60℃，含腐生菌 250 个/mL、铁细菌 95 个/mL、硫酸盐还原菌 25 个/mL，测试周期为 7 天，静态实验的条件下，可以高效地保护 L80-1 材质，而且添加杀菌剂后效果进一步增强。

表 6-39　L80-1 在两种环空保护液中的腐蚀速率测量结果

配　方	失重（g）	腐蚀速率（mm/a）	腐蚀速率平均值（mm/a）
配方1：白油+ 0.5%乙醇胺 0.5%+ 0.5% OP-10	0.0009	0.0082	0.0289
	0.0013	0.0112	
	0.0011	0.0095	
配方2：白油+ 0.5%乙醇胺 0.5% + 0.5% OP-10 + 1%二硫氰基甲烷（杀菌剂）	0.0008	0.0073	0.0053
	0.0004	0.0035	
	0.0006	0.0052	

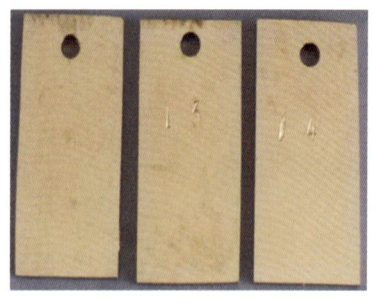

(a）配方1中浸泡7天　　　　　　　（b）配方2中浸泡7天

图 6-75　L80-1 在腐蚀挂片之后的宏观照片

通过实验评价得出以下的结果：

（1）在模拟水溶液中，咪唑啉复配缓蚀剂对 L80-1 材料在油层套管服役环境中的保护作用优良，可达到 97%~98% 的缓蚀效率。

（2）研究了含水率变化对复配缓蚀剂性能的影响，实验结果表明，如果以含水率为缓蚀剂浓度的计算基准，含水率的变化对缓蚀剂性能影响很大，随着含水率的降低，缓蚀效率降低，其中在含水率小于 50% 时，缓蚀效率迅速下降，因此缓蚀剂的添加量应该以油井总液量为计算基准。油水乳状液会影响混合缓蚀剂的分布，使缓蚀剂在水相中的有效成分减少，并且改变混合缓蚀剂的最佳效果复配比例，因此需要针对不同含水率的变化确定复配缓蚀剂的配比。

（3）环空保护液性能评价表明普通的白油基保护液可以有效保护 L80-1 材料的油套环空腐蚀，添加杀菌剂后效果进一步增强。但环空保护液的应用要考虑到开发方式的限制，例如气举时无法应用。

三、选材图版研究

考虑到哈法亚油田含水率将随着开发时间的延长而逐渐增加，新钻井将从一开始就面临更为苛刻的腐蚀环境，因此很有必要在材质对比的基础上，进一步系统地研究腐蚀条件对选材的影响，即获得选材图版，为后期开发的选材决策提供依据。因此在二氧化碳分压 0~4MPa、硫化氢分压 0.06~0.5MPa、含水率 30%~90%、温度 60~150℃ 的腐蚀条件范围内，对 L80-1，L80-3Cr，L80-13Cr 和 2205 材质进行了实验室腐蚀挂片实验，获得了均匀腐蚀速率，并进行拟合得到长期腐蚀速率，分别按照 NACE RP 0775—2005 的中度腐蚀（0.125mm/a）和轻微腐蚀（0.025mm/a）和 SY/T 5329—1994（0.076mm/a）绘制了图版。图 6-76 为"二氧化碳分压—含水率"选材图版，该图版在国内外首次采用了含水率作为 X 轴，该图版给油气田选材提供了一种新的思路。图 6-77 是"硫化氢分压—二氧化碳分压"选材图版，该图版既可以针对哈法亚油田的不同区块进行选材参考，还覆盖了艾哈代布等其他中国石油中东项目的井下腐蚀环境。图 6-78 是"硫化氢分压—温度"选材图版，该图版主要针对哈法亚油田不同储层的腐蚀环境进行选材参考。

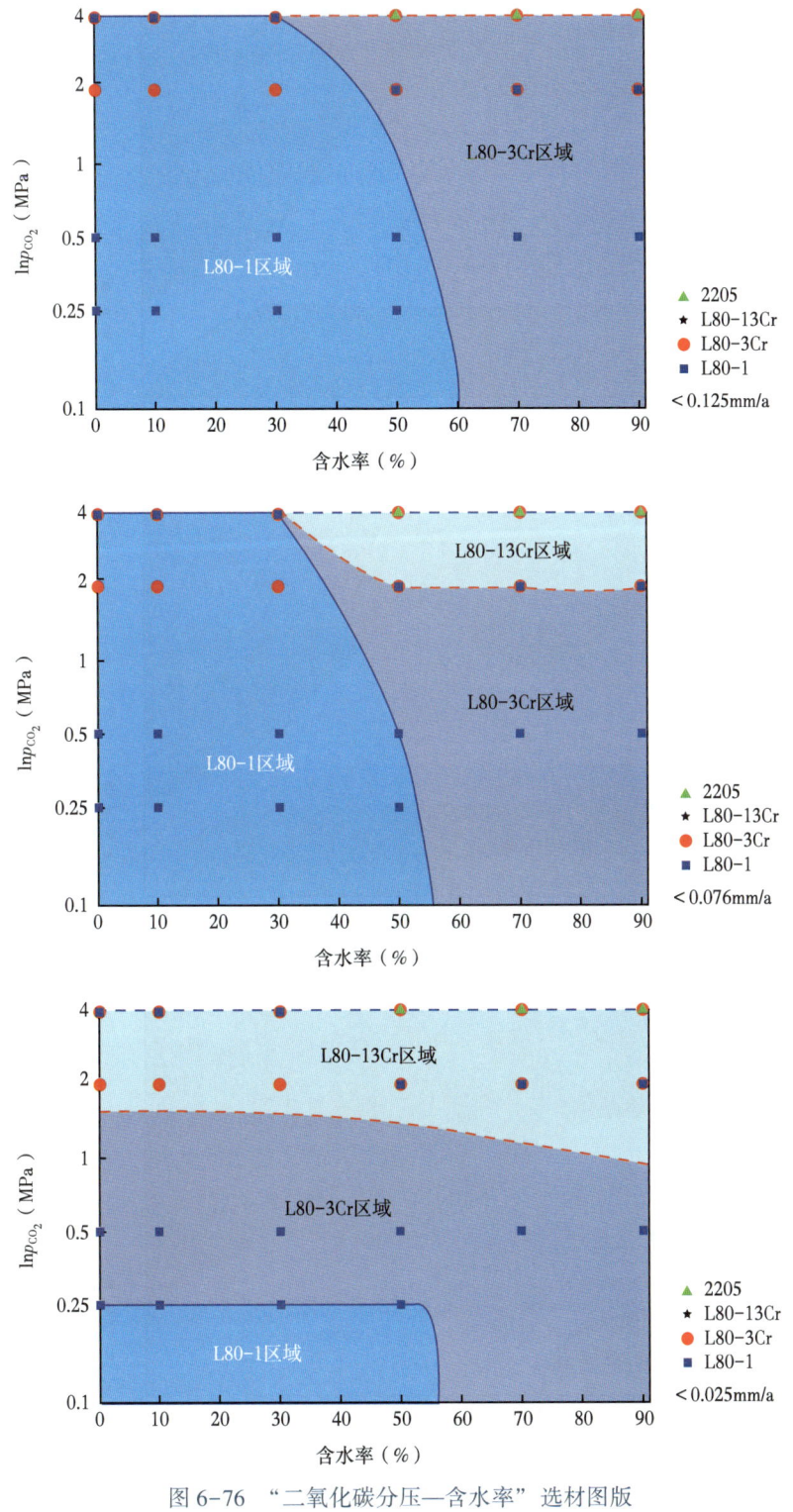

图 6-76 "二氧化碳分压—含水率"选材图版

温度 90℃，H$_2$S 分压 0.24MPa

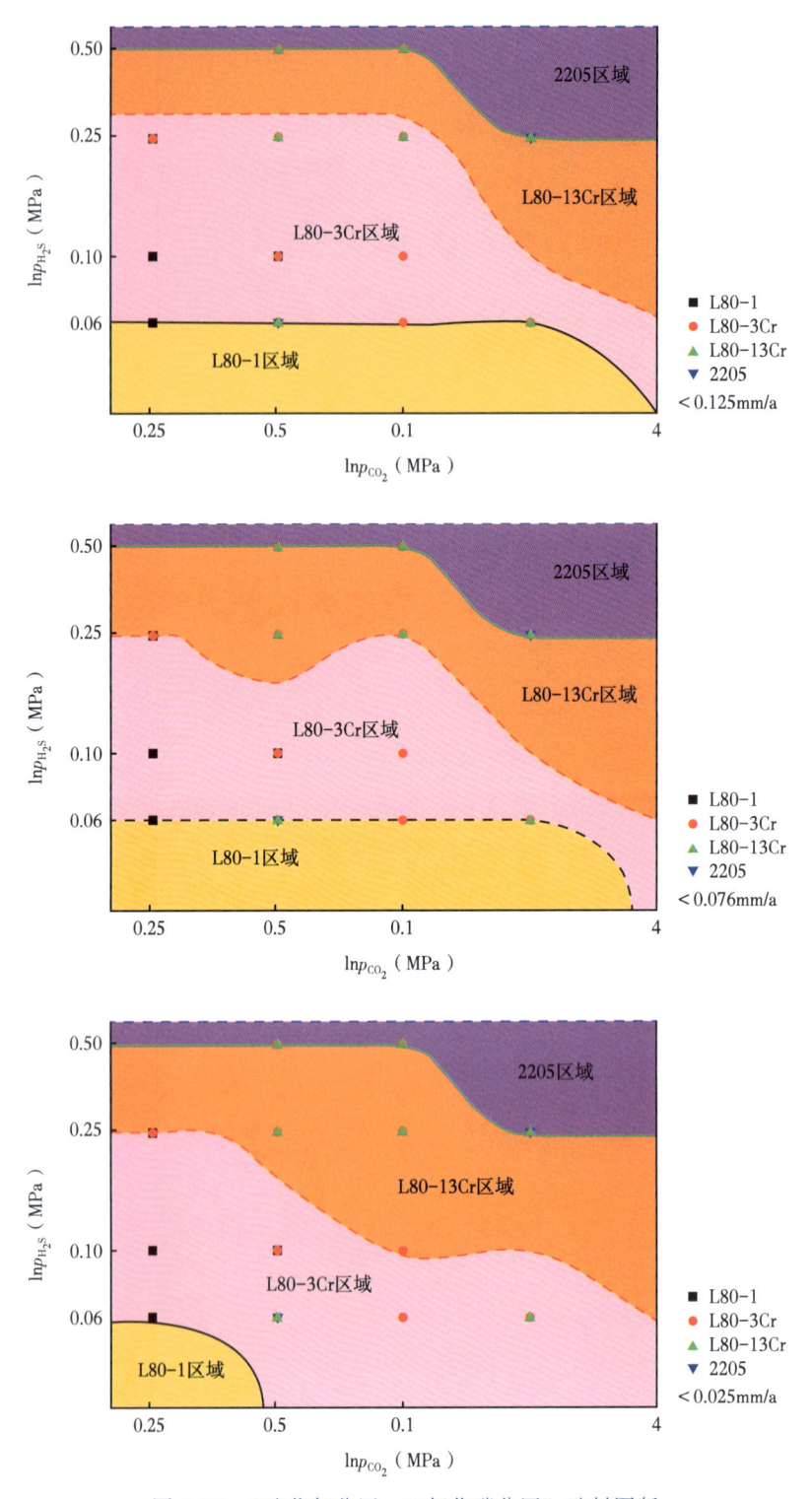

图 6-77 "硫化氢分压—二氧化碳分压"选材图版
温度 90℃，含水率 90%，腐蚀速率是长期腐蚀速率

图 6-78 "硫化氢分压—温度"选材图版

CO₂ 分压 0.5MPa，腐蚀速率是长期腐蚀速率

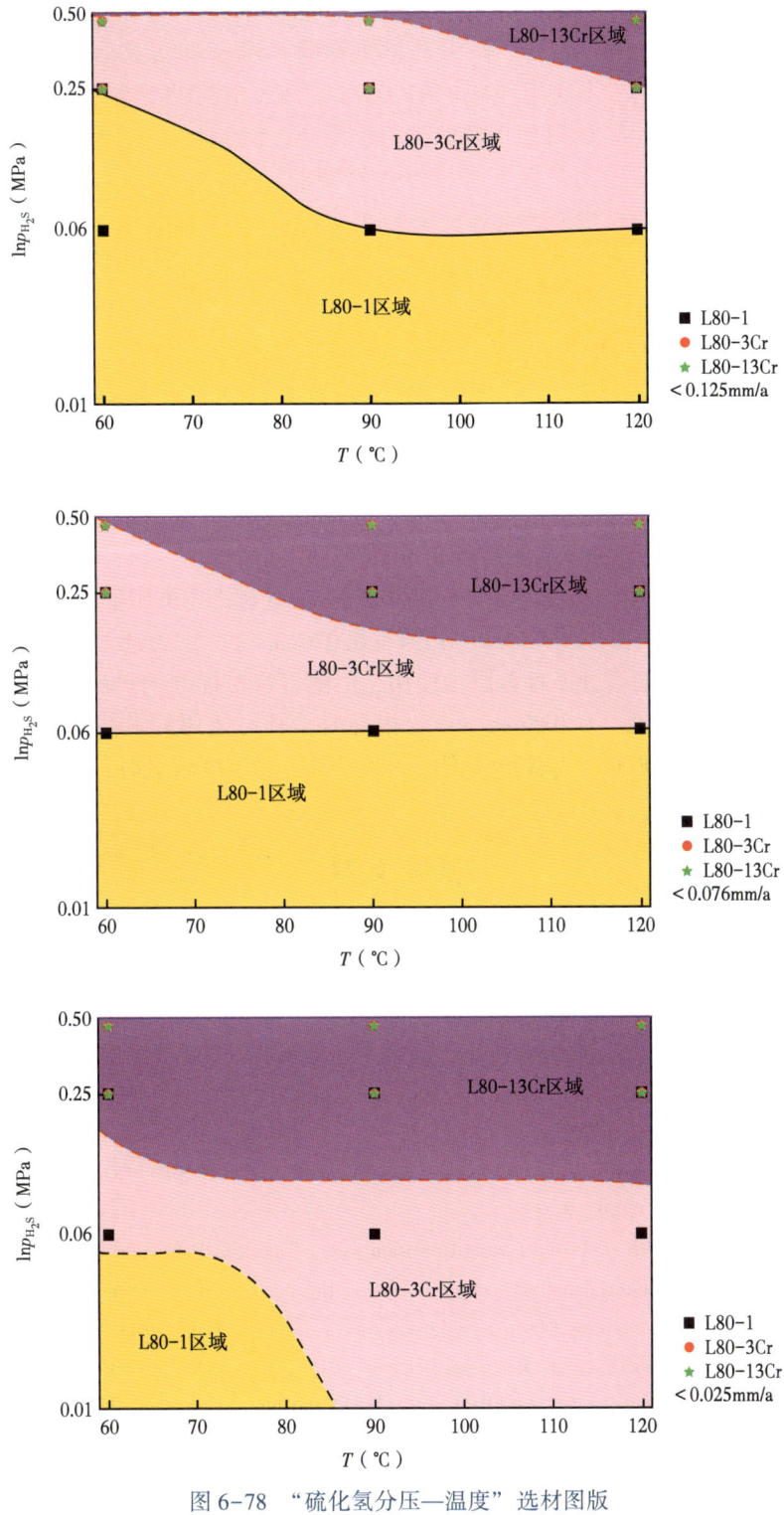

从图6-76中可以看出，当使用NACE RP 0775—2005标准中的中度腐蚀（0.125 mm/a）和SY/T 5329—1994（0.076 mm/a）作为选材指标时，对于哈法亚油田，L80-1在低于50%含水率时可以选择用，当使用NACE RP 0775—2005中的轻微腐蚀（0.025mm/a）作为选材指标的时候，L80-1的可使用环境进一步缩小，但L80-13Cr及以上材质在所有含水率和4MPa二氧化碳分压的条件下都可以达到要求。因此综合而言，从安全运营的角度，哈法亚油田油层套管至少应该选择使用L80-3Cr材质。

对于哈法亚油田已经处于运营的油井，L80-1具有一定的失效风险，与服役寿命预测研究结果一致；随着含水率的增加，如果继续开采，建议采用防腐措施，可以根据现场CO_2分压和含水率参数来决定腐蚀防护工艺。

从图6-77可以看出，当使用NACE RP 0775—2005标准中的中度腐蚀（0.125mm/a）、轻微腐蚀（0.025mm/a）和SY/T 5329—1994（0.076mm/a）作为选材指标的时候，各等级的材料均可以在一定的腐蚀条件范围内使用，但随着选材标准的提高，L80-1的可适用的腐蚀环境逐渐变小，以轻微腐蚀（0.025mm/a）为指标时，其可使用的最高二氧化碳分压不高于0.5MPa，硫化氢分压不能高于0.06MPa。

从图6-78中可以看出，当使用NACE RP 0775—2005标准中的中度腐蚀（0.125mm/a）、轻微腐蚀（0.025mm/a）和SY/T 5329—1994（0.076mm/a）作为选材指标的时候，各等级的材料均可以在一定的腐蚀条件范围内使用，但随着选材标准的提高，L80-1的适用范围逐渐变小，以轻微腐蚀（0.025mm/a）为指标时，其可使用的最高硫化氢分压不高于0.06MPa，温度不高于90℃，与其他类型的图版一致。当温度较低时，材质耐受H_2S含量的能力提升。

参 考 文 献

[1] Kermani M B, Smith L M. CO_2 Corrosion Control in Oil and Gas Production: Design Considerations [M]. The Institute of Materials, European Federation of Corrosion Publications, 1997.

[2] Choi Y S, Nešic S. Determining the Corrosive Potential of CO_2, Transport Pipeline in High p_{CO_2}-Water Environments [J]. Int. J. Greenhouse Gas Control, 2011 (5): 788.

[3] Bonis M, Crolet J L. Practical Aspects of the Influence of In-site pH on H_2S-Induced Cracking [J]. Corros. Sci., 1987, 27: 1059-1070.

[4] Deng H, Li C, Wang P. Corrosion of L80 Steel in Environment of High H_2S and CO_2 Content [J]. Journal of Iron and Steel Research, 2008, 8: 11.

[5] Goodnight R H, Barret J P. Oil-well Casing Corrosion [R]. American Petroleum Institute, 1956.

[6] Wang X, Zhang R Y, Shangguan C H, et al. Corrosion Behaviour of Two Casing Steels in Simulative Oil Field Formation Water Containing CO_2 [J]. Materials for Mechanical Engineering, 2013, 37 (5): 69-72.

[7] Farelas F, Choi Y S, Nešić S, et al. Corrosion Behavior of Deep Water Oil Production Tubing Material Under Supercritical CO_2 Environment: Part 2—Effect of Crude Oil and Flow, Corrosion, 2014, 70 (2): 137-145.

[8] Al-Hashem A H, Carew J A, Al-Sayegh A. The Effect of Water-Cut on the Corrosion Behavior of L80 Carbon Steel Under Downhole Conditions [R]. NACE International, 2000.

[9] Kang C, Jepson W P, Gopal M. Study of Sweet Corrosion at Low Water Cut in Multiphase Pipelines [R]. Society of Petroleum Engineers, 1999.

[10] Suhor M F, Mohamed M F, Nor A M, et al. Corrosion of Mild Steel in High CO_2 Environment: Effect of the $FeCO_3$ Layer [C]. Corrosion 2012. NACE International, 2012.

[11] Efird K D, Jasinski R J. Effect of the crude oil on ccorrosion of steel in Crude Oil/Brine Production [J]. Corrosion, 1989, 45 (2): 165-171.

[12] Fu C, Zheng J, Zhao J, et al. Application of Grey Relational Analysis for Corrosion Failure of Oil Tubes [J]. Corrosion Science, 2001, 43 (5): 881-889.

[13] Wang X, Tang J, Chen Y X, et al. Effect of Velocity on Corrosion Behavior of L360 Pipeline Steel in H_2S/CO_2 Environment [J]. Surface Technology, 2018 (2): 157-163.

[14] Khowdiary M M, El-Henawy A A, Shawky A M, et al. Synthesis, Characterization and Biocidal Efficiency of Quaternary Ammonium Polymers Silver Nanohybrids Against Sulfate Reducing Bacteria [J]. Journal of Molecular Liquids, 2017 (230): 163-168.

[15] Mundhenk N, Huttenloch P, Bäßler R, et al. Electrochemical Study of the Corrosion of Different Alloys Exposed to Deaerated 80℃ Geothermal Brines Containing CO_2 [J]. Corros. Sci. , 2014 (84): 180-188.

[16] Koteeswaran M. CO_2 and H_2S Corrosion in Oil Pipelines [D]. Norway: University of Stavanger, 2010.

[17] Liu D, Qiu Y B, Tomoe Y, et al. Interaction of Inhibitors with Corrosion Scale Formed on N80 Steel in CO_2-Saturated NaCl Solution [J]. Materials and Corrosion, 2011, 62 (12): 1153-1158.

[18] Yuan Z, Teodoriu C, Schubert J. Low Cycle Cement Fatigue Experimental Study and the Effect on HPHT Well Integrity [J]. Journal of Petroleum Science and Engineering, 2013, 105: 84-90.

[19] Copson H R. Effeets of Veloeity on Corrosion [J]. Corrosion, 1960, 16 (2): 130-136.

[20] Guo S, Xu L, Zhang L, et al. Corrosion of Alloy Steels Containing 2% Chromium in CO_2, Cnvironments [J]. Corrosion Science, 2012, 63: 246-258.